1

Official (ISC)²® Guide to the
CISSP® CBK®
Fourth Edition

監訳：笠原久嗣, CISSP／井上吉隆, CISSP／桑名栄二, CISSP
編：Adam Gordon, CISSP-ISSAP, ISSMP, SSCP

新版
CISSP® CBK®
公式ガイドブック

NTT出版

OFFICIAL (ISC)² GUIDE TO THE CISSP CBK,
FOURTH EDITION
edited by Adam Gordon
Copyright © 2015 by Taylor & Francis Group LLC
All Rights Reserved.
Authorised translation from the English language edition published by CRC Press,
a member of the Taylor & Francis Group LLC
Japanese translation published by arrangement with Taylor & Francis Group LLC
through The English Agency (Japan) Ltd.

刊行によせて

　コンピュータが生まれてから80年近くが経過し，単なる演算の補助だった道具が大発展を遂げ，3次元物理空間とは異なるサイバー空間を構築するようになりました．今や，社会活動・産業活動のすべてが，物理空間のみではなく，サイバー空間の利活用を必要としています．しかしながら，物理空間での物理的攻撃に対応する，サイバー空間でのサイバー攻撃による活動阻害も，サイバー空間の発生と同時に生まれており，その防御はサイバー空間利活用のための最重要かつ喫緊の課題となりました．

　特に，近年ますます高度化し，利便性が向上しつつあるIoTは，これが社会基盤となると同時に，情報漏洩や情報改ざんといったサイバー攻撃や，擾乱情報に基づく混乱の発生や，Facebook・Lineなどでの不用意なプライバシー侵害，ネットゲームのやり過ぎによるネット依存症の発症など，サイバー攻撃だけではなく，種々多様なサイバー脅威が増大し続けています．つまりサイバー脅威は，利便性向上に対する代償としてもたらされているのです．したがって，組織にとっても個人にとっても，IoTのもたらすサイバー脅威をいかに抑えて，IoTの利便性のみを享受する対策を考えなければなりません．

　サイバー脅威を抑えるには，サイバーセキュリティ対策の発展が必要であり，最新のサイバーセキュリティ対策を駆使して，サイバー脅威を抑え込む専門家が必要です．従来日本では，技術的なサイバーセキュリティ対策，代表的には暗号化技術などが重要視され，サイバーセキュリティ対策専門家にも，主に技術的知識が求められる傾向にありました．しかし，近年になり，サイバー脅威は単なる技術的な課題のみではなく，経営的・法律的・倫理的な面での課題が大きいことも指摘され出

しています．このような背景の下に，これからのサイバーセキュリティ対策専門家
には，単なる技術対策にとどまらず，経営的・法律的・倫理的な面を含む総合サイ
バーセキュリティ対策が，求められることになります．

　CISSP（Certified Information Systems Security Professional）資格を授与する米国NPO法人
（ISC)²（International Information Systems Security Certification Consortium）は，上記のよう
なサイバーセキュリティ対策の方向性を的確に捉え，『CISSP認定試験公式ガイド
ブック』の改定を行い，IoT環境に適合できるCISSPを育成するためのガイドブッ
クを，世に出してきました．このガイドブックで学んで，IoT社会に最も適合する
CISSPとなり，世界の安全・安心に貢献してください．CISSP資格保有者は全世界
で12万人を超えており，その活躍は世界の支えであると言っても過言ではありま
せん．1人でも多くの人が，CISSPの素晴らしい仲間となるために，本書が一助と
なることを心から祈念しております．

東京電機大学 学長

(ISC)² ボードメンバー

安田 浩, CISSP

まえがき

　情報セキュリティ業界のダイナミクスが変化するにつれて，ゴールドスタンダードであるCISSPの内容も同様に変わっていく必要があります．今回，グローバルで活躍するサブジェクトマターエキスパートがCISSP CBK（Common Body of Knowledge）をレビューし，コンテンツに大幅な変更を加えました．結果として，コンテンツの40％が新しくなりました．CISSPの10ドメインは，以下の8つのドメインに再編成されました．

- **セキュリティとリスクマネジメント**＝セキュリティガバナンスの原則の適用
- **資産のセキュリティ**＝情報と，それらを取り巻く資産の分類
- **セキュリティエンジニアリング**＝セキュリティ設計原則を使用したエンジニアリングライフサイクルの実装および管理
- **通信とネットワークセキュリティ**＝ネットワークアーキテクチャーに対する安全な設計原則の適用
- **アイデンティティとアクセスの管理**＝資産への物理アクセス制御および論理アクセス制御
- **セキュリティ評価とテスト**＝評価とテスト戦略の設計と検証
- **セキュリティ運用**＝基本的なセキュリティ運用コンセプトの理解と適用
- **ソフトウェア開発のセキュリティ**＝ソフトウェア開発のライフサイクルにおけるセキュリティの理解と適用

　私たちは，技術の進化に対応し続けなければなりません．そして，この試験の内

容が業界の最新の状況に合致していることを保証するための尽力を惜しみません．新しくなったCISSPの試験に関する皆様からのご意見をお待ちしております．また，読者の皆様が，*SC Magazine*の「ベストプロフェッショナル認定プログラム」を4回獲得した資格への第一歩を踏み出したことを嬉しく思います．

　CISSPを取得することは，あなたのキャリアを伸ばすための次のステップとなることでしょう．(ISC)²のメンバーになることは，世界最大の情報セキュリティ専門家のコミュニティに参加することを意味します．そこでは，他に類を見ないグローバルな教育リソース，業界のネットワーク，メンタリングなどの機会を得ることができます．CISSPは，セキュリティに対する要求レベルが世界で最も高い組織や政府機関で必要とされるセキュリティを構築，管理する情報セキュリティリーダーに求められる，幅広い知識，スキル，経験を持っていることを保証します．

　10万人の資格保持者を通じて，CISSPは世界中の情報セキュリティ認証のベンチマークとして，メディアおよび業界の専門家によって認められてきました．

　この『新版 CISSP CBK 公式ガイドブック』は，絶えず変化する情報セキュリティ分野に関連するトピックを反映した，最良の参考書であり，セキュリティ専門家が今日直面している問題に関するサブトピックを含む新しい8つのCISSPドメインについて，中身の濃い網羅的なガイドを提供しています．このガイドは，世界中のCISSP保持者や著名人によって執筆され，レビューされ，最新かつ信頼できる認定試験のための，他の追随を許さない学習ツールとなっています．

　CISSPへの道のりはもちろん容易ではなく，年々難しくなってきています．CISSPは，優れた能力を持っていることを示す客観的尺度であるばかりでなく，情報セキュリティ業界の世界標準となっています．今日の業務において，CISSP保持者が関与しないセキュリティマネジメントは，ライセンスなしに医療行為を行うことと同等でしょう．

　世界最高のセキュリティ教育と認証プログラムによって，あなたの未来が拓かれることをお祝いします．幸運を祈ります！

W. Hord Tipton, (ISC)²元専務理事

はじめに

　CISSPのステータスを獲得するためには，2つの要件を満たす必要があります．1つ目は，（ISC）² CISSP CBKの8ドメインのうち2つ以上のドメインで，最低5年間のフルタイムのセキュリティ実務経験を有している証明を得ること．2つ目は，CISSP CBKの8ドメインが何であるか，そして，それらがビジネスにどのように関係しているかをしっかりと理解することです．今日の世界において，CISSP CBKの8ドメインの情報セキュリティ専門家の職務は，業界の規制，コンプライアンス，地理的要因，文化，言語，その他の様々な要因を多角的に考慮し，民間，公共，軍事のどのような職域でどのように実施されるべきか，的確な判断が求められます．

　本書は，すべての課題について定義し，その解決策を提示するものではありません．本書はCISSP CBKに対する公式のガイドとして，CBKが何であるかを理解するのに必要な情報を整理し，CISSPの基礎となる知識を提供し，今日のビジネスにおけるCISSPの役割を定めます．そのためには，旅と同じように，自分がどこにいるのか，どこに向かうのか，また，旅を快適で，成功したものとするためにはどのような道具が必要かを知ることが重要です．勇敢な旅をする者が使う最も重要なツールは方位磁石です．方位磁石は，どの方向に向かっているかを常に指し示す信頼できるデバイスであり，必要な時にいつでも確認することができます．情報セキュリティ専門家にとって，知識と経験，そして，それを取り巻く世界に対する理解が方位磁石となります．方位磁石は，あなたが地球上のどこにいたとしても，それを手に取れば，北極点を指し示すでしょう．情報セキュリティにおける北極点がどこであるかを常に知る必要はないかもしれませんが，あなたはCISSPとして，あなたが責任を持つビジネスとユーザーの両方に対して，的確なガイドを提供する

ことが期待されています．CISSP CBKをあなたの知識，経験，理解にマッピングすることで，あなたが関わるビジネスやユーザーに助言を行い，CBKを現実的で，かつ具体的な実行内容に落とし込むことができるようになります．

1. 第1章「**セキュリティとリスクマネジメント**」のドメインは，情報資産の保護基準を確立し，その保護の有効性を評価するために使用されるフレームワーク，ポリシー，概念，原則，構造および標準に関するものです．これには，ガバナンス，組織行動，セキュリティ意識啓発に関する課題が含まれます．情報セキュリティマネジメントは，組織の情報資産を確実に保護するための包括的かつ積極的なセキュリティプログラムの基礎を確立します．高度に相互接続され，相互に依存する今日のシステム環境では，ITとビジネスの目的との連携を理解する必要があります．情報セキュリティマネジメントは，現在実装されているセキュリティコントロールのために組織が受容したリスクを洗い出し，費用対効果の優れたコントロールを強化して，企業の情報資産に対するリスクを最小限に抑えます．セキュリティマネジメントには，情報資産の機密性，完全性，可用性を適切に保護するために必要な管理コントロール，技術コントロール，物理コントロールが含まれます．コントロールは，ポリシー，プロシージャ，スタンダード，ベースラインおよびガイドラインによって明示されます．

2. 第2章「**資産のセキュリティ**」のドメインでは，資産を管理し，監視，保護するための概念や原則，構造および標準について説明します．これにより様々なレベルの機密性，完全性および可用性を実現することが可能になります．情報セキュリティのアーキテクチャーと設計は，組織のセキュリティプロセス，情報セキュリティシステム，人事および組織の現在または将来の構造あるいは行動を包括的で厳格な方法で定義し，適用することを目的としており，組織の中核となる目標と戦略的方向性により決定されます．

3. 第3章「**セキュリティエンジニアリング**」のドメインには，オペレーティングシステム，機器，ネットワーク，アプリケーションを設計，実装，監視および保護するために使用される概念，原則，構造，基準，そして，様々なレベルの機密性，完全性および可用性を実現するために使用されるコントロールが含まれます．情報セキュリティのアーキテクチャーと設計は，組織のセキュリティプロセス，情報セキュリティシステム，人事および組織の現在または将来の構造あるいは行動を包括的で厳格な方法で定義し，適用することを目

的としており，組織の中核となる目標と戦略的方向性により決定されます．

4. 第4章「**通信とネットワークセキュリティ**」のドメインは，プライベートネットワーク，パブリックネットワークおよび媒体を介した通信の機密性，完全性および可用性を提供するために使用される構造，送信方法，通信フォーマットおよびセキュリティ対策を範囲に含んでいます．ネットワークセキュリティは，ITセキュリティの基礎となるものです．大半のIT環境において，ネットワークは，最も重要な資産ではないにしても中心となる資産です．ネットワークにおける保証(機密性，完全性，可用性，認証，否認防止)の喪失は，どのようなレベルであっても壊滅的な結果をもたらす可能性があります．逆に，うまく設計され，十分に保護されたネットワークは，多くの攻撃を阻止することができます．

5. 第5章「**アイデンティティとアクセスの管理**」は，CISSP CBK内のドメインの1つですが，情報セキュリティの最も一般的かつ遍在的な要素となります．アクセス制御は，組織のすべての運用レベルに関わります．

　○　**施設**＝アクセス制御は，施設内の人員，機器，情報およびその他の資産を保護するために，組織の物理的なロケーションへの侵入およびその周囲での不審な行動を防ぎます．

　○　**サポートシステム**＝サポートシステム(電源，HVAC [Heating, Ventilation, Air-Conditioning：暖房，換気，空調]の各システム，水，消火制御など)へのアクセスは，悪意あるエンティティがこれらのシステムを侵害し，組織の人員や重要なシステムをサポートする能力を損なうことがないようにコントロールする必要があります．

　○　**情報システム**＝現代のほとんどの情報システムとネットワークには，アクセス制御のための機能が多層に存在し，これらのシステムとそれに含まれる情報を損害や誤用から保護しています．

　○　**人員**＝管理者，エンドユーザー，顧客，ビジネスパートナーおよび組織に関連しているすべての人は，適切な人員同士が相互にやり取りでき，正規のビジネス関係を保持していない人々に干渉されないようにするために，何らかの形でアクセス制御を行う対象となります．

　情報セキュリティの目的は，組織の資産の機密性，完全性，可用性を継続的に確保することです．これには，建物，設備，人などの物的資産と，企業データや情報システムなどの情報資産の両方が含まれます．アクセス制御は，システムと情報の機密性を確保する上で重要な役割を果たします．物的

資産と情報資産へのアクセスを制御することは，その資産を誰が閲覧，使用，変更または破棄できるかをコントロールし，データの公開を防止するための基本です．さらに，組織が持つ資産にアクセスする権限を管理することで，貴重なデータやサービスが悪用されたり，不正に流用されたり，盗難されたりしないようにします．これはまた，法や業界のコンプライアンス要件を遵守し，個人情報を保護する必要がある多くの組織にとって重要な要素でもあります．

6. 第6章「**セキュリティ評価とテスト**」は，脆弱性とそれに関連するリスクを判断するために，継続的かつ状況に応じたテスト方法を広範にカバーしています．成熟したシステムのライフサイクルには，システムの開発，運用および廃棄と同等の位置付けでセキュリティテストと評価が含まれます．テストと評価(Test and Evaluation：T&E)の基本的な目的は，システムの開発，製造，運用，維持に関わるリスクマネジメントを支援することにあります．T&Eは，システム開発と能力開発の両方の改善状況を測定することができます．T&Eは，システムの性能を向上し，運用時にシステムを最適に利用できるようにするため，システムの能力と制限に関連する知識を提供します．システムの長所と短所を早い段階で把握するために，開発の初期段階でT&Eの専門知識を活用すべきです．これにより，システムの技術上，運用上の欠陥を早期に特定し，適切かつタイムリーな是正措置を講じることが可能となります．T&Eの戦略作成には，リスクを含めた技術開発の計画，ミッション要件に対するシステム設計の評価，優れたプロトタイプやその他の評価技術を利用する作業工程の特定などが含まれています．

7. 第7章「**セキュリティ運用**」のドメインは，重要な情報を特定することと，その重要な情報の悪用を防止，抑制する対策の実施に関して説明しています．また，ハードウェア，媒体に対するコントロールの定義，およびこれらのリソースへのアクセス権限を持つオペレーターの定義も含まれます．監査と監視は，セキュリティイベントとその主要な要素を明らかにし，適切な個人，グループまたはプロセスに，関連する情報を報告するメカニズムであり，ツールであり，設備となります．情報セキュリティ専門家には，常に運用のレジリエンスを維持し，重要な資産を保護し，システムアカウントを管理し，セキュリティサービスを効果的に維持することが求められます．情報セキュリティ専門家が運用のレジリエンスを維持するということは，日々の運用において，データとサービスの可用性と完全性を期待されたレベルで維

持するということになります．日々，人やモノなどのビジネスリソースを確保し，モニタリングし，管理することによって，情報セキュリティ専門家は重要な資産を守ることが可能となります．情報セキュリティ専門家は，特権アカウントの使用やシステムアクセスにチェック・アンド・バランスの仕組みを適用することにより，一貫性のあるシステムアカウント管理を提供します．情報セキュリティ専門家が変更管理と構成管理を導入し，さらにレポートとサービス改善プログラム（Service Improvement Program：SIP）を利用することで，セキュリティサービスを効果的に管理するために必要な仕組みの確実な実行が保証されるようになります．

8. 第8章「**ソフトウェア開発のセキュリティ**」のドメインに関しては，セキュリティ専門家は以下の知識を持っていることが求められます．
   ○ ソフトウェア開発ライフサイクルにおけるセキュリティの理解と適用
   ○ 開発環境におけるセキュリティコントロールの適用
   ○ ソフトウェアセキュリティの有効性の評価
   ○ ソフトウェア調達時のセキュリティの評価

　情報セキュリティでは伝統的に，システムレベルのアクセス制御が重視されてきましたが，現在，情報セキュリティインシデントには，ソフトウェアの脆弱性に起因するものが多く，エンタープライズセキュリティアーキテクチャーにおいては，アプリケーションも考慮する必要があります．アプリケーションの脆弱性が原因でシステム攻撃や侵入が実行されるケースは増加しており，多くの重大インシデント，違反および停止にソフトウェアの脆弱性が関与しています．ソフトウェアは，リリースごとに大きく複雑になってきており，使用されるプログラムおよびコード，ならびに関連するプロトコルやインターフェースは標準化されてきています．この状況は技術者の育成効率や生産性の面では利点がありますが，いったん問題が発生するとコンピューティングやビジネス環境に与える影響がとても幅広くなる可能性があります．数十年前のレガシーコードや設計上の決定が，現在のシステムに依然として残っている場合もあり，新しい技術や運用と相互作用して，セキュリティ専門家が認識していない脆弱性を引き起こす可能性があります．

序　文

▶対象読者について

本書は，以下の3つの役割のうちのどれかを担う読者を特に対象として解説します．

1. **セキュリティアーキテクト** (Security Architect) ＝企業のエンタープライズセキュリティアーキテクチャーを担当する者
2. **セキュリティ担当責任者** (Security Practitioner) ＝企業のセキュリティインフラストラクチャーの戦術的および運用上の要素を担う者
3. **セキュリティ専門家** (Security Professional) ＝企業のセキュリティ要素の管理監督を担当する者

これらの役割は，それぞれが特有の権利を有する点で重要であり，企業内においては，別々の仕事として独立していることが多く見受けられます．時には，これらの役割の1つ以上が，企業内で1つの業務あるいは機能として統合されていることもあります．CISSPの候補者は，情報セキュリティのコミュニティのメンバーとして成功するために，3つの役割すべてを理解し，それらのすべての側面を取り込むことが求められます．

本書で取り上げる議論を読み進めるにつれて，行動と活動に関連して，どの考え方を引き合いに出したらよいかに，あなたは確実に気づくでしょう．これらの役割のそれぞれが，企業内でどのような責任を果たすかを理解することは，CISSPの候補者が持つべきスキルと知識に付加価値を与えるでしょう．

新版 CISSP® CBK® 公式ガイドブック

1巻目次

- ▶ 刊行によせて —————— iii
- ▶ まえがき —————— v
- ▶ はじめに —————— vii
- ▶ 序 文 —————— xii

第1章 セキュリティとリスクマネジメント　　0003

■トピックス —————————————— 0006

■目 標 —————————————— 0007

1.1 機密性, 完全性, 可用性　　0008

- 1.1.1 機密性 …… 0008
- 1.1.2 完全性 …… 0008
- 1.1.3 可用性 …… 0009

1.2 セキュリティガバナンス　　0010

- 1.2.1 組織の目的, 使命, 目標 …… 0012
- 1.2.2 組織プロセス …… 0014
- 1.2.3 セキュリティの役割と責任 …… 0016
- 1.2.4 情報セキュリティ戦略 …… 0028

1.3 完全で効果的なセキュリティプログラム　　0030

- 1.3.1 監督委員会代表 …… 0030
- 1.3.2 コントロールフレームワーク …… 0040
- 1.3.3 妥当な注意 …… 0042

	1.3.4	適切な注意 …… 0043

1.4 コンプライアンス 0044

	1.4.1	ガバナンス, リスクマネジメント, コンプライアンス …… 0046
	1.4.2	法規制に関するコンプライアンス …… 0048
	1.4.3	プライバシー要件に関するコンプライアンス …… 0049

1.5 国際的な法規制問題 0052

	1.5.1	コンピュータ犯罪／サイバー犯罪 …… 0052
	1.5.2	ライセンスと知的財産権 …… 0056
	1.5.3	輸出入規制 …… 0059
	1.5.4	国境を越えるデータの流通 …… 0063
	1.5.5	プライバシー …… 0064
	1.5.6	データ侵害 …… 0066
	1.5.7	関連する法規制 …… 0070

1.6 倫理の理解 0073

	1.6.1	倫理プログラムの規制要件 …… 0075
	1.6.2	コンピュータ倫理のトピックス …… 0077
	1.6.3	コンピュータ倫理の誤信 …… 0078
	1.6.4	ハッキングとハクティビズム …… 0081
	1.6.5	倫理行動規定とリソース …… 0082
	1.6.6	(ISC)^2 倫理規定 …… 0085
	1.6.7	組織の倫理規定の支援 …… 0086

1.7 セキュリティポリシーの策定と実装 0092

1.8 事業継続(BC)と災害復旧(DR)の要件 0094

	1.8.1	プロジェクトの開始と管理 …… 0094
	1.8.2	プロジェクト範囲と計画の策定と文書化 …… 0096
	1.8.3	事業影響度分析の実施 …… 0098
	1.8.4	識別と優先順位付け …… 0098
	1.8.5	停止原因の評価 …… 0101
	1.8.6	目標復旧時点 …… 0102

1.9 人的セキュリティ管理 0103

	1.9.1	採用候補者の適格審査 …… 0104
	1.9.2	雇用契約書とポリシー …… 0111
	1.9.3	雇用終了プロセス …… 0115
	1.9.4	ベンダー, コンサルタント, 請負業者のコントロール …… 0116
	1.9.5	プライバシー …… 0117

1.10 リスクマネジメントの概念 0118

	1.10.1	組織のリスクマネジメントの概念 …… 0121
	1.10.2	リスクアセスメントの方法論 …… 0124
	1.10.3	脅威と脆弱性の特定 …… 0132
	1.10.4	リスクアセスメントとリスク分析 …… 0135
	1.10.5	対策の選択 …… 0141
	1.10.6	リスク対策の実装 …… 0142
	1.10.7	コントロールの種類 …… 0145
	1.10.8	アクセス制御の種類 …… 0151
	1.10.9	コントロールの評価／モニタリングと測定 …… 0175
	1.10.10	有形資産評価および無形資産評価 …… 0190
	1.10.11	継続的改善 …… 0193
	1.10.12	リスクマネジメントフレームワーク …… 0195

自分でやってみよう ──────────────── 0205

1.11 脅威モデリング 0206

実 践 ──────────────────────── 0208

	1.11.1	潜在的な攻撃の見極めと低減分析の決定 …… 0208
	1.11.2	脅威を改善するための技術とプロセス …… 0212

1.12 調達戦略と実践 0214

	1.12.1	ハードウェア, ソフトウェアおよびサービス …… 0214
	1.12.2	第三者ガバナンスの管理 …… 0217
	1.12.3	最小限のセキュリティとサービスレベル要件 …… 0219

1.13 セキュリティ教育, トレーニングおよび意識啓発 0222

	1.13.1	公式のセキュリティ意識啓発トレーニング …… 0223
	1.13.2	意識啓発活動と方法 – 組織における意識啓発文化の創造 …… 0226

まとめ —————————————————————— 0229

レビュー問題 ————————————————————— 0234

第 2 章 資産のセキュリティ 0251

▶トピックス ————————————————————— 0253

▶目 標 —————————————————————— 0254

2.1 データ管理：所有権の決定と維持 0255

2.1.1 データポリシー ⋯⋯ 0255
2.1.2 役割と責任 ⋯⋯ 0257
2.1.3 データ所有権 ⋯⋯ 0258
2.1.4 データ管理 ⋯⋯ 0259
2.1.5 データ品質 ⋯⋯ 0260
2.1.6 データの文書化と構成 ⋯⋯ 0263

2.2 データ標準 0265

2.2.1 データライフサイクルコントロール ⋯⋯ 0266
2.2.2 データの仕様とモデリング ⋯⋯ 0266
2.2.3 データベースのメンテナンス ⋯⋯ 0268
2.2.4 データ監査 ⋯⋯ 0268
2.2.5 データの保存とアーカイブ ⋯⋯ 0269

2.3 寿命と使用 0271

2.3.1 データセキュリティ ⋯⋯ 0271
2.3.2 データアクセス, 共有および配信 ⋯⋯ 0273
2.3.3 データ公開 ⋯⋯ 0274

2.4 情報の分類と資産の保護 0284

2.5 資産管理（Asset Management） 0288

	2.5.1	ソフトウェアライセンス …… 0290
	2.5.2	機器ライフサイクル …… 0291

2.6　プライバシーの保護 　　0292

2.7　適切な保持の確保 　　0297

	2.7.1	媒体, ハードウェアおよび人員 …… 0297
	2.7.2	会社「X」データ保持ポリシー …… 0300

自分でやってみよう　　0304

2.8　データセキュリティコントロールの決定 　　0305

	2.8.1	保存中のデータ …… 0305
	2.8.2	転送中のデータ …… 0307
	2.8.3	ベースライン …… 0311
	2.8.4	スコーピングとテーラリング …… 0315

自分でやってみよう　　0316

2.9　標準の選択 　　0317

	2.9.1	米国のリソース …… 0317
	2.9.2	国際的なリソース …… 0320
	2.9.3	国家サイバーセキュリティフレームワークマニュアル …… 0324
	2.9.4	重要インフラのサイバーセキュリティを向上させるための フレームワーク …… 0328

まとめ　　0331

レビュー問題　　0336

第 3 章　セキュリティエンジニアリング　0345

▶トピックス ———————————————————————— 0349

▶目 標 ———————————————————————————— 0351

3.1　セキュリティ設計原則を使用したエンジニアリングライフサイクル　0352

3.2　セキュリティモデルの基本概念　0359

- 3.2.1　一般的なシステムコンポーネント …… 0359
- 3.2.2　一緒に動く仕組み …… 0372
- 3.2.3　エンタープライズセキュリティアーキテクチャー …… 0373
- 3.2.4　共通アーキテクチャーフレームワーク …… 0380
- 3.2.5　Zachman フレームワーク …… 0381
- 3.2.6　要件の取得と分析 …… 0398
- 3.2.7　セキュリティアーキテクチャーの作成と文書化 …… 0400

3.3　情報システムのセキュリティ評価モデル　0401

- 3.3.1　共通の正式なセキュリティモデル …… 0401
- 3.3.2　製品評価モデル …… 0403
- 3.3.3　業界および国際的なセキュリティ実装のガイドライン …… 0409

3.4　情報システムのセキュリティ機能　0416

- 3.4.1　アクセス制御機構 …… 0416
- 3.4.2　セキュアなメモリー管理 …… 0417

3.5　セキュリティアーキテクチャーの脆弱性　0422

- 3.5.1　システム …… 0426
- 3.5.2　技術とプロセスの統合 …… 0429

  自分でやってみよう ———————————————————— 0437

- 3.5.3　単一障害点 …… 0438
- 3.5.4　クライアントベースの脆弱性 …… 0442
- 3.5.5　サーバーベースの脆弱性 …… 0445

3.6 データベースのセキュリティ　　　　0446

3.6.1	大規模並列データシステム …… 0451
3.6.2	分散システム …… 0456
3.6.3	暗号化システム …… 0462

3.7 ソフトウェアとシステムの脆弱性と脅威　　　　0503

3.7.1	Web ベース …… 0503

3.8 モバイルシステムの脆弱性　　　　0507

3.8.1	リモートコンピューティングのリスク …… 0510
3.8.2	モバイルワーカーのリスク …… 0511

3.9 組み込み機器とサイバーフィジカルシステムの脆弱性　　　　0515

3.10 暗号の応用と利用　　　　0524

3.10.1	暗号の歴史 …… 0524
3.10.2	最先端技術 …… 0525
3.10.3	コアとなる情報セキュリティ原則 …… 0527
3.10.4	暗号システムのその他の機能 …… 0528
3.10.5	暗号化ライフサイクル …… 0530
3.10.6	公開鍵基盤 …… 0534
3.10.7	鍵管理プロセス …… 0536

実世界の例：暗号化　　　　0540

3.10.8	鍵の作成と配布 …… 0544
3.10.9	デジタル署名 …… 0555
3.10.10	デジタル著作権管理 …… 0556
3.10.11	否認防止 …… 0559
3.10.12	ハッシュ化 …… 0560
3.10.13	単純なハッシュ関数 …… 0561
3.10.14	暗号解読攻撃の方法 …… 0565

3.11 サイトおよび施設設計の考慮事項　　　　0571

3.11.1	セキュリティ調査 …… 0572

3.12 サイト計画 0575

3.12.1 　車道設計 …… 0577

3.12.2 　防犯環境設計 …… 0577

3.12.3 　窓 …… 0580

3.13 施設のセキュリティの設計と実装 0586

3.14 施設のセキュリティの実装と運用 0588

3.14.1 　通信およびサーバールーム …… 0588

3.14.2 　制限された作業区域のセキュリティ …… 0591

3.14.3 　データセンターのセキュリティ …… 0593

まとめ ———————————————————— 0602

レビュー問題 ———————————————————— 0613

新版
CISSP® CBK® 公式ガイドブック
【1巻】

▶凡例

※原著の本文中で太字になっている文字列は本書でも太字で表記した.

※原著はオールカラーで印刷されている.カラー印刷を前提とした表現は,読者の利便性を踏まえ,翻訳者の判断で適宜変更を加えた.また,明らかに原著の誤植であると思われる部分については,翻訳者の判断で適宜修正した.なお,原著には技術的に誤っていると思われる記述もあったが,翻訳本であることから,原則として原文に忠実に訳した.

※本文中に出てくる原注には★マークを付け,適宜加えた訳注には☆マークを付けて区別した.原注,訳注の本文はいずれも,章末にまとめて掲載した.

※本書に記載されたURLは,原則として,原著が発行された2015年4月時点のものである.その後,URLが変更され,リンクが切れているものは,適宜《リンク切れ》と記した.

※本書に掲載されたすべての会社名,商品名,ブランド名等は,各社の商標または登録商標である.一部を除き,©,®,™の記載は省略した.

※原著に掲載されている付録J「用語集」は,原権利者との協議の結果,割愛した.

第1章 セキュリティとリスクマネジメント

　　CISSP® (Certified Information Systems Security Professional) 共通知識体系 (Common Body of Knowledge：CBK®) の「セキュリティとリスクマネジメント」のドメインでは，情報資産保護の基準を確立し，その有効性を評価するためのフレームワーク，ポリシー，概念，原則，構造および標準について説明する．これには，ガバナンス，組織的行動およびセキュリティ意識啓発の問題も含まれる．

　　情報セキュリティマネジメントは，組織の情報資産を確実に保護するための包括的かつ積極的なセキュリティプログラムの基礎を確立する．高度に相互接続され，相互依存する今日のシステム環境では，情報技術とビジネス目標の連携を理解することが求められる．情報セキュリティマネジメントは，現在実装されているセキュリティコントロールに起因して，組織で受容されているリスクを洗い出し，企業の情報資産に対するリスクを最小限に抑えるために費用対効果の高いコントロールを継続的に実施する．セキュリティマネジメントには，情報資産の機密性，完全性，可用性を適切に保護するために必要となる，管理コントロール，技術コントロールおよび物理コントロールが含まれる．コントロールは，ポリシー，プロシージャー，スタンダード，ベースラインおよびガイドラインによって明示される．

　　情報セキュリティマネジメントには，リスクを管理するために実施する，リスクアセスメント，リスク分析，データ分類，セキュリティ意識啓発などのツールが含まれる．情報資産を分類し，リスクアセスメントを通じてこれらの資産に関連する脅威と脆弱性を分類することにより，セキュリティ専門家は侵害のリスクを低減するための適切な保護手段を特定し，優先順位付けが可能となる．

　　リスクマネジメントは，識別，測定，コントロールを通じて，望ましくないイベ

ントに起因する情報資産の損失を最小限に抑える．これには，全体的なセキュリティレビュー，リスク分析，保護手段の選択と評価，費用対効果分析，経営判断，保護手段の特定と実装，継続的な有効性のレビューが含まれる．リスクマネジメントは，経営幹部が現在のリスクを把握し，情報に基づきリスクマネジメントの原則（リスク回避，リスク移転，リスク低減，リスク受容）を確実に判断，実施するための仕組みを提供する．詳細は本章の後半で説明する．

　情報処理および情報の業務利用を支援するために様々な関係者間でやり取りされるデータの管理において，セキュリティマネジメントは，規制，顧客，従業員，ビジネスパートナーからの要件に関係する．情報の機密性，完全性，可用性は，この過程全体を通して維持されなければならない．

　事業継続計画（Business Continuity Planning：BCP）および災害復旧計画（Disaster Recovery Planning：DRP）は，組織が重大な障害に直面した際に，確実に業務を遂行するために必要な準備，プロセス，実施事項を示す．BCPおよびDRPには，重大な障害の発生時に，主要システムおよびネットワークの障害の影響から重要な組織プロセスを保護し，適時な組織運用の復旧を確実にするために必要となる，識別，選択，実装，テスト，プロセスの更新，明確かつ慎重な行動が含まれる．

　本章では，企業全体の事業継続（BC）プログラムを構築するプロセスを説明する．また，組織が何事もなく確実に事業継続するためのプログラムの構築へ影響を与えたり，義務付けられた業界規制についても説明する．

　最後に，情報セキュリティ，BCおよび図1.1に示されているBC全体のリスクマネジメントフレームワークに含まれる物理的なセキュリティ，記録管理，ベンダー管理，内部監査，財務リスクマネジメント，運用リスクマネジメント，規制準拠（法および規制リスク）などのその他のリスクマネジメント分野との，相関関係について説明する．

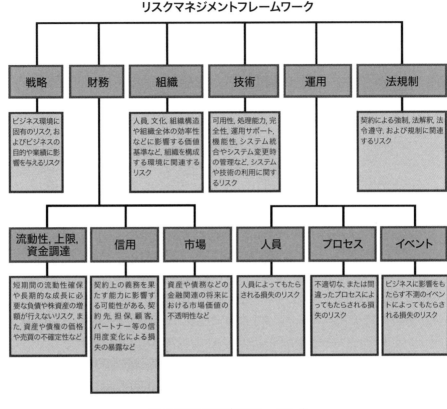

図1.1 BCリスクマネジメントフレームワーク

◣トピックス◢

- 機密性，完全性，可用性の概念
- セキュリティガバナンスの原則
- コンプライアンス
- 法規制の問題
- 文書化されたセキュリティポリシー，スタンダード，プロシージャー，ガイドライン
- 事業継続要件
- 人的セキュリティポリシー
- リスクマネジメントの概念
- 脅威モデリング
- 調達戦略と実施へのセキュリティリスク考慮事項の統合
- セキュリティ教育，トレーニング，意識啓発

▶目 標

(ISC)²メンバーの候補者に向けた情報(試験概要)によると，CISSPの候補者は次のことができると期待されている．

- 機密性，完全性，可用性の概念の理解と適用
- コンプライアンスによるセキュリティガバナンスの原則の適用
- 国際的な情報セキュリティに関する法規制問題の理解
- 文書化されたセキュリティポリシー，スタンダード，プロシージャー，ガイドラインの策定と実装
- 事業継続要件の理解
- 人的セキュリティポリシーへの貢献
- リスクマネジメントの概念の理解と適用
- 脅威モデリングの理解と適用
- 調達戦略とその実施へのセキュリティリスク考慮事項の統合
- セキュリティ教育，トレーニングおよび意識啓発の確立と管理

1.1 機密性, 完全性, 可用性

　企業全体の構造化された情報セキュリティプログラムは，情報の損失，混乱，破損のリスクを緩和あるいは低減するように設計された適切なセキュリティコントロールによって，可用性(Availability)，完全性(Integrity)，機密性(Confidentiality)というコア概念を確実に実現しなければならない．CIA3要素(CIA Triad)というセキュリティ原則は，それぞれ次のように定義されている(図1.2)．

1.1.1 機密性

　機密性(Confidentiality)は，認可された個人，プロセスまたはシステムのみが，知る必要性(Need to Know)に基づいて情報にアクセスできるようにし，最小特権(Least Privilege)の原則を維持する．許可された個人が持つべきアクセスレベルは，彼らが仕事をするために必要なレベルとなる．近年，情報のプライバシーと，それを見て犯罪を犯すような個人からプライバシー情報を保護する必要性が盛んに報道されている．アイデンティティの盗難とは，様々な情報源から得られた機密情報の知識を通じて，特定の個人のアイデンティティを推測する行為である．

　セキュリティアーキテクトが情報の機密性を保証するために使用すべき重要な手段は，データ分類である．これにより，情報(公開，社外秘，機密)にアクセスする必要があるユーザーを決定するのに役立つ．アクセス制御による識別，認証および認可は，情報の機密性を維持するための実装となる．機密性を保護するためのコントロールの例は，情報の暗号化である．情報の暗号化は，認可されていない人が情報にアクセスした際に，その有用性を制限する．

1.1.2 完全性

　完全性(Integrity)は，意図的，無許可または偶発的に行われる変更から情報を保護すべき原則である．ファイル，データベース，システムおよびネットワークに格納された情報は，正確に業務処理する上で信頼できるものでなければならず，ビジネス上の意思決定のために正確な情報を提供する必要がある．コントロールは，既定の手順によって情報が変更されることを保証するために導入される．

　職務の分離，システム開発ライフサイクル(Systems Development Life Cycle：SDLC)における承認チェックポイント，テスト手順の実装などの管理コントロールを含むコ

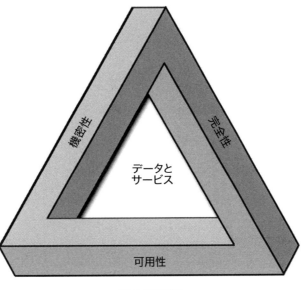

図1.2 CIA3要素

ントロールの例は，情報の完全性を提供する助けとなる．適格なトランザクションと更新プログラムのセキュリティは，システムに変更を適用する一貫した方法を提供する．明文化されたアクセスの必要性により，更新権限をこれらの個人に限定することで，意図的または偶発的な変更にさらされることを制限する．

1.1.3　可用性

　可用性（Availability）は，必要な時に情報を利用可能で，かつユーザーがアクセスできるようにする原則である．システムの可用性には主に以下の2つが影響する．

1. DoS攻撃（Denial-of-Service Attack：サービス拒否攻撃）
2. 人災（システムクラッシュを招く不十分な容量計画，老朽化の進んだハードウェア，アップグレード後のシステムクラッシュを招くテスト不足など）または自然災害（地震，竜巻，停電，ハリケーン，火災，洪水など）によるサービス停止

　どちらの場合でも，エンドユーザーは事業を行うのに必要な情報にアクセスすることができない．ユーザーにとってのシステムの重要性と組織の存続にとってのシ

ステムの重要性によって，停止時間の拡大による影響がどの程度重大になるかが決定される．適切なセキュリティコントロールの欠如は，ウイルス，データの破壊，外部からの侵入またはDoS攻撃のリスクを高めることになる．また，そのようなイベントは一般ユーザーによるシステム利用を妨げることになる．

最新のアクティブな悪意あるコード検出システム，テスト済みのインシデント管理計画，災害復旧計画または事業継続計画を含むコントロールの例は，コンピュータシステムが一定期間停止した場合にも，代替手段で部門が機能することを保証する．災害復旧計画は，情報技術システムのすべてまたは一部を復旧できることを保証する．災害復旧計画と事業継続計画は連携して企業における緊急事態の影響を最小限に抑える．

セキュリティ専門家は，ネットワーク，システム，アプリケーションまたは管理手順の設計と実装を検討する際に，機密性，完全性および可用性への影響評価を理解すべきである．

- セキュリティアーキテクトが求めるべき主な命題は，「それらはセキュリティ原則を**強化する**か」である．
- セキュリティ担当責任者が求めるべき主な命題は，「それらはセキュリティ原則に**影響を与える**か」である．

異なるセキュリティコントロールは，異なるセキュリティ原則に適用される．例えば，バックアップテープ手順の選択である．バックアップを実行するために必要なソフトウェアとハードウェアは，情報セキュリティの可用性の面で最も重視され，強力な2要素認証を使用するセキュリティトークンの選択は，認証の強化による情報の機密性の向上に最も貢献する．完全性の原則を維持するためには，しかるべき人材のみが職務に応じた更新機能を持つ，といったようなアクセス制御を行うアイデンティティ管理システムを適切に配備する必要がある．

1.2 セキュリティガバナンス

コーポレートガバナンス要件の増加により，企業は，コントロールが適切に配備され，効果的に運用されるように，内部統制の構造をより詳細に精査するようになった．複数の法律により管理され，様々なベストプラクティス（NIST［National Institute of Standards and Technology］，ITIL［IT Infrastructure Library］，ISO 27000，COSO［Committee of Sponsoring Organizations of the Treadway Commission］およびCOBIT［Control Objectives for Information and Related Technology］）によってサポートされる世界市場で，組織は競争している．適切な情報技術投資の意思決定は，ビジネスミッションに沿ったものにする必要がある．多くの企業において，情報技術はもはやバックオフィスアカウンティング機能ではなく，取締役会に対する適切な可視性と，経営陣の関心と監督を必要とする，事業の中核的な存在となっている．

　この情報技術への依存は，潜在的なビジネスリスクに対する適切な調整と理解を義務付ける．これらの技術には相当の投資が行われ，適切に管理されなければならない．安全でないシステムが展開されているか，動作していることが判明した場合，企業の評判は危険にさらされる．株主，従業員，ビジネスパートナー，顧客など，すべての関係者にシステムの信頼を証明する必要がある．情報セキュリティガバナンスは，取締役会および経営陣が企業のリスクを受容水準まで管理するための適切な監督を行うための仕組みを提供する．

　ガバナンスの目的は，情報セキュリティ活動によりリスクが適切に低減され，情報セキュリティ投資が適切に指示され，経営幹部はプログラムの効果を確認するために適切な可視性と適切な質問が行えることが保証されることである．

　ITガバナンス協会（IT Governance Institute：ITGI）は，「取締役会のためのIT ガバナンスの手引 第2版」にて，ITガバナンスを「取締役会と経営幹部の責任」と定義している．これは企業ガバナンスにとって必要不可欠な部分であり，組織のITが組織の戦略と目標を維持し，拡大することが確実になるようなリーダーシップと組織構造とプロセスで構成されている★1．

　ITGIは，情報セキュリティガバナンスをITガバナンスの一部と考えるべきであり，取締役会は以下を行うことを提案している．

- 情報セキュリティについて知る
- ポリシーと戦略を推進する方向を設定する
- セキュリティの取り組みにリソースを提供する
- 管理責任を割り当てる
- 優先順位を設定する
- 必要な変更をサポートする
- リスクアセスメントに関連する文化的価値を定義する
- 社内あるいは社外監査役からの確約を得る
- セキュリティ投資は測定可能であり，プログラムの有効性について報告さ

れることを強調する

さらに，ITGIは，経営陣が以下を行うべきであると示唆している．

- 事業部門と連携してセキュリティポリシーを策定する
- 役割と責任が明確に定義され，理解されていることを確認する
- 脅威と脆弱性を特定する
- セキュリティインフラストラクチャーとコントロールフレームワーク（スタンダード，ガイドライン，ベースラインおよびプロシージャー）を実装する
- ポリシーが管理機関の承認を得ていることを確認する
- 適宜に優先順位を設定し，セキュリティプロジェクトを実施する
- 侵害を監視する
- 定期的なレビューとテストを実施する
- 意識啓発教育を重要なものとして強化する
- システム開発ライフサイクルにセキュリティを組み込む

セキュリティ専門家は，これらの目的を確実に達成するために，経営陣と協力して作業することが求められる．これらの概念は，本章でさらに詳しく説明する．

1.2.1 組織の目的，使命，目標

情報セキュリティマネジメントは，物理コントロール，業務コントロール，管理コントロール，技術コントロールおよび運用コントロールを実装することで，組織の資産を保護する．情報資産は，機密性，完全性および可用性の損失リスクを低減するために適切に管理されなければならない．金融資産が財務部門によって管理されるのと同様に，人的資産（従業員）は人事部門によって管理され，行動規範と雇用ポリシーと実行が関連付けられている．情報資産を損失，破壊，予期せぬ変更から保護しないと，生産性，評判，財務的損失が著しく損なわれる可能性がある．組織の使命を支える情報とシステムは，セキュリティ専門家によって保護されなければならない資産である．

情報セキュリティマネジメントは，リスクの受容水準内で業務が遂行されることを確実にするために，適切なポリシー，プロシージャー，スタンダード，ガイドラインが実装されていることを確認する．セキュリティは，組織のビジョン，使命お

よびビジネス目標を維持，実現するために存在する．効果的なセキュリティマネジメントには，組織のリスク耐性力，セキュリティコントロールの実装コストおよび事業利益に基づいた判断が必要である．100％の完全なセキュリティを達成することは素晴らしい目標であるが，実際には非現実的である．たとえこの目標が，リスクを管理するための最良のセキュリティプラクティスとすべての活動を支援する予算を含む効果的なセキュリティプログラムを通じて達成されたとしても，情報を危険にさらす可能性のある新しい脆弱性または不具合が発見されるまで，それほど長い時間はかからない．結果として，適切に構造化され，管理されたプログラムが，積極的かつ継続的に行われなければならない．

　ほとんどの組織は競争環境にあり，継続的な製品イノベーションと管理コストの削減を必要とするため，「完全レベル」の情報セキュリティは組織にとって費用がかかりすぎ，非現実的である．したがって，効果的なセキュリティマネジメントには，組織の事業目標に関する深い理解，リスクに対する経営幹部の許容性，様々なセキュリティ対策のコスト，そして適切なセキュリティコントロールをビジネス戦略に適合させる適切な注意（Due Diligence）を含むリスクマネジメントが必要である．情報セキュリティプログラムを率いるセキュリティ専門家は，セキュリティとリスクマネジメントの原則に関する知識において信頼されている．経営幹部は，セキュリティにかかる費用と受容するリスクについて最終的な決定を行う．

　セキュリティ専門家は，リスクマネジメントに関する最終決定者であってはならず，組織のリスクアドバイザーとしての役割を理解する必要がある．経営幹部は，リスクが低いとみなされる状況では，セキュリティ専門家が理解していない，または認識していないことにより，リスクを許容する場合がある．例えば，スプリンクラーシステムを持たない地域事務所での商いを決定することは，過去10年間その事務所で火災が発生しておらず，経営陣が今後6カ月以内に事務所を移転する非公開の計画がある場合は適切かもしれない．

　あるいは，新しい規制の遵守の政府指令や優先順位の高い監査結果があるかもしれない．経営幹部は，事業に対するすべてのリスクを評価し，特定のセキュリティコントロールを実装するかどうか選択することを，リスクマネジメント活動の1つとする．これが，セキュリティ専門家がリスクと有効なセキュリティソリューションを効果的に伝達しなければならない理由である．組織によって受容された残存リスクは常に存在し，効果的なセキュリティマネジメントは，組織のリスク耐性力またはリスクプロファイルに適合するレベルで，このリスクを最小化する．

　セキュリティマネジメントは，リスクが特定され，リスクを低減するための適切

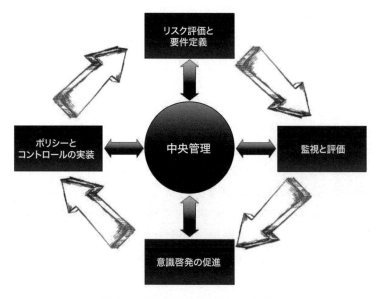

図1.3 セキュリティとリスクマネジメントの関係図

なコントロール環境が確立されることを確実にする接着剤である．セキュリティマネジメントは，リスクの評価，リスクに対するポリシーとコントロールの実装，意識啓発の促進，コントロールの有効性の監視，そして得られた知識を次のリスクアセスメントへ反映することの間にある相互関係を保証する．これらの関係を図1.3に示す．

1.2.2 組織プロセス

　組織の使命とそれをサポートするプロセスを理解することは，セキュリティプログラムの成功にとって不可欠である．多くの意味で，組織は生き物のようなものである．生涯を通じて，成長，衰退，病気のいくつかのフェーズを経ることがある．事業に変革をもたらす事象や実体を理解することにより，セキュリティ専門家は，役員室で何が起きているのか，また，社内で日常的に行われている経営上の意思決定などについて，常に状況を認識することができる．例えば，以下の項目は，セキュリティ専門家に影響する可能性のある，組織で実施される一般的な活動である．

- **買収と合併**(Acquisitions and Mergers)＝組織は多くの理由で統合する．合併には，

双方が利益を見込める友好的な合併と敵対的な合併がある．いずれの状況においても，以下の項目を認識し，それに応じて計画を立てる必要がある．

- 既存のセキュリティプログラムよりも強力な保護が必要になる可能性のあるデータタイプの追加
- 既存のセキュリティプログラムよりも強力な保護が必要になる可能性のある技術タイプの追加
- セキュリティ意識啓発と訓練が強く要求される，新しいスタッフと役割
- 元従業員からの脅威，または古い組織ではなかった，新しい組織が直面する可能性のある脅威
- システム結合に伴う脆弱性
- 組織が認識しておく必要がある法律，規制，要件に準拠する新しいポリシー，スタンダード，プロシージャー
- レビューと評価を必要とする外部のビジネスパートナーおよび相互接続

- **売却と分社** (Divestitures and Spinoffs) ＝買収や合併と逆の売却では，組織の一部の分社が行われたり，場合によっては既存組織の完全清算が行われる．これらは組織において緊急事態であり，情報セキュリティ専門家は計画を立てる際に以下の状況に配慮する必要がある．
  - 従業員の分社または他社への転籍に伴うデータ損失およびデータ漏洩
  - システム相互接続，プロトコルおよび提供していた機能のために開かれていたポートの利用可否
  - 相互の組織が適切なセキュリティ監視ツールと機能を社内に保有していないことによるネットワークとシステムログの可視性の喪失
  - 一時解雇あるいは解雇させられた従業員からの新しい脅威
  - 組織の新しいガバナンス体制を評価し，適用可能であれば組織の変化を反映させるためにポリシー，スタンダード，プロシージャーを改訂する必要性
  - 売却または分社に伴う組織間のデータ分離の期限

- **ガバナンス委員会** (Governance Committees) ＝ガバナンス委員会は，組織のガバナンスボードメンバーを選定し，維持する責任がある．また，委員会は，ボードの効率と効果を高めるために必要な，不足している適性や特性を決定する責任がある．セキュリティ専門家は，ボードがどのように機能するかを精査し，次のことを可能な限り試みなければならない．
  - 委員会が情報セキュリティとリスクマネジメントの重要性を高い水準で

理解していることを確認する.

- 　○　新しいボードメンバーの選定において, 必要に応じた情報セキュリティとリスク適性の要件が含まれていることを確認する.
- 　○　委員会委員との協力関係を維持し, 特定のリスク, プライバシー, 情報セキュリティに関する質問に, 必要に応じて回答できるようにする.

1.2.3　セキュリティの役割と責任

　組織内の多くの個人は, 情報保護を成功させる責任を負っている. セキュリティは, 社内の全員で維持する必要がある. すべてのエンドユーザーは, 各々の職務機能に適用されるポリシーとプロシージャーを理解し, すべてのセキュリティコントロールに関する要求事項を遵守しなければならない. また, ユーザーは自身の責任に関する知識を持ち, 損失リスクを受容水準まで減らすのに十分なレベルになるように訓練を受けていなければならない. 個人の責任の明確な名称や範囲は組織によって異なる場合があるが, 以下の役割はセキュリティマネジメントの実装を支える. 個人には, 組織の複数の役割を割り当てることができる. 全従業員によるセキュリティマネジメントの実行の基礎を提供するため, ポリシーの配布, 職務内容の説明, 訓練, 管理指導による, 説明責任を含む役割と責任の明確な定義とコミュニケーションを提供することが重要である.

▶今日のセキュリティ組織構造

　情報セキュリティ部門やその責任範囲に画一的なものは存在しない. セキュリティ組織が報告すべき先も変化している. 多くの組織では, 情報システムセキュリティ責任者(Information Systems Security Officer：ISSO)または最高情報セキュリティ責任者(Chief Information Security Officer：CISO)が, 最高情報責任者(Chief Information Officer：CIO)または組織のITに責任を持つ個人に報告する. これは, 多くの組織が情報セキュリティ機能をITの問題とみなし, ビジネス上の重要課題として考えていないことが原因である.

　あるいは, 論理的根拠としては, これらの事柄が, ITの専門家には理解できるが, 通常のビジネス担当者にはよく理解できない, 技術的な言葉で伝達されるためかもしれない. 位置付けの論拠に関わらず, IT部門はプロジェクトを時間内, 予算内に高品質で実現しようとすることにモチベーションがあるため, IT組織に情報セキュリティの個別の責任を負わせることは利害の衝突をもたらす可能性がある. セ

キュリティ機能がこれらの決定を行う者に報告されている場合，上述の制約を満たすために本来適用されるべきセキュリティ要件が適用されないことがある．セキュリティ機能をCIOに報告することのメリットは，セキュリティ部門がIT部門の活動に従事し，今後のイニシアチブとセキュリティ上の課題を認識する可能性が高いことである．

　情報セキュリティと物理的なセキュリティ機能を統合する傾向が高まっている．これは物理コントロールの自動化が進み，情報保護のための物理的なセキュリティ要件が増えた結果である．これらの分野では分離が少なく，統合性が向上している．この傾向により，セキュリティ機能がリスクマネジメント機能として扱われ，IT組織の外に配置されることとなる．これにより，リスクマネジメントと，ユーザーID管理，パスワードリセット，IT組織以外の関係者のアクセス許可には大きな独立性と焦点が当てられ，実行されるセキュリティアクティビティに対する，異なった一連の抑制と均衡の関係も導入される．セキュリティ機能は，情報技術以外の職務機能に報告されることがある．この職務機能は，できれば経営幹部レベルで，可能な限り組織の上位に報告されるべきである．これにより，適切なメッセージが経営幹部に伝えられ，社員が部門の適切な権限を確認し，社内のニーズを考慮して資金調達の決定を下すことができる．

▶情報セキュリティ責任者の責任

　情報セキュリティ責任者(Information Security Officer)には，意図的または偶発的な損失，漏洩，改ざん，破壊，サービス停止から，すべてのビジネス情報資産を確実に保護する責任がある．セキュリティ責任者は通常，これらの機能のすべてを実行するためのリソースを持っていない．このため，情報の保護を確実にするためのポリシー，プロシージャ，スタンダードおよびガイドラインを実装および実行するために，組織のほかの個人に協力を仰ぐ必要がある．この時，情報セキュリティ責任者は組織の情報セキュリティの推進役として機能する．

　脅威環境は絶えず変化しており，セキュリティ責任者はその変化に対応しなければならない．どのような組織でも新たな脅威を予測することは難しく，その一部は外部環境や新しい技術的変化から訪れる．2001年9月11日に米国で発生したテロ攻撃に先立って，この種の攻撃が非常に起こりやすいと感じていた人はほとんどいなかった．しかし，それ以来，多くの組織がアクセス制御ポリシー，物理的なセキュリティおよび事業継続計画を再検討してきた．最近では，Edward Snowden（エドワード・スノーデン）による開示によって引き起こされた問題により，企業と個人の

両方は，世界中で，セキュリティポリシーと実践の再評価と再考を余儀なくされた．ワイヤレス，低コストのリムーバブルメディア（書き込み可能なDVDとUSBドライブ），ラップトップやタブレット，スマートフォンなどのモバイルコンピューティングデバイスなどの新しい技術によって，情報の機密性と漏洩に対する新たな脅威が生まれた．組織は，変更なしで2〜3年間持続するポリシーを作成しようとするが，業界や変化の度合に応じて，これらのポリシーは頻繁に再考する必要がある．

　セキュリティ責任者とそのチームは，組織の情報セキュリティのニーズに対処するために，セキュリティのポリシー，プロシージャ，ベースライン，スタンダード，ガイドラインを確実に策定する責任がある．ただし，セキュリティ部門がすべてのポリシーを自分たちで作成する必要はない．また組織内のほかの部門（法務，人事，情報技術，コンプライアンス，警備，事業部門およびポリシーを実装する必要があるその他の部門）からの情報や関与がない状態で，セキュリティ部門が単独でポリシーを作成するべきではない．ポリシーの承認は，経営陣レベルで行う必要がある．通常，スタンダード，プロシージャ，ベースラインの策定については，このレベルの承認を必要としない．

　セキュリティ責任者は，企業のリスクプロファイル，文化，利用可能なリソースおよび率先して新しいものを導入していく要望に基づいて，適切なソリューションが適切な場所に確実に配置されるように新しい技術を常に把握しておかなければならない．技術とセキュリティソリューションに関して，組織が先駆者であるか，後続者（成熟した製品の実装）であるかによって，セキュリティソリューションの優先順位は異なる方法で決定される．技術の進展の把握ができていないと，効果的ではない古い製品を維持することで，組織の費用が上昇する可能性がある．新しい技術の適切な実践を知るためには，セキュリティ業界団体への積極的関与から，ベンダーとの相互交流，産業研究グループへの加入，印刷物やインターネットニュースの単純な参照まで様々である．

　コンプライアンス（Compliance）とは，セキュリティポリシーの遵守を確実にする手順である．企業のファイアウォールを強化するポリシーまたはスタンダードは，活動が実行されていない場合にはそれほど有用ではない．政府は，非公開情報を保護するための要件を設定し，企業が準拠しなければならない重要なプロセスに対するコントロールを改善する新しい法律，規則，規制を継続的に策定している．多くの法律はセキュリティ要件に関して重複しているが，新しい法律では情報セキュリティの特定の側面に対して，より厳しい要件が提供されることがよくある．法律を遵守するための時間枠は，必ずしも組織にとって最適な時期に来るとは限らず，予

算の調達サイクルと一致しない場合もある．セキュリティ責任者は，新しい規制の変化に迅速に対応しなければならない．計画と文書化は，コンプライアンスの証明の観点から非常に重要である．社内外の検査を問わず，定期的なコンプライアンスはプロシージャ，チェックリストおよびベースラインが文書化され，実施されていることを保証する．コンプライアンスレビューでは，エンドユーザーと技術スタッフが訓練され，セキュリティポリシーを読んでいることを確認することも必要である．

セキュリティ責任者は，多くの場合，コンピュータインシデントレスポンスチーム（Computer Incident Response Team：CIRT）の導入と運用に責任を持っている．CIRTは，インシデントの評価，インシデントによる損害の評価，システムの修理のための正しい対応の提供，潜在的な訴追または制裁の可能性のある証拠の収集のために，マネジメント，テクニカル，インフラストラクチャー，通信を含む，必要なスキルを持つ有識者のグループである．CIRTは，インシデントの性質と組織の文化に応じて活動する．インシデントによる損失を最小限に抑え，再発の機会を減らすため，セキュリティインシデントは迅速に追跡調査される必要がある．

セキュリティ責任者は，情報セキュリティ意識啓発プログラム（Information Security Awareness Program）を主導し，プログラムが対象者に対して理解しやすい有意義な方法で確実に伝わるようにする．このプログラムはセキュリティ問題に関し，参加者の注意を喚起するために開発され，エンドユーザーがセキュリティ違反に気づいた時にどのような報告アクションを起こすべきかを説明する必要がある．意識啓発が促進されない場合，ポリシーは伝達されず，会社内で実施されるという保証もほとんどない．効果的な意識啓発プログラムは，1回限りではなく，年間を通じて複数の構成要素と伝達方法で提供する．

セキュリティ責任者は，組織のマネジメントチームや計画ミーティングに効果的に関与しなければならない．プロジェクトの指示と決定は，これらのミーティングで行われ，セキュリティイニシアチブの優先順位付けと資材購入の決定も行われる．これらのミーティングには，取締役会（定期的な更新），情報技術運営委員会，マネージャーミーティングおよび部門別会議などが含まれる．

セキュリティ責任者の成功の鍵は，組織のビジョン，使命，目標／目的，計画を理解することである．これらを理解することで成功の可能性が高まり，プロジェクトライフサイクルにおいて最適なタイミングにセキュリティを導入できるようになり，企業の使命もよりよく果たせるようになる．セキュリティ責任者は，組織が直面している競争圧力，組織の強み，弱み，脅威，機会および規制環境を理解する必

要がある．これらのすべてが，必要性もリスクも最も高い領域に適切なセキュリティコントロールが適用される可能性を高め，希少なセキュリティ資金を最適に配分する．各部門のビジネス戦略が彼らの成功のためには不可欠である．その戦略にセキュリティを統合することでセキュリティ責任者の成功が決定される．

▶ 経営幹部にリスクを伝える

　情報セキュリティ責任者は，組織の事業目標を理解し，リスクアセスメントを行い，特定の組織に影響を与える脅威と脆弱性を考慮に入れた上で，経営幹部にリスクを伝える責任がある．経営幹部チームの構成は，業界や政府機関のタイプに応じて異なるが，一般的に，最高経営責任者（Chief Executive Officer：CEO），最高業務執行責任者（Chief Operating Officer：COO），最高財務責任者（Chief Financial Officer：CFO），最高情報責任者（Chief Information Officer：CIO）のような経営幹部レベルの職位保持者が含まれる．経営陣には，営業部門担当副社長，管理部門担当副社長，法律顧問，人事部門担当副社長など，CEOに直接報告する者も含まれている．

　経営陣は，受容可能なリスクと組織の使命に沿った事業運営の適切なバランスを維持することに関心がある．そのため，経営幹部は，実装の技術的な詳細に関心はなく，むしろソリューションのコストや利益，安全対策を講じたあとの残存リスクに関心がある．例えば，特定ベンダーのルーターを設置するための設定値は，以下の質問に対する回答ほど重要ではない．

- 実際に認識される脅威（解決すべき問題）は何か
- 事業運営に対するリスク（影響と確率）は何か
- 安全対策のコストとは何か
- 残存リスク（安全対策が適切に実施され，維持されたあとに残るリスク）は何か
- プロジェクトの期間はどれくらいか
- これらは，リソース（時間，金，人，システム）が競合するほかの項目とともに評価されなければならない

　セキュリティ責任者は，実際のビジネスニーズに基づき，かつ事実が明確に示された情報を経営幹部に提示する責任がある．特定のコントロールを推奨する場合，リスクに基づいている必要がある．最終的に情報セキュリティに責任を持つのは，組織の経営幹部である．提示は，技術的安全対策の目的を伝えるために高度に調整され，要求されない限り，基本的な技術の厳密な詳細の提示は不要である．

▶レポートモデル

　セキュリティ責任者と情報セキュリティ組織は，以下のために，組織内で可能な限りの上層部へ報告する必要がある．

1. 情報セキュリティの重要性に対する認識を維持する．
2. 組織階層の深さのために伝言ゲームとなり，不正確なメッセージが伝わることを抑制する．

　組織の上位になるほど，セキュリティに対するほかの経営幹部の関心を高める能力が高まり，適切な予算とリソースを確保する可能性が向上する．組織内のセキュリティ責任者の報告は，数年にわたり議論の対象となっており，組織の文化に依存しているが，すべての組織に適合する最良のモデルはなく，それぞれの位置付けの選択に依存した長所と短所がある．選択したレポートモデルが何であれ，セキュリティ問題を解決するための説明責任を確立するために，企業全体のレベルで情報セキュリティを確保する責任を持つ個人を選択する必要がある．次項では，組織にとって適切なレポートモデルを選択するための視点を提供する．

▶ビジネス関係

　セキュリティ責任者は，経営幹部，中間管理職およびエンドユーザーと，信頼できる良好な関係を築かなければならない．経営幹部は，ほかの経営幹部だけでなく，多くの個人との日常的な交流を通じて情報を収集することが必要である．個人から支持を得た結果が，組織の信頼を得ることとなる．同様に，経営陣とセキュリティ責任者との関係は，セキュリティ戦略を導入する場合に重要である．導入実績を確立し，事業に対する保護の価値を実証することで，この関係が構築される．セキュリティ機能が適切に実行されないと，イノベーションを遅らせ，実装を阻み，超過コストが発生するため，セキュリティ機能を適切に実行することがビジネスの成功の鍵となる．ビジネスに対する情報セキュリティの必要性と重要性を理解する経営幹部に報告するとともに，適切な資金調達のために，セキュリティに努力していることを積極的に表明していくことが成功のためには重要である．

▶CEOへの報告

　CEOに直接報告することにより，メッセージが複数階層を通過する場合に発生する情報の欠落が大幅に減少し，全体的な情報伝達が改善され，情報セキュリティ

の重要性が組織にはっきりと示される．クレジットカード会社，テクノロジー企業，eBay社（イーベイ）やAmazon.com社（アマゾン・ドット・コム）などのインターネットWebサイトの商取引に収入源が大きく依存する企業など，セキュリティニーズの高い企業は，このようなモデルを利用する可能性がある．このモデルの欠点は，CEOがほかのビジネスの課題に没頭している可能性があり，情報セキュリティ問題に関心や専念する時間がないことである．

　セキュリティ専門家は，特定の条件を満たすインシデントについて報告義務がある組織が存在することを認識する必要がある．例えば，米国政府の民生部門は，個人識別情報の侵害を発見から1時間以内に，米国コンピュータ緊急事態対策チーム（U.S. Computer Emergency Readiness Team：US-CERT）へ報告する義務がある．犯罪行為が疑われる場合にインシデントをどのように伝達するかを決定するためのポリシーとプロシージャーを定義する必要がある．さらに，以下のようなインシデントのエスカレーション方法を決定するためのポリシーとプロシージャーが必要である．

- メディアや組織の広報部門が関与する必要があるか
- 組織の法務部門はレビューに関与する必要があるか
- インシデントは，ライン管理職，中間管理職，経営幹部，取締役会または利害関係者にどの時点で通知されるか
- インシデント情報を保護するためにはどのような機密性要件が必要か
- レポートにはどのような方法が使用されているか．電子メールが攻撃された場合，どのように報告および通知プロセスに影響を及ぼすか

▶情報技術（IT）部門への報告

　このモデルでは，情報セキュリティ責任者が，最高情報責任者（CIO），情報技術担当ディレクター，情報技術部門担当副社長またはIT部門長に直接報告する．ほとんどの組織ではこのモデルが採用されている．これは歴史的に，多くの企業でデータセキュリティ機能がそこで使用されてきたためである．これは，セキュリティが技術的な問題としかみなされないことが原因であった．このモデルのメリットは，セキュリティ責任者の報告相手が，情報セキュリティの影響を頻繁に受ける技術的な問題について理解し，必要な変更を行う際に，経営幹部に対して強い影響力を発揮できるという点にある．また，このモデルは，情報セキュリティ責任者とその部門が，情報システム部門との交流に多くの時間を費やすことになるため有益である．これにより，プロジェクトの活動や課題に対する強み，信頼，適切な意識

を構築することができる.

このモデルの欠点は，利益相反(Conflict of Interest)にある．市場投入までの時間，リソース配分，コストの最小化，アプリケーションのユーザビリティ，プロジェクトの優先順位に関してCIOが決定する必要がある場合，情報セキュリティ機能が軽視されることがある．典型的なCIOの目標は，事業を支援するアプリケーション製品のタイムリーな提供にある．多くの場合，セキュリティコントロールによって，製品導入期間や導入費用捻出に時間がかかるという認識がある．その結果，セキュリティへの考慮に同等の重みが与えられない可能性がある．法律顧問など，組織の別の部門と関係を持つことで，利益相反を判断できるようにすることも有用である．

前述のように，CIO組織内の職位が低い者への報告は避けなければならない．CEOと情報セキュリティ責任者の職位に差があればあるほど，克服すべき課題が多くなる．組織内のさらに職位が低い者は，コンピュータ操作，アプリケーションプログラミング，コンピューティングまたはネットワークインフラストラクチャーなど，独自の専門分野に焦点を当てている．

▶警備部門への報告

多くの組織の警備部門は，物理的なセキュリティに焦点を当てている．警備部門の人々は，元警察官，元軍人であったり，何らかの形で刑事司法制度と関連するバックグラウンドを持っていたりすることが多い．警備部門への報告は理にかなっているように見えるかもしれない．しかしながら，これらの組織の人々は歴史的に異なった背景を持っている．物理的なセキュリティは，刑事司法，保護，安全，調査に重点を置くが，情報セキュリティの専門家は通常，ビジネスや情報技術など，異なる訓練を受けている．これらの専門分野には共通部分も存在するが，それ以外は大きく異なる．警備部門に関する潜在的な問題点は，警察型の考え方を持つ可能性である．これにより，ユーザーと効果的なビジネス関係を構築することが困難になる可能性がある．前向きな関係を確立することで，ポリシーや実装されたセキュリティコントロールをエンドユーザーが聞き入れ，遵守する可能性が高まる．また，セキュリティ部門にポリシー違反を報告することに対し，ユーザー側の受け入れと支持を得ることができる．

▶管理サービス部門への報告

情報セキュリティ責任者は，管理サービス部門担当副社長に報告することがある．組織によっては，物理的なセキュリティ，従業員の安全，人事部門が，管理

サービスに含まれることがある．CIOに報告するメリットに記述されているように，CEOと情報セキュリティ部門の間には1階層しか存在しない．このモデルは，人事部門が関係することにより，企業の機能として見ることもできる．これは，あらゆる形式の情報(紙，口頭および電子)のセキュリティに焦点を当てることができるため，魅力的なモデルである．電子情報だけに焦点を当てる傾向がある技術部門に存在する機能と比較して，利点がある可能性がある．欠点は，この分野のリーダーが情報技術に関して限られた知識しか持っていないことであり，ビジネス戦略とセキュリティ要件の両方を理解し，幹部やCEOに技術的解決策を伝えることが難しくなる可能性がある．

▶保険およびリスクマネジメント部門への報告

銀行，株式仲介業，調査会社などの情報集約型組織は，このモデルの恩恵を受ける可能性がある．最高リスク責任者(Chief Risk Officer：CRO)は，組織のリスクと，低減，受容，保険などを通じたリスクマネジメント手法にすでに関心を持っている．このモデルの欠点は，リスク責任者が情報システム技術に精通していない可能性があり，日々運用されるセキュリティプロジェクトにあまり注意を払わないかもしれないことである．

▶内部監査部門への報告

この報告関係は，内部監査部門が，情報セキュリティ部門の活動を含む組織の統制構造の有効性と実施を評価する責任を負っているため，利益が相反すると見られることがある．内部監査が独立した視点を提供することは困難である．内部監査部門は，その役割の性質(部門プロセスの欠陥を指摘)のせいで会社の他部門と敵対的な関係を持つことがあり，つながりを通じて，セキュリティ部門は同様の視点で認識されることがある．セキュリティ部門は，内部監査部門と密接な関係を築き，コントロール環境を容易にすることが望ましい．内部監査マネージャーは，財務，運用および一般的なコントロールをバックグラウンドに持つ可能性が高く，情報セキュリティ部門の技術活動に関わることが困難な場合がある．肯定的な面は，両部門とも会社のコントロールを改善することに重点を置いていることである．内部監査部門は，取締役会の監査委員会との関係を通じて，監査上の問題に関して好ましい報告関係を有している．情報セキュリティ機能は，内部監査部門との連携または単独で，セキュリティ問題を取締役会に報告できる経路を持つことが望ましい．

▶ 法務部門への報告

　弁護士は，規制，法律，倫理基準に対するコンプライアンス，適切な注意(Due Diligence)の実行，ならびに情報セキュリティの多くの目的に一致するポリシーやプロシージャーの確立に関心がある．社内の法律顧問は一般的に，CEOから尊敬され，意見を聞き入れられる．規制された業界の場合，これは効果的かもしれない．

　利点は，CEOと情報セキュリティ責任者との距離が1階層であることである．欠点としては，コンプライアンスに重点を置いているため，情報セキュリティ部門が通常，内部監査の担当であるコンプライアンスチェックに(セキュリティコンサルティングやサポートと比較して)より多くの業務活動を行う可能性があることである．

▶ 最適な決定

　先に示したように，各組織は，潜在的な報告関係の各タイプの賛否両論を理解し，企業文化，業種，そして企業にとって最大の利益をもたらすものに基づいて適切な関係を築く必要がある．適切な報告関係は，利害の衝突を最小限に抑え，可視性を高め，資金が適切に割り当てられるようにし，情報セキュリティ部門の位置付けが決定された時にコミュニケーションが有効であることを保証する．

▶ 予算

　情報セキュリティ責任者は，情報セキュリティプログラムを管理するための予算を確保し，ヘルプデスク，サービスデスク，アプリケーション開発，コンピューティングインフラストラクチャーなど，他部門の予算においてもセキュリティが確実に含まれるようにする．セキュリティは，アプリケーションの実装時または実装後に補足的に追加されるよりも，アプリケーション設計時に組み込む方が，はるかに安価で簡単である．ライフサイクルの後半でセキュリティを追加する場合，費用の見積もりは広い範囲に及ぶ．しかしながら，開発または調達ライフサイクルを通じてセキュリティを考慮していないためだけの追加コストが発生するわけではない．セキュリティを適切に実装するために必要な時間がスケジュールに考慮されておらず，遅延が発生した場合も，追加コストが発生する．セキュリティ責任者は，開発の各段階(分析，設計，開発，テスト，実装，実装後)でのプロジェクトのコストにセキュリティが考慮されるよう，アプリケーション開発マネージャーと協力しなければならない．最低限のウォークスルーを行い，成果物がシステムセキュリティ認証のセキュリティ要件を満たしていることを確認する必要がある．独立性の観点から，これを容易にするために，セキュリティ責任者は情報システム管理者またはアプリケーション開発

管理者に報告すべきではない.

　新しい開発プロジェクトが適切にセキュリティに対応することを保証することに加えて，アクセス管理，侵入検知，インシデントハンドリング，ポリシー開発，基準への準拠，外部監査人のサポート，先端技術の評価などの継続的職務機能には，適切な資金が提供されなければならない．セキュリティ責任者とチームは，中長期計画のすべてのプロジェクトを完了するために必要な予算を確保することはできない．予算編成プロセスでは，現在のリスクを調査し，組織に最大の費用対効果をもたらす活動が実施されることを保証する必要がある．これはリスクマネジメント（Risk Management）として知られている．12〜18カ月を超えるプロジェクトは，一般的に長期的かつ戦略的であると考えられ，多くの資金やリソースが必要となり，実現はより複雑となる．これらの取り組みにより長い時間枠を必要とする場合は，小規模で短期的に結果を検証するパイロットプロジェクトの実行が望ましい．初期に支持した経営陣が交代する可能性があるため，長期的な取り組みに資金を提供することは，組織だけでなく，変更を実施するチームメンバーの一部も辛抱できなくなることがよくある．回収期間が長くなればなるほど，経営幹部が期待する投資利益率（Rate of Return：ROR）は高くなる．これは主に，長期的な取り組みに伴うリスクレベルが高いことが原因である．

　スタッフ数，必要なセキュリティ保護レベル，実行するタスク，遵守すべき規制，スタッフの適格性レベル，必要な訓練およびメトリックスへの適合の程度も，資金要件を左右する要因である．例えば，組織が政府の規制を満たすために，CISSPやその他の業界標準のセキュリティ認証など，セキュリティ認証を取得した個人の数を増やす必要がある場合，組織は個人の準備のために内部研修セミナーに資金を提供する義務を感じるかもしれない．これは予算に含める必要がある．これはまた，学習機会が増えたことを通じてセキュリティ専門家を組織に引きつけ，保持するために有効である．別の例として，政府の法令遵守に必要な期間においては，適切な状況追跡や監査問題への対応のために増員が必要な場合がある．

▶メトリックス

　測定値を収集することにより，長期的な傾向に関する情報を提供し，日常的な作業量を示すことができる．プロセスの測定は，プロセスの改善に役立つ．例えば，パスワードリセットのためにヘルプデスクが費やす作業時間を測定することで，エンドユーザーがパスワードリセットを自己管理するための新しい技術の実装を正当化することができる．ウイルスの拡散傾向，レポートの頻度を追跡することで，ウ

イルス対策管理プロセスのさらなる教育または改善の必要性を判断できる．メトリックス(Metrics；評価指標)を収集する時には，収集者，対象となる統計，時期，範囲外とする閾値など，多くを決定する必要がある．どのメトリックスを使って情報を示すのか，メトリックスの収集によって必要なエビデンスまたは望ましい値が得られるかどうかを判断することが，最初の重要な決定である．

▶リソース

情報セキュリティ機能の全体的なリソース管理を検討する場合，情報セキュリティ専門家は，情報セキュリティプログラムの成功を保証するための予算以上のものを考慮する必要がある．多くの組織では，以下のリソースが情報セキュリティ機能を直接サポートする役割を果たす．

- システム管理者
- データベース管理者
- ネットワーク管理者
- ポリシー責任者
- コンプライアンス責任者
- 法務部門
- 法執行機関
- 品質保証テスト担当者
- ヘルプデスク／サービスデスク技術者

さらに，情報セキュリティプログラムは，以下を含む(ただし，これに限定されない)いくつかの機能によって，間接的にサポートされる．

- 予算責任者
- 調達専門家
- ビジネスアナリスト
- 管理専門家
- エンタープライズアーキテクト
- ソフトウェア開発者

情報セキュリティプログラムと情報セキュリティ責任者が利用できるリソース

は，組織の規模，複雑さ，使命に大きく影響される．組織の使命を理解し，前述した支援するリソースとの関係を構築することは，セキュリティプログラムの効果の差をもたらすことがある．セキュリティ責任者にとって組織の最も重大な課題を単独で解決するツールやチームの存在は稀である．

1.2.4 情報セキュリティ戦略

戦略的計画，戦術的計画および運用計画は相互に関連しており，それぞれが組織のセキュリティ強化に異なる焦点を当てている．計画は，組織がセキュリティ要件に反動的になる可能性を減らす．適切な計画を立てることで，長期的または短期的な目標を支持するかどうか，より多くのセキュリティリソースの配分を保証する優先順位を持つかどうかに関して，プロジェクトの決定を行うことができる．

▶ 戦略的計画

戦略的計画(Strategic Planning)は，戦略的なビジネスならびに情報技術の目標に沿っている．これらの計画は，セキュリティ活動の長期的な見通しを導く長期的な視野(3〜5年あるいはそれ以上)を持っている．戦略的計画を策定するプロセスは，数年後の企業環境と技術環境の考え方を重視している．ビジネス目標を達成するためのプロジェクトのビジョンを提供するために，高いレベルの目標が定められている．これらの計画は最低年1回，または合併，買収，アウトソーシング関係の確立，事業環境の大幅な変更，新規競合企業の参入など，事業の大きな変更が発生した時に見直されるべきである．技術的な変更は5年の間に頻繁に起こるため，計画を調整する必要がある．上位レベルの計画は，下位レベルの決定が経営幹部の会社の将来への意向と一致するように，組織的ガイダンスを提供する．例えば，戦略的目標は次のようなものから構成される．

- セキュリティポリシーとプロシージャーの確立
- 停止時間を削減するためのサーバー，ワークステーション，ネットワーク機器の効果的な導入
- すべてのユーザーがセキュリティの責任を理解し，優れたパフォーマンスに報いることの保証
- 企業全体のセキュリティを管理するセキュリティ組織の確立
- リスクが効果的に理解され，制御されるような効果的なリスクマネジメン

トの保証

▶戦術的計画

　戦術的計画（Tactical Planning）は，指定された目標を支援し達成するための広範な
イニシアチブを提供する．これらのイニシアチブには，コンピュータ制御ポリシー
の開発と配布プロセスの確立，サーバー環境の堅牢な変更管理の実装，脆弱性管理
を使用したサーバー上の脆弱性の低減，「ホットサイト」災害復旧プログラムの実
装，アイデンティティ管理ソリューションの実装などの展開を含む．これらの計画
はより具体的であり，その対応を完了するための複数のプロジェクトで構成され
ている．戦術的計画は，会社の具体的なセキュリティ目標を達成するために，6〜
18カ月など期間を短く設定する．

▶運用計画とプロジェクト計画

　マイルストーン，日付，説明責任のある具体的な計画は，個々のプロジェクトが
確実に完了するためのコミュニケーションと方向性を提供する．例えば，ポリシー
開発とコミュニケーションプロセスを確立するには，多くのタスクを伴う複数のプ
ロジェクトが必要である．

1．セキュリティリスクアセスメントを実施する
2．セキュリティポリシーと承認プロセスを開発する
3．ポリシーを導入し，コンプライアンスを追跡する技術インフラストラク
　　チャーを開発する
4．ポリシーに関してエンドユーザーを訓練する
5．コンプライアンスを監視する

　取り組みの規模と範囲に応じて，これらのイニシアチブは，単一の計画の一部と
してのステップまたはタスクである場合もあれば，複数のプロジェクトによって管
理される複数の計画である場合もある．これらの取り組みの期間は短く，それぞれ
の取り組みの完了時には個別の機能を提供する．伝統的な「ウォーターフォール」の
プロジェクト実施方法は，全プロジェクトの実施に必要な各ステップを詳述するた
めに多大な時間を費やしている．最近の経営陣は，投資の価値を途中で実証するた
めに，短期間または少なくとも一時的な結果を達成することにより重点を置いてい
る．このような価値の実証は，組織の関心とその取り組みに対する可視性を維持し，

長期的に資金を維持できる機会を増やす．経営幹部は，これらの利益を早期に実現することができないとしびれを切らすため，定期的にコミュニケーションをとることが必要不可欠である．

1.3 完全で効果的なセキュリティプログラム

情報セキュリティプログラムの完全性と有効性を評価するために，いくつかのフレームワークと評価方法が利用可能である．いくつかの組織は，企業内でのこれらの取り組みを指導し，支援するために，時には「セキュリティ評議会（Security Council）」と呼ばれる企業全体のセキュリティ監督委員会を設置している．このグループは，情報セキュリティプログラムの監督と指示を提供する運営委員会として機能する．セキュリティ評議会のビジョンは明確に定義され，評議会の全メンバーにより理解されなければならない．

1.3.1 監督委員会代表

効果を最大限に発揮させるために，監督委員会（Oversight Committee）は，複数の組織部門の代表者で構成する必要がある．これにより，企業全体にわたるセキュリティプログラムの所有権の意識が高まり，長期的なポリシーの維持が向上する．人事部門は，既存の行動規範，雇用と労使関係，解雇と懲戒処分方針および実施慣行の知識を提供するために不可欠である．法務部門は，ポリシーの用語が意図されていることを明示し，該当する地方，州および連邦法に適切に従うことを確実にするために必要である．IT部門は，現在のイニシアチブに関する技術的な情報とポリシーをサポートするための手順と技術的な実装の開発を提供する．個々の事業部門の代表は，ビジネスのミッションを実行する上で，ポリシーがどれほど実用的であるかを理解するために不可欠である．コンプライアンス部門の代表は，ポリシー作成に必要な倫理，契約上の義務，調査についての見識を提供する．評議会の議長を務めるセキュリティ責任者は，情報セキュリティ部門とセキュリティチームのメンバーを技術的な専門性で代表する必要がある．

監督委員会は経営委員会であり，経営幹部が主体である．経営幹部が詳細なレベルまでレビューすることは時間的にも困難である．このレベルでのポリシーのレビューは，経営陣から同意を得るために必要なステップである．しかし，開発の初期段階で経営幹部レベルを使用することはうまくいかないだろう．ライン管理職

(Line Management)は個々の分野に非常に重点を置いており，セキュリティポリシーやプロジェクトイニシアチブを評価するために必要な組織の視点(個々の部門を超えて)を持たない場合がある．中間管理職(Middle Management)は，組織にとって最善のものを適切に評価するとともに，経営幹部およびライン管理職にポリシーを受け入れさせる影響力を有する，最良のポジションにいるように見える．中間管理職が存在しない場合は，ライン管理職を含めることが適切である．ライン管理職は通常，運営時にこれらの職務(中間およびライン機能)の両方を満たしているためである．

1回のセキュリティ評議会では多くの問題が対処される可能性があり，会議の議事録を誰かに記録させる必要がある．会合での議長の役割は，議論を促進し，すべての視点が確実に聞かれるようにし，必要に応じて議論を決定に導くことである．議事ノートをとるのと同時にその作業を実行することは困難である．会議を録音することは，議事ノートに欠けている可能性のあるキーポイントを捉え，正確な議事録を作成するのにも役立つ．

セキュリティ部門とセキュリティ監督委員会との関係は，組織図に反映される場合と反映されない場合がある．委員会の価値は，ビジネスの方向性を提供し，継続的に組織に影響を与えているセキュリティ活動の意識を高めることにある．委員会の開催頻度は，組織文化(ほかのイニシアチブで開催される月次または四半期監督会議があるかどうか)，セキュリティイニシアチブの数および他部門の関与を必要とする決定の緊急性に依存する．

▶セキュリティ評議会のビジョンステートメント

組織のビジョンと整合性をとり，これを支援する明確なセキュリティビジョンステートメント(Security Vision Statement)が存在すべきである．これらのステートメントは通常，事業目標をサポートするための機密性，完全性および可用性に関するセキュリティの概念を参考とする．ビジョンステートメントは技術的ではなく，事業への利点に焦点を当てている．人々は管理分野と技術分野から評議会に参加するが，参加時間は限られているため，ビジョンステートメントは継続的な関与を維持する価値があるものでなければならない．ビジョンステートメントは，端的で，的を射ており，達成可能な，高水準の一連のステートメントでなければならない．

▶ミッションステートメント

ミッションステートメント(Mission Statement)は，ビジョン全体を支える目標である．これらは，ビジョンを達成するためのロードマップとなり，評議会がその関与

> 情報セキュリティ評議会は管理方針を提供するとともに，ACME社の情報セキュリティの以下の取り組みを確実にするための相談役を務める．
>
> ☑ 適切な優先順位付け
> ☑ 各部門の支援
> ☑ 適切な予算の確保
> ☑ ACME社の情報セキュリティ要件の明確化
> ☑ コスト，対応時間，使い勝手，柔軟性，市場投入時期とセキュリティ要件とのバランス調整
>
> 情報セキュリティ評議会は，以下の取り組みを通じて，セキュリティプロファイルの強化や資産保護の向上に関し，積極的に取り組む．
>
> ☑ 組織全体における情報セキュリティイニシアチブの承認
> ☑ セキュリティ上の目標達成に向けた様々なワークグループ間の調整
> ☑ 組織内のセキュリティイニシアチブの意識啓発の促進
> ☑ セキュリティの目的，ポリシー，プロシージャーや，それらが組織に与える影響に関する検討
> ☑ ACME社の情報技術運営委員会へのポリシーの提言
> ☑ 組織が直面している脅威，脆弱性，保護手段に対する理解の増進
> ☑ ポリシー，プロシージャー，スタンダードのレビューへの積極的な参加
>
> ACME社の情報技術運営委員会は，情報セキュリティ評議会を以下のとおり支援する．
>
> ☑ 情報技術の展開に関する戦略的ビジョンの策定
> ☑ 優先順位の確立，ビジョンと呼応するリソースの配備
> ☑ 推奨されるポリシー，スタンダード，ガイドラインの承認
> ☑ 主要な資本支出の承認

図1.4 セキュリティ評議会ミッションステートメントの例

の目的をはっきりと見るのに役立つ．人によっては，目的（Goal），目標（Objective），イニシアチブ（Initiative）などと命名するだろう．**図1.4**に，ミッションステートメントの例を示す．

　技術者と技術者以外の人々が容易に理解できるように目標を伝えることが重要であるため，効果的なミッションステートメントは長文である必要はない．セキュリティ評議会の主な任務は組織によって異なる．ビジョンステートメントとミッションステートメントは，新たなメンバーが評議会の目的に合致するだけでなく，ミッションステートメントで示された価値に従って評議会が機能するために，年次ベー

スでレビューされるべきである.

▶セキュリティプログラムの監督

この目的を最初に確立することによって,評議会のメンバーは,セキュリティプログラムの方向性に対して何らかのインプットと影響力を持っていると感じ始める.これは,多くのセキュリティ上の決定が委員会メンバーの活動分野に影響するため重要である.これにより,情報セキュリティプログラムによって作成された成果物が,情報セキュリティ部門ではなく,セキュリティ評議会で勧告または承認されるようになり,経営陣からの委任の始まりとなる.セキュリティ評議会の主な活動は以下のとおりである.

- **プロジェクトイニシアチブの決定**(Decide on Project Initiatives)＝各組織は,事業を進めるために,プロジェクト全体に割り当てる限られたリソース(時間,金,人)を持っている.情報セキュリティプロジェクトの主な目標は,合理的なコントロールの実施を通じて組織の事業リスクを低減することである.評議会は,イニシアチブとその結果生じる事業影響度を理解する上で積極的な役割を果たす必要がある.
- **情報セキュリティへの取り組みの優先順位付け**(Prioritize Information Security Efforts)＝セキュリティ評議会が提案したプロジェクトイニシアチブとそれに伴う事業への肯定的な影響を理解すると,そのメンバーはプロジェクトの優先順位付けに関与することができる.これは,正式な年次プロセスの形で行われる場合もあれば,議論や個別のイニシアチブへのサポート表明を通じて実施される場合もある.
- **セキュリティポリシーのレビューと推奨**(Review and Recommend Security Policies)＝セキュリティポリシーのレビューには,以下が含まれる.
  - ポリシーの行単位の詳細レビュー
  - あらゆるスタンダードの一般的なレビュー
  - ポリシーをサポートするように設計されたプロシージャーの大まかなレビュー
  - セキュリティ実装計画をモニタリングし,ポリシー,スタンダードおよびベースライン要件を満たしていることの確認
    この活動を通じて,委任を維持する上で重要な3つの主要な概念が実装される.

- ポリシーの理解の強化
- ポリシーをサポートするための組織の実践的能力についての議論
- 実装活動のサポートを増やすための所有権の意識の確立

- **セキュリティプログラムのレビューと監査**(Review and Audit the Security Program)＝監査人は，情報セキュリティの維持と向上に不可欠な役割を果たす．彼らは，コントロールの設計，有効性および実装に関わる独立した視点を提供する．監査の結果は，問題を解決し，リスクを低減するための管理的対応と是正措置計画を必要とする所見を生成する．監査人は，レビューを容易にするために監査の開始前に情報を要求することが多い．いくつかの監査は，実質的なテストなしに高レベルで行われ，ほかの監査では，コントロールが実装され，守られているかどうかを判断するためにテストサンプルが特定される．セキュリティ部門は，内部および外部の監査人と協力して，コントロール環境が適切かつ機能的であることを確認する．

- **最高位組織としてのセキュリティへの取り組み**(Champion Organizational Security Efforts)＝評議会はポリシーを理解して受け入れると，ポリシーの背後にある組織の最高位として機能する．評議会メンバーは，情報システムセキュリティ部門によって作成されたポリシーのドラフトをレビューすることから始めたかもしれないが，その成果物は彼らのレビュー，入力，その策定プロセスへの参加によって初めて完成したものである．彼らの関与は，成果物の所有権と，セキュリティポリシーまたはプロジェクトが会社内で成功することを確認したいという欲求を生む．

- **投資が必要な分野の推奨**(Recommend Areas Requiring Investment)＝評議会メンバーは，個々の部門の視点から意見を提供する機会がある．評議会は，この観点からセキュリティ投資の幅広い支持を確立するための仕組みとして機能する．どの組織内のリソースも限られており，必要性が最も高く，投資利益率(Return on Investment：ROI)が最も高い部門に割り当てられる．この支援を確立することは，適切な資金を得るために多くの場合必須となる最高財務責任者と同様に，ほかのビジネスマネージャーの予算上の理解を高める．

▶エンドユーザー

　エンドユーザー(End-User)は，伝達されたセキュリティポリシーの遵守を通じて，日々の情報資産を保護する責任がある．エンドユーザーは建物の窓のようである．すべての活動を見たり，監視したりすることができる窓のように，彼らの行動は，設計

が不適切で伝達されたコンプライアンス体制の弱点を明らかにするだろう．例えば，不正なソフトウェアをダウンロードしたり，未知の送信者からの添付ファイルを開いたり，悪意あるWebサイトにアクセスしたりすると，悪意あるコード(ウイルス，トロイの木馬，スパイウェアなど)が環境に侵入する可能性がある．しかし，エンドユーザーは，組織の最前線の目や耳になることもあり，セキュリティインシデントや異常な動作を調査するために，適切な役割へ報告することもできる．セキュリティ専門家がこの文化を創造するためには，この役割に関連する期待と受け入れ可能な行動を明確に定義し，これらが文書化され，企業のすべてのメンバーに明確に伝達されるようにする必要がある．

▶経営幹部

経営幹部(Executive Management)は，企業の情報資産の保護に関する全体的な責任を保持する．事業運営は，利用可能で，正確で，知る必要性のない個人から保護されている情報に依存する．この情報の機密性，完全性，可用性が損なわれた場合，財務損失が発生する可能性がある．経営幹部は，組織として受容できるリスクを認識している必要がある．リスクは，リスクアセスメントを通じて特定され，情報を得た上で意思決定ができるよう，明確に幹部に伝達されなければならない．

▶情報システムセキュリティ専門家

セキュリティポリシー，スタンダード，ガイドライン，プロシージャおよびベースラインのドラフト作成は，これらの個人によって調整される．技術的セキュリティ問題についてはガイダンスが提供され，新しいポリシーの採用においては新たな脅威が考慮される．政府の規制および業界動向の解釈や，組織のセキュリティを向上させるセキュリティアーキテクチャーに含めるベンダーソリューションの分析などの活動は，この役割によって実行される．

▶データオーナー／情報オーナー／ビジネスオーナー

通常，経営幹部またはマネージャーは，情報資産に責任を持ち，適切な分類を割り当てる．これにより，ビジネス情報が適切なコントロールで保護されていることを保証する．定期的に，情報オーナー(Information Owner)は情報資産に関連する分類とアクセス権をレビューする必要がある．オーナー(Owner)またはその代理者(Delegate)は，情報へのアクセスを承認する必要がある．また，オーナーは情報の重要度，機密度，保持，バックアップおよび保護手段を決定する必要がある．オーナー

またはその代理者は，自分が管理する情報に関して存在するリスクを理解する責任がある．

▶データ管理者／情報管理者

　データ管理者(Data Custodian)は，オーナーに代わって情報を管理する個人または機能である．これらの個人は，情報がエンドユーザーに利用可能であり，データの損失や破損が発生した場合に復旧できるようにバックアップすることを保証する．システム管理者によって管理されている技術的インフラストラクチャー上のファイル，データベースまたはシステムに情報を格納することができる．このグループは，情報オーナーに代わって情報資産へのアクセス権を管理する．

▶情報システム監査人

　情報システム監査人(Information Systems Auditor)は，ユーザー，オーナー，管理者，システムおよびネットワークが，セキュリティポリシー，プロシージャー，スタンダード，ベースライン，設計，アーキテクチャー，管理指示およびシステムに課せられたその他の要件に準拠しているかどうかを判断する．監査人は，セキュリティコントロールの妥当性について経営陣に独立した保証を提供する．監査人は，情報システムを調査し，組織の目的が達成されるように設計，構成，実装，運用，管理されているかどうかを判断する．監査人は，統制と企業全体の効果について，独立した見方を経営幹部に提供する．

▶事業継続プランナー

　事業継続プランナー(Business Continuity Planner)は，企業の目標に悪影響を与える可能性があるあらゆる事態に備えるための緊急時対応計画(Contingency Planning)を策定する．脅威には，地震，竜巻，ハリケーン，停電，経済政治情勢の変化，テロ活動，火災または重大な害を引き起こす可能性のあるその他の主要な活動が含まれる．事業継続プランナーは，ビジネスプロセスが災害時にも継続し，災害復旧の責任を持つビジネス分野の担当者および情報技術担当者とこれらの活動を調整できることを保証する．

▶情報システム専門家／情報技術専門家

　これらの人員は，合意された運用方針と手順を通じて，情報システムへのセキュリティコントロールの設計，コントロールのテスト，実稼働環境でのシステムの実

装を担当する．情報システム専門家（Information Systems Professional）は，ビジネスオーナーおよびセキュリティ専門家と協力して，設計したソリューションがアプリケーションの重要性，機密性および可用性要件に見合ったセキュリティコントロールを提供することを保証する．

▶ セキュリティ管理者

セキュリティ管理者（Security Administrator）は，ユーザーアクセス要求プロセスを管理し，アプリケーションオーナー，システムオーナー，データオーナーによりアクセスを許可された個人に権限を提供する．この個人は昇格された権限を持ち，アカウントとアクセス許可を作成および削除できる．また，セキュリティ管理者は，個人が職場を離れる時や部門間で異動する時に，アクセス権を削除する．セキュリティ管理者は，アクセス要求承認の記録を保持し，アクセス制御監査のテストにおいて監査人に対してアクセス権のレポートを作成し，ポリシーの遵守を実証する．

▶ ネットワーク管理者／システム管理者

システム管理者（Systems Administrator；Sysadmin/Netadmin とも言う）は，ネットワークとサーバーのハードウェアとそれらで実行されるオペレーティングシステムを構成し，これらのシステムで提供している情報を必要な時に利用できるようにする．管理者は，パッチ管理やソフトウェア配布メカニズムなどのツールとユーティリティを使用してコンピュータインフラストラクチャーを管理し，組織のコンピュータに更新プログラムやテストパッチを適用する．管理者はシステムアップグレードのテストや実装を行い，サーバーとネットワーク機器の信頼性を継続的に維持する．管理者は，市販の（Commercial-Off-The-Shelf：COTS）ソリューションまたは非COTSソリューションを通じて脆弱性管理を行い，コンピューティング環境を試験し，脆弱性を適切に低減する．

▶ 警備員

警備の役割に割り当てられた個人は，調査を支援するために，地方警察機関，州警察または連邦捜査局（Federal Bureau of Investigation：FBI）などの外部の法執行機関との関係を確立する．警備員（Physical Security Personnel）は，CCTV（Closed Circuit Television）監視システム，盗難警報システムおよびカードリーダーアクセス制御システムの設置，保守および継続的な運用を管理する．警備員は，必要な場所に配置され，不正アクセスを防止し，社員の安全を確保する．警備員は，システムのセキュ

リティ，人事，設備，法律およびビジネス分野と連携して，業務が統合されている
ことを確認する．

▶管理アシスタント／秘書

　この役割は情報セキュリティにとって非常に重要である．多くの中小企業では，
訪問者に挨拶したり，パッケージを出し入れしたり，オフィスに入ることを望む個
人を認識したり，経営幹部の電話スクリーナーとして働いたりする個人である．こ
れらの個人は，潜在的な侵入者がその後の攻撃に使用される可能性のある機密情報
を盗もうとするソーシャルエンジニアリング攻撃の対象となる可能性がある．ソー
シャルエンジニアは，侵入するために有益な個人の善意を利用する．適切に訓練さ
れたアシスタントは，有用な企業情報を漏らしたり，不正な侵入を与えたりするリ
スクを最小限に抑える．

▶ヘルプデスク管理者／サービスデスク管理者

　ヘルプデスク／サービスデスクは，システムに問題を抱えるユーザーからの質問
に対応する．応答時間の低下，ウイルス感染の可能性，不正アクセス，システムリ
ソースへのアクセス不能，プログラムの使用に関する質問などがある．ヘルプデス
ク／サービスデスクでは，セキュリティ上の問題やインシデントの最初の兆候が現
れることもよくある．ヘルプデスク／サービスデスクの個人は，決められた基準に
状況が合致した場合には，CSIRT（Computer Security Incident Response Team）に連絡する[★2]．
ヘルプデスク／サービスデスクは，パスワードをリセットし，トークンとスマート
カードを再同期や再初期化し，その他のアクセス制御の問題を解決する．
　エンドユーザーのIDを確立し，パスワードをリセットするイントラネットベースの
ソリューションなど，これらの機能は，エンドユーザーのセルフサービスで代理実行
されるかもしれない．また，職場の組織体制と職務の分離の原則に応じて，セキュ
リティ管理者，システム管理者などの別の担当によって実行されるかもしれない．ヘ
ルプデスクやサービスデスク担当は，ソーシャルエンジニアリング攻撃の主要なター
ゲットでもあり，セキュリティ意識啓発訓練ではさらなる注意を払う必要がある．

　組織には，特定の要件を満たすために，情報セキュリティに関連するほかの役割
が存在する場合がある．異なる役割の個人には，異なるレベルの訓練が必要であ
る．エンドユーザーには，受け入れ可能な活動，問題がある可能性を認識する方
法，解決のために問題を適切な要員に報告するための仕組みを含む，基本的なセ

キュリティ意識啓発の訓練が必要である．セキュリティ管理者は，ログオンID，ア
カウントおよびログファイルのレビューを管理するために，アクセス制御パッケー
ジの詳細な訓練が必要になる．システム管理者やネットワーク管理者は，適切にセ
キュリティコントロールを設定するため，特定のオペレーティングシステム（例えば，
Windows，UNIX，Linuxなど）またはネットワークコンポーネント（ファイアウォール，ルー
ター，スイッチなど）に関する技術的なセキュリティトレーニングを必要とする．明確
で明白なセキュリティの役割を確立することは，実施されるべき責任とそれを誰が
実行する必要があるかの情報を提供すること以上に，組織にとって多くの利益をも
たらす．これらには以下がある．

- 情報セキュリティに関する明白な経営幹部のサポート
- 誰がどのタスクを実行するかについての混乱を減らすことによる従業員の
  効率の向上
- 部門間を異動する際に情報を保護するためのチーム調整
- セキュリティ上の問題による企業の評判やブランドリスクの低減
- 複雑な情報システムとネットワークを管理する能力
- 情報セキュリティに関する個人の説明責任
- 部門間の縄張り争いの低減
- セキュリティ目標と事業目標とのバランス
- セキュリティ違反に対する，解雇を含む懲戒処分のサポート
- セキュリティインシデント解決のためのコミュニケーションの促進
- 法規制遵守の実証
- 責任や過失の請求からの経営者の保護
- 必要な作業が効果的かつ効率的に実施されているかどうかを監査人が判断
  するための指針
- 継続的な改善努力（例えば，ISO 9000）
- 全体的なリスクマネジメント
- セキュリティや意識啓発の訓練の要求レベルを決定する基盤の提供

　情報セキュリティは，多くの異なる個人の能力と協力を必要とするチームの取り
組みである．経営幹部は全体的な責任を負うことがあり，セキュリティ責任者，ディ
レクター，マネージャーには，定義されたセキュリティプラクティスを組織が遵守
していることを確認する日々のタスクが割り当てられる．ただし，組織内のすべて

の人は，組織内の情報資産を適切に保護するために，1つまたは複数の役割を果た
す必要がある．

1.3.2　コントロールフレームワーク

多くの組織では，セキュリティやプライバシーの要件を確実に満たすために，次の
ようなガバナンスプログラムを実現するためのコントロールフレームワーク（Control
Framework）を採用している．

1. **一貫性**（Consistent）＝ガバナンスプログラムは，情報セキュリティとプライ
   バシーがどのようにアプローチされ，適用されるかについて，一貫していな
   ければならない．2つの同様の状況や要求に対して結果が異なる場合，利害
   関係者はプログラムの完全性とその有用性に対する信頼を失う．
2. **測定可能性**（Measurable）＝ガバナンスプログラムは，進捗状況を確認し，目
   標を設定する方法を提供しなければならない．測定可能なフレームワークを
   実装する組織は，時間の経過とともにセキュリティの姿勢を改善する可能性
   が高くなる．ほとんどのコントロールフレームワークには，コンプライアン
   スを判断するための評価基準や手順，場合によってはリスクも含まれている．
3. **標準化**（Standardized）＝上述の「測定可能性」と同様に，コントロールフレー
   ムワークは標準化される必要があり，それにより，ある組織または組織の一
   部の結果を意味のある方法で比較することができる．
4. **包括的**（Comprehensive）＝選択されたフレームワークは，組織の最小限の法規
   制要件に対応し，組織固有の追加要件を取り込めるように拡張可能でなけれ
   ばならない．
5. **モジュール形式**（Modular）＝変更を必要とするコントロールまたは要件のみ
   がレビューされ更新されるため，モジュール形式のフレームワークは組織の
   変化への対応力を高くする．

コントロールフレームワークの例として，米国国立標準技術研究所（National Institute
of Standards and Technology：NIST）のSP 800-53 Revision 4が挙げられる[★3]．NIST SP
800-53 Revision 4は，19ファミリー，285コントロールで構成されるコントロールフレー
ムワークである．このフレームワークにより，組織固有のミッションや要件に合わせ
て，コントロールを調整することが可能である．19種類のコントロールファミリーを

コントロールファミリー
AC：アクセス制御（Access Control）
AT：意識啓発と訓練（Awareness and Training）
AU：監査と説明責任（Audit and Accountability）
CA：セキュリティ評価と認可（Security Assessment and Authorization）
CM：構成管理（Configuration Management）
CP：緊急時対応計画（Contingency Planning）
IA：識別と認証（Identification and Authentication）
IR：インシデントレスポンス（Incident Response）
MA：保守（Maintenance）
MP：媒体保護（Media Protection）
PE：物理的および環境的保護（Physical and Environmental Protection）
PL：計画（Planning）
PM：プログラム管理（Program Management）
PS：人的セキュリティ（Personnel Security）
RA：リスクアセスメント（Risk Assessment）
SA：システムとサービスの調達（System and Services Acquisition）
SC：システムと通信の保護（System and Communications Protection）
SI：システムと情報の完全性（System and Information Integrity）
PC：プライバシー管理（Privacy Controls）

表1.1 NIST SP 800-53 Revision 4の19種類のコントロールファミリー

表1.1に示す．

　NIST SP 800-53 Revision 4は，米国連邦政府機関およびその請負業者にとって必須である．このようなフレームワークは難しいように見えるかもしれないが，ほぼすべての組織に適用できるように設計されている．

　もう1つの例は，ISO（International Organization for Standardization：国際標準化機構）27001：2013規格である★4．NIST SP 800-53 Revision 4と同様に，ISO 27001：2013はあらゆる規模と種類の組織をカバーするように設計されている．ISO 27001：2013の付属書Aには，各コントロールに関する目標と具体的な内容を示したコントロールフレームワークが含まれている．ISOは，ほとんどの国の多くの業界が採用している国際的な枠組みである．フレームワークはしばしば互いにマッピングされる．例えば，NIST SP 800-53 Revision 4はISO 27001：2013標準にマッピングされている．相当なオーバーラップがあるが，正確には適合していない領域もある．図1.5は，コントロールフレームワークの比較例を示している．

　セキュリティ専門家は，組織に適切な適合性を確保するために，コントロールフ

カテゴリー	サブカテゴリー	CRRリファレンス	RMMリファレンス	参考文献
資産管理（AM）：組織が事業目的を達成させるためのデータ, 人員, 機器, システム, 施設が特定され, 事業目標と組織のリスク戦略の相対的重要性に沿って管理されている	ID.AM-1：組織内の物理デバイスとシステムの目録を作成する	AM:G2.Q1 (Technology)	ADM:SG1.SP1	・CCS CSC 1 ・COBIT 5 BAI03.04, BAI09.01, BAI09.02, BAI09.05 ・ISA 62443-2-1:2009 4.2.3.4 ・ISA 62443-3-3:2013 SR 7.8 ・ISO/IEC 27001:2013 A.8.1.1, A.8.1.2 ・NIST SP 800-53 Rev. 4 CM-8
	ID.AM-2：組織内のソフトウェアプラットフォームとアプリケーションの目録を作成する	AM:G2.Q1 (Technology)	ADM:SG1.SP1	・CCS CSC 2 ・COBIT 5 BAI03.04, BAI09.01, BAI09.02, BAI09.05 ・ISA 62443-2-1:2009 4.2.3.4 ・ISA 62443-3-3:2013 SR 7.8 ・ISO/IEC 27001:2013 A.8.1.1, A.8.1.2 ・NIST SP 800-53 Rev. 4 CM-8
	ID.AM-3：組織のコミュニケーションとデータフローが図解される	AM:G2.Q2	ADM:SG1.SP2	・CCS CSC 1 ・COBIT 5 DSS05.02 ・ISA 62443-2-1:2009 4.2.3.4 ・ISO/IEC 27001:2013 A.13.2.1 ・NIST SP 800-53 Rev. 4 AC-4, CA-3, CA-9
	ID.AM-4：外部情報システムの一覧表を作成する	AM:G2.Q1 (Technology)	ADM:SG1.SP1	・COBIT 5 APO02.02 ・ISO/IEC 27001:2013 A.11.2.6 ・NIST SP 500-291 3, 4 ・NIST SP 800-53 Rev. 4 AC-20, SA-9
	ID.AM-5：リソース(ハードウェア, デバイス, データ, ソフトウェアなど)は, 分類, 重要度, 事業価値に基づいて優先順位が付けられる	AM:G1.Q4	ADM:SG2.SP1	・COBIT 5 APO03.03, APO03.04, BAI09.02 ・ISA 62443-2-1:2009 4.2.3.6 ・ISO/IEC 27001:2013 A.8.2.1 ・NIST SP 800-34 Rev. 1 IDENTIFY (ID) ・NIST SP 800-53 Rev. 4 CP-2, RA-2, SA-14
	ID.AM-6：全従業員および第三者の利害関係者(サプライヤー, 顧客, パートナーなど)のサイバーセキュリティの役割と責任が確立される	AM:MIL2.Q3	ADM:GG2. GP7	・COBIT 5 APO01.02, DSS06.03 ・ISA 62443-2-1:2009 4.3.2.3.3 ・ISO/IEC 27001:2013 A.6.1.1 ・NIST SP 800-53 Rev. 4 CP-2, PM-11

図1.5 NIST SP 800-53 Revision 4とISO 27001：2013のコントロールフレームワークの比較例

出典：U. S. Department of Homeland Security, "Cyber Resilience Review (CRR): NIST Cybersecurity Framework Crosswalks," February 2016.★5

レームワークを実装する際には注意と判断を行わなければならない.

1.3.3 妥当な注意

「妥当な注意(Due Care)」は, 情報セキュリティ専門家が理解すべき重要なトピックである. これは主に, 「常識人(Reasonable Person)」が所定の状況下で行使するであろう注意を記述するために使用される法的な用語である. 言い換えれば, 個人または組織の法的義務が何であると考えられるかを記述するために使用される. 妥当な注意の欠

如はほとんどの国では法的過失とみなされる．組織が規制や情報セキュリティ要件を遵守するよう法的に義務付けられている場合，故意か過失かに関わらず，これらの要件を無視すると，妥当な注意の観点から法的暴露につながる可能性がある．

1.3.4 適切な注意

「適切な注意（Due Diligence）」は，他人やその財産への危害を避けるために行われる先制的な措置である点を除けば，妥当な注意と類似している．正しく実行することにより，適切な注意は妥当な注意を必要な時に喚起したり，妥当な注意が必要になるかもしれないほかの状況を回避する．日常の実務で適切な注意を維持することは，セキュリティ専門家の基本的な原則である．組織における適切な注意の例として以下のものが挙げられる（ただし，これらに限定されない）．

- 従業員のバックグラウンドチェック
- 取引先企業の与信確認
- 情報システムセキュリティの評価
- 物理的なセキュリティシステムのリスクアセスメント
- ファイアウォールのペネトレーションテスト
- バックアップシステムの緊急時対応テスト
- パブリックフォーラムやクラウドに投稿された企業の知的財産（Intellectual Property：IP）の可用性をチェックするために使用される脅威インテリジェンスサービス

上述の各例で，組織は，組織やほかの個人に危害を及ぼす可能性のある状況を回避しようとしている．適切な注意は高価な場合があるが，単一のデータ侵害や訴訟の費用は，組織を閉鎖してキャリアを破壊するのに十分なほど大きい場合がある[★6]．

NISTによると，情報セキュリティの「適切な注意」のコンセプトは，組織ミッションや事業機能へのリスクマネジメントを考慮して作られるべきである．「NIST SP 800-53 Revision 4のセキュリティコントロールは，適用される連邦法，大統領令，指令，ポリシー，規制，基準，ガイダンスの遵守を促進するように設計されている．コンプライアンスは，静的チェックリストの遵守や，不要なFISMA（Federal Information Security Management Act：連邦情報セキュリティマネジメント法）レポート作成に執着することではない．むしろ，コンプライアンスは情報セキュリティとリスクマ

ネジメントに関して，適切な注意を実行する組織を必要とする．情報セキュリティの適切な注意には，組織全体のリスクマネジメントプログラムの一環として適切なすべての情報を使用して，NIST出版物の指針と柔軟性を有効に活用することが含まれ，組織のセキュリティ計画に記載されている選択されたセキュリティコントロールが組織のミッションと事業要件を満たすようにする．組織の運用や資産，個人，その他の組織，そして国家への現在の脅威に対処するために，必要かつ十分な強度のメカニズムを備えた予防手段と対策を開発，実装，維持するには，組織が利用できるリスクマネジメントツールと技法を使用することが不可欠である．すべての連邦情報システムと組織は，効果的なリスクベースのプロセス，手順，技術を採用することで，連邦政府の責任，重要インフラアプリケーション，政府の継続性をサポートするために必要なレジリエンスを備えることが可能となる」[7]．

1.4 コンプライアンス

過去30年間で，組織の構造化と運営方法に大きな変化がもたらされた．新しいビジネスモデルが登場し，古いものが急激に変化した．生産性は，情報通信技術(ICT)における革新の無限の流れによって加速された．データの収集，保存，使用に関する何世紀にもわたる古い模範が変化した．1990年代初めまで，個々の部門が，自分のファイルキャビネットや部門のコンピュータで自分のデータを収集し，保管し，使用することは，かなり一般的であった．その結果，ほかのグループと情報を簡単に共有することはできなかった．異なる技術の相互運用性の急速な進歩により，あらゆる規模の組織が容易に情報を交換できるようになった．このような情報交換は，21世紀のビジネス効率，競争力，協力，機敏さに不可欠である．

インテリジェントなデータ分析，拡張された販売およびサービスチャネルおよびその他のツールを使用するアプリケーションを実現することにより，インターネット上での情報の大量かつ迅速な流れが，この変革において重要な役割を果たすこととなった．これらのアプリケーションは，ストレージコストの低下とともに，企業や個人が前例のない量のデータを簡単に蓄積できるようにした．このような状況から，不正使用や不正な開示や改ざんから，知的財産，営業秘密や市場データ，顧客や従業員およびパートナーの個人情報など，組織が保持する機密データを保護する必要性が認識されている．場合によっては，業界や地域によって異なる法規制や特定業界標準の制定が必要となってきている．

セキュリティ上の脅威や消費者の個人情報を悪用から守る必要性に牽引され，立

法府や政府機関は個人情報の処理と転送を規制するようになった．標準化団体および業界団体は，主要なセキュリティおよびプライバシー基準の導入を促進または要求している．これらの行動は，ベストプラクティスの啓蒙と普及を促進し，業界や商業全般に害を及ぼす可能性のある法律の制定を未然に防ぐための自己規制レベルを促進するという2つの重要な目的を果たす．以下は，これらの法律，規制および業界標準の事例である．

- 欧州のほとんどの国では，プライバシーの権利は基本的人権の1つとして考えられている．EU（European Union：欧州連合）加盟国はデータ保護指令（Data Protection Directive：DPD）95/46/ECに準拠した法律を制定することが求められている．この指令のガイドラインは国の法律の基本として考えられており，加盟国の地域の立法府にはさらに踏み込んだ規定を定めているところもある．95/46/ECの実装はEU加盟国に限定されておらず，アイスランド，ノルウェー，リヒテンシュタインは，この指令に準拠したプライバシー法を制定した非EU諸国である．
- その他の多くの国でも，包括的なプライバシーに関する法律が制定されている．例としてはオーストラリアのプライバシー法（Privacy Act），アルゼンチンの個人データ保護法（Personal Data Protection Law），カナダの個人情報保護および電子文書法（Personal Information Protection and Electronic Documents Act：PIPEDA）などが挙げられる．
- 米国ではプライバシーに関する規制のアプローチとして組織がどのように個人識別情報（Personally Identifiable Information：PII）を収集し，使用し，その機密性を保護するかをセクターごとに異なる法律で規制している．例としては，医療関連のPIIについては医療保険の携行性と責任に関する法律（Health Insurance Portability and Accountability Act：HIPAA），信用関連のPIIについてはグラム・リーチ・ブライリー法（Gramm-Leach-Bliley Act：GLBA）が定められている．ID窃盗の増加を招くデータ侵害が懸念されているため，ほとんどの州でデータ侵害通知法が制定されている．マサチューセッツ州やネバダ州などの州でも同様の懸念を抱いており，様々なシナリオで州民の機密の個人情報を保護するため，暗号化技術の採用を必須とする法律も制定されている．
- 決済カード業界（Payment Card Industry：PCI）は，クレジットカードの不正使用を防ぎ，個人情報の窃盗からカード保有者を保護するための対策を講じている．PCIセキュリティ基準審議会（PCI Security Standards Council：PCI SSC）は，

カード保有者情報の保存，処理，転送を行う必要があるすべての団体に対し，PCI DSS（Payment Card Industry Data Security Standard：PCIデータセキュリティ基準）に準拠するよう要求している．この基準によると，年1回の独立QSA（Qualified Security Assessor）によるコンプライアンスアセスメントが要求されている．

　組織は，地理的なものや業界固有のものを含む規則が，国内または世界的に分散している活動に適用されるかどうかを判断するために，厄介かつ費用のかかる作業をしている．場合によっては，複数の遵守義務の間に何が矛盾するかを決定し，それに対処する方法を決定することを強いられる．問題は複雑で，関連するデータのタイプ，業界のタイプ，データの収集場所と方法，使用方法およびPIIが収集された個人の居住地によって異なる．

1.4.1 ガバナンス，リスクマネジメント，コンプライアンス

　ビジネスと技術に関連する課題と規制遵守義務を満たす要件の組み合わせは，情報セキュリティとプライバシーの分野に特有のものではない．このような組み合わせは，企業リスクマネジメント，財務，運用リスクマネジメント，情報技術全般などの分野で共通している．ガバナンス，リスクマネジメント，コンプライアンス（Governance, Risk Management, and Compliance：GRC）として一般的に知られているアプローチは，ビジネスおよびコンプライアンスの目標と整合して，リスクを分析し，低減を管理するように進化した．

- 　ガバナンスは，ビジネスの中核となる活動に重点を置き，組織内の誰が意思決定権限を持っているかを明確にし，行動の説明責任と結果に対する責任を決定し，期待される成果をどのような方法で評価するかを決定する．これらはすべて，部門，組織全体または特定の職能横断的なチームにまたがる，明確に定義されたコンテキスト内で発生する．
- 　リスクマネジメントは，リスクの特定，分析，評価，是正およびモニタリングを行うための体系的なプロセスである．このプロセスの結果，組織またはグループは，リスクを低減し，別の当事者に移転させ，またはその潜在的な結果とともにリスクを引き受けることを決定する．
- 　コンプライアンスとは，行動が確立された規則に準拠することを保証するアクションと，コンプライアンスを検証するツールの提供を指す．それは法

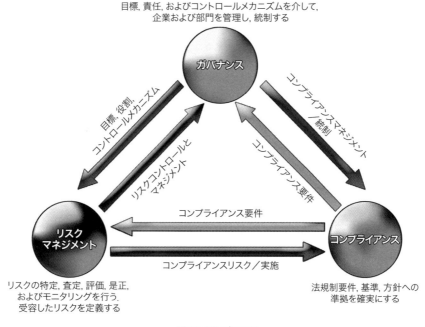

図1.6 GRCの概要 ★8

の遵守と企業の独自のポリシーを含み，ベストプラクティスに基づいている．コンプライアンスの要件は静的ではなく，コンプライアンスの取り組みもそうであってはならない．

　GRCは，これら3つの要素を個別に実装するだけでなく，統合して効率性と効果を高め，複雑さを低減する方法を見つける．GRCは，図1.6に示すように，組織が自主規制，リスクの受容水準および外部規制に従って行動することを保証する．図の各円は，GRCアプローチの1つの要素を表している．各円の上下には，そのコンポーネントの主な目的の説明が含まれている．各矢印は，3つの要素間の情報交換を示している．

　組織は通常，コンプライアンスに重点を置き，リスクマネジメントとガバナンスを含める取り組みを徐々に拡大する方が簡単である．しかし，計画どおりかどうかに関わらず，ガバナンス活動が行われ，計画されたガバナンスと厳格なリスクマネジメントの欠如が，組織のために実行された調整されていない行動に関連する問題を生み，事業に重大な影響を及ぼす可能性があることに注意することが重要であ

る．これらの行動を調整しコントロールする明確な戦略的フォーカスと経営指導が欠如することにより，適切な注意（Due Diligence）と妥当な注意（Due Care）に関して，組織は事業目標に合わせて大きなリスクを負わなければならない．

1.4.2 法規制に関するコンプライアンス

組織は，法律，規制，コンプライアンスの要件が満たされなければならない環境で運用される．セキュリティ専門家は，彼らが取り組んでいる国や業界の法律や規制を理解していなければならない．組織のガバナンスとリスクマネジメントプロセスでは，実装とリスクの観点から，これらの要件を考慮する必要がある．これらの法規制は多くの場合，コンプライアンスのために満たされなければならない具体的な行動を提供するが，場合によっては「セーフハーバー（Safe Harbor）」のために満たされなければならないものを提供する．「セーフハーバー」の提供は通常，「誠実である」条件のセットであり，もし満たされれば，新たな法律または規制の罰則から組織を一時的または無期限に保護することができる．

例えば，米国では，連邦執行機関は連邦情報セキュリティマネジメント法（Federal Information Security Management Act：FISMA）を遵守することが義務付けられている[9]．FISMAは，機密情報や重要なミッションサービスが混乱したり，歪曲したり，不適切な個人に開示されたりすることがないように，特定の行動，基準，要件の使用を機関に義務付ける．機関は多くの場合，FISMAの要件を採用し，情報セキュリティポリシーのベースラインとして使用し，FISMAが要求する基準を直ちに導入する．そうすることで，法の要件を満たすだけでなく，法の要件を遵守するために誠意を持って努力していることを外部当事者に証明することができる．

法規制要件に基づくコンプライアンスは，組織のポリシー，プロシージャ，スタンダードおよびガイダンスが，法律または規制と一貫していることを保証することによって，最も適切に対処されていると言える．さらに，組織のガバナンスプログラムおよび情報セキュリティトレーニングプログラムにおいて，特定の法律とその要件が据えられていることが推奨される．原則として，法規制は「倫理的な最低限度」を表しており，徹底的なレビューを行うことなく，その組織に完全に適切とみなされるべきではない．法規制要件を補完するために，追加の要件と特異性を追加することはできるが，決してそれらと矛盾するべきではない．例えば，法規制では，機密財務情報を暗号化する必要があり，組織のポリシーでは法規制に従ってすべての財務情報が暗号化されると規定されている．さらに，機関は，必要なレベル

の法令遵守を達成するために使用される暗号化ソフトウェアの標準的な強さとブランドを指定し，同時に組織が必要とする追加の保護層を提供するかもしれない．

1.4.3 プライバシー要件に関するコンプライアンス

プライバシーに関する法規制は，セキュリティ専門家にとって「機密性」の課題を提起する．人口統計に基づいたソーシャルネットワーキングサイトとそれらに付随する的を絞ったマーケティング活動が大きく成長していることによっても示されるように，個人識別情報はマーケティング担当者にとって非常に貴重な商品となっている．貴重な情報でもあるが，この情報は，情報プライバシー規制および法に反して利用されれば，組織の責任となる．

例えば，欧州データ保護指令では，以下のような特定の状況下でのみ，個人情報の取り扱いを許可している．

1．法的措置の遵守のために取り扱いが必要な場合
2．対象者の生活を保護するために取り扱いが必要な場合
3．個人情報の対象者が同意した場合
4．取り扱いが法および「公益（Public Interest）」の範囲内で行われる場合

上述4つの要件は，指令のほんの一部に過ぎない．ダイレクトマーケティングの目的で自分の個人情報が使用されている場合，いつでもそれの処理に異議を唱えることができるなど，この指令には，対象者がどのような権利を持っているかが記載されている．最近，この法律を遵守しなかったことで，いくつかのインターネット検索会社やソーシャルメディア会社が引き合いに出されている．これらの組織は，対象者の許可なしに直接的なマーケティング活動のために対象者の個人情報を使用していると非難されている．EUのマーケティング会社で働く情報セキュリティ専門家は，これらの要件が情報の処理，保管および組織内での伝達方法に及ぼす影響を理解している必要がある．

「個人データの取り扱いに関する個人の保護および当該データの自由な移動に関する1995年10月24日の欧州議会および欧州理事会の指令95/46/EC（データ保護指令95/46/EC）」は，個人情報が保存され，伝送され，処理されるあらゆる場所におけるセキュリティのベースラインを設定するとともに，EU加盟国の国境を越えた個人情報の安全かつ自由な移動を保証するための規制枠組みを提供するために制定され

た★10. この指令には8章にわたり33条項が記されている. この指令は1998年10月に発効された. この一般的なデータ保護指令は, 通信部門のeプライバシー指令（指令2002/58/EC）などのほかの法的手段によって補完されている★11. 警察や刑事上の司法協力における個人情報保護のための特別な規則（フレームワーク決定2008/977/JHA）も存在する★12.

データ保護指令95/46/ECは, 加盟国が国内法に移行しなければならないデータ保護の基本要素を定義している. 各国はデータ保護の規制とその管轄内での執行を管理しており, EU加盟国のデータ保護委員は指令の第29条に従い, コミュニティレベルのワーキンググループに参加している.

個人情報は, データ保護指令95/46/ECにおいて, 「特定の, または特定可能な自然人」に関する情報として定義されている. この指令は, データ管理者（Data Controller）がデータ品質に関する原則を遵守することを保証し, データ処理の正当な理由のリストを提供することを義務付けている. データ管理者は, 個人情報が対象者から直接収集されるか, 別途取得される場合, データ主体に対する情報の義務を常に負う. また, データ管理者は, 違法な破壊, 偶発的な紛失, 不正な改ざん, 開示またはアクセスに対して, 適切な技術的および組織的措置を講ずることも義務付けられている.

指令によって確立されたデータ主体の個人的権利には, データ管理者は誰か, データの受領者は誰か, 処理の目的は何かを知る権利, 不正確なデータを正す権利, 違法な処理の場合の償還請求権, いくつかの状況でデータを使用する許可を保留する権利がある. 例えば, ダイレクトマーケティング資料を受け取ることを無償で拒否する権利がある. EUデータ保護指令には, 例えば, 健康, 性生活, 宗教的または哲学的信念に関連する機密の個人情報の使用に関する強化された保護が含まれている.

個人情報の処理に関する規制フレームワークの執行は, 監督当局の行政手続きか司法救済のいずれかによって行うことができる. 加盟国の監督当局には, 捜査権限と, データの遮断, 消滅, 破壊を命じる権限や処理の一時的または明確な禁止をする権限など, 効果的な介入権が与えられている. 違法な処理操作の結果として損害を受けた者は, 責任のある管理者から補償報酬を受け取る権利がある. データ保護指令は, EUの領域外の個人情報の転送が, 指令に規定された「適切な」レベルの処理を満たさなければならないメカニズムを提供する.

2012年1月, リスボン条約（Lisbon Treaty）が個人情報の処理に関する個人の保護を立法する明確な権限をEUに与えたあと, 欧州委員会は, 指令95/46/ECに代わる

一般的なデータ保護規制とフレームワーク決定2008/977/JHAに代わる指令を含む改定案を提案した.

欧州議会の「市民の自由・司法・内務委員会(Committee on Civil Liberties, Justice and Home Affairs：LIBE)」は,4,000件の規制改正と768件の指令改正に基づく報告書を採択した.欧州議会は,2014年3月,当初の立場を採択した.規制に関する議会の立場の要点は以下のとおりである★13.

- 欧州連合の内外に適用される,明確な単一のルールセットによる,データ保護に対する包括的なアプローチ
- 使用される概念(個人情報,インフォームドコンセント,設計によるデータ保護,デフォルト)の明確化,個人の権利の強化(データ処理へのアクセス権やデータ処理に反対する権利など)
- 特定の分野(健康,雇用,社会保障)または特定の目的(歴史的,統計的,科学的研究または関連アーカイブの目的)に関する個人情報の処理に関する規則のより正確な定義
- 制裁体制の明確化と強化
- データ保護規則に関する,よりよい一貫性のある施行(企業のデータ保護責任者の役割の強化,欧州データ保護委員会[European Data Protection Board：EDPB]の設置,すべてのデータ保護機関[Data Protection Authority：DPA]の統一されたフレームワーク,ワンストップショップの仕組みの作成)
- 第三国における保護の妥当性を評価する基準の強化

提案された指令は,犯罪の防止,捜査,取り調べ,訴追または刑事罰の執行の文脈における個人情報の処理を扱う.この指令に対する議会の立ち位置は,以下のような重要な要素を含んでいる.

- データ保護原則の明確な定義(正当化されなければならない例外)
- 処理(例えば,合法,公正,透明かつ正当な処理,明示的目的)および個人情報の送信に関して遵守すべき条件
- 評価メカニズムとデータ保護影響評価の設定
- プロファイリングの明確な定義
- 第三国に個人情報を転送するための体制の強化
- データ保護局のモニタリングおよび執行権限の明確化

- 遺伝子データに関する新しい条項

セキュリティ専門家は，自身が従事するコンプライアンス活動が，企業の営業地域内で実施されており責任のある法規制を確実に遵守するように，個人情報の処理と取り扱いに関する議会の要求事項などを反映し，最新の状態に保つ必要がある．

1.5 国際的な法規制問題

1.5.1 コンピュータ犯罪／サイバー犯罪

コンピュータウイルス，スパイウェア，フィッシングや詐欺行為，世界中のあらゆる場所からのハッキング活動が拡大するにつれて，コンピュータ犯罪とセキュリティは，コンピュータ倫理を論じる上で明らかに懸念事項となる．部外者やハッカーのほかに，会社のコンピュータシステムを使用する許可を得ている信頼された人物による横領や論理爆弾などの様々なコンピュータ犯罪がある．これらの犯罪の例としては，以下のものがある．

- **CryptoLockerランサムウェア**（CryptoLocker Ransomware）＝これは電子メールによって広がり，急速に伝播する．ランサムウェアは様々な種類のファイルを暗号化し，データが暗号化されていることを示すポップアップウィンドウが被害

者のコンピュータに表示される．それを元に戻すための唯一の方法は，特定の貨幣の支払い金を加害者に送ることである．このランサムウェアは，表示されたカウントダウンクロックで支払い日を被害者に提示する．被害者が時間どおりに支払いをしないと，データが恒久的に暗号化され，使用できなくなるリスクを負うことになる．加害者は様々な方法で，300〜700ドルの支払いを要求している．

- 児童ポルノスケアウェア (Child Pornography Scareware) ＝このスケアウェアは，コンピュータユーザーが感染したWebサイトにアクセスした時に送信される．被害者のコンピュータはロックされ，ユーザーが米国連邦法に違反したという警告が表示される．児童ポルノは，バナー画像に埋め込まれて被害者の画面に表示されるか，自動的に児童ポルノサイトへリダイレクトされて公開される．スケアウェアは，これらの画像サイトを訪問したり，閲覧したりしたことを告発すると恐喝するための技法として使用される．また，被害者は，オーディオ，ビデオおよびその他のデバイスを使用して記録されていることも通知される．コンピュータのロックを解除する唯一の方法は，一般的に300ドルから5,000ドル(の罰金)を支払うことである．

- Citadelランサムウェア (Citadel Ransomware) ＝「Reveton」という名前のCitadelランサムウェアは，コンピュータが著作権で保護されたソフトウェアの利用や児童ポルノ閲覧などの違法行為に使用されたと，法執行機関から警告されたかのように，被害者のコンピュータに警告を表示する．法執行機関によって監視されている錯覚を増やすために，画面には被害者のIP (Internet Protocol：インターネットプ

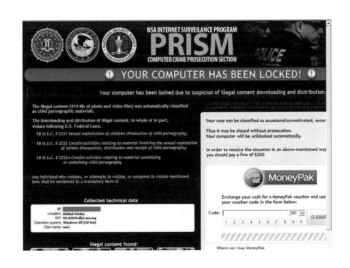

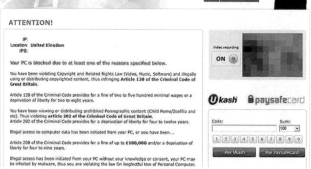

ロトコル）アドレスも表示され，被害者の一部はWebカメラからの活動を報告することさえある．被害者は，コンピュータのロックを解除するために，米国司法省に罰金を払うように指示される．多くの人は，Ukashやpaysafecardなどのプリペイド現金サービスで罰金を支払うように指示される．ランサムウェアをインストールすることに加えて，Citadelマルウェアは侵入先のコンピュータで引き続き動作し，機密データを収集し，様々な財務詐欺行為を行う可能性がある．

- **偽のまたは不正なウイルス対策ソフトウェア**（Fake or Rogue Anti-Virus Software）＝このスキームでは，被害者はコンピュータからウイルスを除去するウイルス対策ソフトウェアを購入することを迫られる．ポップアップボックスが表示され，

コンピュータにはウイルスがいっぱいであり，クリーニングが必要であることが通知される．ポップアップメッセージには，被害者がすぐにこれらのウイルスを取り除いてくれると思われるウイルス対策ソフトウェアを購入するためのボタンがある．被害者がウイルス対策ソフトウェアを購入するためにポップアップをクリックすると，彼らはマルウェアに感染する．場合によっては，被害者はポップアップボックスのクリックに関係なくすでに感染している．

　サイバー犯罪の活動は，世界的に拡散し，財政を動かす行為となっている．このようなコンピュータ関連の詐欺行為は流行しており，世界中の行為の約3分の1を占めている．サイバー犯罪行為のもう1つの顕著な部分は，児童ポルノや著作権侵害を含むコンピュータコンテンツに代表される．犯罪のもう1つの重要な部分は，コンピュータシステムの機密性，完全性および可用性に害をなす行為である．それには，すべての行為の3分の1を占めるコンピュータシステムへの不正なアクセスが含まれる．
　サイバー犯罪の影響を評価する場合，セキュリティ専門家は，以下のような一連の要因を評価する必要があると感じている．

- 知的財産や機密データの損失
- サービスおよび雇用の中断を含む機会損失
- ブランドイメージと会社の評判への損害
- 顧客への罰金および代償支払い（不便または結果的損失に対する）または契約補償（遅延など）
- 対策と保険のコスト
- 低減戦略のコストとサイバー攻撃からの復旧

　Ponemon Institute（ポネモン・インスティテュート）の「2013年サイバー犯罪被害額」の調査によると，米国の平均的な企業は年100回以上の成功裏のサイバー攻撃を経験しており，その被害額は1,160万ドルである．これは2012年から26％増加した．ほかの地域の企業は多少よいが，依然として大きな損失を経験している．2013年の年次調査は，米国，英国，ドイツ，オーストラリア，日本，フランスで実施され，230以上の組織を調査した★14．
　しかし，この調査では，セキュリティ技術を実現する企業が400万ドル近くの損失を削減し，優れたセキュリティガバナンス手法を導入した企業が平均150万ドルのコスト削減を達成したことも示している．主な調査結果は次のとおりである．

- 組織ごとに発生するサイバー犯罪の年間平均被害額は1,156万ドルで，130万ドルから5,800万ドルの範囲であった．これは，2012年に報告された平均を26％，260万ドル上回る．
- 防衛，金融サービス，エネルギー，公益事業の組織が，最も高額なサイバー犯罪費用を被った．
- データ盗難が主要なコストを引き起こし，総外部コストの43％を占めた．ビジネスの混乱や生産性の低下が外部コストの36％を占めている．データ盗難の発生率は2012年から2013年にかけて全体で2％減少したが，ビジネスの混乱は同時期に18％増加した．
- 組織は週当たり平均122回の成功裏のサイバー攻撃を経験した．これは2012年の週当たり102回の攻撃から増加した．
- サイバー攻撃を解決する平均時間は32日間で，この期間に発生した平均コストは1,035,769ドル（1日当たり32,469ドル）で，2012年の推定平均コスト591,780ドル，24日間に対して，55％増加した．
- サービス拒否攻撃，Webベースの攻撃および内部犯罪は，組織当たりの年間サイバー犯罪コストの55％以上を占めている．
- 小規模な組織では，大企業よりも1人当たりのコストが大幅に高くなる．
- 復旧と検出は，最もコストのかかる内部活動である．

　セキュリティ専門家は，サイバー犯罪の防止とそれが企業にもたらす可能性のある影響に対して，彼らの仕事を割かなければならないことは上述の調査結果の要約から明らかである．セキュリティ専門家は，可能な限り最高の防御策を企画，設計，実装，管理，監視，最適化できるように，企業全体，全階層において，セキュリティアーキテクトとセキュリティ担当責任者と連携しながら作業する必要があり，サイバー犯罪によるリスクと影響を適切に特定，分析し，組織の経営幹部に伝達することを確実にする．経営幹部は，リスクを理解し，企業におけるリスクの影響と位置付けについてセキュリティ専門家とコミュニケーションを図り，受容リスクとして特定されたものについては，決定事項に基づいて必要な行動をとるべきである．

1.5.2 ライセンスと知的財産権

　様々な法制度と同様に，情報システムのセキュリティ専門家が，技術関連のすべての分野において法的専門家であることを誰も期待していないが，情報システムの

運用と管理に固有の状況，問題，リスクを十分に理解するためには，情報技術に直接関連する法的概念の実用的知識が必要である．情報技術に関する一般的な法のカテゴリーである知的財産とプライバシー規制は情報システムに最大の影響を与える．本項では，これらの概念の概要を説明する．この分野を深く掘り下げたい読者は，各国の関連法規を参照することを強く推奨する．

▶ 知的財産法

知的財産法(Intellectual Property Law)は，有形財産と無形財産の両方を保護するように設計されている．この種の財産に対する国家的な保護の創出には様々な根拠があるが，知的財産法の一般的な目的は，発明者または創作者に対する正当な補償をせずに財産を複製または使用したい人から，財産を保護することである．その概念は，他人のアイデアを複製したり，使用したりすることは，元の開発に必要なものよりはるかに少ない労力しか必要としないということである．

世界知的所有権機関(World Intellectual Property Organization：WIPO)によると，知的財産は，発明(特許)，商標，工業デザインおよび原産の地理的表示を含む産業財産(Industrial Property)と，小説，詩，演劇，映画，音楽作品，デッサン，絵画，写真や彫刻などの芸術作品，建築デザインなどの文学的，芸術的作品を含む著作権(Copyright)の2つに分類される[15]．

▶ 特許

簡単に言えば，特許は特定の期間(通常20年)，他者による発明の利用を排除する法的強制力を所有者に付与する．特許(Patent)は「最強の知的財産保護の形態」である．特許は新規性，有用性があり，非自明な発明を保護する．特許を付与するには，政府機関に正式に申請する必要がある．特許が付与されると，ほかのイノベーションを刺激するためにパブリックドメインに公開される．特許が失効すると，保護は終了し，本発明はパブリックドメインに入る．国連機関であるWIPOは，国際特許申請の出願および処理を監督している．

▶ 商標

商標法(Trademark Law)は，組織が製品，サービスまたはイメージに投資する営業権を保護するために設計されている．商標法は，様々なベンダーや業者の製品や商品を識別するために公的に使用されている標識の所有者に独占的な権利を与える．商標は，商品を識別し，他者が製造または販売したものと区別するために使用され

る単語，名前，シンボル，色，サウンド，製品の形状，デバイス，またはこれらの組み合わせからなる．商標は独特でなければならず，消費者を誤解させたり，欺いたり，公序良俗に違反したりしてはならない．商標は政府機関に登録されている．商標法の国際調和は，1883年のパリ条約（Paris Convention）に始まり，1891年のマドリッド協定（Madrid Agreement）につながった．特許のほかに，WIPOは国際登録を含む国際商標法の取り組みを監督している．

▶ 著作権

著作権（Copyright）は，アイデア自体ではなく，アイデアの表現を保護する．執筆，録音，データベース，コンピュータプログラムなどの芸術的財産を保護する．ほとんどの国では，作品や財産が完成するか，具体的な形になると，自動的に著作権保護の対象とみなされる．著作権保護は特許保護よりも弱いが，保護期間はかなり長い（例えば，作成者の死後50年または米国著作権保護の下では70年）．各国の国内著作権法にはわずかな差異はあるが，ベルヌ条約（Berne Convention）の締約国である限り，条約に定められている最低限の保護は得られる．残念ながら，すべての国が加盟国ではない★16．

▶ 営業秘密

営業秘密（Trade Secret）とは，ビジネスに不可欠な独自のビジネス情報や技術情報，プロセス，デザイン，プラクティスなどの機密情報を示す（例えば，コカコーラの調合法）．営業秘密は，会社が市場で，少なくとも優位もしくは同等に競争できる情報である．営業秘密として分類されるためには，一般に知られていてはならず，会社に経済的利益をもたらすものでなければならない．さらに，その秘密を保護するための妥当なステップが必要である．営業秘密の紛争は，営業秘密の実際の内容を開示する必要がないため特殊である．営業秘密の法的保護は管轄区域によって異なる．一部の国では，不公平な事業法の下に置かれるとされている国もあれば，機密情報に関する特定の法律が策定されている国もある．いくつかの管轄区域では，営業秘密の法的保護は事実上永久的であり，特許の場合と異なり，有効期限が存在しない．営業秘密は工業的および経済的にスパイ行為の対象であり，いくつかの会社にとっては至宝に相当する．

▶ ライセンスに関する問題

違法ソフトウェア（Illegal Software）と著作権侵害（Piracy）の問題は，議論が必要な大きな問題である．複数の企業が違法ソフトウェアの使用の管理に失敗したり，ソフ

トウェアライセンス契約に違反したりしたため，社会的信用を失ったり，民事訴訟を受けたり，刑事訴追されたりしている．ほとんどの従業員が高速インターネットアクセスを利用できるようになったことで，有害ではないにしても，海賊版ソフトウェア（Pirated Software）をダウンロードして使用できるようになった．BSA（Business Software Alliance）[☆1]とIDC社の最近（2013年）の調査によると，違法ソフトウェアの流行と頻度は非常に高い．違法コピー率の世界平均は42％だった．同じ調査では，2ドルの正規のソフトウェア購入に対し，1ドルの海賊版ソフトウェアが生まれることが判明した[★17]．以前に議論された知的財産保護の形態をすべての国が認識しているわけではないが，いくつかの国際機関や先進国の取り組みは，知的財産権侵害（例えば，ソフトウェア著作権侵害）を抑制することにいくらか成功しているようである．

　フリーウェア，シェアウェア，商用およびアカデミックを含んで，ソフトウェアライセンスにはいくつかのカテゴリーがある．これらのカテゴリーには，特定の種類の契約がある．ほとんどの管轄区域では，かつて普及していたシュリンクラッププライセンス契約（Shrink-Wrap Agreement）を執行することを拒んでおり，マスター契約（Master Agreement）とエンドユーザーライセンス契約（End-User Licensing Agreement：EULA）が最も一般的である．マスター契約では，全般的な使用条件が制限付きで設定されているが，EULAではより詳細な条件と制限が指定されている．EULAは，エンドユーザーがインストールを開始するためにクリックしなければならない「クリックスルー」またはラジオボタンであることが多く，条件や制限を理解し，それに同意することを示す．

　様々な第三者企業が，ソフトウェアライセンス契約を確実に遵守するために，ライセンスメータリングソフトウェア（License Metering Software）を開発した．これらのアプリケーションの中には，監査レポートを作成し，合意に反して実行しようとするソフトウェアを無効にしたり（例えば，ソフトウェアを同時に実行するデバイスの数を超えること），自動アラートを生成したりするものがある．慎重に管理されたソフトウェアライブラリーの使用も推奨されるソリューションである．ライセンスの条項や制限の遵守に関して，知らなかったでは通らない．組織はコンプライアンスを徹底し，ソフトウェアの使用を警戒しなければ，刑事訴追や民事罰などの法的制裁に直面することは明らかである．

1.5.3　輸出入規制

　軍事用途の新しい情報，技術，製品が米国外に不適切に移転されることへの懸念

から，1970年代後半に特定の技術や製品の輸出を規制する2つの法律が制定された．

1．**国際武器取引規則**(International Traffic in Arms Regulations：ITAR) ＝ 1976年に制定された米国武器輸出管理法（Arms Export Control Act：AECA）は，改正（P.L. 90-629）により，以下を大統領令とした（合衆国法典 第22編 第39章 副章III 2778条「武器の輸出入規制」）．
　　A．防衛物品および防衛サービスとみなされるものを指定する
　　B．輸出入を規制する

このように指定された品目は，米国軍需品リスト（連邦規則集 第22編 パート121）を構成し，米国国務省防衛通商管理局によって規制される．

防衛物品（120.6条およびパート121）には，米国軍需品リストで指定された項目または技術データ（物理的な形式，モデル，モックアップ，または技術データを明らかにするその他の項目に記録または保存されているもの）が含まれる．ITARの下で規制される，宣言された21項目のカテゴリーのうち，以下の19項目は，固有のコンピュータ関連技術と情報サービス技術の応用のために，情報セキュリティ専門家，特に航空宇宙および防衛産業で働く可能性のある人にとって興味深いものである[18]．

　　I．火器，近接攻撃兵器および戦闘用散弾銃
　　II．火砲および発射器
　　III．弾薬／兵器
　　IV．打ち上げ用の飛翔体，誘導ミサイル，弾道ミサイル，ロケット，魚雷，爆弾および地雷
　　V．爆発物および高エネルギー物質，推進薬，焼夷剤ならびにこれらの成分
　　VI．軍用水上艦艇および海軍関連特別装備品
　　VII．陸上車両
　　VIII．航空機および関連装備品
　　IX．軍事訓練関連装置および軍事訓練
　　X．要員防護装備品およびシェルター
　　XI．軍事用電子装置
　　XII．火器管制装置，測距儀，光学装置および誘導制御装置
　　XIII．材料およびその他の物品
　　XIV．毒素物質（化学剤，生物剤および関連装置を含む）

XV．宇宙航空システムおよび付属装置

XVI．核兵器の設計および試験関連品目

XVII．機密扱いの物品，技術資料および防衛役務でほかの項目で列挙されていないもの

XVIII．潜水艦および関連物品

XIX．その他の物品

　　1．実質的な軍事的適用性を有し，軍事目的のために特別に設計または改造されたほかのカテゴリーに特に列挙されていない防衛物品．このカテゴリーに含まれる物品の決定は，防衛通商管理局長官が行うものとする．

　　　◦　防衛物品に直接関係する技術データ（120.21条）と防衛サービス（120.8条）

　　2．**輸出管理規則**（Export Administration Regulations：EAR）＝1979年の輸出管理法（Export Administration Act）は，大統領に対し，軍事用途（軍民両用品目）を有する民間財や技術（機器，材料，ソフトウェア，技術，データやノウハウを含む）の輸出を規制することを認めた．そのような規制は旧来，暫定であり，失効した時に大統領は国家非常事態を宣言し，執行命令の権限の下で輸出管理規則を維持する．

　そのように指定された品目は，米国商取引管理リスト（連邦規則集 第15編 パート774）を構成し，米国商務省産業安全局によって規制されている．宣言された9つのカテゴリーのうち，特に以下のものが情報セキュリティ専門家にとって重要である★19．

- **カテゴリー4**＝コンピュータ
- **カテゴリー5パート1**＝電気通信
- **カテゴリー5パート2**＝情報セキュリティ

　さらに，EARの734.3条（b）（3）では，輸出管理分類番号（Export Control Classification Number：ECCN）5D002の下で「暗号化アイテム」の理由で管理されているソフトウェア，商取引管理リストの情報セキュリティ「ソフトウェア」，そして，ECCN 5D992の下で管理される対称鍵長が64bitを超える大衆市場の暗号化ソフトウェアを除き，公開されている技術とソフトウェアを，もし以下のとおりであれば，規制対象から除外している．

- 公開済み，または公開予定

- 基礎研究の間に，またはその結果発生
- 教育目的
- 特定の特許出願に含まれる

したがって，米国内で働くセキュリティ専門家や，米国または米国に拠点を置く企業と取引する企業を代表するセキュリティ専門家は，輸出規制に関連する以下の基本概念の幅広い理解と合意が不可欠である．

1．輸出管理技術の本質と，それがどのように認識されているのか．
2．「輸出」（ITAR）または「みなし輸出」（EAR）とは何か．
3．基礎研究の除外と「パブリックドメイン」の意味．
4．以下が存在するかどうか．
   ○ プロジェクトまたは活動に起因する科学的および技術的情報の公開に課される制限，または
   ○ 連邦政府の資金援助機関による研究の結果得られた情報のアクセスと普及に課せられる規制

また，セキュリティ専門家はワッセナーアレンジメントを知る必要がある．ワッセナーアレンジメント（Wassenaar Arrangement）は，従来の武器や軍民両用の物品や技術の移転における透明性とより大きな責任を促進することにより，不安定さの蓄積を防止し，地域と国際の安全保障と安定に貢献するために制定された[20]．参加国は，国家政策を通じて，これらの品物の移転が，軍事能力の開発または強化に寄与せず，そのような能力を支援するために流用されないように努める．ワッセナーアレンジメントの参加国は，以下のとおりである．

アルゼンチン，オーストラリア，オーストリア，ベルギー，ブルガリア，カナダ，クロアチア，チェコ，デンマーク，エストニア，フィンランド，フランス，ドイツ，ギリシャ，ハンガリー，アイルランド，イタリア，日本，ラトビア，リトアニア，ルクセンブルグ，マルタ，メキシコ，オランダ，ニュージーランド，ノルウェー，ポーランド，ポルトガル，韓国，ルーマニア，ロシア，スロバキア，スロベニア，南アフリカ，スペイン，スウェーデン，スイス，トルコ，ウクライナ，英国，米国．

品物の移転または非移転の決定は，各参加国の単独責任である．アレンジメントに関わるすべての措置は，国の法および政策に従って採択され，国家の裁量に基づいて実施される．米国に関しては，EARのリストは，ワッセナーアレンジメント

で規制されているものと同じカテゴリーを反映している.

1.5.4 国境を越えるデータの流通

　国境を越える情報の移動は,今日の世界経済を発展させる.国境を越えるデータ転送により,企業や消費者は世界中のどこにいても,利用可能な最高の技術とサービスにアクセスすることができる.国境を越えるデータの自由な流通は,製造から金融サービス,教育,ヘルスケアなどまで,あらゆる産業分野に利益をもたらす.シームレスに情報を伝達することは,世界経済の成長と成功に不可避的に結びついているため,非常に重要である.

　あるサーバーから別のサーバーへ,またはあるクラウドから別のクラウドへ情報が移動するにつれて,データとホスティングの場所が重要となる.ある国で開発され,別の国を経由して送信され,最終的に3番目の国に保存される情報は,3つの異なる管轄区域と3つの異なる法制度の適用を受けることになる.ある国に情報が保存されていても,サーバーを所有する組織が別の国のメンバーである場合,後者が問題のシステムに保存されている情報の管轄権を持つことになる.

　セキュリティ専門家がこの分野で検討し,懸念する必要がある多くの問題がある.以下にいくつかの例を示す.

- 　世界中の政府は,テロとの戦いを遂行し,詐欺と戦い,サービスを提供するために,市民や訪問者を特定する新しい方法を検討している.これにより,IDカード,パスポートやその他の旅行書類の充実,ヘルスカードや運転免許証,その他の資格文書でのバイオメトリックスの使用に政府を駆り立てている.これらの文書は,適切なデータ保護のない国でリスクを引き起こす可能性のあるデータ痕跡を残す.
- 　法人や政府は,顧客や市民の個人情報の処理など,アウトソーシングでのコスト削減と効率化を推進している.この現象は新しいものではない.データへのアクセス権を持つプレイヤーの規模とスピードと数はこれまでにないものであり,削減の兆候はほとんど見られない.これにより,データ保護法制のない国に移転される情報のセキュリティと誤用に関する懸念が生じる.
- 　検索エンジン,RFID(Radio Frequency Identification)チップ,VoIP(Voice over Internet Protocol),Webロギング,無線通信などの多様な技術やアプリケーションは,膨大な量の個人的なトランザクション情報を生成し,取引や会話が

終わったあとも長く残るデータ証跡を残す．データ保持の要件は，このデータの多くが，世界中の様々な管轄区域に分割されて何年も存続することを保証することになる．

- テロとの闘いや公安に関する懸念から，政府は個人を前例のない監視下に置くこととなった．各国政府は，自国に入国する人々の個人情報を大量に要求しており，旅行や行動の疑わしいパターンを検出する評価ツールを開発し，ウォッチリスト（監視リスト）を作成し，この情報を他国と共有する．これは，個人が訪問する国で情報権を行使する能力に重大な懸念を生じさせている．

国境を越えるデータの流れは，処理目的，電子商取引の促進，法執行機関や国家安全保障目的または人々の日常生活の結果などを問わず，指数関数的に増加している．これらの傾向は，プライバシー保護やデータ保護に関する法律の監督を担当するセキュリティ専門家やその他の組織にとって，新しく複雑な課題を引き起こしている．

1.5.5 プライバシー

技術が普及したことと，個人識別情報（PII）の大半が何らかの形式でオンラインで電子的に保存されるという認識が広まったことにより，個人情報を保護するというプレッシャーが高まっている[21]．ほぼ毎月，データベースが侵害され，ファイルが失われ，個人情報を格納している企業やシステムに対する攻撃が世界中で発生しているという報道がある．これにより，個人的または機密的な性質の情報の適切な収集，使用，保持および破壊に対する懸念が発生した．このような懸念から，個人情報の責任ある使用と管理を実施するための規制の策定が促された．この議論の文脈において，プライバシーは，ほぼすべての業界において，規制および規制遵守に対処することを余儀なくされる主な分野の1つとなっている．

規制の実際の制定，または場合によってはプライバシーを扱う法律は，管轄区域によって異なる．一部の国ではプライバシー規制，水平制定（政府を含むすべての業種）といった一般的なアプローチを用い，その他の国では業種規制，垂直制定（財務，健康，上場など）によって決定する．

アプローチに関わらず，全体的な目的は市民の個人情報を保護すると同時に，この情報を適切に収集して使用するためのビジネス，政府，学術または研究のニーズのバランスをとることである．残念なことに，国際的なプライバシー法は存在せず，法規制のモザイクを生み出している．一部の国ではプライバシーや個人情報を扱う

ことに進歩的であり，ほかの国ではまだこの分野で行動できていない．インターネットが世界的なコミュニティを作り出していることを考えると，私たちの情報やビジネスの取引や業務は，それぞれ独自の主権，社会規範，法を持ついくつかの異なる国境や法域を通過する可能性がある．したがって，プライバシーの原則とガイドラインを基本的に理解し，個人情報だけでなくビジネスに影響する可能性のあるプライバシー規制の変化する状況を常に把握することが賢明である．

　プライバシーは，個人情報の収集，使用，保持および開示に関する個人および組織の権利と義務として定義することができる．個人情報は，かなり一般的な概念であり，識別可能な個人についてのあらゆる情報を含む．各国のプライバシー法は特定の要件に関して多少異なるが，すべてが基本原則またはガイドラインに基づいている傾向がある．経済協力開発機構(Organization for Economic Co-operation and Development：OECD)は，これらの原則を，収集制限，データ品質，目的特定，使用制限，セキュリティ保護手段，開放性，個人参加，そして説明責任に大別して分類した[22]．ガイドラインは以下のようになる．

- 　個人データの収集には制限があり，そのようなデータは合法的かつ公平な手段で，必要に応じてデータ主体の認識または同意を得て取得する必要がある．
- 　個人情報は，その利用目的に沿ったものであるべきであり，かつ，利用目的に必要な範囲内で正確，完全であり，最新の状態に保たれなければならない．
- 　個人情報の収集目的は，収集時以前に明確化されなければならず，それ以降のデータの利用は，当該収集目的の達成または当該収集目的に矛盾しないで，かつ目的の変更ごとに明確化されたほかの目的に限定されるべきである．
- 　個人情報は，上述以外の目的のために開示したり，その他の用途に利用したりするべきではないが，データ主体の同意がある場合または法の権限による場合はこの限りではない．
- 　個人情報は，その紛失もしくは不正アクセス，破壊，使用，改変，漏洩などの危険に対し，合理的なセキュリティ予防策に基づいて保護されなければならない．
- 　個人情報に関する開発，運用，ポリシーについては，一般的な公開の方針を定めなければならない．データ管理者のアイデンティティ，所在地だけでなく，個人情報の有無，性質，その主な利用目的を特定するための手段を容

易に利用できるようにするべきである.

- 個人は次の権利を有する.
  - 自身に関するデータをデータ管理者が有しているか否かについて, データ管理者またはその他の者に確認をとること.
  - 自身に関するデータを, 自身に知らせてもらうこと.
    - 合理的な期間内に
    - たとえあったとしても, 過度にならない費用で
    - 合理的な方法で
    - 自身にわかりやすい形で
  - 要求が拒否された場合には, その理由が与えられること. また, そのような拒否に対して異議を申し立てることができること.
  - 自身に関するデータに対して異議を申し立てること. また, その異議が認められた場合には, そのデータを消去, 修正, 完全化, 訂正させること.
  - データ管理者は, 上述の諸原則を実施するための措置に従う責任を有する.

　OECDは, 個人情報が正規に国境を越えることに対して, 障壁を設けないことに非常に慎重であることに留意すべきである. また, OECDは, 地域や国ごとの違いを認識し, これに敏感になり, OECDのガイドラインまたは同等のものに従わない国から個人情報を保護するよう加盟国に警告している[23].

　一般的にこれらの原則は, 合理的な立法, 規則, ポリシーの策定に最低限の要件を設定し, 組織が原則を追加することを妨げない. しかしながら, これらの原則の実際の適用は, ほとんどすべての状況において, より困難でコストを要することが明確であり, 国内および国境を越えた商取引の両方における様々なプライバシー法および政策の影響について過小評価されてきた. これは, 適用される法, 規制またはポリシーを放棄, 阻止または遵守しないことの口実ではない. しかし, セキュリティ専門家は, コンプライアンスの必要性(しばしば国際的な規制)のためにビジネス上の慣習が変更され, その要求を満たすために予算を適切に増やす必要があることを認識する必要がある.

1.5.6 データ侵害

　世界のセキュリティ専門家にとっては, コミュニティとアイデンティティの感覚

を持つことが重要である．CISSPなどの認定資格は，セキュリティ専門家と認定されることにより，情報セキュリティ専門家の間で共有されるコミュニティへ参加できるとともに，彼らのキャリアにおける重要なマイルストーンとして達成感を得られるようにすることで，このコミュニティを育成する．コミュニティを定義するのに役立つ主なものは，それが表現する文化と，その文化が構築されている共通の価値観や基準である．共通の基準はあらゆる理由で重要であるが，特に用語などは定義と所見に同意するためである．そのために，次のように用語を定義した．

- **インシデント**（Incident）＝情報資産の完全性，機密性または可用性を損なうセキュリティイベント
- **侵害**（Breach）＝データの漏洩または潜在的な被害をもたらすインシデント
- **データ漏洩**（Data Disclosure）＝権限のない当事者にデータが実際に漏洩した（暴露しただけではない）ことが確認された侵害

インシデントと侵害の状況は常に変化している．今日の相互接続されたシステムの性質上，1つのシステムにおそらく限定された小さな侵害として始まったインシデントは，放置するとグローバルネットワークとデータシステム全体にすぐに広がる．セキュリティ専門家は，企業内で遭遇する脅威に対応する準備を整えるために，世界中の組織が直面している種類の侵害やデータ漏洩に対する感覚を持つ必要がある．セキュリティ専門家とセキュリティ担当責任者は，インシデントが迅速に特定され，効率的かつ効果的な方法で対応すれば，完全な打撃を受けるのを防ぐことができるかもしれないことに留意する必要がある．

インシデント，侵害およびデータ漏洩の総合的でタイムリーなリストを作成することは不可能であるが，以下のリストは，公開された情報に基づく，2014年の最初の7カ月間のリストの中で，最大規模の例である．

▶ eBay

オンライン小売業者は，それまで報告された中で最大のデータ侵害の1つに苦しんでいた．攻撃者は，2月下旬から3月上旬にかけて「少数の従業員ログイン資格情報」を侵害し，会社のネットワークにアクセスし，顧客名，暗号化パスワード，電子メールアドレス，住所，電話番号，生年月日を含むデータベースを侵害した．この侵害は，同社の1億4,500万人の顧客の大多数に影響を与えたと考えられており，多くの人がパスワードを変更するように求められた．

▶Michaelsストア

　Michaels社（マイケルズ）とAaron Brothers社（アーロン・ブラザーズ）の54店舗のPOSシステムは，2013年5月から2014年1月まで，非常に洗練されたマルウェアを使用した犯罪者による攻撃を受けた．同社はこの攻撃により，Michaels社の店舗で最大260万件，Aaron Brothers社で40万件のペイメントカード番号と有効期限を取得されたと報じた．同社は少なくともいくつかの不正使用を確認した．

▶モンタナ州保健福祉局

　疑わしい活動が確認されたあと，職員は5月中旬に調査を行い，モンタナ州保健福祉局のサーバーがハッキングされたという結論に至った．保健福祉局は，「サーバーに含まれている情報が不適切に使用されたり，アクセスされたと考えられる根拠はない」としながら，約130万人の氏名，住所，生年月日，社会保障番号を保持していた．

▶Variable Annuity Life Insurance Company社
（バリアブル・アニュイティ・ライフ・インシュアランス・カンパニー）

　同社の元ファイナンシャルアドバイザーが，同社の顧客のうち774,723人の詳細な情報を含むUSBドライブを所有していた．元アドバイザーに捜索令状が発付され，このUSBドライブは警察により会社に返還された．USBドライブには社会保障番号の全部または一部が含まれていたが，保険会社は顧客口座への不正アクセスはなかったと述べた．

▶Spec's（スペックス）

　テキサスのワイン小売業者のネットワークに対する17カ月間の「犯罪攻撃」の結果，550,000人もの顧客の情報が失われた．侵入は2012年10月に始まり，州内の同社の34店舗に影響を与えた．これは2014年3月20日まで続き，顧客名，デビットカードまたはクレジットカードの番号，カードの有効期限，カードのセキュリティコード，小切手の銀行口座情報，運転免許証の番号をハッカーに持ち出されたおそれがある．

▶セントジョセフ保健システム

　テキサスのヘルスケアプロバイダーのサーバーが，2013年12月16日から18日の間に攻撃を受けた．このサーバーには，「約405,000人の元患者と現在の患者，従

業員，そして従業員の受益者の情報」が入っていた．これには，氏名，社会保障番号，生年月日，医療情報，場合によっては住所や銀行口座情報が含まれていた．ほかの多くのハッキング事件と同様に，調査はデータがアクセスされただけか，盗難されたのかを判断することができなかった．

　Verizon社（ベライゾン）の「2014年データ侵害調査レポート（Data Breach Investigations Report：DBIR）」によると，以下の8つのカテゴリーが，この調査を通じて追跡され，世界的に報告されたすべてのデータ侵害活動の約94％を占めている[24]．

- POS侵入＝14％
- Webアプリケーション攻撃＝35％
- 内部不正による悪用＝8％
- 物理的な盗難／損失＝1％
- その他のエラー＝2％
- クライムウェア＝4％
- カードスキマー＝9％
- サイバースパイ活動＝22％

　Verizon社のデータは，レポート作成のためのデータを収集し，分析した2013年から2014年初めにおいて，セキュリティ専門家が懸念すべき脅威のカテゴリーを明示している．しかし，このパラグラフを読むと，セキュリティ専門家が今日直面している脅威のカテゴリーとリスクは，類似点があるかもしれないが，上述した脅威のカテゴリーとは大きく異なるかもしれない．

　では，セキュリティ専門家が，上述のような脅威やリスク——特に，新しい脅威ベクターや悪い役者が絶え間なく出現する時——に対して，継続的な意識と能力を築くために何ができるだろうか．おそらく，このディスカッションで前述したコミュニティに目を向け，それを頼りに，新たな脅威ベクターのための一種のグローバルな早期警告システムを構築することは，セキュリティ専門家に貴重な洞察を提供するであろう．しかし，どのようにすれば，それほど大胆で重要なことを本当に達成することができるのか．しかも，神出鬼没なものを．

▶ VERISとVCDB

　VERIS（Vocabulary for Event Recording and Incident Sharing）は，セキュリティインシデ

ントを構造化された再現可能な形で表すための共通言語を提供する．これは，「どのような事態に対して（または，誰に対して）誰が何を実行し，その結果がどうなったか」という表現を採用しており，Verizon社のDBIR 2014年版に見られる種類のデータに変換される．VERISコミュニティサイトで追加情報は入手可能であり，完全なスキーマはGitHubで利用可能である．

　セキュリティ専門家にとって，両者とも用語と文脈の理解を助けるよい参考資料である．

- veriscommunity.net
- www.github.com/vz-risk/veris

　2013年に開始されたVCDB（VERIS Community Database）プロジェクトは，公開されているすべてのセキュリティインシデントを，無料かつオープンなデータセットとして記録するために，セキュリティコミュニティのボランティアの協力を得ている．以下のWebサイトでVCDBの詳細を確認できる．

- www.vcdb.org

　セキュリティ専門家が価値があると感じる追加のリソースは以下のとおりである．

- http://www.databreachtoday.com/news（米国，英国，欧州，インド，アジアの情報を一覧表示）
- http://www.informationisbeautiful.net/visualizations/worlds-biggest-data-breaches-hacks/（グローバルに発生したデータ侵害の情報の中で，侵害当たり30,000件を超える損失を描いたインフォグラフィックで，絶えず更新されている）
- http://www.scmagazine.com/the-data-breach-blog/section/1263/
- http://datalossdb.org/

1.5.7　関連する法規制

　現在，米国では，消費者データの所有および使用は，業界固有の連邦法および一般に適用される州のデータ保護および通知法の寄せ集めによって規制されている．

連邦レベルでは，グラム・リーチ・ブライリー法（GLBA）と1996年の医療保険の携行性と責任に関する法律（HIPAA）が2つの顕著な例である．GLBAは金融機関に適用され，意図的な開示を制限し，消費者の「非公開の個人情報」を不正アクセスから保護するための基準を規定している．GLBAはまた，金融機関が非公開の個人情報の共有に関するポリシーを消費者に通知しなければならないことを義務付けている．一方，HIPAAは，電子的に保護された健康情報のセキュリティのための国家基準を設定している．さらにHIPAAは，保護された健康情報がセキュリティ侵害されたことを被保険者に通知するように，医療サービス提供者，保健計画，医療事務処理会社などの対象機関に要求する．

業界固有の連邦法に加えて，多数の州および地域の個人データ保護法が存在する．これらの法律は個人を個人情報漏洩から保護するという同じ目的を果たすが，一部は義務の種類によって異なる．例えば，暗号化されていない個人情報が侵害されたことが判明した場合，ほとんどの州法では，誰が侵害を受けたかに応じて，影響を受ける個人またはデータを所有する会社に通知する必要がある．一部の州では，特定の状況において消費者報告機関に通知することをデータ保持会社に要求する．同様に，一部の州では，州の居住者にデータ侵害が通知されなければならない時は，州の司法長官またはその他の州の機関に通知する必要がある．また，ほかの州では，一定数の州の住民に通知する必要がある場合にのみ，そのような通知が必要であるところもある．しかし，州の大部分は司法長官またはその他の州の機関に通知する必要はない．

2013年8月25日に，電子通信サービス（Electronic Communication Service：ECS）プロバイダーに関するEUの新しい侵害通知規制が施行された．この規制は，ECS会社に対して，国内の法令に従って国の監督機関に通知することを指示した以前の指令を補足するものである．

この規制は，EU全体にわたる標準的なプロセスを定義している．欧州のECSプロバイダーは，データ侵害（指令では，「EU内での公的に利用可能な電子通信サービスの提供に関連して，送信，保存またはその他の処理がなされた個人情報に対する偶発的または不法な破壊，消失，改変，不正な開示またはアクセス」と定義されている）について通知することが義務付けられている．また，「プロバイダーは，個人データ侵害があった場合，その発見から（可能であれば）24時間以内に国の監督機関に通知するものとする」と明記されている[25]．

欧州ネットワーク情報セキュリティ機関（European Union Agency for Network and Information Security：ENISA）は，個人情報の侵害に関してEU加盟国の既存の措置と手

続きをレビューし，eプライバシー指令（2002/58/EC）の4項の技術的実装に関する研究を2011年に発表した．この指令には，データ侵害の計画と準備，その検出と評価方法，個人と管轄当局への通知方法，データ侵害への対応方法に関する推奨事項が記載されている．個人情報侵害の重大性評価の方法論の提案も上述の勧告の付属書として含まれていたが，異なるデータ保護機関（DPA）によって国レベルで使用されるほど成熟しているとは考えられなかった．

　このような背景の下，ギリシャとドイツのデータ保護当局はENISAと協力して，当該作業に基づき，DPAとデータ管理者の両方で使用できるデータ侵害重大性評価のための最新の方法を開発した．このプロジェクトのワーキングペーパードラフト（Working Document, v1.0, 2013年12月）は以下のURLからアクセスできる．

　　https://www.enisa.europa.eu/activities/identity-and-trust/library/deliverables/dbn-severity

2013年9月26日，英国個人情報保護委員会（Information Commissioner's Office：ICO）は，通信事業者，インターネットサービスプロバイダー（ISP），その他の公共電子通信サービス（ECS）プロバイダーに適用される新しい侵害通知ガイダンスを発行した[26]．

　英国のプライバシーおよび電子通信（EC指令）に関する規制2003（Privacy and Electronic Communications Regulations：PECR）には，電話，ファックス，電子メール，テキストメッセージによるマーケティングと広告宣伝に関する広範囲にわたる規則，およびCookieとセキュリティ侵害に関連する規則が定められている．PECRに記載されている侵害通知要件は，ECSプロバイダー（通信プロバイダーやISPなど）に適用される．データ侵害が発生した場合には，これらの事業体は侵害の基本的事実に気づいてから24時間以内にICOに通知しなければならない．

　ガイダンスは，ICOに提出しなければならない侵害の要件を規定している．すべての通知用の安全なオンラインフォームが利用可能である．かつて，サービスプロバイダーは，侵害通知書を完成させてICOに電子メールで送付する必要があった[27]．通知書は高位レベルであり，通知機関は詳細な内部調査を待つことが前提となる．最初の侵害通知書を提出する組織は，3日以内に侵害の詳細を含む第2の通知書を提出することが期待される．データ侵害が個人に悪影響を及ぼす可能性がある場合，組織はICOに通知するだけでなく，「過度の遅滞なく」それらの個人に通知しなければならない．データ漏洩ログも毎月更新し，ICOに提出する必要がある．ICOは，ICOに提出する必要がある情報をサービスプロバイダーが理解できるようにするために，テンプレートログを提供している．

上述の例のように多様なアプローチがあることを考えると，業務を行っている地域に合わせて，適切な法規制要件に明確に精通する必要がある．そのために，セキュリティ専門家は，データプライバシー法に関する地域ごとの差異の最新情報を常に把握するための現時点での最良のリソースの1つとして，BakerHostetler（ベイカーホステットラー）法律事務所がまとめたデータプライバシー法国際総覧を役立てることができる[28]．

1.6 倫理の理解

コンピュータ倫理の考察は，コンピュータの誕生とともに始まった．コンピュータが犯罪に使用されたり，多くの職場で人に取って代わり雇用の損失が広がる懸念があった．コンピュータ倫理の問題を十分に理解するには，その歴史を考えることが重要である．以下に重要な事象の概要を示す．

コンピュータ倫理の考察は，1940年代初期の第2次世界大戦時，高速戦闘機を撃墜できる対空機動砲の開発を支援したMIT（マサチューセッツ工科大学）のNorbert Wiener（ノーバート・ウィーナー）教授の研究から始まったと考えられている．この研究の結果，ウィーナーとその同僚は，情報フィードバックシステムの科学で，ウィーナーがサイバネティックスと呼ぶ，新しい研究分野を作り出した．サイバネティックスの概念は，コンピュータ技術の発展と相まって，ウィーナーが社会的および倫理的な影響を予測した情報通信技術（ICT）と呼ばれる技術に関するいくつかの倫理的結論を導いた．

1950年にウィーナーは，現在でもコンピュータ倫理の研究と分析の基礎となっている包括的な根拠について述べた『人間機械論』という本を出版した．

1960年代中頃，カリフォルニア州メンロパークのSRI International（SRIインターナショナル）に勤めていたDonn B. Parker（ドン・B・パーカー）は，コンピュータの倫理に反した不正使用を調べ，コンピュータ犯罪やその他の非倫理的なコンピュータを使用した活動の例を文書化し始めた．彼は1968年に*Communications of the ACM*に「情報処理における倫理の規則」を発表し，1973年には，米国計算機学会（Association for Computing Machinery：ACM）によって採用された「計算機学会のための職業行動規定（初版）」の開発を指揮した．

1960年代後半，ボストンのMITのコンピュータ科学者Joseph Weizenbaum（ジョセフ・ワイゼンバウム）は，ELIZAと呼ばれるコンピュータプログラムを作成し，「患者との最初のインタビューに従事するロージリアン心理療法士」の原型を提供するス

クリプトを作成した．人々は彼のプログラムに対して強い反応を示し，コンピュータが自動化された心理療法を行うことを恐れる精神科医もいた．Weizenbaumは1976年に『コンピュータ・パワー 人工知能と人間の理性』を出版し，人間を単なる機械とみなす傾向の高まりについて懸念を表明した．彼の出版物，MITのコース，および多くの講演は，コンピュータ倫理に焦点を当てた多くの考えやプロジェクトに影響を与えた．

　Walter Maner（ウォルター・マナー）は1970年代中頃，倫理的な問題やコンピュータ技術によって生み出された問題について議論する際に「コンピュータ倫理（学）（Computer Ethics）」という言葉を作ったことを評価され，Old Dominion University（オールド・ドミニオン大学）でそれを主題としたコースを教えた．1970年代後半から1980年代半ばにかけて，Manerの研究は大学レベルのコンピュータ倫理コースで大きな関心を集めていた．Manerは1978年にコンピュータ倫理学のコースを開発するためのカリキュラム素材とアドバイスを含む『コンピュータ倫理のスターターキット』を出版した．Manerの功績により，多くの大学にコースが設置された．

　1980年代には，コンピュータ利用犯罪，コンピュータ障害，コンピュータデータベースを使用したプライバシー侵害，ソフトウェア所有権訴訟などの情報技術の社会的および倫理的影響が米国および欧州で広く議論されていた．

　Dartmouth College（ダートマス大学）のJames Moor（ジェームス・ムーア）は*Computers and Ethics*で「コンピュータ倫理学とは何か」を発表し，Rensselaer Polytechnic Institute（レンセラー工科大学）のDeborah Johnson（デボラ・ジョンソン）は1980年代半ばにこの分野の最初の教科書『コンピュータ倫理学』を出版した．心理学と社会学の分野で出版されたコンピュータ倫理に関するその他の重要な書籍は，人間の心理に対するコンピューティングの影響について書かれた，Sherry Turkle（シェリー・タークル）の『インティメイト・マシン──コンピュータに心はあるか（原題：The Second Self）』，コンピューティングと人間の価値観への社会学的なアプローチについて書かれた，Judith Perrolle（ジュディス・ペロル）の『コンピュータと社会の変化：情報，資産と能力（Computers and Social Change：Information, Property and Power）』などである．

　Maner Terrell Bynum（マナー・テレル・バイナム）は，1991年にコンピュータ倫理に関する最初の国際学際会議を開催した．哲学者，コンピュータ専門家，社会学者，心理学者，弁護士，ビジネスリーダー，ニュース記者，政府関係者が初めて集まり，コンピュータ倫理について議論した．1990年代には，新しい大学のコース，研究センター，会議，雑誌，記事，教科書が登場し，社会的責任のためのコンピュータ専門家（Computer Professionals for Social Responsibility），エレクトロニックフロンティ

ア財団 (Electronic Frontier Foundation)，ACM SIGCAS (Special Interest Group on Computers and Society) のような組織は，コンピューティングと職務責任に対応するプロジェクトを立ち上げた．欧州とオーストラリアにおける開発には，イングランド，ポーランド，オランダ，イタリアの新しいコンピュータ倫理研究センターが含まれていた．De Montfort University (デ・モントフォート大学) の Simon Rogerson (シモン・ロジャーソン) は英国で，ETHICOMP シリーズの会議を率いて，コンピューティングと社会的責任のためのセンター (Centre for Computing and Social Responsibility) を設立した．

1.6.1 倫理プログラムの規制要件

　倫理戦略を作成する際には，倫理プログラムの規制要件を検討することが重要である．これらは，組織が独自の組織環境や要件に合わせて拡張できる最低限の倫理基準の基礎を提供する．倫理プログラムと訓練に関連する規制要件がますます増えている．

　1991年の米国の「組織に対する連邦量刑ガイドライン (Federal Sentencing Guidelines for Organizations：FSGO)」は，最低限の倫理要件をまとめ，倫理プログラムが実施されている際に連邦法に違反した場合，刑事罰を大幅に軽減した．罰則の軽減は，倫理プログラムを確立する強い動機付けを提供する．2004年11月1日より，FSGOは追加の要件が更新された．

　一般的に，効果的であるとされるプログラムにおいては，取締役および経営幹部が，より明確な責任を負う必要がある．

- 　組織の指導者は，コンプライアンスと倫理プログラムの内容と運用について知識があり，適切な注意 (Due Diligence) を行使する任務を遂行し，倫理的行動を促し，法を遵守することを奨励する組織文化を促進しなければならない．
- 　委員会の効果的なコンプライアンスと倫理プログラムの定義には，以下の3つのサブセクションがある．
    - **サブセクション (a)** ＝コンプライアンスおよび倫理プログラムの目的
    - **サブセクション (b)** ＝そのようなプログラムの7つの最低要件
    - **サブセクション (c)** ＝犯罪行為や計画のリスクを定期的に評価し，必要に応じて犯罪行為のリスクを低減するために7つのプログラム要素を設計，実施，または変更する必要性

効果的なコンプライアンスと倫理プログラムの目的は，犯罪行為を防止し，検出するための適切な注意（Due Diligence）を行うか，倫理的行動を促す組織文化を促進し，法令遵守を約束することである．新しい要件は，効果的な倫理プログラムの範囲を大幅に拡大し，組織に不当な遅滞がなく，適切な政府当局に違反を報告するよう要求している．

2002年の米国のサーベンス・オクスリー法（Sarbanes-Oxley Act）は，会計改革を導入し，財務報告書類の正確性を証明することを要求している．

- 103条「監査，品質管理および独立基準と規則」では，取締役会に以下を求める．
  - 公的会計事務所の登録
  - 「監査，品質管理，倫理，独立性および発行者の監査報告書作成に関連するその他の基準」を制定または採用する規則
- 規制S-Kの新項目406(a)は，企業に対し，以下を明らかにすることを求める．
  - 幹部役員に適用する倫理規定が存在するか
  - それら倫理規定の放棄
  - 倫理規定の変更
- 企業に倫理規定がない場合，企業が倫理規定を採用していない理由を説明しなければならない．

米国証券取引委員会（Securities and Exchange Commission：SEC）は，2003年12月にニューヨーク証券取引所（New York Stock Exchange：NYSE）の新しいガバナンス体制を承認した．これには，取締役，役員，従業員のための企業行動規定および倫理規定を採用し，公開することと，取締役または執行役員に対する規定の放棄を速やかに開示することを企業に要求している．ニューヨーク証券取引所の規制では，上場企業すべてが社内外に行動規定または上場廃止措置を保有し，伝達すること，でなければ上場廃止となることを要求している．

これに加えて，米国の組織は，米国食品医薬品局（Food and Drug Administration：FDA），連邦取引委員会（Federal Trade Commission：FTC），アルコール・タバコ・火器および爆発物取締局（Bureau of Alcohol, Tobacco, Firearms and Explosives：ATF），内国歳入庁（Internal Revenue Service：IRS），労働省（Department of Labor：DoL）のような米国の規制当局や，EUデータ保護指令のような世界中にある多くの規制当局から出される新しい規制および改訂された規制を監視する必要がある．組織の所在国がどこかに

関わらず，そのような規制要件をすべて遵守できるように，組織内に倫理計画とプログラムを確立する必要がある．

1.6.2 コンピュータ倫理のトピックス

コンピュータ倫理プログラムとそれに伴う訓練と啓発プログラムを確立する場合，これまで取り組まれ，研究されてきたトピックスを検討することが重要である．ほとんどのコンピュータ倫理の教科書に掲載されている以下のトピックスが参考になる．

▶職場のコンピュータ

人々がコンピュータに取って代わられるかもしれないと感じることで，コンピュータは仕事に脅威を与える可能性がある．しかし，コンピュータ業界はすでに様々な新しい仕事を生み出してきている．コンピュータは仕事をなくすのではなく，コンピュータは根本的に仕事を変えるのである．雇用の懸念に加えて，別の職場の懸念事項は健康と安全である．情報技術が職場に導入された時に，コンピュータがどのように健康状態や仕事の満足に影響を与えるかを考えることは，コンピュータ倫理の問題である．

▶コンピュータ犯罪

コンピュータウイルス，スパイウェア，フィッシング詐欺行為，世界中のあらゆる場所からのハッキング活動が拡大するにつれて，コンピュータ犯罪とセキュリティは，コンピュータ倫理を論じる上で明らかに懸念事項となる．部外者やハッカーのほかに，会社のコンピュータシステムの使用許可を得ている信頼できる人物が，横領や論理爆弾などの多くのコンピュータ犯罪を犯している．

▶プライバシーと匿名性

公的関心を喚起する，最も初期からのコンピュータ倫理の話題の1つは，プライバシーであった．コンピュータやネットワークを使用して個人情報を収集，保存，比較，検索，共有することは容易で効率的であるため，個人情報をパブリックドメインから守りたい人々や，潜在的な脅威と認識される人の手に渡したくない人々にとって，コンピュータ技術は特に脅威となる．コンピュータ技術によって生み出された様々なプライバシー関連の問題により，プライバシーそのものの概念が再検討されている．

▶知的財産

　論争の的になるコンピュータ倫理の分野の1つに，ソフトウェア所有権に関わる知的財産権がある．フリーソフトウェア財団（Free Software Foundation）を立ち上げたRichard Stallman（リチャード・ストールマン）のように，ソフトウェア所有権を一切認めない人々がいる．彼は，すべての情報は無料で，すべてのプログラムは，複製，学習および変更するために利用可能でなければならないと主張する．コンピュータ倫理に関する初期の著名な教科書の著者であるDeborah Johnsonのように，ソフトウェア会社やプログラマーは，ライセンス料や販売の形で投資を取り戻せなければ，ソフトウェアの開発に数週間から数カ月の労力と重要な資金を投資することはしないと主張する人々もいる．

▶専門的責務とグローバリゼーション

　インターネットや企業間ネットワーク接続のようなグローバルネットワークは，世界中の人々と情報を結びつけている．以下のような世界規模の問題は，倫理的配慮を含めて考える必要がある．

- 国際法
- 国際ビジネス
- 国際教育
- 国際情報フロー
- 情報強国と情報弱国
- 情報通訳

　先進国と発展途上国，産業先進国の豊かな市民と貧しい市民の貧富の差は非常に大きい．教育の機会，ビジネスと雇用の機会，医療サービス，その他多くの生活必需品がますますサイバースペースに移行するにつれて，貧富の差がさらに悪化し，新しい倫理的配慮に至るであろう．

1.6.3　コンピュータ倫理の誤信

　コンピュータ教育は小学校の低学年に組み込まれるようになっているが，現在の大人のための初期コンピュータ教育の欠如は，ほぼすべてのコンピュータユーザーに適用される，いくつかの一般的に認められている「誤信」に至る．技術が進

歩するにつれて，これらの「誤信」は変化するであろう．新しいものが発生し，コンピュータの使用，リスク，セキュリティおよびその他の関連情報について，より早い時期に子どもが学ぶにつれて，元の「誤信」の一部はもはや存在しなくなる．

Norton AntiVirusの開発者であるPeter S. Tippett（ピーター・S・ティペット）は，これらに限られないが，次のようなコンピュータ倫理の誤信を特定した．これは広く議論され，一般的に最も受け入れられている．

▶コンピュータゲームの誤信

コンピュータのユーザーは，コンピュータが一般的にごまかしや不正行為を防止すると考える傾向がある．特にプログラマーは，プログラミング構文の誤りは動作を妨げると考えており，ソフトウェアプログラムが実際に動作する場合，正常動作しており，不具合や不正動作は発生しないと信じている．一般的なコンピュータユーザーでさえ，コンピュータは厳密な精度で動作し，発生してはならない動作を許可しないと認識している．コンピュータは非常に厳しい規則の下で動作するが，コンピュータユーザーがしばしば考慮しないことは，ソフトウェアプログラムは人間によって書かれており，人々が自分の生活の中にいるのと同様に，悪いことが起こることをソフトウェアプログラムが許容することである．それと並行して，コンピュータでは捕まることなく何かを行うことができ，そのため行われていることが許されない場合には，コンピュータは何らかの形でそれを防がなければならないという認識もある．

▶法を守る市民の誤信

法律は，コンピュータの使用を含む，多くの事柄のガイダンスを提供する．ユーザーは時々，コンピュータを使用する上での合法性と，コンピュータを使用する上での合理的な動作とを混乱することがある．法律は基本的に行動が合理的に判断できる最低基準を定めているが，このような法律でも個人の判断は求められる．コンピュータユーザーは，自身の行動の影響を考慮して行動しなければならない責任があることに気づかないことがある．

▶壊れてもたいしたことはないという誤信

多くのコンピュータユーザーは，ファイルを誤って消去したり，誤操作したりすること以上の偶発的な害をほとんど与えないと考えている．しかし，コンピュータは，コンピュータユーザーが事実を認識していなくとも，その操作によっては実際

にほかの人を傷つける可能性のあるツールである．例えば，大量の受信者に侮蔑する内容の電子メールを送信することは，公共の場で辱めることと同じである．多くの人は物理的な公開フォーラムでそのような発言をすれば，名誉毀損で訴えられることを認識しているが，インターネット上での発言，コミュニケーション，告発にも，同様の責任があることに気づいていないかもしれない．

　別の例として，作成者の許可なしに電子メールを転送すると，元の送信者が自分のメッセージがほかの人に見られることを想定せず私的に送信していた場合に，不都合や困惑に至る可能性がある．さらに，電子メールを使用してストーカー行為を行ったり，迷惑メールを送信したり，受信者に何らかの方法で嫌がらせしたりすることは，コンピュータの有害な使用方法である．また，ソフトウェア著作権侵害は，実際に他人を傷つけるためにコンピュータを使用するもう1つの例である．

　一般的に，「壊れてもたいしたことはないという誤信」は，行動の前にその影響を考慮せず，コンピュータを使って何かを行うことが，最小限の被害しか生まず，コンピュータ自体のいくつかのファイルにしか影響を与えないだろうという思い込みである．

▶簡単であることの誤信

　ソフトウェア著作権侵害や盗作などの違法かつ非倫理的な行動は，コンピュータで非常に簡単に実行できる．しかし，それが簡単だからといって正しいことを意味するわけではない．コンピュータでは複製を作成することが容易であるため，ほぼすべてのコンピュータユーザーが，なんらかの形でソフトウェア著作権侵害を行っている可能性がある．SPA (Software Publisher's Association)[*2] と BSA (Business Software Alliance) の調査によると，ソフトウェア著作権侵害による被害額は数十億ドルに上る．小売ソフトウェアパッケージを購入せずに複製することは盗難である．コンピュータで何か不正を行うことが簡単であっても，それが倫理的で，合法で，容認可能であるということにはならない．

▶ハッカーの誤信

　多くの報告書や出版物によると，一般的に受け入れられているハッカーの信念とは，学習や非営利が動機である限り，コンピュータで何をしても容認されるというものである．このいわゆるハッカーの倫理は，「ハッキングとハクティビズム」の項で詳しく解説する．

▶ 情報は無料という誤信

情報は無料という考え方には，以前にも述べたように，多くの興味深い意見が存在する．この「誤信」は，デジタル情報を複製して広く配布することが容易であるという事実から出現したことが指摘されている．しかし，この考え方は，データの複製と配布が，それを行う人，さらにはそれを許している人のコントロールと気紛れに支配されている事実を完全に無視している．

1.6.4 ハッキングとハクティビズム

ハッキング（Hacking）は曖昧な言葉であり，最も一般的には犯罪行為の一部として認識されている．しかし，ハッキングは，オープンソース開発に関与している人の働きを表すためにも使用されている．情報技術の発展の多くは，一般にハッキング活動と考えられているものの結果から生じている．Manuel Castells（マニュエル・キャステルス）はハッカーの文化を，技術革新を起こす「情報主義（Informationalism）」とし，ハッカーを「学問的および制度的に構築された革新的環境から，組織的統制を超えた自己組織化ネットワークの出現への移行における主体」とした．

ハッカーとは本来，コンピュータを可能な限り徹底的に理解しようとする人々であった．間もなくハッキングがフリーキングと関連し，電話網に侵入して無料で通話ができることが明らかになったが，これは明らかに違法である．

▶ ハッカーの倫理

ハッカーの倫理の考え方は，1950年代と1960年代のMITとStanford University（スタンフォード大学）のハッカーの活動に由来している．ジャーナリストで，コンピュータ，技術，プライバシーに関するいくつかの本の著者であるSteven Levy（スティーブン・レビー）は，いわゆるハッカー倫理を以下のように概説した．

1．コンピュータへは完全に無制限にアクセスできるべきである．
2．すべての情報は自由に利用できるべきである．
3．権威は疑われ，分権化が促進されるべきである．
4．ハッカーは，人種，階級，年齢，性別または地位によってではなく，ハッキングのスキルによってのみ判断されるべきである．
5．コンピュータは，芸術と美を創造するために使用することができる．
6．コンピュータはあなたの人生をよりよく変えることができる．

ハッカーの倫理には3つの主な機能がある.

1．企業の職権や理想の制度のいかなる形態よりも，個人の活動の信念を奨励する.
2．情報の交換とアクセスは，完全な自由市場型アプローチをサポートする.
3．コンピュータが有益で，人生を変える効果があるという信念を奨励する.

1.6.5　倫理行動規定とリソース

　いくつかの組織やグループは，メンバーが遵守し，実践すべきコンピュータ倫理を定義している．実際，ほとんどの専門組織は倫理規定を採用しており，その多くが情報の取り扱い方法を示している．コンピュータを使用するすべての専門組織の倫理を提供することは，大きな本を埋め尽くすことになる．様々なグループが参照している規定間の類似点を比較し，さらには最も興味深い規定間の相違点や時には矛盾点に気づく機会を作るために，以下を提供する.

▶ 公正な情報処理規定

　1973年，米国保健教育福祉省[*3]の自動個人データシステムに関する長官の諮問委員会(Secretary's Advisory Committee on Automated Personal Data Systems)は，市民のプライバシーと権利を確保するために，以下の「公正な情報処理規定(Code of Fair Information Practices)」の採用を勧告した.

1．その存在自体が秘密になっている個人データ記録管理システムは存在してはならない.
2．自分のファイルにどのような情報が含まれているか，情報がどのように使用されているかを個人が知る方法が必要である.
3．個人が自分の記録内の情報を修正する方法が必要である.
4．個人識別情報の記録を作成，維持，使用または普及させる組織は，意図した使用のためにデータの信頼性を保証し，誤用を防止するための予防措置を講じる必要がある.
5．ある目的のために得られた個人情報が，同意なしに別の目的のために使用されることを個人が防ぐ方法が必要である.

▶インターネット活動委員会
（現在のインターネットアーキテクチャー委員会）とRFC 1087

　RFC 1087は，1989年にインターネット活動委員会（Internet Activities Board：IAB）によって公開された，インターネットリソースの倫理的かつ適切な使用に関するポリシーステートメントである．「国立科学財団（National Science Foundation）のネットワーク，通信，研究，インフラストラクチャー部門のアドバイザリーパネルの見解を強く支持する」IABは，以下を目的とした活動を非倫理的かつ容認できないものとしている．

1．インターネットのリソースに対して不正アクセスを行おうとすること
2．インターネットの意図された利用を混乱させること
3．そのような活動を通じてリソース（人，能力，コンピュータ）を無駄にすること
4．コンピュータベースの情報の完全性を破壊すること
5．ユーザーのプライバシーを侵害すること

▶コンピュータ倫理協会

　1990年にワシントンでコンピュータ倫理協会（Computer Ethics Institute：CEI）は，第1回全米コンピュータ倫理会議を開催した．「コンピュータ倫理の十戒（Ten Commandments of Computer Ethics）」は，この会議向けに準備されたRamon C. Barquin（ラモン・C・バーキン）博士の論文「コンピュータ倫理のための十戒の追求」の中で初めて提唱され，コンピュータ倫理協会は1992年に以下の形でこれらを出版した．

1．汝，コンピュータを使って他人を害することなかれ．
2．汝，他人のコンピュータ作業を妨げることなかれ．
3．汝，他人のファイルを詮索することなかれ．
4．汝，コンピュータを使って盗みをすることなかれ．
5．汝，コンピュータを使って偽りの証言をすることなかれ．
6．汝，代金を支払わぬソフトウェアを使用・複写することなかれ．
7．汝，許可なく他人のコンピュータリソースを使うことなかれ．
8．汝，他人の知的産物を私物化することなかれ．
9．汝，汝の作成したプログラムの社会的影響を考えるべし．
10．汝，考慮と尊重の念を持ってコンピュータを使うべし．

▶ NCCV

1991年8月にSouthern Connecticut State University（南コネチカット州立大学）のキャンパスでNCCV（National Conference on Computing and Values）は開催された．コンピューティングのために，コンピュータセキュリティの倫理的基礎とガイダンスとして機能することを意図された，以下の4つの主要な指針が提案された．

1．コンピュータの公的信用と信頼を維持する．
2．公正な情報処理を執行する．
3．システムの構成員の正当な利益を保護する．
4．詐欺，浪費，悪用に抵抗する．

▶ コンピュータ倫理に関するワーキンググループ

1991年，コンピュータ倫理に関するワーキンググループ（Working Group on Computer Ethics）は，以下の「エンドユーザーの責任あるコンピューティングの基本的な考え方（End User's Basic Tenets of Responsible Computing）」を作成した．

1．私は，何かが合法であるという理由だけで，それは必ずしも道徳的でも正しいことでもないことを理解している．
2．コンピュータが非倫理的に使用されていると，人々は常に被害を受けることを私は理解している．私とその人との間にコンピュータ，ソフトウェアまたは通信媒体が存在するという事実は，私の仲間に対する道徳的責任を決して変えない．
3．私は，ソフトウェアの作者および出版社，情報の作者および所有者の権利を尊重する．私は，プログラムとデータの複製が簡単だからと言って，それが必ずしも正しいとは限らないことを理解している．
4．私は，同意なしに，他人のコンピュータに侵入したり，使用したり，他人の情報を読んだり，使用したりしない．
5．私は，爆弾，ワーム，コンピュータウイルスなどの有害なソフトウェアを作成したり，意図的に取得したり，配布したり，意図的な配布を許可したりしない．

▶ NCERC

NCERC（National Computer Ethics and Responsibilities Campaign）は，IS（Information System）

マネージャーや教育者のためにインターネット上で利用できる「情報リソース，トレーニング素材，サンプル倫理規定の電子リポジトリー」を作成するために1994年に立ち上げられた．国立コンピュータセキュリティ協会（National Computer Security Association：NCSA）とCEIがNCERCに協賛した．NCERCの「コンピュータ倫理ガイド（Guide to Computer Ethics）」は，キャンペーンをサポートするために開発された．

　　NCERCの目標は，コンピュータ倫理意識と教育を促進することである．キャンペーンでは，イベント，キャンペーン，啓発プログラム，セミナー，会議などを開催したり，コンピュータの倫理について書いたり，コミュニケーションをとりたい人にツールやその他のリソースを提供したりしている．NCERCは，情報技術の使用——時には濫用——に特有な倫理的および道徳的な問題の理解を深めることを目的としたイニシアチブである．

1.6.6 (ISC)²倫理規定

　　以下は，すべての(ISC)²メンバーが遵守しなければならない，(ISC)²倫理規定((ISC)² Code of Ethics)の序文と規律から抜粋したものである．メンバーシップと資格を維持するには，序文と規律を遵守することが必須である．専門家は，規律間の矛盾を規律の順番で解決する．規律は優先度が等しいわけではなく，両者の間の矛盾は倫理的ジレンマの発生を促すものではない．

▶倫理規定の序文

　　社会の安全性を高め，当事者の責務および相互の義務を果たすには，最高レベルの倫理行動基準に従う，もしくは従う姿勢を示す必要がある．よって，当倫理規定を厳守することが認定の条件となる．

▶倫理規定の規律
▶社会，一般大衆の福利およびインフラを保護する
- 情報システムにおける世間の信頼性を高め，それを維持する．
- 万全な情報セキュリティ対策についての理解を促し，その必要性を認識させる．
- 公共インフラの保全性を維持し，強化する．
- 安全性に問題のある慣習を止めさせる．

▶ **法に違わず，公正かつ誠実に責任を持って行動する**

- 真実を告げ，あらゆる利害関係者に自分の行動を逐次報告する．
- 明示的，暗黙的に関わらず，すべての契約および提携の取り決め事項を遵守する．
- すべての関係者を公平に扱う．矛盾を解決する時は，公共の安全性の検討，当事者，個々人，セキュリティ専門家に対する義務をこの順序で考慮する．
- 助言や忠告は慎重に行う．不必要な不安を煽ったり，軽々しく保証したりしない．自分の権限内で，慎重かつ客観的に真実を報告する．
- 管轄区域によって法が異なる場合は，サービス対象である管轄の法律を優先する．

▶ **当事者に対して，十分かつ適切なサービスを提供する**

- 対象システム，アプリケーションおよび情報の価値を維持する．
- 自分に対する信頼に応え，与えられた権限を尊重する．
- 利益相反，または利益相反のように見える行動を避ける．
- 十分な能力とその資格のあるサービスのみを提供する．

▶ **セキュリティ専門家としての知識を向上し，保護する**

- 最も適した人物に対して，専門知識の促進を支援する．その他すべての条件が同じ場合，適任と認められ，これらの規律に従う人物や団体を選定する．日頃の行動や評判が，セキュリティ専門家としての信頼を損なう可能性のある人物とは関わらないようにする．
- 悪意ある行為や不注意な行動によって，ほかのセキュリティ専門家の評判を傷つけないようにする．
- 自分自身のスキルを向上し，常に最先端の知識を習得する．時間と知識を惜しまずに他者のトレーニングに当たる．

1.6.7 組織の倫理規定の支援

Peter S. Tippettは，コンピュータ倫理学に関して幅広く執筆している．彼は，企業の情報セキュリティリーダーが組織内へ倫理的なコンピュータ使用の文化を浸透させるために，以下の行動計画を発表した．

1．組織のコンピュータ倫理に関する企業ガイドを作成する．
2．コンピュータセキュリティポリシーを補うコンピュータ倫理ポリシーを作成する．
3．従業員ハンドブックにコンピュータ倫理に関する情報を追加する．
4．組織に事業倫理ポリシーが存在することを確認し，コンピュータ倫理を含むように拡張する．
5．コンピュータ倫理をさらに学習し，学んだことを展開させる．
6．コンピュータ倫理キャンペーンに参加して，コンピュータ倫理の意識を高める．
7．組織に電子メールのプライバシーポリシーがあることを確認する．
8．従業員が電子メールポリシーの内容を知っていることを確認する．

Fritz H. Grupe（フリッツ・H・グループ），Timothy Garcia-Jay（ティモシー・ガルシアジェイ），William Kuechler（ウィリアム・ケッシェラー）は，情報技術の意思決定のために，以下の厳選した倫理的基盤を特定した．

- **ゴールデンルール**（Golden Rule）＝あなたが扱われたいと思うように他人も扱う．自分自身が従いたくないシステムを実装しない．ソフトウェアを販売しているあなたの会社が，ライセンスを保有していないソフトウェアを使用していないか．
- **カントの定言的命法**（Kant's Categorical Imperative）＝行動が皆にとって適切でない場合，それは誰にとっても適切でない．経営陣は，自身には実施せずに，コールセンターの従業員の着席時間を監視していないか．
- **デカルトの変化の法則**（Descartes' Rule of Change／滑りやすい坂道［Slippery Slope］とも呼ばれる）＝アクションがいつでも反復可能でない場合，それはいつでも正しくない．Webサイトが別のサイトをリンクし，そのページを「フレーミング」することで，ユーザーは別サイトの内容をリンク元サイトが作成したと思うようになる．
- **実利主義**（Utilitarian Principle／普遍主義［Universalism］とも呼ばれる）＝最もよい結果を達成する行動をとる．結果に価値を置き，最良の結果を達成するように努める．この原則は，承認されたリソースの制約内で，対象となる人々を分析してITを最大化する．Webサイトを使用している顧客に対し，自身の個人情報を他社へ売却するか否かを確認するべきか．

- **リスク回避原則**(Risk Aversion Principle)＝損害またはコストを最小限に抑える．被害と利益の度合が変化する選択肢がいくつかある場合，最も被害の少ないものを選択する．マネージャーが，部下がほかの従業員に送った電子メールで自分を批判したと報告した場合，誰がその探索を行い，その探索結果は誰が見るか．

- **被害の回避**(Avoid Harm)＝不正行為を避け，「被害を与えない」．この基本は，システムがもたらす既知の被害から顧客およびクライアントを保護するための積極的な義務を意味する．あなたの会社は，顧客を搾取するのではなく保護するプライバシーポリシーを保持しているか．

- **ノーフリーランチルール**(No Free Lunch Rule)＝すべての財産と情報は誰かに属していると仮定する．この原則は，主に補償なしに取得されるべきではない知的財産に適用される．企業がライセンスを保有していないソフトウェアを使用していないか，競合他社の情報技術従業員のグループを雇っていないか．

- **法律(尊重)主義**(Legalism)＝それは法律に反していないか．道徳的行為は合法でないこともあれば，その逆もある．Web広告が製品の機能と利点を誇張していないか．Webサイトが未成年者の情報を不法に収集していないか．

- **プロフェッショナリズム**(Professionalism)＝行動が倫理規定に反していないか．専門家の規定が事案をカバーし，従うべき道を示唆しているか．質問すべき正しい質問を知らないマネージャーに技術的な選択肢を提示する時は，情報に基づいた選択をするために，知る必要性があるすべてのことを教えているか．

- **証拠ガイダンス**(Evidentiary Guidance)＝行動をとる価値を支持するか，否定するための確実なデータがあるか．これは伝統的な「倫理」価値ではなく，個人や団体に対するシステムの影響に関する，ITの政策決定に関連する重要な要素である．この価値は，研究に基づいた堅実な証拠に基づいて結果を予測できる確率論的推論を含む．経営陣は，PCユーザーがITのサービスに満足していることを知っていると仮定しているのか，あるいは，実際に何を考えているのかを判断するためのデータが収集されているか．

- **クライアント，顧客，被害者の選択**(Client/Customer/Patient Choice)＝影響を受けた人々が決定する．場合によっては，従業員と顧客は，インフォームドコンセントのプロセスを通じて自己決定権を持つ．この原則は，自分の個人的な状況に対して何が「有害」または「有益」であるかを決定する際の自己決定権を

認めている．労働者は，プライバシーが保護されていると想定される場所で監視を受けていないか．

- **公正**(Equity) ＝費用と利益は公正に分配されるか．この原則を遵守するためには，同じ状況にいる人にデータとシステムへの同等のアクセスを提供することが企業に義務付けられる．これは，同様の状況を共有しているすべての人に利用可能なサービス，データおよびシステムを通知し，提供する積極的な義務を意味する．情報技術部門はプロジェクト費用に関して意図的に不正確な見積もりをしていないか．

- **競争**(Competition) ＝この原則は，消費者や機関が，プライバシー，コスト，品質などのすべての考慮事項に基づいて，競合する企業の中から選択できる市場に由来する．市場で経済的に生存可能であるためには，競合他社が何をしているのかを把握し，情報技術決定の競争上の影響を理解し，認識していることが必要である．経営陣に構築または購入提案を提示する際に，関係するリスクを十分に認識しているか．

- **慈悲，最後のチャンス**(Compassion/Last Chance) ＝宗教的および哲学的伝統は，最も脆弱な当事者に対する支援方法を見つける必要性を奨励する．技術的な知識を持たないユーザーやほかの人たちを不当に有利にすることを拒否することは，いくつかのプロフェッショナルな倫理規定で認識されている．すべての労働者は，組織の情報技術投資に対する恩恵を受ける機会が平等であるか．

- **公平性，客観性**(Impartiality/Objectivity) ＝意思決定は1つのグループまたはほかのグループに有利に偏っていないか．公平な場であるか．情報技術担当者は，潜在的または明らかな利益相反を回避する必要がある．あなた，または情報技術従業員の誰かが，既得権益を有していないか．

- **開かれていること，完全な開示**(Openness/Full Disclosure) ＝このシステムの影響を受ける人物は，そのデータの存在を認識し，どのデータが収集されているのかを知り，どのように使用されるかについて知識を持っているか．同じ情報にアクセスできるか．Webサイト訪問者は，使用されているCookieと収集する可能性のある情報を使って，何が行われているかを判断できるか．

- **機密性**(Confidentiality) ＝情報技術には，個人に関して収集したデータを十分に保護して，知る必要性のない者への漏洩を避けられるかどうかを判断する義務がある．費用を抑えるために，セキュリティ機能が最低限になっていないか．

- **信頼性と誠実さ**(Trustworthiness and Honesty) ＝情報技術は，倫理原則の背後に立

ち，それがとる行動に対して説明責任を負うことができるか．情報技術管理者は，従業員が専門的に行動していることの確認とサポートを表明した，専門的な倫理規定を提示または配布しているか．

▶ CISSPに適用される倫理規定の仕組み

1998年，Illinois Institute of Technology（イリノイ工科大学）の哲学者であるMichael Davis（マイケル・デイビス）教授は，専門家の倫理規定を「専門家間の契約（Contract between Professionals）」と表現した．この説明によれば，専門的職業は，同じ理想をより効率的に実現するために協力しようとする人の集まりである．例えば，情報セキュリティ専門家は通常，情報の機密性，完全性，可用性と，情報の使用をサポートする技術のセキュリティを確保するという理想を果たすと考えられている．倫理規定は，専門家が共通の理想をどのように追求すべきかを明確にし，その結果，適切に問題に対処しながら，最低限のコストで目標に到達できるように最善を尽くせるようにする．

この規定は，情報セキュリティに対する経費の削減などの特定のストレスや圧力から専門家を保護することに役立つ．倫理規定はまた，競争の結果から専門職のメンバーを保護し，専門家の間の協力とサポートを奨励する．

これを考えると，仕事は専門職として社会から認知される必要がない．実際，特定の理想に奉仕するために協調するには，メンバー間の行動や活動だけが必要である．仕事が専門職として認められるようになると，社会は歴史的に，社会に役立つ方法で，問題となっている理想（この場合は情報セキュリティ）を果たせるように特別な権限（例えば，特定の種類の作業を行うための単独の権利）を仕事に与える理由を見つける．

専門家間の契約としての倫理規定を理解すれば，各情報セキュリティ専門家は，なぜ専門的職業の実践方法を決定する際に個人の良心のみに依存すべきではないのか，情報セキュリティ専門家のコミュニティが，なぜほかの情報セキュリティ専門家がなすべきことについて言及せざるをえないのか，説明が可能になる．ほかの人が情報セキュリティ専門家に対して期待していることは，特にそれが合理的である場合，情報セキュリティ専門家が専門的な活動の中で何を実施するかを選択する際の考慮事項の1つとなる．倫理規定は，情報セキュリティ専門家が合理的に互いに期待しうるもの，基本的にはゲームのルールを定めたガイドを提供する．

アスリートがスコアを上げるためにすべきことを知るには，サッカーのルールを知る必要があるように，コンピュータの専門家はコンピュータの倫理を知る必要が

ある．それは例えば，完全に雇用主の望みだけに基づいて情報セキュリティとリスク削減の行動を選択すべきか，その代わり，勧告や決定を行う際に情報セキュリティの主導的実装と法的要件を考慮すべきかといったことを知るためである．

倫理規定は，コンピュータ専門家同士が互いに援助することについてのガイドを提供しなければならない．人々は単にこれらの専門職のメンバーではないことに留意しなければならない．各個人は，専門職を超えた責任を持ち，行動の結果として，他人の批判，非難，処罰とともに，自分自身の良心に直面しなければならない．彼らの専門職がそう言い聞かせたので決定したというだけでは，これらの問題から逃れることはできない．

情報セキュリティ専門家は，専門的な倫理規定を守って，独自の環境に適切に適用する必要がある．これを支援するために，コンサルタント，情報セキュリティ研究者，米国計算機学会のフェローであるDonn B. Parkerは，職場での情報処理に適用される以下の5つの倫理原則を記述し，これらの適用例も示している．

1. **インフォームドコンセント**（Informed consent）．意思決定の影響を受ける人々があなたの計画した活動を認識しているかどうか，あなたの意思決定に同意するか，同意はできないものの意図は理解するかを確認すること．

   例：従業員は，雇用主のために書いたプログラムの複製を友人に渡し，雇用主にそのことを伝えない．

2. **最悪の場合に対応するより高い倫理**（Higher ethic in the worst case）．あなたがとりうる代替行動を慎重に考え，最悪の状況下で被害を最小限にするか，被害を及ぼさない有益なものを選択すること．

   例：マネージャーは秘密裏に従業員の電子メールを監視しており，そのプライバシーは侵害される可能性があるが，従業員が営業秘密の深刻な盗難に関与していると信ずる証拠に基づいている．

3. **スケール変更テスト**（Change of scale test）．あなたが小規模に，あるいはあなただけでとる行動は，大規模に，またはほかの多くによって実行された場合，重大な被害をもたらす可能性があると考えること．

   例：先生は購入したデータベースを，やはり同製品の購入を検討している友人に1回だけ試させる．先生は，最初にベンダーの許可を得ることなく，彼のクラスの生徒全員にデータベースを使用させるつもりはない．コンピュータユーザーは，その雇用主のコンピュータサービスを個人事業に少し使用することは，他人の使用に影響を与えないため，問題ないと考える．

4．所有者の所有権の保全(Owners' conservation of ownership)．情報が合理的に保護されていること，およびその所有権と権利がユーザーに対して明確であることを，情報を所有している人物か，情報に責任を持っている人物は常に確認すること．

　例：ログオン時に所有権通知を行わない商用電子掲示板サービスを提供しているベンダーは，それを乗っ取ったり，悪用したり，顧客を怒らせたりするハッカーのグループに対して，サービスのコントロールを失う．

5．ユーザーの所有権の保全(Users' conservation of ownership)．情報を使用する人として，あなたが望む任意の方法で自由に使用できることを明示的に知っていない限り，常に他人がそれを所有していると想定し，その利益を保護しなければならないこと．

　例：ログオン時に所有権通知を行わない商用電子掲示板サービスを発見したハッカーは，それを乗っ取ったり，悪用したり，顧客を怒らせたりする友人に情報提供する．

1.7　セキュリティポリシーの策定と実装

　ポリシーの存在しない組織の日々の運用を想像してみてほしい．個人は，自分の価値観や自分の過去の経験に基づいて，企業にとって正しいことかどうかを判断する必要がある．多くの中小企業や新興企業はこのように活動しているが，これは潜在的に，組織内の人々と同じくらい多くの価値観を創造する可能性がある．ポリシー(Policy)は，誰もが共通の期待を持ち，経営陣の目的と目標を伝えることを保証するセキュリティプログラムのフレームワークを確立する．

　プロシージャー(Procedure)，スタンダード(Standard)，ガイドライン(Guideline)およびベースライン(Baseline)は，セキュリティポリシーの実装をサポートする構成要素である(図1.7に示す)．ポリシーに，その実装をサポートするメカニズムが欠けていることは，組織のビジネス戦略に，それを実行するアクションプランがないことに似ている．ポリシーは，経営陣の期待事項を伝えるものであり，プロシージャーの実行およびスタンダード，ベースライン，ガイドラインの遵守を通して遂行される．

　通常，セキュリティ責任者とそのチームは，セキュリティポリシーを作成する責任を負っている．ポリシーは，エンドユーザーが吸収し，理解できるように，適切に記述され，伝達されなければならない．低すぎる教育レベル，または高すぎる教育レベル(産業界の共通慣習としては，一般ユーザー向けのコンテンツは，6年生から8年生の読

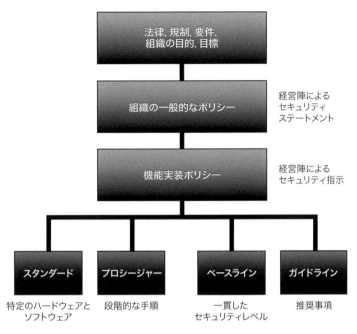

図1.7 ポリシー，スタンダード，プロシージャー，ベースライン，ガイドラインの関係

解レベルにすべきとしている)に合わせて記述されているポリシーは理解されない．

　セキュリティ責任者には，セキュリティポリシーを策定する責任があるが，適切なビジネスの問題に確実に対処できるようにするため，策定には連携して取り組むことが望まれる．セキュリティ責任者は，ポリシーの策定にほかの担当を含めることにより，会社の強力なサポートを得ることができる．これにより，最終成果物についての所有権が強化されるので，それらの担当内で賛同を得ることができるようになり，あとから重要な情報を提供する必要が生じて手直しする労力を削減できる．

　セキュリティ専門家は，草案作成プロセスに参加してもらうために，人事，法務，コンプライアンス，様々な情報技術分野，重要なビジネスユニットを代表する，特定のビジネス分野の代表者など，招待する分野を検討する必要がある．ポリシーが情報技術部門内だけで開発され，ビジネス情報を踏まえずに配布された場合，重要なビジネス上の考慮が欠落する可能性がある．

　ポリシー文書が作成されたら，コンプライアンスを確保する基準を定める．組織によっては，ポリシーをサポートするために追加の文書が必要になる場合もある．このサポートは，社員のコンプライアンス遵守に役立つように，ポリシー，ベース

ライン，プロシージャーに追加のコントロールが記載されるという形で実現される．文書化のあとの重要なステップは，最新バージョンの文書に従う必要のある人が，それらの文書にすぐにアクセスできるようにすることである．多くの組織では，アクセスしやすくするために，イントラネットや共有ファイルフォルダーに文書を保管している．そのような文書の配置に加えて，意識啓発活動，必要に応じた訓練，チェックリスト，フォーム，サンプル文書が，意識向上と最終的なコンプライアンス遵守には，より効果的である．

1.8 事業継続(BC)と災害復旧(DR)の要件

1.8.1 プロジェクトの開始と管理

事業継続(Business Continuity：BC)プログラムを構築する際の最初のステップは，プロジェクトの立ち上げと管理である．このフェーズには以下の作業が発生する．

- プロジェクトを進めるために経営幹部の支持を得る
- プロジェクトの範囲，達成すべき目標および計画の前提条件を定義する
- プロジェクトの成功のために必要な人材および財源を見積もる
- プロジェクトのスケジュールと主要な成果物を定義する

このフェーズでは，プログラムはプロジェクトのように管理されるので，チームの活動をまとめるためにプロジェクトマネージャーを任命することが望まれる．

▶上級リーダーシップサポート

プロジェクトを開始する前に，経営幹部の支持を得る必要がある．その支持がなければ，プロジェクトは失敗する．企業全体のBCとDR(Disaster Recovery：災害復旧)計画を構築する必要があることを確信させるため，プランナーはプログラムの重要性をリーダーシップに売り込む必要がある．

どの組織の上級リーダーシップにも，使命を実行し，組織を保護するという，2つの大きな目標がある．組織の使命がDRでない限り，BCとDRは，使命を実行することとほとんど関係がなく，組織を保護することと大いに関係がある．計画を構築するために必要な時間，資金，人材の価値は，第一の目標である事業ミッションの遂行を損なうため，疑問視されることになる．組織が実際に災害に遭遇しない限

り，その価値は生きてこない．なぜ組織にBCとDRが必要なのか．どのような価値を提供してくれるのか．これらの質問に答えるために，我々はその始まりを知る必要がある．

それはすべてデータセンターで始まった．コンピュータが個々の机に導入される前であっても，コンピュータがエンタープライズ環境の一部になって以降は，コンピュータが故障した場合に組織が手作業のプロセスに復帰できないことが急速に明らかになった．運用モデルは変更された．帳簿書類の手書きや製造環境での手作業は，コンピュータによって，エラーが少なく，何倍も高速に，より一貫して行われるようになった．これらのコンピュータシステムが故障した場合，作業を実行するのに十分な人員はおらず，組織内の人々は手動でそれを行うスキルも持っていない．これがDRの始まりである．今日でも「災害復旧」という用語は通常，技術環境の復旧を意味する．

多くの業界では，データセンターを使用する人がいなければ，データセンターが復旧したとしても大した問題ではないことに気づくまでにしばらく時間がかかった．そしてその時，可能な限り迅速かつ短期間で組織の仕事や使命を継続できるようにするという産業の目標を，より正確に反映するものとして，「事業継続」という用語が「災害復旧」に取って代わることになった．

プランナーは，可能な災害復旧計画（Disaster Recovery Planning：DRP）と事業継続計画（Business Continuity Planning：BCP）を構築する必要性をリーダーシップに納得させるため，災害発生時に彼らがそれらを持たないことにより受容するリスクと組織にかかる潜在的コストを，彼らが理解できるようにする必要がある．組織にとってのリスクは，次の3つの領域にある．財務（組織がどれくらいの金額を失うか），評判（組織が顧客と株主によってどのように否定的に認識されるか），そして規制（訴訟が提起されれば，罰金が発生する）である．組織のリーダーが，組織とそのリソースを適切に保護するために妥当な注意（Due Care）を払っていないと判断された場合，個人的責任を負い，財政的に，さらには刑事的にも責任を負う可能性がある．

多くの場合，財務リスク（Financial Risk）は定量化することができ，一般的には，復旧プログラムにどれだけ費やすべきかを判断するのに役立つ．財務リスクを計算する方法の1つは「P＊M＝C」の式を使用することである．

- **被害の確率**（Probability of Harm；P）＝災害が起こる可能性
- **被害の大きさ**（Magnitude of Harm；M）＝災害が発生した場合に生じる財政的被害額

- **予防コスト**（Cost of Prevention；C）＝災害影響を防ぐ対応策のコスト．対応策のコストは，被害額以上であってはならない

評判リスク（Reputational Risk）は定量化するのが難しい．例えば，企業が必要な時に顧客のニーズを満たすことができない場合，顧客が代わりを見つけることは困難ではない．評判リスクとは，顧客や株主が企業をどのように認識しているかということである．適切な対策を行っていないため，災害発生時に株価へ悪影響を与える例はたくさんある．有事の際，効果的なBCとDRのプログラムは企業存続の分かれ目となる．

▶計画プロセスのその他の利点

多くの組織では，緊急時対応計画（Contingency Planning）が，これまで以上に多くの点で有益であることが判明している．緊急時対応計画は，災害時や災害発生後に組織が生存するために役立つ．緊急時対応計画のもう1つの利点は，多くの組織の日常業務の大幅な改善である．

緊急時対応計画を検討して文書化することにより，多くの単一障害点（Single Point of Failure：SPOF）を発見することができる．SPOFは，プロセスへの単一入力点であり，欠落することで，そのプロセスまたは複数のプロセスの機能が停止する．いったん特定されると，これらのSPOFは多くの場合，簡単に除去されるか，その影響力が低減される．多くの組織は，特にDRやBCPを実施している間に，緊急時対応の取り組みの直接的な結果として，プロセスの改善を目の当たりにしている．

緊急時対応計画にはさらに多くの利点がある．ほかのプロセスで，データセンターのスタッフや組織が，自分が何をしているのか，どのようにして行うのか，それをよりよくする方法について考える必要はほとんどない．新しい環境で復旧する方法，主要なビルなしでの稼働，スタッフの半分で，または接続性なしで作業する方法を考えることで，パフォーマンスとレジリエンスが向上する．

1.8.2 プロジェクト範囲と計画の策定と文書化

上級リーダーシップの承認を得ようとする時は，計画の取り組み範囲と目標について合意を得ることが重要である．この計画は，システム復旧だけを対象とするのか，それとも組織の業務も対象とするのか．データセンター内のシステムのみを対象とするのか，それとも組織を運営するために使用されるすべてのシステムを対象

とするのか，本社のみを対象とするのか，またはすべての事務所を対象とするのか．

すべての企業にシステム復旧計画が必要である．ラップトップ上ですべてのビジネスを実行する小規模な組織でも，複数のデータセンターを持つ大企業でも，情報技術システムは今日の世界でビジネスに不可欠な部分である．

組織運営の復旧を計画することも，組織の存続可能性の鍵である．システムの復旧と組織の復旧の両方で，組織は予期せぬイベントのあとも継続することができる．考慮すべきもう1つの計画のタイプは，パンデミック，従業員によるストライキ，交通問題などの労働力の障害である．建物は良好で，データセンターも問題ないが，何らかの理由で労働力が不足する．

プランナーは，プランナーが必要とするプロジェクトリソース，プロジェクトを完了するためのタイムライン，プロジェクトが進行するにつれてリーダーシップチームが期待できる成果物を定義するため，計画の取り組み範囲について上級リーダーシップと同意する必要がある．一般的に，経験豊富なプランナーを持ち，リーダーシップからその取り組みへの支援を得ている中規模の組織(例えば，1,000 ～ 3,000人のスタッフと2つのデータセンター)内に，現在存在しない計画を作成する場合，以下のようなタイムラインとなる．

- **緊急通報リスト**(Emergency Notification List)＝1カ月
  - 緊急事態の対応に成功するために，プランナーは最初に，組織内で対応できる人に連絡する必要がある．
- **重要なレコードのバックアップと復旧**(Vital Records Backup and Recovery)＝最初の6カ月以内
  - 災害から復旧できるようにするために，プランナーは，組織の運営に必要なすべてのレコードにアクセスできる必要がある．
- **事業影響度分析**(Business Impact Analysis)＝最初の6カ月
  - 組織機能，停止を処理する各組織単位の機能，および復旧される機能とアプリケーションの優先順位と順序を特定する．これらの領域の復旧に必要なリソースと相互依存性を特定する．
- **戦略開発**(Strategy Development)＝6 ～ 9カ月
  - 様々な利用可能な戦略を評価し，費用対効果分析を実施し，承認のためにリーダーシップへ推奨を行う．
- **代替サイト選択**(Alternate Site Selection)＝9 ～ 12カ月
  - 提案依頼書(Request for Proposal：RFP)の準備，サイト調査の実行，ベンダー

の選択，内部サイトの構築と装備，契約の交渉など．

- **緊急時対応計画の開発**(Contingency Planning Development) ＝ 12カ月
  - 緊急時の対応，重要なシステムの復元，通常組織業務の復旧
- **テスト，計画メンテナンス，定期監査**(Testing, Plan Maintenance, and Periodic Audit) ＝
  継続中

▶組織分析

上級リーダーシップは，参加する必要のある組織の様々な分野から必要なリソースを得られるように，BCP，DRP開発プログラムの遵守を求める組織ポリシーを支持する必要がある．ポリシーには，次のように記載する必要がある．

「社の各機能分野の上級リーダーは，各責任分野にBCPが存在することの確認とその計画の内容に対する責任を持つ．毎年，計画に同意できるかどうかを，計画書に署名することによって確認する責任もある．」

1.8.3 事業影響度分析の実施

計画プロセスの次のステップは，計画チームに事業影響度分析(Business Impact Analysis：BIA)を実行させることである．BIAは，会社が復旧すべきものと，それをいかに迅速に行うかを決定するのに役立つ．適切な優先順位付けを決定するために，ミッション機能は一般的に，重要(Critical)，必須(Essential)，サポート(Supporting)および必須でない(Nonessential)などの用語で指定される．

1.8.4 識別と優先順位付け

▶重要な組織機能

一般的に言えば，組織は必須でない作業を行うためにスタッフを雇うことはない．すべての機能には目的があるが，実行に利用できる時間やリソースが限られている場合は，ほかの機能よりも時間的にセンシティブな機能がいくつかある．建物の火災に遭った銀行はマーケティングキャンペーンを簡単に止めることはできるが，顧客の小切手処理や口座への預け入れを止めることはできない．組織はあらゆる機能を，これと同様にして見ることが要求される．会社は，財務上の重大な損失，重要な顧客の不幸や損失，規制当局や訴訟からの重大な罰則や罰金を招くことなく，どれだけ長くこの機能の実行を停止することができるか，である．

	影響度評価	コールセンター	顧客アカウント メンテナンス	顧客の金銭
メールゾーン		Z45	Z37	Z38
リスク評価	F＝財務 C＝顧客 R＝規制	C＆F	C	C＆F＆R
猶予時間	0＝1週間以上 1＝1週間 5＝3日以内 10＝1日 20＝4時間 40＝即時	40	1	10
顧客影響度	0＝なし 1＝低 3＝中 5＝高	5	3	3
規制影響度	0＝なし 1＝低 3＝中 5＝高	1	0	3
財務影響度	0＝なし 1＝0から1万 2＝1万から10万 3＝10万から50万 4＝50万から100万 5＝100万以上	3	0	4
点数評価合計	1～4の合計	49	4	20
復旧制限時間の評価		AAA	D	A
代替サイト		予備サイト， 次にスミス通り	在宅勤務対応	スミス通り

図1.8 BIA記入書式の例

　すべての組織の機能とそれをサポートする技術は，復旧優先度に基づいて分類する必要がある．組織運営の復旧時間は，その機能を実行しないことによる結果によって左右される．その結果は，契約上の約束が果たされないことによる罰金，訴訟，顧客からの信用喪失などがある．**図1.8**は，機能を分類し，**図1.9**に示す制限時間の評価を決定するための単純なBIA記入書式である．この記入書式を使用するには，プランナーは，評価対象の組織を反映するように要因を調整する必要がある．プランナーは，影響が現実化するまでの猶予時間を決めるだけでなく，各影響領域において，組織にとっての影響度が低／中／高のものはそれぞれ何かを，計画チームに対して定義する必要がある．

<figure>

事業機能復旧制限時間の評価

点数評価合計45以上＝
- AAA(即時復旧)は, 十分な装備と人員が配置され, 少なくとも2つの地理的に分散した場所で実行されなければならない

点数評価合計25 ～ 45＝
- AA(復旧まで最大4時間)は, 必要な4時間以内に人員を確保して機能する, 実行可能な代替サイトが必要である

点数評価合計15 ～ 24＝
- A(同日復旧)は, 同じ営業日内に業務を運営しなければならず, そのため, 同じ営業日内に人員を確保して機能する, 実行可能な代替サイトが必要である

点数評価合計10 ～ 14＝
- B(復旧まで最大3日)は, 最大3営業日まで中断することができるが, 4営業日目には人員を確保して機能する, 実行可能な代替サイトが必要である

点数評価合計7 ～ 10＝
- C(復旧まで1週間)は, 最大1週間中断することができるが, 翌週には人員を確保して機能する, 実行可能な代替サイトが必要である

点数評価合計0 ～ 6＝
- D(復旧まで2週間, あるいはそれ以上の停止時間が許容される)は, 1週間以上中断することができるが, 許容される停止時間の最大日数を特定する必要がある

</figure>

図1.9 制限時間の評価

▶最大許容停止時間の決定

すべてのアプリケーションは, すべての組織機能と同様に, 制限時間のある組織機能をサポートしていない場合でも, 復旧に対する制限時間に沿って分類される必要がある. アプリケーションの場合, これは通常, 復旧時間目標(Recovery Time Objective：RTO)または最大許容停止時間(Maximum Tolerable Downtime：MTD)と呼ばれる. これは, 大きな影響が発生するまでに, 組織がそのアプリケーションなしで機能できる時間である.

1.8.5 停止原因の評価

▶ 組織の理解

計画プロセスの一環として，プランナーはリスクアセスメントを実行して，組織はどのような脅威を抱えているのか，脅威の影響度を低減するために，どこに低減の費用を使うべきかを決定する必要がある．

リスク(Risk)には，脅威(Threat)，資産(Asset)，低減要因(Mitigating Factor)という3つの要素がある．脅威とは，それが発生した場合に，組織が通常どおりに機能しなくなるイベントまたは状況のことである．脅威は，「10年に1回発生する可能性がある」というような確率で測定されるもので，影響を受ける期間が指定される．

▶ 外部の脅威と脆弱性

組織の通常業務の遂行に影響を及ぼす最も一般的なリスクは，電力の可用性である．停電は，ほかのどのイベントよりも組織への影響が大きく，業務の中断を引き起こす．2つ目に考えられるのは，水に関わるイベントであり，過剰な水(浸水，配管の漏れ，パイプの損壊，屋根の雨漏り)や，不十分な水(水道本管の破裂)がある．その他の一般的なイベントとして，悪天候，ケーブルの切断によるネットワーク障害，火災，労働争議，交通災害，ハードウェア障害(データセンターの場合)などが挙げられる．

▶ 内部の脅威と脆弱性

内部機能の停止は通常，以下のようなことが原因で発生する．

- 装置が耐用期限を待たずに故障する
  - 不適切なインストール
  - 不適切な環境
- 装置が損耗のために故障する
  - ほとんどの装置は「平均故障間隔(Mean Time Between Failures：MTBF)」が設定されている
  - MTBFを超えて稼働している装置は故障するリスクが高い
- 検証なしの実稼働環境の変更やその他の人的エラーが原因となって，装置が故障する

図1.10の脅威マトリックス(Threat Matrix)を参照し，脅威のリストを見直すと，そ

- 地震
- ハリケーン
- 竜巻
- 火山噴火
- 洪水
- 停電
- 航空機の墜落
- 交通災害
  - 鉄道
  - 道路
  - 船
- 従業員によるストライキ
- 従業員の病気(パンデミック)
- スキャンダル
- 悪天候
- 火災
- 煙害
- 汚染によるアクセス不可
- 職場の暴力
- 市民暴動
- 水害
- 爆発物
- 妨害／破壊行為
- 機械故障
- ハードウェア障害
- ソフトウェア障害
- コンピュータウイルス／ワーム
- 機密情報の侵害
- 経営陣の突発的な失踪や死

図1.10 潜在的な脅威

れらの一部はかなりローカライズされたイベントであり，ハリケーンのようなほかのイベントはより地域的な影響があることに気づく．考慮すべき脅威には，竜巻，地震，ハリケーンなどの自然災害と，交通災害，化学物質の流出，妨害などの人為的災害の両方が含まれる．

1.8.6 目標復旧時点

　すべての組織機能が識別され，復旧時間が決定されると，計画チームはそれぞれの機能を実行するために必要なすべてのリソースを特定する必要がある．リソースには，アプリケーションシステム，最小スタッフ要件，電話要件，デスクトップ要件，内外の相互依存性などが含まれる．

　このプロセスでは，アプリケーションシステムの復旧優先度が特定される．アプリケーションがサポートしている機能の復旧優先度に基づいて，オンラインに戻す必要のあるアプリケーションシステムを組織が決定する．

　この技術レビュープロセスは，組織が実行することが困難な場合がある．標準的なデスクトップユーザーは，このアイコンをクリックすればこのアプリケーションシステムが起動することを知っている．アプリケーションが常駐する場所(メインフレーム，Web，サーバー，デスクトップ)，データの格納場所(中央ストレージ，ネットワークサーバー，クラウド，デスクトップ)，実行可能ファイルが存在する場所についての理解

はほとんどない.

これらは，復旧計画を立てる際の重要な考慮事項である．アプリケーションが組織と一緒に配置されている場合，そのアプリケーションの復旧はそのサイトのサイト復旧計画の一部でなければならない．そうでない場合，復旧は代替サイトのアプリケーションへのネットワークアクセスのみを提供することを意味する可能性がある.

組織はまた，組織の機能とアプリケーションの両方について，イベント中にリスクにさらされている可能性のある処理中の作業の量を判断する必要がある．その情報が別の場所にバックアップされていない場合，火災発生時に従業員の机に置かれているデータは永久に失われる．ファイルキャビネットに保管されている情報，郵便室に入ってくる郵便，まだ建物を出ていないバックアップテープはすべてリスクにさらされる.

データが組織を動かすものであるため，計画チームは，すべてのタイプのデータについて意思決定を行う必要がある．どれくらいのデータを失うことが許容されるのか？　1分間の価値は？　1時間の価値は？　1営業日は？　これは一般に，目標復旧時点(Recovery Point Objective：RPO)と呼ばれ，プランナーが復旧しようとする時間的ポイントを指す．電子データやハードコピーデータのバックアップポリシーとプロシージャーは，組織が設定したRPOに準拠する必要がある.

1.9　人的セキュリティ管理

組織に属する個人は，自分の能力を最大限に発揮して日々の業務に臨む．これらの個人は，仕事を遂行する上での最適な方法や，必要なトレーニングや，業務に何が期待されているのかを知るため，適切な意図を持って組織内にある必要な情報を求める．メディアは，ハッカーに関して組織が直面する外部の脅威に多くの警鐘を鳴らしている．しかし，情報資産が破損または破壊される要因となる，誤った，または不正なトランザクションの脅威は，内部にも存在する．従業員はデータに最も近く，現在のプロセスやその弱点を最もよく理解している．職務の分離，職務説明の文書化，強制休暇，ジョブローテーション，知る必要性(最小特権)によるアクセスなどの職務コントロールは，セキュリティ専門家により実施される必要がある．セキュリティ担当責任者は，ユーザーの平常時をベースラインに異常なデータアクセスのパターンを検出する行動異常検出のような戦略的な防御をさらに強化する必要がある.

さらに，個人がある職位に着任する前には，様々なことを実行する必要がある.

セキュリティ専門家が直接実行するものもあれば，彼らのインプットを基にして，あるいは組織のほかのメンバーが監督する中で実行されるものもある．これらの活動には，職務説明の作成，参考資料へのアクセス，個人のバックグラウンドのスクリーニングや調査，機密保持と非開示契約の作成，ベンダー，請負業者，コンサルタント，臨時スタッフのアクセスに関するポリシーの決定が含まれる．

1.9.1 採用候補者の適格審査

　適任で信頼できる人材を雇用することは，過去の行動が望ましくない可能性のある人物を除外する人事ポリシーの実装と着実な実施にかかっている．従業員のモラルが低下すると，コントロールの遵守が低下する可能性がある．従業員の離職の増加は，時間の経過とともに従業員の専門的技術レベルを低下させる可能性もある．解雇された従業員がシステムにアクセスできないようにして，ファイルやシステムに損害を与え，会社の業務を中断させる機会がないことを確実にするために，解雇ポリシーとプロシージャーが必要である．これらは，ポリシーが人事に一貫して適用されるようにするためにも必要である．ほとんどの従業員は，不正行為の意図がなく，勤勉で有能だが，残念ながら，少数の望ましくない意図を持つ人がいる可能性がある．人的セキュリティが不十分であると情報リスクが高まるため，適切な人的セキュリティコントロールの実施は不可欠である．

　職務説明には，職位の役割と責任，その職務を満足に果たすために必要な教育，経験，専門知識が含まれていなければならない．よく書かれた職務説明は，個人のスキルが適合するかどうかだけでなく，業務能力を測るバロメーターとなる．業績評価に記載される個々の業務目標は，これを反映しているべきである．職位と職務説明が正しく合致していないと，職務要件に対して個人のスキルが不足する可能性がある．個人が継続的に必要なスキルを保持するためには，定期的に職務スキルを再評価する必要がある．年間トレーニングの要件，特に専門的なセキュリティトレーニングを必要とする個人のための要件は，スキルが適切かつ最新のものであることを保証する．ポリシーで定義している役割と責任は，必要とされる特定のセキュリティスキルを識別するのに役立つ．従業員のトレーニングや専門的な活動への参加を監視し，促進する必要がある．組織のすべての職務説明には情報セキュリティ責任に関する言及が必要で，これらの責任は組織全体で共有される．セキュリティ担当者に必要な特定の技術，プラットフォーム要件および認定は，求人情報の中に記載される必要がある．

特定部門における個人のアクセスと職務を評価して，その職位の機密性を定める必要がある．コンピュータシステムの悪用，情報の露出，データ処理の中断，内部の秘密の共有，重要な情報の改ざんまたはコンピュータの不正行為によって，個人が引き起こす可能性のある被害の度合も同様に分類されるべきである．役割ベースのアクセスは，職務または職務分類の役割を確立し，個人がアクセスを許可される情報の種類を示す．仕事の機密性は，強制休暇，ジョブローテーションおよびアクセス制御に関連するより厳しいポリシーを要求するためにも使用される可能性がある．職位の機密性レベルの過剰なコントロールは追加費用を浪費するが，過小なコントロールには容認できないリスクが生じる．

▶ リファレンスチェック

面接や採用プロセスでは，チームワーク，リーダーシップ能力，忍耐力，倫理，顧客サービス指向，マネジメントスキル，企画力，特定の技術的および分析的能力など，採用候補者の過去の職務履歴とその能力を判定する．提出される情報の多くは，面談中に個人を観察することによって，または意図した質問を通して提供される彼らからの情報によって得られる．採用候補者の真の仕事の方向性をほかの関連する情報なしで決めることは，常に可能なわけではない．基本的には，個人と仕事の2種類のリファレンスチェック(Reference Check)がある．その人の性格に関する個人的説明と提出された職務履歴の検証である．

リファレンスチェックは，採用候補者から提示された個人に連絡することを含む．多くの雇用主は，今後の訴訟のおそれから個人的なリファレンスの提出を嫌う．このように，多くの雇用主は，雇用日や退職日などの情報のみを公開するポリシーを持つことがある．退職の理由に関する情報は，その決定が潜在的に友好的(従業員都合)か，非友好的(会社都合)かを除き，公開されていない．これらは，能力とは関係のない人員削減の結果かもしれないため，従業員の振る舞いを必ずしも反映するものではない．結局のところ，企業がリファレンスを提供する時，その人間は実際には従業員の将来の能力をコントロールするわけではなくても，それは従業員の能力や性格に対して一定の承認印を押すこととして認識される．多くの人はリファレンスを提出するにあたり，より完全なものとするために，社長，副社長，医師，弁護士，聖職者などの個人をリストに載せ，自身が最も有能であると明示しようとする．意図的な質問は，リーダーシップ能力，口頭および書面によるコミュニケーションスキル，意思決定スキル，他者と仕事をする能力，同僚からの尊敬，ストレス下での行動，管理能力(予算編成，人材育成，プロジェクト進行)など，候補者の傾向と能力を

確認するために使用される．複数のリファレンスチェックは，複数の視点と望ましい振る舞いの裏付けを提供する．採用候補者によって提出されたリファレンスは彼らの意見に偏っている可能性があるため，雇用主は，リファレンスの応答とその知識を釣り合わせる必要がある．採用候補者がリファレンスを提出できないことは，不安定な職務経歴であったり，人事措置や制裁があったりした可能性がある．

▶バックグラウンド調査

個人のリファレンスチェックは，採用候補者が潜在的に入社できるかどうかについての確証的な情報を得る機会を提供するように，バックグラウンドチェック（Background Check）は，組織が個人を信頼できるかどうかに関するより多くの情報を明らかにする．組織は，採用する個人を確実に把握し，今後の訴訟や暴露を最小限に抑えたいと考える．履歴書は，多くの場合，採用候補者に都合がよい，誤り，偶発的な間違いや曖昧な嘘で満たされている．一般的な改ざんには，技能水準，仕事に対する責任感，業績，保持する資格，雇用期間の偽装が含まれる．バックグラウンドチェックは，採用候補者が個人のスキル，経験および業績を正確に表現しているかどうかを，採用マネージャーが判断する上で大いに役立つ．一般企業では一般的に，意味のある徹底的な調査を独自に行う時間と費用がないため，様々なバックグラウンド調査（Background Investigation）に特化した社外の企業を雇う．バックグラウンドチェックにより以下が判明する．

- 雇用に関するギャップ
- 職責の虚偽記載
- 職務
- 給料
- 退職理由
- プロフェッショナル資格の有効性とステータス
- 取得した教育の確認と学位
- 信用履歴
- 運転記録
- 犯罪歴
- 個人のリファレンス
- 社会保障番号の確認

▶ バックグラウンドチェックの利点

会社を保護する意味でのバックグラウンドチェックの利点は明白である．なお，次の利点も実現する．

- リスク低減
- 面接がベストだった候補者ではなく，最も適格な候補者を採用できたという信頼の向上
- 採用費用の低減
- 離職の減少
- 資産の保護
- 会社のブランド評価の保護
- 従業員，顧客および一般大衆の盗難，暴力，薬物およびハラスメントからの保護
- 雇用時審査不備や雇用継続訴訟の回避
- 暴力経歴を持つ従業員の雇用回避による，より安全な職場
- 何かを隠そうとする候補者の気をそぐ
- 犯罪行為の特定

▶ チェックのタイミング

効果的なバックグラウンドチェックプログラムでは，採用プロセスに関与するすべての個人が，候補者を採用する前にプログラムをサポートする必要がある．これには，人事，法務，雇用監督者，採用担当者がスクリーニングプロセスを理解し，実行する必要がある．一度個人が組織に雇われれば，特別な理由もなく調査を行い，情報を入手することは困難である．従業員は，職位の機密性に合わせて定期的に再調査する必要がある．これは，定期的なスケジュールを含めた適切なポリシーとして文書化する必要がある．

▶ バックグラウンドチェックの種類

個人が雇われる可能性のある職位に応じて，多くの異なる種類のバックグラウンドチェックを実行することができる．ベストプラクティスは，社員全員のバックグラウンドチェックを実施し，請負業者，ベンダー，および会社の資産，システムと情報に接触するすべての人物のバックグラウンド調査を実行するために，契約書を締結した上で，外部機関に委託することである．これに費用がかかり過ぎる場合，

組織は，バックグラウンドチェックを実施することが最も重要な職位について決定する必要がある．例えば，銀行は，金銭に接する行員のバックグラウンドチェックを実施する必要がある．銀行では，明らかにほぼすべての行員が対象となる．チェックの種類は，最低限のチェックから完全なバックグラウンドチェックまでの幅がある．組織がチェックに注力する，あるいはより広範なチェックを提供することを決定する個人の種類としては以下がある．

- 技術に携わる個人
- 機密情報にアクセスできる個人
- 企業独自のデータまたは競合するデータにアクセスできる従業員
- 買掛金，売掛金または給与計算を扱う職位
- 一般大衆に直接対応する職位
- 医療業界に拠点を置く組織や財務情報を扱う組織の従業員
- 自動車の運転を含む職位
- 子どもと接する従業員

　利用できるバックグラウンドチェックには幅広い可能性がある．以下は最も一般的なバックグラウンドチェックである．

▶信用履歴

　信用履歴は，金融機関が消費者ローン，クレジットカード，住宅ローンおよびその他の種類の金融債務の返済を保証するために使用する主な手段である．信用履歴は，債務不履行のリスクが高いことを探り，債務不履行を阻止するために使用する．金融サービス会社は，信用履歴を最も活用しており，支払いが遅れた場合に個人の信用レポートに滞納情報を記載する脅威を提供している．これまでは，マネージャーは金銭を直接処理する個人についてのみ信用調査を実施した．しかし，コンピュータの相互接続とリスクの高いアプリケーションへの潜在的なアクセスにより，これは変化している．基本的な信用レポートは，採用候補者の氏名，住所，社会保障番号および旧住所を確認する．これらは，より広範な犯罪調査を提供するために，または雇用のギャップを明らかにするために使用することができる．詳細な信用履歴は，雇用主に財務上の義務を処理する個人の能力についての示唆を与える，抵当権，判決，支払い義務の情報を提供する．しかし，これらの項目は，個人が過去に財務上の問題に陥ったが，将来の雇用主にリスクととられないよう，そこ

から財務的生活を再編成した可能性があるため，状況に応じて評価する必要がある．時には，信用レポートには，候補者の年齢(信用履歴が確立していない)，現金支払いによる購入，誤った身元を前提とする情報または候補者の住居(貸金業機関は通常，信用調査機関に報告しない)を反映し，情報が限定的か，ないこともある．

　雇用主は，自国の法律に従って情報を適切に使用していることを確認する必要がある．米国では，公正信用報告法(Fair Credit Reporting Act：FCRA)，雇用機会均等委員会(Equal Employment Opportunity Commission：EEOC)下の法律およびいくつかの州法が組織の活動を統治する★29．法律顧問と人事は，スクリーニングプロセスに関連するポリシーおよびプロシージャーの策定に関与すべきである．

▶犯罪歴

　信用履歴は，銀行，小売店，金融サービス会社，信用報告機関の間のシステムを通じて交換されるが，犯罪歴はより入手が困難である．米国で3,000以上の法的管轄区域があるため，それぞれの管轄区域を調査することは現実的ではない．居住地の郡から始まり，ほかの以前の住所を調査することにより，候補者の合理的なバックグラウンドチェックが提供される．ほとんどのバックグラウンドチェックは重罪を調べ，軽犯罪(重大でない犯罪)を見落とす．FCRAの下では，雇用主は候補者が毎年75,000ドル以上の収入を得ていない場合，過去7年間の全犯罪記録を要求することができる．75,000ドル以上の収入の場合は，この期間制限はない．調査対象となる重要な情報には，州および郡の犯罪記録，性的および暴力的犯罪の記録，刑務所の仮釈放や釈放の記録が含まれる．

▶運転記録

　職場で自動車を運転する従業員については，運転記録をチェックする必要がある．これらの記録はまた，採用候補者の氏名，住所，社会保障番号の確認や，交通違反通知，事故，運転中の逮捕，有罪判決，停止，廃止，取り消し情報を含み，雇用の一部として，車両を運転しない候補者に関する情報を明らかにすることもできる．これは，アルコールや薬物中毒の兆候または責任意識の欠如の可能性を示すものとなる．

▶薬物および物質検査

　薬物使用は，生産性の欠如，欠勤，事故，従業員の離職，職場における暴力，コンピュータ犯罪などをもたらす可能性があるため，ほとんどの組織で違法薬物使用

の検査が行われている．薬物を使用している個人は，薬物検査を行う企業への応募やそのプロセスに従うことを避ける．アンフェタミン，コカイン，アヘン剤（コデイン，モルヒネなど），マリファナ（Tetrahydrocannabinol：THC），フェンサイクリジン（Phencyclidine：PCP），アルコールなど，様々なスクリーニング検査がある．企業は，薬物検査事業を行わないため，適切な検査が行われることを保証するために，独立した研究施設を頻繁に採用する．研究施設は，偽陽性の可能性を減らしたり，薬物使用の誤判定を防ぐための保護手段を採用している．米国には，米国障害者法（Americans with Disabilities Act：ADA）のようなリハビリを受ける個人の保護を提供する法律がある[30]．

▶前職

採用日付，役職，業務成績，退職理由，個人が再雇用の対象になるかどうかなどの雇用情報を確認することで，採用候補者が提出した情報の正確性を知ることができる．これは簡単なプロセスではない．上述のように，多くの企業では従業員の業績についてコメントしないポリシーがあり，雇用期間のみの回答となる．

▶教育，ライセンスおよび認定確認

履歴書に記載している卒業証書と学位資格は，高等教育機関で確認できる．学位はどの授業にも出席せずに料金を払ってインターネットで購入することができるため，認定された機関からのものであることを確認する必要がある．CISSPや，その他の業界またはベンダー固有の認定など，技術分野の認定は，発行機関に連絡することで確認できる．州のライセンス機関は，州発行のライセンス，苦情，ライセンスの取り消しの記録を保持している．

▶社会保障番号の確認と検証

番号が実在の社会保障番号であることは，番号を発行している州と年と数学的計算によって検証することができる．その番号が社会保障局によって発行されたこと，乱用されていないこと，死亡していない人に発行されたこと，また，照会した住所が，郵便物受信サービス，ホテルやモーテル，州または連邦刑務所，キャンプ地または拘留施設に関連するものでないことは，社会保障局へ照会することにより検証することができる．

▶疑わしいテロリスト監視リスト

様々なサービスが，疑わしいテロリストの連邦データベースおよび国際データ

ベースを検索する．これらのデータベースの構築とテロリストを特定する方法は比較的新しく，進化しており，防衛，バイオテクノロジー，航空，製薬産業などのリスクの高い産業や，既知のテロ活動に関連する企業とビジネスを行う産業は，これらのデータベースをチェックすることで利益を得ることができる．

1.9.2 雇用契約書とポリシー

　雇用契約書(Employment Agreement)は通常，従業員が新しい仕事を開始する前，または初日に署名する．これらの契約書は，書式や内容が組織によって異なるものの，その目的は，従業員が雇用されている間だけでなく，従業員が組織に雇用されなくなったあとも含めて組織を保護することである．例えば，非開示契約(Non-Disclosure Agreement)には，従業員が組織を退職したあとでも，従業員がアクセス可能な営業秘密や知的財産を保持するための会社の権利を保護する条項が含まれる．従業員の継続的な雇用が組織の最善の利益となり，従業員の倫理に反する行為での訴訟に対する組織責任を軽減するために，行動規範，利益相反，贈答品取り扱い方針および倫理に関する契約が必要となる．

　継続的な監督と定期的なパフォーマンスレビューは，従業員の現在の適格性とセキュリティ目標の達成度の評価を確実にする．すべての従業員の業績評価は，セキュリティポリシーとプロシージャーの遵守を考慮する必要がある．部門の高いモラルを維持するためには，達成に対する報酬と認識が適切でなければならない．継続的なスキル機能，トレーニングおよび経験要件をモニタリングすることで，不適切なコントロールが情報セキュリティに適用されるリスクを低減する．様々なポリシー，契約およびプロセスが，従業員リスクを管理するためのベストプラクティスとみなされる．究極の目標は，従業員が雇用された機能を確実に実行し，詐欺，盗難，虐待，浪費の影響，環境および誘惑を最小限に抑えることである．以下のプロセスは，効率的でリスクの低い労働力確保に役立つ．

▶ジョブローテーション

　ジョブローテーション(Job Rotation)は，個人間の共謀のリスクを低減する．個人が機密情報やシステムを取り扱っており，共謀を通じて個人的な利益を得られる機会のあるような会社では，職務の分離とジョブローテーションを統合することが役に立つ．業務をローテーションすることによって，通常の操作手順の範囲外で実行している間違いや不正行為が明らかになる場合がある．小規模な組織では，その職

務に必要な特定のスキルセットに基づいて人を配置することが難しいため，セキュリティコントロールや監視コントロールに頼る必要がある．仕事の内外で個人をローテーションすることにより，関係者にバックアップの対象範囲，継承計画，職業訓練の機会を与えることができる．また，職務の分離ポリシーを支援するスキルの多様性も提供する．

▶ 職務の分離

　一個人に特定のプロセスのすべてのステップを実行する権限を与えるべきではない．これは特に，重要なビジネス領域において，個人がシステムのデータを変更，削除，追加するための強力なアクセス権や権限を持つ可能性がある場合に重要である．職務を分離することができないと，他者の関与なしに会社から金銭を横領する可能性がある．職務の分離（Separation of Duties：SOD）は通常，異なる個人あるいは組織のグループ間に職務を細分化するか，分割することにより行われる．この分離により，間違いや不正行為の可能性が減る．各グループはほかのグループのバランスチェックとして機能し，自然な抑止プロセスが作れる．経営陣は，職務が業務プロセス内で明確に定義され，分離していることを確認する責任がある．そうしないと，例えば，以下に示す例のような意図しない結果が生じる可能性がある．

- 取引業者用データベースに業者を追加し，注文書を発行し，出荷受領を記録し，支払いを承認する権限を持つ財務部門の担当者は，検出されずに偽の業者に支払いを行うことができる．
- 給与計算の権限を持ち，処理し，承認する権限を持つ給与計算部門の従業員は，同僚の給与を増やすことができる．
- 本番コードを変更する能力を持つコンピュータプログラマーは，コードを変更して，個人の銀行口座に資金を移し，その後本番コードを置き換え，誤ったロギングを隠したり，作成したりして，自分の行動を隠匿することができる．
- 内部システム開発手順をスキップして，コードを記述し，それを実稼働に移し，実行する権限を持つプログラマーは，悪意あるコードを，誤って，または故意に実装する可能性がある．

　一部の組織では，部門内でどの職位を分離すべきかを決定するために，職務マトリックスの2次元分離を利用している．各職位をマトリックスの軸に沿って書き，Xは2つの責任が同じ個人に存在すべきでない場所に置く．このXは，職務が，異

なる人の間で細分化されるべき場所を示す．情報システム部門と事業部門の間，および情報システム組織内の部門間の職務を分けることは非常に重要である．例えば，ユーザー部門の管理者は，従業員のアクセス権について，システムアクセスの認可を提供する責任がある．情報システム部門，より具体的には，セキュリティ管理の責任部門はアクセス権の付与を行う．定期的に，このアクセスはビジネス管理者によって確認される．IT部門内では，セキュリティ管理者は，ビジネスアナリスト，コンピュータプログラマー，コンピュータオペレーターなどから分離される．これらの職務は，1人の人やグループ内で組み合わされるべきではなく，両立しない職務とされる．両立しない職務は組織によって異なる場合がある．一般的に，同一の個人が次の機能を実行するべきではない．

- システム管理
- ネットワーク管理
- データ入力
- コンピュータ運用
- セキュリティ管理
- システムの開発と保守
- セキュリティ監査
- 情報システム管理
- 変更管理

　小規模な組織では，これらの機能を実行するために利用できる従業員が限られている可能性があるため，アクティビティを分けるのが難しい場合がある．これらの組織は，リスクを低減するために，監督上のレビューや能動的なモニタリングなどの補償コントロールに頼らざるをえない．監査ログと第三者による事実審査は，職務機能の分離の代わりに効果的なコントロールを提供することができる．大規模な組織では，適切な分離，監督上のレビュー，正式な運用手順の開発が確実に行われるようにする必要がある．分離された機能は完全に文書化し，従業員に伝えて，割り当てられた個人だけが，これらの機能に関連するタスクを実行するようにする．これらのアクションは，ユーザーが実行した誤った作業を防止または検出するのに役立つ．大規模な金銭の取引は，処理が許可される前に，より広範囲の監督上のレビューコントロール（例えば，ディレクター，副社長，社長の正式な署名）を行うべきである．
　情報システム部門に属する個人は，ビジネスシステムにデータを入力することが

禁止されていなければならない．データ入力担当者は，データを検証するのと同じ個人であってはならず，情報の照合は情報を入力する個人によって行われるべきではない．これらの職務の分離は，取引に対するチェックとバランスを提供する．新しいアプリケーションが開発され，合併や買収が行われ，システム更改された際には，職務の分離が維持されるように注意する必要がある．定期的なマネジメントレビューは，トランザクション処理環境が，設計された分離原則の下で動作し続けることを保証する．

▶ 最小特権（知る必要性）

　最小特権（Least Privilege）とは，仕事を遂行するために必要なアクセスのみをユーザーに許可することである．一部の従業員は，自分の職務に基づいて，ほかの従業員よりも大きなアクセスを必要とする．例えば，メインフレームシステムでデータ入力を行う個人は，インターネットへアクセスする必要はなく，システムに入力している情報に関するレポートを実行する必要もない．逆に，スーパーバイザーはレポートを実行する必要があるかもしれないが，データベース内の情報を変更する権限を持つべきではない．適切なトランザクションは，ユーザーがシステム内の情報を一貫して，また開発された手順で更新することを保証する．情報は通常，適切なトランザクションによりログに記録される．情報がログに記録され，事後に情報がどのように変更されたかを検知コントロールにより発見できることをユーザーが知っているため，これは，防止コントロールまたは抑止コントロールとして役立つ．これらのトランザクションに関連するセキュリティコントロールは，トランザクションを適用するプログラムに対して，許可された変更のみが行われるようにするために必要である．アクセス権は，ビジネス運用上の柔軟性とセキュリティを両立可能な適切なレベルで定義される必要があり，これらのパラメーターを定義し有効化するには，ビジネスアプリケーションオーナーのインプットが必須である．

▶ 強制休暇

　指定された連続日の強制休暇（Mandatory Vacation）を従業員に要求することは，ジョブローテーションを行うことと同様のメリットがある．休暇期間中に作業が再割り当てされることにより，トランザクションフロー，外部の人とのコミュニケーション，通常の手順を踏んでいない取引フローの要求などによって，不正が表面化する可能性がある．一時的に置き換えられた休暇中の従業員が作業していないことを確実にするために，この期間中リモートシステムへのアクセスを削除する組織もある．

0114

1.9.3 雇用終了プロセス

　日々，従業員は組織に加わったり，離れたりする．その理由は，定年退職，人員削減，一時解雇，原因の有無に関わらない解雇，別の都市への転居，ほかの雇用主との雇用機会または不本意な配置転換と多岐にわたる．退職は，友好的であるか，非友好的かのいずれかであり，結果として異なるレベルのケアを必要とする．

▶ 友好的な退職

　通常の雇用終了とは，会社と従業員の双方に合意できないと考える証拠や理由がほとんど，またはまったくない場合である．一般的に人事部門によって管理される標準的な一連の手続きは，会社の財産が返却され，すべてのアクセスが削除されるように，退職する従業員の離職を管理する．これらの手続きには，退出面談や，鍵，身分証明書，バッジ，トークンおよび暗号鍵の返却が含まれる．ラップトップ，ケーブルロック，クレジットカード，電話カードなどのほかのプロパティも返却する．ユーザーマネージャーは，セキュリティ部門に退職を通知して，すべてのプラットフォームおよび機能のアクセスが無効化されることを確認する．一部の施設では即座にアカウントを削除することを選択し，ほかの施設ではアカウントの最終退職日の変更，延期を考慮し，ポリシーの定義期間（例えば，30日），アカウントを無効にする．退職プロセスには，情報の秘密保持に関する継続的な責任についての退職者との会話も含まれていなければならない．

▶ 非友好的な退職

　個人が解雇，不本意な配置転換，レイオフされた場合，あるいは個人が潜在的にシステムに危害を加える手段や意図を持っていると考えられる理由が組織側にある場合，非友好的な退職が発生する可能性がある．システム管理者，コンピュータプログラマー，データベース管理者，昇格された特権を持つ個人など，技術スキルと高いレベルのアクセス権を持つ個人の場合，環境的リスクが高い．これらの個人は，ファイルを変更したり，論理爆弾を仕込み将来のシステムファイルの破損を生じさせたり，機密情報を削除したりすることができる．不満を感じている個人がシステムに誤ったデータを入力して，数カ月間発見されない可能性がある．このような状況下では，退職時あるいは従業員に退職を通知する前に，システムアクセスを即時終了することは当然である．

　雇用前から雇用後まで，当該の人物のセキュリティ面を管理することは，信頼で

きる有能な人材を確保して，会社情報を保護するビジネス目標を促進するために非常に重要である．これらの措置のそれぞれは，従業員の予防コントロール，検知コントロールまたは補償コントロールを可能とする．

1.9.4 ベンダー，コンサルタント，請負業者のコントロール

ビジネスパートナーやその他のサードパーティから組織に人員が派遣される場合，組織はコントロールを徹底して機密情報の損失を防止し，そうした個人が組織に対して意図的または非意図的に与える可能性のある損害を低減する必要がある．従業員に対するスクリーニングと同様に，ベンダーとの関係の性質に応じて実行できるアプローチがいくつかある．

- サードパーティが施設やシステムにアクセスすることはまれであるが，管理者権限を持っている場合は，次の点を考慮する．
  - 行動を監視するために，施設にいる間は個人を誘導する．
  - 画面共有技術を使用して従業員を監視し，実行されたすべてのアクションを記録する．
  - 具体的な処罰を設けた適切な秘密保持契約を作成し，個人および個人の組織に署名させる．
  - アクセス権を得ている具体的な人物が誰であるかをサードパーティに特定させ，アクセス時に本人確認を行うようにする．
- サードパーティがより恒久的に施設におり，管理者権限を持っている場合は，以下を考慮する．
  - バックグラウンド調査を行い，適合性の問題があるか否かを判断する．
  - 画面共有技術を使用して従業員を監視し，実行されたすべてのアクションを記録する．
  - 具体的な処罰を設けた適切な秘密保持契約を作成し，個人および個人の組織に署名させる．
  - アクセス権を得ている具体的な人物が誰であるかをサードパーティに特定させ，アクセス時に本人確認を行うようにする．
- 期間に関わらず，サードパーティが機密情報へのアクセスを制限されている場合は，以下を考慮する．
  - 画面共有技術を使用して従業員を監視し，実行されたすべてのアクショ

ンを記録する.

- 具体的な処罰を設けた適切な秘密保持契約を作成し, 個人および個人の組織に署名させる.

法務的なバックグラウンドを持つ人物が契約交渉に関与し, 上述の要件を理解していることを確認する. 多くの成功したペネトレーションテストには, 実際には, 攻撃者である「ベンダー」や「保守担当者」による短期間の訪問が含まれる. サードパーティの慎重なスクリーニングは, 適切で権限のある個人だけが施設やシステムにアクセスできるようにするのに役立つ. 契約には, ベンダーが満たすべき要件を明確にして, それに応じて計画し, 予算を立てることができるようにする必要がある.

1.9.5 プライバシー

すべての個人はプライバシーが守られることを期待する. この期待は文化や人によって異なるが, セキュリティ専門家は, 国の法律の範囲内で個人を監視することの限界を理解する必要がある. CCTVカメラを公共の駐車場に設置することは一般的に容認されるが, シャワーやロッカールームなどのプライベートエリアのCCTVカメラは世界のほとんどで承認されない. これらの例は極端であるが, ほかの例は「グレー」領域に分類される. そのような例にはホームオフィスが含まれる. 組織は, 私宅を含め, 仕事が実行される空間すべてを監視する権利があるだろうか? プライバシー保護の専門家のほとんどはこの質問に対して「いいえ」と答えるだろうが, セキュリティ専門家や捜査官の中には「はい」と答える人もいるだろう. これは主に視点の違いによるものである. 捜査官は証拠収集に関心があり, セキュリティ専門家は個人の安全と組織の情報セキュリティを確保することに関心がある.

ほとんどの場合, 組織のプライバシーポリシーに関する情報を伝えることが, プライバシー関連の苦情を最小限に抑える鍵となる. 多くの組織では, 特定のエリアでCCTVやその他の種類の監視を実施していることの明白なサインを示している. これは攻撃者への警告になると主張する人もいるが, 実際には攻撃者は, エリア内にカメラがあることを想定しているか, 知っている. そうでないとすれば, 掲示には, 攻撃を思いとどまらせたり, 断念させたりする効果があるかもしれない. いずれにしろ, 監視していることを通知したり, 目につきやすくしたりすることには, 利点がある.

1.10 リスクマネジメントの概念

American Heritage Dictionary で定義されているように，リスク（Risk）は「損失の可能性」である．*Random House Dictionary* は，リスクマネジメント（Risk Management）を「保険，安全対策などを使用することによる偶発的なビジネス損失の評価，最小化，防止の技術あるいは専門職」と定義している．**図1.11**は，米国国立標準技術研究所（National Institute of Standards and Technology：NIST）のリスクアセスメント（Risk Assessment）プロセスに関連する活動を示している．これは固有のフレームワークだが，一般的なリスクマネジメントプロセスを網羅している．様々なステップの詳細は以下のとおりである．

リスクアセスメントプロセスの最初のステップは，リスクアセスメントの準備をすることである．このステップの目的は，リスクアセスメントのコンテキストを確立することである．このコンテキストは，リスクマネジメントプロセスのリスクフレーミングステップの結果によって確立され，通知される．リスクフレーミング（Risk Framing）は，例えば，リスクアセスメントを実施するためのポリシーと要件に関わる組織の情報，採用される特定のアセスメント方法論，考慮すべきリスク要因を選択する手順，評価の範囲，分析の厳密性，正しさの度合，組織全体の一貫性と再現性のあるリスク判定を容易にする要件を特定する．組織は，リスクアセスメントの準備に必要な情報を得るために，実行可能な範囲でリスクマネジメント戦略を用いる．リスクアセスメントの準備には，以下のタスクが含まれる．

- アセスメントの目的を特定する．
- アセスメントの範囲を特定する．
- アセスメントに関連する前提および制約を特定する．
- アセスメントの入力として使用される情報源を特定する．
- アセスメント中に使用されるリスクモデルと分析アプローチ（言い換えれば，アセスメントと分析アプローチ）を特定する．

リスクアセスメントプロセスの第2ステップは，アセスメントを実施することである．このステップの目的は，リスクレベルによって優先順位を付けることができ，リスク対応の決定に使用することができる情報セキュリティリスクのリストを作成することである．この目的を達成するために，組織は脅威と脆弱性，影響と可能性，およびリスクアセスメントプロセスに関連する不確実性を分析する．このステップ

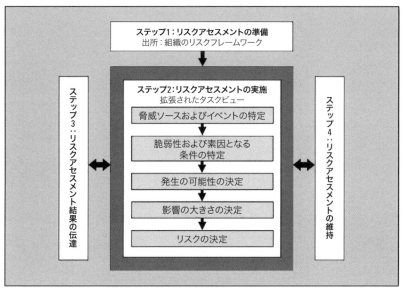

図1.11 NISTのリスクアセスメントプロセスのフローチャート[31]

はまた，各タスクの一部としての必須情報の収集を含み，リスクアセスメントプロセスの準備段階で確立されたアセスメントコンテキストに従って実施する．リスクアセスメントに期待されることは，準備ステップの間に確立された特定の定義，指針および指示に従って，脅威空間全体を適切にカバーすることである．しかし，実際には，利用可能なリソース内での適切な範囲は，脅威ソース，脅威イベントおよび脆弱性を一般化して全体を把握し，リスクアセスメントの目的を果たすために必要な特定の詳細なソース，イベントおよび脆弱性を評価することと言える．リスクアセスメントの実施には，以下の特定のタスクが含まれる．

- 組織に関連する脅威ソースを特定する．
- これらのソースによって生成される脅威イベントを特定する．
- 特定の脅威イベントを通して，脅威ソースに悪用される可能性のある組織内の脆弱性および悪用を成功させる素因となる条件を特定する．
- 特定された脅威ソースが特定の脅威イベントを開始する可能性と，脅威イベントが成功する可能性を定める．
- (特定の脅威イベントを通した)脅威ソースによる脆弱性の悪用の結果として生

じる，組織の運用と資産，個人，その他の組織および国家への悪影響を定める．

- リスク決定に関連する不確実性を含め，脆弱性が悪用される脅威の可能性と悪用された場合の影響の組み合わせとして，情報セキュリティリスクを定める．

　明確化のために，特定のタスクを順番に提示している．しかし，実際には，タスク間の反復が必要であり，起こりうる．リスクアセスメントの目的に応じて，タスクの順序を変えることが組織にとって有益かもしれない．説明したタスクに組織がどのような調整を加えたとしても，リスクアセスメントはアセスメントを開始した組織によって定められた目的，範囲，前提条件，制約を満たす必要がある．

　リスクアセスメントプロセスの第3ステップは，アセスメント結果を伝達し，リスク関連情報を共有することである．このステップの目的は，組織全体の意思決定者が，リスクに関する決定事項を通知し，指導するために必要となる適切なリスク関連情報を確実に入手することである．情報の伝達と共有は，次の特定のタスクで構成される．

- リスクアセスメントの結果を伝達する．
- ほかのリスクマネジメントアクティビティをサポートするために，リスクアセスメントの実行時に作成された情報を共有する．

　リスクアセスメントプロセスの第4ステップは，アセスメントを維持することである．このステップの目的は，組織が被るリスクに関する特定の知識を最新に保つことである．リスクアセスメントの結果により，リスクマネジメントに関する決定事項が通知され，リスクへの対応が指導される．リスクマネジメントの決定事項(例えば，調達の決定，情報システムや共通コントロールに対する認可の決定，接続の決定)の継続的な見直しをサポートするため，組織はリスク監視(Risk Monitoring)を実施し，リスク監視を通じて検出された変更をリスクアセスメントに反映させ，維持する．リスク監視は，継続的にリスク対応の有効性を判断し，リスクに影響を与える組織の情報システムの変化とそのシステムが動作する環境を特定し，コンプライアンスを検証する手段を組織に提供する．リスクアセスメントの維持には，以下の特定のタスクを含む．

- リスクアセスメントで特定されたリスク要因を継続的に監視し，その後の変化を理解する．
- 組織が実施する監視活動を反映してリスクアセスメントの構成要素を更新する．

1.10.1 組織のリスクマネジメントの概念

組織はリスクアセスメント(リスク分析[Risk Analysis]という用語は，リスクアセスメントと入れ替わることがある)を実施し，以下を評価する．

- 資産への脅威
- 環境に存在する脆弱性
- 脆弱性の暴露(Exposure)を利用して，脅威が実現される可能性(定量的アセスメントの場合は確率と頻度)
- その暴露が組織に及ぼす影響
- 脅威が暴露を悪用する可能性を低減させる対策または組織への影響を低減させる対策
- 残存リスク(例えば，適切なコントロールが適用されて，脆弱性を低減または除去した時に残されるリスクの量)

組織は，証拠書類(Exhibit)と呼ばれる成果物として，対策の証拠を文書化することを望む場合もあり，いくつかのフレームワークではこれを「エビデンス(Evidence)」と呼んでいる．証拠書類は，組織の監査証跡を提供するために使用でき，同様に，組織の現在のリスク状態に疑問を抱くおそれのある内部監査人や外部監査人に対するエビデンスとしても使用できる．

なぜそのような努力を払うのか？ 組織内ではどのような資産が重要なのか，どれが最もリスクにさらされているのかを知らなければ，組織はその資産を適切に保護することができない．例えば，組織が，医療保険の携行性と責任に関する法律(HIPAA)に準拠しているものの，個人識別可能な電子的情報はどの程度リスクにさらされているのかを知らない場合，組織はその情報の保護において，特定のリスクからの保護を怠ったり，低レベルのリスクに対して過度に保護したりするなどの重大な間違いを犯す可能性がある[32]．

▶ セキュリティと監査のフレームワークおよび方法論

セキュリティ，監査および実装されたセキュリティコントロールのリスクアセスメントをサポートするために，複数のフレームワークと方法論が作成されてきた．これらのリソースは，セキュリティプログラムの設計とテストを支援するのに役立つ．以下のフレームワークおよび方法論はそれぞれ，監査あるいは情報セキュリティのコミュニティ内で受け入れられている．それらのうちのいくつかは情報セキュリティをサポートするように特別に設計されていないが，これらの実施上のプロセスの多くは，セキュリティ専門家が，機密性，完全性，可用性をサポートするコントロールを特定し，実装するのに役立つ．

▶ COSO★33

トレッドウェイ委員会支援組織委員会(Committee of Sponsoring Organizations of the Treadway Commission：COSO)は，1985年に不正な財務報告につながる要因を研究し，公開企業，その監査人，証券取引所およびその他の規制当局に対して推奨事項を提供した．COSOは，財務報告および開示の目的を達成するために必要な内部統制の5つの領域を特定している．

1．統制環境
2．リスクアセスメント
3．統制活動
4．情報と伝達
5．監視

COSOの内部統制モデルは，サーベンス・オクスリー(Sarbanes-Oxley：SOX)法第404条の遵守を目指しているいくつかの組織において，フレームワークとして採用されている．

▶ ITIL★34

ITインフラストラクチャーライブラリー(IT Infrastructure Library：ITIL)は，ITサービス管理を改善するために，1989年から2014年の間に英国政府の出版局によって発行された一連の書籍である．このフレームワークには，変更，リリース，構成管理，インシデントと問題管理，キャパシティと可用性管理，IT財務管理などのITコア運用プロセスのベストプラクティスが含まれる．ITILの主な貢献は，サービス

管理ITプロセスのためのコントロールをどのように実装できるかを示したことである．これらのプラクティスは，組織の特定のニーズに合わせるための出発点として有用であり，プラクティスの成功は，それらが最新の状態に維持され，日々実施される程度に依存する．これらの基準の達成は継続的なプロセスであり，実装には，計画，マネジメントのサポート，優先順位付け，段階的アプローチが必要となる．

▶ COBIT★35

COBIT (Control Objectives for Information and Related Technology) は，ITガバナンス協会 (IT Governance Institute：ITGI) によって発行され，以下のITとリスクのフレームワークを統合している．

- COBIT 5.0
- Val IT 2.0
- リスクIT
- IT保証フレームワーク (IT Assurance Framework：ITAF)
- 情報セキュリティのビジネスモデル (Business Model for Information Security：BMIS)

COBITフレームワークは，高位レベルのコントロール目標の有効性，効率性，機密性，完全性，可用性，コンプライアンスおよび信頼性の側面を監査する．このフレームワークは，情報技術コントロールのための全体的な構造を提供し，ビジネスニーズから導かれる効果的なセキュリティコントロールの目標を決定するために利用できるコントロール目標を含む．情報システムコントロール協会 (Information Systems Audit and Control Association：ISACA) は，COBITのサポートと理解に多くのリソースを投じている．

▶ ISO 27002：2013 (旧称：ISO 17799/BS 7799)

BS 7799/ISO 17799標準は，セキュリティスタンダードとセキュリティマネジメントの実践を開発するための基礎として使用できる．1993年に業界の支援を受けて開発された英国貿易産業省 (Department of Trade and Industry：DTI) の行動規範 (Code of Practice：CoP) は，1995年にBS (British Standard：英国規格) 7799となった．その後，BS 7799は1999年に改訂され，BS 7799のパート2となった認証および認定コンポーネントが追加された．BS 7799のパート1はISO 17799になり，ISOおよびIEC

(International Electrotechnical Commission：国際電気標準会議)による最初の国際情報セキュリティマネジメント標準であるISO 17799：2005として発行された．ISO 17799は2005年6月に改訂され，ISO/IEC 17799：2005に名称変更された．その後また改訂され，ISO/IEC 27002：2005に改名された．これはISO/IEC 27002：2013としてまた改訂され，更新された．

これには，以下の14分野に基づく，100を超える詳細な情報セキュリティコントロールが含まれている．

1．情報セキュリティポリシー
2．情報セキュリティの体制
3．人材のセキュリティ
4．資産管理
5．アクセス制御
6．暗号化
7．物理的および環境的セキュリティ
8．運用セキュリティ
9．通信および運用の管理
10．システムの調達，開発，維持管理
11．サプライヤーとの関係
12．情報セキュリティインシデントの管理
13．事業継続管理の情報セキュリティ側面
14．コンプライアンス

1.10.2 リスクアセスメントの方法論

▶ NIST SP 800-30 Revision 1，800-39および800-66 Revision 1★36

これらの方法論は，米国連邦政府および世界の一般大衆の使用のために確立された定性的方法であるが，特に医療などの規制産業によって使用されている．SP 800-66 Revision 1は，特にHIPAAクライアントを念頭に置いて書かれている(この文書をほかの規制産業に使用することも可能である)．SP 800-39は組織のリスクマネジメントに重点を置いており，SP 800-30 Revision 1は情報システムのリスクマネジメントに重点を置いている．

▶CRAMM

CRAMM（CCTA Risk Analysis and Management Method）Webサイト（Siemens Insight Consulting［シーメンス・インサイト・コンサルティング］のWebサイト内に存在）に記載されているように，「CRAMMは，技術的（例：ITハードウェアとソフトウェア）セキュリティおよび非技術的（例：物理，人間）セキュリティの両方を包含する，段階的で規律のあるアプローチを提供する．これらのコンポーネントを評価するために，CRAMMは資産の特定と評価，脅威と脆弱性の評価，対策の選択と推奨の3段階に分かれている．」[37] この方法論の実装は，本章で挙げたほかの方法とよく似ている．

■故障モード影響解析[38]

故障モード影響解析（Failure Mode and Effect Analysis：FMEA）は，ハードウェア分析で生まれたが，ソフトウェアとシステム分析にも使用できる．これは，各パーツまたはモジュールの潜在的な故障を検査し，以下の3つのレベルにおける故障の影響を調べる．

1. 直接レベル（パーツまたはモジュール）
2. 中間レベル（プロセスまたはパッケージ）
3. システム全体

次に，組織は，モジュールが強化されるべきか，さらにサポートされるべきかを決定するために，特定のモジュールが故障した場合の総合的な影響を収集する．

▶FRAP[39]

FRAP（Facilitated Risk Analysis Process：ファシリテイテッドリスク分析プロセス）は，狭いリスクアセスメントが，システム，事業セグメント，アプリケーションまたはプロセスにおけるリスクを決定する最も効率的な方法であるということが基本的な前提である．このプロセスにより，組織は，アプリケーション，システムまたはその他の対象を事前選別して，リスク分析が必要かどうかを判断することができる．独自の事前選別プロセスを確立することにより，組織は，正式なリスク分析が本当に必要な課題に集中することができる．このプロセスは資本支出が少なく，優れたファシリテーションスキルを持つ人であれば，誰でも行うことができる．

▶ OCTAVE★[40]

考案者であるCarnegie Mellon University（カーネギーメロン大学）のソフトウェア工学研究所（Software Engineering Institute）は，OCTAVE（Operationally Critical Threat, Asset, and Vulnerability Evaluation）を「自主独立型情報セキュリティリスク評価」と定義する．OCTAVEは，組織のメンバーが組織の情報セキュリティリスク評価を管理し，指揮する状況として定義されている．組織の人々はリスク評価活動を直接指揮し，情報セキュリティを向上させるための組織の取り組みについて決定を下す責任がある．OCTAVEでは，分析チーム（Analysis Team）と呼ばれる分野横断チームが評価をリードする．

図1.12は，OCTAVEアプローチがオペレーショナルリスクとセキュリティプラクティスによって推進されることを示している．技術はセキュリティプラクティスに関してのみ検討される．

OCTAVE基準は，原則，属性およびアウトプットのセットである．原則（Principle）は，評価の性質を左右する基本的な概念である．それは評価プロセスを形作る哲学を定義している．例えば，自主独立はOCTAVEの原則の1つである．自主独立（Self-Direction）という概念は，組織内の人々が評価を行い，決定を下す最良のポジションにいることを意味する．

評価の要件は，属性とアウトプットに具体化されている．属性（Attribute）は，評価の特徴的な特質または特性である．これらは，OCTAVEアプローチの基本要素を定義する要件であり，プロセスと組織の両方の観点から評価を成功させるために必要なものである．属性はOCTAVEの原則から派生している．例えば，OCTAVEの属性の1つは組織の人員で構成された分野横断のチーム（分析チーム）が評価をリードする．分析チームの作成の原則は，自主独立である．

最後に，アウトプット（Output）は評価の各段階で必要な結果である．それらは，分析チームが各段階で達成しなければならない成果を定義する．OCTAVEのアウトプットを生み出すことができる活動は複数あると認識されている．このため，特定の必須活動を指定していない．

▶ SOMAP

SOMAP（Security Officers Management and Analysis Project：セキュリティ責任者管理分析プロジェクト）はスイスの非営利団体で，オープンな情報セキュリティマネジメントプロジェクトを運営し，GNUライセンスの下で無料のオープンなツールとドキュメントを維持することを第一の目標としている．SOMAPは，リスクマネジメントの理解を助けるハンドブック，ガイド，リスクツールを作成した．SOMAPリスクアセスメ

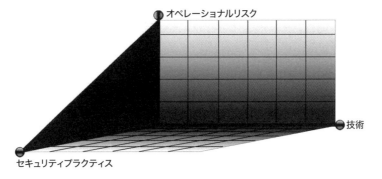

図1.12 OCTAVEアプローチは，オペレーショナルリスクとセキュリティプラクティスによって推進される．

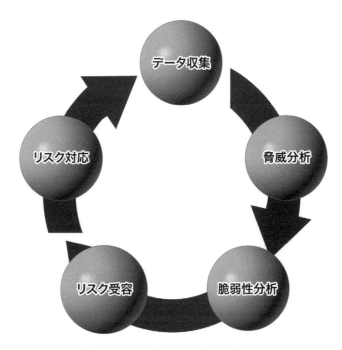

図1.13 SOMAPリスクアセスメントのワークフロー

ントガイドでは，定性的および定量的な方法論について議論されている．SOMAPは，組織の目標に基づいて最善の方法を選択することが重要であるとしている．

SOMAPは，図1.13のようにリスクアセスメントのワークフローを示している．ハンドブック，ガイド，利用可能なツールなど，より多くの情報はhttp://www.somap.orgから入手できる．

▶スパニングツリー分析

スパニングツリー分析(Spanning Tree Analysis)は，システムのすべての脅威または障害の「ツリー(Tree)」を作成する．「ブランチ(Branch)」は，ネットワークの脅威，物理的な脅威，コンポーネントの障害などの一般的なカテゴリーである．リスクアセスメントを実施する場合，組織は適用しない「ブランチ」を刈り取る．

▶VaR

Purdue University(パデュー大学)のKrannert Graduate School of ManagementのJeevan JaisinghとJackie Reesが発表した論文では，VaR (Value at Risk：バリューアットリスク)という情報セキュリティリスクアセスメントの新しい方法論が導入された．VaRの方法論は，兆しのあるセキュリティ侵害による最悪の損失の要約を提供する．多くの情報セキュリティリスクアセスメントツールは本質的に定性的であり，理論的には根拠がない．VaRは，理論に基づいた情報セキュリティリスクの定量的尺度とされる．組織がVaRを使用することにより，セキュリティコントロールを導入するリスクとコストの最適なバランスを達成できると多くの人が信じている．多くの組織は，自社にとって受容可能なリスクプロファイルを特定している．このリスクに関連するコストを決定し，組織のリスクのドル価値がそのドル金額を超えた場合，セキュリティ投資の増加が必要であることを組織に警告することができる．情報セキュリティリスクアセスメントのためのVaRフレームワークを図1.14に示す．

▶定性的リスクアセスメント

組織は，定性的または定量的という2つの方法のいずれかでリスクアセスメントを実施することができる．定性的リスクアセスメント(Qualitative Risk Assessment)は，数値的ではなく，記述的に有効な結果をもたらす．定性的リスクアセスメントは通常，以下の場合に実施する．

- リスクアセスメント担当者に定量的リスクアセスメントについての専門知識がほとんどない場合．通常，定性的リスクアセスメントを実施する評価者は，リスクアセスメントの経験をそれほど必要としない．
- リスクアセスメントを完了するための時間が短い場合．
- 実装は，一般的に簡単である．
- リスクアセスメントにすぐに利用できる相当量のデータを組織が持っていないため，説明，推定，順序を示す尺度(高，中，低など)を使用してリスクを

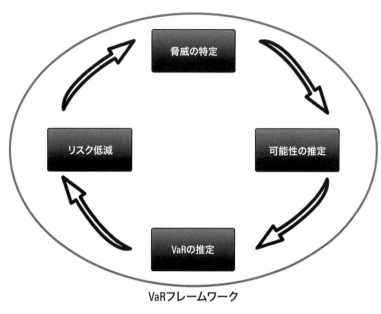

図1.14 情報セキュリティリスクアセスメントのためのVaRフレームワーク

表現しなければならない場合．
- リスクアセスメント担当者およびアセスメントチームが中堅以上の社員で，ビジネスおよび重要システムでかなりの経験がある場合．

定性的リスクアセスメントは通常，次の方法で行う．

- アセスメントを実施する際，チームを割り当てて作業を始める前に，経営陣による承認を得る．経営陣は常に報告を受け，この取り組みに対する支援を促進し続けなければならない．
- 経営陣による承認を得たら，リスクアセスメントチームを結成する．メンバーには，経営幹部，情報セキュリティ部門，法務部門またはコンプライアンス部門，内部監査部門，人事部門，警備部門，IT部門，事業部門責任者を必要に応じて含める．

アセスメントチームは，範囲に応じて以下の事項の文書化を要求する．

- 情報セキュリティプログラムの戦略とその文書化
- 情報セキュリティポリシー，プロシージャー，ガイドラインおよびベースライン
- 情報セキュリティアセスメントと監査
- ネットワークダイアグラム，ネットワーク機器の構成とルールセット，堅牢化手順，パッチと構成管理の計画と手順，テスト計画，脆弱性評価の結果，変更管理とコンプライアンス情報，およびその他の文書（必要に応じて）を含む技術文書
- ソフトウェア開発ライフサイクル，変更管理とコンプライアンス情報，安全なコーディング標準，コードプロモーション手順，テスト計画，およびその他の文書（必要に応じて）を含むアプリケーション文書
- 事業継続計画と災害復旧計画，および事業影響度分析調査書などの該当文書
- セキュリティインシデントレスポンス計画と該当文書
- データ分類スキームと情報ハンドリングおよび廃棄のポリシーとプロシージャー
- 適切な事業単位のプロシージャー
- 適切な経営幹部からの指示
- その他の文書（必要に応じて）

チームは，環境内の脆弱性，脅威および対策を特定するために，組織メンバーへのインタビューを設定する．以下を含め，すべてのレベルの従業員が代表を務める必要がある．

- 経営幹部
- ライン管理者
- 事業部門管理者
- 臨時雇いの従業員（すなわちインターン）
- 適切なビジネスパートナー
- 適切な社外勤務者
- タスクにとって適切と考えられるその他の従業員

リスクアセスメントの対象となるすべての事業部門の従業員がインタビューを受

けることが重要である．これはすべての従業員にインタビューをする必要はなく，通常は代表的なサンプルで十分である．

インタビューが完了すると，集められたデータの分析を完了することができる．これには，脅威を脆弱性と照合し，脅威を資産と照合し，脅威がどの程度脆弱性を悪用する可能性があるかを判断し，悪用が成功した場合の組織への影響を判断することが含まれる．分析には，脅威と脆弱性のペアに対する現在および計画された対策(保護)との照合も含まれる．

照合が完了すると，リスクを計算することができる．定性分析では，その可能性と影響の評価結果がリスクのレベルを生成する．高いリスクレベルにおいては，問題を処理し，組織を被害から守るために，組織にはより迅速さが求められる．

リスクが決定したら，そのリスクを最小化，移転または回避するために，追加の対策を推奨することができる．これが完了すると，リスク対策を施した上で残っているリスクも計算できる．これは，残存リスクまたは対策適用後に残されるリスクである．

▶定量的リスクアセスメント

組織がデータ収集と保持においてより洗練され，スタッフのリスクアセスメント経験が豊富になるにつれて，組織は定量的リスクアセスメント(Quantitative Risk Assessment)に向けてシフトしていることに気づく．定量的アセスメントの特徴は，分析の数値的性質である．リスクアセスメントでの頻度，確率，影響，対策の有効性およびその他の側面は，純粋な定量的分析においては個別の数学的値を持つ．

組織が実施するリスクアセスメントは，多くの場合，定性的方法と定量的方法を組み合わせたものである．情報の価値など，常にいくつかの主観的なインプットが存在するため，完全な定量的リスクアセスメントは不可能である．情報の価値はしばしば，計算するのが最も困難な要因の1つである．

純粋に定量的な分析を行うことのメリットとデメリットは明らかである．定量分析により，アセスメント担当者は，リスクのコストが対策のコストを上回るかどうかを判断することができる．しかし，純粋な定量分析には膨大な時間を要し，かなりの経験量を有するアセスメント担当者によって実施されなければならない．さらに，測定に定性的尺度を適用する必要があるため，主観性が導入される．組織が時間のかかる，複雑な経理評価を完了するための時間と人手を保有している場合には，このデータを使用して定量分析を支援することができる．しかし，ほとんどの組織は，このレベルの作業を承認する立場にいない．

定量的リスクアセスメントでは，経営陣による初期承認，リスクアセスメントチームの構築，組織内で現在入手可能な情報のレビューという3つのステップが行われる．想定損失額を出すには，単一損失予測（Single Loss Expectancy：SLE）を計算する必要がある．SLEは，1つの脆弱性が悪用される，事前，事後の資産価値の差として定義する．SLEの計算式は以下のとおりである．

SLE ＝資産価値（ドル）×暴露係数（Exposure Factor；脅威の悪用が成功したことによる損失の割合，%）

損失には，（おそらく事業継続またはセキュリティの問題に起因する）データの損失，盗難，改ざん，サービス停止によるデータ資産の可用性の欠如が含まれる可能性がある．

次に，組織は年間発生頻度（Annualized Rate of Occurrence：ARO）を計算する．AROは，1年間に脅威が脆弱性を悪用する頻度を推定したものである．

これが完了すると，年間損失予測（Annualized Loss Expectancy：ALE）を計算する．ALEとは，悪用の年間発生頻度（ARO）と資産価値の損失（SLE）との積である．計算は以下となる．

ALE ＝SLE×ARO

参考として，この計算は，現地年間頻度推定値（Local Annual Frequency Estimate：LAFE）または標準年間頻度推定値（Standard Annual Frequency Estimate：SAFE）を使用して地理的距離を調整することができる．

SLEの値があれば，今問題となっているリスクに対し，組織がどのような対策をすべきかを決定することができる．対策は，低減，移転，回避されるリスクよりもコストが上回ってはいけないことを忘れてはならない．年間の対策費用は，簡単に計算できる．これは単に，対策費用をその耐用年数（組織内での使用）で割ったものである．最後に，組織はリスクのコストと対策のコストを比較し，その対策選択に関する客観的な決定を下すことができる．

1.10.3 脅威と脆弱性の特定

▶脆弱性の特定

NIST SP 800-30 Revision 1の9ページでは，脆弱性（Vulnerability）を「脅威ソース

によって悪用される可能性のある情報システム，セキュリティ手順，内部統制，または実装における固有の弱点」と定義している[41].

この分野では，脆弱性が，人，プロセス，データ，技術および施設に関連していることを特定するのが一般的である．脆弱性の例としては，以下が含まれる．

- 施設への入場時に，受付係，マントラップ，その他の物理的セキュリティ機構がない
- 金融取引ソフトウェアの完全性チェックが不十分
- ユーザーが組織のセキュリティポリシーを読み，理解し，同意したことの承認や，セキュリティに関する責任の承認に署名を要求することを怠る
- 組織の情報システムのパッチ適用と構成は随時実施されているため，文書化されておらず，最新のものでもない

リスクアセスメントとは異なり，脆弱性評価（Vulnerability Assessment）はネットワークやアプリケーションなどの組織の技術面に重点を置く傾向がある．脆弱性評価のためのデータ収集には，組織とアセスメント担当者のための大量の生データを提供するソフトウェアツールの使用が含まれる．この生データには，脆弱性の種類，その場所，その重大度（通常は高，中，低の序列に基づく），時には結果の説明が含まれる．

脆弱性評価担当者は，脆弱性評価から得られた情報を適切に読み取り，理解し，把握して，様々な分野の専門家ではないメンバーに示すことに熟練していなければならない．その理由は，スキャンによって得られたデータが真に脆弱性ではない可能性もあるためである．フォールスポジティブ（False-Positive）とは，脆弱性が実際には組織に存在していないにも関わらず報告される調査結果である（つまり，実際にはそうではないにも関わらず，環境内で発生しているものに対して，暴露としてのフラグが立てられる）．同様に，フォールスネガティブ（False-Negative）は，報告されるべきだったのに報告されない脆弱性のことである．これは，ツールがタスクに対して十分に「チューニング」されていない場合や，問題となっている脆弱性が評価の範囲外に存在している場合に発生することがある．

いくつかの発見は正しく適切であるが，組織が発見したこと，および改善（問題の修正）を進める方法を理解するためには，意味のある解釈が必要となる．このタスクは，経験豊富な評価担当者か，そのツールで実際に経験を積んでいるメンバーを含むチームに適任である．セキュリティ担当責任者は，このプロセスの自動化を試みるのではなく，発見結果の優先順位付けと，その潜在的な影響に対する評価が，1

人または複数の有資格者によって行われる必要があることを理解することが重要である。その理由は，多くの自動化されたツールが，事業影響度分析に基づく組織の見解に合致しない評価または順位を割り当てるためである。例えば，組織が，事業影響度分析の結果に基づき，脆弱性「A」を，影響が少なく優先度の低い脆弱性として解釈したにも関わらず，このツールが，優先度の高い中程度の影響を受ける脆弱性としてランク付けした場合，組織にとって重要でない脆弱性を改善するためのリソースが不適切に割り当てられる可能性がある。

▶脅威の特定

NIST SP 800-30 Revision 1の7〜8ページでは，脅威（Threat）を「情報システムを通じた不正なアクセス，破壊，露出，または情報の改ざん，および／またはサービス停止による，組織の業務や資産，個人，その他の組織，または国家に悪影響を与える可能性のあるあらゆる状況またはイベント」と定義している。OCTAVEフレームワークでは，組織内の資産はソースから守られ（または保護され）なければならないとし，そのソースのことを脅威と定義している。

NIST SP 800-30 Revision 1の8ページでは，脅威のソースを以下のいずれかと定義している。

1. 脆弱性を意図的に悪用しようとする意思と方法
2. 偶発的に脆弱性を誘発する可能性のある状況と方法

脅威のソースは，いくつかのカテゴリーに分類できる。各カテゴリーは，次のように特定の脅威として示すことができる。

- 人間（Human）＝悪意ある外部者，悪意ある内部者，（生物兵器を用いた）テロリスト，破壊活動家，工作員，競合他社のスパイ，主要人員の流出，人間の介入によるエラー，文化的な問題
- 自然（Natural）＝火災，洪水，竜巻，ハリケーン，吹雪，地震
- 技術（Technical）＝ハードウェア障害，ソフトウェア障害，悪意あるコード，不正使用，ワイヤレスや新技術などの新興サービスの使用
- 物理（Physical）＝欠陥部品によるCCTVの不具合，境界防御の失敗
- 環境（Environmental）＝有害廃棄物，生物兵器，社会インフラ障害
- 運用（Operational）＝機密性，完全性，可用性に影響を及ぼす（手動または自動）

プロセス

各カテゴリーには多くの特定の脅威が存在する．組織は，アセスメントが進むにつれて，(ISC)²（International Information Systems Security Certification Consortium），SANS Institute（SysAdmin，Audit，Network，Security Institute）などの団体や，NIST，米国連邦金融機関検査協議会（Federal Financial Institutions Examination Council：FFIEC），米国保健福祉省（Department of Health and Human Services：HHS）などの政府機関から得られる情報を利用して，これらのソースを特定する．

▶ リスクアセスメントのツールと手法の選択

組織は，その文化，人材能力，予算，タイムラインに最も適したリスクアセスメントの方法論，ツールおよびリソース（人を含む）を選択することが期待される．独自のツールを含む多くの自動化ツールがこの分野には存在する．自動化は結果のデータ分析，配布および保存を容易にすることができるが，リスクアセスメントに必須のものではない．組織がこの目的のために自動化ツールを購入または構築する予定があるならば，ツールの作成，実装，保守および監視と，長期間にわたり保存するデータに対する適切なタイムラインおよび人材のスキルセットに基づいて，この決定がなされることを強く推奨する．

1.10.4 リスクアセスメントとリスク分析

リスクアセスメントのプロセスは，フレームワークと産業によって異なる場合があるが，基本的なアプローチや方法はほぼ同じである．リスクは，脅威，脆弱性，可能性および影響の関数となる．リスクアセスメントも，定性的，定量的またはその2つのハイブリッドとなる．定性的リスクアセスメントは，「高」「中」「低」などの相対的な用語でリスクを定義する．定量的リスクアセスメントは，特定の測定値を提供し，予測損失を表すドル額に影響を与える．多くの場合，最善の結果を得るため，これらの方法を組み合わせる．

▶ 可能性の決定

可能性（Likelihood）は定性的リスクアセスメントの一要素であることに注意することが重要である．可能性は，影響とともにリスクを決定する．可能性は，脅威の能力と対策の有無によって評価することができる．当初，利用可能な傾向データを持

可能性と結果の格付け

可能性		結果	
めったにない（非常に低い）	E	影響なし（低：事業への影響はない）	1
ありそうもない（低い）	D	深刻ではない（低：事業への影響は小さい，一部信頼を損失）	2
あまり多くない（中くらい）	C	中程度（中：事業が中断，信頼を喪失）	3
ありそうである（高い）	B	深刻である（高：事業が混乱，信頼を大きく喪失）	4
ほぼ確実にある（非常に高い）	A	致命的である（高：事業継続が不可能）	5

図1.15(a) 可能性の認定：可能性の格付け方法

可能性の認定方法	格付け
スキル 高いスキルが必要→ 低いスキルで十分もしくはスキルがまったく不要	1＝高いスキルが必要→ 5＝スキルがまったく不要
アクセスのしやすさ 非常に困難→ 非常に容易	1＝非常に困難→ 5＝容易
動機 強い動機がある→ 強い動機がない	1＝強い動機がない，動機がまったくない→ 5＝強い動機がある
リソース 設備が高価，あるいは希少→ リソースが不要	1＝希少／高価→ 5＝リソースが不要
総合格付け 上記格付けの合計を4で割る	1＝E　2＝D　3＝C　4＝B　5＝A

図1.15(b) 認定された可能性の格付け

たない組織は，可能性の格付け評点として，「高」「中」「低」という順序スケールのラベルを使用する．別の方法を**図1.15(a)** と**図1.15(b)** に示す．

　順序スケールの値が決まると，その選択はリスク算出のための数値にマッピングすることができる．例えば，「高」の選択は数値1にマッピングすることができる．「中」は同様に0.5にマッピングされ，「低」は0.1にマッピングされる．スケールが広がると，数値はより的を絞ったものになる．

▶影響の決定

　影響（Impact）は，可能性と同じように格付けすることができる．主な違いは，影響のスケールが拡張され，順序の選択よりも定義に依存する．組織への影響の定義には，人命の損失，金銭の損失，評判の喪失，市場シェアの損失およびその他の側

	結果				
	影響なし	深刻ではない	中程度	深刻である	致命的である
可能性	1	2	3	4	5
A（ほぼ確実にある）	H	H	E	E	E
B（ありそうである）	M	H	H	E	E
C（可能性がある）	L	M	H	E	E
D（ありそうもない）	L	L	M	H	E
E（めったにない）	L	L	M	H	H

E	深刻リスク：リスクを低減する措置やリスクを継続させない措置を至急とるべき
H	高リスク：リスクを補償する措置をとるべき
M	中リスク：リスクを監視する措置をとるべき
L	低リスク：受容されるリスク

図1.16 可能性と結果の格付け

面が含まれる．組織は，選択された「高」「中」「低」，またはその他のスケールの用語に対して，影響を定義し，割り当てるのに十分に時間をかける必要がある．

用語が定義されると，影響を計算することができる．悪用が生命の危機（爆弾攻撃やバイオテロ攻撃など）につながる可能性がある場合，ランキングは常に高くなる．一般に，国家安全保障局（National Security Agency）などの団体は，人命の損失をどの組織においても最優先のリスクとみなす．そして，影響スケールにおけるトップ値が割り当てられる．例えば，51～100＝高，11～50＝中，0～10＝低といった具合である．

▶ リスクの決定

リスク（Risk）は，可能性と影響の副産物として決定される．例えば，悪用の可能性が1（高）で，影響が100（高）の場合，リスクは100になる[42]．その結果，100が最も高い悪用の格付けになる．これらのシナリオ（高い可能性，高い影響）には，組織として即座に注意を払う必要がある．

リスク計算が完了すると，必要に応じて注意を払う優先順位を付けることができる．組織のリスク耐性力と，リスクの低減，移転または回避の戦略に基づいて，すべてのリスクが同じレベルの注意を受けるわけではないことに注意しなければならない．図1.16にリスクの別の見方を示す．

▶リスク回避

リスク回避(Risk Avoidance)は，問題のリスクが現実化しないように代替策を講じることである．例えば，友人や友人の親が，未成年の運転手に保険をかける費用について不平を言うことを聞いたことがあるだろうか？　これらの子どもが運転することにより直面するリスクについてはどうだろうか？　これらの家族のうちのいくつかは，問題の子どもが家族の車を運転することを許可しないで，自動車を所有し，保険をかけ，運転することを約束する前に，法定年齢(例：18歳)になるまで待つことになるであろう．

この場合，家族は，子どもの運転能力の低さや保険の費用など，未成年の運転手に関連するリスク(および関連する利益)を避けることを選択している．この選択はいくつかの状況では可能かもしれないが，すべての人が可能なわけではない．インターネットでビジネスを行う上でのリスクを知り，その業務を避けることを決めたグローバルな小売業者を想像してほしい．この決定は，企業が収益のかなりの部分を犠牲にしている可能性がある(消費者が購入したい商品やサービスを実際に持っている場合)．さらに，この決定により同社は，事業を継続したい世界中の各地に施設を建設または賃貸する必要が生じる．これは，会社の事業運営を継続する能力に致命的な影響を与える可能性がある．

▶リスク移転

リスク移転(Risk Transfer)は，保険会社など別のエンティティに問題のリスクを引き渡すことである．上述した例の1つを別の角度で見てみよう．家族は，未成年の運転手が家族の車の使用を許可するかどうかを評価している．家族は，若者が移動することが重要であると判断し，事故に遭う若者の財務リスクを，家族に自動車保険を提供する保険会社に移す．

リスク移転にはコストが伴うことに注意することが重要である．これは上述の保険の例で確かに当てはまり，ベンダーの賠償責任保険や，ハードウェアやソフトウェアの盗難や破壊から企業を保護する保険など，ほかの保険事例にも見られる．これは，攻撃の可能性を低くするために，組織がセキュリティコントロールに投資して，実装しなければならない場合にも当てはまる．

すべてのリスクは移転できないことを覚えておくことが重要である．財務リスクは保険を通じて移転するのが簡単だが，評判リスクを完全に移転することは決してできない．銀行システムが破られた場合，失われた金額にコストがかかるかもしれないが，資産を保管するための安全な場所としての銀行の評判はどうだろうか？　侵

害により銀行が失う株価と顧客はどうだろうか？　セキュリティ専門家がリスク移転
に関して考慮する必要のある別の領域として，クラウドサービスがある．多くの企業
は，クラウドサービスプロバイダーとのホスティング契約によって，プラットフォー
ムとインフラストラクチャーの管理と保守に関連するリスクをプロバイダーに移転し
ていると想定している．リスクの要素はプロバイダーに移転され，引き継がれている
と思われているが，そうではなく，それらは依然として銀行の責任である．

▶リスク低減

　リスク低減（Risk Mitigation）は，提示されたリスクの排除またはリスクレベルの大
幅な低下を実践することである．リスク低減の例は日々の生活の中で見ることがで
き，情報技術の世界では一目瞭然である．

　例えば，機微で機密性が高い個人情報や財務情報が漏れるリスクを低減するため
に，組織はファイアウォール，侵入検知・侵入防御システムなどの対策を講じて，
悪質な外部の人がこの機密性の高い情報にアクセスすることを阻止する．未成年の
運転手の例では，リスク低減は，若者のためのドライバー教育の形をとったり，若
い運転手が運転中に携帯電話を使用することを許可しない，あるいは特定の年齢の
若者が複数の友人を乗車させることを禁止するポリシーを確立するといった形をと
ることができる．

▶リスク受容

　組織によっては，特定のシナリオで提示されるリスクを単純に受容することが賢
明な場合もある．リスク受容（Risk Acceptance）とは，典型的なビジネス上の意思決定
に基づいて特定のリスクを受容することであり，コストとほかの方法でリスクに対
応するメリットとを比較することもある．

　例えば，経営幹部は組織のリスクアセスメントの過程で特定されたリスクに直面
することがある．これらのリスクは，組織への影響に応じて，高，中，低の優先順
位が付けられている．経営幹部は，低レベルのリスクを低減または移転するために，
大幅なコストがかかる可能性があることに注意しなければならない．低減案には，
高度に熟練した人材を雇用し，新しいハードウェア，ソフトウェアおよびオフィス
機器を購入することが含まれ，リスクを保険会社に移転するには保険料を支払う必
要がある．さらに，経営幹部は，報告された低レベルの脅威のいずれかが実現した
場合，組織への影響は最小限に抑えられることに注意する．結果，経営幹部は，組
織がコストを控えてリスクを受容することが賢明であると結論づける．若い運転手

の例では，リスク受容は，若者の振る舞いから，親からの信頼に応える責任を持ち，成熟しているという観察に基づいていると言える．

　リスクを受容するかどうかの判断は軽く行われるべきではないし，判断を正当化する適切な情報がない中で行われるべきではない．リスクを受容することを決定する際には，費用対効果，リスクの長期的な監視意欲，組織に対する外界からの見え方への影響をすべて考慮する必要がある．リスクを受容する際には，ビジネス上の決定を文書化する必要がある．

　リスクの封じ込め(Containment of Risk)を見守る組織が存在することにも注意することが重要である．重要な資産(人，プロセス，データ，技術，施設など)が拡散されるような攻撃を受ける場合，封じ込めによって組織への影響を低減する．

▶リスクの割り当て

　「誰がリスクに割り当てられ，責任を負うのか」は非常に重大な問題であり，興味深い答えがある(場合による，という)．最終的に，組織(すなわち経営幹部または利害関係者)は，会社の運営中に存在するリスクを抱えている．しかし，経営幹部は，事業部門(またはデータ)のオーナーまたは管理者に，リスクの特定を支援し，低減，移転または回避することを期待できる．組織はまた，オーナーと管理者が，環境に存在するポリシー，プロシージャおよび規制に基づいて，リスクを最小化または低減することを期待している．期待が満たされない場合は通常，懲戒処分，解雇，訴追などの結果が生じるであろう．

　1つ例を挙げる．医療費請求を処理する請求担当者は，彼の組織に提出された請求を処理している．その請求には，請求担当者の知人に関する，電子的で個人識別可能な医療情報が含まれている．彼はデータ保護に対する責任を認識しているが，請求にある個人の親友として彼の母親に電話をかける．彼の母親は，複数の人に順番に電話をかけ，複数の人が順番にその知人に電話をかける．請求者は弁護士に連絡し，従業員と会社は意図的な情報侵害について訴えられる．

　この例から，いくつかのことがすぐに明らかになる．従業員は，脆弱性を意図的に悪用した彼の行動に対して直ちに説明責任を負う(すなわち，機密情報が不適切に公開されたため，米国連邦法のHIPAAにより)．同氏は，データの管理者(およびリスクの共同所有者)であったが，裁判所は同社もリスクの共同所有者であると判断し，被害者(この例では請求者)への補償責任も負うと判断した．

　アセスメントの結果が統合され，計算が完了したら，最終報告書を経営幹部に提出する時である．これは，報告書または口頭で行うことができる．書面による報告

には，参加者への謝辞，選んだ手段の概要，詳細の結果（表形式またはグラフ形式のいずれか），結果の改善のための勧告および要約が含まれていなければならない．組織は，収集，分析した情報だけでなく，活動を最大限に活用するために，独自の書式を策定することが奨励されている．

1.10.5 対策の選択

　組織にとって最も重要なステップの1つは，環境内のリスクに適用するための対策を適切に選択することである．対策の多くの側面を考慮して，それがタスクに適切なものであることを確認する必要がある．対策のための考慮事項は次のとおりである．

- 説明責任（責任を負うことが可能）
- 監査性（テストが可能）
- 信頼できるソース（ソースは既知）
- 独立性（自己決定）
- 一貫して適用可能
- 費用対効果の高い
- 信頼性のある
- ほかの対策からの独立性（重複なし）
- 使いやすさ
- 自動化
- 持続可能
- 安全
- 資産の機密性，完全性，可用性を保護
- 問題発生時には元に戻すことが可能
- 運用中に追加の問題を発生させない
- その機能により未処理のデータを残さない

　このリストから，組織の資産を保護するために展開された時の対策は，非難の余地がないものでなければならないことは明らかである．

　リスクアセスメントが完了し，是正措置のリストがある場合，組織は是正措置を実施し，維持する適切な能力を備えた人員を確保しなければならないことに注意することが重要である．これにより，組織は環境内のセキュリティメカニズムの設計，展

開，保守およびサポートに関与する人員に，追加のトレーニングの機会を提供する必要がある．

さらに，各ポリシー項目に対応する詳細なプロシージャとスタンダードを持つ適切なポリシーを作成し，実装し，維持し，監視し，環境全体に適用することが重要である．組織は各タスクに責任を負うことができるリソースを割り当て，時間の経過とともにタスクを追跡し，経営幹部に進捗状況を報告し，このプロセス中に適切な承認を得るための時間を確保する必要がある．

1.10.6 リスク対策の実装

セキュリティ専門家，セキュリティアーキテクト，セキュリティ担当責任者が全員バーに入る...

愚かな話である．なぜなら，もちろんあなたが知っているとおり，彼らは，そこが安全であるかどうか，内部調査員を送って確認する前に，バーに入ることはないからである．

今，多くの人に見過ごされがちだが，実際には，その愚かな話が重要である．我々は，「飛び降りる前に確認する」ことが常識であることを知っている．なおかつ，もし我々が事前確認さえ行えば，すべてを避けて，よりよくできたであろう状況を何度も体験している．

セキュリティアーキテクトが座って，エンタープライズセキュリティアーキテクチャーの設計を熟考する際，どのようなフレームワークを基準点として使用するべきか，どのようなビジネス上の問題を考慮する必要があるのか，利害関係者は誰か，なぜ私はビジネスのこの領域に取り組んでいるのか，このシステム設計をどのようにしてアーキテクチャー全体に統合することができるのか，このアーキテクチャーのどこに単一障害点が潜んでいるかなど，多くのことを考えなければならない．セキュリティアーキテクトにとっての課題は，そのような思考の流れのすべてを試み，調整し，一貫性のある強力なエンタープライズセキュリティアーキテクチャーを設計できるプロセスに導くことである．

セキュリティ担当責任者がエンタープライズセキュリティアーキテクチャーの展開を開始する際には，これらのシステムをセットアップおよび展開するためにどのツールを使用すべきか，このシステムのエンドユーザーは誰か，なぜ私はこれを行うために"x"時間しか与えられていないのか，このシステム設計を既存のネットワークに統合するにはどうしたらよいか，どこからこれを管理するかなど，多くの

ことを考えなければいけない．セキュリティ担当責任者にとっての課題は，そのような思考の流れのすべてを試み，調整し，一貫性のある強力なエンタープライズセキュリティアーキテクチャーを展開するプロセスに導くことである．

　セキュリティ専門家がエンタープライズセキュリティアーキテクチャーの管理方法を熟考する際には，これらのシステムを管理するために利用できるメトリックス（指標）は何か，システムの正常な動作を保証するためには誰と協力する必要があるのか，なぜ我々はそれらの懸念に対処していないのか，どうすればシステムに関する適切なレベルの情報をユーザーたちに伝えることができるか，これを行うための時間はどこで見つけられるかなど，多くのことを考えなければならない．セキュリティ専門家にとっての課題は，そのような思考の流れのすべてを試み，調整し，一貫性のある強力なエンタープライズセキュリティアーキテクチャーを管理するプロセスに導くことである．

　3つのセキュリティアクターはすべて重要であり，それぞれがエンタープライズセキュリティアーキテクチャーの成功に（または失敗に）貢献する．しかし，3者とも多くを共有している．彼らは全員，他者が自らの業務を遂行できるよう，彼らの仕事に集中する必要がある．彼らは，アーキテクチャーの問題や懸案事項に関するコミュニケーションを，双方向で，明確で，簡潔に行う必要がある．最も重要なこととして，彼らは，彼らが担当しているアーキテクチャーの一部分だけでなく，アーキテクチャー全体とやり取りするすべてのアクションを，良識を持って評価する必要がある．何かの成功と失敗の違いには往々にして良識が関わっており，セキュリティも同様である．

　3つのセキュリティアクターすべてにとって，良識（Common Sense）とは，状況の認識，詳細に注意を払う，決めてかからない，などを意味する．また，リスクを理解し，管理する上で，それぞれ自分の領域ではあるが，同時に，共通の目標を目指すエキスパートになる必要がある．その目標は，企業に悪影響を与えないようにリスクを管理することである．その目標は，何らかの理由で，あらゆるレベルにおいて，アーキテクチャーと関わるすべての人が共有する．エンドユーザーは，彼らの振る舞いによってシステムを脅威や脆弱性にさらすことがないように，システムを使用することが求められる．システム管理者は，既知の脆弱性がすべてシステム内で低減されるように，セキュリティパッチを適用し，システムを最新の状態に保つ必要がある．経営幹部は，すべてのユーザーにとって安全な操作環境を確保するために，システムを必要に応じて維持する適切なリソースを提供する必要がある．

　対策の展開によるリスクの特定と管理は，すべてのシステムユーザーが，役割や

機能に関係なく，企業内で共有する共通基盤である．いくつかの例を見てみよう．

- **モバイルアプリケーション**（Mobile Applications）
  - **リスク**（Risks）＝デバイスの紛失または盗難，マルウェア，マルチコミュニケーションチャネルの暴露，弱い認証．
  - **対策**（Countermeasures）＝モバイルセキュリティ標準に準拠，モバイルアプリケーションの脆弱性を評価するセキュリティ監査を調整，セキュアなプロビジョニング，パーソナルデバイス上のアプリケーションデータの制御と監視．
- **Web 2.0**
  - **リスク**（Risks）＝ソーシャルメディアの安全性，コンテンツ管理，サードパーティの技術とサービスのセキュリティ．
  - **対策**（Countermeasures）＝セキュリティ API（Application Programming Interface），CAPTCHA（Completely Automated Public Turing Test to Tell Computers and Humans Apart：キャプチャ），独自のセキュリティトークンおよびトランザクション承認ワークフロー．
- **クラウドコンピューティングサービス**（Cloud Computing Services）
  - **リスク**（Risks）＝マルチテナント展開，クラウドコンピューティング展開のセキュリティ，サードパーティのリスク，データ侵害，サービス拒否攻撃および悪意ある内部者．
  - **対策**（Countermeasures）＝クラウドコンピューティングのセキュリティアセスメント，クラウドコンピューティングプロバイダーのコンプライアンス監査，適切な注意（Due Diligence），伝送時および保存時の暗号化および監視．

　各セキュリティアクターは，企業内で直面しているリスクを特定して理解し，それに対処するための適切な対策を展開する必要がある．これらの個々の努力の成功を確実にするために最も重要なことは，企業内の現在のリスク状態を可能な限り完全に把握するために，各領域やプラットフォームにおいて実施されている取り組みのすべてを効果的に文書化し，伝達する能力である．この「リスクインベントリー（Risk Inventory）」は，必要に応じてセキュアなリモートアクセスを可能にする，何らかの集中管理されたエンタープライズコンテンツ管理プラットフォームにおいて利用可能にする必要がある．また，強力なバージョン管理と変更管理機能を導入して，その中に含まれる情報が常に正確で最新のものとなるようにする必要がある．アクセ

ス制御をこのシステムに統合する必要もあり，ロールベースまたはジョブベースの
アクセスを，ユーザーに適切に認可することができるようにする必要がある．

1.10.7 コントロールの種類

　企業のアクセス制御アーキテクチャーの開発では，潜在的なコントロールの様々
なカテゴリーと種類を完全に理解する必要がある．本項では，これらの異なるカテ
ゴリーについて説明し，それぞれがアクセス制御の世界全体にどのように適合する
かについて説明する．これは，後述するアクセス制御技術，プラクティスおよびプ
ロセスの基礎を確立することにもなる．

　物理世界と仮想電子世界の両方で，文字どおり何百もの異なるアクセス方法，コ
ントロール方法および技術が存在する．各方法は，異なる種類のアクセス制御また
は特定のアクセスの必要性に対応する．例えば，アクセス制御ソリューションは，
識別および認証メカニズム，フィルター，ルール，権限，ロギングとモニタリン
グ，ポリシーおよびほかの多数のコントロールを組み込むことができる．しかしな
がら，アクセス制御方法の多様性にも関わらず，すべてのアクセス制御システムは，
7つの主要なカテゴリーに分類することができる．アクセス制御の主な7つのカテ
ゴリーは次のとおりである．

1．**指示**(Directive)＝組織内で許容される行動規則を規定するように設計された
コントロール

2．**抑止**(Deterrent)＝セキュリティに関する指示に違反しないようにするための
コントロール

3．**防止**(Preventative)＝セキュリティインシデントや情報漏洩を防止するために
実装されたコントロール

4．**補償**(Compensating)＝主要なコントロールの喪失を代替し，受容水準までリ
スクを低減するために実装されたコントロール

5．**検知**(Detective)＝セキュリティコントロールが破られた時に警告を発するよ
うに設計されたコントロール

6．**是正**(Corrective)＝状況を救済し，損害を低減し，コントロールを復元するた
めに実装されたコントロール

7．**復旧**(Recovery)＝セキュリティインシデント後に正常な状態を復元するため
に実装されたコントロール

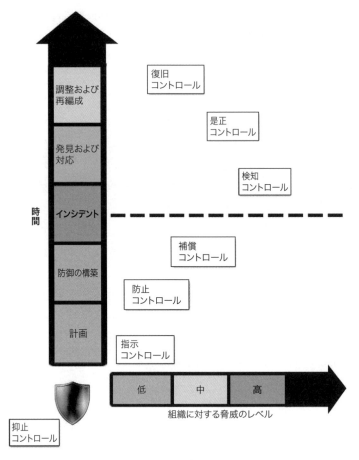

図1.17 セキュリティインシデントの時間軸に関連した一連のコントロール

図1.17に，セキュリティインシデントの時間軸に関連した一連のコントロールを示す．

▶指示コントロール

指示コントロール（Directive Controls）は，管理コントロール（Administrative Controls）とも呼ばれ，組織内のセキュリティに関して予想される行動について，従業員にガイダンスを提供する．指示コントロールは，情報やシステムへのアクセスを許可される場合に従わなければならない一般的なガイドラインをユーザーに提供する．指示コントロールは，組織の従業員にのみ適用されるものではなく，請負業者，ゲス

ト，ベンダーおよび組織の情報システムにアクセスする誰もが遵守しなければならない．

指示コントロールの最も一般的な例は，組織のセキュリティポリシーとプロシージャーである．これらの文書は，組織全体の情報セキュリティの基礎を提供し，作業を実行する際に従わなければならないモデルを従業員に提供する．指示コントロールは一般的に，文書化された組織意思のステートメントの形で実装されるが，組織の職員が追記または修正可能と考えるべきではない．

指示コントロールは，組織内で法的重みを持ち，技術的または手続き的な制限と同様に，従い，強制されなければならない．多くの組織では，指示コントロールを1つの利用規約（Acceptable Use Policy：AUP）にまとめている．AUPは，組織内の情報やシステムへのアクセスを獲得し，維持するために，従業員全員が従わなければならない適切な（そして多くの場合，不適切な）手順，振る舞い，プロセスの簡潔なリストを提供する．組織のリソースへのアクセスが許可される前に，すべての従業員がAUPに同意し，署名することがベストプラクティスと考えられる．従業員がAUPの条件に従うことができない（または，従いたくない）場合，アクセスは許可されない．多くの組織では，定期的なセキュリティ意識啓発トレーニングの一環として，または年次業績評価プロセスの一環として，毎年AUPに署名することを従業員に求めている．

▶抑止コントロール

アクセス制御は，潜在的な攻撃者がコントロールを回避しようとすることを，コントロールの存在そのものが防ぐことで，脅威と攻撃に対する抑止力として機能する．これは，攻撃者が成功した場合の潜在的な報酬よりも，コントロールを回避するために必要な労力がはるかに大きいか，それとは反対に，攻撃が失敗した（または捕まった）場合の損失の方が成功した場合の利益よりも大きいためである．例えば，ユーザー，サービス，アプリケーションの識別と認証，およびそれが意味するすべてを強制すると，攻撃者はインシデントとの関連を恐れるようになり，システムに関連するインシデントの可能性は大幅に低下する．特定のアクセスパスに対するコントロールがない場合，インシデントの数と潜在的な影響は無限大となる．コントロールは，プロセスの監視を適用することにより，本質的にリスクへの暴露を低減する．この監視は抑止力として作用し，攻撃の可能性に直面した攻撃者の欲望を抑える．

抑止コントロール（Deterrent Controls）の最良の例は，従業員とその性癖により実証されている．彼らは，意図的に不正な機能を実行し，望ましくない事態を招く．ユー

ザーが機能を実行するためにシステムで認証されることで，彼らの活動が記録され，監視されていることを理解し始めると，そのような行動を試みる可能性は減る．多くの脅威は，脅威者の匿名性に基づいており，彼らのアクションが特定され，関連付けられる可能性は，万難を排して回避される．この基本的な理由から，攻撃者はアクセス制御を極力回避しようとする．抑止は，ユーザーが無許可の操作を行った際，刑罰の可能性という形もとる．例えば，不正な無線アクセスポイントを設置している従業員は解雇されると組織のポリシーで定められている場合，従業員による無線アクセスポイントの設置をほぼ阻止できる．

　抑止コントロールの潜在的な攻撃者に対する効果は，コントロールの種類と攻撃者の動機の両方によって変化する．例えば，多くの組織では，ログインプロセス中にコンピュータユーザーに警告メッセージを表示し，彼らのアクティビティが監視される可能性があることを示す．これは，カジュアルユーザーの不正な活動を抑止するかもしれないが，強い意思を持った攻撃者の目的遂行を抑止することはないだろう．同様に，アプリケーションに多要素認証メカニズムを実装すると，パスワード推測などのメカニズムによるシステムの脆弱性が大幅に低減されるが，洗練された攻撃者は脆弱性スキャンツールを使用して，システムがホストまたはネットワークの脆弱性によって侵害できる可能性があるかを判断する．攻撃者の洗練された技術と決意が高まるにつれて，攻撃の試行を阻止する効果的な抑止力となる洗練された技術とコストも上昇する．

▶防止コントロール

　防止的なアクセス制御は，ユーザーが何らかの活動や機能を実行しないようにする．防止コントロール（Preventative Controls）は，コントロールが任意ではなく，（簡単に）迂回されないという点で，抑止コントロールとは異なる．抑止コントロールは，コントロールを迂回することで危険にさらされるより，コントロールに従う方が容易であるという理屈に基づいている．言い換えれば，行動の力はユーザー（または攻撃者）にある．防止コントロールは，システムに行動の力を与える．コントロールに従うことは任意ではない．コントロールを迂回する唯一の方法は，コントロールの設計または実装の欠陥を見つけることである．

▶補償コントロール

　補償コントロール（Compensating Controls）は，システムの既存の能力がポリシーの要件をサポートしていない場合に導入する．補償コントロールには，技術的，手続

き的または管理的なものがある．既存のシステムは，必要なコントロールをサポートしていない可能性があるが，既存の環境を補完し，コントロールのギャップを埋め，ポリシー要件を満たす，全体的なリスクを低減することができるほかの技術やプロセスが存在する可能性がある．例えば，アクセス制御ポリシーは，インターネットを介して実行される時には認証プロセスを暗号化しなければならないと明記することができる．認証目的で暗号化をネイティブにサポートするようにアプリケーションを調整するには，コストがかかる可能性がある．ポリシーステートメントをサポートするために，認証プロセスの上に暗号化プロトコルであるSSL（Secure Sockets Layer）を採用し，階層化することができる．ほかの例としては，システムの技術的な限界を補い，トランザクションのセキュリティを保証するために特定のタスクを分離する，職務の分離の環境がある．さらに，認可，監督および管理などのマネジメントプロセスにより，アクセス制御環境のギャップを補うことができる．

　機能を許可しながら，特定の領域のリスクを完全に排除することはできない．補償コントロールを使用することで，組織はそのリスクを受容可能な水準まで，または少なくとも管理しやすい水準まで，低減することができる．最後に，補償コントロールは，短期的な変化に対応したり，新しいアプリケーション，ビジネス開発または主要プロジェクトの進化をサポートしたりするための一時的なソリューションになる可能性がある．アプリケーションテスト，データセンターの統合作業または他社との簡単なビジネス関係をサポートするために，アクセス制御に対する変更や一時的な追加が必要な場合がある．補償コントロールを導入する際に考慮すべき重要なポイントは次のとおりである．

- 宣言されたポリシー要件を損なわない．
- 補償コントロールがリスクに悪影響を及ぼさず，脅威への暴露を増加させないようにする．
- 確立されたプラクティスとポリシーに従って，すべての補償コントロールを管理する．
- 一時的なものとして指定された補償コントロールは，目的を果たしたあとに削除されるべきであり，あるいは，さらに永久的なコントロールが確立されるべきである．

▶検知コントロール

　検知コントロール（Detective Controls）は，抑止コントロール，防止コントロール，

補償コントロールで攻撃を妨げることができない場合，適切な職員にその通知を提供するものである．検知コントロールはインシデント発生後の時間軸で最も早期に何か起きていることを警告する．

アクセス制御は脅威に対する抑止力であり，最小特権の適用によって有害なインシデントを防止するために積極的に活用することができる．しかしながら，アクセス制御の検知的性質は，アクセス環境に対する有効な可視性を提供でき，組織がアクセス戦略と関連するセキュリティリスクを管理するのを助ける．前述のように，認証されたユーザーに提供される，強力に管理されたアクセス特権は，その認証されたユーザーが持つ能力を制限することによって，企業資産のリスクへの暴露を低減する機能を提供する．ただし，特権が提供されたあとに，ユーザーが実行できる操作をコントロールできるオプションはほとんどない．例えば，ユーザーがファイルへの書き込みアクセスを提供されていて，そのファイルが破壊，改ざんまたはその他の悪影響を（意図的に，または意図せずに）受けた場合，適用されたアクセス制御はトランザクションの可視性を提供する．コントロール環境としては，システム上の特権の識別，認証，認可および使用に関するアクティビティを記録するように設定できる．これは，提供された資格情報が使用される際に，エラーの発生，不正操作の試みを検知，検証するために使用できる．検知デバイスとしてのロギングシステムは，アクション（成功と失敗の両方）と，許可されたユーザーによって実行されたタスクの証拠を提供する．

アクセス制御の検知の側面は，インシデント後調査などの証拠取り扱いから不適切な活動の即時警報まで様々である．この原理は，セキュリティ環境の様々な特性に適用できる．侵入検知システム，ウイルスコントロール，アプリケーション，Webフィルタリング，ネットワーク運用，管理，ログと監査証跡およびセキュリティ管理システムによって，アクセス検知が起動される．包括的なセキュリティの体制と環境内の問題を迅速に検知する能力を確保する上で，環境の可視性は重要な要素である．

▶是正コントロール

セキュリティインシデントが発生した場合，セキュリティインフラストラクチャー内の要素に是正措置が必要な場合がある．是正コントロール（Corrective Controls）は，不具合を修正して環境をセキュアな状態に戻すために，環境のセキュリティ配置を変更しようとする行為である．セキュリティインシデントは，指示コントロール，抑止コントロール，防止コントロールまたは補償コントロールが1つ以上失敗したことを示唆する．検知コントロールはアラームまたは通知を起動するが，是正コン

トロールはその場でインシデントを防ぐように働かなければならない．是正コントロールは，手元の特定の状況や対処する必要のある特定のセキュリティ障害に応じて，様々な形をとる．

可能な是正措置の数は非常に多いため，定量化することが困難である．是正措置は，新しいファイアウォールルール，ルーターのアクセス制御リストの更新，アクセスポリシーの変更などの「クイックフィックス」の変更から，ワイヤレス802.1x認証のための証明書の導入，リモートアクセスに対する1要素認証から多要素認証への移行，認証用スマートカードの導入などの長期的なインフラストラクチャーの変更まで広がっている．定量化の難しさは，アクセス制御が環境全体で普遍的であるという事実に基づく．それでも，企業全体で是正措置を調整し，採用して，ポリシー遵守を可能にする，一貫性のある包括的な管理機能が存在することが重要である．

▶ 復旧コントロール（Recovery Controls）

セキュリティインシデントに直面した場合でも，一時的な補償コントロールを提供する場合でも，アクセス制御環境の変更は，正確に元に戻して，通常運用へと復旧させる必要がある．アクセス制御，その適用，状態または管理に影響を与える可能性のあるシチュエーションはいくつかある．イベントとしては，システム停止，攻撃，プロジェクト変更，技術的要求，管理上のギャップ，本格的な災害事態などがありえる．例えば，アプリケーションが正しくインストールされていないか，展開されていないと，システムファイルのコントロールに悪影響を与えたり，インストール時に知らずにデフォルトの管理者アカウントが実装されたりすることがある．さらに，従業員が，職務の分離に関するポリシー要件に影響する可能性のある配置転換，解雇または一時解雇になることがあるかもしれない．システムに対する攻撃により，トロイの木馬プログラムが移植され，クレジットカード情報や財務データなどの個人情報が潜在的に漏洩する可能性もあるであろう．これらのすべてのケースで，望ましくない状況をできるだけ早く修正し，コントロールを通常運用に戻す必要がある．

1.10.8 アクセス制御の種類

前項で説明したアクセス制御カテゴリーは，図1.17に示す一連のアクセス制御の時間軸の適合箇所に基づいて，異なるアクセス制御方法を分類する役割を果たす．しかしながら，アクセス制御を分類およびカテゴリー化するもう1つの方法は，実

	管理コントロール	論理（技術）コントロール	物理コントロール
指示コントロール	• ポリシー	• 構成標準	• 「関係者のみ」の表示 • 信号機
抑止コントロール	• ポリシー	• 警告バナー	• 「犬に注意」の表示
防止コントロール	• ユーザー登録手順	• パスワードによるログイン	• フェンス
検知コントロール	• 違反レポートのレビュー	• ログ	• 見張り • CCTV
是正コントロール	• 解雇	• 接続のプラグを抜く，接続の分離と終了	• 消火器
復旧コントロール	• 災害復旧計画	• バックアップ	• 再構築
補償コントロール	• 監督 • ジョブローテーション • ロギング	• CCTV • キーストロークロギング	• 多層防御

図1.18 種類別とカテゴリー別のコントロール例

装方法によるものである．いずれのアクセス制御カテゴリーについても，これらの
カテゴリーのコントロールは以下の3つの方法のいずれかで実装できる．

- **管理コントロール**（Administrative Controls or Management Controls）＝これらは，コント
  ロール環境を管理するために必要な役割，責任，ポリシーおよび管理機能を
  定義するために実装されたプロシージャーである．
- **論理（技術）コントロール**（Logical [Technical] Controls）＝これらは，情報と情報ネッ
  トワークへのアクセスを制御するために実装された電子機器やソフトウェ
  アのソリューションである．
- **物理コントロール**（Physical Controls）＝これらは，施錠，火災管理，ゲート，警
  備員など，組織の人や物理的環境を保護するためのコントロールである．物
  理コントロールは，いくつかの状況では「運用コントロール（Operational Con-
  trols）」と呼ばれることもある．

図1.18に示すような様々なコントロール例とオプションを説明するために，前述
のカテゴリーは，これら3つのアクセス制御の種類にマッピングできる．

図1.18は，アクセス制御の能力を定義するすべての側面が確実に満たされるよう
に，アクセス制御ソリューションまたはデバイスの要素をカテゴリーの形式で表現
する方法を示している．このマトリックスの価値は，セキュリティアーキテクト，
セキュリティ担当責任者およびセキュリティ専門家によって，組織全体，環境内の
特定のドメイン，従業員のリモートアクセスなどのシングルアクセスパスに対して

適用できることである.

▶ 物理コントロール

　物理セキュリティは,組織内の物的資産(主に人員)を保護するための幅広いコントロールを備えている.物理コントロール(Physical Controls)は,いくつかのリスクマネジメントフレームワークでは「運用」コントロール(Operational Controls)と呼ばれることがある.これらのコントロールには,ドア,施錠,窓から,環境制御,建設基準,警備までが含まれる.物理セキュリティは通常,施設内の貴重な資産に近づくにつれてセキュリティが強化される必要があるセキュリティゾーン(または同心円エリア)を施設内に設置するという概念に基づく.セキュリティゾーン(Security Zone)は,多層防御原則の物理的表現である.通常,セキュリティゾーンは,部屋,オフィス,フロア,またはキャビネットやストレージロッカーなどの小さな要素に関連付けられている.施設内の物理セキュリティコントロールの設計は,資産およびその区域で働く個人の保護を考慮する必要がある.例えば,火災管理・消火システムは,潜在的な火災ゾーン内の人員の健康と安全を考慮する必要がある.施設の物理レイアウトを計画する際には,火災,洪水,爆発,市民暴動,その他の人為的または自然災害を考慮する必要がある.人員の安全な退出,安全基準や規制の遵守に対応するため,緊急時戦略を物理コントロールに含める必要がある.適切な退出と緊急避難ルートがすべての区域で利用可能でなければならず,その区域から避難させなければならない場合に備えて,機密区域または機密情報は迅速に安全確保する必要がある.人員の安全は,物理セキュリティに関するすべての決定において,最も重要な優先事項である.

　各ゾーンの物理アクセス制御は,そのゾーンに必要なセキュリティのレベルに見合うものでなければならない.例えば,従業員は大きな金融機関のデータセンター(非常に機密な区域)で働く可能性がある.従業員は,駐車場や警備員が配置され,アクセスが記録されているメインエントランスにアクセスするための特別なバッジを持つことになる.特定のオフィス区域にアクセスするには,ドアロックを解除するために別のバッジとPIN(Personal Identification Number:個人識別番号)が必要な場合もある.最終的に,データセンターに入るためには,カードとPINを,アクセスするために必要なバイオメトリックデバイスと組み合わせなければならない.貴重な資産(データセンター)に近づくにつれて,保護は徐々に強くなる.

　物理セキュリティの最も一般的で目に見える側面は,多くの場合,施設の境界である.一般的に,境界には,容易に壊れ,検知されないような隙間やエリアがあっ

てはならない．境界とは，周辺敷地から始まる．丘，溝，隔壁，フェンス，コンクリート柱および高い縁石は，すべて攻撃の抑止力として機能する．施設の機密性に応じて，警備員，番犬およびその他の積極的な対策を適用することができる．施設の建設には，特殊な壁，強化された障壁，さらにはドア，窓および付帯設備の近くに戦略的に配置された特定の群葉が含まれる場合がある．このすべては，カメラ，警報，施錠およびその他の重要なコントロールによって補強することができる．

　しかしながら，施設を設計する際にセキュリティだけが考慮されるわけではない．施設全体の設計は，建物の機能と組織のセキュリティ要件のバランスをとる必要がある．例えば，企業の本社ビルでは，プライベート区域，保管された記録および人員を悪意ある行為から保護するために，優れたセキュリティが必要である．しかし，それはまた，一般に公開される会社の顔であり，訪問者へ歓迎する雰囲気を提供しなければならない．そのような施設の防御には，フロントデスク（非武装）の警備員，施錠された扉および入館を制限するバッジ読み取り機が含まれる．しかし，同社のデータセンター施設では，高い有刺鉄線フェンス，武装した警備員，バイオメトリック入室管理，マントラップドアなど，侵入者から守るために，はるかに厳しい措置がとられている可能性が高い．すべてのアーキテクチャーと同様に，その形態は機能に従う．

　組織が（施設を所有するのではなく）施設内のスペースを借りる場合，会社のセキュリティニーズに対応するための変更を加えることが制限される．賃貸契約に署名する前に，施設の所有者と特別なセキュリティ要件を交渉しなければならない．組織がほかのテナントと施設を共有している場合は，施設の多く（組織が占有していない部分）に組織外の人がアクセスできるため，セキュリティとアクセス制御対策についてさらに検討する必要がある．情報セキュリティ専門家にとって特に懸念される区域には，HVAC（Heating, Ventilation, Air-Conditioning：暖房，換気，空調）設備，電力パネルおよびワイヤリングクローゼットが含まれ，これらはすべて，施設の請負業者およびほかのテナントから容易にアクセス可能である．

　最後に，物理コントロールの管理においても，ほかのコントロールに対するのと同じ基本原則，すなわち職務の分離と最小特権を考慮しなければならない．例えば，単一障害点や共謀により脅威者による未確認の侵入を許すことがないように，様々な警備の職務を分ける必要があるかもしれない．

▶ 物理的な入室

　セキュアな区域については，認可された要員のみがアクセスを許可されるよう

に，適切な入室管理が必要である．資格情報のプロビジョニングでは，個人のニーズ，職務内容，アクセスされるゾーンを考慮する必要がある．前述のように，アクセスを必要とする人は，アクセスが認可される前に調査プロセスに合格しなければならない．物理的な入室管理を定義する際には，以下を考慮する必要がある．

- 訪問者は入館前に適切に許可を受け，施設内では監督される必要がある．さらに，日付，時刻，同伴者を記録し，署名により正当性確認される必要がある．訪問者は，機密情報や技術を含まない区域へのアクセスのみ許可されるべきであり，セキュリティ行動や緊急時手続きに関する説明を受けるべきである．

- 情報処理センターなどの管理区域や機密データが存在する可能性のある場所へのアクセスは，認可された人に限定する必要がある．アクセスを制限するには，バッジ，スワイプカード，スマートカード，非接触カード，PIN，バイオメトリックデバイスなどの認証コントロールを使用する必要がある．

- 管理された境界内にいる人物は全員，何らかの形で身分証明を身に付けなければならず，目に見える形で身分証明を身に付けていない人物を見つけた場合，身元を確認することが奨励されるべきである．しかしながら，特に見知らぬ人が関わっている場合，多くの文化において，礼儀と敬意を払うことが推奨されていることに気をつけなければならない．見知らぬ人を呼び止めることは多くの人にとって簡単なことではなく，これはほとんどの組織にとって大きな文化的変化となる可能性がある．このトピックに関しての意識啓発と教育プログラムが推奨される．

- 個人の役割を素早く確認できるように，様々なスタイルの識別が必要である．例えば，従業員には白いバッジが与えれ，訪問者には青いバッジが与えられる．これにより，誰が従業員であり，誰が違うのかを識別することが容易になり，建物内で非雇用主全員が誘導されていることを確実にすることができる．別の例では，赤いIDバッジは，オフィスビルの4階へのアクセスを意味することができる．誰かが青いバッジを身に付けて4階にアクセスした場合，ほかの人は適切なアクションを決めることができる．アクションには誘導の確認，警備への通知または最も近い出口への誘導が含まれる．

- すべてのアクセス権と特権は定期的に見直され，監査されるべきである．これには，許可されたように見えるユーザー，制御デバイス，承認プロセス，物理セキュリティを担当する従業員のトレーニングに対するランダムチェッ

クを含む必要がある.

　訪問者，請負業者または保守担当者が，施設の機密区域に一時的なアクセスをしなければならないことがある．これらの状況に関して，事前準備と手順を定義しておく必要がある．すべての非常勤者には特別な識別が必要であり，常に施設担当者が誘導しなければならない．これにより，常勤の施設担当者は，許可されていない区域の非常勤者を容易に特定し，施設に損害を与えたり，機密情報を入手したりすることができないようにする.

▶管理コントロール

　管理コントロール（Administrative Controls）は，コントロールシステムのすべてのアクション，ポリシー，プロセスおよび管理を表す．これには，アクセス制御の機密性，可用性および完全性を監督および管理し，それを使用するユーザーを管理し，使用に関するポリシーを策定し，運用基準を定義するために必要となるアクセス制御環境のあらゆる側面が含まれる.

　管理コントロールは幅広く，組織の要件，業界，法的影響に応じて異なってくるが，それでも，管理コントロールは6つの主要なグループに分類できる.

- ポリシーとプロシージャー
- 人的セキュリティ，評価およびクリアランス
- セキュリティポリシー
- モニタリング
- ユーザー管理
- 特権管理

▶ポリシーとプロシージャー

　管理監督の第1の側面は，コントロール環境の運用管理と，それをエンタープライズアーキテクチャーとどのように整合させるかである．アクセス制御は，多くのシステムとプロセスの機能を調整し，脅威が低減され，インシデントが防止されるように連動させることによって実現される．したがって，環境のほかの運用要素は，アクセス制御戦略の中で何らかの形で対処されなければならない．これらには以下のものが含まれるが，これらに限定されない.

- 脆弱性管理とパッチ管理
- 製品ライフサイクル管理
- ネットワーク管理

　要件に対応するために環境への変更が必要な場合は，それらを定義，承認，テスト，適用，検証，配備，監査および文書化する必要がある．変更は，ネットワークへスタティックルートが追加されるなどの軽微なものだったり，ストレージソリューションの再設計などのより重要な変更だったりする．環境の変更を実施し，文書化するための正式な方法論が存在することを確実にするために，すべての組織に変更管理プロセスが必要である．

　アクセス制御の視点からは，変更管理プロセスにアクセス戦略とポリシーの側面が含まれていることが重要である．例えば，これは明らかであるが，リモートアクセス用の新しい仮想プライベートネットワーク（Virtual Private Network：VPN）ゲートウェイの追加などである．これは明らかにアクセス制御環境に影響する．情報への様々なアクセス経路に影響を与える可能性がある，ネットワーク再設計などのいくつかの変更は，あまり明白ではないが，アクセス制御に大きな影響を与える可能性がある．

　多くの組織では，致命的なイベントや障害が発生した場合でも重要な業務を確実に維持できるよう，事業継続計画（Business Continuity Planning：BCP）と災害復旧計画（Disaster Recovery Planning：DRP）を策定している．BCPやDRPは，定期的なバックアップの実行，または複数のデータセンターを組み込んだ非常に複雑なソリューションの確保などのように，単純化することができる．BCPやDRPの範囲と複雑さは通常，ビジネス環境，リスク，システムの重要性によって定義される．

　BCPやDRPの種類に関わらず，イベント中のアクセス制御の可用性は不可欠であり，計画に組み込む必要がある．例えば，システム障害が発生し，元のコントロールがなく，予定外の代替システムが一時使用された場合，重要なデータの漏洩が問題になる．多くの場合，セキュリティは災害復旧の対応において副次的な考慮事項となりがちである．イベントが発生した場合，会社は最も価値のある資産を完全に公開してしまう可能性がある．しかしながら，重要システムはBCPやDRPの中で最も重要である．したがって，BCPやDRPに含まれるシステムは重要であり，そのシステムに存在する情報は貴重である．

　セキュリティアーキテクト，セキュリティ担当責任者およびセキュリティ専門家が何らかの形で取り組む必要がある最初のステップは，BCPやDRPに組み込まれているセキュリティ対策が，災害復旧中に使用される一時的なシステム，サービ

スおよびアプリケーションのアクセス制御を定義していることを確認することである．これには，アクセス制御システム自体も含まれる．例えば，RADIUS（Remote Authentication Dial-in User Service）サーバーは表面上重要ではないように見えるかもしれないが，災害時にRADIUSサーバーが存在しないことにより，セキュリティに弊害をもたらす可能性がある．さらに，定義上の災害シナリオは，組織が作業を継続できるようにするために必要とされる，多くの斬新な取り決めを持つ独特なイベントである．次いで，組織が通常必要としているものとは異なるアクセス要件が定義されている可能性がある．「受容可能なセキュリティ（Acceptable Security）」という概念は，災害時には通常の状況と大きく異なる可能性があるため，代替アクセス制御の要件と方法の適切な計画と検討を考慮し，BCPやDRPに組み込む必要がある．

　従来のネットワークとアプリケーションは通常，ユーザー，システムおよびサービスに高いレベルのパフォーマンスを提供するように設計されている．ネットワークはほとんどの企業の心血管システムであり，そのパフォーマンスが低い場合，組織の生産性が低下する．アクセス制御環境についても同様である．ユーザーがログオンに長い時間がかかると，運用に悪影響を及ぼし，ユーザーがアクセス制御システムを迂回する方法を見つけようとする可能性がある．アクセス制御の利用に関連する時間を短縮するために，ネットワークとシステム環境のパフォーマンス最適化プロセスには，認証とアクセスを監督するコントロールのパフォーマンスに基準を設け，継続的に監視することが含まれる必要がある．

　変更管理と同様に，構成管理は，最適な運用を保証するためにシステムまたはデバイスで実行される管理タスクである．構成は，組織の運用とセキュリティ要件の大多数に対処するために，一時的または永続的となる可能性がある．そして，デバイス，システム，サービスおよびアプリケーションの構成管理は，アクセス制御環境に大きく影響する．システムの構成を変更する際，構成が変更されたあとにユーザーアクセスに影響が発生するならば，それを考慮する必要がある．

　ITグループからセキュリティグループが分離されると，ITグループがシステム構成に対して一見無害な変更を加え，そのシステムに関連するアクセス制御に影響を与えることは珍しくない．したがって，ネットワーク管理者，システムオーナー，アプリケーション開発者などの構成管理を担当するリソースが，セキュリティコントロール環境と，組織のセキュリティに対し，自身の領域が及ぼす影響の重要性を認識していることを確認することが重要である．これは多くの場合，組織が実施しているであろう変更管理プロセスと密接に結びついているため，変更管理や構成管理プログ

ラムの一環として，アクセス制御の考慮事項を結びつけるプロセスが策定されること
は当然である．

　脆弱性管理には通常，システムの脆弱性の特定，可能な修正の推奨，セキュリ
ティ問題に対応するためのシステムパッチの実装，システムサービスの更新，シス
テムやアプリケーションへの機能追加などが含まれる．パッチがインストールされ
ると，システム，サーバーまたはアプリケーションのセキュリティに悪影響を及ぼ
す可能性がある重要なシステムの修正が行われることがある．システム変更の包括
的な記録と正確な文書化を提供するために，変更管理システムを通じてパッチを適
用する必要がある．システムの現在の状態が十分に文書化されていることを確認す
ることで，新しい脆弱性が公開された場合に，組織は環境の状態をより詳細に把握
できる．これにより，攻撃や脆弱性に直面した潜在的なリスクを評価するための迅
速なアセスメントが促進される．さらに，パッチの適用中に使用される変更管理シ
ステムからのデータは，新しいパッチを適用したり，新しいソフトウェアをインス
トールする前に閲覧可能なシステムの現在の状態に関する情報を提供する．

　脆弱性管理の鍵となる特性は，脆弱性を低減するためにパッチを展開したり，そ
の他のシステムアップデートを行ったりする時間を最小限にすることの重要性であ
る．脆弱性は，様々な形で現れる．例えば，セキュリティの問題を発見してパッチ
を提供しているベンダーが脆弱性を公開する可能性がある．通常，この時点で，攻
撃者と組織の両方がこの脆弱性を認識する．企業は修正プログラムを適用する際に
適切な注意（Due Diligence）を実施するが，攻撃者はこの脆弱性を悪用する方法とツー
ルを開発している．対照的に，システム内の脆弱性を暴露し，即時の脅威となるよ
うなインシデントが発生する可能性がある．この種の脅威の最も危険な例は，ゼロ
デイ攻撃やゼロアワー攻撃である．この脆弱性がベンダーや一般のユーザーコミュ
ニティに知られる前に，攻撃者はこの脆弱性を特定して悪用する．攻撃者は時間が
彼らの側にあることを理解して，巨大な規模でこの脆弱性を悪用することができ
る．攻撃者が脆弱性を発見し，悪用するためのツールと戦術を開発し，誰かがこの
脆弱性あるいはその防御方法を知る前に，それらの悪用を実行することは一般的で
ある．脆弱性を有する組織は，ベンダーがパッチを作成するために急いでいる間に，
脅威に対する補償的代替手段を見つける必要があり，攻撃が拡大するにつれてその
時間は消費される．

　それぞれの潜在的なシナリオの複雑さを考えると，資産を保護する上で，時間は
常に重要な要素である．パッチを展開するために効果的に時間を使ったり，パッチ
が公開されるまで補償コントロールを採用したりする能力は，リスクレベルと組織

の全体的なセキュリティ体制に対応する．システムパッチの効率的なテストと展開または補償コントロールを重視することは，脆弱性管理プログラムの中核となるべきである．

　ただし，時間は効果的な展開とバランスをとる必要がある．最初に，構成管理および変更管理プロセスによって提供された文書を調査して，どのシステムが脆弱で，最大のリスクを示しているかを調べ，それに応じて優先順位を付けることができる．プロセスが進行するにつれて，ほかの影響を受けたシステムは，組織全体に更新プログラムを展開するために使用される，手動または自動（または組み合わせ）のパッチ管理プロセスによって対処される．脆弱性管理プログラムは，パッチが実際に期待どおりに実装されたことを確認する必要がある．これはその目的に内包されているように思うかもしれないが，決めてかかることはできない．手動展開の場合，ユーザーおよびシステムオーナーは，それに応じて的確またはタイムリーに対応することはできない．タイムリーな展開が実行されても，パッチが失敗する可能性がある．これは，自動展開では多少なりとも補償される．双方のシナリオとも，効果的なインストールの検証が必要である．

　パッチまたはコントロールのインストールは，それだけで特定された脆弱性を完全に低減する．多くのシステムは特定の環境に固有のものであり，1つの脆弱性を低減する変更が，意図せず別の脆弱性を招く可能性がある．また，場合によっては，パッチまたはコントロールの実装が，脆弱性を完全に排除したものとみなされる．したがって，脆弱性管理システムは，パッチが期待どおりに実装されたことを，テスト，展開および検証で示すだけでなく，ターゲットの脆弱性が低減され，そのプロセスによって新しい問題が導入されないことを保証するためのテストも含める必要がある．最終的な分析では，脆弱性管理は，すべてのセキュリティプログラムが定期的に開発，保守およびテストしなければならない，包括的で不可欠なプロセスである．

　すべての組織で，デバイスやシステムをアップグレードまたは交換する時期が来る．アップグレードの理由は様々であるが，製品の陳腐化，これまで利用できなかった望ましい機能を備えた新しい技術の利用可能性，高度な運用機能の必要性などがある．適切かつ受容可能なコントロールが確立されることを確実にするために，アクセス制御アーキテクチャー内に，すべての新しいシステムに対する最小限のアクセス制御要件を定義するベースラインを確立する必要がある．そうすることで，組織は，セキュリティや期待されるコントロールを犠牲にすることなく，実装のために製品を評価する明確な基盤を得ることができる．すべての新製品が，組織が必要とするセキュリティ機能を備えていることを想定してはいけない．各組織の

要件は様々で，各環境は製品が設計された対象となる環境と異なる場合がある．アクセス制御機能のためにすべての新製品をテストすることが重要である．

　最後に，多くのネットワークは，管理者が実稼働環境に影響を与えずにデバイスを管理できるようにするために設けられた別の管理ネットワークによってサポートされている．生産ネットワークと管理ネットワークは，別々の目的，個別のネットワーク接続および個別のアクセスと制御の要件を持っており，これは職務の分離の別の形態である．ネットワーク環境を変更する能力がある場合，管理ネットワーク上に強力なアクセス制御を確立して，システムやネットワーク機器のリスクを低減する必要がある．一般的な運用トラフィックと同じネットワークを使用してネットワーク管理を行う場合，権限のない人員がネットワーク機器を変更できないようにするために，強力な認証と認可が必要である．

▶ 人的セキュリティ，評価およびクリアランス

　アクセス制御が見過ごしている側面の1つは，リソースへのアクセスを要求するユーザーの要件のレビューである．あらゆる種類のアクセスを許可する前に，アクセスを要求している人の資格情報の正当性をチェックし，アクセスの必要性を徹底的に評価する必要がある．これは，すべてのユーザーが自分のメールをチェックされる前に完全なバックグラウンドチェックをされる必要があることを意味しない．明らかに，個人の妥当性確認のレベルは，資産の機密性とユーザーが利用できる権限のレベルに正比例している必要がある．それでもやはり，ユーザーを評価し，最終的に認められる信頼のレベルに値することを確認するプロセスが存在することは重要である．

　まず何らかのレベルのセキュリティ要件は，定義されたすべての職務と責任に含める必要がある．組織が定義した職務の役割は，定義されたポリシーとの整合性を持ち，適切に文書化されている必要がある．それらには，セキュリティポリシーを遵守するための一般的な責任と，与えられた役割に関連する特定資産の保護に対する責任が含まれていなければならない．

　役割のセキュリティ要件が定義され，明確に文書化されると，役割の資格を取得するための個人の検証プロセスを定義し，実行することができる．スクリーニングプロセスの定義は通常，アクセスされる資産の機密性に関連する．ただし，特定のレベルのアクセスに達するために人がどのように審査されるかを定義する，契約上の要求，法令遵守の問題および業界標準が存在する可能性がある．この種のスクリーニングの最良の例は，軍隊のクリアランスの割り当てに見られる．要求された

クリアランスレベルに応じて，厳しいバックグラウンドチェック，友人や家族のインタビュー，クレジットチェック，就職履歴，病歴，ポリグラフ検査，その他の潜在的に不快な徹底的な調査が行われる可能性がある．もちろん，申請者がそのクリアランスを取得すると，それは信頼性（およびアクセス）のレベルに変換される．

一般的な組織は，適用される法的要件や規制に照らして，標準的なプロセスといくつかの追加の要素のみを必要とする．これには，申請プロセス中に情報が改ざんされていないことを管理者が確認するためのクレジットチェックと犯罪歴確認が含まれる．スタッフの検証の典型的な側面には，以下のものが含まれるが，これらに限定されるわけではない．

- 満足できる履歴書
- 学歴および専門的資格の確認
- パスポートなどの身元確認
- 金融システムへのアクセスが必要な人員のクレジットチェック
- 連邦，州および地方の法執行記録のチェック
- ソーシャルメディアサイトで公開されている情報のオンライン検索

クレジットチェックの妥当性およびその他の個人履歴は，違法行為に対する人の傾向を判断する上で有益である．個人的または財政的な問題，行動や生活様式の変化，定期的な欠勤，ストレスやうつ病の証拠は，詐欺，盗難，過ち，またはその他のセキュリティ関連事項に従業員を導く可能性がある．実行されるバックグラウンドチェックの種類は，従業員の種類および組織内での配置に応じて異なる．

一時雇用の従業員の場合，提供するアクセスは，過渡的な職位を前提に，守秘情報の漏洩の可能性を考慮する必要がある．人材派遣機関を使用して一時的な支援を受ける組織は，従業員の妥当性チェックの実施と，派遣労働者の信頼性レポートの提供を，その派遣機関に要求すべきである．バックグラウンドチェックの要件は，人材派遣機関との基本契約に組み込まれ，その実施は定期的に見直され，監査されるべきである．管理者は，新規または経験の浅いスタッフのアクセスの監督とプロビジョニングも評価する必要がある．保護観察期間が満了するまで，新しい従業員に王国への鍵を提供する必要はない．

従業員もまた，彼らのセキュリティの価値を変える，自分やその人生に関する主要な要素に大きな変化が起こっていないことを確認するために，定期的に再評価されるべきである．また，個人について収集されたすべての情報はプライベートで機

密であることを覚えておくことが重要であり，ほかの機微な資料と同様に，セキュリティコントロールを行う必要がある．最後に，従業員がアクセスする情報は機密であり，保護され，組織にとって価値の高いものであることに疑問の余地がないように，秘密保持契約が毎年，すべての従業員に読まれ，署名されるべきである．

▶セキュリティポリシー

組織のアクセス制御の要件は，セキュリティポリシー（Security Policy）で定義および文書化する必要がある．各ユーザーまたはユーザーグループのアクセスルールとアクセス権は，アクセスポリシーステートメントに明確に記載する必要がある．アクセス制御ポリシー（Access Control Policy）は，最低限以下を考慮する必要がある．

- 一般的なセキュリティ原則とその組織への適用に関するステートメント
- 個々のエンタープライズアプリケーション，システムおよびサービスのセキュリティ要件
- 異なるシステムおよびネットワークのアクセス制御と情報分類ポリシーの一貫性
- 資産の保護に関する契約上の義務または法規制遵守
- 組織の役割に対しユーザーアクセスプロファイルを定義する基準
- アクセス制御システムの管理に関する詳細

▶モニタリング

アクセス制御環境を効果的にモニタリング（Monitoring）する機能は，セキュリティプログラムの全体的な成功と管理に不可欠である．これはコントロールを適用する1つの方法であるが，その有効性と進行中の状況を検証する方法でもある．コントロールが適切に使用され，有効に機能し，不正な活動に気づいていることを確認する能力は，環境内でのモニタリングとログの存在によって可能になる．

システムは，確立されたアクセス制御ポリシーからの逸脱を検出し，成功した認証プロセス，失敗した認証プロセス，資格情報の使用，ユーザー管理，権限使用およびアクセス試行をすべて記録する必要がある．また，プロシージャーと技術は，ポリシーと要件に確実に適合するために，コントロールの継続をモニタリングすべきである．この最後の点は，一般的には見過ごされ，権限のない活動を隠す可能性があるため，重大な責任となる．例えば，コントロールのアクティビティが監視されていてもコントロールのステータスが監視されていない場合，攻撃者は様々なコ

ントロールを無効にしたり，自身のアクセスを許可したり，検出されずにコントロールを再度有効にしたりすることができる．アクティビティのロギングとモニタリングは，攻撃者のおかげで有効な操作とみなされるため，なんの疑いも持たれない．

　システムおよびアクティビティログは，システムまたはアプリケーション内で発生したアクティビティの(通常は)電子記録である．何が起こったのかを記録した文書を提供し，運用上またはセキュリティ上の事故を調査する際に非常に役立つ．ログとその内容は，セキュリティ管理と効果的なアクセス制御ソリューションの維持にとって重要である．ログには次のものが含まれる．

- システム，サービスまたはアプリケーションで使用されるユーザー ID.
- ログオンとログオフの日時．
- IPアドレス，ホスト名またはMAC(Media Access Control：メディアアクセス制御)アドレスなどのシステムID．場合によっては，ローカルエリアネットワーク(Local Area Network：LAN)ロギング，無線アクセスポイントの識別またはリモートアクセスシステムの識別によって，デバイスのネットワークロケーションを特定することもできる．
- 成功と拒否の両方の認証とアクセス試行のログ．人々がいつ，どこで権限を利用しているかを知ることは，その権利が仕事の役割や機能に必要かどうかを判断する上で非常に役立つ．また，ユーザーが何をしようとしているのかをよりよく理解するために，アクセス権が拒否されている場所を知ることも役立つ．これは，自分の仕事を実行するのに十分な権利を持っていないユーザーがいるかどうかを判断するのに役立つ．

　組織の必要性と(潜在的な)規制要件によって定義されているように，監査ログは指定された期間保持する必要がある．後者の場合，これは事前に定められており，解釈の余地はない．ただし，法的要求または規制上の要求がない場合がある．この場合，保持期間は，組織のポリシーと使用可能なストレージのサイズによって定義されている可能性がある．ログのセキュリティは非常に重要である．不正な活動を消去するためにログを変更することができれば，発見の機会はほとんどなく，発見されたとしても証拠がない可能性がある．ログには，パスワードなどの機密情報が含まれている可能性があるため，不正な読み取りと書き込みから保護する必要がある(例えば，ユーザーが誤ってユーザー IDプロンプトにパスワードを入力した場合など)．ログが法的な，または懲戒処分の証拠として必要な場合は，ログのセキュリティも重要

である．ログがセキュアではなく，それがイベントの前，途中，後で証明された場合，改ざんの可能性があるため，ログは正当な法的証拠として受け入れられない．ログの基本的なアプローチは，システムアクティビティの正確な反映でなければならず，将来の調査活動の基準点を提供するために，適切な期間にわたって確保され，維持されなければならないということである．

　イベントが適切に記録されたら，定期的にログをレビューして，特定のイベントの影響を評価する必要がある．通常，システムログは膨大であり，特定のイベントを識別して調査することは困難である．潜在的な証拠を保持するために，多くの組織はログのコピーを作成し（オリジナルを保存する），適切なユーティリティとツールを使用してログデータの自動問い合わせと分析を行う．管理者が活動を特定して隔離するのを支援するために，ログファイルを分析する際に非常に役立つツールがいくつか用意されている．再び，職務の分離はログのレビューに重要な役割を果たす．ログは，ログの「主体者」によって最初にレビューまたは分析されるべきではない．例えば，システム管理者は，管理しているシステムのログレビューを実行すべきではない．さもなければ，その人が自分の不正行為の証拠を「見落とし」たり，その証拠を排除するためにログを意図的に操作したりする可能性がある．したがって，監視されている人間とレビューを行う人間とを分離する必要がある．

▶ユーザーアクセス管理

　組織は，資格情報の割り当てと情報システム・サービスに対するアクセス権をコントロールするために，正式なプロシージャー（Procedure）を持っていなければならない．このプロシージャーでは，新規ユーザーの初期登録から不要になったアカウントの最終廃止まで，ユーザーアクセスのライフサイクルの全段階をカバーする必要がある．リソースへのアクセスを提供するために，組織はまず，システムとアプリケーションからユーザーを作成，変更および削除するプロセスを確立する必要がある．これらのアクティビティは，ユーザーアカウントを管理するための要件を定義するポリシーに基づいて，正式なプロセスによってコントロールされる必要がある．このプロセスでは，ユーザー管理に関する要求，タスクおよびスタンダードを定義する必要がある．例えば，プロセスの要素には以下が含まれるべきである．

- ユーザーアカウントの作成を承認した人事部門，ユーザーのマネージャーまたはビジネスユニットからの情報を含む，ユーザーアクセスの承認．情報やサービスを提供しているシステムオーナーは，承認要求に同意する必要が

ある．承認プロセスでは，ユーザーアカウントの変更と削除にも対処する必要がある．

- 一意のユーザー ID，その形式およびアプリケーション固有の情報を定義するスタンダード．さらに，ユーザーがシステム内で定義されたユーザー ID に確実にバインドされていることを確認するために，ユーザーに関する情報を資格情報管理システムに組み込む必要がある．

- 提供されるアクセスのレベルが組織内の役割と職務の目的に適していること，および定義された職務の分離要件を損なわないことを確認するプロセス．これは，ユーザーの役割と職務機能が変更された場合に特に重要である．ユーザーの新しい役割と比較して既存の権限を評価し，それに応じて変更が行われるようにするプロセスが必要である．

- ユーザーが，付与されたアクセス権に関連する条件およびそれに関連する責務または責任を理解していることを示す書面に署名することを定義し，ユーザーへ要求する．アカウント作成時だけでなく，権利と特権に変更があるたびにユーザーへの確認が行われることを理解することが重要である．

- システム変更を取得し，トランザクションの記録として機能させるための文書化プロセス．効果的なアクセス制御システムには，管理プロセスと，関連する技術情報のログを保持することが不可欠である．この情報は，評価，監査，変更要求，調査目的の証拠として使用される．

- 組織を退職するか，職務を変更されたユーザーが以前に保持していたアクセス権限を即座に削除し，重複の排除と休止中アカウントの削除を確実にする，アクセス変更や失効のプロシージャ．

- ユーザーによって不正アクセスが試みられた場合，またはその他の形式のアクセス濫用が発覚した場合の，管理者による特定の措置．これは，組織の人事部および法務部門によって承認されている必要がある．

ユーザー管理の詳細については，本書の後半「アイデンティティとアクセスの管理」のドメインで解説する．

全体的なユーザー管理に加えて，パスワードに関するポリシー，プロシージャおよびコントロールを定義する必要がある．パスワードの使用は，認証処理中にユーザーのIDを検証する一般的な方法である．そのため，ほとんどの伝統的な認証ソリューションでは，パスワードはトランザクション内の唯一の秘密であり，ユーザーとシステムによってパスワードがどのように作成および管理されるかを考

慮する際には細心の注意が必要である.

ユーザーパスワードを管理するプロセスでは,次の点を考慮する必要がある.

- ユーザーは,パスワードを安全かつ機密に保ち,パスワードを共有したり,配布したり,書き留めたりしないことに同意するステートメントに署名する必要がある.
- 本人のみが知っているものにするために,すべての一時パスワードはリセットし,一度しか使用できないようにする必要がある.
- パスワードは,保護されていない状態や平文で保存しない.
- パスワードには長さの要件があり,様々な文字やフォーマットを使用して複雑性を高め,総当たり攻撃や推測攻撃の成功率を低減させる必要がある.
- パスワードは定期的に変更する必要がある.
- 失敗したパスワード試行が過度に発生した場合(通常3〜5回),アカウントは一定期間ロックされる.
- ユーザーが過去に使用したパスワードを再利用しないように,パスワードの履歴を保持する必要がある.
- パスワードは,サポート担当者に開示してはならず,その担当者は,ユーザーにパスワードを尋ねてはならない.

認証に使用されるユーザー名とパスワードの組み合わせによって実現されるセキュリティに対し,いくつかの議論がある.例えば,システムによっては,より複雑で長いパスワードを使用すると,ユーザーがパスワードを書き留めた場合,実際にはパスワードを盗みやすくなる.パスワードの暴露の可能性,ユーザーによる貧弱なパスワード生成およびほとんどのユーザーがたどる必要のある非常に多くのパスワードは,潜在的な侵害の要因となる.

しかしながら,パスワードの代替方法は高価で,扱いにくく,エンドユーザーにとって不便で,セキュリティやビジネス上のメリットが損なわれる可能性がある.パスワードの使用から代替技術や方法に移行する前に,セキュリティ専門家は,パスワードが保護している情報やシステムの価値を常に考慮する必要がある.現在のパスワード技術とプロセス(複雑さの最低基準,ロックアウトおよび再利用制限などの使用を含む)は,ある最低レベルのセキュリティ保護を組織に提供する.組織が,パスワードの背後にあるリソースを保護するのにそのレベルの保護で十分と考えるのであれば,パスワード技術で十分である.しかし,パスワードによる保護がその背後

にあるリソースを適切に保護していないと感じている場合は，代わりの認証方法を探す必要がある．

パスワードがセキュリティスペースにおいて否定的な意味合いを持つにも関わらず，パスワードは今日の事実上のベースライン基準である．一貫性とコントロールを保証するための最善のアプローチは次のとおりである[43]．

- 明確に定義されたパスワードポリシー
- よく実装されたシステムコントロール
- 技術的な考慮事項の理解
- 包括的なユーザートレーニング
- 継続的な監査

▶特権管理

アクセス権はその重要性から，割り当て，管理，使用に特定のプロセスと考慮が必要である．効果的な特権管理（Privilege Management）の欠如は，洗練されたアクセス制御システムの根本的な障害につながる可能性がある．多くの組織はもっぱら，識別，認証およびアクセス方法に重点を置いている．これらはすべて，脅威を抑止し，インシデントを防止するために重要な要素であるが，システム内での権限のプロビジョニングは次のコントロールレイヤーである．権限割り当ての問題の一般的な原因は，主に管理者が利用できる膨大な数のアクセスオプションである．潜在的なアクセス構成の複雑さが，不十分で一貫性のないセキュリティを導く．特権管理にはこうした側面があるため，システム権の割り当てを定義し，導く明確なプロセスと文書化が必要である．

特権管理手順を作成する際には，各システム，サービスまたはアプリケーションに関連する特権と，それらが適用される組織内の定義された役割を識別し，文書化することに注意を払う必要がある．これには，システム内で割り当て可能なアクセス権の識別と理解，システム内の機能との連携，およびそれらの機能の使用を必要とするユーザーの役割の定義が含まれる．最後に，ユーザーの役割は業務要件に関連付ける必要がある．ユーザーには，いくつかの業務要件があり，複数の役割の割り当てが強制され，システム内での権限の集約が行われる可能性がある．しかし，集約されたアクセス権の結果には注意が必要である．多くのシステムには，アクセスルールの適用を決定する優先規則がある．アクセスを制限するルールがアクセスを許可するルールと競合し，そのルールによって上書きされる場合，意図した以上

のアクセス権がユーザーに付与されることになる．最小特権という最重要なスローガンを思い出してほしい．業務を実行するために必要な権限だけを，ユーザー，グループまたはロールに提供する必要がある．

認可プロセスと，割り当てられたすべての特権の記録を維持する必要がある．認可プロセスが完了し，検証されるまで，特権は許可されるべきではない．断続的な職務機能に重大または特別な特権が必要な場合は，通常のシステムおよびユーザーの活動に使用されるものとは対照的に，そのようなタスクに特別に割り当てられたアカウントを使用して実行する必要がある．これにより，特殊アカウントに割り当てられたアクセス特権を，ユーザーの通常業務に関連するアクセス特権を単に拡張するのではなく，特別な業務の要件に合わせて調整することができる．例えば，UNIXシステムの管理者は，日常的なルーチン用のアカウントと，特定のジョブ要件用のアカウントと，完全なシステムアクセスを利用しなければならない稀なイベント用の「root」アカウント（UNIXにおける全システムアクセスID）という3つのアカウントを持つ可能性がある．

▶論理（技術）コントロール

論理（技術）コントロール（Logical［Technical］Controls）は，その組織のセキュリティポリシーが強制される，デジタルおよび電子インフラストラクチャー内で使用されるメカニズムである．技術の普及に伴い，論理的なアクセス制御には様々な形や実装がとられる可能性がある．論理コントロールには，ファイアウォール，フィルター，オペレーティングシステム，アプリケーション，ルーティングプロトコルなどの要素を含めることができる．論理コントロールは，大きく次のグループに分類できる．

- ネットワークアクセス
- リモートアクセス
- システムアクセス
- アプリケーションアクセス
- マルウェアコントロール
- 暗号化

▶ネットワークアクセス

ネットワークアクセス制御（Network Access Control：NAC）は，通信インフラストラクチャーで採用され，インフラストラクチャーに接続して使用する人を制限する．

これは通常，アクセス制御リスト，リモートアクセスソリューション，仮想ローカルエリアネットワーク（Virtual Local Area Network：VLAN），アクセス制御プロトコル，ファイアウォールや侵入検知システムや侵入防御システムなどのセキュリティデバイスによって実現される．NACの役割は通常，2つのネットワークまたはリソース間の通信を制限することである．例えば，ファイアウォールは，特定の送信元から定義された送信先に対して，許可されるプロトコルとプロトコル機能を限定する．

　ただし，ほかのネットワークレベルのコントロールがあり，これらは，環境内のアクセス管理のレベルを向上させるセキュリティサービスを採用するのに使用できる．最も一般的な例は，ユーザーとアプリケーション間の通信途上に位置し，ユーザーとアプリケーション間のトラフィックの監視および規制をコントロールするデバイスまたはサービスであるプロキシーシステムである．プロキシーシステムは，ネットワーク内のサービスレベルの通信を管理する際に特定のロジックを適用できる．例えば，プロキシーシステムは，HTTP（Hypertext Transfer Protocol：ハイパーテキスト転送プロトコル）を介して，Webベースのサービスへのアクセスを制御することができる．ファイアウォールが特定のポートをブロックするように，プロキシーシステムは，HTTPセッションの特定の側面をブロックまたはコントロールして，暴露を制限する．多くのプロキシーシステムは，インターネットにアクセスしようとする内部ユーザーのセッションを認証し，Javaアプレット，ASP（Active Server Pages）コード，プラグイン，不適切なWebサイトへのアクセスなどの不要なWebサイトアクティビティをフィルタリングする．

　VLANは，トラフィックをセグメント化し，あるネットワークと別のネットワークとの相互作用を制限するために利用できる．VLANは，多くのシステムが同じ物理ネットワーク上に存在しているが，組織のアクセス制御要件を強制するために，それらを論理的に分離しなければならないような状況下で使用される．逆に，VLANは，物理的に複数の場所にあるシステムを仮想的に接続し，すべてが同じ論理ネットワークセグメントに存在しているかのように見せる場合にも使用することができる．

　無線ネットワークも，MACフィルタリング，複数の形式の認証，暗号化，ネットワークアクセスの制限など，いくつかのアクセス制御メカニズムを使用することができる．

　NACは，システム管理者が定義した，1つあるいは複数のネットワーク全体のポリシーに基づいて，システムへのアクセスを制限する機能を提供する．システムをネットワークに接続させる前に，NACサービスはターゲットシステムに照会して，確立されたポリシーに従っていることを確認する．ポリシーは，ウイルス対策パッ

ケージがシステムに存在することを保証するのと同じくらい単純なものでも，システムにセキュリティパッチが当てられ，最新であることを検証するのと同じくらい複雑なものでもかまわない．システムが必要なセキュリティポリシーを満たしていない場合，ネットワークへのアクセスが拒否されるか，さらなるテストのためにセキュリティ保護されたエリアにリダイレクトされたり，ユーザーがネットワークへのフルアクセスを得る前に必要な変更を実装できたりする．

▶ リモートアクセス

今日の環境では，従来のオフィス空間の外から作業しているユーザーは，ユーザーコミュニティのかなりの部分を占めている．リモートアクセス（Remote Access）ソリューションは，システムとデータへのアクセスを必要とするリモートユーザーにサービスを提供する．より一般的に利用されるテクニカルソリューションの1つにVPNがある．VPNは，ユーザーが自分自身を認証し，インターネットのような安全でないネットワークを介して安全な通信チャネルを確立することを可能にする．通常，VPNデバイスは組織のインターネット接続経路またはファイアウォールの背後に配置され，リモートユーザーがネットワークにアクセスし，認証し，様々な内部システムとの保護されたセッションを確立できるようにする．

VPNアクセス制御では通常，暗号化方式と組み合わせて認証メカニズムを使用する．例えば，VPNソリューションは，適切な特定の（企業ブランドの）クライアントソフトウェアまたはブラウザーのバージョンを持つユーザーによるアクセスを許可し，ネットワークの特定の部分に対するアクセスを制限し，許容されるサービスの種類を制限し，セッション時間を制御するように構成できる．さらに，インターネットのように，安全ではなく，公的にアクセス可能なネットワーク上で接続が行われているため，ほとんどのVPNソリューションでは，多要素認証を使用してユーザーを確実に識別する．

▶ システムアクセス

「システム」という用語は，幅広い種類の技術とコンポーネントで構成されているが，最も頻繁に使用される定義は，サービスを提供し，プロセスを支援する，1台またはそれ以上のコンピュータである．ほとんどの人がシステムを考える時，彼らは自分のパーソナルコンピュータを考えており，それはシステムアクセス制御を議論するよいモデルである．最も一般的なシステムアクセス制御（System Access Control）は，ユーザーIDとパスワードの組み合わせである．特定の理由のために特別に無

効にされていない限り，ほとんどすべての近代的なシステムはこれを持っている．ユーザー IDとパスワードの組み合わせは，一部のシステムでは，スマートカードやワンタイムパスワードトークンなど，ほかの形式の認証に置き換えることができる．それにも関わらず，これらすべての方法は，システムアクセスを許可されたユーザーに制限するという同じ目的を果たす．

　すべてのコンピュータシステムは，すべての機能を制御し，システムの様々なコンポーネントがどのように相互作用するかを制御する基本的なオペレーティングシステムを備えている．文字どおり何百ものオペレーティングシステムが存在するが，ほとんどのユーザー(セキュリティ専門家を含む)は主に，Microsoft Windows，Apple社(アップル)のOS，UNIX(多くのLinuxの変種を含む)という3つの主要な公開オペレーティングシステムの1つで作業している．Google社(グーグル)のAndroidやApple社のiOSなどのモバイルオペレーティングシステムも，セキュリティ専門家が精通している必要があるオペレーティングシステムである．各オペレーティングシステムには，システムのコンポーネント間のアクセス制御を管理する内部コントロールとレイヤーが組み込まれている．特に，それらはすべて，カーネル(OSとシステムハードウェアを接続するシステムの一部)や，アプリケーションプログラムがキーボードやプリンターなどのデバイスを使用できるようにする様々なデバイスドライバーなど，システムのハードウェアコンポーネントに直接アクセスするプログラムを厳重にコントロールする．システムハードウェアを直接操作する機能は強力なツールであり，悪意あるプログラムによる悪用を防ぐために，オペレーティングシステムによって厳重に管理されなければならない．

　最後に，ほとんどすべてのオペレーティングシステムは，あとで検索するための情報を格納する，ある種のファイルシステムを有する．ファイルシステムには，様々なファイルやディレクトリーにアクセスできるユーザーを制限するためのコントロールもある．これらのコントロールは，オペレーティングシステム自体が強制するものもあれば，個人のファイルを保護するために個々のユーザーが割り当てるものもある．これらのコントロールは，システムにアクセスできるが権限を持たない個人に情報が漏洩しないようにするために，非常に重要である．

▶アプリケーションアクセス

　アプリケーションは通常，脅威を抑止し，セキュリティ上の脆弱性にさらされないように，ユーザーおよびシステムのアクセス制御を採用する．ただし，アプリケーションでは，ほかのコントロールを補完するメカニズムを組み込み，セキュア

な操作を保証することもできる．例えば，アプリケーションは，ユーザーセッションを監視し，非アクティブ時のタイムアウトを適用し，データ入力を検証し，ユーザーの権限と定義されたユーザーの役割に基づいて特定のサービスまたはモジュールへのアクセスを制限できる．さらに，アプリケーション自体は，バッファーオーバーフロー，競合状態(2つ以上のプロセスが同じリソースを待っている状態)およびシステムの完全性の喪失にさらされないように設計，開発できる．

アプリケーションのアーキテクチャーは，攻撃を阻止する能力において重要な役割を果たす．オブジェクト指向プログラミング，複数層アーキテクチャー，さらにデータベースセキュリティは，ユーザーに提供されるサービスと実行できるタスクをコントロールする上で重要である．アプリケーションのあらゆる側面に関連するアクセス制御は，セキュリティを確実にするために重要である．多くのアプリケーションは複雑であり，幅広いサービスと潜在的に機密性の高い情報へのアクセスを提供する．さらに，アプリケーションはビジネスの運用上の要件にとって重要な要素となる．したがって，アプリケーションのアクセス制御機能を設計または使用する時は，その中断による影響を考慮する必要がある．

アプリケーションをモジュールまたはレイヤーにセグメント化して，アクセス制御ポリシーをさらに強化することもできる．例えば，一般的な電子メールアプリケーションは，メッセージの構成，アドレス帳情報の管理，ネットワークリソースへの接続，メール配信および検索の管理を行うためのモジュールにセグメント化することができる．これにより，アプリケーション設計者は，各モジュールへのアクセス方法，各モジュールがユーザーやほかのアプリケーションに提示するサービス，およびそれぞれがユーザーに提供する特権を指定できる．例えば，アドレス帳管理モジュールは，電子メールアプリケーションからアクセスできるが，ウイルスがユーザーのアドレス帳を調べて使用する可能性を防ぐため，ほかのアプリケーションからはアクセスできない．アプリケーション内のアプリケーションモジュール間のやり取りや，これらのモジュールとほかのアプリケーションとのやり取りを管理して，悪意あるユーザーやプログラムが不正な活動を行わないようにすることが重要である．アプリケーションセキュリティの問題は，「ソフトウェア開発のセキュリティ」のドメインで詳細に説明する．

▶マルウェアコントロール

ウイルス，ワーム，トロイの木馬，スパイウェア，スパムなどの悪意あるコードは，潜在的なセキュリティ上の脅威を企業にもたらす．システム，アプリケーショ

ンおよびサービスの弱点は，ワームやウイルスが組織に侵入して，重要なシステムや情報に機能停止を引き起こしたり，損害を与えたりする．こうした悪意あるプログラムからの影響の可能性を減らすために，技術コントロールを適用することができる．これらのコントロールの中で最も一般的なものは，ウイルス，ワームまたはその他の悪意あるプログラムを検出し，潜在的に排除するために，ネットワーク境界，サーバーおよびエンドユーザーシステムで使用できるウイルス対策システムである．その他の技術的ソリューションには，システムのサービスやファイルが変更されたことを検出でき，環境へのリスクを指摘することができる，ファイル整合性チェックや侵入防御システムがある．セキュリティ担当責任者は，アプリケーションとプロセスのホワイトリスティング，サンドボックス，フォレンジックファイル分析，これらの技術の1つあるいは複数とベンダーからのリアルタイムインテリジェンス情報フィードとの統合などの技術も把握したいと考えている．

▶暗号化

　暗号化(Encryption)は「セキュリティとリスクマネジメント」のドメインで重要な役割を担っている．暗号化を使用して，情報の機密性を保証したり，情報を認証して完全性を保証したりすることができる．これらの2つの特性は，アクセス制御に関連する識別および認証プロセスにおいて高度に活用されている．認証プロトコルは，セッションを侵入者から保護するために暗号化を採用する．パスワードは通常ハッシュ化(逆算できない数学的な一方向変換)により暴露から保護され，セッション情報は暗号化されて，ユーザーとシステムおよび使用されるサービスとの継続的な関連付けをサポートする．暗号化を使用してセッションを検証することもできる．例えば，セッション情報が暗号化されていない場合，結果として生じる通信が拒否されるようにサーバーを構成できる．アクセス制御における暗号の最も重要な側面は，認証プロトコルとプロセスの完全性を保証するための暗号メカニズムの採用である．

　利用可能なアクセス制御機能が適切なセキュリティを提供するのに十分でない場合，暗号化はセキュリティを向上させるための補償コントロールとしても使用できる．例えば，ある企業の複数の従業員が，特に機密な財務スプレッドシートを共有しなければならない場合がある．残念なことに，これらの人々は全国各地の異なるオフィスに在籍しており，このファイルを共有する唯一の方法は，全従業員がオフィス間で情報をやり取りするために設定された一般的な共有ドライブを使用することである．ドライブへのアクセスは社内ユーザーのみに制限しているが，特定のユー

ザーだけが特定のファイルにアクセスできるように指定する方法はない．この場合，ファイルを暗号化することができ，ファイルを解読するための鍵は，スプレッドシートを見る必要がある従業員だけに開示することができる．これにより，一般共有ドライブにファイルを置くことができ，ファイルを参照する必要があるユーザーだけにアクセスを制限する．

　暗号化は，機密データを保護するためにアプリケーション内で一般的に使用される．クレジットカード番号などの情報は，番号全体を見る必要のない担当者には表示されないように（おそらく最後の数桁を除いて）エンコードされる．この例は，データベースのストレージに格納されている情報のレポートや印刷物，またはユーザーディスプレイの画面レイアウトに表示される際に見ることができる．利用可能なアクセス制御が機密情報に対して十分に適切な保護を提供できない場合，暗号化の使用を検討する．

1.10.9 コントロールの評価／モニタリングと測定

　セキュリティコントロールの評価（Security Controls Assessment）は，チェックリスト，単純な合否判定，または検査や監査に合格するための書類作成が目的ではない．むしろ，セキュリティコントロールの評価は，情報システムの実装者およびオペレーターが，宣言されたセキュリティ目標と目的に適合していることを検証するための主要な手段となっている．評価結果は，組織の職員に以下を提供する．

- 組織の情報システムにおけるセキュリティコントロールの有効性に関する証拠
- 組織内で採用されているリスクマネジメントプロセスの品質指標
- 脅威が高度化し，変化する世界において，組織のミッションとビジネス機能をサポートしている情報システムの強みと弱みに関する情報

　評価担当者により作成された評価結果は，情報システム（システム固有，共通，ハイブリッドコントロールを含む）に関連するセキュリティコントロールの全体的な有効性を判断し，組織のリスクマネジメントプロセスに信頼性ある有意な情報を提供するために使用される．適切に実行された評価は，（i）セキュリティ計画に含まれ，その後，情報システムおよびその運用環境で使用されるセキュリティコントロールの有効性を判断すること，（ii）組織のミッションやビジネス要件に合致した，秩序と

規律がある方法でシステムの弱点や欠点を修正する，費用対効果の高い方法を促進すること――に役立つ．

　セキュリティ専門家は，テーラリングと補完の概念を使用することができる．テーラリング(Tailoring)には，情報システムの特性とその運用環境により緊密に適合させるために評価手順を調整することが含まれる．テーラリングプロセスは，不必要に複雑でコストのかかる評価方法を避けると同時に，リスクマネジメントフレームワークの基本概念を適用することによって確立された評価要件を満たすための柔軟性を組織にもたらす．補完(Supplementation)には，組織のリスクマネジメント要件を適切に満たすために，評価手順または評価の細目を追加することが含まれる(例えば，選択したセキュリティコントロールに対する，システム／プラットフォームに固有の情報など，組織固有の細目の追加)．リスクアセスメントの結果を適用して，評価の程度や厳しさ，強さのレベルを決定する際，セキュリティ評価計画の柔軟性を最大化するために，組織の経営幹部と協議の上，補完の決定を行う必要がある．

　情報システムに対する適切なセキュリティコントロールの選択は，組織の業務や資産ならびに個人に大きな影響を及ぼす重要なタスクである．セキュリティコントロールは，システムとその情報の機密性，完全性(否認防止と真正性を含む)および可用性を保護するために，情報システムに対して規定された，管理，運用および技術上の防御または対策である．ひとたび情報システム内で採用されると，セキュリティコントロールは，全体的な有効性の判断に必要な情報を提供するために評価される．有効性とはすなわち，コントロールが正しく実装され，意図どおりに動作し，システムのセキュリティ要件を満たすことに関して望ましい結果を生み出すことである．情報システムとその運用環境で実施されるセキュリティコントロールの全体的な有効性を理解することは，組織の運用や資産，個人，そしてシステムの使用に起因する，他組織に対するリスクを決定する上で不可欠である．

　図1.19に，セキュリティコントロールの評価表の例を示す．評価担当者は，このような表を使用して，評価対象としているすべてのコントロールの現在の状態を一覧表示し，評価する．評価担当者が評価表を完成させたら，評価の結果を相関させ，書面による報告，プレゼンテーションやブリーフィングなど，審査開始時に議論し合意した方法に基づいて，経営幹部に報告する必要がある．

　効果的なリスクマネジメントプログラムの一環として，組織はアクセス制御の有効性を判断するために様々な方法を採用する必要がある．脆弱性評価，コントロール評価，ペネトレーションテストはすべて，組織のアクセス制御の有効性とリスク低減能力を決定する貴重な方法である．

セキュリティコントロール群：アクセス制御(AC)

セキュリティコントロール番号	セキュリティコントロール名	セキュリティコントロールと強化	基準適用性			セキュリティコントロールの種類	セキュリティコントロールの最終評価日	評価者情報	評価対象のセキュリティコントロールの有効性	使用した評価ステップ	評価証跡
			L	M	H						
AC-1	アクセス制御ポリシーとプロシージャー	組織は次のものを開発, 普及させ, 定期的に見直しや更新を行う. • 目的, 範囲, 役割, 責任, マネジメント公約, 組織エンティティ間の調整, コンプライアンスが盛り込まれている, 正式に文書化されたアクセス制御ポリシー • アクセス制御ポリシーおよび関連するアクセス制御の導入を促進するために, 正式に文書化されたプロシージャー	×	×	×						

図1.19 セキュリティコントロールの評価表

▶脆弱性評価

　組織のセキュリティポジションの決定を探求する際, セキュリティ専門家は最終的に, 脆弱性評価を使用して, 対処すべき特定の弱点の識別を行う. 脆弱性評価（Vulnerability Assessment）とは, 様々なツールや分析方法を使用して, 特定のシステムやプロセスの中で攻撃や悪用の影響を受けやすい部分を決定することである. ほとんどの脆弱性評価は, システムやアプリケーションの技術的な脆弱性に集中しているが, 評価プロセスは, 物理的または管理的なビジネスプロセスを調査する場合と同等に効果的である.

　脆弱性評価プロセスを開始するには, 評価担当者は, ビジネス, そのミッション, 評価対象のシステムまたはアプリケーションを十分に理解しておく必要がある. ターゲットシステムに対して自動化ツールを実行し, 潜在的な問題のリストを作成することができる上に, システムで行っていることや, ビジネスプロセス全体とシステムとの関係を最初に理解しておくことで, 発見された脆弱性の全体的なリスクを判断するのにも役立つ. さらに, セキュリティアナリストは, ビジネス, あるいは評価担当者のセキュリティ環境に関する一般的な知識によって特定された, シス

テムに対する既知の潜在的な脅威をよく理解しておく必要がある．検証された脅威が存在しない脆弱性は，既知の脅威に襲われる可能性がある脆弱性と比較した時に，重要度が下がる．

脅威と脆弱性の情報は，多くの情報源から得られる．最初に，適切な事業主やその他の利害関係者とシステムについて話し合う．彼らは，システムとシステムが動作しているビジネス環境の両方に最も近く，以前にあったセキュリティ問題や，業界のほかの人たちが直面していた同様の問題を十分に理解するだろう．さらに，脆弱性評価プロセスに，ビジネス上の適切な利害関係者を含めることで，ビジネスグループとセキュリティチームとの間のパートナーシップの理解が深まる．

システムのビジネス面が一度示されると，アナリストは，米国政府のNational Vulnerability Database（NVD）などの既知の脆弱性データベース，ベンダーから発行された脆弱性情報，セキュリティメーリングリストなど，様々なセキュリティ業界情報にアクセスできる★44．評価担当者が，1つあるいはそれ以上の自動化ツールを使用している場合，これらのツールには，内部スキャンデータベースの一部として既知の多くの脆弱性が含まれる．

次のステップでは，システムまたはプロセスを保護するために設置されている既存のコントロールを確認する．これには，組織内の指示コントロール，防止コントロール，抑止コントロール，検知コントロールが含まれる．これらのコントロールは，システムまたはビジネス機能に固有のものでも，セキュリティポリシーやスタンダード，ファイアウォール，ウイルス対策システム，侵入検知システムと侵入防御システム，利用可能な認証とアクセス制御など，組織の一般的なコントロール環境の一部でもかまわない．アナリストは，これらの既存のコントロールを，以前に特定された既知の脅威と照合して，既存のコントロールシステムが特定された脅威に対抗できるかどうかを判断する．この分析のあとに残されたギャップは，どのようなものでも対処される必要がある．

ほとんどの場合，評価担当者は，脆弱性評価プロセスを支援するための様々な自動化ツールを使用する．これらのツールには，システムおよびネットワーク構成情報を分析し，特定のシステムが様々な種類の攻撃に対して脆弱である可能性がある場所を予測する機能だけではなく，特定の既知の脆弱性に関する広範なデータベースが含まれている．様々な種類の脆弱性評価ニーズに対応するために，多くの異なった種類のツールが現在利用可能である．いくつかのツールは，ネットワークの観点からシステムを検査し，特定のホストシステム上で利用可能なサービスを悪用するリモートの攻撃者によって，システムが侵害される可能性があるかどうかを判

断する．これらのツールは，接続を待機しているオープンポート，共通サービスの既知の脆弱性および既知のオペレーティングシステムの脆弱性をテストする．

　これらのツールは，多くの場合，システムに最新のセキュリティパッチが適用されているかどうかも確認する．ほかのツールは，個々のアプリケーションを調べて，バッファーオーバーフロー，不適切な入力確認処理，データベース操作攻撃，一般的なWebベースの脆弱性のようなアプリケーションの悪用の影響を受けやすいかどうかを判断する．新しい脆弱性が発見され，ほかはパッチ適用されるなど，脆弱性の状況は絶えず進化しているため，セキュリティマネージャーは，脆弱性分析に使用されるあらゆるスキャンツールが常に最新の状態に保たれ，テスト対象の最新情報を常に保持するプロセスを確立しなければならない．

　脆弱性のスキャンが完了したら，セキュリティアナリストは結果が正しいかどうかを調べる必要がある．スキャンツールの結果が完全に正確であることは稀である．ツールが誤ってターゲットシステムを認識したり，実行した検査からの結果データに対し誤った分析をしたりする可能性があるため，フォールスポジティブが一般的である．さらに，アナリストは，分析されるシステムのビジネス機能について，すでに知られているものとスキャン結果とを照合する必要がある．例えば，多くのテストツールでは，Anonymous FTP（File Transfer Protocol）サービスの使用が，潜在的なセキュリティ上の問題とみなされる可能性があるため，脆弱性として報告される．しかし，問題のシステムが組織のAnonymous FTPサーバーとして正式に運用されている場合，その結果は正しいものの，組織にとっての脆弱性とはみなされない．

　セキュリティアナリストは，ビジネス部門との協議中に収集した情報と，スキャンツールから得られた情報を組み合わせて，組織が対処しなければならない実際の脆弱性を最終的に分析する必要がある．いくつかのタイプの重要度スケール（高／中／低または1～5の評価が一般的）でこれらの脆弱性を評価するのが一般的であり，こうした重要度スケールによって，組織は，特定の発見それぞれに対する関心の度合と緊急性に関する感覚が得られる．多くのツールが各脆弱性のランク付けを行う．これらのランクが，組織ではなく，システムに害をもたらすことに基づいていることを，評価担当者は覚えておく必要がある．評価担当者は，ツールの評価だけに頼るのではなく，ツールからの情報に基づいて組織のリスクを判断する必要がある．多くの組織では，是正措置の時間制限を設定する．致命的な脆弱性の場合は時間制限を短くし，重要性の低い問題の場合は長めの時間を設定する．

　最終的な分析が完了したら，評価担当者は調査結果をビジネス部門と協議して，

適切な是正措置を講じるべきである．アクションは，報告された各脆弱性の重要度，是正措置に要するコスト，制定可能で潜在的な補償コントロール，是正措置が持つシステム上の影響およびシステムが提供するビジネス機能に基づいていなければならない．場合によっては，ビジネスグループは，是正措置のコストまたはその他のビジネス上の考慮事項に起因して，既知の脆弱性を抱えたまま継続運用するリスクの受容を選択することがある．結果がどうであっても，評価担当者はすべての関係者が是正計画を理解し，それに同意するようにすべきである．アプリケーションまたはシステムグループが，レポート内のすべての項目を常にタイムリーに処理すると仮定することは間違いである．システムグループには，対処しなければならない多数のプロジェクトと期限があるが，脆弱性レポートはそのうちの1つである．評価担当者は，システムグループに（求められるかもしれないが）継続的にフォローアップを行い，合意どおりに脆弱性に対処していることを確認する必要がある．

　脆弱性分析（Vulnerability Analysis）はセキュリティマネジメントプロセスの重要な部分であり，多くの組織が一貫して，または効果的に対処していないものの1つである．これはリスクマネジメントプロセスの主要な要素であり，効果的に実施されれば，現在および将来のセキュリティ問題に対する，組織のすべてのリスクと脆弱性を劇的に減らすことができる．脆弱性分析と脆弱性管理は，効果的な継続的監視プログラムを構築する上でのコアとなる要素である．

▶ペネトレーションテスト

　脆弱性評価の次のレベルでは，既存の脆弱性を悪用して，特定の脆弱性の本質と影響を判断する．ペネトレーションテスト（Penetration Testing）には，倫理的ハッキング（Ethical Hacking），タイガーチーム（Tiger Teaming），レッドチーム（Red Teaming），脆弱性診断（Vulnerability Testing）など，多くの名前がある．これは，悪用技術を利用して，アプリケーションやシステムの脆弱性や脆弱性の集合に関連するリスクのレベルを判断する．ペネトレーションテストの主な目的は，システムまたはネットワークに対する攻撃をシミュレートして，環境のリスクプロファイルを評価することである．これには，必要なスキルのレベル，脆弱性を悪用するのに必要な時間，アクセスの深さや到達可能な特権などの影響レベルを理解することが含まれる．

　ペネトレーションテストは，任意のシステムまたはサービスに対して使用できる．しかし，ペネトレーションテストを適切に実行するために必要な時間，費用およびリソースのせいで，ほとんどの企業は，インターネットシステムやサービス，リモートアクセスソリューションおよび重要なアプリケーションに焦点を当てたペネト

レーションテストを求めている.

　ペネトレーションテストを成功させ，価値あるものにするための鍵は，明確に定義された目標，範囲，定められた目的，合意された制限および受容可能な活動である．例えば，FTPサーバーを攻撃することは許容されるが，システムが役に立たなくなったり，データが破損したりすることは受け入れられない．診断中に明確な枠組みを持ち，管理の監督をすることは，診断が対象企業に悪影響を及ぼさず，診断から最大の価値が得られることを保証するために不可欠である．

▶ペネトレーションテスト戦略

　達成すべき具体的な目標に基づいたペネトレーションテスト戦略(Penetration Test Strategy)は，診断のソース，会社資産のターゲット化，診断担当者に提供される情報(またはその不足)の組み合わせである．ペネトレーションテストの委任ルールを確立するための最初のステップの1つは，診断担当者に提供する，ターゲットに関する情報量を決定することである．診断の範囲や規模に関わらず，情報が最初にどのように流れるかは，計画のほかの属性を決定し，最終的には診断の価値を測る要素を定義する．通常，何らかの形の情報がターゲットによって提供されるが，最も極端な場合に限ると，情報をまったく渡さない．ターゲットとなる会社の名前など，診断担当者への提供を避けられない情報もあれば，診断の仕組みをまったく妨げることなく提供を避けられる情報もある．

　外部診断(External Testing)とは，例えばインターネットなど，組織のシステムの外部から実行される手順を使用した，組織のネットワーク境界に対する攻撃を指す．診断を実施するには，まず，DNS(Domain Name System)サーバー，電子メールサーバー，Webサーバー，ファイアウォールなど，外部から見えるサーバーまたはデバイスをターゲットにして，診断チームは診断を開始する．

　内部診断(Internal Testing)は，組織の技術的環境内から実行される．焦点は，ネットワーク境界内に侵入された場合に何が起きるのか，組織のネットワーク内の特定の情報リソースに侵入するために組織内部者は何をすることができるのか，を理解することである．

　ブラインド診断(Blind Testing)戦略では，診断チームには，組織の情報システム構成に関する限られた情報しか提供されない．ペネトレーションテストチームは，ターゲットに関する情報を収集し，ペネトレーションテストを実施するために，公開されている情報(会社のWebサイト，ドメイン名レジストリー，インターネット掲示板など)を使用する必要がある．ブラインド診断は，ほかに知られていなかった，組織に関する

情報を提供することができるが，ペネトレーションテストチームがターゲットの調査に労力を要するため，ほかのタイプのペネトレーションテスト（標的型診断など）よりも，時間とコストがかかる可能性がある．しかし，ブラインド診断では，「攻撃者」（診断チーム）はターゲット企業についてほとんど知識を持っていないが，「防御側」（同社のITチームとセキュリティチーム）は，攻撃が行われていることを認識し，それに備えることができる．

　ダブルブラインド診断（Double-Blind Testing）は，より現実的な攻撃シナリオを提示する．なぜなら，組織のITチームとセキュリティチームは，診断前に通知されず，計画された診断活動に対して「ブラインド」であるからである．ダブルブラインド診断は，ネットワークまたはアプリケーションの強みを診断することに加えて，組織のセキュリティ監視とインシデントの特定，エスカレーションおよび対応手順を診断することができる．ダブルブラインド診断では，組織内の非常に少数の人々――おそらく，プロジェクトスポンサー――だけが診断の行われることを知っている．ダブルブラインド診断では，診断の目的が達成された時，または診断が実稼働システムやネットワークに影響を及ぼすおそれがある時に，診断手順および組織の事故対応手順を終了できるように，プロジェクトスポンサーによる慎重な監視が必要である．

　標的型診断（Targeted Testing）環境（「ライトオン[Lights on]」アプローチと呼ばれることが多い）では，組織のITチームとペネトレーションテストチームの両方が診断活動を認識し，ターゲットとネットワーク設計に関する情報が提供される．診断の目的が，組織のインシデントレスポンスやその他の運用手順よりも，技術的な設定やネットワークの設計に重点を置いている場合，標的型診断はより効率的で費用対効果の高い方法と考えられる．標的型診断は通常，ブラインド診断よりも完了までに要する時間と労力が少なくて済むが，組織のセキュリティ脆弱性と対応能力を完全に把握することはできない．

　診断担当者または診断チームに提供される情報の量（ゼロ知識，部分知識，完全知識）によって分けられた，3つの基本的なペネトレーションテストのカテゴリーがある．ゼロ知識診断（Zero Knowledge Testing）では，ターゲットのネットワークや環境に関する情報が診断担当者に提供されない．診断担当者は，単純に自身の能力で，会社に関する情報を発見し，それを使って何らかの形でアクセスすることになる．これは，誰が診断を行うのかに応じて，ブラックボックス診断（Black Box Testing）またはクローズド診断（Closed Testing）とも呼ばれる．組織の外部から診断を実行する場合，ゼロ知識診断は特に適している．なぜなら，これは，組織への攻撃を開始した時の

ほとんどの攻撃者と同じ立場にいるからである.

部分知識診断(Partial Knowledge Testing)のシナリオでは,診断担当者には環境に関する知識が提供される.提供される情報は,診断対象の電話番号やIPアドレス,ドメイン情報,アプリケーション名など,実際の攻撃者が多大な労力を払うことなく簡単に見つけ出すことができる完全な公開情報,あるいは公開に近い情報である.有能な攻撃者は,このレベルの情報をかなり早く得ることができると想定されるので,診断プロセスを少しでもスピードアップするために,これらの情報は診断担当者に与えられる.すべてではなく,いくつかの情報を得ることの興味深い側面は,それにより範囲が仮定されることである.組織は,診断をサポートするためのすべての初期データを単純に提供するのではなく,情報を限定することで,診断の境界を定義することができる.例えば,組織のIPアドレス範囲を公開することは,簡単に入手できる情報の収集を高速化しようとする試みであるが,ネットワークが侵入検知システムを持っているという事実を明らかにすることは,診断担当者がテストを実行する道筋を左右する.

完全知識診断(Full Knowledge Testing)は,環境に関するすべての可能な情報を診断担当者に提供する.このタイプの診断は一般に,何が発見できるのかとは対照的に,何ができるかに焦点が当てられている場合に用いる.攻撃者は環境内にあるものを簡単に発見でき,その情報でどのくらいの損害を被る可能性があるかに焦点を当てる必要があるという前提である.これは特に,内部ペネトレーションテストの際に適している.この状況では,診断担当者は,環境,アーキテクチャーおよび情報経路に関する既存の内部知識を有するインサイダー(例えば,従業員または請負業者)の役割を担っている.インサイダーは,ターゲットを見つけるために必要なすべての知識を持っている.診断担当者が答える必要がある問題は,ターゲットの防御がそのような攻撃に耐えられるかどうかである.

組織は,診断される組織やサービスの領域を決定する必要がある.これは,許容される診断方法の境界と限界を決定することになるため,診断の範囲を定義する時に重要となる.1つの診断に対して複数のターゲットを定義することができるが,それぞれが明確に定義され,関係するすべての人が明確に理解している必要がある.

▶アプリケーションセキュリティ診断

アプリケーションセキュリティ診断(Application Security Testing)の目的は,アプリケーション内のコントロールとその情報プロセスフローを評価することである.評価されるトピックには,アプリケーションの暗号利用による情報の機密性と完全

性，ユーザー認証，ホストアプリケーションとのインターネットユーザーセッションの完全性およびアプリケーションパーツ間の現在の処理状態の管理が含まれる．アプリケーション診断は，アプリケーションを介した情報の流れと，その傍受または改ざんの可能性を診断する．また，アプリケーションが入力データをどのように処理するかを診断し，ユーザー入力がアプリケーションに害を与え，クラッシュさせる可能性があるかを判断する．最後に，アプリケーション診断では，様々なレベルの洗練された攻撃に対する耐性レベルを測定するために，幅広く一般的な（そしていくつかの稀な）攻撃シナリオで診断する．

▶DoS診断

DoS診断（DoS Testing）の目的は，組織または外部ユーザーに必要なサービスを提供できない，または不可能にする攻撃に対するシステムの脆弱性を評価することである．ペネトレーションテスト項目に組み込まれるDoS診断の範囲に関する決定は，情報システムや関連するプロセスアクティビティの可用性が相対的にどれほど重要であるかに依存する．DoS診断の実行を決定する際には，これが診断の特定の目的であり，すべてのシステムオーナーおよび情報オーナーがこの行動方針を知り，承認していない限り，実稼働システムでは実行されないようにする必要がある．DoS診断では，単純な機能停止を超えてシステムが中断する可能性は非常に高く，それが，長い停止時間，顧客または収益の損失につながるおそれがある．さらに，セキュリティ評価担当者は，誰も（システムオーナー，ユーザー，ヘルプデスクスタッフを含む）が不意打ちを食わないように，DoS診断が実行されていることを全員が知っていることを確認する必要がある．DoS診断ではシステムにこのようなリスクが発生するため，多くの診断担当者はDoSに至るまでの攻撃手順を実行するが，実際にシステムをクラッシュさせることまではしない．これにより，システムは依然危険な状況にさらされるが，その対応時間とそこからの復旧時間が大幅に短縮される．

▶ウォーダイヤリング

ウォーダイヤリング（War Dialing）は，組織のネットワーク内に存在するコンピュータのモデム，リモートアクセス機器および保守接続を識別するために，特定の範囲の電話番号を機械的に呼び出す技術である．組織の情報システムやネットワーク機器にモデムを接続することで，善意のユーザーが誤って組織を重大な脆弱性にさらす可能性がある．モデムまたはほかのアクセスデバイスが識別されると，この接続を使用して組織の情報システムネットワークに侵入することができるかどうかを評

価するために，分析と悪用の手法が実行される．インターネット時代には，モデムが依然として多くの目的のためにネットワーク接続の主要なソースであることを理解するのは難しいかもしれない．しかし，モデムはまだそこに存在し，その数も豊富である．そして，非常に頻繁に機器の管理ポートに接続され，緊急アクセス，保守または復旧の目的で，システム管理者に使用されている．組織は，インフラストラクチャーへの到達範囲や環境への脆弱性の潜在的可能性を過小評価しないことが賢明である．

▶無線ネットワーク診断

公式の承認されたネットワークアーキテクチャーであろうと，善意のユーザーの意図しない行動によるものであろうと，無線ネットワークの導入は，さらなるセキュリティの暴露を生み出す．攻撃者は，無線ネットワーク機器とともにオフィスビルの周りをドライブしたり，歩いたりするだけで，組織内の無線ネットワークアクセスポイントを識別し，習熟することができる．これはウォードライビング(War Driving)と呼ばれることもある．無線ネットワーク診断(Wireless Network Testing)の目的は，組織の無線ネットワークの設計，実装または運用におけるセキュリティ上のギャップや欠陥を特定することである．ウォードライビングはまた，無線接続を介してネットワークにアクセスして侵入できる攻撃者に，それが侵入しようとする組織の資産ではないにしても，利点をもたらす．セキュリティ専門家は，企業ネットワークの1つ以上の無線接続の存在を，会社の駐車場に有効なネットワークポートを設置することと同等とみなす必要がある．

▶ソーシャルエンジニアリング

ソーシャルエンジニアリング(Social Engineering)とは，ブラインド診断やダブルブラインド診断と組み合わせて使用されることが多いが，一般的に，組織の従業員，仕入業者，請負業者との社交的な対話を通して，組織の物理的な施設やシステムに侵入するための十分な情報を収集する技術を指す．このような手法には，IT部門のヘルプデスクの代理人を装って，ユーザーにユーザーアカウントとパスワード情報を公開するように求めたり，従業員のふりをして，機密情報を保持する可能性のある制限区域に物理的にアクセスし，郵便，宅配便を傍受したり，印刷された機密情報をゴミ箱から検索したりする(ゴミ箱あさり[Dumpster Diving]とも呼ばれる)ことが含まれる．ソーシャルエンジニアリングアクティビティは，組織の人々が情報と情報システムへの不正アクセスに寄与する(または防ぐ)能力のような，技術的ではな

いが重要なセキュリティコンポーネントを診断することができる.

▶PBXとIPテレフォニー診断

ウォーダイヤリング以外にも,電話システム(従来のPOTS[Plain Old Telephone Service:アナログ電話サービス],企業向けISDN[Integrated Services Digital Network:統合サービスデジタル網],および新しいIPベースの電話サービス)は,(見過ごされやすいが)伝統的に非常に脆弱で,企業リソースへのアクセスを得るための手段となっている.攻撃者は,ボイスメールシステムにアクセスして情報を収集し,アクティビティを監視することができる.さらに,電話システムを操作して,攻撃者の長距離通話を無料かつ検出されないようにすることで,潜在的にほかの組織への攻撃を促進する.ボイスメールサービスを保護するための認証メカニズムを信頼して,セキュリティサービスが秘密の情報(例えば,パスワードおよびアカウント情報)をボイスメールシステムに残すことも珍しいことではない.攻撃者がボイスメールサービスを侵害した場合,その情報が漏洩する可能性がある.

IPテレフォニー(IP Telephony)またはVoIP(Voice over IP)は,従来のIPデータネットワークを使用して音声トラフィックを処理する.また,電話システムとネットワークアプリケーション,データベース,電子メールやワークフローコラボレーションシステムなどのほかのサービスとの統合も可能である.IPテレフォニーシステムは従来の電話サービスと同じセキュリティ脆弱性の多くを共有するが,IPプロトコルとの統合により,ネットワークレベルの攻撃に対してさらに脆弱である.単一のネットワーク上で音声とデータを組み合わせる時に組織が直面する可能性のあるリスクや,データネットワーク上のDoS攻撃がVoIPシステムを動作不能にするかどうかをより深く理解するために,これらの技術に対して診断を実行できる.IPネットワークに関連する脅威と電話システムの脅威を組み合わせることによって表される潜在的な脅威プロファイルは,セキュリティ専門家が真剣に受け止めるべきものである.

▶ペネトレーションテスト方法論

方法論とは,ジョブ,機能,またはこの場合はセキュリティ診断が正確に実行されることを保証するために,所定の順序で実行される,確立されたプロセスの集合である.ペネトレーションテストを実行する方法は,おそらく診断担当者の数と同じくらい多く存在するだろう.しかしながら,このような診断を実行するための「ベストプラクティス」となっている,基本的で論理的な方法論が存在する.

1. **偵察**(Reconnaissance)＝ターゲットに関する情報の特定と文書化
2. **列挙**(Enumeration)＝侵入手法を使った，より多くの情報の取得
3. **脆弱性分析**(Vulnerability Analysis)＝既知の脆弱性と環境プロファイルの紐付け
4. **実行**(Execution)＝ユーザーアクセスおよび特権アクセスを取得する試み
5. **報告書**(Document Findings)＝診断結果の文書化

▶ステップ1：偵察

　ほとんどの軍事活動およびスパイ活動の場合と同様に，ペネトレーションテスト
は通常，偵察フェーズから始まる．偵察とは，診断の計画や実行を支援するために，
ターゲット上の利用可能な情報を検索することである．検索には，ネットワーク上
のどのIPアドレスが応答するかを知るためのクイックpingスイープや，有益な情報
を漏らした従業員を探すためのインターネット上のニュースグループの探索，ビジ
ネスや技術環境に関する情報を捜索するためのゴミ箱の引っかき回し(ゴミ箱あさり
とも呼ばれる)が含まれる．偵察フェーズの最終的な目標は，ターゲット上の情報を
できるだけ多く集めることである．これには，物理および論理設計図，施設とネッ
トワークの図面，組織の長所と短所，運用パターン，使用されている技術，診断担
当者が今後の攻撃に役立つと考えるものが含まれる．偵察には，盗むこと，人に嘘
をつくこと，ネットワークの監視，なりすまし，またはターゲットに関するデータ
を収集するための偽装された交友関係の活用も含まれる．情報の検索は，会社と診
断担当者が必要とする端的なものに限定する．偵察フェーズの経験則では，情報が
少なすぎて役に立たないということはない．

▶ステップ2：列挙

　ネットワークの検出(Network Discovery)または脆弱性の検出(Vulnerability Discovery)と
も呼ばれる列挙は，ターゲットシステム，アプリケーションおよびネットワークか
ら直接情報を取得するプロセスである．興味深いことに，列挙フェーズは，パッシ
ブ攻撃とアクティブ攻撃の間の線がぼやけ始めるペネトレーションテストプロジェ
クト内のポイントを表す．この時点で，診断担当者は単に情報を収集しているわけ
ではない．より多くの情報を収集するために，ネットワークプローブを送り込んだ
り，システムやネットワーク機器と通信したりしている．これらのデバイスの中に
は，診断担当者が軽くひと突きしただけで壊れやすかったり，影響を受けやすかっ
たりするものがある．テストパラメーターを設定する時は，運用，サポートおよび
セキュリティチームと列挙フェーズを徹底的に見直して，診断の結果として警告が

生成されないようにする必要がある.

　会社の環境を正確に把握するためには，システムから得られた情報のリストを編集するために利用できるいくつかのツールとテクニックを参照する必要がある．特に，ポートスキャンは最も一般的で，簡単に実行できる基本的な診断である．ポートスキャン(Port Scanning)とは，ターゲットシステム上でどのサービスが提供されているかを判断するため，2つのネットワークにつながれたシステム間の基本的な通信設定を調査することである．利用可能なシステムとサービスに関する情報を収集することは，攻撃計画を策定するための第一歩である．ここから，診断担当者は偵察フェーズで見つかった情報を基にして，システムを侵害するための経路を決めることができる．

▶ステップ3：脆弱性分析

　偵察と列挙のフェーズで収集された情報は，ターゲット環境に関する多くの貴重な情報を提供する．次のステップは，そのデータを分析して，ターゲットをうまく攻撃するために悪用される潜在的な脆弱性を判断することである．これには，データを分析するための論理的かつ実用的なアプローチが必要である．列挙フェーズでは，診断担当者は収集された(または提供された)情報の分析を行い，悪用可能な暴露に導く可能性のある，システム，ネットワークおよびアプリケーション間の関係を探す．脆弱性分析フェーズは，収集された情報を既知の脆弱性と比較する実用的なプロセスである．

　潜在的な脆弱性に関するほとんどの情報は，インターネット，公開Webサイト，ハッカーの定期刊行物やメーリングリスト，ニュースグループ，ベンダーのバグやパッチデータ，さらには診断担当者の個人的な経験など，公開されている入手可能な情報源から収集できる．これらは，ターゲットから集められた情報を分析して悪用の選択肢を探すために使用できる．適切に分析されたすべての情報は，効果的な攻撃を策定するために使用できる．

　組織と環境はそれぞれ異なるため，診断担当者(および攻撃者)は潜在的な環境に対処する潜在的な攻撃手段を特定するために，情報を慎重に分析する必要がある．容易に入手できる偵察ツールおよび分析ツールの使用は，この努力を大きく助けることができる．そのようなツールは，Webエクスプロイト，データ処理エクスプロイト，バッファーオーバーフロー，誤った構成のシステム，信頼関係，認証エラー，パッチやシステムアップデートの不足など，潜在的な脆弱性の複数のカテゴリーを体系的に探索し，分析する．潜在的な脆弱性の分析は，環境の脆弱なエリアを正確に突き止め，

診断担当者がシステムに侵入を試みる時間を最適化するため，非常に重要である．

▶ ステップ4：実行

　診断の初期フェーズでは，脆弱性と重要度が最も高いエリアに焦点を当て，最終的にコアビジネスシステムをよりよく保護できるようにするために，多くの計画と評価を実施する必要がある．この計画では，何らかの形の攻撃シナリオを実際に実行する必要がある．システムとアプリケーションの悪用は，自動化ツールを実行して簡単に行うことができるし，目的の結果を得るために特定の手順を手動で実行して複雑に行うこともできる．診断の複雑さのレベルに関わらず，有能な診断担当者は，一貫性のある有益な結果を保証するために，診断における悪用フェーズで特定のパターンに従う．

　ペネトレーションテストにおいて，計画，偵察および分析フェーズで検討された細目は，診断担当者がとったすべてのアクションの結果に影響を与え，結実する．指定された期間および定義された範囲内の目的を満たすために，すべての計画を攻撃シナリオに変換するためのしっかりとした方法論が必要である．攻撃プロセスは通常，複数の実行スレッドと診断シナリオのグループに分割される．スレッド（Thread）とは，特定の攻撃目標を達成するために特定の順序で実行する必要があるタスクの集合である．スレッドは，システムにアクセスしたり，侵害したりするために使用される，単一または複数のステップにすることができる．すべてのスレッドは異なっているが，多くのスレッドは同じようなステップを共有している．したがって，スレッドをグループにまとめて，アクセス戦略の集合を作成することができる．グループ（Group）は，構造化された方法で異なるスレッドを使用して包括的な攻撃戦略をサポートするために，レビュー，比較，最適化される．

　各診断は，期待される結果が確実に達成されるように，プロセス全体の複数のポイントで評価される必要がある．予期しない状況やターゲットからの予期しない反応のために，診断担当者は，診断中に時折，確立された計画から分岐する必要がある．計画からの各分岐は，2つの基本的な決定を行うために評価される．

- スレッドまたはグループの診断目的が満たされていないか，あるいは，診断結果が会社の想定や宣言された目標と矛盾していないか？＝目的は，各診断が確立され，合意された範囲内に収まるようにすることである．他方，診断が計画，列挙，脆弱性分析のフェーズで考慮されていない結果を生み出し始める場合は，契約を再考するか，少なくとも計画フェーズを再検討する必

要がある．期待に応えることが診断の第一目標であり，倫理的なハッキングの世界では，適切に計画されていない，または計画どおりに実行されていない場合，根本的な困難を示すことになる．

- システムが予期しない反応をして，診断に影響を与えているか？＝動的環境にある稼働中のシステムは常に，予測どおり，または期待どおりに反応するとは限らない．システムからの予期せぬ応答に対して注意を払うことによって，ターゲットが悪影響を受けておらず，診断の設定範囲と境界を越えていないことが保証される．

▶ ステップ5：報告書

ペネトレーションテストの目的は，セキュリティ環境の状態に関する認識と詳細な理解を得ることである．情報は診断を通じて収集され，診断は，結論を導き，結果を明確にするために使用できる情報を生成する．診断担当者は，その情報を照合して分析し，明確かつ簡潔な方法で結果を文書化し，環境の全体的なセキュリティプロファイルを改善するために使用できる分析結果を提供する必要がある．この文書の目標は，調査結果，使用された戦術，使用されたツールを明確に提示し，診断から収集された情報の分析を生成することである．文書化と分析で扱う具体的な分野には以下のものが含まれるが，これらに限定されない．

- ターゲットシステムで検出された脆弱性
- セキュリティ対策におけるギャップ
- 侵入検知および対応能力
- ログアクティビティの観測と分析
- 推奨される対策

ペネトレーションテストは複雑で，実行に費用を要する可能性があるが，セキュリティを強化し，攻撃に対する強力なコントロールを維持することを真剣に考えている組織にとっては価値がある．

1.10.10 有形資産評価および無形資産評価

すべての情報には価値がある．価値は通常，情報のコストと組織の内部的および外部的に認識される価値によって表される．しかし，時間の経過とともに情報が価

値を失う可能性があることを覚えておくことは重要である．さらに，情報が改ざんされたり，不正に公開されたり，価値が正しく計算されなかったりすると，情報が価値を失う可能性がある．定期的に情報資産を適切に評価しようとすることが最も重要である．

それでは，情報の価値はどのようにして決定されるのか．リスク分析と同様に，情報価値評価手法には，記述的(主観的)手法または計量的(客観的)手法がある．主観的方法には，チェックリストや調査からのデータの作成，配布および収集が含まれる．組織のポリシーや従わなければならない法令遵守の要件は，情報の価値を判断するのにも役立つ．計量的または統計的手法は，定性的ではなく，特定の定量的測定に基づくという事実により，情報評価のより客観的な見方を提供する．これらの方法は，組織内でそれぞれの用途を持っている．

情報の評価に関してコンセンサスを形成する方法の1つは，コンセンサスを，デルファイ法(Delphi Method)を使って収束させる方法である．評価演習への参加者は，議論されているタスクについて匿名でコメントするように求められる．この情報は収集され，元の記入者以外の参加者に配布される．この参加者は，元の記入者の考察にコメントする．集められた情報は公開フォーラムで議論され，最良のものがグループによってコンセンサスとして合意される．

リスクアセスメントには，法令遵守など，資産が追加保護を必要とする特殊な状況も考慮される．多くの場合，コンプライアンスの目標を達成するためには，リスクアセスメントを行う必要があるため，これらの法的規制要件は，組織にとって適切なリスクアセスメントを完了するための手段となる．

組織には無制限の資金，リソース，時間がないため，規制要件に関わらず，リスクアセスメントを実施するように経営陣を説得することは困難である．それでは，経営陣をどうやって説得したらよいのか．リスクアセスメントの主な成果の1つは，脅威，脆弱性および組織内に存在する(または，存在すべき)対策の定義と識別である．事業継続，セキュリティインシデントレスポンス，災害復旧など，ほかのセキュリティイニシアチブのリスクアセスメントで収集されたデータを「再利用」することは有用である．リスクアセスメント中に収集されたデータを再利用する行為は，可能かつ適切であれば，組織の資金，時間，リソースを節約することができ，具体的な価値や投資利益率(Return on Investment：ROI)として経営幹部に実証することができる．

▶ 有形資産評価

有形資産(Tangible Asset)は，物理的に存在する資産である．これらの資産は，資

産の原価から減価償却を差し引いた金額に基づいて評価される．これらの資産は，会計目的でゼロに償却されることがよくある．情報セキュリティ専門家は，リスクアセスメントの目的のために，元のコストと問題のアイテムの交換コストを認識する必要がある．サプライヤーとベンダーが市場に出入りするにつれて，特定のアプライアンス，サーバーまたは錠前の種類を交換するコストは，供給と需要によって変化する可能性がある．さらに，当初減価償却された資産は，供給が需要よりも少ない場合に価値を得ることができる．一部の資産は旧式になる可能性があり，提供された機能やユーティリティを置き換えるために新しい資産が必要になる可能性がある．有形資産価値の決定方法には以下が含まれる．

- 原価から減価償却分を差し引く
- 市場調査による実際の市場価値
- 実際に他者が資産として購入したものを示すオンラインオークションサイトの考慮
- ベンダーに電話し，交換コストを比較するための最新の見積もりを入手
- 競合する資産または能力への切り替えコスト

▶ 無形資産評価

無形資産(Intangible Asset)は物理的ではない．無形資産の例には以下が含まれるが，これらに限定されない．

- 商標
- 特許
- 著作権
- ビジネスプロセス
- ブランド認知
- 知的財産

無形資産は，期間限定または無期限なものとして，さらに分類することができる．

- 期間限定の無形資産は，一定の有効期間を有する無形資産である．期間限定の無形資産の例は特許である．特許は，強制力がある期間に限り価値がある．特許の有効期限が切れると，価値はなくなる．

- 無期限の無形資産は，有効期間のない無形資産である．例としては，組織のブランドが挙げられる．ブランドは当分の間，維持され，保たれることが期待されている．

無形資産は価値を決定するのが非常に困難である．「CISSP®」という商標の価値は何か．資格を保持するメンバーにとっては価値があり，商標を所有する組織 (ISC)²にとっても価値がある．商標の総合的価値は何か．無形資産の価値を見積もるためには，以下の方法が一般的に受け入れられると考えられる．

- **コスト**(Cost)＝資産を作成して置き換えるコスト．このアプローチは，無形資産の価値が作成コストまたは取得コストとほとんど同じではないため，慎重に使用しなければならない．
- **歴史的利益の資本化**(Capitalization of Historic Profits)＝特許を取得したり，ブランドを創り出したり，新しいプロセスを開発したりすることが利益を増加させた場合，その利益は資産全体の価値の一部とみなすことができる．
- **コスト回避または節減**(Cost Avoidance or Savings)＝製品サービスの商標を取得することにより，組織が使用料を支払うのを避けることができれば，そうした節減は資産の価値の一部と考えることができる．

セキュリティ専門家は，資産の無形価値を判断しようとする時に，財務専門家の援助を求めるべきである．これらは，組織が持っている最も複雑で貴重な資産の一部であり，評価する努力を惜しんではならない．

1.10.11 継続的改善

継続的改善のために最も広く使用されているツールの1つに，PDCAサイクル (Plan-Do-Check-Act Cycle)という4段階の品質モデルがあり，これはデミングサイクル(Deming Cycle)またはシューハートサイクル(Shewhart Cycle)とも呼ばれる．

- **計画**(Plan)＝機会を特定し，変更を計画する．
- **実行**(Do)＝小規模に変更を実装する．
- **評価**(Check)＝データを使用して変更の結果を分析し，どのような違いが生まれたかを判断する．

- 改善 (Act) ＝変更が成功した場合は，これをより広い範囲で実行し，結果を継続的に評価する．変更がうまくいかない場合は，もう一度サイクルを開始する．

シックスシグマ (Six Sigma)，リーン (Lean)，TQM (Total Quality Management：総合的品質管理) のような，広く使用されているほかの継続的改善の方法は，従業員の関与とチームワークを重視しており，プロセスを測定および体系化し，ばらつき，欠陥，サイクル時間を低減することができる．

▶ 継続的か連続的か

継続的改善および連続的改善という用語は，しばしば同じ意味で使用される．しかし，一部の品質担当者は，次のように区別している．

- 継続的改善 (Continual Improvement) ＝ William Edwards Deming (ウィリアム・エドワーズ・デミング) が提唱する広義な用語．「不連続」な改善，つまり，様々な分野をカバーする様々なアプローチを含み，一般的な改善プロセスを指す．
- 連続的改善 (Continuous Improvement) ＝継続的改善のサブセットであり，既存のプロセス内での連続的で漸進的な改善に焦点を当てている．また，ある品質担当者は，連続的改善を，統計的プロセス制御の技法とより密接に関連付ける．

統計的プロセス制御 (Statistical Process Control：SPC) 手順は，プロセス動作の監視に役立つ．

管理図 (Control Chart) は，データの記録と，異常なイベント (「典型的な」プロセスパフォーマンスと比較して，非常に高い／低い観測など) の発生を通知するのに役立つ．管理図は，2種類のプロセスのばらつきを区別しようとする．

- 一般的な原因のばらつきは，プロセスに固有のものであり，常に存在する．
- 特別な原因のばらつきは，外部ソースに起因し，プロセスが統計的に制御できないことを示す．

以下のような，その他のプロセス監視ツールも開発されている．

- **累積和（CUSUM）チャート**（Cumulative Sum［CUSUM］Charts）＝プロットされた各ポイントの縦座標は，前の縦座標とターゲットからの最新の偏差の代数和を表す．
- **指数加重移動平均（EWMA）チャート**（Exponentially Weighted Moving Average［EWMA］Charts）＝各チャートポイントは，現在およびすべてのサブグループ値の加重平均を表し，最近のプロセス履歴に大きな重みを与え，古いデータの重みを減少させる．

1.10.12 リスクマネジメントフレームワーク

　エンタープライズリスクマネジメントの基本的な前提は，利害関係者に価値を提供するためにすべての企業が存在していることである．すべての企業は不確実性に直面しており，経営陣の課題は，利害関係者への価値を高めるために，どれくらいの不確実性を受け入れるべきかを判断することである．不確実性（Uncertainty）は，リスク（Risk）と機会（Opportunity）の両方をもたらし，価値を損なう，あるいは高める可能性がある．エンタープライズリスクマネジメントにより，経営陣は不確実性とそれに伴うリスク・機会を効果的に処理し，価値を創造する能力を高めることができる．経営陣が，成長とリターンの目標と関連するリスクとの最適なバランスをとるために戦略と目標を設定し，その目的を追求するためにリソースを効率的かつ効果的に配備することにより，価値は最大化される．エンタープライズリスクマネジメントは，以下を網羅する．

- **リスク選好と戦略の調整**（Aligning Risk Appetite and Strategy）＝経営陣は，戦略的な代替案を評価し，関連する目標を設定し，関連するリスクを管理するメカニズムを開発する上で，リスク選好を考慮する．
- **リスク対応の決定の強化**（Enhancing Risk Response Decisions）＝エンタープライズリスクマネジメントは，リスクの回避，低減，共有，受容という代替的なリスク対応の特定と選択を厳格に提供する．
- **運用上の想定外のイベントと損失の低減**（Reducing Operational Surprises and Losses）＝企業は潜在的なイベントを特定し，対応を確立し，想定外のイベントと関連するコストや損失を低減する機能を高める．
- **複数の企業全体にわたるリスクの特定と管理**（Identifying and Managing Multiple and Cross-Enterprise Risks）＝すべての企業は，組織の様々な部分に影響を及ぼす様々なリスクに直面しており，エンタープライズリスクマネジメントは，相互に関連

する影響への効果的な対応と，複数のリスクへの統合的な対応を容易にする．

- **機会獲得**(Seizing Opportunities) = 潜在的なイベントの全範囲を考慮することによって，経営陣は機会を特定し，積極的に実現する位置を占める．
- **資本配備の改善**(Improving Deployment of Capital) = 堅牢なリスク情報を取得することにより，経営陣は資本の全体的なニーズを効果的に評価し，資本配備を強化する．

エンタープライズリスクマネジメントに固有のこれらの機能は，企業のパフォーマンスと収益性の目標を達成し，リソースの損失を防ぐのに役立つ．エンタープライズリスクマネジメントは，効果的な報告と法令遵守を確保し，企業の評判と関連する結果への損害を回避するのに役立つ．エンタープライズリスクマネジメントは全体として，企業が行きたいところに向かうのを助け，途中にある潜在的な危険や想定外のイベントを回避するのに役立つ．

▶イベント – リスクと機会

イベント(Event)は，悪影響，好影響，またはその両方を及ぼす可能性がある．悪影響を及ぼすイベントは，価値の創造を妨げたり，既存の価値を低下させたりするリスクを表す．好影響を及ぼすイベントは，悪影響を相殺したり，機会を提供したりする．機会とは，イベントが発生することで，目標の達成に肯定的な影響を与え，価値の創造や保全を支援する可能性である．経営陣は，機会を獲得する計画を明確に述べ，機会はその戦略や目標設定プロセスに反映される．

▶エンタープライズリスクマネジメントの定義

エンタープライズリスクマネジメント(Enterprise Risk Management)は，価値創造または保全に影響を与えるリスクと機会を扱い，以下のように定義される．

この定義は，特定の基本概念を反映している．エンタープライズリスクマネジメントは次のとおりである．

- 現在進行中，かつ継続的なプロセスである．
- 組織のあらゆるレベルの人々から影響を受ける．
- 戦略設定に適用される．
- エンタープライズ全体を通して，あらゆるレベルとユニットに適用され，現存リスクの企業レベルのポートフォリオビューを取得することが含まれる．

- 発生時には組織に影響を及ぼす潜在的なイベントを特定し，リスク選好の範囲内でリスクを管理できるように設計する．
- 企業の経営陣および取締役会に合理的な保証を提供できる．
- 1つ以上の別々だが重複するカテゴリーで目的達成を目指す．

　この定義は意図的に広い．企業やほかの組織がどのようにリスクを管理し，組織，業界，セクターにまたがって適用するための基盤を提供するかという基本概念を捉えている．特定の企業によって設定された目標の達成に直接焦点を当て，エンタープライズリスクマネジメントの有効性を定義するための基礎を提供する．

▶目標の達成

　企業の確立されたミッションまたはビジョンのコンテキストの中で，経営陣は戦略目標を設定し，戦略を選択し，エンタープライズ全体の多段に調整された目標を設定する．このエンタープライズリスクマネジメントのフレームワークは，企業の目標を達成するためのものであり，以下の4つのカテゴリーに分けられる．

- **戦略**(Strategic)＝ミッションに適合しサポートする，高いレベルの目標
- **運用**(Operations)＝リソースの効果的かつ効率的な利用
- **報告**(Reporting)＝報告の信頼性
- **コンプライアンス**(Compliance)＝法令遵守

　組織の目標をこのようにカテゴリー化することで，エンタープライズリスクマネジメントの個別の側面に焦点を当てることができる．これらの異なるが重複するカテゴリー(特定の目標は複数のカテゴリーに分類できる)は，組織の異なるニーズに対応し，異なる役員が直接責任を持つ．このカテゴリー化はまた，目標の各カテゴリーから期待されるものの違いを区別できる．

　報告の信頼性と法令遵守に関する目標は組織の管理下にあるため，エンタープライズリスクマネジメントは，これらの目標を達成するための合理的な保証を提供することが期待される．

　しかしながら，戦略目標および事業目標の達成は，常に組織の支配下にあるとは限らず，外部イベントの影響を受ける．このため，これらの目標のために，エンタープライズリスクマネジメントは，経営陣および監督役である取締役会が，組織が目標達成に向けて動いていることをタイムリーに認識できているという合理的な保証

を提供する.

▶エンタープライズリスクマネジメントのコンポーネント

エンタープライズリスクマネジメントは，相互に関連する8つのコンポーネントで構成されている．これらは，経営陣が企業を運営する方法から得られ，管理プロセスと統合されている．これらのコンポーネントは次のとおりである．

- **内部環境**(Internal Environment)＝内部環境は組織の社風を包含し，企業の人々がリスクをどのように見て対処するかの基礎をなす．リスクマネジメントの哲学とリスク選好，完全性と倫理的価値，およびそれらが機能する環境を含む.
- **目標設定**(Objective Setting)＝目標は，経営陣がその達成に影響を及ぼす可能性のあるイベントを特定する前に，存在していなければならない．エンタープライズリスクマネジメントは，経営陣が目標を設定するプロセスを確実に行い，選択された目標が組織の使命を支持し，そのリスク選好と一致することを保証する.
- **イベントの特定**(Event Identification)＝リスクと機会を区別して，組織の目標の達成に影響を及ぼす内外のイベントを特定する必要がある．機会は，経営陣の戦略や目標設定プロセスに反映される.
- **リスクアセスメント**(Risk Assessment)＝リスクの管理方法を決定する根拠として，リスクは可能性と影響を考慮して分析される．リスクは，内在的および残余的に評価される.
- **リスク対応**(Risk Response)＝経営陣は，リスク対応を選択し(リスクの回避, 受容, 低減または共有)，企業のリスク耐性力およびリスク選好に合わせて一連の活動を策定する.
- **コントロールアクティビティ**(Control Activities)＝リスク対応が効果的に行われるようにするためのポリシーとプロシージャーが確立され，実施される.
- **情報とコミュニケーション**(Information and Communication)＝人々が責任を果たすことを可能にする形式と時間枠で，関連情報が識別，取得，伝達される．効果的なコミュニケーションは，組織内を幅広く流れ下り，横断し，縦断する.
- **モニタリング**(Monitoring)＝エンタープライズリスクマネジメントの全体が監視され，必要に応じて変更が行われる．モニタリングは，継続的な管理活動，個別の評価，またはその両方によって達成される.

エンタープライズリスクマネジメントは，1つのコンポーネントが次のコンポーネントにのみ影響する順次的プロセスではない．これは，ほぼすべてのコンポーネントが別のコンポーネントに影響を及ぼし，影響を与える多方向の反復的プロセスである．

▶リスクマネジメントフレームワークとは★45

リスクマネジメントフレームワーク（Risk Management Framework）は，以下のとおり，AS規格（Australian Standards）で定義している．

組織全体のリスクマネジメントの設計，実装，監視，レビュー，継続的改善に対して，基盤と組織の取り決めを提供する一連のコンポーネント．

規格では，フレームワークは以下を含むものとしている．

- リスクを管理するためのポリシー，目標，権限，約束．
- 組織の取り決めには，計画，関係，説明責任，リソース，プロセスおよびアクティビティが含まれ，組織の全体的な戦略および運用上のポリシーとその実施に組み込まれるべきである．

▶リスクマネジメントフレームワークの目的

組織のリスクマネジメントフレームワークを確立する目的は，以下に適う方法で主要リスクが効果的に特定され，それに対応できるようにすることである．

- 組織が直面するリスクの性質
- リスクを受容／管理する組織の能力
- 組織内のリスクを管理するために利用できるリソース
- 組織の文化

最終的には，組織が戦略目標や関連する運用目標を達成する能力を最大限に引き出すために，リスクは管理される必要がある．リスクマネジメントフレームワークのいくつかの例は次のとおりである．

▶リスクITフレームワーク – ISACA★46

リスクITフレームワーク（Risk IT Framework）は，一般的なリスクマネジメントフ

レームワークと詳細な（主にセキュリティ関連の）ITリスクマネジメントフレームワークの間のギャップを埋める．これは，トップのトーンと文化から運用上の課題に至るまで，ITの使用に関連するすべてのリスクの包括的な視点と，リスクマネジメントの徹底的な取り扱いを提供する．要約すると，このフレームワークにより，企業は現在のISACA（Information Systems Audit and Control Association：情報システムコントロール協会）フレームワーク（すなわち，COBIT［Control Objectives for Information and Related Technology］およびVal IT）内の既存のリスク関連コンポーネントを基に，すべての重大なITリスクの種類を理解し，管理することができる．

▶ISO 31000 − リスクマネジメント[47]

組織に影響を及ぼすリスクは，環境，安全，社会的結果だけではなく，経済的活動や専門的評判の観点でも影響を受ける可能性がある．したがって，リスクを効果的に管理することで，組織は不確実性の高い環境で効果的に行動することができる．ISO 31000は，国際標準化機構によって成文化されたリスクマネジメントに関連する規格ファミリーである．ISO 31000：2009の目的は，リスクマネジメントに関する原則と一般的なガイドラインを提供することである．ISO 31000は，業界，主題，地域によって異なる無数の既存の標準，方法論，規範を置き換えるために，リスクマネジメントプロセスを採用している担当者や企業に普遍的に認識されている規範を提供しようとしている．ISOはまた，ISO 31000：2009に準拠するISO 21500「プロジェクト管理に関するガイダンス」を策定した[48]．

▶ISO 31000：2009「リスクマネジメント」[49]

ISO 31000：2009「リスクマネジメント − 原則とガイドライン」では，リスクマネジメントの原則，フレームワーク，プロセスを提供している．サイズ，アクティビティ，セクターに関係なく，どの組織でも使用できる．ISO 31000を使用することで，組織は目的達成の可能性を高め，機会と脅威の特定を改善し，リスク処理のためにリソースを効果的に配分して使用することができる．

なお，ISO 31000は認証目的では使用できないが，内部監査プログラムまたは外部監査プログラムのガイダンスを提供する．それを使用している組織は，リスクマネジメントの実践を国際的に認知されたベンチマークと比較して，効果的な管理とコーポレートガバナンスのための健全な原則を提供することができる．

▶ リスクの管理

ISO 31000：2009には，リスクの対処方法に関して，以下のリストが掲載されている．

1．リスクを引き起こすようなアクティビティを開始したり，継続したりしないことを決めることによって，リスクを回避する．
2．機会を追求するためにリスクを受容したり，増やしたりする．
3．リスクソースを除去する．
4．可能性を変える．
5．結果を変える．
6．ほかの当事者とリスクを共有する(契約やリスクファイナンスを含む)．
7．情報に基づいた決定によるリスクを保持する．

▶ 関連規格

以下は，リスクマネジメントにも関連する2つの追加規格である．

- **ISOガイド73：2009「リスクマネジメント」**(ISO Guide 73：2009, Risk Management)＝リスクマネジメントに関連する用語と定義のコレクションを提供することにより，ISO 31000を補完する．
- **ISO/IEC 31010：2009「リスクマネジメント」**(ISO/IEC 31010：2009, Risk Management)＝リスクアセスメント技法はリスクアセスメントに重点を置いている．リスクアセスメントは，意思決定者が目的の達成に影響を及ぼす可能性のあるリスクと，すでに実施されているコントロールの妥当性を理解するのに役立つ．ISO/IEC 31010：2009は，リスクアセスメントの概念，プロセスおよびリスクアセスメント技法の選択に重点を置いている．

▶ エンタープライズリスクマネジメント − 統合フレームワーク(2004)[50]

リスクマネジメントに対する，効果的で幅広いアプローチをデザインし，実装することを支援するガイドラインの必要性に応じて，COSO(Committee of Sponsoring Organizations of the Treadway Commission：トレッドウェイ委員会支援組織委員会)は2004年に「エンタープライズリスクマネジメント − 統合フレームワーク」を発表した．このフレームワークは，不可欠なエンタープライズリスクマネジメント(Enterprise Risk Management：ERM)のコンポーネントを定義し，主要なERM原則と概念を議論し，共通の

ERM言語を提供し，エンタープライズリスクマネジメントの明確な指針とガイダンスを提供する．このガイダンスでは，リスク選好，リスク耐性力，ポートフォリオビューなどの概念，およびリスクマネジメントに対する企業全体のアプローチを紹介している．

▶NISTのリスクマネジメントフレームワーク

NIST（National Institute of Standards and Technology：米国国立標準技術研究所）のリスクマネジメントフレームワーク（Risk Management Framework：RMF）は，NIST SP 800-37 Revision 1「連邦政府情報システムに対するリスクマネジメントフレームワーク適用ガイド：セキュリティライフサイクルアプローチ」に記載されており，情報システム層でリスクマネジメントを実施するための方法論である[★51]．RMF（図1.20に示す）は6つの異なるステップを特定し，これらは，情報セキュリティリスクマネジメントアクティビティをシステム開発ライフサイクルに統合する，規律があり構造化されたプロセスを提供する．RMFは，情報システムの設計，開発，実装，運用，廃棄に関する組織のセキュリティ上の懸念や，それらのシステムが動作する環境に対処する．

NISTによると，共同タスクフォース・トランスフォーメーション・イニシアチブ・ワーキンググループ（Joint Task Force Transformation Initiative Working Group）によって開発されたSP 800-37 Revision 1は，伝統的な認証と認定（Certification and Accreditation：C&A）のプロセスを，6つのステップのRMFに変換する．改訂されたプロセスは，以下に重きを置く．

1．実用的な管理，運用，技術セキュリティコントロールを適用して，連邦情報システムに情報セキュリティ機能を構築する．
2．強化されたモニタリングプロセスにより，情報システムのセキュリティの状態に対して継続的に注意を払う．
3．情報システムの運用と使用に起因する組織運営，資産，個人，その他の組織，国家に対するリスクの受容に関する決定を容易にするために，シニアリーダーに不可欠な情報を提供する．

RMFには次の特徴がある．

- 堅牢な継続的モニタリングプロセスの実施を通じて，ほぼリアルタイムのリスクマネジメントと継続的な情報システムの認可という概念を推進する．

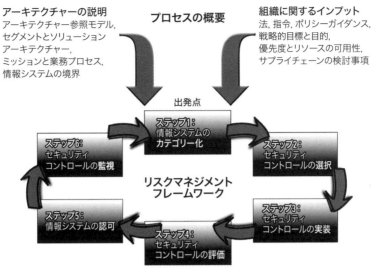

図1.20 NISTのRMF

- コアミッションとビジネス機能をサポートする組織の情報システムに関して，費用対効果が高く，リスクに基づいた意思決定を行うために，シニアリーダーへ必要な情報を自動的に提供することを推奨する．
- 情報セキュリティを，エンタープライズアーキテクチャとシステム開発ライフサイクルに統合する．
- セキュリティコントロールの選択，実装，評価，監視，情報システムの認可に重点を置く．
- 情報システムレベルのリスクマネジメントプロセスを，リスク政策（機能）によって，組織レベルのリスクマネジメントプロセスに結びつける．
- 組織の情報システム内に展開され，それらのシステムで継承されるセキュリティコントロール（すなわち，共通コントロール）に対して，責任と説明責任の所在を定める．

リスクマネジメントプロセスは，静的で手続き的なアクティビティである従来のC&Aを，複雑で洗練されたサイバー脅威，ますます増加するシステム脆弱性，急速に変化するミッションなど，多様な環境での情報システム関連のセキュリティリスクをより効果的に管理できる，よりダイナミックなアプローチに変える．

図1.20に示すRMFは，情報セキュリティとリスクマネジメントアクティビティをシステム開発ライフサイクルに統合する，規律があり構造化されたプロセスを提供する．

RMFのステップは以下を含む．

- 影響度分析に基づいて，情報システムと，それによって処理，保存および送信される情報をカテゴリー化する．
- セキュリティのカテゴリー化に基づいて，情報システムのセキュリティコントロールベースラインの初期セットを選択する．必要に応じて，リスクと独自の状況に関する組織の評価に基づいて，セキュリティコントロールベースラインを調整し，補完する．
- セキュリティコントロールを実装し，情報システムとその運用環境内でコントロールがどのように使用されるかを記述する．
- コントロールが正しく実装され，意図したとおりに動作し，システムのセキュリティ要件を満たす望ましい結果を出せているかを判断するために，適切な評価手順を使用して，セキュリティコントロールを評価する．
- 情報システムの運用に起因する組織の運営や資産，個人，その他の組織，国家に対するリスクの決定と，このリスクが受容可能であるという決定に基づいて，情報システムの運用を認可する．
- コントロールの有効性の評価，システムまたはその運用環境の変更の文書化，関連する変更のセキュリティ影響度分析の実施，指定された組織の職員に対するシステムのセキュリティ状態の報告など，情報システムのセキュリティコントロールを継続的に監視する．

2014年3月，米国国防総省（Department of Defense：DoD）は，「国防総省情報技術（IT）のためのリスクマネジメントフレームワーク（RMF）」と題された国防総省命令（DoDI）8510.01を発行した[★52]．命令に記載されているとおり，目的は以下のとおりである．

- A．DoDI（DoD Instruction：DoD命令）8510.01（参考文献（a）[☆4]）を，DoDD（DoD Directive：DoD指令）5144.02（参考文献（b））の権限に従って再発行し，改名する．
- B．DoD ITのRMF（この命令の中では，以下「RMF」）を確立し，関連するサイバーセキュリティポリシーを確立し，RMFを実施および維持する責任を割り当て

ることにより，参考文献(c)～(f)を実装する．RMFは，米国国防総省情報保障認証および認定プロセス(DoD Information Assurance Certification and Accreditation Process：DIACAP)に代わるもので，参考文献(g)～(k)に従ってDoD ITのライフサイクルサイバーセキュリティリスクを管理する．

C．DIACAP技術諮問グループ(Technical Advisory Group：TAG)をRMF TAGとして再指定する．

D．DoD ITの導入を行うDoDコンポーネント間で，認可文書の開示と成果物の再利用を指示する．

E．DoD内，DoDとほかの連邦機関の間で，情報システムの認可と接続のための認可決定と成果物を相互に受け入れるための手続きガイダンスを提供する．

　多くのセキュリティ専門家は，上述のDoDIで指定されているNIST RMFを直接実装する必要がある分野では働いていないかもしれないが，NIST RMFの一般的な知識と認識は，セキュリティ専門家が企業全体のリスクマネジメントを実施する際には重要となる．

　以下は，リスクマネジメントの様々な側面をよりよく理解するためにセキュリティ専門家が使用できるリソース集である．テンプレートとアセスメントは，付録Bに記載されている．

▶リスクアセスメントの実施
　リスクアセスメントテンプレートを使用すると，セキュリティ専門家は，組織で管理するために重要な様々なリスクを特定して一覧表にするプロセスを実行できる．

▶潜在的侵害に対するアセスメントの実施
　潜在的侵害に対するアセスメントテンプレートにより，セキュリティ専門家は組織内で管理するために重要な潜在的侵害を特定するプロセスを進めること

ができる．侵害が明確に特定され，調査されると，セキュリティ専門家は，侵害登録用テンプレートを使用して，侵害を一覧表にすることができる．

▶ リスクマネジメント計画の文書テンプレートパック

A．リスクマネジメント計画のサンプル

リスクマネジメント計画のサンプルテンプレートを使用すると，セキュリティ専門家は，企業のリスクマネジメント計画を文書化する高位レベルのプロセスを実行できる．

この計画テンプレートは，リスクマネジメントログおよびリスクマネジメントプロシージャーのサンプルテンプレート文書と併せて使用する必要がある．

B．リスクマネジメントログのサンプル

リスクマネジメントログのサンプルテンプレートは，セキュリティ専門家が，企業内で識別され，積極的に管理されているすべてのリスクを文書化する運用プロセスを実施できるようにする．

このログテンプレートは，リスクマネジメントプロシージャーのサンプルテンプレート文書と併せて使用する必要がある．

C．リスクマネジメントプロシージャーのサンプル

リスクマネジメントプロシージャーのサンプルテンプレートは，セキュリティ専門家が，企業内で特定され，積極的に管理されているリスクのすべてを文書化する運用プロセスを実施するために必要なガイダンスを提供する．

このプロシージャーテンプレートは，リスクマネジメントログのサンプルテンプレート文書と併せて使用する必要がある．

1.11 脅威モデリング

脅威モデリング(Threat Modeling)は，アプリケーションセキュリティリスクに関する情報に基づいた意思決定を可能にする．典型的な脅威モデリングの取り組みは，モデルを作成するだけでなく，コンセプト，要件，設計，実装に対するセキュリティ強化の優先順位リストを生成する．

ソフトウェアアーキテクトは，ソフトウェア開発ライフサイクル(Software Development Life Cycle：SDLC）の設計フェーズの一環として脅威モデリングを行うと，潜在的なセキュリティ問題を早期に特定し，低減することができる．したがって，開発の総コストを削減するのに役立つ．

脅威モデリングは，目的や脆弱性を特定し，システムに対する脅威を防止または低減するための対策を定義することによって，ネットワーク，アプリケーション，インターネットセキュリティを最適化する手順である．脅威は，潜在的に，または実際に望ましくない，悪意ある（DoS攻撃など）または偶発的（ストレージデバイスの障害）なイベントである．脅威モデリングは，アプリケーションの脅威と脆弱性を特定し，評価するための計画的な活動である．

脅威モデリングの基本的なプロセスは，以下で構成されている．検索スペースを探索するプロセスは反復的であり，経験則に基づいてより洗練される．このため，例えば，発生する可能性のあるすべての脆弱性を対象に開始することは，通常無意味である．なぜなら，それらのほとんどは脅威者によって攻撃されず，保護手段によって保護されている――つまり，結果につながらないためである．

- **評価の範囲**（Assessment Scope）＝通常，情報データベースや機密ファイルのような有形資産を特定することは容易である．アプリケーションによって提供される機能を理解し，価値を評価することは，より困難である．評判や好意のような無形物は，測定が最も難しいが，しばしば最も重要である．
- **脅威者と可能な攻撃を特定する**（Identify Threat Agents and Possible Attacks）＝脅威モデリングの重要な部分は，アプリケーションを攻撃する可能性のある様々なグループの人々を特徴づけることである．これらのグループには，意図せぬ間違いや悪意ある攻撃の両方を実行する可能性のある内部者ならびに外部者を含める必要がある．
- **既存の対策を理解する**（Understand Existing Countermeasures）＝モデルには，企業内で展開されている既存の対策がすべて含まれている必要がある．
- **悪用可能な脆弱性を特定する**（Identify Exploitable Vulnerabilities）＝アプリケーションのセキュリティを理解したら，新しい脆弱性を分析することができる．特定した攻撃がネガティブな結果を生むと特定された場合，その攻撃と結びつく可能性のある脆弱性に焦点を当てる必要がある．
- **特定されたリスクの優先順位付けを行う**（Prioritized Identified Risks）＝優先順位付けは，脅威モデリングのすべてである．なぜなら，注意を払う必要のないリスクが多く存在するからである．それぞれの脅威について，全体的なリスクま

たは深刻度を決定するための頻度および影響度の数値を推定する．
- **脅威を低減するための対策を特定する**（Identify Countermeasures to Reduce Threat）＝最後のステップとして，企業のリスク選好に基づいて，リスクを受容水準まで減らすための対策を特定する．

セキュリティアーキテクトとセキュリティ専門家は，リスクと脆弱性の特定に従事する際に脅威モデリングを確実に適用するために，それに関連する基本的な概念を理解したいと考えている．脅威モデリングソリューションの実践的な経験を得るためには，以下を参照すること．

Hands On
実 践

▶**脅威モデリングの実践 – 利用可能なリソース**
　Microsoft社（マイクロソフト）では，セキュリティアーキテクトとセキュリティ専門家が脅威モデリングの実践的な経験を得るための出発点として望む脅威モデリングツールと，多くの関連するサポートリソースを，無料で構築し，提供している．以下はリソースへのリンクである．

https://docs.microsoft.com/en-us/azure/security/azure-security-threat-modeling-tool

1.11.1　潜在的な攻撃の見極めと低減分析の決定

▶ソーシャルエンジニアリング攻撃とは

　ソーシャルエンジニアリング攻撃（Social Engineering Attack）では，攻撃者は人とのやり取り（ソーシャルスキル）を使用して，組織やそのコンピュータシステムに関する情報を略取または漏洩させる．攻撃者は，控えめで尊敬できるような態度を見せ，新しい従業員，修理担当者または研究者であると主張し，その身元を偽る資格情報を提示することもある．彼らは，質問をすることで，組織のネットワークに侵入するために十分な情報を取りまとめることができる．攻撃者が，あるソースから十分な情報を集められない場合，同じ組織内の別のソースに連絡し，最初のソースからの情報を利用して，信頼性を高めることができる．

▶ なりすまし攻撃とは

なりすまし（Pretexting）とは，犠牲者が情報を漏らしたり，通常の状況では起こりそうにない行動を実行したりする機会を高める方法で，犠牲者を関与させるために考えられたシナリオ（口実）を作成し，使用する行為である．これは精巧な嘘であり，ターゲットに信じ込ませるために，多くの場合，事前調査や設定を行い，偽装のための情報（例えば，生年月日，社会保障番号，前回の請求額）が使用される．

▶ フィッシング攻撃とは

フィッシングはソーシャルエンジニアリングの一形態である．フィッシング攻撃（Phishing Attack）は電子メールまたは悪意あるWebサイトを使用して，信頼できる組織のふりをすることで個人情報を盗み出す．例えば，攻撃者は，正規のクレジットカード会社や金融機関を装った電子メールを送信し，しばしば問題があることを示唆して，アカウント情報を要求する．ユーザーが要求された情報を応答すると，攻撃者はこれを使用して，犠牲者のアカウントにアクセスできる．

フィッシング攻撃は，慈善団体など，ほかの種類の組織からのものであるように見えるかもしれない．攻撃者はしばしば，次のような現在のイベントや特定の時期を利用する．

- 自然災害
- 伝染病と健康不安
- 経済的懸念
- 国政選挙
- 休日

電話フィッシング（Phone Phishing，または「ビッシング[Vishing]」）では，不正な自動音声応答（Interactive Voice Response：IVR）システムを使用して，銀行やほかの機関のIVRシステムの正規音声を再現する．犠牲者は，情報を「確認」するために提供された番号（理想的にはフリーダイヤル）を介して「銀行」に電話をかけるように促される（一般的にフィッシングメール経由）．典型的なシステムでは，継続的にログインが拒否され，犠牲者はPINやパスワードを複数回入力させられ，多くの場合，複数の異なるパスワードが暴露される．より高度なシステムでは，さらなる質問をするために，顧客サービス代理店のふりをする攻撃者へ犠牲者を転送する．

▶ ベイティング攻撃とは

ベイティング攻撃（Baiting Attack）では，攻撃者はマルウェアに感染したCD-ROMまたはUSBフラッシュドライブを確実に見つけられる場所（トイレ，エレベーター，歩道，駐車場）に置き，正当な見た目と好奇心を抱かせるラベルを付け，犠牲者がそのデバイスを使用するのを待つだけである．

▶ テールゲーティング攻撃（Tailgating Attack）とは

無人の電子アクセス制御（例：RFIDカード）によって保護された制限区域に侵入しようとする攻撃者は，正当なアクセス権を持っている人の後ろを歩いていくだけである．正当な人は通常，一般的な礼儀に従って，攻撃者のためにドアを開けたままにする．正当な人は，いくつかの理由のために攻撃者に身分証を要求することができないか，適切な身分証明トークンを忘れた，または紛失したという攻撃者の主張を受け入れるかもしれない．攻撃者は，身分証明トークンを提示するふりをする可能性もある．

低減分析によって，組織だけでなく，個人にも適用できる対策について，以下で議論する．セキュリティアーキテクト，セキュリティ担当責任者およびセキュリティ専門家は，企業全体でこの種の懸念に対処するために，構築され，配備されているすべてのシステムに積極的に関わる必要がある．

▶ 個人が犠牲者になることを避ける方法

- 従業員やその他の社内情報を尋ねてくる個人からの迷惑な電話，訪問，電子メールメッセージを疑う．未知の個人が正当な団体からのものであると主張する場合は，彼らの身元を会社に直接確認する．

- 個人情報，あるいは構造やネットワークを含む組織に関する情報は，あなたがその情報を持つ権限を有していると確信している人を除き，提供しない．

- 個人情報や財務情報を電子メールで送付してはならない．また，こうした情報の提供を電子メールで要請されても，応じてはならない．これには，電子メールで送信されたリンクも含まれる．

- Webサイトのセキュリティをチェックする前に，機密情報をインターネット経由で送信しない．

- WebサイトのURLに注意する．悪意あるWebサイトは正当なサイトと同じように見えるかもしれないが，URLにはスペルのバリエーションや別のドメイン（例：.comに対して.net）が使用される場合がある．

- メールリクエストが正当なものかどうか不明な場合は，直接会社に問い合わせて確認する．リクエストに記載されたWebサイト上で提供される連絡先情報を使用しない．代わりに，連絡先情報については以前のステートメントを確認する．既知のフィッシング攻撃に関する情報は，フィッシング対策ワーキンググループ（Anti-Phishing Working Group，http://www.antiphishing.org）などのグループからオンラインで入手することもできる．
- ウイルス対策ソフトウェア，ファイアウォールおよび電子メールフィルターをインストールして維持し，このトラフィックの一部を削除する．
- 電子メールクライアントとWebブラウザーが提供するフィッシング詐欺防止機能を活用する．

▶組織がセキュリティリスクを低減する方法

- 従業員・人的レベルで信頼のフレームワークを確立する（すなわち，いつ，どこで，なぜ，どのように機密情報が扱われるべきかを特定し，人員を訓練する）．
- どの情報が機密であるかを特定し，ソーシャルエンジニアリングやセキュリティシステム（建物，コンピュータシステムなど）の故障にさらされているかを評価する．
- 機密情報を扱うセキュリティプロトコル，ポリシーおよびプロシージャーを確立する．
- 職位に関連するセキュリティプロトコルに基づいて，従業員を訓練する（例：テールゲーティングなどの状況で，個人の身元を確認できない場合，従業員は丁寧に拒否するように訓練されなければならない）．
- 告知をせずに，セキュリティフレームワークのテストを定期的に実行する．
- 上述の手順を定期的にレビューする．情報の完全性に対する完璧なソリューションは存在しない．
- 廃棄物管理サービスを活用して錠前付きのゴミ箱を使用し，その鍵は，廃棄物管理会社と清掃スタッフにのみ持たせる．ゴミ箱にアクセスしようとすると，目撃されたり，捕まったりするリスクが発生するように，従業員の見える位置にゴミ箱を設置するか，不法侵入しなければアクセスできないように，施錠されたゲートやフェンスの後ろにゴミ箱を設置する．

1.11.2 脅威を改善するための技術とプロセス

ITとセキュリティリスクマネジメント戦略を継続的に実施するには，すべてのビジネスユニット（内部監査，コンプライアンス，セキュリティ部門など）が協力して，組織のコンプライアンス，技術およびリスクマネジメントの取り組みについて，効果的にコミュニケーションをとる必要がある．しかし，主要なリスクマネジメント戦略が実施される前に，マネージャーと監査人は，企業の既存のリスクカルチャーや事業運営に対する脅威を理解する必要がある．これにより，監査人は，組織のリスクマネジメント要件に沿った推奨事項を提供することができる．例えば，内部コントロールが弱いと，機密情報やその他のデータ資産を不正な人物に暴露するネットワークセキュリティ侵害が発生する可能性がある．さらに悪いことに，この侵害は，企業の収益，評判，株主価値に影響を与える，重大なビジネスの混乱につながる可能性がある．

すべてのビジネスユニットが戦略を実装する過程で協力し合う必要があることに加えて，組織は，すべての従業員が自分の仕事に責任を持ち，職務を認識するビジネスパラダイムに移行する必要がある．責任ある従業員を持つ組織は，リスクを管理し，社内のポリシーや外部の規制を遵守するのに適している．さらに，コンプライアンス活動を継続的にチェックし，リスクを継続的に管理する組織は，リソースをより効果的に使用できるため，運用コストを低減し，リソースを解放して収益を生み出す機会を増やし，サービスに新しい価値を加えることができる．

IT監査人が組織のリスクカルチャーとITインフラストラクチャーを理解すると，既存のリスクマネジメントの取り組みと遵守を高めるための推奨事項を提供することができる．例えば，監査人は，従来のセキュリティプラクティスにリアルタイムの脆弱性評価，監視，アラート，ポリシーの監視と施行，コンプライアンス監視，ユーザートレーニングを追加し，補完することを推奨できる．このような機能により，監査人や管理者は，ITセキュリティインシデントをより効果的に防止，検出，対応するのに役立つ情報にアクセスできる．

セキュリティアーキテクト，セキュリティ担当責任者，セキュリティ専門家は，脅威の改善に最も効果的な技術とプロセスを展開するための企業戦略に関与する必要がある．対処する脅威の詳細に応じて展開できる，無数の潜在的な設計とシステムがある．それは，「セキュリティ運用」のドメインで詳細が議論される侵入防御システムまたは侵入検知システムであるかもしれない．「セキュリティエンジニアリング」のドメインで議論される暗号化またはデジタル著作権管理（Digital Rights Management：

DRM）技術を使用する可能性もある．VLANとSSL/TLS（Transport Layer Security）の使用については，「通信とネットワークセキュリティ」のドメインで議論される．それが何であれ，セキュリティアーキテクトはシステムの設計を計画する時に，適切な選択をする必要がある．セキュリティ担当責任者は，日常的にシステムを実装し運用する際に，適切な選択を行う必要がある．セキュリティ専門家は，システムを明確に理解して，システムを管理し監督するための適切なポリシーを作成できるようにする必要がある．

　以下の参考文献は，3つのセキュリティアクターすべてに対して，この分野での責任を果たすためのガイダンスを提供する．

- NIST SP 800-40 Revision 3「企業におけるパッチ管理技術の手引き」
  http://nvlpubs.nist.gov/nistpubs/SpecialPublications/NIST.SP.800-40r3.pdf
- NIST SP 800-52 Revision 1「TLS実装の選択，構成および使用に関するガイドライン」

  http://nvlpubs.nist.gov/nistpubs/SpecialPublications/NIST.SP.800-52r1.pdf
- NIST SP 800-61 Revision 2「コンピュータセキュリティインシデントハンドリングガイド」

  http://nvlpubs.nist.gov/nistpubs/SpecialPublications/NIST.SP.800-61r2.pdf
- NIST SP 800-81-2「セキュアドメインネームシステム（DNS）導入ガイド」
  http://nvlpubs.nist.gov/nistpubs/SpecialPublications/NIST.SP.800-81-2.pdf
- NIST SP 800-82 Revision 1「産業制御システム（ICS）セキュリティのためのガイド」

  http://nvlpubs.nist.gov/nistpubs/SpecialPublications/NIST.SP.800-82r1.pdf
- NIST SP 800-83 Revision 1「デスクトップおよびラップトップのマルウェアインシデント防止とハンドリングのためのガイド」

  http://nvlpubs.nist.gov/nistpubs/SpecialPublications/NIST.SP.800-83r1.pdf
- オープンWebアプリケーションセキュリティプロジェクト（Open Web Application Security Project：OWASP）2013年トップ10

  https://www.owasp.org/index.php/Category:OWASP_Top_Ten_Project#tab=OWASP_Top_10_for_2013
- オープンWebアプリケーションセキュリティプロジェクト（OWASP）開発者ガイド

  https://www.owasp.org/index.php/Category:OWASP_Guide_Project

1.12 調達戦略と実践

1.12.1 ハードウェア，ソフトウェアおよびサービス

　サプライチェーンのリスクは，火災や自然災害など，有形資産の被災によって特徴づけられることがある．しかし，建物，機械，輸送インフラへの物理的損傷は，サプライチェーンが崩壊する，唯一の潜在的な原因ではない．情報通信技術は，ハッカーやマルウェア作成者によって引き起こされる被害に対してだけでなく，ハードウェアやソフトウェアの障害に対しても脆弱である．サイバー関連のサプライチェーンの大きな混乱は稀であるが，大規模なサイバーイベントは，大きな自然災害と同等の被害をもたらす可能性を秘めている．組織は，これらの被害に積極的に取り組むために，サプライチェーンのリスクマネジメントプログラムを実施すべきである．また，サプライチェーンリスクを含むサイバー関連リスクに特化した保険も考慮する必要がある．

　「サプライチェーン」は通常，物理的品目の移動を意味するが，デジタル資産が物的資産の価値を超えることが多い世界では，情報やサービスを含めるために，サプライチェーンの概念を拡大する必要がある．あらゆる種類の組織が，インターネットや様々なソフトウェアツールやサービスプロバイダーを利用して，品物の発注と支払い，ビジネスパートナーとの情報交換および顧客との取引を行う．これらのプロセスの中断は，輸送インフラストラクチャーの損傷よりもさらに混乱を招く可能性がある．大部分がデジタル製品である組織は，情報サプライヤーまたはデジタルインフラストラクチャーベンダーが業務を果たせない場合，活動不能になる可能性がある．

　組織が，セキュリティ機能の不十分な製品やサービスを購入すると，購入した製品の寿命が尽きるまでリスクが持続する．調達したアイテムによる不十分なセキュリティの永続的な影響は，サイバーセキュリティとレジリエンスを達成する上で，調達改革が重要となる要因の1つである．適切なサイバーセキュリティが設計され，組み込まれた製品やサービスを購入することで，場合によっては初期費用が高額となることがある．しかし，そうすることで，リスクを低減し，フィールドソリューションの脆弱性を修正する必要性を減らすことにつながり，トータルコストを削減できる．

　ネットワーク接続，処理能力，データストレージ，その他の情報通信技術（ICT）の機能を利用して，ミッションを達成する組織がますます増えている．現代の企業が

今日求めているネットワークは，商用ICT製品やサービスの購入によって獲得され，維持されることが多い．これらの機能は企業に大きなメリットをもたらすが，場合によっては，サイバー攻撃や侵害に対してより脆弱となってきている．

　サイバーリスクに対するレジリエンスは，世界中の企業や政府のリーダーにとって重要な戦略上の懸案事項となっており，エンタープライズリスクマネジメント戦略の重要な要素である．

　セキュリティ専門家は，進め方についてのガイダンスを必要としている．どのようにしてセキュアなシステムを入手するのか？　外注先として信頼できるパートナーをどこで探すのか？　クラウドへの移行を計画し始めるべき時期はいつなのか？　次の脅威はどこから出現するのか？

　以下の推奨事項は，企業の包括的なサイバーリスク対応の一環とみなされるように設計されている．この推奨事項は，調達ルールの解釈と適用の一貫性を促進し，サイバーセキュリティを調達の技術要件に組み込むことに焦点を当てている．推奨事項は次のようにまとめられる．

1．適切な調達のための契約発注の条件として，ベースラインサイバーセキュリティ要件を策定する．
　　サイバーリスクを伴う調達の場合，企業は自社の運用および提供する製品とサービスの両方で，適切なベースライン要件を満たす組織とのみビジネスを行うべきである．ベースラインは，調達のための技術要件で表現されるべきであり，ベースラインが維持され，リスクが特定されることを確実にするためのパフォーマンス測定を含めるべきである．

2．関連するトレーニングを通じてサイバーセキュリティに対処する．
　　業務やポリシーの変更と同時に，変更に適応するために関連する人員を訓練する必要がある．適切な人員とするために，調達に伴うサイバーセキュリティを必要なトレーニングカリキュラムに組み込む．企業とビジネスを行う組織に，契約に伴う調達サイバーセキュリティ要件に関するトレーニングを受けるように要求する．

3．調達に関する共通のサイバーセキュリティ定義を作成する．
　　不明瞭で一貫性のない用語の定義は，効率とサイバーセキュリティの両方でせいぜい準最適な結果しかもたらさない．調達において主要なサイバーセキュリティ用語の明瞭性を高めることは，企業の効率性と有効性を高める．

4．調達サイバーリスクマネジメント戦略を策定する．

企業全体のサイバーセキュリティの観点から，調達におけるサイバーリスクの重要度の階層を特定する．調達ルールの適用の一貫性を最大化するには，サイバーリスクが最も高い調達の種類から始めて，同種の調達に対する「オーバーレイ (Overlay)」を作成して，使用する[53].

5．適切な調達として，可能な場合にはOEM (Original Equipment Manufacturer)，認定リセラー，またはその他の「信頼できる」ソースから購入するための要件を含める．

　　　特定の状況では，OEM，認定リセラー，またはその他の信頼できるソースからのみ必要なアイテムを取得することによって，正当でない，あるいは不適合なアイテムを受け取るリスクを最も低減できる．このソース制限を適用するためのサイバーリスク閾値は，企業全体で一貫している必要がある．

6．サイバーリスクマネジメントの組織責任を強化する．

　　　サイバーリスクにつながる調達業務を特定し，変更する．調達計画と契約管理にセキュリティ基準を統合する．サイバーリスクをエンタープライズリスクマネジメントに組み込み，主要な意思決定者がフィールドソリューションのサイバーセキュリティ不足に関するリスクに対し，確実に管理責任を負うようにする．

　幸いにも，サイバー関連のイベントによるサプライチェーンの重大な混乱は，まだ珍しいことである．しかし，それを自己満足な言い訳にすべきではない．リスクは非常に現実的である．混乱は，チェーンのどこにおいても発生する可能性がある．以下のシナリオは，いつでも発生する可能性がある．

- 　主要サプライヤーのシステムに感染したウイルスが重要な記録を破壊し，サプライヤーは感染を根絶するために数日間システムを停止する必要がある．システムがオンラインに戻ると，顧客は注文を再提出しなければならず，さらなる遅れが生じる．
- 　運送会社に対する悪意ある攻撃は，その発送，貨物管理，物流システムを混乱させるため，重要な部品の出荷に遅れが生じる．
- 　大規模な流通品取引に対する攻撃が成功すると，必需品の流れが妨げられ，多くの市場で価格変動が増大する．

サプライチェーンは製造プロセスの観点から理解されることが多いが，「サプライ」

もデジタル化できる．セキュリティ専門家は，サプライヤーと運送業者の被害に加えて，現代の商取引を支えるデジタルインフラストラクチャーについても考慮すべきである．今日のほとんどすべてのビジネスは，サプライチェーンの活動をサポートするために，インターネットサービスプロバイダーやWebホスティングサービスなどの第三者に依存している．このデジタルインフラストラクチャーを通じて提供されるサービスの中断は，自然災害による物理インフラストラクチャーの損傷よりも短期的にはさらに破壊的であり，大きな混乱を招く可能性がある．

システムの誤動作，ハッカーまたはウイルスによるサプライチェーンの混乱のリスクは，ほかのサプライチェーンのリスクと同様に管理する必要がある．単一のサプライヤーに依拠することは，災難を招くようなもので，サプライヤーの多様化は不可欠である．さらに，潜在的なサプライヤーを評価する際には，サイバー防御の品質を基準とすべきである．

重要なサプライヤーに対しては，システムセキュリティ監査が正当である．企業はまた，偶発的なビジネス中断の被害に対して保険を考慮する必要がある．ファーストパーティのサイバー保険ポリシーでは，サイバー攻撃による追加費用，ビジネス中断，偶発的なビジネス中断損失の補償を提供することがある．組織は，保険プログラムがサプライチェーンの被害に適した保険範囲を提供することを保証できるように，仲介業者と連携する必要がある．

1.12.2 第三者ガバナンスの管理

クラウドコンピューティングの採用が拡大するのと同時に，セキュリティ専門家は，第三者のサービスプロバイダーの利用に伴うリスクマネジメントについて，契約上およびガバナンス上の意味を理解する必要がある．クラウドに関して，第三者のソリューションは，以下の3つの方式で考えることができる．

1．サービスとしてのインフラストラクチャー (Infrastructure as a Service：IaaS)
2．サービスとしてのプラットフォーム (Platform as a Service：PaaS)
3．サービスとしてのソフトウェア (Software as a Service：SaaS)

IaaSは，「ベアメタル」またはプロセッサー，メモリー，ストレージや伝送メディアなどの基本的なコンピューティングリソースを顧客に提供することに重点を置いている．顧客は，オペレーティングシステム，データ，アプリケーション，データベー

スおよびセキュリティコントロールの大半に責任がある．PaaSは通常，システムまたはデータベースを顧客に提供する．顧客にはハードウェア層はほとんど見えず，プロバイダーはアプリケーションとデータに責任を持つ顧客とセキュリティコントロールのバランスを共有する．最後に，SaaSでは，顧客はデータの大部分を提供しているだけであり，セキュリティコントロールの大部分はプロバイダーが責任を負う．

　第三者と提携する場合，セキュリティ専門家は，オンサイト評価，文書交換，プロセスやポリシーレビューなどの適切な注意（Due Diligence）を払うアクティビティによって提供される保証（Assurance）と，サービスレベルアグリーメント（Service Level Agreement：SLA）とを混同しないように注意する必要がある．SLAは，第三者のガバナンスプログラムまたは契約において重要な概念となる．SLAは，プロバイダーと顧客との間で合意されたレベルのパフォーマンスと補償またはペナルティを定義する．ただし，単にSLAが定義され，存在したとしても，プロバイダーが常にSLAを遵守するというわけではない．例えば，プロバイダーが処理時間を1時間1ドルで顧客に販売しているとする．顧客がプロバイダーに対して所有しているSLAでは，処理が利用できない場合，1時間に1ドルのペナルティをプロバイダーに課すと明言している．したがって，1時間の停止時間に対するプロバイダーの正味費用は，失われた収入に対して1ドル，ペナルティに対して1ドルの計2ドルとなる．プロバイダーが正直ではなく，別の顧客が処理能力について1時間に5ドル支払うと申し出る場合，プロバイダーは元の顧客の処理能力を使用して3ドルの純利益を得ることができる．これは非常に簡単な例であるが，SLAが保証と同等ではないことを示すものである．

　保証は，検査，レビューおよび評価によってのみ得られる．セキュリティ専門家は，第三者のシステムのセキュリティ文書をレビューし，特定のコントロールフレームワークまたは規制への準拠を判断するために評価を実行するように求められる．この評価により，セキュリティ専門家と顧客は，システムプロバイダーの実際を見る機会を得ることができる．ファイアウォールがなく，非常に高い稼働率を有するなどの結果を得た場合，そのプロバイダーは非常に安価で，多くの顧客を持っていることを示しているのかもしれないが，コストを節約するためにセキュリティに関して手を抜いている可能性がある．セキュリティ専門家は，評価または検査が，組織にとって最も重要であるとみなされる情報セキュリティおよびプライバシーの領域を確実にカバーすることを保証する必要がある．

　さらに，組織は，第三者のプロバイダーのシステムを所有，運営し，管轄権を有する国や個人について，慎重でなければならない．適切なコントロールが実装されていないと，顧客情報にアクセスするのに適していない個人がアクセスする可能性

がある．それに加えて，機密性の高い組織情報が，組織の同意なしに，非友好的な政府に公開される可能性がある．セキュリティ専門家は，法律顧問と協力して，第三者システムのホスティング国に応じて，組織が直面する可能性のある法的リスクを判断する義務がある．

1.12.3 最小限のセキュリティとサービスレベル要件

要件収集(Requirement Gathering)は，プロジェクトの不可欠な部分であり，プロジェクト管理の基本要素である．プロジェクトの成果を完全に理解することは，成功に不可欠である．これは当たり前のように聞こえるかもしれないが，意外にもそれはあまり注意を払われない領域である．

多くのプロジェクトでは，1人または複数の関係者によって提供される要件のリストに基づいて開始されるが，あとになって顧客のニーズが適切に理解されていないことが明らかになる．

この問題を回避する方法の1つは，要件のステートメント(Statement of Requirement)を作成することである．この文書は，プロジェクトの主な要件に対するガイドとなる．それは以下を提供する．

- 管理目的のための簡潔な要件仕様
- 主要な目的のステートメント
- システムが動作する環境の説明
- バックグラウンド情報およびその他の関連資料への参照
- 主要な設計上の制約に関する情報

要件のステートメントの内容は不変か，比較的ゆっくりと変化する必要がある．要件のステートメントを作成したら，顧客やほかのすべての利害関係者がこれに同意し，これが唯一のものであると理解していることを確認する．最後に，要件のステートメント内にある要件と，プロジェクト定義レポートの要件を相互参照して，不一致がないことを確認する．

▶効果的な要件収集のルール

要件収集を成功させるために，セキュリティアーキテクトは次のルールに従うべきである．

- 顧客が何を望んでいるかを自分が知っていると仮定せずに確認する.
- 最初からユーザーを関与させる.
- プロジェクトの範囲を定義し, 同意する.
- 要件が具体的, 現実的で, 測定可能であることを確認する.
- 何か疑問がある場合は明確にする.
- 明確かつ簡潔で, 徹底した要件文書を作成し, それを顧客と共有する.
- 要件に対する自分の理解を顧客と確認する(要件の再確認).
- 要件が完全に理解されるまで, 技術やソリューションの話を避ける.
- プロジェクト開始前に, 利害関係者と合意した要件を取得する.
- 必要に応じてプロトタイプを作成し, 顧客の要件を確認または調整する.

要件の収集と処理中によくある間違いは以下のとおりである.

- 複雑な技術や最先端技術をベースにソリューションを構築し, それが「現実の世界」に容易に展開できないことが判明する.
- ユーザーの要件に優先順位を付けない.
- 実際のユーザーや担当責任者との相談が十分ではない.
- 「問題」が何であるかを知る前にそれを解決する.
- 明確な理解が欠けており, 確認をしないで仮定する.

　要件収集とは, セキュリティアーキテクトが顧客の探しているものを正確に提供できるように, 明確かつ簡潔で, 合意された一連の顧客要件を作成することである. 要件を正しく捉え, 文書化することは, セキュリティアーキテクトにとっての第一ステップである. これが完了したら, セキュリティアーキテクトは, 要件に基づいてSLAを策定する必要がある. SLAは, サービスライフサイクルを管理し, 顧客およびサービスプロバイダーの責任を特定するために使用される. SLAは, 合意されたサービスレベルと実際に達成されたサービスレベルを比較するためのサービスレベルレポートによって評価され, 報告される. また, サービスの使用, サービス改善のための継続的な措置および例外的なイベントに関する情報も含まれる.

▶サービスレベル要件

　サービスレベル要件(Service Level Requirement：SLR)文書には, 顧客の視点から見たサービスの要件, 詳細なサービスレベルの目標, 相互責任および特定の顧客グルー

	質問	質問の理由	例／サンプル値	対応	コメント
1	このシステムのコアタイムはいつか.	この情報とサポートレベルとを対応させておく必要があるため.	24時間×週7日 午前8時〜深夜0時×週7日 午前9時〜午後5時×週5日 など		
2	報告およびバッチ処理に望ましい時間枠はいつか.	処理のための時間帯を設けるため. 選んだソリューションによってシステムを利用可能か否かが変わる, 負荷が増えることで反応性が低下する, などの可能性がある.	24時間×週7日 午前8時〜深夜0時×週7日 午前9時〜午後5時×週5日 など		
3	通例のシステム保守を行うための計画停電に望ましい時間枠はいつか.	サポートグループ／ベンダーと保守用の時間帯について, 協議・合意しておく必要があるため.	24時間×週7日 午前8時〜深夜0時×週7日 午前9時〜午後5時×週5日 など		
4	このシステムの利用ピーク時間はいつか. 既知のピーク時刻・日をすべて特定しておく.	このシステムの負荷特性を特定するため, 詳細なシステム要件を決定する前に, この情報を取得しておく必要がある.	月〜金曜日の午前9時〜午後5時 月〜金曜日の午前11時〜午後3時 など		

表1.2 SLR文書のサンプル

プに固有の要件が含まれている（表1.2）. SLR文書は, サービスレベルアグリーメントの草案へと発展する.

　SLR文書には, 顧客の視点から見たITサービスの要件が含まれている. これはサービス仕様書やサービスレベルアグリーメントへの入力であり, さらに次の項目が展開される.

- サービスの名前
- サービスの説明（サービスの簡単な説明）
- 顧客側のITサービスのユーザー
- 提供されるサービスのサービスグループへのブレークダウン（例えば, インフラストラクチャーコンポーネントやITアプリケーション群）
- サービス中断のハンドリング（電話で？　リモートアクセスで？　オンサイトで？）
- ユーザーサービス（ユーザーによる管理, インストールなど）
- 可用性要件, 許容される中断回数
- 可用性の閾値（xx.xx%）
- 保守のための停止時間（許容される停止時間の回数, 事前通知期間）
- サービスの中断をアナウンスする手順（計画内／計画外）
- パフォーマンス要件
- サービスの必要収容力（下限／上限）

- サービスの許容される作業量／使用率
- アプリケーションからの応答時間
- 反応および解決時間(優先順位に基づく，優先順位の定義[例えば，インシデントの分類のため])
- 災害発生時のサービス維持の要件

▶サービスレベルアグリーメント

ITサービスプロバイダーと顧客の間の合意であるサービスレベルアグリーメント(Service Level Agreement：SLA)は，ITサービスを記述し，サービスレベルのターゲットを文書化し，ITサービスプロバイダーと顧客の責任を特定する．単一のSLAが複数のサービスまたは複数の顧客をカバーする場合がある．

▶サービスレベルレポート

サービスレベルレポート(Service Level Report)は，合意されたサービス品質を提供するサービスプロバイダーの能力についての洞察を加える．この目的のために，それは合意されたサービスレベルと実際に達成されたサービスレベルを比較する．また，サービスの使用，サービス改善のための継続的な措置および例外的なイベントについての情報も含まれる．サービスレベルレポートは，サービスプロバイダーによって，顧客，ITマネジメント，およびその他のサービスマネジメントプロセスに発行される．同様のレポートは，達成されたサービスパフォーマンスを文書化するために，外部サービスサプライヤーによっても作成される．

1.13 セキュリティ教育，トレーニングおよび意識啓発

ポリシーは，組織が高いレベルで達成する必要があるものを定義し，情報セキュリティに関する経営の意思として機能する．セキュリティ意識啓発(Security Awareness)は，組織におけるセキュリティポリシーの重要性と，それをどのように遵守すべきかの理解を確立させるものとして定義される．今日の複雑なビジネス環境を考えると，ほとんどの組織は，その環境内のセキュリティの意識啓発を高めることに価値を認識している．組織がセキュリティに関してメンバーを教育できる方法はたくさんある．それらの方法は，その履行に関する監視も含め，以下のとおりである．セキュリティ意識啓発は，ポリシーの理由(Why)に対応する．エンドユーザーがその理由を理解していれば，よりポリシーに従うようになる．一般に，人々はポ

リシーが存在する理由と遵守する方法を理解すれば，より一貫してポリシーに従う．

1.13.1 公式のセキュリティ意識啓発トレーニング

セキュリティ意識啓発トレーニング（Security Awareness Training）は，組織が従業員に情報セキュリティ要件の遵守における自分の役割とその役割を取り巻く期待について知らせる手段となる．さらに，トレーニングでは，一般的なセキュリティおよびリスクマネジメント機能に関する情報を提供すると同時に，特定のセキュリティまたはリスクマネジメント機能のパフォーマンスを包括的にガイドする．最後に，教育を受けたユーザーは，セキュリティプログラムの目標を達成するために組織を支援する．これには，HIPAA，サーベンス・オクスリー法，グラム・リーチ・ブライリー法，またはその他の種類の規制などの規制遵守に拘束される組織の監査目標も含まれる．

▶トレーニングトピック

セキュリティは幅広い分野であり，セキュリティ意識啓発のトレーニングでカバーできる多くのトピックがある．セキュリティ意識啓発カリキュラム内で扱えるトピックには，以下が含まれる．

- 企業のセキュリティポリシー
- 組織のセキュリティプログラム
- 組織の法令遵守要件
- ソーシャルエンジニアリング
- 事業継続性
- 災害からの復旧
- 危険物，生物災害などを含む危機管理
- セキュリティインシデントレスポンス
- データ分類
- 情報ラベリングとハンドリング
- 人的セキュリティ，安全性，健全性
- 物理セキュリティ
- 適切なコンピューティングリソースの使用
- パスワードなどのセキュリティ資格情報の適切なケアとハンドリング

- リスクアセスメント
- 事故，エラーまたは怠慢

　包括的なセキュリティカリキュラムには，IT，会計など，組織内で専門的な役割を果たす個人のための専門クラスと意識啓発が含まれる．トレーニングは職務，役割，責任に合わせることもできる．組織は，トレーニングとセキュリティリスクマネジメント活動との調整に特別の注意を払う必要があることにも留意しなければならない．そうすることで，トレーニングによって，組織内のリスクが部分的または完全に相殺される可能性がある．

▶セキュリティ意識啓発コースの作成

　以下は，企業のセキュリティポリシーを取り巻くセキュリティ意識啓発コースの概要を示している．これが組織の実施した最初の正式なコースであると仮定すると，従業員は公式にポリシーを紹介されていない可能性がある．ここで紹介するものは開始するには適した内容となっている．カリキュラムは次のように進められる．

▶企業のセキュリティポリシーとは何か？

　この項目により，組織がその環境を保護するために実施しているセキュリティ対策を詳細に説明することができる．

▶なぜ企業のセキュリティポリシーが重要か？

　組織，人および資産の保護は誰もが責任を持って行うべきであり，この項目が，それを従業員と共有する機会を提供する．これは，経営幹部が企業のセキュリティポリシーとセキュリティマネジメントの全般的な支援を表明するのに適切な場でもある．

▶このポリシーは，組織における私の役割にどのように適合しているか？

　多くの従業員は，セキュリティが従業員に及ぼす影響について懸念している．時間どおりに仕事を達成できないことを恐れている人もいれば，自分の役割が変わるかもしれないと恐れている人もいる．これは，セキュリティを考慮することで仕事のパフォーマンスに少し影響を与えるかもしれないが，セキュリティポリシーに定められている多くのセキュリティ責任を従業員がすでに果たしている可能性が高いことを従業員に説明する適切な時期である．ポリシーは，業務における特別なセキュリティ機能を形式化する．つまり，これらの特別な業務は今や文書化され，し

かも強化されている可能性もある.

▶現在の自分の役割には特にセキュリティ機能は存在しないと言う人たちはどうか?

これらの機能は特別な形態で存在するかもしれないが,継続的に実行されてきたプロセスは少なくとも部分的に自動で行われていることを指摘することは重要である.これにより,実際には時間が経つにつれてパフォーマンス発揮に必要な時間が低減される.講師は,自分の仕事の一部として新しい機能を実行するように求められたことが,最近の記憶にあるかどうかを,受講者に尋ねることができる.講師はこれが同様の状況であることを指摘することができる.

▶私は遵守する必要があるか?

経営幹部を含むすべての従業員が企業のセキュリティポリシーを遵守することに合意することは,組織にとって重要である.ルールに例外がある場合,ポリシーは実行不能になる可能性がある.この場合,組織は,実効がないポリシーの策定に資金,時間,リソースを浪費してしまうことになる.

▶コンプライアンス違反に対するペナルティは?

企業のセキュリティポリシーに違反した場合のペナルティが何であるかを,組織が一般的で理解しやすい言葉で綴ることは,同様に重要である.ポリシーは,その本文,あるいはすべてのポリシーを包含するステートメントにおいて,すべての人員,請負業者および事業提携者がポリシーを遵守することを期待していると示している場合がある.通常,これに対する違反があれば,解雇または起訴までを伴う懲戒処分が行われる.

この時点で,偶発的な違反が発生した場合に何が起こるかについて疑問が生じる.組織への影響を最小限に抑えるために,セキュリティ違反(またはインシデント)は直ちに報告される必要があることを受講者に繰り返し伝えることが重要である.

▶この企業のポリシーが私の仕事に及ぼす影響は何か(それはより厳しくなるか)?

この項目については,すでに詳しく説明している.講師はこれを個人の役割への影響と結びつける.

▶ どのような種類のものを探すべきか？

この時点では，従業員の質問に対して，企業のセキュリティポリシーを遵守する責任と比較して回答されてきているため，ポリシーの内容を受講者と話し合う適切な時期である．これは，例えば「セキュリティ上の問題がある」という形式で，講義として行うこともできる．これは，例示的な講義として，または「セキュリティ問題の発見」の形式で行うことができる．

この種のコースを教える時，講師は，経営幹部，ライン管理職，事業部門ユーザー，派遣社員，季節労働者，請負業者，事業提携者など，すべてのスタッフに適用されるトピックを確実に示す必要がある．

1.13.2 意識啓発活動と方法 – 組織における意識啓発文化の創造

セキュリティ意識啓発を推進するために使用できる様々な方法がある．より一般的な方法には以下が含まれる．

- 上述のような公式コースは，スライド，配布資料，書籍を使用した教室形式か，この目的に適したトレーニングWebサイトを通じてオンラインで提供される．
- ポスターを使用して，パスワード保護，物理セキュリティ，人的セキュリティなど，セキュリティ意識啓発について注意を喚起する．
- 事業部門をウォークスルーして，回避すべき慣習（デスクトップ上の目立つ場所に付箋でパスワードを掲示するなど）と，継続すべき慣習（クリーンデスクを維持したり，コンピュータから離れる時にロックされたスクリーンセーバーを使用したりするなど）の識別を従業員に支援する．
- 組織のイントラネットを使用して，セキュリティリマインダーを投稿したり，組織内の情報セキュリティの事例について毎週または毎月のコラムを掲載したりする．
- 事業部門のセキュリティ意識啓発の指導者を任命し，環境内のセキュリティの実装を取り巻く質問，懸念またはコメントに対して支援する．これらの個人は，組織のセキュリティ担当者と相互にやり取りする．これらの指導者は，定期的（月ごと，または四半期ごと）に組織の内部監査，法務，情報技術および企業の事業部門と対話することもできる．
- 企業全体のセキュリティ意識啓発の日，セキュリティ活動の達成，賞，受

賞者の承認を後援する．

- ISSA（Information Systems Security Association），ISACA，SANS Institute，（ISC）²などの外部パートナーとのイベントを後援する．スタッフがイベントにフルに参加する時間を確保する．
- 組織内のユーザーに，セキュリティマネジメントの原則をサポートする小さな装飾品を提供する．
- Global Security Awareness Week（毎年9月）やSecurity Awareness Month（通常は毎年10月）など，ほかの業界または世界の意識啓発イベントと一致する特別なイベントの日，週または月を考慮する．
- 従業員が参照するためのセキュリティマネジメントの動画，書籍，Webサイトおよび付帯品を提供する．

　組織の人々にとって，活動は興味深く，やりがいがあるものにしなければならない点に注意することが重要である．こうした興味を引きつけるために，プログラムは適応性のあるものでなければならず，意識啓発材料の内容と形式は定期的に変更されるべきである．

▶ジョブトレーニング

　一般的なセキュリティ意識啓発トレーニングとは異なり，セキュリティトレーニング（Security Training）は，役割内のセキュリティ機能のパフォーマンスに関連したスキルセットの開発を支援する．成熟した組織の典型的なセキュリティカリキュラムには，IT，経理など，組織内で特殊な役割を果たす個人のための専門クラスが含まれる．

　これらの事業部門内であっても，専門的なトレーニングが行われる．例えば，IT分野では，ファイアウォール，侵入検知システム，侵入防御システム，およびsyslogサーバーの保守と監視を担当するネットワーク担当者が，これらの任務を実行するために十分にトレーニングされていることが推奨される．経営幹部が，トレーニングに利用できる資金がないと判断したとする．結果はどうなるか．一般的に，やる気のある従業員は，いくつかの実地学習を受けるだろう．しかし，職務を適切に遂行するには不十分かもしれない．その結果，組織は侵害を受け，機密情報が盗まれる．このケースでは，誰が責任を負うのか．経営幹部は，組織内で常に情報セキュリティ目標の最終的な責任を負う．この場合，経営幹部は，各従業員のセキュリティ業務を適切にトレーニングしなかったことによって，環境を適切に保護することに

失敗した．法的に予期しない影響のすべてが，経営陣の肩にまともにのしかかってくるだろう．

しかし，問題の人員が，有料のトレーニングを受けていないにも関わらず，彼らが責任を負っているセキュリティ機能を実行することができ，快適であることを経営陣に示したと仮定する．彼らは能力を実証するために，ITマネジメントに必須の機能を実行する．数カ月後に組織が侵害を受け，機密情報が盗まれるまでは，すべてがうまくいく．経営幹部は情報システムマネジメントに立ち返り，責任者に調査を依頼する．彼らの調査により，過去3カ月間パッチが適用されていないことを発見する．従業員がインシデントについて尋ねられた時，満足できる答えを返すことはできなかった．誰がそのイベントによる侵害の責任を負うのか？　この場合も，経営幹部は，最終的に組織内の情報セキュリティの責任を負うことになる．しかし，経営幹部は，ネットワークチームがパッチレベルを維持できなかったことについて責任を問い，直ちに彼らを職位から解雇した．リソースが適切にトレーニングされていることを保証すれば，組織は責任を負うセキュリティタスクの満足のいく完了に対して，責任を割り当てることができる．

組織は，トレーニングがセキュリティリスクマネジメント活動と緊密に連携する必要があることにも留意する必要がある．そうすることで，トレーニングによって，組織内のリスクが部分的または完全に相殺される可能性がある．

▶パフォーマンス指標

進行中のセキュリティイニシアチブを実施し，強化するために，組織では，セキュリティに関連したパフォーマンスを追跡することが重要である．また，講義のあとにユーザーには，その内容を理解し，組織のセキュリティプログラム，ポリシー，プロシージャ，計画，イニシアチブに拘束されることに同意するよう署名してもらうことで，セキュリティ上の責任を認識してもらうようにすることも重要である．評価測定には，事業部門組織の定期的なウォークスルーや，スタッフスキルを最新の状態に保つための定期的な試験などを含むことができる．

Summary
まとめ

　「セキュリティとリスクマネジメント」のドメインは，情報資産の保護の基準を確立し，その保護の有効性を評価するために使用されるフレームワーク，ポリシー，概念，原則，構造および基準を扱う．また，ガバナンス，組織行動，セキュリティ意識啓発の問題が含まれている．

　情報セキュリティマネジメントは，セキュリティ専門家が組織の情報資産を確実に保護するための包括的かつ積極的なセキュリティプログラムの基盤を確立するのに役立つ．高度に相互接続され，相互依存する今日のシステム環境では，情報技術とビジネス目的との連携を理解する必要がある．情報セキュリティマネジメントは，現在実施されているセキュリティコントロールのために組織が受容したリスクを伝達し，コスト効率よくコントロールを強化して，企業の情報資産に対するリスクを最小限に抑える努力を続けていく．セキュリティマネジメントには，情報資産の機密性，完全性，可用性を適切に保護するために必要な管理コントロール，技術コントロール，物理コントロールが含まれる．コントロールは，ポリシー，プロシージャ，スタンダード，ベースラインおよびガイドラインの基盤を通じて明らかにされる．

　リスクを管理する情報セキュリティマネジメントの実践には，リスクアセスメント，リスク分析，データ分類，セキュリティ意識啓発などの手法が含まれる．情報資産は分類され，リスクアセスメントを通じてこれらの資産に関連する脅威と脆弱性がカテゴリー化され，侵害のリスクを低減するための適切な保護手段をセキュリティ専門家が特定し，優先順位を付けることができる．

　リスクマネジメントは，特定，測定，コントロールを通じて，望ましくないイベントによる情報資産の損失を最小限に抑える．これには，全体的なセキュリティレビュー，リスク分析，保護手段の選択と評価，費用対効果分析，経営判断，保護手段の特定と実装，継続的な有効性のレビューが含まれる．リスクマネジメントは，経営幹部が現在のリスクを把握し，リスクマネジメント原則の1つ——すなわち，リスク回避，リスク移転，リスク低減，リスク受容——を使用するための，情報に基づく意思決定を確実に行うメカニズムを組織に提供する．

　セキュリティマネジメントは，情報の処理およびビジネス使用をサポートす

るため，様々な関係者の間を流れるデータを管理するための規制，顧客，従業員およびビジネスパートナーの要件に関わっている．情報の機密性，完全性，可用性は，プロセス全体を通して維持されなければならない．

事業継続計画（BCP）と災害復旧計画（DRP）は，通常の組織運営に重大な混乱をもたらす事態においても，組織の保全を確実にするために必要な準備，プロセス，実践を扱う．BCPおよびDRPには，重大なシステムおよびネットワークの混乱の影響から重要な組織プロセスを保護し，重大な混乱が生じた場合に組織の運用をタイムリーに復元するために必要な，プロセスの特定，選択，実装，テスト，更新，そして具体的で堅実な行動が含まれる．

本章では，企業全体の事業継続（BC）プログラムを構築するプロセスについて説明している．それに影響を与え，場合によっては，組織の中で「何がなんでも」継続するためのプログラムの構築を義務付けている業界規制の進化についても論じている．

そして最後に，総合的なBCリスクマネジメントフレームワークにおける，情報セキュリティとBCおよびその他のリスクマネジメント領域（物理的なセキュリティ，記録管理，ベンダー管理，内部監査，財務リスクマネジメント，運用リスクマネジメント，法令遵守［法律や規制上のリスク］など）との間にある相互関係について論じている．

注

★1──以下を参照．
ITGI, https://www.isaca.org/ITGI/Pages/default.aspx
ITGI, "Board Briefing on IT Governance, 2nd edition," http://www.isaca.org/restricted/Documents/26904_Board_Briefing_final.pdf
★2──CSIRTの概要と企業におけるCSIRTの責任等については，以下を参照．
http://www.cert.org/incident-management/csirt-development/csirt-faq.cfm?
★3──以下を参照．
http://nvlpubs.nist.gov/nistpubs/SpecialPublications/NIST.SP.800-53r4.pdf
★4──以下を参照．
https://www.iso.org/isoiec-27001-information-security.html
★5──http://www.us-cert.gov/sites/default/files/c3vp/csc-crr-nist-framework-crosswalk.pdf
★6──以下を参照．
Katy Stech, "Burglary Triggers Medical Records Firm's Collapse," http://blogs.wsj.com/bankruptcy/2012/03/12/burglary-triggers-medical-records-firm%E2%80%99s-collapse/
★7──http://nvlpubs.nist.gov/nistpubs/SpecialPublications/NIST.SP.800-53r4.pdf, p.11.
★8──http://www.giza-blog.de/content/binary/IT-Infrastructure_Compliance_Maturity_Model_Microsoft_Kranawetter_EN.pdf, p.24.

★9──以下を参照.

https://csrc.nist.gov/projects/risk-management

https://www.whitehouse.gov/sites/whitehouse.gov/files/briefing-room/presidential-actions/related-omb-material/fy_2016_fisma_report%20to_congress_official_release_march_10_2017.pdf

★10──指令95/46/ECの全文は以下を参照.

http://eur-lex.europa.eu/legal-content/EN/TXT/?uri=CELEX:31995L0046

★11──指令2002/58/ECの全文は以下を参照.

http://eur-lex.europa.eu/legal-content/EN/ALL/?uri=CELEX:32002L0058

★12──フレームワーク決定2008/977/JHAの全文は以下を参照.

http://eur-lex.europa.eu/legal-content/EN/TXT/?qid=1405188191230&uri=CELEX:32008F0977

★13──2014年3月12日に欧州議会によって採択された,改正案を含む全文を,以下を参照.

http://www.europarl.europa.eu/sides/getDoc.do?type=TA&language=EN&reference=P7-TA-2014-0212

http://ec.europa.eu/prelex/detail_dossier_real.cfm?CL=en&DosId=201286

★14──報告書のグローバル版と各国版のダウンロードについては,以下を参照.

http://www.hpenterprisesecurity.com/ponemon-2013-cost-of-cyber-crime-study-reports

★15──http://www.wipo.int/about-ip/en/iprm/

★16──ベルヌ条約の詳細については以下を参照.

http://www.wipo.int/treaties/en/ip/berne/trtdocs_wo001.html

★17──2013年の調査については以下を参照.

http://globalstudy.bsa.org/2013/index.html

★18──ITARカテゴリーの全品目については以下(ITAR Part 121 - The United States Munitions List)を参照.

https://www.pmddtc.state.gov/regulations_laws/itar.html

★19──EARカテゴリーの全品目については以下を参照.

http://www.bis.doc.gov/index.php/regulations/export-administration-regulations-ear

★20──ワッセナーアレンジメントの全管理リストは以下を参照.

http://www.wassenaar.org/control-lists/

★21──PIIの詳細については以下を参照.

http://csrc.nist.gov/publications/nistpubs/800-122/sp800-122.pdf

★22──以下を参照.

http://oecdprivacy.org/

★23──例えば,EUにおける,個人情報と「センシティブな」個人情報の違いは,セキュリティ専門家が認識しているものであり,企業やそのポリシーによって対処される必要性は必ずしもない.

★24──Verizon社のDBIR 2014年版については以下を参照.

http://www.verizonenterprise.com/DBIR/2014/

★25──http://eur-lex.europa.eu/LexUriServ/LexUriServ.do?uri=OJ:L:2013:173:0002:0008:en:PDF

★26──http://ico.org.uk/ ́ ́/media/documents/library/Privacy_and_electronic/Practical_application/notification-of-pecr-security-breaches.pdf

★27──https://report.ico.org.uk/security-breach/

★28──2014年版については以下を参照.

http://www.bakerlaw.com/files/Uploads/Documents/Data%20Breach%20documents/International-Compendium-of-Data-Privacy-Laws.pdf《リンク切れ》

★29──公正信用報告法の詳細については以下を参照.

http://www.consumer.ftc.gov/sites/default/files/articles/pdf/pdf-0111-fair-credit-reporting-act.pdf

雇用機会均等委員会については以下を参照.

http://www.eeoc.gov/

★30──米国障害者法の詳細については以下を参照.

http://www.ada.gov/

★31──http://csrc.nist.gov/publications/nistpubs/800-30-rev1/sp800_30_r1.pdf, p.23.

★32──HIPPAの詳細については以下を参照.

http://www.hhs.gov/ocr/privacy/

★33──COSOの詳細については以下を参照.

http://www.coso.org/

★34──ITILの詳細については以下を参照.

http://www.itil-officialsite.com/

★35──COBITの詳細については以下を参照.

http://www.isaca.org/COBIT/Pages/default.aspx

★36──すべてのNIST SPの最新版については以下を参照.

http://csrc.nist.gov/publications/PubsSPs.html

★37──CRAMMの方法論に対する引用部分の概要については以下を参照.

http://www.cramm.com《リンク切れ》

★38──故障モード影響解析の詳細については以下を参照.

http://asq.org/learn-about-quality/process-analysis-tools/overview/fmea.html

★39──FRAPの詳細については以下を参照.

http://csrc.nist.gov/nissc/2000/proceedings/papers/304slide.pdf

★40──OCTAVEの詳細については以下を参照.

http://www.cert.org/octave/

★41──http://csrc.nist.gov/publications/nistpubs/800-30-rev1/sp800_30_r1.pdf

★42──これは次の公式で表すことが可能.

可能性(L)×影響(I)＝リスク(R)(すなわち,L×I＝R)

★43──地理的位置情報,モバイル機器による識別,行動パターンなどは,各企業がパスワードによる認証プロセスに追加しようとしている拡張要素である.セキュリティ専門家はこれらの有効性を評価し,組織内での利用に適した選択肢となるかどうかを判断する必要がある.

★44──以下を参照.

http://nvd.nist.gov/

https://www.owasp.org/index.php/Main_Page

★45──AS/NZS ISO 31000：2009の詳細については以下を参照.

http://infostore.saiglobal.com/store/Details.aspx?ProductID=1378670

★46──ISACAのリスクITフレームワークの詳細については以下を参照.

http://www.isaca.org/Knowledge-Center/Research/ResearchDeliverables/Pages/The-Risk-IT-Framework.aspx

★47──ISO 31000シリーズ規格の詳細については以下を参照.

http://www.iso.org/iso/iso31000

★48──ISO 21500「プロジェクト管理に関するガイダンス」の概要については以下を参照.

http://www.iso.org/iso/home/news_index/news_archive/news.htm?refid=Ref1662

★49──ISO 31000：2009は,リスクマネジメントに関する既存の規格であるAS/NZS 4360：2004の後継として受け入れられている(AS/NZS ISO 31000：2009の形で).オーストラリア規格が,リスクマネジメントに着手可能なプロセスを提供するものであるのに対して,ISO 31000：2009はマネジメントシステム全体を扱っており,リスクマネジメントプロセスの設計,実装,保守,改善を支援する.

★50──COSOの「エンタープライズリスクマネジメント－統合フレームワーク」の概要については以下を参照.

http://www.coso.org/-erm.htm

★51──NIST SP 800-37 Revision 1については以下を参照.

http://csrc.nist.gov/publications/nistpubs/800-37-rev1/sp800-37-rev1-final.pdf

★52──http://www.esd.whs.mil/Portals/54/Documents/DD/issuances/dodi/851001_2014.pdf

★53──オーバーレイとは,十分に規定された一連のセキュリティ要件および補足指導書で,これにより,特定の技術または製品グループ,状況や状態,動作環境に適切に合わせたセキュリティ要件を提供できるようになる.

訳注

☆1──2012年に団体名を"BSA | The Software Alliance"に変更した.

☆2──1999年にIIA (Information Industry Association)と合併し,現在はSIIA (Software & Information Industry Association).

☆3──その後,教育政策を推進する教育省が分離され,保健福祉省となった.

☆4──以下,「参考文献(a)」「参考文献(b)」……と記されているものは,DoDI 8510.01の「参考文献」に列挙された文献の記号である.

レビュー問題
Review Questions

1. ITセキュリティの分野において，リスクを最もよく定義している組み合わせは次のうちどれか．
    A．侵害と脅威
    B．脆弱性と脅威
    C．攻撃と脆弱性
    D．セキュリティ違反と脅威

2. 無形資産の価値を決定する際の**最良の**アプローチはどれか．
    A．物理的なストレージコストを決定し，企業の予想寿命をかける
    B．財務または会計の専門家の助けを借りて，資産がどれだけ利益を返すかを決定する
    C．過去3年間の無形固定資産の減価償却費をレビューする
    D．無形資産の過去の調達費または開発費を使用する

3. 定性的リスクアセスメントを特徴づけているのは次のうちどれか．
    A．容易に実施することができ，リスクアセスメントプロセスの理解が浅い人員でも完了することができる
    B．リスクアセスメントプロセスの理解が浅い人員でも完了することができ，リスクの計算に詳細なメトリックスを使用する
    C．リスクの計算に詳細なメトリックスを使用し，容易に実施することができる
    D．リスクアセスメントプロセスの理解が浅い人員でも，リスク計算に詳細なメトリックスを使用して完了することができる

4. 単一損失予測(SLE)は次のどれを使用して計算されるか．
    A．資産価値と年間発生頻度(ARO)
    B．資産価値，現地年間頻度推定値(LAFE)，および標準年間頻度推定値(SAFE)
    C．資産価値と暴露係数
    D．現地年間頻度推定値と年間発生頻度

5. どのような種類のリスクアセスメントを実施するかを決定する際に検討すべき項目をすべて挙げたものはどれか.

   A. 組織の文化, 暴露の可能性と予算

   B. 予算, リソースの能力および暴露の可能性

   C. リソースの能力, 暴露の可能性および予算

   D. 組織の文化, 予算, 能力およびリソース

6. セキュリティ意識啓発トレーニングに含まれるものは次のうちどれか.

   A. 制定されたセキュリティコンプライアンス目標

   B. スタッフのセキュリティの役割と責任

   C. 脆弱性評価の上位レベルの結果

   D. 特別なカリキュラムの割り当て, 学習課題, および認定された機関

7. コミュニティや社会の規範に影響を及ぼす, 資産の責任ある保護の最低限かつ慣例的な行動は次のうちどれか.

   A. 適切な注意（Due Diligence）

   B. リスク低減

   C. 資産保護

   D. 妥当な注意（Due Care）

8. 効果的なセキュリティマネジメントとは次のうちどれか.

   A. 最低コストでセキュリティを実現する

   B. リスクを受容水準まで低減する

   C. 新製品のセキュリティを優先する

   D. タイムリーにパッチをインストールする

9. 可用性は, 以下のどれから保護することによって, 情報へのアクセスを可能にすることか.

   A. サービス拒否攻撃, 火災, 洪水, ハリケーン, 不正取引

   B. 火災, 洪水, ハリケーン, 不正取引, 読み取り不能なバックアップテープ

   C. 不正取引, 火災, 洪水, ハリケーン, 読み取り不能なバックアップテープ

   D. サービス拒否攻撃, 火災, 洪水, ハリケーン, 読み取り不能なバックアップテープ

10. 事業継続計画，災害復旧計画を最も正しく定義した語句は，次のうちどれか．
    A．災害を防止するための一連の計画
    B．災害に対応するための承認済みの準備と十分な手順
    C．管理者の承認なしに災害に対応するための一連の準備と手順
    D．すべての組織機能を継続するための適切な準備と手順

11. 事業影響度分析（BIA）で最初に実行する必要があるステップは次のうちどれか．
    A．組織内のすべての事業部門を特定する
    B．破壊的なイベントの影響を評価する
    C．復旧時間目標（RTO）を見積もる
    D．ビジネス機能の重要性を評価する

12. 戦術的セキュリティ計画が最も利用されるのは次のうちどれか．
    A．高度なセキュリティポリシーの確立
    B．企業全体のセキュリティマネジメントの有効化
    C．停止時間の削減
    D．新しいセキュリティ技術の導入

13. 情報セキュリティの実装に責任を負う者は誰か．
    A．全員
    B．経営幹部
    C．セキュリティ責任者
    D．データオーナー

14. セキュリティは，どのフェーズで対処すると，最も費用がかかる可能性が高いか．
    A．設計
    B．ラピッドプロトタイピング
    C．テスト
    D．実装

15. 情報システム監査人が組織を支援するものは次のうちどれか．
    A．コンプライアンスの問題を緩和する

B．有効なコントロール環境を確立する

C．コントロールギャップを特定する

D．財務諸表の情報技術対応

16. ファシリテイテッドリスク分析プロセス (FRAP) が基本的な前提としているものは次のうちどれか.

A．幅広いリスクアセスメントは，システム，事業セグメント，アプリケーションまたはプロセスにおけるリスクを決定する最も効率的な方法である

B．狭いリスクアセスメントは，システム，事業セグメント，アプリケーションまたはプロセスにおけるリスクを決定する最も効率的な方法である

C．狭いリスクアセスメントは，システム，事業セグメント，アプリケーションまたはプロセスにおけるリスクを決定する最も効率的な方法ではない

D．幅広いリスクアセスメントは，システム，事業セグメント，アプリケーションまたはプロセスにおけるリスクを決定する最も効率的な方法ではない

17. セキュリティの役割を明確に設定することの利点は次のうちどれか.

A．個人の説明責任を確立し，クロストレーニングの必要性を低減し，部門間の争いを低減する

B．継続的な改善を可能にし，クロストレーニングの必要性を低減し，部門間の争いを低減する

C．個人の説明責任を確立し，継続的な改善を確立し，部門間の争いを低減する

D．部門間の争いを低減し，クロストレーニングの必要性を低減し，個人の説明責任を確立する

18. よく練られたセキュリティプログラムポリシーは，いつレビューするのが**最も**よいか.

A．少なくとも年1回または事前に決められた組織変更の前

B．主要なプロジェクトの実施後

C．アプリケーションまたはオペレーティングシステムが更新された時

D．プロシージャーを変更する必要がある時

19. 組織がリスクアセスメントを実施して評価するものは次のうちどれか.

A．資産への脅威，環境に存在しない脆弱性，暴露を利用して脅威が実現する可

能性, 実現された暴露が組織に及ぼす影響, 残存リスク

B. 資産への脅威, 環境に存在する脆弱性, 暴露を利用して脅威が実現する可能性, 実現された暴露がほかの組織に及ぼす影響, 残存リスク

C. 資産への脅威, 環境に存在する脆弱性, 暴露を利用して脅威が実現する可能性, 実現された暴露が組織に及ぼす影響, 残存リスク

D. 資産への脅威, 環境に存在する脆弱性, 暴露を利用して脅威が実現する可能性, 実現された暴露が組織に及ぼす影響, トータルリスク

20. 時間が経過しても意味があり, 有用なセキュリティポリシーに含まれるものは次のうちどれか.

A. 「すべきである」「しなければならない」「したほうがよい」といった指示語, 技術仕様, 短文

B. 定義されたポリシー策定プロセス, 短文, 「すべきである」「しなければならない」「したほうがよい」といった指示語

C. 短文, 技術仕様, 「すべきである」「しなければならない」「したほうがよい」といった指示語

D. 「すべきである」「しなければならない」「したほうがよい」といった指示語, 定義されたポリシー策定プロセス, 短文

21. 財務部門の担当者が, 1人でベンダーをベンダーデータベースに追加し, その後ベンダーに支払いができてしまうという権限は, どのような概念に違反するか.

A. 適切なトランザクション

B. 職務の分離

C. 最小特権

D. データ機密性レベル

22. 共謀のリスクを最も低減するのはどれか.

A. ジョブローテーション

B. データ分類

C. 職務の機密性レベルの定義

D. 最小特権

23. データアクセスを決定するのに最も適切な人は誰か.
   A．ユーザーマネージャー
   B．データオーナー
   C．経営幹部
   D．アプリケーション開発者

24. 組織が事業継続計画や災害復旧計画で対処すべき範囲を**最も**正しく記述しているステートメントはどれか.
   A．継続計画は重要な組織上の問題であり，会社のすべての部分または機能を含める必要がある.
   B．継続計画は重要な技術課題であり，技術の復旧を最優先事項とする必要がある.
   C．継続計画は，音声とデータの通信が複雑な場合にのみ必要である.
   D．継続計画は重要な経営課題であり，経営陣が定めた主要な機能を含めるべきである.

25. 事業影響度分析によって特定するものとして，**最も**適切なものは次のうちどれか.
   A．組織の運営に対する脅威の影響
   B．組織に対する損失の暴露係数
   C．組織におけるリスクの影響
   D．脅威を排除する費用対効果の高い対策

26. 計画策定におけるリスク分析フェーズにおいて，**最も**脅威を管理し，イベントの影響を低減できるアクションは次のうちどれか.
   A．演習シナリオの変更
   B．復旧手順の作成
   C．特定個人への依存度の増加
   D．手続き的コントロールの実装

27. コントロールや保護手段を追加実施する**最大の**理由はどれか.
   A．リスクを抑止または除去する
   B．脅威を特定し，除去する

C．脅威の影響を低減する

D．リスクと脅威を特定する

28．組織影響度分析の**最適な**記述は次のうちどれか．

A．リスク分析と組織影響度分析は，同じプロジェクトの取り組みを説明する2つの異なる用語である．

B．組織影響度分析は，組織に対する中断の可能性を計算する．

C．組織影響度分析は，事業継続計画の策定に不可欠である．

D．組織影響度分析は，組織に対する中断の影響を定める．

29．「災害復旧」とは，何を復旧させることか．

A．組織運営

B．技術環境

C．製造環境

D．人的環境

30．災害による中断の結果を見極める取り組みを，**最も**適切に記述しているものはどれか．

A．事業影響度分析

B．リスク分析

C．リスクアセスメント

D．プロジェクト問題定義

31．リスクの要素は次のうちどれか．

A．自然災害および人為的災害

B．脅威，資産，低減コントロール

C．リスクと事業影響度分析

D．事業影響度分析と低減コントロール

32．事業継続計画の演習として好ましくないものは次のうちどれか．

A．机上演習

B．呼び出し演習

C．シミュレーション演習

D．実稼働アプリケーションまたは機能の停止

33．十分に計画された事業継続演習における，最も望ましい結果は次のうちどれか.
    A．計画の長所と短所を特定する
    B．経営の要件を満たす
    C．監査人の要求事項を遵守する
    D．株主の信頼を維持する

34．事業継続計画を更新し，維持するのに最適な時期はどれか.
    A．毎年あるいは監査人から要請された時
    B．新しいバージョンのソフトウェアが導入された時のみ
    C．新しいハードウェアが導入された時のみ
    D．構成管理および変更管理プロセス中

35．事業継続を成功させる上で**最も**重要なものは，次のうちどれか.
    A．上級リーダーシップの支援
    B．強力な技術サポートスタッフ
    C．広範囲の広域ネットワークインフラストラクチャー
    D．統合されたインシデントレスポンスチーム

36．サービスの目標復旧時点（RPO）はゼロである.**最も**要件を満たすことのできる
    アプローチはどれか.
    A．代替ホットサイトとRAID 6
    B．代替ウォームサイトとRAID 0
    C．代替コールドサイトとRAID 0
    D．互恵協定とRAID 6

37．（ISC)²の倫理規定は，以下のどれによって規律間の矛盾を解決しているか.
    A．規律の間に矛盾が起こることは決してない
    B．裁定を通じて解決する
    C．規律の順番
    D．取締役会を通じてすべての規律の矛盾を審査する

★ ★ ★

1. Within the realm of IT security, which of the following combinations best defines risk?
   A. Threat coupled with a breach
   B. Threat coupled with a vulnerability
   C. Vulnerability coupled with an attack
   D. Threat coupled with a breach of security

2. When determining the value of an intangible asset which is be **BEST** approach?
   A. Determine the physical storage costs and multiply by the expected life of the company
   B. With the assistance of a finance of accounting professional determine how much profit the asset has returned
   C. Review the depreciation of the intangible asset over the past three years
   D. Use the historical acquisition or development cost of the intangible asset

3. Qualitative risk assessment is earmarked by which of the following?
   A. Ease of implementation and it can be completed by personnel with a limited understanding of the risk assessment process
   B. Can be completed by personnel with a limited understanding of the risk assessment process and uses detailed metrics used for calculation of risk
   C. Detailed metrics used for calculation of risk and ease of implementation
   D. Can be completed by personnel with a limited understanding of the risk assessment process and detailed metrics used for the calculation of risk

4. Single loss expectancy (SLE) is calculated by using:
   A. Asset value and annualized rate of occurrence (ARO)
   B. Asset value, local annual frequency estimate (LAFE), and standard annual frequency estimate (SAFE)
   C. Asset value and exposure factor
   D. Local annual frequency estimate and annualized rate of occurrence

0242

5. Consideration for which type of risk assessment to perform includes all of the following:

   A. Culture of the organization, likelihood of exposure and budget

   B. Budget, capabilities of resources and likelihood of exposure

   C. Capabilities of resources, likelihood of exposure and budget

   D. Culture of the organization, budget, capabilities and resources

6. Security awareness training includes:

   A. Legislated security compliance objectives

   B. Security roles and responsibilities for staff

   C. The high-level outcome of vulnerability assessments

   D. Specialized curriculum assignments, coursework and an accredited institution

7. What is the minimum and customary practice of responsible protection of assets that affects a community or societal norm?

   A. Due diligence

   B. Risk mitigation

   C. Asset protection

   D. Due care

8. Effective security management:

   A. Achieves security at the lowest cost

   B. Reduces risk to an acceptable level

   C. Prioritizes security for new products

   D. Installs patches in a timely manner

9. Availability makes information accessible by protecting from:

   A. Denial of services, fires, floods, hurricanes, and unauthorized transactions

   B. Fires, floods, hurricanes, unauthorized transactions and unreadable backup tapes

   C. Unauthorized transactions, fires, floods, hurricanes and unreadable backup tapes

   D. Denial of services, fires, floods, and hurricanes and unreadable backup tapes

10. Which phrase best defines a business continuity/disaster recovery plan?

A. A set of plans for preventing a disaster.

B. An approved set of preparations and sufficient procedures for responding to a disaster.

C. A set of preparations and procedures for responding to a disaster without management approval.

D. The adequate preparations and procedures for the continuation of all organization functions.

11. Which of the following steps should be performed first in a business impact analysis (BIA)?

A. Identify all business units within an organization

B. Evaluate the impact of disruptive events

C. Estimate the Recovery Time Objectives (RTO)

D. Evaluate the criticality of business functions

12. Tactical security plans are **BEST** used to:

A. Establish high-level security policies

B. Enable enterprise/entity-wide security management

C. Reduce downtime

D. Deploy new security technology

13. Who is accountable for implementing information security?

A. Everyone

B. Senior management

C. Security officer

D. Data owners

14. Security is likely to be most expensive when addressed in which phase?

A. Design

B. Rapid prototyping

C. Testing

D. Implementation

15. Information systems auditors help the organization:

    A. Mitigate compliance issues

    B. Establish an effective control environment

    C. Identify control gaps

    D. Address information technology for financial statements

16. The Facilitated Risk Analysis Process (FRAP)

    A. makes a base assumption that a broad risk assessment is the most efficient way to determine risk in a system, business segment, application or process.

    B. makes a base assumption that a narrow risk assessment is the most efficient way to determine risk in a system, business segment, application or process.

    C. makes a base assumption that a narrow risk assessment is the least efficient way to determine risk in a system, business segment, application or process.

    D. makes a base assumption that a broad risk assessment is the least efficient way to determine risk in a system, business segment, application or process.

17. Setting clear security roles has the following benefits:

    A. Establishes personal accountability, reduces cross-training requirements and reduces departmental turf battles

    B. Enables continuous improvement, reduces cross-training requirements and reduces departmental turf battles

    C. Establishes personal accountability, establishes continuous improvement and reduces turf battles

    D. Reduces departmental turf battles, Reduces cross-training requirements and establishes personal accountability

18. Well-written security program policies are **BEST** reviewed:

    A. At least annually or at pre-determined organization changes

    B. After major project implementations

    C. When applications or operating systems are updated

    D. When procedures need to be modified

19. An organization will conduct a risk assessment to evaluate

A. threats to its assets, vulnerabilities not present in the environment, the likelihood that a threat will be realized by taking advantage of an exposure, the impact that the exposure being realized will have on the organization, the residual risk

B. threats to its assets, vulnerabilities present in the environment, the likelihood that a threat will be realized by taking advantage of an exposure, the impact that the exposure being realized will have on another organization, the residual risk

C. threats to its assets, vulnerabilities present in the environment, the likelihood that a threat will be realized by taking advantage of an exposure, the impact that the exposure being realized will have on the organization, the residual risk

D. threats to its assets, vulnerabilities present in the environment, the likelihood that a threat will be realized by taking advantage of an exposure, the impact that the exposure being realized will have on the organization, the total risk

20. A security policy which will remain relevant and meaningful over time includes the following:

A. Directive words such as shall, must, or will, technical specifications and is short in length

B. Defined policy development process, short in length and contains directive words such as shall, must or will

C. Short in length, technical specifications and contains directive words such as shall, must or will

D. Directive words such as shall, must, or will, defined policy development process and is short in length

21. The ability of one person in the finance department to add vendors to the vendor database and subsequently pay the vendor violates which concept?

A. A well-formed transaction

B. Separation of duties

C. Least privilege

D. Data sensitivity level

22. Collusion is best mitigated by:

A. Job rotation

B. Data classification

C. Defining job sensitivity level

D. Least privilege

23. Data access decisions are best made by:

A. User managers

B. Data owners

C. Senior management

D. Application developer

24. Which of the following statements **BEST** describes the extent to which an organization should address business continuity or disaster recovery planning?

A. Continuity planning is a significant organizational issue and should include all parts or functions of the company.

B. Continuity planning is a significant technology issue and the recovery of technology should be its primary focus.

C. Continuity planning is required only where there is complexity in voice and data communications.

D. Continuity planning is a significant management issue and should include the primary functions specified by management.

25. Business impact analysis is performed to **BEST** identify:

A. The impacts of a threat to the organization operations.

B. The exposures to loss to the organization.

C. The impacts of a risk on the organization.

D. The cost efficient way to eliminate threats.

26. During the risk analysis phase of the planning, which of the following actions could **BEST** manage threats or mitigate the effects of an event?

A. Modifying the exercise scenario.

B. Developing recovery procedures.

C. Increasing reliance on key individuals.

D. Implementing procedural controls.

27. The **BEST** reason to implement additional controls or safeguards is to:

A. deter or remove the risk.

B. identify and eliminate the threat.

C. reduce the impact of the threat.

D. identify the risk and the threat.

28. Which of the following statements **BEST** describes organization impact analysis?

A. Risk analysis and organization impact analysis are two different terms describing the same project effort.

B. A organization impact analysis calculates the probability of disruptions to the organization.

C. A organization impact analysis is critical to development of a business continuity plan.

D. A organization impact analysis establishes the effect of disruptions on the organization.

29. The term "disaster recovery" refers to the recovery of:

A. organization operations.

B. technology environment.

C. manufacturing environment.

D. personnel environments.

30. Which of the following terms **BEST** describes the effort to determine the consequences of disruptions that could result from a disaster?

A. Business impact analysis.

B. Risk analysis.

C. Risk assessment.

D. Project problem definition.

31. The elements of risk are as follows:

A. Natural disasters and manmade disasters

B. Threats, assets and mitigating controls

C. Risk and business impact analysis

D. business impact analysis and mitigating controls

32. Which of the following methods is not acceptable for exercising the business continuity plan?

A. Table-top exercise.

B. Call exercise.

C. Simulated exercise.

D. Halting a production application or function.

33. Which of the following is the primary desired result of any well-planned business continuity exercise?

A. Identifies plan strengths and weaknesses.

B. Satisfies management requirements.

C. Complies with auditor's requirements.

D. Maintains shareholder confidence.

34. A business continuity plan is best updated and maintained:

A. Annually or when requested by auditors.

B. Only when new versions of software are deployed.

C. Only when new hardware is deployed.

D. During the configuration and change management process.

35. Which of the following is **MOST** important for successful business continuity?

A. Senior leadership support.

B. Strong technical support staff.

C. Extensive wide area network infrastructure.

D. An integrated incident response team.

36. A service's recovery point objective is zero. Which approach **BEST** ensures the requirement is met?

A. RAID 6 with a hot site alternative

B. RAID 0 with a warm site alternative

C. RAID 0 with a cold site alternative

D. RAID 6 with a reciprocal agreement

37. The (ISC)^2 code of ethics resolves conflicts between canons by:

A. there can never be conflicts between canons.

B. working through adjudication.

C. the order of the canons.

D. vetting all canon conflicts through the board of directors.

第2章 資産のセキュリティ

「資産のセキュリティ」のドメインでは，資産を管理し，監視，保護するための概念や原則，構造および標準について説明する．これにより様々なレベルの機密性，完全性および可用性を実現することが可能になる．情報セキュリティのアーキテクチャーと設計は，組織のセキュリティプロセス，情報セキュリティシステム，人事および組織の現在または将来の構造，行動を記述するための包括的で厳密な方法を適用することを目的としており，組織の中心的な目標と戦略的方向性を備えている．

運用のセキュリティは，セキュリティ専門家にとって，各々のバックグラウンドや経験に応じて，チャレンジングでもある．運用のセキュリティは，主に中央集中型あるいは分散型環境における情報処理資産の保護とコントロールに関わっている．運用セキュリティはほかのサービスの品質でもあり，それ自体が一連のサービスとなる．

情報セキュリティのガバナンスとリスクマネジメントは，情報資産の保護の基準を確立し，その保護の有効性を評価するために使用するフレームワーク，指針，概念，原則，構造および標準に対応する．これらには，ガバナンス，組織行動，セキュリティ意識啓発についての問題が含まれる．

情報セキュリティマネジメントは，組織の情報資産を確実に保護するために，包括的かつ積極的なセキュリティプログラムの基盤を確立する．今日の情報システムを取り巻く環境は，高度に相互接続され，相互依存しているため，情報技術とビジネス目的との連携を理解する必要がある．情報セキュリティマネジメントとは，現在実装されているセキュリティコントロール（管理策）のために組織が受容したリスクを伝達し，コスト効率の高いコントロールを強化して，企業の情報資産に対するリ

スクを最小限に抑えるよう努めることとなる．セキュリティマネジメントには，情報資産の機密性，完全性，可用性を適切に保護するために必要な管理コントロール，技術コントロール，物理コントロールが含まれる．それぞれのコントロールは，ポリシー，プロシージャー，スタンダード，ベースラインおよびガイドラインの基盤によって明示される．

▶トピックス

- 情報とサポート資産の分類
  - 感度
  - 重要度
- 所有権の決定と維持
  - データオーナー
  - システムオーナー
  - ビジネスやミッションのオーナー
- プライバシーの保護
  - データオーナー
  - データプロセス
  - データ残留
- 適切な保持の確保
  - 媒体
  - ハードウェア
  - 人員
- データセキュリティコントロールの決定
  - 保存中のデータ
  - 転送中のデータ
  - ベースライン
  - スコーピングとテーラリング
  - 標準の選択
  - 暗号
- 処理要件の確立
  - マーキング
  - ラベル
  - ストレージ
  - 機密情報の破棄

▶目 標

　(ISC)²メンバーの候補者に向けた情報（試験概要）によると，CISSPの候補者は次のことができると期待されている．

- 情報とサポート資産を分類する．
- 所有権を決定し維持する．
- プライバシーを保護する．
- 適切な保持を確保する．
- データセキュリティのコントロールを決定する．
- 処理要件を確立する．

2.1 データ管理：所有権の決定と維持

　データ管理（Data Management）は，データ処理の管理面から技術面までの幅広い活動を含むプロセスとなり，適切なデータ管理手法には次のものが含まれる．

- 戦略的な長期目標を定義し，プロジェクト，機関または組織のあらゆる面でデータ管理の指針を提供するためのデータポリシー．
- 特にデータ提供者，データオーナーおよびデータ管理者について，データに関連する者の役割と責任についての明確な定義．
- データ管理プロセスにおけるすべての段階のデータ品質の管理手順（例：品質保証，品質管理）．データの正確性の検証と妥当性確認．
- 特定のデータ管理手法と，各データセットの記述メタデータの文書化．
- 合意されたデータ管理手法の遵守．
- ユーザー要件と使用するデータの理解に基づいて，慎重に計画され，文書化されたデータベース仕様．
- 情報システムインフラ（ハードウェア，ソフトウェア，ファイル形式，ストレージ用媒体），データストレージとバックアップ方法およびデータ自体の更新手順の定義．
- 継続的なデータ監査による，管理手法の有効性と既存データの完全性の監視．データの保管とアーカイブの計画とそのテスト（災害復旧）．
- データへのリスクを低減するための，テスト済みの階層化され，継続的かつ進化的なコントロールによるデータセキュリティアプローチ．
- データアクセスの基準と，データに影響を与える可能性のあるすべてのアクセスを制御するために適用される制限に関する情報の明確化．
- 一貫性のある受け渡し手順による，ユーザーが入手そして利用可能な明確かつ文書化された公開データ．

2.1.1 データポリシー

　健全なデータポリシー（Data Policy）は，企業活動やプロジェクトのあらゆる側面にわたりデータ管理の戦略的な長期目標を定義することとなる．データポリシーは，データ管理の指針フレームワークを確立する一連の高水準の原則であり，データアクセス，関連する法的事項，データ管理の問題と保管義務，データ取得などの

戦略的問題に対処するために使用することができる．データポリシーは，高度なフレームワークを提供するため，柔軟かつ動的でなければならない．これにより，予期せぬ課題，様々なタイプのプロジェクト，潜在的な機会に乗じたパートナーシップにデータポリシーを容易に適応させることができる．

　データポリシーを確立する際にセキュリティ担当責任者が検討すべき課題には，次のものがある．

- **コスト**(Cost)＝データを提供するコストとデータにアクセスするコストを考慮する必要がある．コストは，ユーザーが特定のデータセットを取得する場合だけでなく，プロバイダーが，要求されたフォーマットまたは範囲でデータを提供する場合にも双方の障壁になる．

- **所有権と管理権**(Ownership and Custodianship)＝データ所有権(Data Ownership)を明確に取り扱う必要がある．知的財産権は様々なレベルで所有することが可能である．例えば，マージされたデータセットは，ほかの組織が元の構成データを所有している場合であっても，別の組織が所有することができる場合がある．法的な所有権が不明確である場合は，データが不適切に使用されたり，放置されたり，失われたりするリスクがある．

- **プライバシー**(Privacy)＝どのデータがプライベートであり，どのようなデータがパブリックドメインで利用可能になるのかを明確にする必要がある．プライバシーに関する法律では，通常，個人情報を他人から保護することが求められている．したがって，データセットにおける個人情報の組み込み，使用，管理，保管および保守のための明確なガイドラインが必要となる．

- **責任**(Liability)＝責任は，組織が法的手段によりどのように保護されているかを含む．これは，データや情報管理の分野で非常に重要となる．特に，データの誤用や不正確さの結果として個人や組織に損害が生じた場合は，非常に重要な問題となる．責任はしばしばエンドユーザーとの契約やライセンスを介して処理されることになる．慎重に言及された免責条項をメタデータおよびデータ検索システムに含めることにより，プロバイダー，データコレクターまたはデータセットに関連するすべてのものが，データの誤用または不正確さに対する法的責任を免れることが可能となる．

- **感度**(Sensitivity)＝機密扱いとするデータを特定する必要がある．機密データ(Sensitive Data)とは，一般に公開された場合に，その属性または生存している個人に対して悪影響(害，除去，破壊)をもたらすデータとなる．脅威の種類や

レベル，属性の脆弱性，情報の種類，およびすでに公開されているかどうかなど，感度を決定する際にはいくつかの要素を考慮する必要がある．

- **既存の法律およびポリシー要件**(Existing Law & Policy Requirements)＝適用されるデータや，情報に関連する法律およびポリシーに配慮する必要がある．既存の法律およびポリシー要件は，企業のデータポリシーに影響を与える可能性がある．

- **ポリシーとプロセス**(Policy and Process)＝要求に対して適時に処理し，必要に応じて応答するためには，データやポリシーに対する法的要求について考慮する必要がある．さらに，1つまたは複数のポリシーがすでに存在する場合は，それらが十分であるかどうか，または何らかの方法で変更する必要があるかどうかを判断し，作成される新しいプロセスと完全に統合されるように検討し，評価する必要がある．法的な要求に基づいたデータへのアクセスを提供するために使用されるポリシーとプロセスは，そのような状況下でどのようにセキュアアクセスが付与されるかを規定するアクセス制御や既存のポリシーに違反しないように設計および実装する必要がある．要求の対象となるデータのみを利用可能とし，無関係なデータが公開されないようにすることが必要である．

2.1.2 役割と責任

データ管理は，情報技術(IT)，データベースの実装およびアプリケーションに関するものだけでなく，個人および組織に関するものとなる．データ管理の目標と基準を満たすために，すべての関係者は，役割と責任について理解する必要がある．

データ管理の役割と責任を明確にする目的は次のとおりである．

- 機能に関連付けられた役割を明確に定義する．
- プロジェクトの全フェーズでデータ所有権を確立する．
- データの説明責任を確保する．
- 十分に合意されたデータ品質とメタデータのメトリックスが継続的に維持されるようにする．

2.1.3 データ所有権

情報には，作成され，使用され，最終的に破棄するというライフサイクルがある．いくつかの重要な情報セキュリティのアクティビティは，情報のライフサイクルを守り，情報を保護し，必要な人だけがアクセスできるようにし，最終的に情報が必要なくなった時に，その情報を破棄することである．情報の所有権の概念は，情報セキュリティ専門家の職務の一環として理解される必要がある．

情報が作成されると，組織内の誰かがこの作成された情報に直接責任を負う必要がある．多くの場合，組織の使命のために情報を作成，購入または取得した個人かグループがこの責任を負うことになる．この個人またはグループを「情報オーナー」と呼び，情報オーナーには通常，次の責任が発生する．

- 情報が組織の使命に及ぼす影響を判断する．
- 情報の交換コストを理解する（交換可能な場合）．
- 組織内または組織外にいる誰が情報を必要としているのか，どのような状況で情報を公開すべきかを決定する．
- 情報が不正確であるか，もはや必要でなくなって破棄すべき時を判断する．

良好なデータ管理の重要な作業の1つは，データのオーナーを識別することである．データオーナー（Data Owner）は一般に，著作権や知的財産権とともに，データに対する法的権利を有している．これは，データの収集，照合またはほかの当事者との契約上の譲渡などによっても適用されるものである．データ所有権（Data Ownership）とは，データを利用する権利を意味し，継続的な維持が不必要または不経済になる状況では破棄する権利を持ちうる．所有権は，データ項目，マージされたデータセット，または付加価値データセットに関連付けることができる．

データオーナーは，以下の事項に該当する場合，それらを確立し，文書化することが必要になる．

- データの所有権，知的財産権および著作権
- データが準拠すべきビジネスに関連する法定義務および非法定義務
- データセキュリティ，開示管理，リリース，価格設定および普及に関するポリシー
- データが引き渡される前に，契約書または使用許諾契約書に定められた利

用条件に関するユーザーおよび顧客との合意

2.1.4 データ管理

　データ管理者（Data Custodian）は，重要なデータセットが，定義された仕様の中で開発され，維持され，アクセス可能であることを保証することが必要となる．データ管理者の役割として，これらを監督することにより，データセットが損なわれないようにすることが挙げられる．これらの活動がどのように管理されるかは，データに適用される定義済みのデータポリシーおよびその他の適用可能なデータ管理仕様に準拠する必要がある．データ管理者の典型的な責任には，次のものがある．

- 適切で関連あるデータポリシーおよびデータ所有権のガイドラインを遵守する．
- 適切なユーザーに対してアクセスを確保し，適切なレベルのデータセットセキュリティを維持する．
- 基本的なデータセットをメンテナンスする．これは，データ保存およびアーカイブを含み，かつ限定されるものではない．
- データセットについて文書化する．これは，文書の更新を含む．
- データセットへの追加に関わる品質保証と妥当性確認を行う．これは，継続的なデータの完全性を保証するための定期的な監査を含む．

　データ管理は一般的に，データセットのコンテンツおよび関連する管理基準に最も精通した単一の職務またはエンティティによって処理されるのが最適である．リソース（時間，資金，ハードウェアやソフトウェア）を考慮した管理ならびにデータ管理の実現のためには，異なる組織によって扱われる異なる側面を含む様々なレベルの管理サービスを展開することが適切であると言える．
　データ管理の活動に関連する特定の職務には，次のものがある．

- プロジェクトリーダー
- データマネージャー
- GIS（Geographic Information System）マネージャー
- ITスペシャリスト
- データベース管理者

- アプリケーション開発者
- 収集者および取得者

2.1.5 データ品質

　データに適用される品質は，使用または潜在的な使用への適性として定義されている．多くのデータ品質(Data Quality)の原則が，種データ(Species Data)とそれらのデータを多元的に扱う時に適用される．これらの原則は，データ収集と取得から始まり，データ管理プロセスのすべての段階に関与している．これらの段階のいずれかでデータ品質を損失すると，適用性が下がり，データを適切に配置することができなくなる．

- 収集時のデータ取得と記録
- デジタル化前のデータ操作(ラベル作成，元帳へのデータのコピーなど)
- 収集したものの特定(標本，観測)とその記録
- データのデジタル化
- データの文書化(メタデータの取得と記録)
- データの保存とアーカイブ
- データの提示と配布(紙，電子出版物，Web対応データベースなど)
- データの利用(分析および操作)

　これらのすべてが，データの最終的な品質または適性に影響を与え，データのすべての側面に適用されることになる．データ品質基準には次の要素が必要となる．

- 正確さ
- 精度
- 分解能
- 信頼性
- 繰り返し性
- 再現性
- 通用性
- 関連性
- 監査能力

- 完全性
- 適時性

　品質管理 (Quality Control：QC) は，品質をコントロールし，モニタリングするための内部標準，プロセス，手順に基づいた評価であり，品質保証 (Quality Assurance：QA) は，プロセス外部の基準に基づく評価であり，最終製品が所定の品質基準を満たしていることを保証する品質管理プロセスである．品質保証手順は，データ開発の全段階を通じて品質を維持するが，品質管理手順は，結果として生じるデータ製品を監視または評価する．

　エラーを含まないデータセットは理想的なデータセットと言えるが，現実的には，95 ～ 100％の精度を達成するためのコストが利益を上回る可能性がある．したがって，データ品質の期待値を設定する時は，少なくとも次の2つの要素が考慮されるべきである．

1. 不正なデータフィールドまたはレコードの頻度
2. データフィールド内のエラーの重要性

　エラーは，データセットの期待値が明確に文書化され，「重大な」エラーを構成するものが理解されている場合に検出される可能性が高くなる．エラーの重要性は，データセット間および単一のデータセット内で異なる可能性がある．例えば，誤った小数点 (例えば10対1.0) を有する2桁の数字は重大なエラーであり，小数値が正しくない6桁の数字 (例えば，1000.00対1000.01) はそうではない可能性がある．ただし，6桁の資産シリアル番号の1桁の誤った数字は，別の資産クラスを示す可能性がある．

　QA/QCメカニズムは，プロセスまたはイベントが以下2つの基本的なタイプのエラーのいずれかをデータセットに導入する時に発生するデータ汚染を防止するように設計されている．

1. 職務上のエラーには，データの入力や転記または誤動作した機器に起因するものが含まれる．これらは一般的であり，識別が非常に容易であり，データ取得プロセスに組み込まれた適切なQAメカニズムおよびデータが取得されたあとに適用されるQC手順によって効果的に削減することができる．
2. データ漏れのエラーには，合法的なデータ値の文書化が不十分であること

が多く，これらの値の解釈に影響する可能性がある．これらのエラーは検出して修正するのが難しい可能性があるが，これらのエラーの多くは厳密なQC手順で明らかにする必要がある．

　品質管理プロセスの一環として検証および妥当性確認手順を適用することにより，データ品質が評価される．検証と妥当性確認は，データ管理の重要なコンポーネントであり，データの有効性と信頼性を確保する．米国環境保護庁は，データが意図したものであるかを確実にするために，必要な手順でデータセットの完全性，正確性およびコンプライアンスを評価するプロセスとして，情報の検証を定義している．データの妥当性確認（Data Validation）はデータの検証のあとに，データ品質目標が達成されたかどうか，および偏差の理由を確認するために検証済みデータを評価する必要がある．データ検証（Data Verification）では，デジタル化されたデータがソースデータと一致するかどうかがチェックされるが，妥当性確認はデータが意味を持つことを確認する．データの入力と検証は，データに精通していない人員によって処理することも可能であるが，妥当性確認にはデータに関する詳細な知識が必要であり，データに最も精通している者が行う必要がある★1．
　データ品質の原則は，データ管理プロセス（取得，デジタル化，保管，分析，表示および使用）のすべての段階で適用する必要がある．データ品質の向上には，防止と修正の2つの鍵がある．エラー防止は，データの収集とデータベースへのデータの入力の両方に密接に関連している．エラーの防止にはかなりの努力を払う必要があるが，大規模なデータセットのエラーは引き続き存在し，データの妥当性確認と修正は無視することができない．
　文書化は，優れたデータ品質の鍵となる．適切な文書がなければ，ユーザーはデータの使用に適しているかどうかを判断することが難しく，管理者はデータ品質チェックが何者によってどのように行われたのかを知ることは困難となる．これらの文書化には一般的に2つのタイプがあり，その内容はデータベース設計に組み込まれるべきものとなる．1つ目は各レコードに関連付けられているデータについて，どのレコードのデータはチェックが行われていて，どのような変更が行われているか，それが誰によって行われるかが記録される．2つ目は，データセットレベルで情報を記録するメタデータとなる．どちらも重要であり，それがなければ，良好なデータ品質が損なわれることになる．

2.1.6 データの文書化と構成

データの文書化（Data Documentation）は，将来にわたりデータセットを使用可能にするために重要となる．データの寿命は，文書化の包括性にほぼ比例する．その後の識別，適切な管理および効果的な使用を容易にし，同じデータを複数回収集または購入することを避けるために，すべてのデータセットを特定し，文書化する必要がある．

データの文書化の目的は次のとおりとなる．

- データの長寿命化と複数の目的での再使用を確実にする．
- データユーザーがデータセットのコンテンツコンテキストと制限事項を理解できるようにする．
- データセットの発見を容易にする．
- データセットとデータ交換の相互運用性を促進する．

データ管理プロセスの最初の手順の1つに，電子システムへのデータの入力が含まれる．データコレクターだけでなく，将来，データに関心を持つ者による，データセットの検索および解釈を容易にするために，データベース設計およびデータ入力中に次のデータ文書化手法が実装されることになる．

▶ データセットのタイトルとファイル名

データセットのタイトルと対応するファイル名は，プロジェクトまたはプログラムの詳細を知らない人々により，将来的には何年もアクセスされる可能性があるので，理解しやすいものである必要がある．データセットの電子ファイルには，ファイルの内容を反映しファイルを一意に特定することのできる情報を含む名前を付ける必要がある．

ファイル名には，プロジェクトの頭字語や名前，研究のタイトル，場所，調査担当者，研究の年，データ型，バージョン番号，ファイルの種類などの情報が含まれる場合がある．ファイル名は，ファイル自体のヘッダー行の最初の行に指定する必要がある．名前には，数字，英字，ダッシュ，アンダースコアのみが含まれ，スペースや特殊文字は使用されない．一般的に，小文字の名前はソフトウェアとプラットフォームに依存しないため奨励される．読みやすさとユーザビリティなどの実用的な理由から，ファイル名は64文字を超えないようにする必要がある．過度に長い

ファイル名を指定すると，分析スクリプトにファイルを識別してインポートすることが困難になる．データファイルの作成日またはバージョン番号を含めると，データセットの更新がリリースされた場合に，使用しているデータを素早く特定できる．

▶ファイルの内容

ほかのユーザーがデータを使用するためには，パラメーター名，計測単位，フォーマットおよびコード化された値の定義など，データセットの内容が理解できる必要がある．ファイルの先頭に，データファイルをデータセットにリンクする記述子を含む複数のヘッダー行(データファイル名，データセットタイトル，作成者，今日の日付，ファイル内のデータが最後に変更された日付，コンパニオンファイル名など)を含める．その他のヘッダー行では，各列の内容(パラメーター名とパラメーター単位)を記述する必要がある．大規模で複雑なデータセットについては，データセットの内容について多くの説明情報が必要になる場合があるが，その情報はヘッダーとして提供されるのではなく，別のリンクされたドキュメントとして提供される可能性がある．

- **パラメーター**(Parameters)＝データセットで報告されるパラメーターには，その内容を記述する名前を付ける必要があり，ほかのユーザーが報告対象を理解できるように単位を定義する必要がある．一般的に受け入れられるパラメーター名を使用する必要がある．適切なパラメーター名とは，短く，一意(少なくとも特定のデータセット内で)およびパラメーターの内容を説明しているものである．列見出しは，様々なデータシステムで簡単にインポートできるように構築する必要がある．一貫して大文字を使用し，文字，数字およびアンダースコアのみを使用する(スペースまたは小数点記号は使わない)．各パラメーターに対して一貫したフォーマットを選択し，データセット全体でそのフォーマットを使用する．可能な場合は，日付，時刻，空間座標など，標準化された形式を使用する．

  各列内のすべてのセルは，1つのタイプの情報(例えば，テキスト，数値など)のみを含める必要がある．一般的なデータ型には，テキスト，数値，日付や時刻，ブール値(YesもしくはNo，またはTrueもしくはFalse)およびコメント(大量のテキストを格納するために使用される)が含まれる．

- **コード化フィールド**(Coded Fields)＝フリーテキストフィールドではなく，コード化フィールドには，データプロバイダーが選択できる事前定義済みの値による標準化リストがある．データコレクターは，複数のデータファイル間で

一貫して使用されるように定義された値を持つ独自のコード化フィールドを用意する．コード化フィールドは，フリーテキストフィールドよりもデータの格納と検索が効率的となる．

- **欠損値**（Missing Values）＝欠損値を扱うためのいくつかのオプションがある．1つは値を空白のままにすることであるが，これはブランクをゼロと区別しないソフトウェアもあれば，データプロバイダーが間違って列をスキップしたものとユーザーが解釈するなどの問題を引き起こす可能性がある．もう1つの選択肢は，数字が入るところにピリオドを入れることである．これは，データが欠落している理由について何も言わないが，値がそこにあることを明確にしている．もう1つの選択肢は，異なるコードを使用して，データが欠落している理由を示すことである．

▶ メタデータ

メタデータはデータに関するデータとして定義され，リソースの元の意味と値を失わないようにする共通の用語と一連の定義を使用し，識別，品質，空間コンテキスト，データ属性およびデータセットの配布に関する情報を提供する．リソースが存在するか，どんなデータが収集されたか，どのように測定および記録されたか，どのようにアクセスするかを知ることは，記述的なメタデータなしでは困難な作業となる．

2.2 データ標準

データ標準（Data Standard）は，組織の活動や機能によって収集，自動化または影響を受けるオブジェクト，機能またはアイテムを表す．この点では，データを慎重に管理し，定義されたルールやプロトコルに従って整理する必要がある．データ標準は，データと情報を共有または集約する必要がある場合に特に重要となる．

データ標準の利点は次のとおりである．

- より効率的なデータ管理（更新とセキュリティを含む）
- データ共有の促進
- より高品質なデータ
- データ一貫性の向上
- データ統合の促進

- データについての理解の向上
- 情報リソースの文書化の改善

データ標準を採用して実装する場合，次のような標準レベルを考慮する必要がある．

- 国際的
- 国内
- 地域
- ローカル

可能な場合は，適用範囲が最大となる，最小限に複雑な標準を採用する．また，セキュリティ担当責任者は，標準が絶えず更新されていることに注意する必要があり，可能な限り，標準を維持し遵守する必要がある．

2.2.1 データライフサイクルコントロール

優れたデータ管理では，データのライフサイクル全体を慎重に管理する必要がある．これらのデータ管理には以下が含まれる．

- データの仕様とモデリングの処理，データベースのメンテナンス，セキュリティ
- 既存データの使用と継続的な有効性を監視する継続的なデータ監査
- プライマリーコピーとバックアップが破損している場合に，以前のバージョンにロールバックできるように定期的にスナップショットを作成するなど，データを効果的に維持するためのアーカイブ

2.2.2 データの仕様とモデリング

データベースを構築する作業の大部分は，データベースソフトウェアを使用する以前から実施する必要がある．成功したデータベース計画では，徹底的なユーザーの要件分析のあとにデータモデリングが行われる．ユーザー要件を理解することが，最初の計画段階となる．データベースは，データ取得からデータ入力，レポート作成，長期分析まで，ユーザーのニーズを満たすように設計する必要がある．データ

モデリング（Data Modeling）は，ユーザー要件を満たすためのパスを特定する方法論となる．プロジェクト参加者のビジネスルールやプロジェクトの目標，目的に十分に対応しながら，全体のモデルとデータ構造をできるだけシンプルに保つことが重要となる．

　モデル化されるデータに関するプロトコルおよび参照資料の詳細なレビューは，エンティティ，関係および情報の流れを明瞭にすることになる．データモデリングは反復的かつ対話型である必要がある．以下の広範囲な質問がよい出発点となる．

- データベースの目的は何か？
- これらの目的を達成するために，データベースがどのように支援することになるか？
- データベースの利害関係者は誰か？　成功に関心があるのは誰になるか？
- 誰がデータベースを使用し，どのようなタスクでデータベースを必要としているのか？
- データベースはどのような情報を保持しているのか？
- データベースが保持する最小限の情報とその特徴は何か？
- データベースはほかのデータベースやアプリケーションと対話する必要があるか？　どのような調整が必要となるか？
- どのくらいの期間データを保持する必要があるか？
- データベースへの依存関係は何になるか？
- データベースの廃止措置のプロセスはどのようになるか？

　データベースライフサイクルの概念設計フェーズでは，情報やデータモデルを作成する必要がある．情報やデータモデルは，データベースに格納される概念のドキュメント，相互の関係および概念とそれらの関係を示す図で構成されている．データベースの設計プロセスでは，その情報やデータモデルは，設計とプログラミングチームがデータベースに格納される情報の性質を理解するためのツールであり，それ自体が目的ではない．これらの情報やデータモデルは，データベースが何をする必要があるのかを指定する人々（データコンテンツの専門家）と，データベースを構築するプログラマーとデータベース開発者との間のコミュニケーションを支援することである．注意深いデータベース設計とその設計の文書化は，データベースの使用中にデータの完全性を維持するだけでなく，将来の移行の際におけるデータ損失を防ぐためにも重要な要素となる（現在のデータについての推論が，将来の時点で事実ととられるリ

スクの低減を含む）．したがって，情報やデータモデルは，データベースのライフサイクルの後半になって，データとユーザーインターフェースを移行する時期が来る際にも重要な文書となる．情報やデータモデルは，文書や図などの単純なものでも，設計ツールを使用した複雑なものでも構わない．

2.2.3 データベースのメンテナンス

　技術的な陳腐化は情報損失の重大な原因であり，時代遅れのソフトウェアフォーマットまたは旧式の媒体に保存されている場合，ユーザーがデータにアクセスできなくなる可能性がある．デジタルファイルの効果的なメンテナンスは，継続的に変化するハードウェア，ソフトウェア，ファイル形式およびストレージ用媒体のインフラに依存する．ハードウェアの主な変更は1〜2年ごとに，ソフトウェアでは1〜3年ごとに変更される可能性がある．ソフトウェアとハードウェアが進化するにつれて，データセットは新しいプラットフォームに継続的に移行されなければならず，特定のプラットフォームやソフトウェアとは独立したフォーマット（ASCII区切りファイルなど）で保存される必要がある．

　データベースまたはデータセットを更新する場合は，慎重に定義された手順を作成する必要がある．データセットがライブまたは進行中の場合は，更新頻度とともに，追加，変更，削除について，手順を作成する必要がある．バージョニングは，マルチユーザー環境で作業する場合，非常に重要となる．データベースシステムの管理には，日々のシステム管理が必要となり，脅威分析も実施される必要がある．これらの分析で明らかになった定期的なバックアップなどの脅威の軽減手段を，日々の管理作業に採用する必要がある．

2.2.4 データ監査

　優れたデータ管理では，既存のデータの使用と継続的な有効性を監視するために日常的なデータ監査（Data Audit）が必要となる．データ監査または情報監査は，以下を含むプロセスとなる．

1．組織やプログラムの情報ニーズを特定し，それらのニーズに戦略的に重要なレベルを割り当てる．
2．これらのニーズを満たすために現在提供されているリソースおよびサービ

スを特定し，組織（またはプログラム）内および組織とその外部環境との間の情報フローをマッピングし，ギャップ，重複，非効率性，過剰供給領域の分析を行い，変更が必要な場所の特定を可能にする．

　情報監査はリソースを数えるだけでなく，それらがどのように使用され，誰によって，どのような目的で使用されているかを調査することになる．情報監査では，組織内で発生するアクティビティやタスクを調べ，それらをサポートする情報リソースを特定する．それには，使用されるリソースだけでなく，どのように使用され，どのように各タスクの正常な完了に重要であるかを調べることになる．すべてのタスクとアクティビティに戦略的意義のレベルの割り当てを行い，これらを組み合わせることにより，戦略的に重要な知識が作成されている領域の識別を可能にする．また，知識の共有や移転に依存するタスクや，高品質の知識に依存するタスクを識別することになる．データ監査の利点は次のとおりである．

- データ保有の意識
  - キャパシティ計画の推進
  - データの共有と再利用の推進
  - データ保持の監視と，データ漏洩の防止
- データ管理手法の認識
  - リソースの効率的な使用とワークフローの改善を促進
  - リスクマネジメント能力の向上：データの損失，アクセス不能，コンプライアンス
  - データ戦略の開発や改良が可能

2.2.5 データの保存とアーカイブ

　データの保存とアーカイブ（Data Storage and Archiving）は，データの保管に関連するデータ管理の側面を取り扱う．この要素には，電子デジタルデータおよび情報，ならびに関連するハードコピーデータおよび情報に関する考慮事項が含まれる．保存とアーカイブのための慎重な計画がなければ，多くの問題が発生し，その結果，データが古くなり，正しく管理・格納されていないために使用できなくなる可能性がある．

　電子デジタルデータの物理データセットの保存およびアーカイブの重要な考慮事

項には，次のものがある．

- **サーバーのハードウェアとソフトウェア**(Server Hardware and Software)＝データに必要なデータベースの種類は何か？　物理的なシステムインフラをセットアップする必要があるか？　それとも必要なインフラがすでに設置してあるか？　主要なデータベース製品が必要となるか？　このシステムはほかのプロジェクトやデータに利用されるか？　このシステムの管理を誰が監督するのか？

- **ネットワークインフラ**(Network Infrastructure)＝データベースをネットワークまたはインターネットに接続する必要があるか？　対象ユーザーに提供するために必要な帯域幅は？　アクセス可能とすべき時間帯は？

- **データセットのサイズとフォーマット**(Size and Format of Datasets)＝データセットのサイズは，ストレージスペースが適切に考慮されるように見積もられる必要がある．データベースの能力と互換性において想定外とならないように，種類とフォーマットを特定する必要がある．

- **データベースの保守と更新**(Database Maintenance and Updating)＝データベースまたはデータセットは，更新するための手順を慎重に定義する必要がある．データセットがライブまたは進行中の場合は，更新頻度とともに，追加，変更，削除の手順が含まれる．マルチユーザー環境で作業する場合，バージョン管理はきわめて重要である．

- **データベースのバックアップとリカバリーの要件**(Database Backup and Recovery Requirements)＝ユーザーエラー，ソフトウェアや媒体の障害または災害発生時のデータベースのバックアップまたはリカバリーの要件は，データセットの寿命を保証するために明確に定義され，合意されなければならない．メカニズム，スケジュール，バックアップの頻度と種類，適切な復旧計画を特定し，計画する必要がある．これには，オンサイトバックアップのためのストレージ用媒体の種類とオフサイトバックアップが必要かどうかが含まれる．

データのアーカイブは，優先度の高いデータ管理の問題となる．スタッフの離職率が高く，データを分散して保存している組織は，情報管理のサイクルに組み込まれた高度な文書化とアーカイブ戦略を必要とする．データのスナップショット（バージョン）は，プライマリーコピーとそれのバックアップが破損した場合にロールバックが可能になるように維持する必要がある．

さらに，セキュリティ専門家は，組織のライフサイクルを通じてデータの展開と管理に関連するコストを考慮する必要がある．例えば，Microsoft SQL Server FailoverクラスターまたはOracleサーバークラスターなどの冗長構成を持ったシステムで管理されるデータセットのハードウェアコストは，それがオンサイトで行われる場合，IaaS（Infrastructure as a Service）ソリューションを介してクラウドプロバイダーから提供される場合よりも高くなる．ただし，ライフサイクルにわたって提供することに関連する運用コストは，クラウドベースで展開する場合の方が，オンサイトで展開する場合より潜在的に高くなる．セキュリティアーキテクトとセキュリティ専門家は連携して，セキュリティソリューションに関連するコストや，セキュリティに関する考慮事項によってプラットフォームの選択肢に依存する全体コストを文書化し，組織に理解させる必要がある．

2.3 寿命と使用

2.3.1 データセキュリティ

データセキュリティ（Data Security）には，意図しない動作からデータベースを保護するシステム，プロセスおよび手順が含まれる．意図しない動作には，誤用，悪意ある攻撃，意図せぬ間違い，個人またはプロセスによる認可または不認可のアクセスが含まれる．物理的な機器の盗難や妨害は別の考慮事項となる．事故や災害（火災，ハリケーン，地震または流出した液体など）も，データセキュリティにとっての別の脅威の1つとなる．データベースとそのデータが危険にさらされないように，新しい脅威に対しても最新の状態を保つためにセキュリティ担当責任者が努力する必要がある．実行可能な脅威については，適切な措置と予防措置を実施する必要がある．

セキュリティは，多層的な防御アーキテクチャーを使用して各レイヤーで実装する必要があり，決して単一の方法に頼るべきではない．ミラーリングされたサーバー（冗長性），バックアップ，バックアップの整合性テスト，物理アクセス制御，ネットワーク管理によるアクセス制御，ファイアウォール，機密データ暗号化，最新のソフトウェアセキュリティパッチなど，いくつかの方法を使用する必要がある．これには，インシデントレスポンス機能および完全復旧計画も含まれる．可能であれば，実装されたセキュリティ機能をテストして，その有効性を判断する必要もある．

リスクマネジメント（Risk Management）とは，情報技術（IT）管理者が，企業の使命

をサポートするITシステムとデータを保護することによって，保護対策の運用コストと経済コストのバランスをとることを可能にするプロセスである．リスクマネジメントには，次の3つのプロセスが含まれる．

- リスクアセスメント
- リスクの低減
- 査定と評価

　企業がITシステムのリスクマネジメントプロセスを実装するのは，基本的に，企業への悪影響を最小限に抑え，意思決定において健全な基盤が必要となるためである．
　リスクアセスメント(Risk Assessment)は，リスクマネジメントの方法論における最初のプロセスである．企業はリスクアセスメントを実施して，システム開発ライフサイクル全体にわたって，ITシステムに関連する潜在的な脅威の程度とリスクを判断する．このプロセスの結果は，リスクの低減プロセス中に，リスクを削減または排除するための適切なコントロールを特定するのに役立つ．リスクとは，特定の潜在的な脆弱性に対する特定の脅威ソースの行使の可能性と，その有害イベントが企業に与える影響の可能性である．将来の有害イベントの可能性を判断するには，潜在的な脆弱性およびITシステムのコントロールに関連して，ITシステムに対する脅威を分析する必要がある．影響とは，引き起こされる可能性のある害の大きさを指す．その影響レベルは，潜在的なミッションの影響によって支配され，影響を受けるIT資産およびリソースの相対的価値を生成する(例えば，ITシステムコンポーネントおよびデータの重要度および機密性)．
　リスクマネジメントの第2のプロセスであるリスク低減(Risk Mitigation)には，リスクアセスメントプロセスから推奨される適切なリスク低減コントロールの優先順位付け，評価および実施が含まれる．すべてのリスクを排除することは通常，非現実的で不可能なため，経営幹部およびビジネスマネージャーの責任で，最小コストアプローチを使用し，ミッションリスクを受容水準まで最小限に抑える最も適切なコントロールを実施し，企業のリソースとミッションへの影響を最小限に抑える必要がある．
　ほとんどの企業では，情報システム自体が継続的に拡張および更新され，コンポーネントが変更され，ソフトウェアアプリケーションが新しいバージョンに置き換えられたり更新されたりする．さらに，人事異動が発生し，セキュリティポリシーは時間の経過とともに変化する可能性がある．これらの変化や変更により，新

しいリスクが発生し，以前低減されたリスクが再度懸念される可能性もある．したがって，リスクマネジメントプロセスは継続的かつ常に進化する必要がある．

2.3.2 データアクセス，共有および配信

データや情報は，それらを必要とする人や，アクセスを許可された人が容易にアクセスできるものでなければならない．データおよびデータベースシステムへのアクセスに対処するためのいくつかの問題は次のとおりである．

- データのアクセスと使用に関連するデータポリシーとデータ所有権
- データへのアクセスが必要な人のニーズ
- 必要かつ適切なアクセスの種類とレベル
- データを実際に提供するためのコストとデータへのアクセスを提供するためのコスト
- エンドユーザーに適したフォーマット
- システム設計上の考慮事項（一部のユーザーへのアクセスを制限しなければならないデータが存在する場合を含む）
- 収集されるデータのコンテキストにおけるプライベートおよびパブリックドメインの問題
- 正確さ，推奨される使用方法，使用制限などの責任事項はメタデータに含める必要がある
- プロバイダー，データコレクターまたは誰かがデータの誤用や不正確さに対する法的責任のあるデータセットに関連する場合，慎重に言及された免責条項をメタデータに含めることで，責任から解放することができる
- データが保存される場所で，地理的に固有の，または特有の法的または管轄権の問題がある場合は，考慮する必要がある
- データがネットワーク回線上を移動する場所で，地理的に固有の，または特有の法的または管轄権の問題がある場合は，考慮する必要がある
- データが消費される場所で，地理的に固有の，または特有の法的または管轄権の問題がある場合は，考慮する必要がある
- マルチユーザーアクセスシステムに関連するシングルアクセスまたはマルチユーザーアクセスおよびその後のバージョン管理の問題の必要性
- 機密データを保護するための意図的な難読化についての詳細

誰に対して，特定のデータを利用可能とするか否かという決定は，データオーナーまたはデータ管理者が行う．データを保留する決定は，プライバシー，商業的信頼，国家安全保障上の配慮または法制上の制限のみに基づいて行われるべきものとなる．保留の決定には透明性が必要であり，決定がなされる基準は，定められたポリシーに基づいている必要がある．

　特定のデータへのアクセスを拒否する代わりに，それらを統計データ化することで，問題を克服できることがある．多くの企業は，調査によって収集された，より詳細なデータから得られた統計データを提供している．機密データを保護するために収集された元のデータよりも空間解像度が低いデータを提供する企業もある．データの利用者は，特定のデータが保留または変更されたことを認識することが重要である．これは，関係するプロセスやトランザクション，および生成される情報製品の品質や有用性を制限する可能性があるためである．1つの対処法は，一般に利用可能なメタデータレコードやデータ製品に関わる書類には，提供されるデータに制限があるため，特定の使用方法については影響を与える可能性があることを，データ管理者が明記することである．

2.3.3 データ公開

　情報の公開とアクセスは，統合された情報管理ソリューションを実装する際に対処する必要がある．説明的なデータの見出し，凡例，メタデータやドキュメントの提供，不整合のチェックなど細部に注意することで，公開されたデータが実際に理にかなっていること，それにアクセスし使用できること，適切なドキュメントが利用可能であることを確認でき，データが有用でアクセスに値するとユーザーが判断できることになる．

▶処理要件の確立

▶機密情報のマーキング，処理，保存，破棄

　物的資産と同様に機密情報資産が明確に分類され，ラベルが付けられていることが重要である．コンピュータシステムはそれらのラベルを均一に強制することが理想である．ただし，これは通常，強制アクセス制御（Mandatory Access Control：MAC）を使用するシステムでのみ行われる．任意アクセス制御（Discretionary Access Control：DAC）に基づくシステムでは，通常，ラベルを一様に適用せず，情報資産がシステム間で転送される時にラベルが失われる可能性がある．

情報資産は，組織の財務諸表に宣言された価値を持たない可能性があるため，価値の評価が難しくなる．そのような資産には，多くの種類の知的財産を含むすべての形態の情報が含まれる．情報資産の場合，資産所有権は解決するのが難しい場合がある．それは，資産の作成者であったり，最終的に資産を所有する組織であったりする．

　物的資産とは異なり，情報資産はまた，所有の線引きが困難になることがある．組織により異なる価値を持つ情報資産が，同じシステム上に存在する可能性があるが，これらは異なる方法で保護する必要がある．情報資産の評価と保護を実装するために，情報の分類がよく使われる．

　情報の分類（Information Classification）とは，様々な種類の情報資産を区別し，機密情報を保護する方法についてのガイダンスを提供することである．伝統的な情報の分類スキームは，機密性の要件に基づいていた．資産（オブジェクト）は機密性（極秘，秘密，公開など）に従って分類され，対象者は一致するクリアランスレベルのセットに基づいてクリアランスを与えられる．最新の情報分類スキームは，機密性，完全性および可用性の要件を含む複数の基準を持ち込む[2]．

　どちらの場合も，情報分類の目的は，類似の資産をまとめて共通の分類レベルに基づいて保護することである．これにより，組織の中で，同様の価値を持ち，同様のセキュリティ要件を持つ複数の資産にわたって保護ソリューションを適用できる．これにより，規模の経済性を達成するとともに，これらのソリューションをより効率的に管理できるようになる．

　情報のカテゴリー化には，情報を機密解除するプロセスと手順も含まれる．例えば，機密解除は，情報の機密性をダウングレードするために使用されることになる．一度機密とみなされた情報でも，時間の経過とともに価値や重要度が低下する可能性がある．このような場合，非機密情報に対して過度の保護管理策が使用されないように，機密解除の努力を実施する必要がある．情報の機密化を解除する際には，マーキング，処理，保存に関する要件が緩和される可能性がある．組織は，この任務に割り当てられた担当者のために，機密保持の基準を十分に検討し，文書化する必要がある．

▶媒体

　機密情報を格納する媒体（Media）には，物理コントロールおよび論理コントロールが必要である．セキュリティ専門家は，データが暗号化されていない場合，媒体にはデジタルアカウンタビリティの手段が不足していることを常に念頭に置く必要がある．このため，機密扱いの媒体を扱う際は細心の注意を払わなければならない．

マーキング，処理，保存，機密解除などの論理コントロールおよび物理コントロールは，機密用の媒体を安全に取り扱うための方法を提供する．

▶ マーキング

媒体のマーキング（Marking）については，組織的なポリシーにより実施される必要がある．ストレージ用媒体には，そこに含まれている情報の機密性を識別する物理的なラベルが必要である．ラベルは，媒体が暗号化されているかどうかを明確に示す必要がある．ラベルには，連絡先のポイントと保持期間に関する情報が含まれている場合もある．ラベルを付けずに媒体が発見されると，適切な分析か，またはそれ以外の方法でデータの種類が明らかになるまで，最高レベルの感度で扱い，すぐにラベル付けされる必要がある．セキュリティ担当責任者とセキュリティ専門家は，どちらも媒体マーキングポリシーに関して責任を持つ必要がある．具体的には，機密性の高い情報資産と機密データを複数のユーザーの間で保存して共有する必要がある組織で媒体マーキングへのニーズは最も強い．セキュリティアーキテクトが一元的に管理および制御されたエンタープライズコンテンツ管理（Enterprise Content Management：ECM）システムをデータ漏洩防止（Data Leakage Protection：DLP）技術と組み合わせて設計できる場合，媒体マーキングで対処するような脅威は，まったく別の方法で処理できる可能性がある．

▶ 処理

指定された担当者のみが機密性の高い媒体にアクセスできる．機密性の高い媒体の適切な処理を記述するポリシーとプロシージャーを定める必要がある．機密性の高い媒体を管理する担当者は，機密性の高い媒体の適切な処理とマーキングに関するポリシーとプロシージャーについてトレーニングを受ける必要がある．セキュリティ専門家は，組織のすべてのメンバーが，セキュリティポリシーを理解しているか，または認識していることを想定してはならない．また，ログやその他のレコードを使用して，バックアップ用の媒体を処理する担当者の活動を追跡することも重要となる．アクセスログなどの手動プロセスは，機密性の高い媒体へのアクセスに関する自動コントロールの欠如を補うために必要となる．

▶ 保存

機密性の高い媒体は，第三者などがアクセスできる場所に残置してはならない．可能であれば，バックアップ用の媒体を暗号化し，アクセスが制限された安全で強力な

ボックスなどのセキュリティコンテナに格納する必要がある．オフサイトの場所に暗号化されたバックアップ用の媒体を格納することは，災害復旧のためにも検討する必要がある．システムと同じ場所に保管された重要なバックアップ用の媒体は，可能な限り耐火ボックスに保管しなければならない．どのような場合でも，媒体へのアクセス権を持つ担当者の数は厳密に制限されるべきであり，職務の分離とジョブローテーションの概念は費用対効果を判断し実施すべき事項となる．

▶ 破壊[★3]

不要になった媒体や欠陥のある媒体は，単に廃棄するのではなく，破壊する必要がある．媒体を扱うために使用されるログに対して破壊の記録を行う必要がある．セキュリティ担当責任者は，使用済み媒体に含まれているデータの機密度が判断できない場合は，単にそれをリサイクルするのではなく，問題の媒体の再利用のコントロールを実装する必要がある．

▶ 記録保持[★4]

情報とデータは，必要な期間は保持する必要がある．組織は，業界標準または法律および規制に従って，指定された期間のみ特定のデータを保持する必要がある．ハードコピーおよびソフトコピーは，必要な，または有用な寿命を超えて保管すべきではない．セキュリティ担当責任者は，保存されたデータの場所と種類に関する正確な記録が組織によって維持されることを保証すべきである．保存されている情報の量を減らし，関連する情報のみが保存されるようにするには，保存しているデータの記録についての定期的なレビューが必要となる．

記録保持ポリシーは，組織が情報のコピーを保持する必要がある期間を定義する．例えば，詐欺事件に関連する金融取引は，無期限に，または裁判所の判決の10年後まで保持する必要がある．システムログなどのその他の情報は，適切なフォレンジックおよびインシデントレスポンス機能で過去のイベントを再構築するために情報を使用できるようにするために，6カ月以上保持する必要がある．セキュリティ専門家は，次のことを確認する必要がある．

- 組織は，組織全体の様々な種類のデータの保持要件を理解している．
- 組織は，各種類の情報の保持スケジュールを記録として文書化する．
- 組織のシステム，プロセスおよび個人は，定められたスケジュールに従って情報を保持するが，定められた期間以上は保持しない．

記録の保持によくある間違いは，最長の保持期間を見つけて，分析なしで組織内のすべてのタイプの情報に適用することである．これはストレージを浪費するだけでなく，関連するレコードを検索したり，処理したりする際にかなりの「ノイズ」が加わることになる．義務化されていない記録と情報は，企業の方針と考慮する法的要件に従って破棄すべきである．

　セキュリティ専門家は，データ保護，ユーザーのプライバシーおよびデータ保持に関する問題に影響を及ぼす可能性のある，ローカル，全国的および国際的な動向を意識する必要がある．例えば，欧州連合司法裁判所が2014年5月に裁定した判決では，ヨーロッパ在住者と域外に住む可能性のある者を含めて，プライバシー権が侵害されていると信じる者は誰でも，検索エンジンにオンライン情報へのリンクを削除するよう求めることができるとした．これは，あらゆる種類の潜在的な影響を及ぼす可能性があり，セキュリティ専門家は企業内外双方を考慮し対処する必要性，または最低限の指針を提供する必要性がある[*5]．

2014年5月13日の判決で，欧州連合司法裁判所は次のように述べている．

a．**EU規則の範囲について**：会社の処理データの物理サーバーがヨーロッパ域外にある場合でも，検索エンジンによって提供される広告スペースの販売を促進する支店または子会社が加盟国内にある場合，EU規則はその検索エンジン運用者にも適用される．

b．**EUデータ保護ルールの検索エンジンへの適用性について**：検索エンジンは個人データのコントローラーとなる．したがって，Google社（グーグル）は，それが検索エンジンであると言って個人データを扱う限りにおいて，ヨーロッパの法律の前にその責任を免れることはできない．EUデータ保護法が適用され，忘れられる権利も適用される．

c．**「忘れられる権利」について**：個人は，特定の条件の下で，検索エンジンに個人情報のリンクを削除するよう求める権利を持っている．これは，データ処理の目的上，情報が不正確，不十分，無関係または過大である場合に適用される（裁決の第93項）．裁判所は，この特例では，人のデータ保護権への干渉は，検索エンジンの経済的利益だけでは正当化できないとしている．同時に裁判所は，忘れられる権利は絶対的なものではなく，表現や報道の自由のようなほかの基本的権利と常にバランスをとる必要があることを明示した（裁決の第85項）．問題の情報の種類，個人の私生活に対する感度，およびその情報へのアクセスにおける一般の関心を考慮して，臨機応変の評価が

必要である．削除を要求する人が公共の生活の中で果たす役割も関係している場合がある．

特に，この判決の結果，セキュリティアーキテクト，セキュリティ担当責任者，セキュリティ専門家が直面する問題の入り組んだ複雑な性質は，判決後も長く理解されていない可能性がある．判決の要件を遵守しようとするために必要な対応メカニズムの作成には困難が伴うため，多くの組織はすべてのタイプのデータの作成，使用，収集の方法を検討する必要がある．セキュリティ専門家は，組織のニーズと個人の権利が最も適切な方法で保護され，対処されるように，これらの活動と評価の多くをリードする準備を行う必要がある．

▶ データ残留

データ残留(Data Remanence)は，何らかの形で消去されたデータについての物理的な残留についての議論となる．ストレージ用の媒体が消去されたあとでも，媒体に残された物理的な痕跡からデータを再構成できる可能性がある．セキュリティ担当責任者は，今日の企業で使用されている最新のストレージシステムのアーキテクチャーと機能を理解して，データ残留の問題に効果的に対処する必要がある．

ハードディスクドライブ(HDD)では，データはハードドライブのプラッターの磁場を変更することによって磁気的にドライブに書き込まれる．HDDは機械的な装置で，物理的な原理で動作している．データにアクセスするためには，プラッターは回転し，読み取り／書き込みヘッドを移動させる必要がある．データは磁気的に記録されるため，プラッターの磁場を変更して新しいデータを記録し，以前のデータを上書きして消去することができる．

ソリッドステートドライブ(SSD)は，フラッシュメモリーを使用してデータを格納する．フラッシュメモリーは，メモリーセルにデータのビットを電気的に保存する．HDDとは異なり，ヘッドやプラッターが機械的に移動して格納されたデータにアクセスする必要はない．むしろデータは，ドライブのフラッシュ変換レイヤーを介して，格納された場所に直接アクセスすることができる．これにより，特にHDDのシーク時間と比較して，SSDはデータをより高速に取り出すことができる．

HDD上のデータ残留は，ドライブで使用中の現在のデータを削除する際に行われるメソッドやメカニズムの特性によって引き起こされる．HDDのデータ残留に対処するために採用されている3つの一般的な対策がある．

▶ クリア

クリア(Clearing)は，データが通常のシステム機能やソフトウェアファイルやデータ復旧ユーティリティを使用して再び復元されないことを保証して，ストレージデバイスからデータを除去する手段である．この場合，特別な研究室レベルの技術を使用しないと，データは回復できない．

▶ パージング

パージング(Purging)またはサニタイズ(Sanitizing)とは，既存の技術ではデータを再構築できないように，機密データをシステムまたはストレージデバイスから削除することである．

▶ 破壊

ストレージ用の媒体を，通常の機器で使用できなくする方法である．媒体を破壊する効果は様々あるが，適切な手法を使用した破壊(Destruction)は，データの残留を防止する最も安全な方法である．

上述の3つの対策で使用される具体的な方法は次のとおりである．

- **上書き**(Overwriting)＝データ残留に対抗するために使用される一般的な方法は，ストレージ用の媒体を新しいデータで上書きすることである．これは多くの場合，ファイルまたはディスクのワイプまたは細断と呼ばれる．最も単純な上書き手法は同じデータをどこにでも書き込むことで，多くの場合，すべてがゼロとなるパターンだけを書き込む．より高度なデータ復旧手法に対抗する場合には，特定の上書きパターンで複数回処理する．これは，解読を防ぐための一般的な手法となる．例えば，7パスパターンでは，0xF6，0x00，0xFF，ランダム，0x00，0xFF，ランダムのように書き込みを行う．上書きにおける1つの課題は，ディスクの一部の領域は，媒体の劣化やその他のエラーのためにアクセスできない場合があり，上書きに失敗することである．
- **消磁**(Degaussing)＝消磁による消失は，2つの方法で達成することができる．AC消去では，初期の高い値(すなわち，AC電力)から時間的に振幅が増減する，交互に極性の変わる磁界によって媒体を消磁する．DC消去では，媒体は一方向磁界(すなわち，直流電力または永久磁石の使用)を印加することによって飽和される．多くの種類のこれまでの磁気記憶媒体は安全に消磁することが可能となるが，最新のHDDの磁気媒体は消磁することで使用不能に，そしてス

トレージシステムに損傷を与える場合がある．これは，HDDの動作には磁気媒体に恒久的に埋め込まれる読み取り／書き込みヘッド位置決め機構のための特別なサーボ制御データが必要なためである．サーボ制御データは，特殊目的のサーボ書き込みハードウェアを使用して工場で一度だけ媒体に書き込まれているため，消磁によりサーボ制御データが失われることになる．

サーボ制御データのパターンは通常，何らかの理由でデバイスによって上書きされることはなく，媒体のデータトラック上に読み取り／書き込みヘッドを正確に配置して，デバイスの動き，熱膨張または向きの変化を補償する．消磁により，記憶されたデータだけでなくサーボ制御データも無差別に除去され，サーボ制御データなしでは，磁気媒体上のどこでデータを読み書きするかを決定することができなくなる．媒体を，再び使用可能にするには，低レベルフォーマティングを行わなければならない．現代のハードドライブでは一般に，HDDの製造業者特有かつモデル固有のサービス機器なしでこれを行うことは不可能である．

- **暗号化**(Encryption)＝データを媒体に保存する前に暗号化することで，データ残留に対する懸念を緩和することができる．復号鍵が慎重に管理されている場合，信頼できない当事者がHDDからデータを回復することは非常に困難となる．鍵が媒体に保存されていても，HDDに保存されているデータセット全体と比較して，鍵を非常に迅速かつ完全に上書きすることが可能である．このようなプロセスは暗号消去(Crypto-Erase)と呼ばれる．

▶媒体の破壊

ストレージ用の媒体を物理的に破壊することは，データ残留を防ぐために最も確実な方法となる．

媒体の破壊技術には，次のようなものがある．

- 媒体を物理的に破壊する(例えば，粉砕または細断により)
- 媒体を化学的に(例えば，焼却または苛性アルカリや腐食性化学物質を介して)読み出し不可能，非反転構成可能な状態に変化させる
- 相転移(例えば，固体ディスクの液化または気化)
- 磁気媒体の場合，その温度をキュリー温度まで上昇させる[6]

SSDはフラッシュメモリーを使用してデータの保存と読み出しを行う．フラッ

シュメモリーは磁気メモリーと重要な点で異なっており，それは直接データを上書きできないことである．HDD上の既存のデータが変更される時は，ドライブは古いデータを新しいデータで上書きする．このように，HDD上のデータを消去する効果的な方法は上書きすることである．一方，SSDでは，既存のデータに変更を加える場合，ドライブは同じセクションをHDDのように上書きするのではなく，新しい変更とともに一定のデータ区画を別の場所に書き込む．フラッシュ変換レイヤーは，システムが古いデータではなく更新された新しいデータを見つけるようにマップを更新する．このため，SSDには，通常の方法でアクセスできない場合でも，同じデータの複数の履歴にアクセスできる場合がある．これは，SSD上のデータ残留を引き起こす原因となる．

SSDは，特殊なデータ破壊技術を必要とする独自の課題を抱えている．HDDとは異なり，上書きはSSDに有効ではない．フラッシュ変換レイヤーは，システムがデータにアクセスする方法を制御するため，データ破壊ソフトウェアからデータを効果的に「隠す」ことができ，データの履歴がドライブの異なるセクションに残される．代わりに，SSDの製造元には，ドライブ上のデータを内部で消去するように設計された組み込みのサニタイズコマンドが含まれている．このコマンドの利点は，フラッシュ変換レイヤーが消去プロセスを妨げないことにある．しかし，これらのコマンドが製造元によって不適切に実装されている場合，この消去技術は有効ではない可能性がある．

もう1つの手法は，暗号化削除（Cryptographic Erasure）または暗号消去と呼ばれ，SSDの組み込みデータ暗号化機能を利用する．ほとんどのSSDはデフォルトでデータを暗号化している．暗号鍵が消去されると，データは復号できないため読み取れなくなる．しかし，このアプローチでの暗号鍵の消去という行為は，フラッシュ変換レイヤーによりデータを効果的に消去できることに依存していることになる．そのためフラッシュ変換レイヤーが暗号化に関連するデータの存在を単純にマスクしているだけの場合，「暗号化された」ドライブはまだ読める可能性がある．

SSDの独特な複雑さのために，最適なデータの破棄方法は，実際には，これらすべての技術（暗号消去，サニタイズ，ターゲットの上書きパス）の組み合わせとなる．SSD上のデータ残留を効果的に防止するために，これらの消去手法を調整できる専門家による注意深い調査が必要になる[7]．

今日のクラウドベースのストレージの使用は，セキュリティ担当責任者にとってデータ残留の課題にもなる．多くのデータがクラウドベースのストレージシステムに移行するにつれて，データセキュリティの問題に対処する能力は，企業に

とってはるかに困難になる可能性がある．この分野のセキュリティ担当責任者が直面する多くの課題の中には，クラウドベースのストレージシステムの廃止時にデータが正常に破棄されたことを正式に証明することがある．第三者がシステムを所有し，運用しており，企業がストレージスペースを効果的に借りるという形態のため，多くの場合，データ管理とセキュリティを把握することはほとんどできていない．

　企業にとって大きな課題であるクラウド内のデータ残留問題を，PaaS（Platform as a Service）ベースのアーキテクチャーの利用により，解決できる可能性がある．セキュリティ担当責任者とクラウドベンダーは，プラットフォーム提供による媒体とアプリケーションレベルの難解な問題に対処するPaaSソリューションを設計するために協力する必要がある．メッセージング，データのトランザクション性，データの格納とキャッシング，フレームワークAPI（Application Programming Interface）など，このソリューションが正しく機能するためには，適切にセットアップして同期する必要がある．さらに，プラットフォームは，転送中のデータを含むデータライフサイクルの中で，暗号化されていないデータが物理的な媒体に書き込まれないように，適切な保護手段を使用して設計や設定を行う必要がある．

　データライフサイクル管理に関連する規格が複数あるため，セキュリティ専門家は，特にデータ残留について理解している必要がある．「媒体のサニタイズに関するガイドライン（DRAFT SP 800-88 Revision 1：Guidelines for Media Sanitization）」は，米国国立標準技術研究所（National Institute of Standards and Technology：NIST）がこの分野で提供したガイダンスの最新バージョンとなる．これは，2006年9月に発行されたオリジナルのガイダンスの改定として2012年9月に更新されている[8]．2008年11月17日付の「米国空軍システムセキュリティ命令8580号」は，1996年8月20日付の「空軍システムセキュリティ命令5020号」[9]を置き換えるもので，残留データの安全保障に関するものである．このほか，米国国防総省の「防衛セキュリティサービス国家産業安全プログラム（Defense Security Service National Industrial Security Program［DSS NISP]）」[10]や，2006年7月に発行されたカナダの通信セキュリティ機関の「ITSG-06：電子データ記憶装置のクリアおよび除外（Clearing and Declassifying Electronic Data Storage Devices–ITSG-06）」[11]，米国国家安全保障局（National Security Agency：NSA）の「中央セキュリティサービス（CSS）の媒体の破壊ガイドライン（Central Security Service［CSS] Media Destruction Guidance）」[12]，ニュージーランドの「情報セキュリティマニュアル」（2010年）[13]，オーストラリア政府防衛情報安全保障省の「情報セキュリティマニュアル2014」[14]などのガイドラインがある．

2.4 情報の分類と資産の保護

情報オーナーは，情報セキュリティプログラムおよび役員と協力し，保護，可用性および破棄の要件を満たす必要がある．情報と保護の要件を標準化するため，多くの組織では分類またはカテゴリー化を使用して，情報を並べ替えマークを付ける．分類は主にアクセスに関係するが，カテゴリー化は主に組織への影響（Impact）に関係する．

分類（Classification）は，軍や政府の情報を議論する時に最も頻繁に利用される．しかし，いくつかの一般の組織でも，機能が似ている同様のシステムを使用することができる．分類システムの目的は，適切なレベルのクリアランスを持つものだけが情報にアクセスできるように情報に確実にマークすることにある．多くの組織では，「機密」「限定」「重要」という用語を使用して情報にマークする．これらのマークにより，役員会や，人事部などの組織の特定部門といった特定のメンバーにアクセスを制限することになる．

カテゴリー化（Categorization）とは，情報の機密性，完全性，可用性の喪失による組織への影響を判断するプロセスである．例えば，Webページ上の公開情報は，最小限の稼働時間しか必要としないため，組織への影響が少ない可能性がある．情報が変更され，一般に公開されているかどうかは問題ではない．しかし，スタートアップ企業のような会社で，新しい低公害の発電所の設計をしている場合がある．この場合，設計書が紛失または改ざんされた場合，競争相手がより迅速に設計を実装することができるため，会社が破産する可能性がある．この種の情報は，「高い」影響としてカテゴリー化されることになる．

いくつかの分類とカテゴリー化のシステムが存在している．情報セキュリティ専門家は，彼らが活動する国と業界におけるシステムについて理解している必要がある．分類システムの例については，以下を参照することができる．

- カナダの「情報セキュリティ法」[15]
- 中国の法律における「国家秘密保護」[16]
- 英国の「国家機密法」[17]

優れたカテゴリー化の例は，NISTの連邦情報処理標準（Federal Information Processing Standard：FIPS）199「連邦政府の情報および情報システムに対するセキュリティカテゴリー化基準（Standards for Security Categorization of Federal Information and Information Systems）」

およびNISTのSP 800-60「情報および情報システムの種類とセキュリティカテゴリーのマッピングガイド(Guide for Mapping Types of Information and Information Systems to Security Categories)」★18に見ることができる．これらは，米国連邦政府の基準となっており，このガイドラインを用いて情報をカテゴリー化することが求められている．

分類とカテゴリー化は，情報システムの防御基準を標準化するのに役立ち，従業員が情報にアクセスするのに必要な適性と信頼のレベルを助けるために使用される．類似したカテゴリー化と分類により，組織は適切なセキュリティコントロールを実装する際に経済性を実現でき，セキュリティコントロールは，特定の脅威や脆弱性に合わせて調整することが可能になる．

データ分類は，組織が保持するデータを分析し，その重要度と価値を決定し，それをカテゴリーに割り当てる作業になる．「秘密」とみなされるデータは，印刷されたレポートでも，電子的に格納されていても，適切に処理できるように分類する必要がある．IT管理者とセキュリティ管理者は，データを保持する期間と保護すべき方法を推測することができるかもしれないが，組織がデータを正しく分類するまでは，データは正しく保護されていないか，必要な期間保持されない可能性があることに留意する必要がある．

データを分類する場合，セキュリティ担当責任者はポリシーの次の側面を決定する必要がある．

1．データにアクセスできるユーザー＝データにアクセスできるユーザーの役割を定義する．例えば，会計職員は，未払金と未収金のすべてを見ることを許可されているが，新しい口座を追加することができない．全従業員は，ほかの従業員の属性(マネージャーの氏名，部門名など)を参照することができるが，人事部の従業員および管理者だけが，関連する給与の等級，自宅の住所，スタッフ全員の電話番号を見ることができる．また，人事管理者だけが，社会保障番号(Social Security Number：SSN)や保険情報など，プライベートとして分類された従業員情報を表示および更新することができる．

2．データの保護方法＝データが一般的に使用可能かどうか，または既定では立入禁止の制限があるかどうかを確認する．つまり，アクセスが許可されている役割を定義する場合は，データの一般的なアクセスポリシーとともに，アクセスの種類([表示のみ]または[更新]機能)を定義する必要もある．例えば，多くの企業がアクセス制御を設定して，データを表示または更新する権限が特に付与されているユーザー以外のすべてのユーザーにデータベースへの

アクセスを拒否している.

3．データを保持する期間＝多くの業界では，一定期間データを保持する必要がある．例えば，金融業界では7年間の保持期間が必要となる．データオーナーはデータの規制要件を把握する必要があり，要件が存在しない場合は，ビジネスのニーズに基づいて保持期間を設定する必要がある.

4．データの廃棄にはどのような方法を用いるべきか＝一部のデータ分類では，廃棄の方法は重要ではない．しかし，一部のデータは非常に機密性が高いため，データオーナーは，印刷されたレポートを廃棄する際にクロスカット破砕処理や別の安全な方法で処理したいと考えている．さらに，従業員は，機密性の高いデータが含まれているファイルを消去したあとで，PCからデータが完全に削除されたことを検証するユーティリティを使用する必要がある.

5．データを暗号化する必要があるかどうか＝データオーナーは，データを暗号化する必要があるかどうかを判断する必要がある．PCI DSS（Payment Card Industry Data Security Standard：PCIデータセキュリティ基準）などの法律または規制に準拠しなければならない場合，暗号化を行う.

6．データの用途が適切かどうか＝このポリシーの側面は，データが企業内で使用されるものであるか，使用が選択された役割に制限されているか，組織外の第三者に公開できるかどうかを定義する．さらに，一部のデータには法的な制限が関連付けられている場合がある．組織のポリシーは，そのような制限に則り，必要に応じて法的定義を参照する必要がある.

　適切なデータ分類はまた，組織が関連する法律や規制を遵守するのにも役立つ．例えば，クレジットカードデータをプライベートとして分類すると，PCI DSSへの準拠が保証される．この規格の要件の1つは，クレジットカード情報を暗号化することである．組織のデータ分類ポリシーの暗号化の側面を正しく定義したデータオーナーは，この規格で定義されている仕様に従ってデータを暗号化する必要がある[19].

▶どの分類を使用すべきか

　一般的なガイドラインでは，分類の定義を十分に明確にして，データの分類方法を簡単に判断できるようにする必要がある．つまり，分類の定義に重複があってはならない．また，データの種類が特定のカテゴリーに該当することを示す用語を，分類のタイトルとして使用すると便利である.

タイトル別にデータをカテゴリー化する例を以下に示す.

- **プライベート**(Private) = SSN, 銀行口座, クレジットカード情報など, プライベートとして定義されたデータ
- **社内制限**(Company Restricted) = 従業員の一部に限定されたデータ
- **社外秘**(Company Confidential) = すべての従業員が閲覧できるが, 一般には公開されないデータ
- **公開**(Public) = 従業員または一般の人々が閲覧または使用できるデータ

▶誰がデータの分類を決定するか

データを所有する担当者は, データの分類について決定する必要がある. データオーナーは, 保持するデータについて最も知識があり, 組織に対するそのデータの価値を正しく理解しているため, この決定を下すのに最適な資格がある.

データの分類を実装する方法の一例は, データベース管理者の役割を確認することである. データベース管理者は, データが適切に分類および保護されていることを確認するためのよいチェックポイントとなる. データオーナーは分類を実施するが, 社内で作成するアプリケーションを開発するプログラマーが, 分類を不完全に伝達したり, 忘れてしまったりする可能性がある. 新しいファイルが作成されると, データベース管理者(Database Administrator:DBA)が分類を確認することで, プログラマーが作業しているデータの種類を理解することができる. 新しいファイルを開発環境から実稼働環境に移行すると, DBAは最終的な確認を行い, データの分類に応じて, ファイルに対するデフォルトのアクセスが適切に設定されていることを確認できる.

最後に, データオーナーはデータの分類を少なくとも毎年確認し, データが正しく分類されていることを確認する必要がある. レビュー中に不一致が見つかった場合は, データオーナーは, 問題のデータを担当するデータ管理者に次の項目を確認し, 文書化する必要がある.

1. どのような状況下で, どのような理由で, なぜ逸脱が発生したのか.
2. 分類の変更は, 誰の権限で行われたか.
3. 分類の変更を実証するための文書が存在するか.

すべての情報は最終的に破棄される必要がある. 組織は, わずかな価値や有用性

しかない情報を実際に保持することで，多くのリソースを浪費している可能性がある．したがって，組織は情報の管理ポリシーに保持期間を定義する必要がある．これらのポリシーにより，設定された日時や期間のあとに，情報が一定期間使用されていない場合に，情報の破棄を強制することが可能になる．このアプローチをとる利点は次のようなものとなる．

- ストレージコストが削減される．
- 有効で必要な情報のみが保持され，検索と索引作成が高速化される．
- 訴訟ホールドや電子情報開示において，誤った情報，決定以前の情報または審議中の情報に遭遇する可能性が低くなる．

2.5 資産管理(Asset Management)

　インベントリー管理(Inventory Management)は，どの資産が手元にあり，どこに保管しているのか，誰が所有しているのかを把握することである．これは，所有しているハードウェアとソフトウェアの資産を正確かつ最新の状態に保ち，インフラを構成するコンポーネントの現在の状況をいつでも確認できるようになる．

　構成管理(Configuration Management)では，各品目のインベントリーをほかの品目に関連付けることができるように，関係が動的に追加される．構成管理では，クラスとコンポーネント，上流と下流および親子関係によって，構成項目(Configuration Item：CI)間の関係が確立される．さらに，構成管理は構成項目構造を計画，識別し，構成項目を変更するための制御環境を持ち，構成項目の状態を報告することができるプロセスを含んでいる．

　IT資産管理(IT Asset Management：ITAM)は，IT管理にいくつかの次元を追加し，はるかに広範な利害関係者を含む，広い規律となる．まず，コスト，価値，契約状況など，資産の財務面を含んでいる．より広い意味で，IT資産管理はまた，将来の予想される状態を考慮して，取得時点または調達時点から廃棄まで，IT資産の完全なライフサイクル管理を指すことになる．IT資産管理は，これらの資産の物理面，契約面，および財務面を管理するように設計されている．

　インベントリー管理，構成管理およびIT資産管理は，相互に関連している．組織のプロセスや成熟度に応じて，構成管理やIT資産管理の一部のプロセスを同時に実装できるが，セキュリティ担当責任者は構成管理またはIT資産管理を実行する前にインベントリー管理の実装を検討する必要がある．インベントリー管理，構

成管理およびIT資産管理を成功裏に実施するには，綿密な計画が必要となる．これら3つのプロセスは，企業内でプロセスが拡大し，成熟するにつれて，機能やデータ収集要件の重複を最小限に抑えるように慎重な要件の計画を行う必要がある．

　進化的なアプローチでは，構成情報を持つ集中型のインベントリーリポジトリーを構築することで，構成管理データベース（Configuration Management Database：CMDB）の基礎が形成される．構成管理データベースは，主要な統合ポイントを持つ論理エンティティであり，サービス配信，サービスサポート，IT資産管理，その他のIT分野におけるプロセスをサポートし，可能にする．構成管理データベースは，インシデント，問題，既知のエラー，変更およびリリースを含むすべてのシステムコンポーネント間の関係を保持する必要がある．また，構成管理データベースには，インシデント，既知のエラーと問題，さらに従業員，サプライヤー，拠点およびビジネスユニットに関するエンタープライズデータも含まれる．構成管理データベースを使用すると，インフラの現在および常に変化するプロファイルを強力に把握することができる．ITIL（IT Infrastructure Library）が提唱するサービス管理プロセスと緊密に統合されたインベントリー管理，構成管理およびIT資産管理は，IT組織がコストを削減し，サービスを改善し，リスクを低減するのに役立つ強力かつインパクトの高い活動となる[20]．

　これらの分野の1つ，またはすべての実装を成功させるためには，主に3つの原動力が必要になる．

1．単一の集中管理されたリレーショナルリポジトリー：構成管理およびIT資産管理における暗黙的な要素は，コンポーネント，契約，運用状況，財務上の影響，上流もしくは下流の関係に対する資産のリレーショナル属性である．これらの3つのデータは相互に構築されているため，複雑な関係を管理できるリポジトリーから始めれば，長期的には時間とコストを節約できる．

2．組織的アラインメントと定義されたプロセス：これらの3つの分野は多くの組織に関連する．IT内では，アプリケーション配信グループ，インフラ，デスクトップサポートおよびネットワーク操作は，インベントリー管理と構成情報に依存するグループのほんの一部に過ぎない．IT資産管理は，契約，調達，財務面で具体的な利益を拡大する．したがって，組織横断的な人やプロセスとのアラインメントは理にかなっている．セキュリティ担当者は，要件を調整し，イニシアチブに影響を与えるすべてのプロセスを理解し，それらがツール，技術および部門間プロセスの協調した実装から恩恵を受ける

ことができるようにする義務がある.

3．スケーラブルな技術とインフラ：インベントリー管理，構成管理およびIT
資産管理を組織全体で整備することで，大きな価値が得られる．サービスイ
ンパクトとリスクの低減のメリットは，企業のあらゆる分野に影響を与える
ことになる．したがって，エンタープライズクラスのスケーラブルなツール
と技術を使用した計画と実行は，セキュリティ担当責任者が検討すべきアプ
ローチとなる．

インベントリー管理，構成管理およびIT資産管理の価値は，IT組織全体にわたり，
またIT部門がサポートしている顧客にも及ぶことになる．これらが適切に計画さ
れ，実施されることで，ビジネスコミュニティに対するITサービスの質が向上し，
それらのサービスのコストが削減され，ITシステムおよびビジネスプロセスに関連
する財務および運用上のリスクが低減されることになる.

資産管理は情報セキュリティの基礎となる．組織がハードドライブ，サーバーま
たはシステムを把握できない場合，データ侵害が発生したかどうかを知る方法がな
い．資産管理システムは，ネットワーク認証やネットワークアクセス制御（Network
Access Control：NAC)[21] などのアクセス制御システムを駆動するためにも使用できる.
ソフトウェアと機器は，情報セキュリティ専門家が検討すべき，資産管理の2つの
主要な領域となる.

2.5.1 ソフトウェアライセンス

ソフトウェアは保護すべき重要な資産である．著作権侵害を防ぐために，組織は
ソフトウェアライセンス（Software Licensing）を管理する必要がある．組織内の悪意あ
る個人がソフトウェアを個人的に使用するために違法なコピーを作成したり，IT
管理者が認可されたライセンスの数を誤って超えたりすることがある．セキュリ
ティ担当責任者は，ライセンスされたソフトウェアの不正な複製および配布を防止
するために，組織が適切な物理コントロールを提供するのを支援する必要がある.
すべてのソフトウェアコピーは，物理的にも情報資産としても，ソフトウェア資産
の管理を行うためのソフトウェアまたはメディアライブラリー担当者が管理する必
要がある．インストールされているソフトウェアのインベントリースキャンも組織
により実施され，不正なインストールやライセンス違反を特定する必要がある.

2.5.2 機器ライフサイクル

すべての機器は，組織内で有用に活用される．多くの場合，IT機器は，その価値がゼロになるまで会計部門によって減価償却される．IT機器は，必要なタスクをもはや実行できなくなった場合やそのサポートが終了した場合に不要となる．これは，多くの組織が可能な限りリース機器を使用する理由の1つであり，PaaS，IaaS，SaaS（Software as a Service）などのクラウドベースのプラットフォームとサービスを導入する背景にある理由の1つでもある．情報セキュリティ専門家は，機器のライフサイクル（Equipment Lifecycle）を通じて，適切な情報セキュリティ活動が確実に行われるようにする必要がある．以下に，情報セキュリティ専門家が機器ライフサイクル全体を通して関与すべき共通の活動を示す．

- 要件の定義
  - 関連するセキュリティ要件が新しい機器の仕様に含まれていることを確認する．
  - 必要なセキュリティ機能のために適切なコストが割り当てられていることを確認する．
  - 新しい機器要件が組織のセキュリティアーキテクチャーに適合することを保証する．
- 調達と実装
  - 機能が指定されたとおりに含まれているかを検証する．
  - 追加のセキュリティ設定，ソフトウェアおよび機能が機器に適用されていることを確認する．
  - 必要に応じて，セキュリティ認証または認定プロセスを確認する．
  - 機器がインベントリー管理されていることを確認する．
- 運用と保守
  - セキュリティのための機能や構成が稼働していることを確認する．
  - 機器の脆弱性を確認し，発見された場合は対策を行う．
  - セキュリティ関連の懸念事項に適切なサポートが提供されていることを確認する．
  - インベントリーを検証し，機器が意図したとおりに適切に設置されていることを確認する．
  - セキュリティ影響度分析によるシステム構成の変更がレビューされ，脆

弱性が低減されていることを確認する.

- 廃棄と廃止
  ◦ 組織のセキュリティ要件に応じて,機器が確実に処分され,破棄または
    リサイクルされるようにする.
  ◦ 廃止された機器の状態を反映するために,インベントリーが正確に行わ
    れるようにする.

2.6 プライバシーの保護

プライバシーの法律は,英国の治安判事法(Justices of the Peace Act)が,覗き見や盗聴者の逮捕に適用された1361年に遡る.様々な国が,それ以降何世紀にもわたりプライバシーの保護に関する法を策定している.1776年,スウェーデンの議会は,公的記録へのアクセス法を制定した.これは,政府が保有するすべての情報を正当な目的で使用することを求めている.1792年,人権宣言は私有財産が不可侵で神聖であると宣言した.1858年,フランスはプライベート情報の公表を禁止し,高額の罰金を科した.1890年,米国の弁護士Samuel Warren(サミュエル・ウォーレン)とLouis Brandeis(ルイス・ブランダイス)は,プライバシーを"the right to be left alone"(一人にしておいてもらう権利)と記述して,不法行為の対象としてプライバシー権を明記した.

国際レベルでの最新のプライバシーベンチマークは,1948年の世界人権宣言に見いだすことができる.世界人権宣言は,領土と通信のプライバシーを保護している.第12条は,次の条文となっている.

> 「何人も,自己の私事,家族,家庭もしくは通信に対して,ほしいままに干渉され,又は名誉および信用に対して攻撃を受けることはない.人はすべて,このような干渉又は攻撃に対して法の保護を受ける権利を有する.」[22]

プライバシーの保護に関する法律は世界中で採択されている.しかし,その目的は異なっている.権威主義体制の下で過去の不正を是正しようとする者もいれば,電子商取引を促進しようとする者もいれば,汎欧州法を遵守して世界取引を可能にする者もいる.データ保護法は,目的に関わらず,個人情報を管理する必要があるという原則に収束する傾向がある.

プライバシーの権利に対する関心は,情報技術の到来により1960年代と1970年代に高まった.強力なコンピュータシステムの監視可能性は,個人情報の収集およ

び処理を管理する特定の規則への要求を促すこととなった．この分野における現代の法律の起源は，1970年にドイツのヘッセン州で制定された世界初のデータ保護法（Data Protection Law）に遡ることができる[23]．特別なデータ保護法を作成するという考えは，ヘッセンデータ保護法（1970年9月30日）の結果もたらされた．この法律は，公的機関のデジタル化されたすべての資料を保護することを目的とし，公務員による情報の開示，誤用，改ざんまたは削除に対する責任を定めている．そのうえ，データ保護責任者という真新しい職務が求められ，市民のデータを機密扱いにする責任を負わせることとなった．これに続いて，スウェーデン（1973年），米国（1974年），ドイツ（1977年），フランス（1978年）の各国で，法律が整備されていった[24]．

　これらの法律から発展した，2つの重要な国際的取り決めは，欧州評議会の「個人データの自動処理に係る個人の保護に関する条約」（1981年）と経済協力開発機構（OECD）の「プライバシー保護と個人データの国際流通についてのガイドライン」（1980年）である[25]．これらの規則は，個人情報を，収集から保管および配布までのあらゆる段階で保護されるデータとして記述している[26〜27]．

　データ保護の要件は所轄によって異なるが，一般的に個人情報を保護するには以下を満たす必要がある．

- 公正かつ合法的に取得すること
- 最初に指定された目的にのみ使用すること
- 適切で，関連があり，目的に過度でないこと
- 正確で最新であること
- 対象にアクセス可能であること
- セキュリティで保護されていること
- 目的が完了したあとに破棄されること

　2010年11月4日，欧州委員会は，EUのデータ保護規則（IP/10/1462およびMEMO/10/542）を強化する戦略を策定した．目標は法執行を含むすべての政策分野で個人のデータを保護する一方で，ビジネスのための制限を削減し，EU内のデータの自由な流通を保証することである．欧州委員会は，EUの1995年データ保護指令（95/46/EC）を改正するためにそのアイデアへの注目を集め，個別の国民意見聴取を実施した[28]．この戦略は，データ保護改革の正式な枠組みの提案とともに，2012年1月25日にEUのデータ保護指令の包括的な改革に転換された[29]．

　この提案は，一連の重要な目標を通じて，データ保護ルールのEUにおける枠組

みを近代化する方法に焦点を当てている.

1. 個人データの収集・利用が必要最小限に制限されるよう,個人の権利を強化する.個人は,誰が,なぜ,どのようにして,どれぐらいのデータを収集し,使用するのかに関して,明確に透明性を持って通知されなければならない.人々は,彼らの個人データの処理(例えば,オンラインサーフィン時)にインフォームドコンセントを与えることが必要であり,そのデータが不要になった時や,彼らが望んだ時に,データが削除されるようにする「忘れられる権利」を保持している必要がある.

2. 企業の管理上の負担を軽減し,公正な競争力を確保することにより,EUの単一市場を強化する.

3. 警察や刑事司法の分野におけるデータ保護規則を改正し,個人情報もこれらの分野で保護されるようにする.リスボン条約に基づき,EUは現在,警察や刑事司法を含むすべての部門のデータ保護に関する,包括的かつ一貫した規則を定める可能性がある.この見直しでは,法執行上の目的で保持されているデータも,新しい立法の枠組みの対象とすべきである.欧州委員会はまた,企業が6カ月から2年間の通信トラフィックのデータを保存する必要があるとされている2006年のデータ保持指令を見直している[30].

4. 国際的なデータ転送の手順を改善し,整備することにより,EU域外に移されたデータに対する高いレベルの保護を確保する.

5. データ保護当局の役割と権限を強化し,さらに調和させることにより,規則のより効果的な執行を図る.

EUのデータ保護規則は,人間の基本権利と自由,特にデータ保護の権利とデータの自由な流れを保護することを目的としている.この一般的なデータ保護指令は,通信部門のe-プライバシー指令などのほかの法的手段によって補完されている.警察や刑事上の司法協力における個人情報保護のための特別な規則もある(枠組み決定2008/977/JHA)[31].

個人データ保護の権利は,EU基本権憲章(Charter of Fundamental Rights of the European Union)第8条およびリスボン条約によって明示的に認められている[32].条約は,EU運営条約(Treaty on the Functioning of the European Union:TFEU)第16条に基づくEU法の範囲内において,すべての活動のデータ保護に関する規則の法的根拠を提供している[33].

欧州委員会のデータ保護指令は1998年10月に発効し，個人情報保護のための
EUの「妥当性」基準を満たさない非EU国への個人データの転送を禁止している．
米国とEUは市民のプライバシー保護を強化する目標を共有しているが，米国はプ
ライバシー保護に関して，EUとは異なるアプローチをとっている．

　これらの相違点を克服し，米国の組織が指令を遵守するための調和された手段
を提供するために，米国商務省は欧州委員会と協議して，「セーフハーバー（Safe
Harbor）」フレームワーク（米国–EUセーフハーバープログラム）を策定している[★34]．

　米国商務省は，スイスの連邦データ保護情報委員会との協議では，プライバシー
に対する2国間のアプローチの違いを埋めるために，米国の組織のための調和され
た手段を提供する独立した「セーフハーバー」フレームワークを策定し，スイスの
データ保護法に準拠した[★35]．

　「セーフハーバー」フレームワークの構造，焦点，実装，管理および遵守に関して
多くの質問があり，最も一般的なものは以下のとおりである[★36]．

- 　EUのデータコントローラーは，米国のどの企業がデータを受け取ること
  ができるかを知っているか？＝商務省は，「セーフハーバー」に加わった組
  織のリストを保持している．このリストは，商務省のWebサイトで公開さ
  れており，定期的に更新されている．
- 　EUの個人データを受け取ることができる米国の企業は"harborites"だけ
  か？＝いいえ．その他のデータ転送で，指令第26条（1）に基づく免除の恩
  恵を受けることもある（例えば，データ主体が明確でインフォームドコンセントを与
  えられた場合，またはデータ主体を含む契約を履行するために譲渡された場合）．また，
  第26条（2）では，適切な保護が一般的に保証されていない地域でも，輸出
  者が適切な保障措置が実施されていることを示すことができる場合（例えば，
  輸入者との契約形態）にデータを転送することを認めている．

  　データの輸出者と輸入者の間の契約は，特定の転送に合わせて調整するこ
  とができる．その場合は，事前に国家データ保護当局によって承認されるか，
  委員会がこの趣旨のために採択した標準契約条項に頼ることができる．一般
  的に言えば，これらの条項は，国家データ保護委員の事前承認を必要としな
  い．加盟国により事前に承認を受ける必要がある場合でも，自動的に承認さ
  れることになる．
- 　米国企業はどのようにして「セーフハーバー」リストに入るのか？＝自己
  証明となる．企業は，署名する際に「セーフハーバー」の原則に準拠するこ

とを宣言する義務があるが，これは独立した検証の強制対象にならない．彼らが自己証明したあと，企業は不公正かつ欺瞞的な行為のために連邦取引委員会(FTC)または米国運輸省の監督と執行措置の対象となる．組織はまた，独立した紛争解決機関を特定する必要がある．そのため，リストを調べることで，問題のある場合は，どこに苦情を言えばよいかを知ることができる．

- 「セーフハーバー」内の米国企業に転送されたデータが，データが保護されていない「セーフハーバー」以外の場所に渡されないようにする方法＝「セーフハーバー」の規則の1つは，個人が最初にオプトアウトする機会が与えられている場合にのみ，第三者に提出することが可能となることである．この規則に対する唯一の例外は，"harborites"の指示の下で代理人となる第三者に開示された場合である．この場合，開示は，他の"harborites"または類似の基準を遵守する契約上の義務を履行する会社に行うことができる．

- 「セーフハーバー」は自発的なシステムなのか？＝サインアップは確かに自発的となる．企業の参加は自発的なものである．しかし，規則はサインアップする場合，拘束力を持つことになる．

- 誰が規則に対する確認を実際に行うか？＝「セーフハーバー」内の企業は，毎年独立した機関によってコンプライアンスチェックが実施される可能性があるが，中小企業のサインアップを妨げないために，これは義務にはなっていない．独立した検証を選択しない企業は，効果的な自己検証を行う必要がある．違反があった場合は，代替的な紛争解決メカニズムを通じて，処理されることになる．これらの機関は最初に調査し，苦情の解決を試みる．"harborites"が裁定を遵守しない場合，法的権限を有し，遵守を義務付けるための効果的な制裁を課すことができ，FTCまたは米国運輸省により，セクターに応じて，通知される．重大なコンプライアンス違反の場合，企業は商務省のリストから除外される．これは，彼らがもはや「セーフハーバー」契約の下でEUからのデータ転送を受け取ることができないことを意味する．

- FTCはどのような役割を果たすのか？＝FTC法は，米国において，消費者に虚偽の表現をしたり，消費者を誤解させる可能性のある欺瞞行為を行うことを違法にしている．特定のプライバシーポリシーとプラクティスを発表し，それを遵守しないと，虚偽の表現や欺瞞になる可能性がある．FTCは，重い罰金を科すことを含む強力な執行権限を持っている．さらに，FTCに指摘されることは悪い宣伝効果をもたらし，しばしば民事訴訟の流れを引き起こすことにつながる．これにより，FTCは民間部門のプログラムをバッ

クアップすることになる．これは，多数の個別事件を取り上げるのではなく，プライバシープログラムまたはEUのデータ保護当局から受け取った自己規制ガイドラインへの不適合の照会を優先するようになっている．FTCの権限は，紛争解決に関与する民間部門の団体が彼らの保証を確実にするために使用することができる．

- FTCの管轄から除外されているセクターは存在するか？＝FTCは全般的に商取引をカバーしているが，一部のセクターは管轄から除外されている（金融サービス，運輸，通信など）．これらのセクターは，FTCと様々な権限を有するほかの公的機関が，原則に違反している企業を追及するという意味で，将来「セーフハーバー」の対象となる可能性がある．当面は，米国運輸省だけが，FTCに加えて，政府執行機関としてそれを認めるために必要な情報を欧州委員会に提出することを選択している．これにより，航空会社は「セーフハーバー」に加わることができる．欧州委員会は，当然のことながら，ほかの米国政府執行機関を正当に認めることができると期待している．

  金融サービス（銀行，保険など）に関して，欧州委員会と商務省との間の「セーフハーバー」に関する協議では，とりわけ銀行（グラム・リーチ・ブライリー法）のデータ保護のために，新しいルールを法的に確立することで一致している．これらの分野における，EUからのデータ転送に関する協議は中断され，「セーフハーバー」による利益を金融サービスにまで拡大するため，新しい法令の施行後に再開することで合意した．欧州委員会のサービスは，「セーフハーバー」の範囲から現在除外されているセクター，特に金融サービスのための取り決めに関して，米国当局との議論に参加する準備が整っている．

2.7 適切な保持の確保

2.7.1 媒体，ハードウェアおよび人員

　データのタイプが異なれば，それによりデータ保持要件も異なる．情報ガバナンスとデータベースアーカイブポリシーを確立する上で，セキュリティ担当責任者は総合的なアプローチをとるべきである．

- データの存在する場所を理解する．データがどこにあるのか，企業全体でどのように異なる情報が相互に関連しているかについての知識がない限り，

企業はデータを適切に保持しアーカイブすることができない.

- データを分類し定義する. ビジネスと保持のニーズに基づき, アーカイブ するデータとアーカイブの期間を定義する.
- データのアーカイブと管理. データが定義および分類されたら, ビジネス アクセスのニーズに基づいて適切にデータをアーカイブする. 定義された データ保持ポリシーをサポートする方法でアーカイブデータを管理する.

セキュリティ担当責任者は, 効果的で全体的なアーカイブおよびデータ保持戦略 を構築するために, 次のガイドラインを考慮する必要がある.

- データ保持ポリシーのビジネス要件と法的要件, およびそれらを実行する ために必要な技術インフラを調整するプロセスを, すべての利害関係者と進 める. 説明責任を明確にしながら, IT, ビジネスユニット, コンプライア ンスグループが連携することを確実にする.
- 組織内のアーカイブおよびデータ保持のベストプラクティスをサポートす るための共通目標を確立する. 情報がどのように管理され, データアクセス のビジネス要件がどのように満たされるかについて, ビジネスユーザーが適 切に関与し, 情報が提供されていることを確認する.
- 文書化されたデータ保持ポリシーおよびアーカイブ手順を監視, レビュー および更新する. アーカイブプロセスを継続的に改善し, 継続的なビジネス 目標をサポートし, 適切なサービスレベルを提供し, コンプライアンス要件 をサポートする.

次の基本的な8つの手順は, 組織が健全な記録保持ポリシー (Record Retention Policy) を策定する際の指針となる.

1. 法的要件, 訴訟義務, ビジネスニーズを評価する
2. 記録の種類を分類する
3. 保持期間と破棄方法を決定する
4. 記録保持ポリシーの草案を作り, 正当化する
5. スタッフを訓練する
6. 保持と破棄の実践を監査する
7. 定期的にポリシーを見直す

8．ポリシー，実施，訓練，監査を文書化する

　組織は，多種多様な記録を保持する必要がある．必要に応じて組織が記録にアクセスできるようにするには，組織は記録を有益なカテゴリーに分類する必要がある．特定の記録は，法的に一定の期間保持する必要がある．組織は，その期間だけそれらの記録を保持し，破棄することを選択するか，ビジネス上の理由から，その記録を長期間保持するかを判断する必要がある．いずれにしても，記録が継続中の訴訟に関連している場合，それらを破棄してはならない．

　すべての記録について同様の考慮事項が存在する．記録を保持する法的義務がない場合，組織は予想される，または進行中の訴訟に関連する場合を除き，記録を保持する期間を自由に選択することができる．

　あらゆる種類の記録について，組織は適切なスタッフと協議の上，適切な保持期間を決定する必要がある．迷惑メールなど，すぐに破棄するのが適しているものもある一方，組織の定款など保持期間が無期限である場合もある．

　組織は，ガイドラインを作成し，記録の分類，保持および破棄のスケジュール，保持および破棄の責任を負う当事者，破棄のために使用する手順を記した記録保持ポリシーを作成する必要がある．記録管理手続きやルールに加えて，ポリシーには，それらの手続きやルールの明示的な正当性が含まれている必要がある．正当化は，特定の記録を保持し，その他を破棄するための健全なビジネス上の根拠を定めるべきである．ほかの適切な根拠の中で，その合理性は以下のようなビジネス上の利益に言及することができる．アクセスを容易にするために記録を整理する，迅速かつ安価に記録を検索できるよう記録をできるだけ少なくする，保管費用を節約するため記録を制限し，また，壊滅的な損失に対する保護としてバックアップコピーを保持する負荷を軽減するために記録を制限する．

　従業員への教育は，必ず行わなければならない．すべての従業員が，ポリシーに従って記録を保持することの重要性を理解する必要がある．組織は，出張中(旅行中)，自宅で，またはほかの場所で，オフィスで作成されたか受信されたかに関係なく，ビジネスのあらゆる記録がポリシーの対象であることを理解させる必要がある．セキュリティ専門家は，組織が保持ポリシーに基づいてその有効性を評価するために，提供する教育が正確に評価され測定されるのを支援する責任がある．同様に重要なのは，個々の従業員がポリシーに基づき記録を破棄することを特別に許可している場合を除き，あらゆる記録を破棄すべきではない．

　セキュリティ担当責任者は，記録保持ポリシーが採用された場合には，すぐに従

業員を訓練することの重要性を理解できるように，組織に指針を提示する必要がある．さらに，新しい従業員はすべて，従業員の初期教育の一環として訓練されるべきである．それに，従業員が記録保持義務に関して確実に注意することを維持するためには，継続的な再訓練を設定する必要がある．

セキュリティ担当責任者は，記録が適切に保持され破棄されることを確実にするために，定期的な監査を実施すべきである．記録が予定された廃棄日を過ぎても保持されないようにするには，紙ファイルと電子記憶媒体をチェックする必要がある．ハードディスクをスポットチェックすることで，記録を削除するための不適切な作業が行われていないことを確認することができる．コンプライアンスの監査に使用される特定のプロセスは，組織が生成する記録のタイプと，使用されるストレージの種類によって異なる．さらに，連携先パートナーおよびサプライヤーと組織の外部で共有されるデータの問題も，セキュリティ専門家が検討する必要がある．これは，このデータが現場で同様の監査と現場確認を受けなければならないためである．

記録保持ポリシーは完全に静的であるべきではない．異なる種類の記録に対する組織のビジネスニーズが進化する可能性がある．記録保持に関する新しい法律や規制が組織に適用される場合がある．法律や規制が変更または廃止される可能性がある．組織の従業員または役員からのフィードバックによって，記録を別々にカテゴリー化する必要があること，またはほかの変更が有益であることがわかることもある．ポリシーを変更した場合は，特定の変更の性質に応じて，適切な訓練を行う．

組織では，記録保持ポリシーの実装のすべての側面を文書化することが重要である．ポリシー自体は，それによって影響を受けるすべての人に書かれ，伝達されなければならない．さらに，このポリシーには，すべての訓練作業，プロセスと結果の監査および破棄のスケジュールとアクションを記録するログが添付されている必要がある．

2.7.2 会社「X」データ保持ポリシー

▶重要な原則

このデータ保持ポリシーは，データの保存，保持および破棄に関して，ある会社「X」がどのようにデータを扱うかを概説している．これは，1998年に制定された英国データ保護法に定められた要件をベースにしている[37]．

このポリシーの主な原則は次のとおりである．

- データは，機密性と機密保持に関係して安全かつ適切に保持する必要がある．
- データへの不正なアクセス，偶発的損失または損傷を防止するために適切に措置を講じる．
- データは必要な場合のみ保持する．
- データが不正に扱われないことを保証するために適切かつ安全に廃棄する．

▶ストレージ

データとレコードは，誤用や損失を避けるために安全に保存される．

個人データまたは個人の機密データを含むデータファイルまたはレコードは，機密情報とみなされる．

ストレージに対するアプローチの例を以下に示す．

- ハードウェアへの不正な物理アクセスを防ぐ安全なデータセンターのみを使用する．
- 自組織のハードウェアだけを使用し，ほかからサーバーを借りたり，共有したりしない．
- ハードウェアへのアクセスおよびメンテナンスは，適切に訓練され，認可された特定の会社「X」の従業員に限定される．
- サービスの提供に関する義務の履行を支援するために必要な従業員のみがデータにアクセスできる．これらの従業員は，会社の義務，秘密保持の義務，データの処理に必要な注意事項を十分に理解している．

すべてのデータベースをパスワードで保護する．

Webサーバーとクライアントのブラウザー間で転送されるデータに関しては，信頼できる最大256Bのデジタル証明書を使用して暗号化し，最初の鍵交換は2,048Bで行う．転送時の実際のレベルは，ユーザーのブラウザーの機能によって異なる．

当社は，個人データまたは機密性の高い個人情報データをラップトップまたはほかのリムーバブルドライブに保存しない．そのような個人データまたは機密性の高い個人情報をラップトップまたはリムーバブルドライブに保存する必要がある場合，その時点で業界のベストプラクティスおよび標準に準拠したレベルでデータを暗号化する．

当社の安全なデータセンターは，MumfieldとWakelaneにある．その正確な場所

については，部分的にセキュリティを損なうため，この公開文書で開示することはない．

当社は，その国または地域がデータ主体の権利と自由に対する適切なレベルの保護を保証していない限り，個人データまたは機密性の高い個人情報をEU経済地域外の国または地域に譲渡しない．

▶保持

データ保護法は，いかなる目的でも処理された個人データを「その目的のために必要以上に長く保管してはならない」ことを要求している．

保存されたデータに関しては，以下の項目を個人情報とみなしている．

- 携帯電話番号
- 名前と苗字
- 顧客識別番号
- 送受信された通信の内容

最大保持期間は5年間とみなされる．5年間にユーザーとの間で送受信された通信がない場合，そのユーザーに関するすべての個人データが削除される．

データファイルまたはレコードは，正当な理由が立証されない限り，5年の終了後は保持されない．

▶破棄と廃棄

機密情報など保護が必要なすべての情報は，必要とされなくなった場合には，確実に破棄される必要がある．

機密または機密記録を破棄する手順は次のとおりである．

- 電子ファイルは，最後の操作を取り消したり，ゴミ箱からアイテムを復元したりするだけでは取り出せないような方法で削除する．
- バックアップしたコピーの破棄も同様に扱う．
- データストレージデバイスは，NIST SP 800-88 Revision 1「媒体のサニタイズのガイドライン（Guidelines for Media Sanitization）」に定義された基準で消去を行う[38]．

上記のデータ保持ポリシーの例は，セキュリティ担当責任者が企業内のデータ保持に関する枠組みを作成するのに役立つ．すべての従業員が理解できる明確なポリシーがなければ，セキュリティ担当責任者が，情報資産の運用に関して，企業の情報の保護を実装し，有効性を監視し，コンプライアンスの管理を行い，適切なプロセスが維持されていることを保証することはできない．

　情報資産を分類することにより，セキュリティ担当責任者は，企業と連携して，情報ライフサイクルの様々な段階において，情報を管理するためのルールを定義し始めることができる．次の質問を自身に問う必要がある．

- アーカイブされたデータに，誰がどのような理由でアクセスする必要があるのか？　アーカイブされたデータを取り出すのにどれぐらいの時間が許されるか？
- アーカイブの世代により，アクセス方法の要件を変更するか？
- アーカイブされたデータをどのくらい保持するか？　いつアーカイブを破棄または削除することができるか？

ビジネス情報を効果的に定義および分類し，保持と廃棄を行うには，次のベストプラクティスを検討する．

- 機能の相互所有を促進する．通常，ビジネスユニットはデータを所有し，データ保持ポリシーを設定しながら，インフラを所有し，データ管理プロセスを制御している．したがって，ビジネスマネージャーは，データに触れることができる人とそれに対して何ができるかを定義する責任がある．これらのポリシーをサポートする技術インフラストラクチャーを実装する必要がある．

　データのアーカイブ，保持，廃棄ポリシーについては，すべてのグループがその内容に関心を持っているため，プロジェクトの成功を示す大きな指標となる．これらの保持ポリシーの定義は，データライフサイクル全体で活用される文書に保存し，保持ポリシーを定義，管理，検証するための適切なコンテキストとメタデータを提供する．
- 構造化および非構造化データについて，企業全体の保持管理ポリシーを検討し，データの保持と廃棄について計画し実装する．すべての利害関係者がアーカイブおよびデータ保持ポリシーに署名したあと，それらのポリシー

を実装する計画が作成可能になる．ビジネス価値，規制または法的な義務に基づく情報の保持に加えて，不要な情報の安全な廃棄処理をサポートする．また，通知レポートを生成し，どのアーカイブが有効期限に近づいているかを特定するソリューションについて検討が必要である．

セキュリティ担当責任者は，3つの異なる領域（媒体，ハードウェアおよび人員）に焦点を当てて，企業のポリシーに沿った正式な方法で保持されていることを確認し，データの機密性，完全性および可用性を確保する必要がある．保持ポリシーの例を以下に示す．

- EU文書保持ガイド2013：15カ国の比較で法律上の要件と記録管理のベストプラクティスを理解するのに役立つ．アイアンマウンテン（Iron Mountain），2013年1月[★39].
- フロリダ州電子記録管理慣行，2010年11月[★40].
- 雇用行為規範（Employment Practices Code），情報委員会事務所，英国，2011年11月[★41].
- Wesleyan University（ウェズリアン大学），ITS所有システムのデータ保持に関する情報技術サービスポリシー，2013年9月[★42].
- Visteon社（ビステオン），国際データ保護方針，2013年4月[★43].
- テキサス州記録保持スケジュール（改訂第4版），2012年7月4日発効[★44].

セキュリティ担当責任者が保持ポリシーのステートメントとサポート文書を詳細に検討するためのサンプルテンプレートは，付録Cで提供されている．このテンプレートは，架空の金融サービス業界に関してのウォークスルーを提供する．ポリシーを定義することで，保持活動に関連するすべての担当者に対して明確な責任を割り当てることになる．

テンプレートをダウンロードして，保持ポリシーがどのように構造化されているかを理解するためのセクションを参照すること．

2.8 データセキュリティコントロールの決定

2.8.1 保存中のデータ

保存されているデータを保護することは，組織の機密情報にとって重要な要件となることがよくある．バックアップテープ，オフサイトストレージ，パスワードファイルおよびその他の多くの種類の機密情報は，漏洩や許可されない変更から保護する必要がある．これは，適切な暗号（および復号）鍵を保持するものに限定する暗号アルゴリズムの使用によって行われる[45]．最新の暗号化ツールでは，メッセージの圧縮が可能で，送信と記憶領域の両方を節約する．

▶リスクの説明

悪意あるユーザーは，デバイスへの不正な物理的または論理的アクセスを取得したり，デバイスから攻撃者のシステムに情報を転送したり，デバイス上の情報の機密性を危険にさらすその他のアクションを実行したりする可能性がある．

▶推奨事項

保護されたデータを格納するために，リムーバブル用の媒体とモバイル機器を使用する場合は，以下のガイドラインに従って適切に暗号化する必要がある．モバイル機器には，ノートパソコン，タブレット，ウェアラブル技術，スマートフォンなどが含まれる．

1．適切なデータ復旧計画を策定し，テストする．
2．準拠の暗号アルゴリズムとツールを使用する．
　a．可能であれば，その暗号強度と処理速度のために，暗号アルゴリズムにAES（Advanced Encryption Standard）を使用する．詳細については，NISTの「エンドユーザーデバイス用ストレージ暗号化技術の手引き」を参照のこと[46]．
3．パスワードを作成する時は，強力なパスワード要件に従う．ほかのシステムと同じパスワードを使用しない．パスワードの必須要件は以下のとおりである．
　a．9文字以上．
　b．次の3つの文字クラスのうちの2つの種類を含む．
　　－　アルファベット（例えば，a-z, A-Z）

- 数値(つまり0～9)
- !@#$%^&*()_+|~-=\`{}[]:";'<>?,./などの句読点や記号

4. 安全なパスワード管理ツールを使用し，パスワードやリカバリーキーなどの機密情報を保存する．

   a. パスワードをほかのユーザーと共有する必要がある場合は，暗号化されたファイルとは別の方法でパスワードを送信する．例えば，その人に電話し，口頭でパスワードを伝える．

   b. パスワードを書き留めてストレージ用の媒体と同じ場所に保管しない (暗号化されたUSBドライブの横にパスワードが記載されたポストイットノートなど)．

5. 保護されたデータがリムーバブル用の媒体にコピーされたあと，

   a. リムーバブル用の媒体が暗号化されたデータを読み取るための指示に従って動作することを確認する．

   b. 該当する場合は，安全な削除ガイドラインに従って暗号化されていない対象のデータを安全に削除する．

6. リムーバブル用の媒体(CD, ハードディスクなど)には，次の情報が記載されている必要がある．

   a. タイトル．例えば，"Project ABC"

   b. データオーナー．例えば，"Snoopy Dog"

   c. 暗号化の日付．例えば，"12/1/15"

7. 無人の場合，リムーバブル用の媒体は，セキュリティで保護された場所 (キャビネット，ロックボックスなど)に保存され，アクセスが必要なユーザーに限定する．

8. 将来の参照や追跡のために上記で指定されたラベル情報とともに，リムーバブル用の媒体の物理的な場所を文書化する．

▶適合暗号化ツール

データを暗号化するための様々なツールは，自己暗号化USBドライブ，媒体暗号化ソフトウェアおよびファイル暗号化ソフトウェアの3つのカテゴリーに分類できる．

- **自己暗号化USBドライブ** (Self-Encrypting USB Drive) ＝暗号アルゴリズムをハードドライブに組み込んだポータブルUSBドライブで，暗号化ソフトウェアをインストールする必要がない．このようなデバイスの制限事項は，ファイル

ツールカテゴリー	ツールオプション	最適な適用例
自己暗号化USBドライブ	・Imation S250 ・Imation D250 ・Kingston DataTraveler 4000 & 6000	・小人数グループ(5人以下) ・最小のファイル共有か共同作業が必要な場合 ・中規模または小さなデータ ・限られた技術サポートのリソース
媒体暗号化ソフトウェア	・Apple Disk Utilities/File Vault ・Symantec PGP Whole Disk Encryption	・小人数グループ(5人以下) ・最小のファイル共有か共同作業が必要な場合 ・大きなデータサイズ
ファイル暗号化ソフトウェア	・7Zip(AES 256bit暗号を使用)	・中規模から大規模なユーザーグループ(5人以上) ・地理的に分散した場所でユーザーが共同で作業する場合 ・中程度または大きなデータサイズ

表2.1 リムーバブル用の媒体に暗号化の要件を満たすツールのサンプルリスト

が暗号化されたUSBドライブに存在する場合にのみ暗号化されることである．つまり，USBドライブからコピーされたファイルは電子メールやその他のファイル共有オプションで送信される．

- **媒体暗号化ソフトウェア**(Media Encryption Software)＝CD，DVD，USBドライブ，ラップトップハードドライブなどの保護されていない記憶媒体を暗号化するために使用されるソフトウェアである．このソフトウェアの柔軟性により，より多くのストレージ用の媒体を保護することができる．ただし，自己暗号化USBドライブと同様に，媒体暗号化ソフトウェアにも共有時に同じ制限が適用される．

- **ファイル暗号化ソフトウェア**(File Encryption Software)＝特定のファイルを暗号化することで柔軟性を高める．ファイル暗号化ソフトウェアを適切に使用すると，リソースオーナーは，保護を維持しながら電子メールやその他のファイル共有メカニズムを介して暗号化されたファイルを共有できる．暗号化されたファイルを共有するには，上述4の推奨に従ってパスワードを安全に共有する必要がある．

表2.1に，リムーバブル用の媒体に暗号化の要件を満たすツールのサンプルリストを示す．

2.8.2 転送中のデータ

歴史を通して，暗号化の主な目的の1つは，様々な種類の媒体間でメッセージを移動させることにある．メッセージ自体が転送中に傍受された場合でも，メッセー

ジの内容が明らかにされないようにする．現代の暗号は，手渡しや音声ネットワークを介して，またはインターネットを介してメッセージを送信する場合でも，安全で機密性の高い方法を提供し，メッセージの整合性を検証することで，メッセージ自体の変更を検出できる．量子暗号が実用化した場合には，メッセージが経路の途中で読み取られたかどうかの検出を行うことが可能となる．

▶リンク暗号化

　データは，リンク暗号化またはエンド・ツー・エンド暗号化を使用してネットワーク上で暗号化される．一般に，リンク暗号化（Link Encryption）は，フレームリレーネットワーク上のデータ通信プロバイダーなどのサービスプロバイダーによって実行される．リンク暗号化は，通信経路（例えば，衛星リンク，電話回線またはT1回線）に沿ってすべてのデータを暗号化する．リンク暗号化はルーティングデータも暗号化するため，通信ノードはルーティングを続行するためにデータを復号する必要がある．データパケットは，通信チャネルの各ポイントで復号され，再暗号化される．理論上は，ネットワーク内のノードを侵害している攻撃者がメッセージを解読する可能性がある．リンク暗号化はルーティング情報も暗号化するため，エンド・ツー・エンド暗号化よりもトラフィックの機密性が向上する．トラフィックの機密性は，オブザーバーからアドレッシング情報を隠し，2者間のトラフィックの存在に基づいた推論攻撃を防止する．

▶エンド・ツー・エンド暗号化

　エンド・ツー・エンド暗号化（End-to-End Encryption）は，通常，組織内のエンドユーザーによって実行される．データは，通信チャネルの開始時またはその前に暗号化され，リモートエンドで復号されるまで暗号化されたままとなる．ネットワークを通過する時，データは暗号化されたままとなるが，ルーティング情報は目に見えるままとなる．リンク暗号化とエンド・ツー・エンド暗号化の両タイプを組み合わせることができる（図2.1）．

▶リスクの説明

　悪意あるユーザーは，暗号化されていないネットワークを介して送信される平文データを傍受または監視し，不正なアクセスを行い，重要データの機密性を損なう可能性がある．

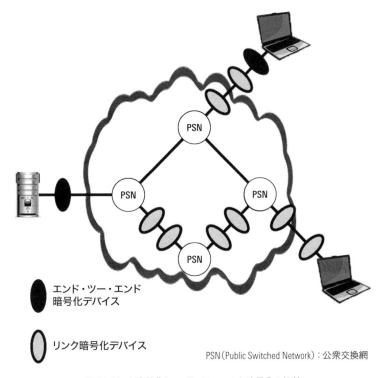

図2.1 リンク暗号化とエンド・ツー・エンド暗号化の比較

▶推奨事項

　許可されていないユーザーによるネットワークの盗聴から保護するために，データがネットワーク経由で送信される時に暗号化を行う必要がある．送信元となるエンドポイントデバイスと送信先となるエンドポイントデバイスが同じ保護サブネット内にある場合は対象となる．データ侵害による悪影響が懸念されるため，以下の推奨事項に従ってデータ送信を暗号化する必要がある．送信のタイプには，クライアントからサーバー，サーバーからサーバーへの通信，コアシステムとサードパーティシステム間のデータ転送などがある．

　電子メールは安全ではないとみなされ，追加の電子メール暗号化ツールを使用しない限り，対象データを送信するために使用してはならない．

　データを安全に転送しようとする場合，セキュリティ担当責任者は，データの安全な伝送を設計するために以下の推奨事項を考慮する必要がある．

1．Webインターフェースを介して対象デバイスに到達できる場合，SSL（Secure Sockets Layer，SSL v3のような強力なプロトコルのみ使う）やTLS（Transport Layer Security）v1.1またはv1.2を介してWebトラフィックを送信する必要がある．

2．電子メールで送信される対象データは，PGP（Pretty Good Privacy）やS/MIME（Secure/Multipurpose Internet Mail Extensions）などの強力な電子メール暗号化ツールを使用して保護する必要がある．また，電子メールを送信する前に，準拠したファイル暗号化ツールを使用してデータを暗号化し，電子メールに添付して送信する必要がある．

3．Webインターフェースを介さないデータトラフィックは，アプリケーションレベルの暗号化を行う必要がある．

4．アプリケーションデータベースがアプリケーションサーバーの外部に存在する場合，データベースとアプリケーション間のすべての接続もFIPS準拠の暗号アルゴリズムを使用して暗号化する必要がある．

5．アプリケーションレベルの暗号化がWebインターフェースを介さないデータトラフィックに対して利用できない場合は，IPSec（IP Security）やSSH（Secure Shell）トンネリングなどのネットワークレベルの暗号化を実装する．

6．強力なファイアウォールコントロールを持つ保護されたサブネット内のデバイス間で対象データを送信する場合は，暗号化を適用する必要がある．

安全でないネットワークプロトコルと安全な選択肢の例は**表2.2**のとおりとなる．

▶暗号アルゴリズムの選択

データを暗号化するアルゴリズムを選択する時は，次の点に注意が必要になる．

- 同じ暗号アルゴリズムの場合，一般的に，暗号鍵が長いほど保護はより強力になる．
- 長い複雑なパスフレーズは短いパスフレーズよりも強力である．
- パスフレーズは，以下の要件を満たさなければならない．
  a．15文字以上の文字を含む．
  b．次の3つの文字クラスのうち2つの種類を含む．
    - アルファベット（例えば，a-z, A-Z）
    - 数値（つまり0〜9）
    - !@#$%^&*()_+|~-=\`{}[]:";'<>?,./などの句読点やその他

アクション	安全でないプロトコル	安全な選択肢
Webアクセス	HTTP	HTTPS
ファイル転送	FTP, RCP	FTPS, SFTP, SCP
リモートシェル	Telnet	SSH3
リモートデスクトップ	VNC	radmin, RDP

表2.2 安全でないネットワークプロトコルと安全な選択肢の例

　の文字
- 強力な暗号は一般に，弱い暗号よりも多くのCPUリソースを消費する．

▶ワイヤレス接続

　ワイヤレスネットワークに接続して対象のデータを取り扱うシステムにアクセスする場合は，WPA2（Wi-Fi Protected Access Ⅱ）などの暗号強度の高いワイヤレス暗号規格を採用したワイヤレスネットワークにのみ接続する．上述のセクションで説明した暗号化メカニズムは，強力なワイヤレスネットワーク暗号化に加えて，エンド・ツー・エンドの保護を確保するためにも適用する必要がある．

2.8.3 ベースライン

　効果的なネットワークセキュリティには，統合された多層防御が必要となる．多層防御のアプローチにおける第1の層は，ネットワークセキュリティの基本要素の適用となる．これらの基本的なセキュリティ要素はセキュリティベースラインを形成することで，さらに高度な方法と技法を構築するための強い基盤を構成する．

　ベースラインセキュリティを適用する場合，セキュリティ担当責任者は次の質問を考慮する必要がある．

- 企業またはシステムのどの部分を同一のベースラインで保護できるか．
- 同一のベースラインを企業全体で適用する必要があるか．
- ベースラインはどのセキュリティレベルを目指すべきであるか．
- ベースラインを形成するコントロールはどのように決定されるか．

　単一のベースラインレベルを企業全体に適用すると，コントロールの実装コストが大幅に削減され，企業内のすべてのユーザーが同じレベルのセキュリティを利用

できるようになる.

　ベースラインによる保護の目的は，企業のITシステムのすべて，または一部を保護するための最小限のセーフガードセットを確立することにある．このアプローチを使用したセキュリティ担当責任者により，ベースラインによる保護を全社的に適用した上で，ハイリスクなITシステムやビジネスにとって重要なシステムを保護するために，さらに詳細なリスク分析を使用することができる.

　適切なベースラインによる保護は，最も一般的な脅威からITシステムを保護するための一連の保護手段を示唆するセーフガードカタログとチェックリストの使用によって達成することができる．ベースラインセキュリティのレベルは，企業のニーズに合わせて調整することができる．脅威，脆弱性およびリスクの詳細な評価は必要ない．その代わりに，ベースラインによる保護を適用するために行わなければならないのは，対象のITシステムにふさわしいセーフガードカタログの項目を選択することである．セキュリティ専門家はすでに使われている保護手段を識別したあと，ベースラインカタログに記載されている保護手段との比較を行う．まだ対応されておらず，適用可能なものは，実装する必要がある.

　ベースラインカタログは，使用される保護手段を詳細に指定してもよいし，検討中のシステムに適した何らかの保護手段で対処するセキュリティ要件のセットを示唆してもよい．どちらの方法も利点がある．ベースラインアプローチの目的の1つは，企業全体のセキュリティ保護手段の一貫性であり，両方のアプローチによって達成することができる.

　ベースラインセーフガードのセットを提供するいくつかの文書がすでに用意されている[47]．また，同じ産業分野の企業間で環境の類似性が認められることがある．基本的なニーズを検討したあと，ベースラインのセーフガードカタログを多数の異なる組織で使用することは可能かもしれない．例えば，ベースラインセーフガードのカタログは，以下から得ることができる[48].

- 国際機関および国内標準機関
- 業界セクターの基準または勧告
- いくつかのほかの会社や組織．この場合同様のビジネス目標を持つ，同等の規模の他会社が望ましい

　企業は，特有の環境とビジネス目標に応じて独自のベースラインを生成することもできる．このアプローチには次のような利点がある.

- 各保護手段を実施するためのリスク分析とリスクマネジメントのために最低限のリソースしか必要とされないため，セキュリティ保護手段の選択に費やす時間と労力が軽減される．
- 企業の多数のシステムが共通の環境で稼働し，セキュリティのニーズが同じであれば，同一あるいは類似のベースラインセーフガードを，あまり労力をかけずに多くのシステムに採用することができるため，費用対効果の高いソリューションを提供する可能性がある．

　このアプローチの1つの例は，「米国政府構成ベースライン（United States Government Configuration Baseline：USGCB）」を調査することで見つけることができる[49]．USGCBイニシアチブの目的は，連邦政府機関に広く導入されたIT製品のセキュリティ構成ベースラインを作成することにある．USGCBベースラインは，米国政府共通デスクトップ（Federal Desktop Core Configuration）の指令が進化したものである．USGCBは，主にセキュリティに重点を置いて有効な構成設定を改善および維持するために何をすべきかについて，各機関にガイダンスを提供する連邦政府のイニシアチブとなる．

　もう1つの例は，エストニア情報システム局の「ITベースラインセキュリティシステム（IT Baseline Security System：ISKE）」で見つけることができる[50]．ISKEは，エストニアの公共部門向けに開発された情報セキュリティ標準であり，データベースを扱う州政府および地方政府機関にとって必須となる．ISKEは，エストニアの状況に合わせて適応されたドイツの「ITベースラインプロテクションマニュアル」に基づいている．ISKEは3種類のレベルのベースラインシステムとして実装されている．つまり，3種類の異なるセキュリティ要件に対する3種類のセキュリティ対策が開発されており，対象となるデータベースを管理するエンティティの要件とデータベースに含まれるデータの種類に基づいて実装できる．

　本項では，非常に高いレベルの観点から情報セキュリティに対処する，一般に受け入れられている原則をいくつか紹介する．これらの原則は本質的に基本的なものであり，ほぼ不変的なものである．ここではセキュリティ要件として述べられていないが，企業で使用するためのセキュリティポリシーとベースラインの開発，実装，理解のための参考資料として提供される．以下に列挙した原則は決して網羅的ではない．

- **情報システムのセキュリティ対策方針**（Information System Security Objectives）＝情報システムのセキュリティ対策方針または目標は，機密性，完全性，可用性

という3つの全体的な目標の観点から記述される．セキュリティポリシー，ベースラインおよび対策は，これらの目標に従って開発および実装される．

- **予防，検出，対応および復旧**(Prevent, Detect, Respond, and Recover) ＝情報セキュリティは，予防策，検出策，対応策および復旧策の組み合わせとなる．予防策は，望ましくないイベントの発生を回避または防止するためのものとなる．検出策は，望ましくないイベントの発生を特定するためのものとなる．対応策とは，望ましくないイベントまたはインシデントが発生した場合の被害を食い止めるための調整された対応を指す．復旧策は，情報システムの機密性，完全性，可用性を期待どおりの状態に戻すためのものとなる．

- **処理中，転送中および保管時の情報保護**(Protection of Information While Being Processed, In Transit, and In Storage) ＝処理中，転送中および保管時の情報の機密性，完全性および可用性を維持するために，セキュリティ対策を考慮して実装する必要がある．

- **外部システムは安全ではないと想定する**(External Systems Are Assumed to Be Insecure) ＝一般に，組織の直接の管理下にない外部システムまたはエンティティは安全でないとみなされるべきである．情報資産または情報システムが外部システムにあるか，外部システムに接続されている場合，追加のセキュリティ対策が必要となる．情報システムインフラは，異なるリスクレベルの環境を分離するための物理的または論理的手段のいずれかを使用して区分化することが可能となる．

- **重要な情報システムのレジリエンス**(Resilience for Critical Information Systems) ＝すべての重要な情報システムは，重大な障害イベントに耐える強靭性が必要で，中断を検出し，損傷を最小限に抑え，迅速に対応し復旧するための対策が必要となる．

- **監査能力と説明責任**(Auditability and Accountability) ＝セキュリティには監査能力と説明責任が必要である．監査能力とは，情報システムにおける活動を検証する能力を指す．検証に使用される証拠は，監査証跡，システムログ，アラームまたはその他の通知の形をとることができる．説明責任とは，情報システムと相互作用するすべての関係者とプロセスの行動を監査する能力を指す．これらに関する役割と責任は，情報の機密性に見合ったレベルで明確に定義され，特定され，承認されるべきである．

2.8.4 スコーピングとテーラリング

　「FISMAが必要とするスタンダードとガイドラインを開発するにあたり，NIST
は，情報セキュリティの向上，重複した労力の回避によるコスト削減および
NISTによる国家安全保障システムの保護のために採用されているスタンダー
ドやガイドラインと相補的であることを保証するために，ほかの連邦機関や
民間セクターと連携を行っている．さらに，包括的なパブリックレビューと審
査プロセスに加えて，NISTは，国家情報長官事務所（ODNI），国防総省（DoD）
および国家安全保障システム委員会（CNSS）と，連邦政府全体の情報セキュリ
ティのための共通の基盤を確立するために協力している．情報セキュリティの
ための共通基盤は，連邦政府の情報，防衛，民間セクターおよびその請負業者
に，情報システムの運用と使用に起因する組織運営や資産，個人，その他の組
織，国家に対するリスクを管理するための，より均一で一貫性のある方法を提
供する．情報セキュリティのための共通基盤は，セキュリティ認証の決定を相
互に受け入れ，情報共有を促進するための強固な基盤にもなる．NISTはまた，
NISTとISO/IEC（国際標準化機構および国際電気標準会議）27001，ISMS（情報セキュ
リティマネジメントシステム）によって開発されたセキュリティスタンダードとガ
イドラインとの間の，特定のマッピングと関係を確立するために，官民の機関
と協力している.」[★51]

　上述の引用は，セキュリティ担当責任者が情報セキュリティに関してスコーピ
ングとテーラリングの影響を理解するのに役立つ．NISTは，彼らが作成する出版
物（Special Publication）を価値あるガイダンスとして多くの組織に提供するために，ス
コーピングとテーラリングに取り組んでいる．

　スコーピング（Scoping）ガイダンスは，個々のセキュリティコントロールの適用性
と実装に関する特定の条件を企業に提供する．いくつかの考慮事項は，企業がベー
スラインセキュリティコントロールを適用する方法に影響を与える可能性がある．
システムセキュリティ計画では，スコーピングガイダンスを採用したセキュリティ
コントロールを明確に識別し，適用された考慮事項についての説明を含める必要が
ある．スコーピングガイダンスの適用は，当該の情報システムの関係者によって見
直され，承認されなければならない．

　テーラリング（Tailoring）は，より密接に情報システムと運用の環境の特性に一致す
るように評価手順を絞り込むことを意味する．テーラリングプロセスは，リスクマネ

ジメントフレームワークの基本的な概念を適用することによって確立された評価要件を同時に満たしながら，不必要に複雑またはコストのかかる評価アプローチを回避するために必要となる柔軟性を企業に提供する．サプルメンテーション（Supplementation）とは，組織のリスクマネジメントのニーズ（例えば，選択したセキュリティコントロールのシステムやプラットフォーム固有の情報など，組織固有の詳細を追加する）を適切に満たすために，評価手順または評価の詳細を追加することを意味する．サプルメンテーションの決定は，組織の裁量に委ねられ，リスクアセスメントの結果を適用する際のセキュリティ評価計画の開発における柔軟性を最大限に高めるために，評価の範囲，厳格性および強度レベルを決定する．

　スコーピング，テーラリングおよびサプルメンテーションが，企業に対して計画および評価されているセキュリティアーキテクチャーにもたらすことが可能な価値を，セキュリティ担当責任者は認識する必要がある．スコーピングとテーラリングを使用して，アーキテクチャーの焦点を適切に絞り込むことで，適切なリスクを特定して対処することが保証される．サプルメンテーションの使用は，一度それが完全に実装されれば，アーキテクチャーは時間とともに柔軟であり続け，アーキテクチャーの運用中に発生した企業のニーズに対処するために成長することが可能となる．

　付録Cには，セキュリティ担当責任者がスコーピングとテーラリングを試すためのサンプルテンプレートが提供されている．テンプレートは，プロジェクトのセキュリティアプローチを作成する段階について順を追って説明している．プロジェクトのセキュリティアプローチを定義することで，チームメンバーおよびコンポーネントを通じてのビジネス要件から，セキュリティコントロールを実装するまでの一連の場が提供される．システムセキュリティの実装，認証，認定に関する明確な責任を文書化し，セキュリティに基づく影響を，ほかの開発およびプロジェクト管理活動に伝達するためのフレームワークを提供する．このアプローチでは，セキュリティの観点から，プロジェクトに関連するシステムがどのように特徴づけられ，カテゴリー化され，管理されるかを定義する．

　テンプレートをダウンロードし，プロジェクトのセキュリティアプローチとスコー

プならびにテーラーの方法を練習するために，このセクションを参照すること．

2.9 標準の選択

　セキュリティ担当責任者は，広範囲にわたる各種標準と，それを担当する組織や団体について理解している必要がある．これらは，NISTのような米国に拠点を置く組織から，欧州ネットワーク情報セキュリティ機関(ENISA)，国際電気通信連合(ITU)，国際標準化機構(ISO)などの多国籍の組織まで及ぶ．以下に，主要な標準化団体とそれらが発行する標準についてのリストを示す．

2.9.1 米国のリソース

▶ 国防総省の政策

▶ 国防総省命令8510.01

　国防総省命令8510.01(DoDI 8510.01)は，国防総省(Department of Defense：DoD)情報システムの運用を承認するための防衛情報保証認証および認定プロセス(Defense Information Assurance Certification & Accreditation Process：DIACAP)を確立し，情報保証(IA)の機能とサービスの実装を管理し，コアエンタープライズサービスやWebサービスベースのソフトウェアシステムやアプリケーションなど，DoD情報システムの運用に関する認定決定の可視性を提供する．

▶ DoDI 8510.01 URL

https://fas.org/irp/doddir/dod/i8510_01.pdf

▶ 国家安全保障局 IA緩和ガイダンス

　国家安全保障局(National Security Agency：NSA)は，リスク，脆弱性，緩和策および脅威についてのNSAの独自で深い見識をベースとした，情報保証セキュリティソリューションに関するガイダンスを提供している．利用可能なガイダンスには，セキュリティの構成，信頼できるコンピューティングおよびシステムレベルのIAガイダンスが含まれる．

▶ 国立標準技術研究所 コンピュータセキュリティ部門

国立標準技術研究所(National Institute of Standards and Technology：NIST)は，業界と協力し，技術，測定，標準を開発して適用するための米国連邦技術機関である．NISTのコンピュータセキュリティ部門(Computer Security Division：CSD)は，情報システムの信頼と信用を確立するために，情報の機密性，情報とプロセスの完全性，情報とサービスの可用性に対する脅威から情報システムを保護するための測定方法と基準を提供することに重点を置いている．NIST CSDはコンピュータセキュリティリソースセンター(Computer Security Resource Center：CSRC)をオンラインで管理しており，このセンターには以下のURLからアクセスできる．

http://csrc.nist.gov/index.html.

▶ NIST出版物シリーズ

▶ 連邦情報処理標準

連邦情報処理標準(Federal Information Processing Standards：FIPS)は，2002年の連邦情報セキュリティマネジメント法(Federal Information Security Management Act：FISMA)の下で採択されたスタンダードおよびガイドラインに関する公式の出版物である．FIPSでは，最低限のセキュリティ要件，連邦情報および情報システムのセキュリティカテゴリー化の基準，個人IDの確認，デジタル署名の標準などのトピックに関する標準ガイダンスが提供されている．FIPSの出版物は，以下の場所から入手することができる．

http://csrc.nist.gov/publications/PubsFIPS.html

▶ FIPS PUB 199

FIPS PUB 199「連邦政府の情報および情報システムに対するセキュリティカテゴリー化基準」は，情報と情報システムをカテゴリー化するためのスタンダードを提供する．セキュリティカテゴリー化基準は，情報セキュリティプログラムの効果的な管理と監視を促進するセキュリティを表現するための共通の枠組みと理解を提供し，情報セキュリティポリシー，プロシージャーおよび実施の妥当性と有効性に関する一貫した報告を行う．文書のURLを以下に示す．

http://nvlpubs.nist.gov/nistpubs/FIPS/NIST.FIPS.199.pdf

▶ FIPS PUB 200

FIPS PUB 200「連邦政府の情報および情報システムに対する最低限のセキュリティ要求事項」は，連邦政府の業務と情報資産を支援する情報および情報システム

にセキュリティを提供するための組織横断的なプログラムを開発し，文書化し，導入する必要性に応え，連邦政府の情報および情報システムに対する最低限のセキュリティ要求事項について述べたものである．文書のURLを以下に示す．

http://nvlpubs.nist.gov/nistpubs/FIPS/NIST.FIPS.200.pdf

▶ SP 800シリーズ

SP（Special Publications）800シリーズは，コンピュータセキュリティコミュニティの一般的な関心のある文書，コンピュータセキュリティの研究，ガイドラインおよびアウトリーチの取り組みに関する報告書，および業界，政府，学術機関との共同作業に関するレポートを提供している．ここでは，SP 800-37，SP 800-53およびSP 800-60を参考として紹介する．すべてのSP 800文書の全文は，以下のWebサイトからダウンロードできる．

http://csrc.nist.gov/publications/PubsSPs.html

▶ SP 800-37「連邦政府情報システムに対するリスクマネジメントフレームワーク適用ガイド」

NIST SP 800-37「連邦政府情報システムに対するリスクマネジメントフレームワーク適用ガイド」は，情報セキュリティを改善し，リスクマネジメントプロセスを強化し，連邦政府機関間の相互利益を促進する共通のフレームワークを確立する．この出版物は，6段階のリスクマネジメントフレームワークのガイドラインを紹介している．詳細については，「リスクマネジメントフレームワーク」を参照のこと．文書のURLを以下に示す．

http://csrc.nist.gov/publications/nistpubs/800-37-rev1/sp800-37-rev1-final.pdf

▶ SP 800-53「連邦政府情報システムおよび連邦組織のためのセキュリティコントロールとプライバシーコントロール」

NIST SP 800-53「連邦政府情報システムおよび連邦組織のためのセキュリティコントロールとプライバシーコントロール」は，連邦政府の行政機関を支援する組織や情報システムのためのセキュリティコントロールの選択と指定のためのガイドラインを提供している．このガイドラインは，連邦政府の情報を処理，保存または送信する情報システムのすべてのコンポーネントに適用される．文書のURLを以下に示す．

http://csrc.nist.gov/publications/drafts/800-53-rev4/sp800-53-rev4-ipd.pdf

▶ SP 800-60「情報および情報システムの種類とセキュリティカテゴリーのマッピングガイド」

NIST SP 800-60「情報および情報システムの種類とセキュリティカテゴリーのマッピングガイド」では，情報および情報システムのタイプを潜在的なセキュリティ影響に応じてカテゴリー化するためのガイドラインを提示している．このガイドラインは，機関が情報の種類(例えばプライバシー，医療，財産，財務，請負業者，営業秘密，調査)や情報システムの種類(ミッションクリティカル，ミッションサポート，管理など)にセキュリティ影響レベルをマップするのに役立つ．文書のURLを以下に示す．

http://nvlpubs.nist.gov/nistpubs/Legacy/SP/nistspecialpublication800-60v1r1.pdf

▶ その他のNISTリソース

▶ リスクマネジメントフレームワーク

組織のリスクマネジメントは，組織の情報セキュリティプログラムの重要な要素であり，情報システムの適切なセキュリティコントロールを選択するための効果的なフレームワークを提供する．NISTリスクマネジメントフレームワークは，セキュリティコントロールの選択と仕様に対するリスクベースのアプローチであり，組織のリスクマネジメントに関連する活動で構成されている．これらの活動は，効果的な情報セキュリティプログラムに最も重要であり，新旧両方の情報システムに適用することができる．追加情報については，SP 800-37を参照のこと．リスクマネジメントフレームワークのWebサイトを以下に示す．

http://csrc.nist.gov/groups/SMA/fisma/framework.html

▶ 全国チェックリストプログラム

全国チェックリストプログラム(National Checklist Program：NCP)は，オペレーティングシステムとアプリケーションのセキュリティ設定の詳細なガイダンスを提供している．米国政府のリポジトリーには，セキュリティチェックリストまたはベンチマークが公開されている．チェックリストのリポジトリーは次の場所にある．

http://web.nvd.nist.gov/view/ncp/repository

2.9.2 国際的なリソース

▶ サイバーセキュリティへの10のステップ

CESG(Communications-Electronics Security Group)によって発行された「サイバーセキュ

リティへの10のステップ」で示されたガイダンスは，組織の指導者がネットワークと情報の保護に関する改善のための実践的なステップを提供する．「サイバーセキュリティへの10のステップ」では，戦略国際問題研究所（CSIS）によって開発された「20の重要なセキュリティコントロール」（本書でも参照されている）についても指示している．文書のURLを以下に示す．

https://www.ncsc.gov.uk/guidance/10-steps-cyber-security

▶ EU（欧州連合）のサイバーセキュリティ戦略

欧州委員会によって発行されたサイバーセキュリティ戦略「オープンで安全でセキュアなサイバースペース」は，サイバー崩壊やインシデントの予防と対応の最善の方法に関するEUの包括的なビジョンを表している．具体的な行動は，情報システムのサイバーレジリエンスの向上，サイバー犯罪の低減，EUの国際的なサイバーセキュリティ政策とサイバー防衛の強化を目的としている．

EUの国際的なサイバースペース政策は，EUの中核的価値の尊重を促進し，責任ある行動規範を定義し，サイバースペースにおける既存の国際法の適用を支持し，サイバーセキュリティ能力向上によるEU以外の国の支援やサイバー問題における国際協力の促進を支援する．文書のURLを以下に示す．

http://www.eeas.europa.eu/archives/docs/policies/eu-cyber-security/cybsec_comm_en.pdf

▶ 欧州ネットワーク情報セキュリティ機関

欧州ネットワーク情報セキュリティ機関（European Union Agency for Network and Information Security：ENISA）は，EU加盟国，民間セクターおよび欧州市民のためのネットワークと情報セキュリティの専門知識の中核となる．ENISAは，これらのグループと連携し，情報セキュリティに関するアドバイスや推奨事項を開発している．EU加盟国が，欧州の重要な情報インフラとネットワークのレジリエンスを向上させるために，関連するEUの法律の整備を支援している．ENISAは，EU域内のネットワークと情報セキュリティの向上に取り組むクロスボーダーコミュニティの発展を支援することにより，EU加盟国における専門知識を強化することを目指している．ENISAとその作業の詳細については，以下を参照のこと．

http://www.enisa.europa.eu

▶ 国家サイバーセキュリティ戦略：実装ガイド

ENISAによって策定された「国家サイバーセキュリティ戦略：実装ガイド」は，実施するための一貫した包括的なサイバーセキュリティ戦略につながる一連の具体的な行動のセットを紹介している．また，開発と実行の段階に重点を置いて，国家サイバーセキュリティ戦略のライフサイクルを提案している．政策立案者は全体的な開発および改善プロセスを制御する方法および自国における国家的なサイバーセキュリティ業務の状況をフォローアップする方法について，実践的な推奨事項を見つけることができる．文書のURLを以下に示す．

https://www.enisa.europa.eu/publications/national-cyber-security-strategies-an-implementation-guide

▶ 国際標準化機構

国際標準化機構(International Organization for Standardization：ISO)は国際標準化のパートナーと協力して自主的に国際規格を開発しており，特に情報通信の分野では国際電気標準会議(International Electrotechnical Commission：IEC)と国際電気通信連合(ITU)と協力している．ISOのWebサイトを以下に示す．

http://www.iso.org/iso/home.html

▶ ISO/IEC 27001

ISO/IEC 27001は，政府機関を含むあらゆる種類の組織を対象としており，組織の全体的なビジネスリスクのコンテキストにおいて，文書化された情報セキュリティマネジメントシステムの確立，実装，運用，監視，確認，保守および改善の要件を規定している．個々の組織のニーズに合わせてカスタマイズされたセキュリティコントロールの実装についての要件を指定し，情報資産を保護し，利害関係者に信頼を与える，適切でバランスのとれたセキュリティコントロールの選択を確実に行えるように設計されている．ISO/IEC規格は著作権で保護されており，購入することなく再配布することはできない．ISO/IEC 27001は，以下の場所で購入できる．

http://www.iso.org/iso/catalogue_detail-csnumber=42103

▶ ISO/IEC 27002

ISO/IEC 27001と合わせて，ISO/IEC 27002は，組織における情報セキュリティマネジメントの開始，実装，維持，改善のためのガイドラインと一般原則を定めている．情報セキュリティ管理のベストプラクティスの実施要項(規範)を提供する．

ISO/IEC 27002のコントロール目標とコントロール群は，リスクアセスメントで特定された要件を満たすために実施されることを意図している．ISO/IEC規格は著作権で保護されており，購入することなく再配布することはできない．ISO/IEC 27002は，以下の場所で購入できる．

http://www.iso.org/iso/catalogue_detail-csnumber=50297

▶国際電気通信連合 電気通信標準化部門

国際電気通信連合（International Telecommunication Union：ITU）は，情報通信技術に関する問題を担当する国連の専門機関である．ITUの電気通信標準化部門（Telecommunication Standardization Sector：ITU-T）の研究グループは，国際的な専門家を招集し，ITU-T勧告として知られる国際標準を制定している．ITU-Tは，情報通信技術の世界的インフラにおける定義要素として機能する．ITU-TのWebページを以下に示す．

http://www.itu.int/en/ITU-T/Pages/default.aspx

▶勧告X.800 ～ X.849

X.800シリーズのITU-T勧告では，ネットワークオペレーターがネットワークと情報セキュリティの状態を評価するためにセキュリティベースラインを定義している．情報セキュリティの脅威に対抗するために，ほかのエンティティと共同作業を行うことができる．すべてのX.800シリーズ勧告の完全なテキストは次のWebサイトからダウンロードできる．

http://www.itu.int/rec/T-REC-X/e

▶勧告X.1205

勧告ITU-T X.1205は，組織の視点から見たサイバーセキュリティとセキュリティ脅威の分類についての定義を提供する．最も一般的なハッカーのツールを含むサイバーセキュリティの脅威と脆弱性が提示され，ネットワーク層における様々な脅威が議論されている．利用可能なサイバーセキュリティ技術だけでなく，多層防御の適用とアクセス管理による防衛などネットワーク保護の原則について議論されている．ネットワークを保護するための訓練と教育の価値を含む，リスクマネジメントの戦略と技術が提示されている．文書のURLを以下に示す．

http://www.itu.int/rec/T-REC-X.1205-200804-I/en

2.9.3 国家サイバーセキュリティフレームワークマニュアル

「国家サイバーセキュリティフレームワークマニュアル」は，様々なレベルの公共政策策定に基づいて，読者が国家サイバーセキュリティの様々な面を理解するのを助けるための詳細なバックグラウンド情報と理論的フレームワークを提供する．国家サイバーセキュリティに関する独自の視点を持ち，政治，戦略，運用，技術に関わる戦術の4つのレベルのそれぞれがマニュアルの個々のセクションで取り上げられている．さらに，このマニュアルでは，トップレベルの政策調整機関からサイバー危機管理機関まで，国家サイバーセキュリティの関連機関の事例を挙げている．文書のURLを以下に示す．

https://ccdcoe.org/publications/books/NationalCyberSecurityFrameworkManual.pdf

これまで挙げたリストに基づき，セキュリティ担当責任者は，信頼できる当局の指針，ベストプラクティスおよび標準で示される基準となる事項など，比較できる多くの選択肢がある．探究すべき道筋がたくさんあり，多くの声が聞こえるが，以下は，専門的な実践に導くための適切な基準を選ぶことの重要性をセキュリティ担当責任者に示す3つの例となる．サポートすべきセキュリティ要件とビジネス要件，タスクを達成するために利用できるリソースを理解することは，すべてセキュリティ担当責任者が成功を得るための公式の一部となる．

NISTは，セキュリティコントロールの実装，監査の実施およびシステムの認証を行うための様々なガイドを公開する責任がある．これらのガイドの一部は，Windowsサーバーを強化するための推奨設定など，非常に固有のものから，変更管理手順を監査する方法など，汎用的なものまで様々なものがある．これらのNIST標準の多くは，監査人がネットワーク管理のモデルとして採用している．例えば，米国の政府機関では，多くの場合FISMA監査でNISTガイドラインが具体的に参照されている．

戦略国際問題研究所(Center for Strategic & International Studies：CSIS)の「20の重要なセキュリティコントロール」イニシアチブは，業界で見られる最も重要なセキュリティ問題として，連邦と民間の業界のセキュリティ専門家のコンセンサスを介して識別されている20の重要なコントロールをまとめたリストを提供している．このCSISチームには，NSA，米国CERT(Computer Emergency Readiness Team)，国防総省のJTF-GNO(Joint Task Force-Global Network Operations)，エネルギー省の原子核関連研究所，国務省，国防総省サイバー犯罪センター，商業部門の関係者が含まれている．CSISのコントロールは新しいセキュリティ要件を導入していないが，要件を簡略化されたリストに整理して，コンプライアンスの決定を支援し，最も重要な関心事

項が解決されるようにしている.

2013年には, このコントロールの管理と維持が, 安全でオープンなインターネットを目指す独立したグローバルな非営利団体であるサイバーセキュリティ評議会 (the Council) に移管された.

CSISイニシアチブは, 連邦政府のリソースの優先順位付けを支援し, コスト削減のための取り組みを統合し, 重要なセキュリティ問題が確実に対処されるように設計されている. SANS Institute (SysAdmin, Audit, Network, Security Institute) のWebサイトに掲載されているCSISイニシアチブの5つの「重要な教義」を以下に示す[52].

1. **防御するには攻撃を知らなければならない** (Offense Informs Defense) ＝効果的で実用的な防御のための基盤を提供するために, システムを侵害している実際の攻撃の知識を使用する. 既知の現実世界の攻撃を止めることが示されているコントロールのみを含める.

2. **優先順位付け** (Prioritization) ＝最も危険なリスクを軽減し, 最も危険な脅威に対して保護を提供し, コンピューティング環境で実現可能なコントロールに最初に投資する.

3. **メトリックス** (Metrics) ＝企業内のセキュリティ対策の有効性を測定し, 必要な調整を迅速に特定および実装できるように, 経営陣, ITスペシャリスト, 監査担当者, セキュリティ担当者に共通の言語を提供し, 共通の指標を確立する.

4. **継続的な監視** (Continuous Monitoring) ＝現在のセキュリティ対策の有効性をテストおよび検証するために継続的な監視を実行する.

5. **自動化** (Automation) ＝防御を自動化することで, コントロールおよび関連するメトリックスに対する信頼性, 拡張性および継続的な測定を実現できるようにする.

最新の「重大なセキュリティコントロール」(version 5) の一覧を以下に示す[53].

1. 認可されたデバイスと認可されていないデバイスの棚卸し
2. 認可されたソフトウェアおよび認可されていないソフトウェアの棚卸し
3. モバイル機器, ラップトップ, ワークステーションおよびサーバーについてのハードウェアとソフトウェアのセキュアな構成
4. 継続的な脆弱性の評価と改善
5. マルウェアの防御
6. アプリケーションソフトウェアのセキュリティ

7．無線アクセス制御

8．データ復旧能力

9．セキュリティスキル評価と適切な訓練

10．ファイアウォール，ルーター，スイッチなどのネットワーク機器のセキュアな構成

11．ネットワークポート，プロトコルおよびサービスの制限と制御

12．管理者権限の使用の管理

13．境界防御

14．監査ログの保守，監視，分析

15．知る必要性に基づく制御されたアクセス

16．アカウントの監視と制御

17．データ保護

18．インシデントレスポンスと管理

19．セキュアネットワークエンジニアリング

20．ペネトレーションテストとレッドチーム演習

「重大なセキュリティコントロール」と組み合わせて，NISTはSCAP（Security Content Automation Protocol）も作成した．SCAPは，ソフトウェアの欠陥とセキュリティの構成情報がコンピュータと人間の双方で理解できる形式と命名法を標準化した仕様である．SCAPは，自動構成，脆弱性とパッチの確認，技術管理コンプライアンス活動およびセキュリティ測定をサポートする多目的フレームワークである．SCAPの開発の目標は，システムのセキュリティマネジメントの標準化，セキュリティ製品の相互運用性の促進，セキュリティコンテンツの標準表現の普及などである．

SCAP version 1.2は，5つのカテゴリーに11個のコンポーネント仕様で構成されている[54]．

1．**言語**（Languages）＝SCAP言語は，セキュリティポリシー，技術的なチェックメカニズムおよび評価結果を表現するための標準的な語彙と規則を提供する．SCAP言語仕様は，セキュリティ設定チェックリスト記述形式（Extensible Configuration Checklist Description Format：XCCDF），オープン脆弱性と評価言語（Open Vulnerability and Assessment Language：OVAL®）および対話型チェックリスト記述言語（Open Checklist Interactive Language：OCIL™）である．

2．**レポート形式**（Reporting Formats）＝SCAPレポート形式は，収集した情報を標準

化された形式で表現するために必要な構成要素を提供する．SCAPレポート形式の仕様は，資産レポート形式（Asset Reporting Format：ARF）と資産ID（Asset Identification）である．資産IDは明示的にレポート形式ではないが，SCAPはレポートの関連する資産を識別するための重要なコンポーネントとして使用する．

3．**一覧**(Enumerations)＝各SCAP一覧は，標準的な命名法（命名形式）と，その命名法を用いて表現された公式の辞書または項目のリストを定義する．SCAP一覧仕様は，共通プラットフォーム一覧（Common Platform Enumeration：CPE™），共通セキュリティ設定一覧（Common Configuration Enumeration：CCE™），共通脆弱性識別子（Common Vulnerabilities and Exposures：CVE®）である．

4．**測定および採点システム**(Measurement and Scoring Systems)＝SCAPでは，セキュリティ弱点（例えば，ソフトウェア脆弱性およびセキュリティ構成問題）の特定の特性を評価し，その特性に基づいて相対的な重大度を反映するスコアを生成することに言及している．SCAPの測定および採点システムの仕様は，共通脆弱性評価システム（Common Vulnerability Scoring System：CVSS）および共通構成評価システム（Common Configuration Scoring System：CCSS）である．

5．**完全性**(Integrity)＝SCAPの完全性の仕様は，SCAPの内容と結果の完全性を維持するのに役立つ．セキュリティ自動化データの信頼モデル（Trust Model for Security Automation Data：TMSAD）はSCAP完全性仕様である．

SCAPは，ソフトウェアの欠陥およびセキュリティ設定標準参照データを利用している．この参照データは，National Vulnerability Database（NVD）によって提供されている．NVDはNISTによって管理され，国土安全保障省（DHS）が提供している．

米国連邦政府は，学界や民間企業と協力してSCAPを採用し，セキュリティの自動化の活動やイニシアチブを支援している．SCAPは大手ソフトウェアメーカーによる普及により，大規模な情報セキュリティマネジメントおよびガバナンスプログラムの重要な要素となっている．この手順は，効果的なセキュリティコントロールを定義し，測定するためのニーズの高まりをサポートするために進化し，拡大することが期待されており，NIST SP 800-53 Revision 4，DoDI 8500.2，PCI（Payment Card Industry：決済カード業界）フレームワークなどのリスクマネジメントフレームワークなどで採用されている．

NISTは，SCAP 1.2コンポーネントの具体的かつ適切な使用法とその相互運用性について詳述することにより，信頼性の高い普及したSCAPコンテンツの作成と

SCAPを活用した幅広い製品の開発を促進している．

2.9.4 重要インフラのサイバーセキュリティを向上させるための フレームワーク

米国では，国家と経済の安全保障が，重要なインフラの信頼性の高い機能に依存していることを認識しており，米国大統領は2013年2月に，重要インフラのサイバーセキュリティを向上させる大統領令13636号を発令した[55]．NISTは，利害関係者と協力して，既存のスタンダード，ガイドラインおよびベストプラクティスに基づいて自発的なフレームワークを開発し，重要インフラ事業者にサイバーリスクを低減するように指示した．

NISTは，2014年2月12日，「重要インフラのサイバーセキュリティを向上させるためのフレームワーク」version 1.0を発表している[56]．業界と政府の共同作業により作成されたフレームワークは，重要インフラの保護を促進するためのスタンダード，ガイドラインおよびベストプラクティスから構成されている．このフレームワークにより，優先順位付けが可能になり，柔軟性，反復性，コストパフォーマンスに優れたアプローチを実現し，重要なインフラの所有者と運用者がサイバーセキュリティ関連のリスクを管理するのに役立つ．

スタンダード，ガイドラインおよびベストプラクティスから構築されたフレームワークは，次のように各組織に共通する分類とメカニズムを提供する．

- 現在のサイバーセキュリティの姿勢を明記する．
- サイバーセキュリティの目標を明記する．
- 継続的かつ反復可能なプロセスにより，改善の機会を特定し，実行に関しての優先順位を付ける．
- 目標に対する進捗状況を評価する．
- サイバーセキュリティリスクに関して社内外の利害関係者とコミュニケーションする．

本フレームワークは，サイバーセキュリティリスクを管理するためのリスクベースのアプローチであり，フレームワークコア，フレームワークインプリメンテーションティア，フレームワークプロファイルの3つの部分で構成されている．各フレームワークコンポーネントは，ビジネスドライバーとサイバーセキュリティ活動の間の接続を強化する．以下は，これらのコンポーネントについての説明である．

1．**フレームワークコア**（Framework Core）は，重要なインフラ分野に共通するサイバーセキュリティの活動，望ましい成果および適用される情報についての資料となる．コアは，業界標準，ガイドラインおよびベストプラクティスを，経営レベルから実装と運用レベルまで，組織全体のサイバーセキュリティ活動と成果の比較検討ができる形で示している．フレームワークコアは，5つの同時および連続的な機能（「特定[Identify]」，「防御[Protect]」，「検知[Detect]」，「対応[Respond]」，「復旧[Recover]」）で構成されている．これらの機能がまとめて考えられると，組織のサイバーセキュリティリスクマネジメントに関するライフサイクルについて，高レベルの戦略的な見解を提供することができる．次に，フレームワークコアは，機能の元になるキーカテゴリーとサブカテゴリーを特定し，各サブカテゴリーにおける既存のスタンダード，ガイドラインおよびベストプラクティスなどの参考となる参照例を提示している．

2．**フレームワークインプリメンテーションティア**（Framework Implementation Tiers；以下，**ティア**）は，組織がサイバーセキュリティリスクをどのように見ているか，そのリスクを管理するためのプロセスに関する情報を提供する．ティアは，組織のサイバーセキュリティリスクマネジメント対策が，フレームワークで定義された特性（例えば，リスクと脅威を認識している，反復可能である，適応可能である）を示す程度を表す．ティアは，「部分的」（ティア1）から「適応」（ティア4）までの範囲で組織がどの段階にあるかを示すことができる．これらのティアは，場当たり的なその場限りの対応から，機敏でリスクを判断したアプローチへの進展を反映することができる．ティアの選択を行う場合，組織は現在のリスクマネジメント対策，脅威環境，法律および規制要件，ビジネスや使命の目的，組織の制約を考慮する必要がある．

3．**フレームワークプロファイル**（Framework Profile；以下，**プロファイル**）は，組織がフレームワークのカテゴリーとサブカテゴリーから選択したビジネスニーズに基づいた期待する成果を表す．プロファイルは，特定の実装シナリオに基づき，フレームワークコアに対応するスタンダード，ガイドラインおよびベストプラクティスを配置したものであり，"現在の"プロファイル（"現状のまま"の状態）を"ターゲット"プロファイル（目標）と比較することにより，サイバーセキュリティの姿勢を改善する機会の特定に利用することができる．プロファイルを開発するために，組織はすべてのカテゴリーとサブカテゴリーを確認し，ビジネスドライバーとリスクアセスメントに基づいて，最も重要な項目を決定することが可能となる．組織固有のリスクに対処するために，

必要に応じてカテゴリーとサブカテゴリーを追加し，その後，現在のプロファイルを使用して，ターゲットプロファイルに対する優先順位付けと進捗状況の測定を行いながら，費用対効果と革新性を含むほかのビジネスニーズを検討することができる．プロファイルを使用することにより，組織内または異なる組織間で自己評価を行い，評価の共有を行うことができる．

　米国国土安全保障省の「重要インフラのサイバーコミュニティ（Critical Infrastructure Cyber Community：C³）自主プログラム」は，重要なインフラの所有者と運用者が，サイバーセキュリティのフレームワークを採用し，そのリスクを管理するための活動を支援する[57]．

　セキュリティ担当責任者は，存在する多くの標準の中から最も有益なガイダンスを選択し，それを適用して，エンタープライズアーキテクチャーを作成しなければならない．

Summary
まとめ

「資産のセキュリティ」は，企業のITサービス全体における資産について，様々なレベルでの機密性，完全性，可用性を実現するため，それを監視および保護するための概念，原則，構造および標準に焦点を当てた幅広いトピックを対象としている．資産のセキュリティに重点を置くセキュリティ担当責任者は，保護対象となるシステムが適切に維持され，サポートされていることを保証するために，各種の標準を理解し，適用していく必要がある．セキュリティ担当責任者は，様々な方法論により活用されている様々なセキュリティのフレームワーク，スタンダード，ベストプラクティスおよびそれらを組み合わせたより強力なシステムを提供する方法を理解する必要がある．情報セキュリティガバナンスとリスクマネジメントにより，これまで不可能だった環境においても，情報技術を安心，安全かつ責任を持って使用できるようになっている．スタンダードとポリシーに基づいて強力なシステム保護を確立し，監査と監視を通じて，その保護のレベルと有効性を評価する能力は，資産のセキュリティの成功にとって不可欠となる．高度に相互接続され，相互依存するシステムが利用されている今日の環境では，情報技術とビジネス目的との連携を理解する必要がある．情報セキュリティマネジメントは，現在実施されているセキュリティコントロールのために組織が受容したリスクを伝達し，費用対効果の高いコントロールを強化して，企業の情報資産に対するリスクを最小限に抑えることに継続的に取り組んでいる．

注

★1──次を参照．
http://www.epa.gov/QUALITY/qs-docs/g8-final.pdf《リンク切れ》
★2──米国市民政府の情報カテゴリー化の詳細は次を参照．
http://nvlpubs.nist.gov/nistpubs/Legacy/SP/nistspecialpublication800-60v1r1.pdf
★3──媒体の破壊に関する推奨事項の詳細については次を参照．
http://csrc.nist.gov/publications/nistpubs/800-88/NISTSP800-88_with-errata.pdf
★4──開発中の新しいNIST標準"DRAFT SP 800-88 Revision 1"がある．
http://csrc.nist.gov/publications/drafts/800-88-rev1/sp800_88_r1_draft.pdf
記録の保持に関する詳細は次を参照．

http://www.acc.com/vl/public/ProgramMaterial/loader.cfm?csModule=security/getfile&pageid=20

★5──次を参照.

　　　1．完全な判決文

　　　http://goo.gl/bMJJoF

　　　2．欧州連合司法裁判所の判決を発表したプレスリリース

　　　http://curia.europa.eu/jcms/upload/docs/application/pdf/2014-05/cp140070en.pdf

　　　3．関連事項を要約した概況報告書

　　　http://ec.europa.eu/justice/data-protection/files/factsheets/factsheet_data_protection_en.pdf

★6──キュリー温度は，材料固有の磁気的整列が方向を変える重要なポイントである．キュリー点についての情報は次を参照．

http://en.wikipedia.org/wiki/Curie_point

★7──複数の方法を使用してSSDドライブのデータ残留の問題に対処する方法に関する詳細は，次を参照．

"SAFE: Fast, Verifiable Sanitization for SSDs, Or: Why encryption alone is not a solution for sanitizing SSDs," http://cseweb.ucsd.edu/users/swanson/papers/TR-cs2011-0963-Safe.pdf

★8──次を参照.

http://csrc.nist.gov/publications/drafts/800-88-rev1/sp800_88_r1_draft.pdf

★9──次を参照.

http://www.altus.af.mil/shared/media/document/afd-111108-041.pdf《リンク切れ》

★10──現在のDSS NISPライブラリーは次を参照.

http://www.dss.mil/isp/fac_clear/download_nispom.html

★11──次を参照.

http://www.cse-cst.gc.ca/its-sti/publications/itsg-csti/itsg06-eng.html《リンク切れ》

★12──次を参照.

http://www.nsa.gov/ia/mitigation_guidance/media_destruction_guidance/

★13──次を参照.

http://www.gcsb.govt.nz/newsroom/nzism/NZISM_2010_Version_1.0.pdf《リンク切れ》

★14──次を参照.

http://www.asd.gov.au/publications/Information_Security_Manual_2014_Controls.pdf《リンク切れ》

★15──http://laws-lois.justice.gc.ca/eng/acts/O-5/

★16──http://www.asianlii.org/cn/legis/cen/laws/gssl248/

★17──http://www.legislation.gov.uk/ukpga/1989/6/section/8

★18──FIPS 199標準に関しては次を参照．

http://nvlpubs.nist.gov/nistpubs/FIPS/NIST.FIPS.199.pdf

NIST SP 800-60標準に関しては次を参照．

http://nvlpubs.nist.gov/nistpubs/Legacy/SP/nistspecialpublication800-60v1r1.pdf

★19──PCI DSS version 3.0に関しては次を参照．

https://www.pcisecuritystandards.org/documents/PCI_DSS_v3.pdf

★20──ITILの詳細については次を参照．

http://www.axelos.com/

★21──ネットワークアクセス制御（NAC）は，企業向けのネットワーク機器のセキュリティ登録システムである．NACはネットワーク全体の完全性を保証し，コンピュータセキュリティの脆弱性の可能性を最小限に抑える．コンピュータまたはほかのネットワーク機器がネットワークへのアクセスを許可される前に，NACシステムを介して登録される必要がある．

セキュリティ上の脆弱性には，マルウェア，セキュリティパッチの不足，その他の悪質な脅威が含

まれる．これらの脆弱性のいずれかが原因でコンピュータが侵害されていると判断された場合，隔離されてネットワークサービスへのアクセスが阻止される．コンピュータの所有者に連絡し，マルウェアやその他のセキュリティ上の脅威を取り除くための手順を提供するか，あらかじめ設定されたベースラインを使用してシステムを自動的に修復することができる．

コンピュータが初めてネットワークにアクセスしようとすると，アクセスが制限され，NAC登録ページに移動する．コンピュータの登録は，ほんの数分かかる．登録が完了すると，アクセスが許可される．コンピュータがネットワーク上で一定時間アクティブでない場合，または重大な脆弱性がネットワークを危険にさらす可能性がある場合，コンピュータはNACシステムに再登録する必要がある．

★22——次を参照．

http://www.hrweb.org/legal/udhr.html

★23——法律の原本（ドイツ語）は，以下で参照することができる．

http://www.datenschutz.rlp.de/downloads/hist/ldsg_hessen_1970.pdf《リンク切れ》
法律の背景と歴史の要約（ドイツ語）は，以下で参照することができる．

http://de.wikipedia.org/wiki/Hessisches_Datenschutzgesetz

★24——英語の翻訳版は以下で参照することができる．

http://translate.google.com/translate?hl=en&sl=de&u=http://de.wikipedia.org/wiki/Hessisches_Datenschutzgesetz&prev=/search%3Fq%3Dhessisches%2Bdatenschutzgesetz%26biw%3D667%26bih%3D589
これらの法律の優れた分析が以下の文献にある．

Flaherty, David, *Protecting Privacy in Surveillance Societies*, University of North Carolina Press, 1989.

★25——欧州評議会の「個人データの自動処理に係る個人の保護に関する条約」（1981年）については次を参照．

http://conventions.coe.int/Treaty/en/Treaties/Html/108.htm
OECDの「プライバシー保護と個人データの国際流通についてのガイドライン」（1980年）については次を参照．

http://www.oecd.org/internet/ieconomy/oecdguidelinesontheprotectionofprivacyandtransborderflowsofpersonaldata.htm

★26——「OECDプライバシーガイドライン」は，2013年後半，1980年以来初めて更新された．更新に関する情報は以下にある．

http://www.oecd.org/sti/ieconomy/privacy.htm
更新された全文は以下で参照することができる．

http://www.oecd.org/sti/ieconomy/2013-oecd-privacy-guidelines.pdf

★27——2013年の「OECDプライバシーフレームワーク」の全文は，以下で参照することができる．

http://www.oecd.org/sti/ieconomy/oecd_privacy_framework.pdf

★28——「個人データの取り扱いに関する個人の保護および当該データの自由な移動に関する1995年10月24日の欧州議会および欧州理事会の指令95/46/EC」は，次を参照．

http://eur-lex.europa.eu/legal-content/en/ALL/?uri=CELEX:31995L0046

★29——「個人データの取り扱いに関する個人の保護および当該データの自由な移動に関する欧州議会および欧州理事会の規則案の提案に関する草案報告書」（2012年12月17日）は，次を参照．

http://www.europarl.europa.eu/meetdocs/2009_2014/documents/libe/pr/922/922387/922387en.pdf

★30——「公的に利用可能な電子通信サービスまたは公衆通信ネットワークの提供に関連して生成または処理されるデータの保持に関する2006年3月15日の欧州議会および欧州理事会の指令2006/24/EC」の全文については，次を参照．

http://eurlex.europa.eu/LexUriServ/LexUriServ.do?uri=CELEX:32006L0024:EN:HTML

★31──EU条約第6条の下で採択された法の一部である「刑事事件での警察および司法協力の枠組みの中で処理される個人データの保護に関する2008年11月27日の理事会の枠組み決定2008/977/JHA」は，次を参照.

http://www.aedh.eu/plugins/fckeditor/userfiles/file/Protection%20des%20données%20personnelles/Council%20framework%20decision%202008%20977%20JHA%20of%2027%20november%202008.pdf

★32──EU基本権憲章（2010/C 83/02）に関しては次を参照.

http://eur-lex.europa.eu/LexUriServ/LexUriServ.do?uri=OJ:C:2010:083:0389:0403:en:PDF

★33──EU運営条約に関しては次を参照.

http://www.eudemocrats.org/fileadmin/user_upload/Documents/D-Reader_friendly_latest%20version.pdf

★34──米国－EUセーフハーバーのWebサイトに関しては次を参照.

http://export.gov/safeharbor/eu/eg_main_018365.asp《リンク切れ》

★35──米国－スイスセーフハーバーのWebサイトに関しては次を参照.

http://export.gov/safeharbor/swiss/index.asp《リンク切れ》

★36──データ保護指令第29条作業部会のFAQセクションにある「米国への個人データ転送に関する『セーフハーバー』の取り決めはどのように機能するのでしょうか？」については次を参照.

http://ec.europa.eu/justice/policies/privacy/thridcountries/adequacy-faq1_en.htm

★37──次を参照.

http://www.legislation.gov.uk/ukpga/1998/29/contents

★38──次を参照.

http://csrc.nist.gov/publications/drafts/800-88-rev1/sp800_88_r1_draft.pdf

★39──次を参照.

http://www.project-consult.de/files/Iron%20Mountain%20Guide%202013%20European%20Retention%20Periods.pdf

★40──次を参照.

http://dlis.dos.state.fl.us/barm/handbooks/electronic.pdf《リンク切れ》

★41──次を参照.

http://ico.org.uk/Global/˜/media/documents/library/Data_Protection/Detailed_specialist_guides/the_employment_practices_code.ashx

★42──次を参照.

http://www.wesleyan.edu/its/policies/dataretention.html

★43──次を参照.

http://www.visteon.com/utils/media/privacy.pdf

★44──次を参照.

https://www.tsl.texas.gov/slrm/recordspubs/rrs4.html

★45──パスワードファイルは暗号化されているのではなくハッシュされているため，それを解読する鍵はない.

★46──次を参照.

http://nvlpubs.nist.gov/nistpubs/Legacy/SP/nistspecialpublication800-111.pdf

★47──NIST SP 800-70 Revision 2 "National Checklist Program for IT Products : Guidelines for Checklist Users and Developers (IT製品のための全国チェックリストプログラム：チェックリスト利用者と開発者のための手引き)"は次を参照.

http://csrc.nist.gov/publications/nistpubs/800-70-rev2/SP800-70-rev2.pdf

★48──公的部門と民間部門のベースラインセキュリティに対する異なるアプローチの例は次を参照.

https://www.gov.uk/government/publications/security-policy-framework

http://www.cse-cst.gc.ca/its-sti/publications/itsg-csti/index-eng.html《リンク切れ》

http://www.cisco.com/c/en/us/td/docs/solutions/Enterprise/Security/CiscoSCF.html

http://usgcb.nist.gov/

http://msdn.microsoft.com/en-us/library/aa720329(v=vs.71).aspx

http://www.scotland.gov.uk/Resource/Doc/925/0105599.pdf

http://benchmarks.cisecurity.org/downloads/

https://cio.gov/wp-content/uploads/downloads/2013/05/Federal-Mobile-Security-Baseline.pdf

http://www.ucl.ac.uk/informationsecurity/itsecurity/knowledgebase/securitybaselines

http://www.isaca.org/Knowledge-Center/Research/ResearchDeliverables/Pages/COBIT-Security-Baseline-
An-Information-Security-Survival-Kit-2nd-Edition1.aspx《リンク切れ》

★49──USGCBについての一般的な情報は次を参照.

http://usgcb.nist.gov/usgcb_faq.html

★50──ISKEの詳細については次を参照.

https://www.ria.ee/iske-en

★51──NIST SP 800-53A Revision 1, "Guide for Assessing the Security Controls in Federal Information
Systems and Organizations: Building Effective Security Assessment Plans," June 2010, p.6.

★52──次を参照.

https://www.sans.org/media/critical-security-controls/CSC-5.pdf

★53──次を参照.

http://www.sans.org/critical-security-controls

★54──次を参照.

http://nvlpubs.nist.gov/nistpubs/Legacy/SP/nistspecialpublication800-126r2.pdf

★55──次を参照.

http://www.whitehouse.gov/the-press-office/2013/02/12/executive-order-improving-criticalinfrastructure-
cybersecurity《リンク切れ》

★56──次を参照.

http://www.nist.gov/cyberframework/upload/cybersecurity-framework-021214-final.pdf《リンク切れ》

★57──次を参照.

http://www.dhs.gov/ccubedvp

レビュー問題
Review Questions

1. セキュリティインシデントが発生した場合，運用スタッフの主な目的の1つはどれか．
   A．攻撃者を検出し，攻撃を中断する．
   B．組織のミッションの中断を最小限にする．
   C．イベントに関する適切な文書を，証拠の連鎖として維持する．
   D．影響を受けるシステムは，影響を制限するために直ちに遮断する．

2. 優れたデータ管理手法には，次の項目を含む．
   A．データ管理プロセスの全段階でのデータ品質手順，データの正確性の検証と妥当性確認，合意されたデータ管理手法の遵守，管理手法の有効性と既存データの整合性の評価のための継続的なデータ監査
   B．データ管理プロセスのいくつかの段階でのデータ品質手順，データの正確性の検証と妥当性確認，合意されたデータ管理手法の遵守，管理手法の有効性と既存データの整合性の評価のための継続的なデータ監査
   C．データ管理プロセスの全段階でのデータ品質手順，データの正確性の検証と妥当性確認，討議されたデータ管理手法の遵守，管理手法の有効性と既存データの整合性の評価のための継続的なデータ監査
   D．データ管理プロセスの全段階でのデータ品質手順，データの正確性の検証と妥当性確認，合意されたデータ管理手法の遵守，管理手法の有効性と既存データの整合性の評価のための間欠的なデータ監査

3. セキュリティ担当責任者がデータポリシーを確立する際に考慮すべき事項は次のとおりである．
   A．コスト，妥当な注意および適切な注意，プライバシー，責任，感度，既存の法律とポリシー要件，ポリシーとプロセス
   B．コスト，所有権および管理権，プライバシー，責任，感度，未来の法律およびポリシー要件，ポリシーおよびプロセス
   C．コスト，所有権および管理権，プライバシー，責任，感度，既存の法律およびポリシー要件，ポリシーおよびプロシージャー

D．コスト，所有権および管理権，プライバシー，責任，感度，既存の法律およびポリシー要件，ポリシーおよびプロセス

4．情報オーナーは，通常，次の責任を負う．
　A．情報が組織の使命に及ぼす影響を決定し，情報の交換コストを把握し，組織内または組織外の誰かが情報を必要とした際，どのような状況で情報を公開する必要があるかを判断し，情報がいつ不正確または不要になり，アーカイブする必要があるかを把握する．
　B．情報が組織の使命に及ぼす影響を決定し，情報の交換コストを把握し，組織内または組織外の誰かが情報を必要とした際，どのような状況で情報を公開する必要があるかを判断し，情報がいつ不正確または不要になり，破棄する必要があるかを把握する．
　C．情報が組織のポリシーに及ぼす影響を決定し，情報の交換コストを理解し，組織内または組織外の誰かが情報を必要とした際，どのような状況で情報を公開しないかを判断し，情報がいつ不正確または不要になり，破棄する必要があるかを把握する．
　D．情報が組織の使命に及ぼす影響を決定し，情報の作成コストを把握し，組織内または組織外の誰かが情報を必要とした際，どのような状況で情報を公開する必要があるかを判断し，情報がいつ不正確または不要になり，破棄する必要があるかを把握する．

5．QA/QCメカニズムは，データの汚染を防ぐために設計されており，データの汚染は，プロセスまたはイベントが2つの基本的なタイプのエラーをデータセットに導入する時に発生する（**2つ選択**）．
　A．職務上のエラー
　B．挿入のエラー
　C．データ漏れのエラー
　D．作成のエラー

6．データ管理者の典型的な責任には，次のものが含まれる（**該当するすべてのものを選択**）．
　A．適切かつ関連あるデータポリシーおよびデータ所有権のガイドラインへの遵守

B．適切なレベルのデータセットセキュリティを維持しながら，適切なユーザーへのアクセスを確保

C．データの保存とアーカイブに限らず，基本的なデータセットのメンテナンス

D．継続的なデータの完全性を保証するための定期的な監査を含む，データセットへの追加の品質保証と妥当性確認

7．データの文書化の目的は次のとおりとなる（**該当するすべてのものを選択**）．

A．データの長寿命化と複数の目的での再利用を確実にする．

B．データユーザーがデータセットのコンテンツコンテキストとその制限事項を理解できるようにする．

C．データセットの機密性を促進する．

D．データセットとデータ交換の相互運用性を促進する．

8．データ標準化の利点は次のとおりとなる．

A．より効率的なデータ管理，データ共有の減少，より高品質なデータ，データ一貫性の向上，データ統合の促進，データについての理解の向上，情報リソースの文書化の改善

B．より効率的なデータ管理，データ共有の促進，より高品質なデータ，データ一貫性の向上，データ統合の促進，データについての理解の向上，情報リソースの文書化の改善

C．より効率的なデータ管理，データ共有の促進，中品質のデータ，データ一貫性の向上，データ統合の減少，データについての理解の向上，情報リソースの文書化の改善

D．より効率的なデータ管理，データ共有の促進，最高品質のデータ，データ一貫性の向上，データ統合の促進，データについての理解の向上，情報メタデータの文書化の改善

9．データを分類する際，セキュリティ担当責任者はポリシーに関して以下の側面を決定する必要がある（**該当するすべてのものを選択**）．

A．データにアクセスできるユーザー

B．データを廃棄するためにどのような方法を使用すべきか

C．データの保護方法

D．データを暗号化する必要があるかどうか

10. 情報の分類の大きな利点は，次のうちどれになるか．
   A．コンピューティング環境を図式化する
   B．脅威と脆弱性を特定する
   C．ソフトウェアのベースラインを決定する
   D．適切なレベルの保護の要件を特定する

11. 機密性の高い情報が重要でなくなったが，まだ記録を保持するポリシーの期間内にある場合，そのような情報をどのように扱うのが**最適**か．
   A．破棄する
   B．再カテゴリー化する
   C．消磁する
   D．公開する

12. 機器のライフサイクルの**4つ**のフェーズは何になるか．
   A．要件の定義，調達と実装，運用と保守，廃棄と廃止
   B．要件の調達，定義と実装，運用と保守，廃棄と廃止
   C．要件の定義，調達と保守，実装と運用，廃棄と廃止
   D．要件の定義，調達と実装，運用と廃止，保守と廃棄

13. 個人の雇用適性を決定するのに**最適**なのは，次のうちどれになるか．
   A．職位または役職
   B．セキュリティチームとのパートナーシップ
   C．役割
   D．バックグラウンド調査

14. 一度DVD-Rに保存された機密情報が媒体に残留しないようにするためには，どの方法が最適か．
   A．削除
   B．消磁
   C．破壊
   D．上書き

15. 根本的な原因を特定するだけでなく，内在する問題に対処するプロセスは，次

のうちどれか.
A．インシデント管理
B．問題管理
C．変更管理
D．構成管理

16．ソフトウェアアップデートを実稼働システムに適用する前に行う，**最も**重要なことは次のどれか.
A．パッチで修正される脅威に関する完全な情報開示
B．パッチ適用プロセスが文書化されている
C．実稼働システムがバックアップされている
D．独立した第三者がパッチの正当性を証明する

★ ★ ★

1. In the event of a security incident, one of the primary objectives of the operations staff is to ensure that
   A. the attackers are detected and stopped.
   B. there is minimal disruption to the organization's mission.
   C. appropriate documentation about the event is maintained as chain of evidence.
   D. the affected systems are immediately shut off to limit to the impact.

2. Good data management practices include:
   A. Data quality procedures at all stages of the data management process, verification and validation of accuracy of the data, adherence to agreed upon data management practices, ongoing data audit to monitor the use and assess effectiveness of management practices and the integrity of existing data.
   B. Data quality procedures at some stages of the data management process, verification and validation of accuracy of the data, adherence to agreed upon data management practices, ongoing data audit to monitor the use and assess effectiveness of management practices and the integrity of existing data.
   C. Data quality procedures at all stages of the data management process, verification and validation of accuracy of the data, adherence to discussed data management practices, ongoing data audit to monitor the use and assess effectiveness of

management practices and the integrity of existing data.

   D.   Data quality procedures at all stages of the data management process, verification and validation of accuracy of the data, adherence to agreed upon data management practices, intermittent data audit to monitor the use and assess effectiveness of management practices and the integrity of existing data.

3.   Issues to be considered by the security practitioner when establishing a data policy include:

   A.   Cost, Due Care and Due Diligence, Privacy, Liability, Sensitivity, Existing Law & Policy Requirements, Policy and Process

   B.   Cost, Ownership and Custodianship, Privacy, Liability, Sensitivity, Future Law & Policy Requirements, Policy and Process

   C.   Cost, Ownership and Custodianship, Privacy, Liability, Sensitivity, Existing Law & Policy Requirements, Policy and Procedure

   D.   Cost, Ownership and Custodianship, Privacy, Liability, Sensitivity, Existing Law & Policy Requirements, Policy and Process

4.   The information owner typically has the following responsibilities:

   A.   Determine the impact the information has on the mission of the organization, understand the replacement cost of the information, determine who in the organization or outside of it has a need for the information and under what circumstances the information should be released, know when the information is inaccurate or no longer needed and should be archived.

   B.   Determine the impact the information has on the mission of the organization, understand the replacement cost of the information, determine who in the organization or outside of it has a need for the information and under what circumstances the information should be released, know when the information is inaccurate or no longer needed and should be destroyed.

   C.   Determine the impact the information has on the policies of the organization, understand the replacement cost of the information, determine who in the organization or outside of it has a need for the information and under what circumstances the information should not be released, know when the information is inaccurate or no longer needed and should be destroyed.

D. Determine the impact the information has on the mission of the organization, understand the creation cost of the information, determine who in the organization or outside of it has a need for the information and under what circumstances the information should be released, know when the information is inaccurate or no longer needed and should be destroyed.

5. QA/QC mechanisms are designed to prevent data contamination, which occurs when a process or event introduces either of which two fundamental types of errors into a dataset: (choose TWO)

A. Errors of commission

B. Errors of insertion

C. Errors of omission

D. Errors of creation

6. Some typical responsibilities of a data custodian may include: (Choose ALL that apply)

A. Adherence to appropriate and relevant data policy and data ownership guidelines.

B. Ensuring accessibility to appropriate users, maintaining appropriate levels of dataset security.

C. Fundamental dataset maintenance, including but not limited to data storage and archiving.

D. Assurance of quality and validation of any additions to a dataset, including periodic audits to assure ongoing data integrity.

7. The objectives of data documentation are to: (Choose ALL that apply)

A. Ensure the longevity of data and their re-use for multiple purposes

B. Ensure that data users understand the content context and limitations of datasets

C. Facilitate the confidentiality of datasets

D. Facilitate the interoperability of datasets and data exchange

8. Benefits of data standards include:

A. more efficient data management, decreased data sharing, higher quality data, improved data consistency, increased data integration, better understanding of data, improved documentation of information resources

B. more efficient data management, increased data sharing, higher quality data, improved data consistency, increased data integration, better understanding of data, improved documentation of information resources

C. more efficient data management, increased data sharing, medium quality data, improved data consistency, decreased data integration, better understanding of data, improved documentation of information resources

D. more efficient data management, increased data sharing, highest quality data, improved data consistency, increased data integration, better understanding of data, improved documentation of information metadata

9. When classifying data, the security practitioner needs to determine the following aspects of the policy: (Choose ALL that apply)

A. who has access to the data

B. what methods should be used to dispose of the data

C. how the data is secured

D. whether the data needs to be encrypted

10. The major benefit of information classification is to

A. map out the computing ecosystem

B. identify the threats and vulnerabilities

C. determine the software baseline

D. identify the appropriate level of protection needs

11. When sensitive information is no longer critical but still within scope of a record retention policy, that information is BEST

A. Destroyed

B. Re-categorized

C. Degaussed

D. Released

12. What are the FOUR phases of the equipment lifecycle?

A. Defining requirements, acquiring and implementing, operations and maintenance, disposal and decommission

B. Acquiring requirements, defining and implementing, operations and maintenance, disposal and decommission

C. Defining requirements, acquiring and maintaining, implementing and operating, disposal and decommission

D. Defining requirements, acquiring and implementing, operations and decommission, maintenance and disposal

13. Which of the following **BEST** determines the employment suitability of an individual?

A. Job rank or title

B. Partnership with the security team

C. Role

D. Background investigation

14. The best way to ensure that there is no data remanence of sensitive information that was once stored on a DVD-R media is by

A. Deletion

B. Degaussing

C. Destruction

D. Overwriting

15. Which of the following processes is concerned with not only identifying the root cause but also addressing the underlying issue?

A. Incident management

B. Problem management

C. Change management

D. Configuration management

16. Before applying a software update to production systems, it is **MOST** important that

A. Full disclosure information about the threat that the patch addresses is available

B. The patching process is documented

C. The production systems are backed up

D. An independent third party attests the validity of the patch

第3章 セキュリティエンジニアリング

「セキュリティエンジニアリング」のドメインには，オペレーティングシステム，機器，ネットワーク，アプリケーションを設計，実装，監視および保護するために使用される概念，原則，構造，基準，そして，様々なレベルの機密性，完全性および可用性を実現するために使用されるコントロールが含まれる．情報セキュリティのアーキテクチャーと設計では，組織のセキュリティプロセス，情報セキュリティシステム，人員および組織のサブユニットの現在または将来の構造や行動を記述するための包括的で厳密な方法の適用事例を取り上げ，組織の中心的な目標と戦略的方向性にいかに一致させるかを示す．暗号では，情報の完全性，機密性，真正性を保証するために，数学的アルゴリズムとデータ変換を情報に適用する原則，手段，方法について検証している．物理的なセキュリティでは，企業のリソースや機密情報を物理的に保護する上での脅威，脆弱性および対策に焦点を当てる．これらのリソースには，人々が働く施設，それらが利用するデータ，機器，サポートシステム，媒体および消耗品が含まれる．物理的なセキュリティでは，ビル，施設，リソースまたは格納された情報などへの攻撃者を含む不正な人物の物理的アクセスを拒否するように設計される措置および潜在的な敵対的行為に抵抗する構造を設計する方法に関するガイダンスについて記述する．権限のない人員が情報にアクセスするのを防ぐことに加えて，物理的なセキュリティに焦点を当てることで，火災のような危険からユーザーを保護し，施設の外へ導く安全な通路を提供することができる．このドメインの「何？」，「なぜ？」，「どうやって？」を説明することで，本章の残りの部分を理解するのに役立つ．

▶何？

セキュリティアーキテクチャー(Security Architecture)とは何かを以下に記す.

- セキュリティアーキテクチャーは,セキュアな通信を可能にし,情報リソースを保護することで,ITが必要とされる場所における機密性,可用性および完全性を確保するためのフレームワークと基盤を提供する.
- セキュリティアーキテクチャーは,現在および将来のシステムにセキュリティを提供するために必要な基本的なサービスを定義する.
- セキュリティアーキテクチャーは,資産を安全かつ効果的に保護するために必要な技術と行動規範をモデル化する.
- セキュリティアーキテクチャーは,ビジネス推進要因とコントロールの技術的実装を結びつけ,進化するこれらのモデルを文書化する.
- セキュリティアーキテクチャーは一般的に,業界の枠組みおよび国際標準に基づく標準化された方法論を使用して構築する.

▶なぜ？

セキュリティアーキテクチャーを適切に構築して実装するためには,時間やリソースに多くの投資が必要となる可能性がある.同時に,ビジネスとITのセキュリティの要求に対応し,標準ベースで,組織内で広く訓練された,考え抜かれたセキュリティアーキテクチャーは多くの潜在的利益をもたらすことになる.セキュリティアーキテクトは,これらのトレードオフについて,検証する必要がある.このようなセキュリティアーキテクチャーの利点には,次のようなものがある.

- セキュリティ技術やその実施への投資の整合の改善
- 設備投資や運用経費の長期計画の改善
- システムおよびエンタープライズアーキテクチャーのほかのコンポーネントとの相互運用性
- セキュリティサービスの適応性,スケーラビリティ,一貫性の向上
- 複数のシステムにわたる共通機能の標準化
- 法規制遵守を含む,セキュリティの実践と解決策の一貫した適用
- セキュリティコントロールの実装が正確で検証可能であることを保証する手段の提供

▶どうやって？

　ITとセキュリティアーキテクチャーを開発するための多くの方法論がある．本章では，セキュアな設計で頻繁に使用されるフレームワーク，モデルおよび基準のいくつかの例について説明する．ほとんどのセキュリティアーキテクチャーは共通のテーマで構築されているが，それらのスポンサーである組織のニーズによって異なっている．成功した統合は，アーキテクチャーの利害関係者と顧客の受け入れと採用を前提としている．これは，セキュリティアーキテクチャーがシステムのビジネス要件に対応していることを保証することによって達成される．これらの要件は，設計作業の範囲によって異なる場合がある．システムセキュリティアーキテクチャーは個々のシステムの要件に重点を置くが，エンタープライズセキュリティアーキテクチャー（Enterprise Security Architecture：ESA）は企業全体の複数のシステムに焦点を当てている．安全なデザインの基本原則と，これらのデザインの作成，実装，検証に使用される一般的な方法論と技術に焦点を当てている．最後に，システムセキュリティアーキテクチャーとESAの重要な概念について説明する．セキュリティ専門家は，セキュリティアーキテクチャーと設計がどのように行われるか，情報資産を保護するために様々なレベルのアーキテクチャーがどのように連携するかを理解する必要がある．

　システムセキュリティアーキテクチャーは，個々のコンピューティングシステム内のセキュリティサービスの設計に重点を置いている．最新のコンピューティングシステムは複雑な構成であり，コンピューティングプラットフォームのハードウェア，ファームウェア，オペレーティングシステム，ユーティリティおよび様々な特化したアプリケーションなど，無数の可動部分で構成されている．各可動部分には，ネイティブコントロール，コントロールを実装する機能または上述のいずれも持たない可能性がある．

　一般に，適切に設計されたソリューションは，各可動部品のセキュリティ機能を一貫した設計に組み合わせることができる．同時に，セキュリティとコンピューティングシステムのほかのニーズとの間のバランスをとる必要がある．これは達成するのが非常に困難な可能性がある．セキュリティコンポーネントはかなりのリソースを消費する可能性があるため，機能，使いやすさ，またはパフォーマンスの向上のために，コントロールがしばしば犠牲にされる．バランスを見つけ，必要なコントロールが設計どおりに実装されることを保証することは，セキュリティアーキテクトの課題である．これが最も重要である．なぜならば，エンタープライズセキュリティアーキテクチャーを設計および構築する際に，成功へ導く能力は「はじ

めから始まり，そして最後に来るまで続く」からである．特に，セキュリティアーキテクトは，計画サイクルの始めから，設計と構築のフェーズを通して，そしてアーキテクチャーが廃止されるライフサイクルの終了まで，セキュリティを計画し組み込む能力が成功を導くことを理解する必要がある．セキュリティが後付けであるか，アーキテクチャーの実装の最後の段階まで残されている場合，プロセスの始めから考慮されるのとは対照的に，セキュリティが最初から「組み込み」であるかのように完全にうまく機能させるのはより困難になる．

利用可能な様々なコンピューティングプラットフォームがあり，各プラットフォームはセキュリティサービスを提供するために異なるアプローチを採ることになる．これらのプラットフォームのアーキテクチャーは，セキュリティ要件にアプローチする上での基本的な要素となる．ほとんどのコンピューティングプラットフォームは，システムによって生成，送信または保存される機密資産を保護するために，様々なセキュリティコントロールを提供している．セキュリティアーキテクトは，実装されるセキュリティコントロールを決定する責任があり，また，エンタープライズ内の特定のシステムに使用されるネイティブコントロールを決定する責任がある．

セキュリティアーキテクトは，最新のコンピューティングシステムを構成する基本のビルディングブロックと，システムのタイプを互いに区別するいくつかの特性を理解している必要がある．最も重要なことは，システムレベルでセキュリティを実装できる様々な方法を認識し，特定のシナリオでどのメカニズムが最も適切かを選択できることである．

◤トピックス

- セキュリティ設計の原則を使用したエンジニアリングライフサイクルの実装および管理
- セキュリティモデルの基本概念
- 情報システムのセキュリティ標準に基づくコントロールと対策
- 情報システムのセキュリティ機能
- セキュリティアーキテクチャー，設計およびソリューションの各要素の脆弱性に対する評価と緩和
  - クライアントベース（例えば，アプレット，ローカルキャッシュ）
  - サーバーベース（例えば，データフロー制御）
  - データベースのセキュリティ
  - 大規模並列データシステム
  - 分散システム（例えば，クラウドコンピューティング，グリッドコンピューティング，ピア・ツー・ピア）
  - 暗号化システム
- Webベースのシステムの脆弱性
- モバイルシステムの脆弱性
- 組み込み機器やサイバーフィジカルシステム（例えば，ネットワーク対応デバイス）の脆弱性
- 暗号
  - 暗号化ライフサイクル
  - 暗号の種類（例えば，対称，非対称，楕円曲線）
  - 公開鍵基盤（Public Key Infrastructure：PKI）
  - 鍵管理の実践
  - デジタル署名
  - デジタル著作権管理（Digital Rights Management：DRM）
  - 否認防止
  - 完全性（ハッシュとソルト）
  - 暗号解読攻撃の方法（例えば，総当たり，暗号化テキスト単独，既知平文）
- サイトと施設の設計に対するセキュリティ原則の適用
- 施設のセキュリティ
  - 配線クローゼット

- サーバールーム
- 媒体および保管施設
- 証跡保管
- 制限された作業区域のセキュリティ（例えば，オペレーションセンター）
- データセンターのセキュリティ
- 付帯設備とHVAC（Heating, Ventilation, Air-Conditioning：暖房，換気，空調）設備の考慮事項
- 水害（例えば，漏水，洪水）
- 火災の予防，検知，抑制

▶目 標

(ISC)² メンバーの候補者に向けた情報（試験概要）によると，CISSPの候補者は次のことができると期待されている．

- エンジニアリングライフサイクルの理解とセキュリティ設計原則の適用
- セキュリティモデルの基本概念に対する理解
- 情報システムセキュリティ標準に基づくコントロールと対策の選択
- 情報システムのセキュリティ機能に対する理解
- 以下の脆弱性の評価と緩和
  - セキュリティアーキテクチャー，設計およびソリューション要素
  - Webベースのシステム
  - モバイルシステム
  - 組み込み機器とサイバーフィジカルシステム
- 暗号の適用
- サイトと施設の設計に対するセキュリティ原則の適用
- 施設セキュリティの設計と実装

3.1 セキュリティ設計原則を使用したエンジニアリングライフサイクル

1つの定義によると，システムエンジニアリング（Systems Engineering）は，「ユーザーのニーズをシステムの定義に翻訳する学際的なアプローチであり，アーキテクチャーと設計は，反復的なプロセスによる効果的な運用システムの結果となり，システムエンジニアリングは，コンセプト開発から最終的なシステムの廃棄までのライフサイクル全体にわたって適用される」ことである[1].

システムエンジニアリングのモデルとプロセスは，通常，ライフサイクルの概念を中心に構成される．システム工学国際協議会（International Council on Systems Engineering：INCOSE）は，古典的なシステムエンジニアリングについて幅広く定義している[2]. ISO/IEC 15288：2008は，プロセスとライフサイクルステージをカバーする国際的なシステムエンジニアリング規格である．この規格は，技術，プロジェクト，契約および企業の4つのカテゴリーに分けられた一連のプロセスについて定義している．ライフサイクルステージの例には，コンセプト，開発，生産，利用，サポート，廃止などがある．例えば，米国国防総省は，資材ソリューション分析，技術開発，エンジニアリングと製造の開発，生産と導入，運用とサポートの各段階を使用している．

システムのエンジニアリングライフサイクルを明確にするために使用される詳細なビュー，実装および用語は異なるが，それらはすべて図3.1に示されているVモデルによって基本要素を共有している．Vの左側は，コンセプトの開発を示し，要件の定義，設計および開発が可能な物理エンティティおよび機能への分解を表している．Vの右側は，これらのエンティティの統合とフィールドへの究極的な移行を表し，運用および保守が含まれる．

反復サイクル，スキップされたフェーズ，オーバーラップ要素などがしばしばライフサイクル内で発生する．さらに，重要なプロセスとアクティビティは，システムライフサイクルの複数のフェーズで適用される．リスクの特定と管理は，このような分野横断的なプロセスの一例となる．

主なシステムエンジニアリング技術プロセスのトピックスは次のとおりである．

- 要件定義
- 要件分析
- アーキテクチャーデザイン
- 実装
- 統合

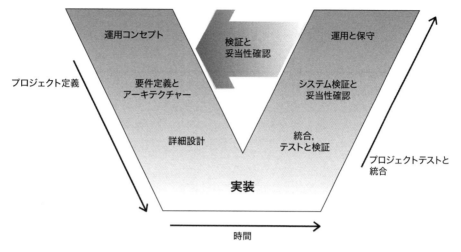

図3.1 Vモデルは、システムの開発ライフサイクルのグラフィカルな表現である。それは、コンピュータ化されたシステム検証フレームワーク内の対応する成果物と関連してとられる主要なステップを要約している。Vは、プロジェクトのライフサイクルにおける一連のステップを表している。それは、実施される活動と、製品開発中に生成されなければならない結果について記述する。

- 検証
- 妥当性確認
- 移行

主なシステムエンジニアリング管理プロセスのトピックスは次のとおりである。

- 意思決定の分析
- 技術的な計画
- 技術評価
- 要件管理
- リスクマネジメント
- 構成管理
- インターフェース管理
- 技術データ管理

あらゆる種類の脅威から情報とシステムを保護するには、情報システムの人、技術、運用上の側面に対応する複数の重複した保護アプローチを使用する必要があ

る．これは，様々なシステムやネットワークでの対話型の性質のために，すべての単一のシステムは，相互接続されているシステムがすべて保護されていない限り，十分に保護することができないという事実によるものである．セキュリティアーキテクトが，最初からアーキテクチャーを設計，構築，実装するユニークな機会を与えられていない限り，すでに構築済みのものをより有利なものに「置き換える」プロセスでは，問題や課題が残る場合がある．このような問題は明らかではないかもしれないし，セキュリティアーキテクトが提案または実装しているアーキテクチャーによって解決されない場合もある．

複数の重複した保護メカニズムを使用することで，単一の保護アプローチが失敗したり，保護メカニズムが回避された場合でも，システムのセキュリティを確保することができる．ユーザーのトレーニングと認識，よく整備されたポリシーとプロシージャー，そして保護メカニズムの冗長性により階層化された保護は，企業のリスクに対する欲求とバランスのとれたセキュリティアーキテクチャーの目的を達成するためのITの効果的な保護を可能にする．

「ITシステムを保護するために一般に受け入れられている原則と実践」(NIST [National Institute of Standards and Technology] SP 800-14)[3]では，組織がITセキュリティプログラムを確立し，レビューするための基礎を提供する．SP 800-14での8つのシステムセキュリティ原則は，新しいシステム，実践またはポリシーを作成する際に組織レベルの視点を提供するように設計されている．SP 800-14には，ITセキュリティのための組織レベルの視点を提供する8つの原則と14の実践が含まれる．

コモンクライテリア(Common Criteria)は，セキュリティ要件の文書化，セキュリティ機能の文書化と検証，ITセキュリティ分野における国際協力の促進のための体系的な方法論を提供する．コモンクライテリアの「保護プロファイル」と「セキュリティターゲット」の使用は，ITセキュリティ機能を持つ製品やシステムの開発に大いに役立つ．コモンクライテリアの手法の厳格さと再現性は，ユーザーのセキュリティニーズの綿密な定義を提供している．セキュリティターゲットは，システムインテグレーターに対して，コンポーネントの調達と安全なITシステムの実装に必要な主要情報を提供している[4]．

NISTは，より一貫性のあるアプローチを導き，適切なレベルのガイダンスを提供するために，システムセキュリティの一連のエンジニアリング原則をまとめた．これらの原則は，ITセキュリティ機能の設計，開発，実装に対する体系的なアプローチを構築するための基礎を提供する．これらの原則の主な焦点は技術コント

ロールの実装であるが，これらの原則は，効果的であるためには，ポリシー，運用手順，ユーザー教育およびトレーニングなどの非技術的な問題も考慮する必要があるという事実を強調する．これらの原則は，NIST SP 800-27 Revision A「ITセキュリティのためのエンジニアリング原則（セキュリティ実現のためのベースライン）」で解説されている[*5]．

NIST SP 800-27 Revision Aでの5つのライフサイクル計画フェーズは，以下に記載されているように，「ITシステムを保護するために一般に受け入れられている原則と実践」（SP 800-14）で定義されている．

- **開始**(Initiation)＝開始フェーズでは，システムの必要性を明確にし，システムの目的が文書化される．このフェーズの活動には，FIPS PUB 199[*6]に従って影響評価を実施することが含まれる．
- **開発／調達**(Development/Acquisition)＝このフェーズでは，システムの設計，調達，プログラミング，開発，または構築が行われる．このフェーズは，システム開発サイクルや取得サイクルなどのほかの定義済みのサイクルで構成されることがよくある．このフェーズの活動には，セキュリティ要件の決定，セキュリティ要件の仕様への組み込みおよびシステムの調達が含まれる．
- **実装**(Implementation)＝実装中にシステムはテストされ，インストールまたは展開される．このフェーズの活動には，コントロールのインストールや有効化，セキュリティテスト，認証，認定が含まれる．
- **運用／保守**(Operation/Maintenance)＝このフェーズでは，システムを実際に動作させることになる．通常，システムはハードウェアとソフトウェアの追加およびほかの多くのイベントによって修正される．このフェーズの活動には，セキュリティ運用と管理，運用保証，監査と監視が含まれる．
- **廃棄**(Disposal)＝ITシステムライフサイクルの廃棄フェーズには，情報，ハードウェアおよびソフトウェアの廃棄が含まれる．このフェーズの活動には，情報の移動，アーカイブ，破棄，破壊，媒体のサニタイジングなどが含まれる．

NIST SP 800-27 Revision Aは，次の6つのカテゴリーに分類される33のITセキュリティ原則で構成される．

- セキュリティ基盤
- リスクベース

- 使いやすさ
- レジリエンスの向上
- 脆弱性の低減
- ネットワークを考慮した設計

33のITセキュリティ原則は次のカテゴリー別に分類される．

- **セキュリティ基盤**（Security Foundation）
  - 原則1：設計の「基盤」として健全なセキュリティポリシーを確立する
  - 原則2：システム設計全体の不可欠な部分としてセキュリティを扱う
  - 原則3：関連するセキュリティポリシーによって統制される物理的および論理的なセキュリティの境界を明確に記述する
  - 原則4：開発者が安全なソフトウェアを開発する方法を習得できるようにする
- **リスクベース**（Risk Based）
  - 原則5：リスクを受容可能なレベルまで引き下げる
  - 原則6：外部システムは安全でないと仮定する
  - 原則7：リスクの削減とコストの増加，運用の効率との間の潜在的なトレードオフを特定する
  - 原則8：組織のセキュリティ目標を達成するためのシステムセキュリティ対策を実施する
  - 原則9：情報の処理中，転送中および保管中に保護を行う
  - 原則10：適切なセキュリティを達成するためにカスタム製品を検討する
  - 原則11：すべての可能性のある「攻撃」から保護する
- **使いやすさ**（Ease of Use）
  - 原則12：可能な限り，移植可能性と相互運用性から，オープンスタンダードのセキュリティを基本とする
  - 原則13：セキュリティ要件の開発に共通言語を使用する
  - 原則14：セキュアで論理的な技術のアップグレードプロセスを含め，新技術の定期的な採用を可能にするセキュリティ設計を行う
  - 原則15：運用の容易性に努める
- **レジリエンスの向上**（Increase Resilience）
  - 原則16：階層型のセキュリティを実装する（単一脆弱点を作らない）

- ◦ 原則17：被害を最小化し，復元力の高いITシステムの設計と運用を行う
- ◦ 原則18：予期された脅威に直面しても，システムが復元力を持ち，それが継続するという保証を提供する
- ◦ 原則19：脆弱性を制限あるいは阻止する
- ◦ 原則20：公衆からアクセスできるシステムをミッションクリティカルなリソース（例えば，データ，プロセスなど）から分離する
- ◦ 原則21：境界メカニズムを使用することにより，コンピューティングシステムとネットワークインフラストラクチャーを分離する
- ◦ 原則22：不正使用が検出可能で，インシデントが発生した場合に調査することができる監査メカニズムの設計と実装を行う
- ◦ 原則23：適切な可用性を確保するために，緊急時対応あるいは災害復旧手順を開発し，演習を行う
- **脆弱性の低減**（Reduce Vulnerabilities）
  - ◦ 原則24：単純化に努める
  - ◦ 原則25：信頼できるシステム要素は極小化する
  - ◦ 原則26：最小特権を実装する
  - ◦ 原則27：不要なセキュリティメカニズムを実装しない
  - ◦ 原則28：システムの停止または廃棄に適切なセキュリティを確保する
  - ◦ 原則29：一般的なエラーと脆弱性を特定して予防する
- **ネットワークを考慮した設計**（Design with Network in Mind）
  - ◦ 原則30：物理的および論理的に分散した対策の組み合わせによりセキュリティを実装する
  - ◦ 原則31：複数の重複する情報ドメインに対処するセキュリティ対策を策定する
  - ◦ 原則32：ユーザーおよびプロセスを認証し，ドメイン内およびドメイン間で適切なアクセス制御を確実に行う
  - ◦ 原則33：一意のIDを使用することで説明責任を確保する

　NISTの33の原則は，セキュリティ担当責任者が，機密性，完全性および可用性についての懸念事項を適切に特定し，対処するためにエンジニアリングライフサイクルに織り込むセキュリティ設計原則の範囲と深さを理解し，評価するのに役立つ．NISTの原則そのものがセキュリティアーキテクトに提示している課題は，ライフサイクルアーキテクチャーというより広いコンテキストの中での，統合に関わ

るコンテキストの1つとなる.

多くの場合, セキュリティアーキテクチャーは, エンタープライズアーキテクチャーに完全に統合されている必要があるが, エンタープライズアーキテクチャー内の別々のアーキテクチャードメインとして扱われることがあるため, この課題が顕在化している. セキュリティ担当責任者の焦点は, 価値を阻害することなく企業のセキュリティポリシーを実施することである.

セキュリティアーキテクチャーには, 一般的に以下の特徴がある.

- セキュリティアーキテクチャーには, 独自の個別セキュリティ手法がある.
- セキュリティアーキテクチャーは, 独自の個別視点と観点を構成する.
- セキュリティアーキテクチャーは, システム全体およびアプリケーション間の非規範的なフローを解決する.
- セキュリティアーキテクチャーは, システム全体とアプリケーション間で独自の規範的なフローを導入する.
- セキュリティアーキテクチャーは, ユニークな単一目的コンポーネントを設計に導入する.
- セキュリティアーキテクチャーは, 企業およびITアーキテクトに独自のスキルセットとコンピテンシーを求める.

セキュリティ担当責任者は, エンジニアリングライフサイクルが企業に対して対処しなければならない重要な問題と懸念事項を特定する方法を理解する必要がある. それらが特定された上で, 明確に定義がなされ, 企業の利害関係者によって合意されなければならない. 利害関係者が合意した時点で, アーキテクトはセキュリティ設計の原則を使用して, ライフサイクルに含まれるセキュリティアーキテクチャーの一部として, 既知の特定されたすべての脅威, 脆弱性およびリスクが確実に対処されるようにする.

セキュアな開発ライフサイクルのフレームワークには, Cisco Systems社(シスコシステムズ)の「シスコセキュア開発ライフサイクル(Cisco Secure Development Lifecycle)」, Microsoft社(マイクロソフト)の「信頼できるコンピューティングのセキュリティ開発ライフサイクル(Trustworthy Computing Security Development Lifecycle)」, Centers for Medicare and Medicaid Services(メディケア・メディケイドサービスセンター)の「テクニカルリファレンスアーキテクチャー(Technical Reference Architecture:TRA)」基準, BSIMM-V(Building Security in Maturity Model-V)など, 多くの例がある[7].

さらに，優れたセキュリティエンジニアリングを確実にするために必要な，組織のセキュリティエンジニアリングプロセスの本質的な特徴を記述するISO/IEC 21827：2008[*8]「システムセキュリティエンジニアリング―能力成熟度モデル（Systems Security Engineering - Capability Maturity Model：SSE-CMM）」がある．これは特定のプロセスやシーケンスを規定するものではないが，業界で一般的に認められている方法を取り入れている．このモデルは，以下を含むセキュリティエンジニアリング実務の標準メトリックである．

- 開発，運用，保守および廃棄活動を含むライフサイクル全体
- 管理，組織，エンジニアリング活動を含む組織全体
- システム，ソフトウェア，ハードウェア，ヒューマンファクター，テストエンジニアリングなど，他分野との同時相互作用
- システムの管理，運用，保守
- 調達，システム管理，認証，認定，評価など，ほかの組織との相互作用

3.2 セキュリティモデルの基本概念

　優れたセキュリティアーキテクチャーを作成し，維持することは難しい作業となる．セキュリティアーキテクトの主な役割は，ビジネス要件を，主要な資産を保護するソリューションに変換することである．保護が必要な資産と，組織を保護するための好ましいアプローチの両者が異なる可能性があるため，それぞれの設計が個別になることがある．強力な設計は，アーキテクトが，保護される資産と組織管理上の優先事項の両方を理解することを要求する．アーキテクトは，重要な資産や優先順位が変わるとともに，設計が正しく実装されていることを検証しながら，時間の経過とともに設計を調整する場合もあることを理解する必要がある．

3.2.1 一般的なシステムコンポーネント

　最新のコンピューティングシステムは，ハードウェア，ファームウェアおよびソフトウェアの各層で構成されている．セキュリティアーキテクトは，システムアーキテクチャーの専門家である必要はないが，少なくとも一般的なシステムコンポーネントや，それぞれの役割については理解する必要がある．システムセキュリティの重要性を考えると，プロセッサー，ストレージ，周辺機器，OSの4つが主要コ

ンポーネントになる.

それぞれのコンポーネントにはアーキテクチャーの中で特化した役割がある. プロセッサーは，計算を実行して問題を解決し，システムタスクを実行するコンピュータシステムの頭脳である. ストレージデバイスは，情報の長期および短期の両方の保管場所を提供する. スキャナー，プリンター，モデムなどの周辺機器は，データを入力し，プロセッサーによって処理されたデータを出力するデバイスとなる. OSは，これらの要素をすべて結びつける接着剤の役割を提供するだけでなく，アプリケーション，ユーティリティおよびエンドユーザーのためのインターフェースを提供する. セキュリティ機能は多くの場合，システムが情報資産を最も効果的に保護できるように，これらのコンポーネントの中に分散して存在することになる.

▶プロセッサー★9

プロセッシング（Processing）とは，入力された生データを有用な出力に変換することである. 伝統的には，プロセッシングは単一の処理装置（中央処理装置［Central Processing Unit：CPU]）により排他的に行われ，システム命令が実行され，メモリー，記憶装置および入出力装置間の相互作用で制御される. これは小型の組み込みシステムでは今も同様であるが，現在では，複数のプロセッサーにより処理を行い責任を共有する方がより一般的である. CPUは引き続き最も重要な役割を果たすことになるが，グラフィックス用の特殊な処理装置（グラフィックス処理装置［Graphics Processing Unit：GPU]）や多数のコプロセッサーも存在し，これらはCPUから暗号機能をオフロードするために使用されることがある.

伝統的に，CPUはシステムのすべてのデバイスを管理するとともに，実際のデータ処理も行う. 最新のシステムでは，CPUは依然として重要な役割を果たしているが，もはや唯一の処理能力の源ではない. CPUは，マザーボード上に実装され，マザーボード上のチップセットを介して，メモリー，ストレージおよびマウス，キーボード，モニター，その他の通信デバイスなどの入出力デバイスへのアクセスを制御する. CPU，マザーボードとメモリーはともに動作し，メモリーはデータと次のプログラム命令を保持し，CPUは現在の命令を利用してデータ計算を実行する.

プロセッサーは，フェッチ，デコード，実行および格納の4つの主なタスクを実行する. CPUがデータを必要とすると，CPUはメモリーからデータを取得する. CPUは，メモリーから情報，すなわち命令およびデータをフェッチする. 命令をデコードして次のステップに進む. 例えば，数の計算を行うなどの命令を実行し，

その結果を格納する．その後，実行すべき命令がなくなるまで，このサイクルが繰り返されることになる．

　この単純なサイクルは，一連の単一の命令セットしか実行していないシステムには十分であるが，複雑なプログラムや複数のプログラムを同時に処理する場合などには効率的な方法ではない．理想的には，プロセッサーは，複数の命令セットを組み合わせることで，処理能力をフルに活用できるようにする必要がある．

　プロセッサーの機能を利用する1つの方法は，プログラムを複数の連携するプロセス（Process）に分割することである．マルチタスキングシステム（Multitasking System）は，あるプロセスから別のプロセスに迅速に切り替えて処理を高速化する．CPU上の任意の時点で1つのプロセスしか実行されていなくても，ユーザーには同時に実行されているように見える．しかし，OSが一定の確率でアプリケーションを実行するために，アプリケーションが遅かれ早かれOSに制御を戻すためのメカニズムが必要になる．

　より高い性能を達成するための別の方法は，システム内のプロセッサーの数を増やすことにより，負荷を軽減することで実現できる．サーバーなどの強力なコンピュータには，様々なタスクを処理するために複数のプロセッサーが実装されているが，追加のプロセッサーを通した命令とデータの流れを制御する1つのプロセッサーが必要になる．このタイプのシステムはマルチプロセッシングシステム（Multiprocessing System）と呼ばれる．

　より高いパフォーマンスを得る別の一般的な方法は，プログラムをスレッド（Thread）に分割することである．スレッドは名前が示すように，一連の命令をスレッド（糸）として実行することである．通常，プログラムが実行されると，プロセッサーは各コード行を順番に実行していく．ただし，後続のステップが前のステップの完了に依存しない場合がある．プログラマーが新しいスレッドをあとのステップのために生成するよう要求した場合，CPUは，アプリケーションが現在のタスクを実行し続けている時に，何か別の処理を行うことができる．例えば，メインアプリケーションがユーザーに入力を要求するのと同時に，スプレッドシートの計算が実行される場合がある．

　マルチスレッド（Multithreading）とは，スレッドをスライスし，あるスレッドにCPUの時間を与えるという概念であり，次に別のスレッドに切り替えてしばらく実行させることである．このルーチンは，最初のスレッドが再び実行されるまで続く．要するに，スレッドは分割され，各スレッドに交互にCPUの時間が与えられる．各スレッドは，短時間だけ実行されてから再び短時間再実行されるまで停止していても，

CPUへの排他的アクセス権を持っているかのように動作する.

マルチタスク,マルチプロセッシング,マルチスレッドには明らかな利点があるが,潜在的なセキュリティ上の脆弱性が生じる可能性がある.バグを含んでいたり,好ましくないアクションを示す可能性のあるプロセスやタスク／スレッドから,複数のプロセス,タスクおよびスレッドを保護する手段を提供することが不可欠となっている.リソースの使用状況を測定して制御するための手法を実装する必要がある.例えば,システムが様々なタスクを実行している場合,各タスクの合計リソース使用量を測定できることは,そのシステムでセキュリティを管理する上で望ましいことである.この情報は,パフォーマンスが大幅に低下することなく,またタスクの作成および実行方法を変更することなく収集する必要がある.この種の機能が利用できない場合,タスクは,サービス拒否攻撃,クラッシュまたはシステムの減速につながるほどのメモリーを割り当てて確保する可能性がある.要するに,マルチプロセッシング,マルチタスク,マルチスレッドを実装することには多くの利点があるが,システムが作成するサブタスクが増えるほど,より多くのことが起こりうるということである.

セキュリティアーキテクトは,システムを企業に導入する際に,情報に基づいた意思決定を行うために,CPUセキュリティに固有の主要な問題のいくつかを認識する必要がある.プロセッサーが複数のレベルでセキュリティの問題に対処するために備えなければならない重要な機能のいくつかは,次のとおりである.

- 改ざん検出センサー
- 暗号化アクセラレーション
- 物理的なメッシュを持つバッテリーバックアップのロジック
- デバイスのカスタマイズに対応したセキュアブート機能
- オンザフライの暗号化および復号機能を備えたセキュアなメモリーアクセスコントローラー
- 静的および差分電力解析(Static and Differential Power Analysis:SPA/DPA)対策
- スマートカードUART(Universal Asynchronous Receiver/Transmitter)コントローラー

これらの安全対策を安全なチップアーキテクチャーに組み込む方法の1つの例は,Freescale Semiconductor社(フリースケール・セミコンダクター)[1]のC29x暗号コプロセッサーで確認できる.C29xは,世界のトップデータセンターで使用される機

器のメーカーが，安全なネットワークトラフィックの大幅な増加に対応するために効率的に拡張できるように設計されている．このデバイスは，1秒間に120,000以上のRSA-2048演算を提供するマルチチップ，シングルPCI-E（PCI Express）カードソリューションを可能にしている．このソリューションは，業界をリードする暗号化パフォーマンスを提供し，サーバー，データセンターおよびセキュリティアプライアンスの公開鍵処理を高速化する．さらに，Green Hills Software社（グリーン・ヒルズ・ソフトウェア）はセキュリティ認定されたINTEGRITY RTOS（Real Time Operating System：リアルタイムオペレーティングシステム）をC29xコプロセッサーに移植した．この組み合わせにより，セキュアな鍵管理のソリューションを実現することが可能になり，オンラインバンキングやビデオオンデマンドサーバーなどの暗号鍵が安全であることを保証できる，高度に「信頼できる」アーキテクチャーを提供することが可能になる．

　さらに，DaaS（Desktop as a Service）や広範な仮想化など，クラウドベースのソリューションがCPUセキュリティに関する議論にどのように影響するかという疑問もある．セキュリティアーキテクトは，これらの問題を認識し，アーキテクチャーを計画する際に考慮する必要がある．例えば，2012年6月に「脆弱性ノートVU＃649219」がUS-CERT（United States Computer Emergency Readiness Team）によって公開された．この脆弱性レポートのタイトルは「Intel CPUハードウェアにおけるSYSRET 64bitオペレーティングシステム権限昇格の脆弱性」である．以下は，脆弱性ノートの抜粋である[10]．

▶概要

　Intel CPUハードウェア上で実行される一部の64bitオペレーティングシステムおよび仮想化ソフトウェアは，ローカル権限昇格攻撃に対して脆弱である．この脆弱性は，ローカル権限昇格またはゲストからホストへの仮想マシンのエスケープに悪用される可能性がある．

　Intel社（インテル）は，プロセッサーは文書化された仕様に従って機能しており，この脆弱性はソフトウェア実装の問題であると主張している．Intel固有のSYSRET動作を考慮していないソフトウェアは，脆弱である可能性がある．

▶説明

　リング3の攻撃者が，一般保護違反（#GP）の発生後に，リング0（カーネル）によって実行されるスタックフレームを特に偽装できる場合がある．スタックが切り替わ

る前に違反が処理されるため，例外ハンドラーがリング0で実行され，攻撃者が選択したRSPの権限昇格が発生する．

▶ Xenの詳細

CVE-2012-0217/XSA-7 - 64bit PVゲスト権限昇格の脆弱性

64bitのハイパーバイザー上で64bitのPVゲストカーネルを実行して，sysret経由で非正規RIPに戻るようにシステムコールを配置することにより，ホストの特権を昇格させることができる脆弱性．IntelのCPUは，望ましくないプロセッサー状態の例外を発生させる結果となる．

▶ FreeBSDの詳細

FreeBSD-SA-12：04.sysret：カーネルから戻る時の権限昇格

FreeBSD/amd64は異なるベンダーのCPUで動作している．64bitモードでのCPUの動作が変化するため，システムコールから復帰する時にカーネルの正当性確認が不十分になることがある．この問題を悪用されると，ローカルのカーネル特権への昇格，カーネルデータの破損につながる可能性がある．

▶ Microsoft社の詳細

ユーザーモードスケジューラーのメモリー破損の脆弱性 - MS12-042 - 重要

権限昇格の脆弱性は，Windowsユーザーモードスケジューラーがシステム要求を処理する方法に存在している．この脆弱性を悪用した攻撃者は，カーネルモードで任意のコードを実行できる可能性がある．攻撃者はプログラムをインストールしたり，データを表示，変更または削除したり，完全な管理権限を持つ新しいアカウントを作成したりすることができる．

▶ ユーザーモードスケジューラーのメモリー破損の脆弱性の問題を緩和する要素

緩和策は，既定の状態における設定，一般的な構成または最善策を示し，脆弱性悪用の深刻度を低下させる可能性がある．使用者の状況により，次の緩和策が役立つ場合がある．

- この脆弱性が悪用されるには，有効な資格情報を所有し，ローカルでログオンできることが攻撃者にとっての必要条件となる．リモートでまたは匿名ユーザーがこの脆弱性を悪用することはないと思われる．

- この脆弱性は，Intel x64ベースバージョンのWindows 7およびWindows Server 2008 R2のみに影響を及ぼしている．
- AMDまたはARMベースのCPUを使用しているシステムはこの脆弱性の影響を受けない．

▶Red Hatの詳細

RHSA-2012：0720-1 & RHSA-2012：0721-1： Red Hat Enterprise Linux 5に含まれるXenハイパーバイザーの実装が，sysret命令のリターンパスにおいて，システムコールのリターンアドレスを正規のアドレスに適切に制限しなかったことが判明した．IntelのCPUを持つ64bitのホスト上で実行されている64bitの準仮想化ゲストの非特権ユーザーは，この欠陥を利用してホストをクラッシュさせる，もしくは潜在的に自分の権限を昇格させ，ハイパーバイザーレベルで任意のコードを実行することができる（CVE-2012-0217，重要）．

▶影響

ローカル認証された攻撃者は，オペレーティングシステムの権限昇格またはゲストからホストへの仮想マシンエスケープのために，この脆弱性を悪用する可能性がある．

この脆弱性は複数のベンダーのプラットフォームに広がっていたが，仮想化ソリューションを提供していたすべてのベンダーには影響していなかった．CPUの選択としてAMDチップを選択し構築されたアーキテクチャーは，この脆弱性にさらされていなかった．セキュリティアーキテクトはこれらの事実を事前に知ることはできず，CPUに関する選択により，50%の確率で意識することなくシステムが潜在的なセキュリティ上の脅威にさらされることになる．当時，この特定の脅威がシステムを攻撃する可能性はわからなかったが，影響を受けるシステムがあり，セキュリティアーキテクトがこの脅威に対する最終的な責任を負うことになる．

▶メモリーとストレージ

一般に，システムアーキテクチャーはメモリー（Memory）とメモリーの管理方法に大きく依存している．貴重な情報資産は処理する際にメモリーに保存される．機密または重要なプログラムはメモリーから実行される．これにより，メモリーはすべてのシステムセキュリティアーキテクチャーの鍵となり，コンピューティングシステム内のほとんどのセキュリティコンポーネントがそれに重点を置いている理由

を説明することができる．メモリーにはいくつかの主要な種類があり，それぞれ異なる保護方法が必要である．

▶主記憶装置

データがプロセッサーにより処理されるまで，主記憶装置（Primary Storage）と呼ばれるステージング領域を利用することになる．主記憶装置は，メモリー，キャッシュまたはレジスター（CPUの一部）として実装されており，その場所に関わらず，CPUによって要求される可能性が高いデータを格納するため，通常，2次記憶装置よりも高速である．データが格納される場所は，その物理メモリーアドレスによって示される．このメモリーレジスター識別子は一定のままであり，そこに格納されている値とは無関係である．主記憶装置のいくつかの例には，ランダムアクセスメモリー（Random Access Memory：RAM），同期ダイナミックランダムアクセスメモリー（Synchronous Dynamic Random Access Memory：SDRAM）およびリードオンリーメモリー（Read-Only Memory：ROM）が含まれる．RAMは揮発性であるため，システムをシャットダウンすると，RAM内に保存したデータは消去されるが，最近の研究では，一定の方法を使用することで，データを引き続き取り出せることが示されている[11]．これは，電源が遮断されてもデータを保持する不揮発性ストレージであるROMと対照的である．

CPUに近いデータほど，より速くアクセスして処理することができる．データは様々な入力デバイス（キーボード，モデムなど），キャッシュ，メインメモリーおよびディスクストレージデバイスを通じてCPUに送信される．データはCPUに送信され，ストレージデバイス（ディスク，テープなど）からメインメモリー（RAM），次にキャッシュメモリーに移動し，最後にCPUに到達して処理される（図3.2）．CPUから遠いデータほど，その転送には時間がかかる．実際，データへのアクセス速度を比較すると，ディスクストレージからデータを取得するのに最も時間がかかり，RAMからの取得はディスクストレージよりも高速であり，キャッシュメモリーからの取得に要する時間は最短である．キャッシュメモリーは，プロセッサーと同じチップ上に高速RAMとして実装されている．最適に設計されたキャッシュでは，データが低速なRAMではなく，高速なキャッシュに移動しており，そこへCPUがアクセスするため，メモリーアクセス時間を短縮できる．このプロセスにより，CPUのデータへのアクセスが高速化され，プログラム実行のパフォーマンスが向上する．

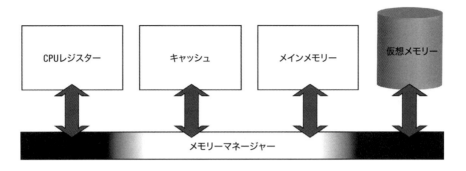

図3.2 ほとんどのコンピューティングシステムにおける一般的なタイプのメモリー．メモリー管理の主なタスクの1つは，必要な時に必要な情報が適切なメモリー領域にあることを保証するとともに，メモリーマネージャーが利用できる様々な種類のメモリー間で情報を移動する方法を管理することである．

▶ **メモリー保護**[*12]

メモリー保護 (Memory Protection) の主な目的は，割り当てられていないメモリーにプロセスがアクセスできないようにすることである．メモリー保護を達成するために使用される方法としてセグメンテーション，ページングおよび保護キーイングがある．セグメンテーション (Segmentation) とは，コンピュータのメモリーをセグメントに分割することである．メモリー上のアドレスの参照には，セグメントを識別する値とそのセグメント内のオフセットが含まれる．ページング (Paging) は，メモリーアドレス空間をページと呼ばれる等しいサイズのブロックに分割する．ページテーブルは，仮想メモリーを物理メモリーにマップする．ページテーブルを使用することにより，プロセスに新しいメモリーを割り当てる時に，物理メモリー内の適当なところから新しいページを割り当てることができるため，メモリーを追加で割り当てることが容易になる．プロセスが使用するメモリーは，ページテーブルを介してそのアプリケーションに割り当てられたページを管理しており，割り当てられていないメモリー領域にアクセスするとページフォルトと呼ばれる割り込みが生成されるため，アプリケーションが明示的に割り当てられていないメモリーにアクセスすることは不可能である．アプリケーションの観点からは，割り当てられていないページおよびほかのアプリケーションに割り当てられたページには，アドレスはないことになる．保護キー (Protection Key) のメカニズムでは，物理メモリーを特定のサイズのブロックに分割し，各ブロックには保護キーと呼ばれる数値を割り当てる．また，各プロセスにも，同様に保護キーを割り当てる．ハードウェアは，プロセスがメモリーにアクセスすると，プロセスの保護キーとアクセスされているメモ

リーブロックの保護キーの値が一致するかどうかをチェックしている．一致しない場合は例外が発生する．

コンピュータセキュリティのメモリー保護には，アドレス空間レイアウトのランダム化や実行可能スペース保護などの追加技法が含まれる．アドレス空間レイアウトのランダム化（Address Space Layout Randomization：ASLR）は，プログラムの実行可能ファイルのベースと，スタック，ヒープおよびライブラリーの位置などのプログラムの重要なデータ領域をプロセスのアドレス空間上にランダムに配置している．このようにすることで，ASLRは，攻撃者がメモリー上に存在する特定の領域の位置を推測することを防ぎ，攻撃からの保護を行う．検索スペースを増やすことでセキュリティが向上する[13]．実行可能スペース保護（Executable Space Protection）とは，メモリー領域を非実行可能とマークすることで，これらの領域でマシンコードを実行しようとすると例外が発生することを意味している．多くの64bitオペレーティングシステムでは，return-to-libcやreturn-to-plt攻撃のような特定の種類のバッファーオーバーフロー攻撃が発生しないように，実行可能スペース保護をASLRとともに何らかの形で実装している[14]．

▶2次記憶装置

2次記憶装置（Secondary Storage）は，現在CPUで使用されていないデータを保持し，大容量の不揮発性ストレージを使用してデータを長期間保存する必要がある場合に使用される．コンピュータシステムは，生データおよびプログラムの両方を記憶するために複数の種類の媒体を使用する．これらの媒体は，容量，アクセス速度，永続性およびアクセスモードが異なる．固定ディスクは，パーソナルコンピュータでは最大TBまで，大規模システムでは最大数百PBまで保存できる．

固定ディスクのデータアクセスはランダムに実行され，RAMアクセスよりも遅くなる．ただし，固定ディスクに保存されているデータは，データを消去したり変更したりすることはできるが，電源を切っても消えることはない．取り外し可能な媒体は，保管または出荷のために取り外すことができる．このような媒体には，ランダムアクセス可能なフロッピーディスク，GBの記憶容量を持ちシーケンシャルまたはランダムアクセスが可能な磁気テープ（DLT［Digital Linear Tape］，SDLT［Super DLT］，8mm DAT［Digital Audio Tape］），1枚当たり650 ～ 870MBの容量のある光コンパクトディスク（Compact Disc：CD），5〜125GBの容量の大容量のDVD，Blu-rayなどがある．CDもDVDなどもランダムアクセスが可能である．外付けハードドライブとUSB（Universal Serial Bus）ドライブには数GBから数TBまでの容量があり，こ

れもランダムアクセスが可能である.

▶仮想メモリー

ほとんどのOSは,システム内で物理的に搭載されているメモリーより多くのメモリーをシミュレートする機能を持っている.これは,データの一部をディスクなどの2次記憶装置に保存することによって行われる.これは仮想ページ(Virtual Page)と考えることができる.システムによって要求されたデータが現在メインメモリーにない場合,ページフォルトが発生する.ページフォルトが発生するとOSハンドラーが起動され,仮想アドレスが正規なものである場合,OSは物理ページを用意し,そのページに正しい情報を入れ,変換テーブルを更新してから,再度要求を試みる.物理メモリーに空き領域がない場合には,ほかのページがスワップアウトされ,空き領域を用意することもある.これにより各プロセスは,独自のマッピングと保護とともに,独自の個別の仮想アドレス空間を持つことができる.

仮想メモリー(Virtual Memory)が開発された理由の1つは,コンピュータシステムが用意できる物理メモリーには制限があり,多くの場合,RAMの容量はユーザーが使用するプログラムを同時に実行するには不十分なためである.例えば,Windows OSがロードされ,電子メールプログラムがWebブラウザーやワードプロセッサーとともに使用されている場合,物理メモリーがすべてのデータを保持するには不十分な場合がある.仮想メモリーなどの機能が存在しない場合,コンピュータはこれ以上アプリケーションをロードすることができない.仮想メモリーでは,OSが最近アクセスしていないRAM内のデータを探し,ハードディスクにコピーしている.コピーされたスペースは,別の追加のアプリケーションをロードするために使用できるようになる(ただし,同じ物理メモリーの制限内).このプロセスはOSにより自動的に行われ,コンピュータはほぼ無限のRAMを使用できるかのように機能するように見える.ハードディスクはRAMチップよりも安価であるため,仮想メモリーは優れたコスト効率の高いソリューションを提供している.

ただし,仮想メモリーの使用には潜在的な欠点がある.特に,正しく仮想メモリーが構成されていない場合は問題となる.仮想メモリーを利用するには,スワップファイル(Swap File)を使用してシステムを構成する必要がある.このスワップファイル(ページファイル[Page File]という場合もある)は,RAM上のデータを格納するハードディスク領域である.

データにアクセスする場合,ハードドライブの読み書き速度はRAMアクセスよりも大幅に遅くなる.さらに,ハードドライブは常に多数の小さなデータにアク

セスするように設計されていないため，システムが仮想メモリーに過度に依存すると，パフォーマンスに悪影響を与える可能性がある．1つの解決策は，すべてのタスクを同時に実行するのに十分なRAMをインストールすることである．十分な物理メモリーを使用していても，タスクが変更されると，仮想メモリーのオーバーヘッドによりシステムは少し遅延することがある．ただし，適切な量のRAMを使用することで，仮想メモリーは正常に機能する．一方，RAMの量が不十分な場合，OSはハードディスクとRAMの間で継続的にデータを交換する必要がある．ディスクとRAMとの間のデータのスラッシングは，コンピュータシステムの性能を大幅に低下させる．

▶ファームウェア

ファームウェア（Firmware）とは，ROMにプログラムや命令を格納したものである．通常，この種のソフトウェアはハードウェアに組み込まれ，そのハードウェアを制御するために使用される．ROMは不揮発性であり，電源が遮断されてもこれらのプログラムと命令は変更されないため，システムにおいて不変な部分となる．ファームウェアへのユーザーによる操作は許可されない．

通常，ファームウェアはアップグレードすることを可能にするため，電気的に消去可能なプログラマブルリードオンリーメモリー（Electrically Erasable Programmable Read-Only Memory：EEPROM）に格納される．これは，ファームウェアにバグがあり，ソフトウェアのアップグレードにより問題が解決される場合に適している．ハードウェア自体は，通常，その一部を交換することなくアップグレードすることはできない．したがって，ベンダーは，ファームウェアにできるだけ多くの重要なコントロールを格納しようとする．ベンダーの観点からは，バグが発見された場合に製品を置き換えるよりも，ファームウェアをアップグレードするようにクライアントに通知する方が望ましいからである．ファームウェアを備えたデバイスの例には，コンピュータシステム，周辺機器，そしてUSBフラッシュドライブ，メモリーカード，携帯電話などのアクセサリーがある．

▶周辺機器およびその他のI/Oデバイス

データを入力して処理し，出力する場合，データは，ディスクからCPU，CPUからメモリー，またはメモリーからディスプレイアダプターに至る多数の場所で転送される．すべてのエンティティの間に個別の専用回路を持つことは非現実的である．しかし，バス（Bus）というコンセプトが実装されると，共有された配線により，

すべてのコンピュータデバイスとチップが接続されることになる．特定の配線は
データを送信し，ほかは制御信号とクロック信号を送信する配線である．特定のデ
バイスまたはメモリーロケーションを識別するアドレスが送信され，デバイスに対
応するアドレスが送信されると，デバイスは配線を介してCPU，RAM，ディスプ
レイアダプターなどにデータを転送することができる．

　データはコンピュータに供給される生の情報であり，プログラムはコンピュータ
に指示を与える命令の集合である．実行するタスクをシステムに指示するために，
コマンドがユーザーによってシステムに入力される．使いやすさのために，入力に
は様々な方法がある．コマンドやレスポンスは，キーボードやマウス，メニューと
アイコン，または別のシステムや周辺機器からリモートで入力することができる．

　コンピュータ処理の結果が出力となる．この出力は2進数または16進数などのデ
ジタルデータで出力されるが，ユーザーが出力を理解するためには，ビデオ，オー
ディオまたは印刷されたテキストとして，人間が解釈できる英数字と単語の形式を
とることになる．したがって，出力デバイスは，コンピュータディスプレイ，ス
ピーカーシステム，レーザープリンターおよびオールインワンデバイスとなる．入
力はインターフェースを介して受信される信号であり，出力はインターフェースか
ら送信される信号となる．人（または別のコンピュータシステム）は，これらのインター
フェース（I/Oデバイス）を使用してコンピュータと通信している．まとめると，コン
ピュータは，CPUとメインメモリーが協力してコアプロセスとして動作し，ディ
スクドライブなどのデバイスとデータの取り出しや格納などのI/O操作を行うこと
になる．

　ドライバー（Driver）と呼ばれるソフトウェアプログラムは，I/Oデバイスおよびシ
ステムI/Oに使用される通信チャネルを制御している．ドライバーにより，OSは
ハードウェアを制御して通信することができる．信号ごとに異なるインターフェー
スを必要としており，そのインターフェースはI/Oデバイスの通信チャネルによっ
て異なる．例えば，USBデバイスは，USBポートに接続されたUSBケーブルを介
して通信している．現在のUSB規格はより高速になり，リムーバブルディスクド
ライブ，マウス，プリンター，キーボードなどの多数の周辺機器をサポートしてい
る．

▶オペレーティングシステム

　オペレーティングシステム（Operating System：OS）は，コンピュータの電源をオン
または起動した瞬間からコンピュータの動作を制御するソフトウェアである．OS

は，ほかのプログラムの動作と同様に，周辺機器との入出力をすべて制御する．ユーザーが実際のデバイスに対してのデータの格納および取り込みの仕方を知らなくても，ファイル操作を行えるのは，OSがこれらの作業を代わりに実行しているためである．マルチユーザーシステムでは，OSはプロセッサーと周辺機器へのユーザーアクセスを管理し，ジョブをスケジュールしている．

システムカーネル（System Kernel）はOSのコアであり，主な機能の1つは，システムのハードウェアとプロセスを含むシステムリソースへのアクセスを提供することである．カーネルは重要なサービスを提供している．バイナリープログラムをロードして実行し，コンピュータシステムが複数のことを一度に行うことを可能にするため，タスクのスワッピングをスケジュールし，メモリーを割り当て，コンピュータのハードディスク上のファイルの物理的な位置を追跡している．カーネルは，制御下で動作するほかのプログラムとコンピュータの物理ハードウェアとの間のインターフェースとして機能することにより，これらのサービスを提供する．また，OSはシステム上で実行されているプログラムをコンピュータの複雑さから隔離している．例えば，実行中のプログラムがファイルにアクセスする必要がある場合，アプリケーションがファイルを開くようにカーネルに要求するシステムコールを発行している．カーネルはシステムコールの要求を引き継ぎ，要求を実行し，要求の成功または失敗をプログラムに通知している．ファイルからデータを読み込むには，別のシステムコールが必要である．カーネルは，要求が有効であると判断した場合，要求されたブロックのデータを読み取り，それをプログラムに渡している．

3.2.2 一緒に動く仕組み

プログラム（Program）とは，一連の命令とその命令を処理するために必要な情報のことである．プログラムが実行されると，そのプログラムのプロセス（Process）またはインスタンス（Instance）が生成される．このプロセスによって，必要なリソース（通常はハンドル［Handle］またはディスクリプター［Descriptor］と呼ばれる）が要求される．

OSは，プログラムを実行するために必要なリソース（メモリーなど）を割り当てる．プロセスは，最初のシステムへの入力から完了または終了するまでフェーズを進めることになる．プロセスの状態は，実行中かどうかのいずれかであり，各プロセスのステータスはプロセステーブルで管理される．

プロセスがリソースを要求すると，1つ以上の独立したスレッドが作成される．

プロセスと異なり，スレッド間に親子関係はない．これはプロセス内で多くの異なるスレッドが作成され，結合される可能性があるためである．スレッドは，任意のスレッドによって作成され，ほかのスレッドによって結合され，異なる属性およびオプションを持つことができる．スレッドは軽量なプロセスとみなすこともできる．

プロセスの作成時には，仮想アドレス空間とリソース（ファイル，I/Oデバイスなど）の制御が割り当てられる．このプロセス（またはタスク）は，プロセッサー，ほかのプロセス，ファイルおよびI/Oリソースへのアクセスを保護しており，プロセスの実行中は軽量なプロセスまたはスレッドになる．スレッドが実行されていない場合は，そのコンテキストが保存される．実行時には，スレッドはメモリー空間とそのプロセスのリソースにアクセスしている．したがって，新しく作成されたスレッドは現在のプロセスのアドレス空間を使用するため，プロセスより新しいスレッドを作成する時間が短くなる．

スレッドはすべてを共有するため，スレッド間の通信オーバーヘッドは最小限に抑えられる．アドレス空間は共有されているため，あるスレッドによって生成されたデータは，ほかのすべてのスレッドですぐに使用できる．いくつかのシステムで実行されているマルチプロセスと同様に，複数のスレッドを実行することもできる（マルチスレッドの場合）．プロセスが完了すると，すべてのスレッドがOSによって閉じられ，割り当てられたリソースが解放され，必要に応じてほかの実行プロセスに再割り当てされる．

3.2.3 エンタープライズセキュリティアーキテクチャー

セキュリティアーキテクチャー（Security Architecture）とは，ソリューション全体またはシステムレベルでセキュリティ要件を満たす設計をするために使用される一連の分野を指している．エンタープライズセキュリティアーキテクチャー（Enterprise Security Architecture：ESA）は，組織全体にわたる情報セキュリティインフラストラクチャーの構成要素を実装する．個々のアプリケーションの機能的および非機能的コンポーネントに焦点を当てるのではなく，複数のアプリケーション，システムまたはビジネスプロセスによって活用できる一連のセキュリティサービスの戦略的な設計に重点を置いている．

ESAは，企業におけるセキュリティサービスの長期戦略を設定することに重点を置いている．その主な目的は，セキュリティサービス開発の優先順位を確立し，情

報セキュリティプログラムの計画にその内容を提供することである．これは，共通のセキュリティサービスの設計と実装およびセキュリティゾーンのコントロールの実施に重点を置いている．これらのアプローチは，企業のセキュリティサービスが効果的かつコストを考慮したものになっていることを保証するのに役立つ．

▶ 主要な目標と目的

ESAは様々な方法で適用可能であるが，いくつかの主要な目標に焦点を当てている．

- **シンプルで長期的なコントロールの視点を提供する**：可能性のあるソリューションの異質性により，重複と非効率性は多くのセキュリティアーキテクチャーにおいて固有のものとなっている．組織が，最も一般的なリスクに対処するための適切なレベルのコントロールを確実に受けるために，優れたアーキテクチャーは包括的で，シンプルでなければならない．ビジネス上の利益を損なう可能性のあるサービスの複雑さや不必要な重複も避けなければならない．また，時間の経過とともに発展するビジネスに従い，新しいコントロール要件に対応できなければならない．

- **共通のセキュリティコントロールのための統一されたビジョンを提供する**：この共通サービスモデルを提供することにより，アーキテクチャーは，全体的な視点からセキュリティコントロールを見て，それらのコントロールの潜在的なギャップを識別し，改善のための長期的な計画を提供する．これは，優れたセキュリティマネジメントの実践の基本的な部分となる．

- **既存技術への投資を活用する**：提案されたセキュリティは，実用的な時はいつでも企業にすでに導入されている既存技術を再利用する必要がある．組織がすでに展開しているものに焦点を当てることで，アーキテクチャーは内部スキルセット，ライセンスおよび契約を最大限に活用して，トレーニングやスタッフの増強の必要性を最小限に抑えることができる．

- **現在および将来の脅威にも柔軟なアプローチを提供し，コア機能のニーズにも対応する**：できることなら，アーキテクチャーの実装は，現在の脅威と新たな脅威に対する安全と対策を提供するのに十分柔軟でなければならない．ただし，組織内のコアアプリケーションが意図したとおりに動作して統合できるような柔軟性も同時になければならない．

その結果として，アーキテクチャーは以下をサポートし，統合するものでなければならない．

1．すべての情報が時間とともに価値とリスクの面で同等または一定ではないことを認識する効果的なセキュリティプログラム．

2．最も重要な資産を保護するための適切な技術と，受容可能なビジネスレベルにまでリスクを低減する品質プロセスとを組み合わせて適用する，効率的なセキュリティプログラム．これは，何らかの形の評価プロセスによって達成される．

3．定期的な管理レビューと技術評価を含む高品質のセキュリティプログラム．このプログラムにより，コントロールが意図どおりに機能していることが確認され，技術やプロセスが価値やリスクの変化に適応できるようフィードバックが提供される．これは，システム保証プログラムの一部として測定され，監視される．

▶意図される利点

設計はそれぞれ異なる場合があるが，すべてのESAは次のことを目指す．

- ITアーキテクトや経営幹部などの意思決定者にガイドを提供し，よりよいセキュリティ関連の投資と意思決定を行うことを可能にする．
- 提案された限定的なセキュリティサービスから，セキュリティ環境における未来の技術アーキテクチャーを確立する．
- セキュリティポリシーとスタンダードをサポートし，実践し，拡張する．
- 技術アーキテクチャーおよびソリューションレベルにおける，セキュリティ関連の意思決定の指針となる一般的なセキュリティ戦略について表明する．
- 業界の標準とモデルを活用して，セキュリティのベストプラクティスを確実に適用できるようにする．

ほかの領域のアーキテクチャーとの適切な連携や調整を確実にするために，セキュリティアーキテクチャーの様々な要素を提示し，文書化する．

- ほかの技術領域と協力して，技術セキュリティアーキテクチャーを定義する．

- ほかの領域の開発と実装に対して，セキュリティ姿勢への影響(よりよい，悪い，変化なし)の理解を提供する．
- 業界のベストプラクティスを活用しながら，プロジェクト全体でITソリューションのリスクを一貫して管理する．
- 再利用可能な共通セキュリティサービスを実装することでコストを削減し，柔軟性を向上させる．
- 必要に応じて，ソリューションの使用終了時や廃止されるソリューションのために，セキュアなメカニズムを提供する．

▶エンタープライズセキュリティアーキテクチャーの定義と維持

　ESAは，組織の全体的な戦略方向と，それをサポートするために使用されるITデリバリー戦略の基本的な理解から開始される．主要な事業の推進要因と技術的な位置付けも文書化される．現行のポリシーとスタンダードは，(特に，コンプライアンスの下で)要件収集の入力として使用される．オブジェクト(情報を提供するパッシブなパーティ)に対するサブジェクト(情報を求めているアクティブなパーティ)のアクセスの問題がセキュリティの要点となるため，ユーザーの一般的なタイプ，機密または重要な資産の種類，これら2者の間のアクセスを緩和する方法を取得できるように努力する．高位の優先順位を捉えるために，一般的に受け入れられているセキュリティとセキュリティアーキテクチャーの原則が議論され，文書化される．その他の要件は，主要な利害関係者へのインタビュー，文書レビュー，現在のITセキュリティの管理プロセスおよび手順から得られる．これらの入力はすべて，セキュリティサービスに対する包括的な要件のセットを提供するために使用される．その後，これらの基準との整合性から，設計の成功を測ることができる．

　これらの要件が文書化されると，一連のアーキテクチャーモデルを導出するために使用される．セキュリティアーキテクトは，一連の共通セキュリティサービスを記述した概念的なターゲットモデルから始めることになる．これらのサービスは，意図するユーザー，アクセスするシステムとデータ，使用シナリオのコンテキストでのセキュリティの適用方法に従って定義される．ターゲットモデルには，共通セキュリティサービスの各セットの高水準論理モデルと，それらのモデルを使用したウォークスルー，ユーザーグループとシナリオの組み合わせが含まれる．当初，セキュリティアーキテクトは，最も重要なビジネス上の問題に対処するための限定されたターゲットモデルの開発を選択することがある．この場合，将来さらなるモデルが追加される可能性がある．

コンポーネントモデルと物理モデルは，個々のシステム内のセキュリティコンポーネントに対処するためにかなり細分化される．コンポーネントモデルは，汎用コンポーネント，コンポーネントフローおよびノードの観点からセキュリティ機能を記述する．コンテキストにおけるセキュリティサービスを示す物理モデルも実装時に開発される．これらのタイプのモデルは，新しいサービスの展開に焦点を当てたプロジェクトの一部として開発され，開発中にESAに組み込まれる．決定が下されると，それらはアーキテクチャー上の決定として取り込まれる．これらは，手元にある問題，検討されたオプションおよび行われた決定の論理的根拠を記述する別々の文書である．これにより，すべての決定が継続的なレビューに確実に反映されることになる．

これらのモデルは最終的なESAの形状を形作るのに役立つ．それらは，組織を現在の環境から将来の状態に移行させる，実践的で順序付けられた一連の移行活動に基づいていることが重要である．モデルの開発により，現在のセキュリティコントロールの環境が文書化される．ギャップ分析が実行され，ギャップに対処するための手順がビジネスの優先順位と相互依存性に基づいて優先順位付けされる．これらは戦略的なロードマップにつながり，ギャップが長期間，典型的には3年から5年の間にどう対処されるかを示している．

セキュリティアーキテクトは，設計の開発中に発生する可能性のある問題，リスクおよび計画されたアップデートに対処する準備をしておく必要がある．例えば，脅威やリスクアセスメントは，ITに関連するリスクを数値化する方法を提供し，特定されたリスクに対処するための新しいセキュリティコントロールおよび対策の能力を検証するのに役立つ．新しい脆弱性が発見または組み込まれた場合，ESA全体に変更が必要かどうかを判断する方法も提供される．

セキュリティアーキテクトは，現在の脅威やリスク環境を念頭において，ソリューションレベルの設計と実装の優先順位を設定し，セキュリティ設計を再検証して，高度な要件とモデルを最新に保つことができる．

▶共通セキュリティサービス

多くのセキュリティ機能は，企業内の共通セキュリティサービス(Common Security Service)の基盤に適合する．ほとんどのESAは，様々なタイプのサービスを区別している．以下は，ESAにおける構成要素として使用されることがあるサービスの分類の例である．

- **境界制御サービス**(Boundary Control Services)＝境界制御サービスは，あるシステムセットから別のシステムセットに，またはある状態から別の状態に情報を流す方法と，その情報が流れることを許可するかどうかに関係している．境界制御システムは，あるゾーンから別のゾーンへのエントリーポイントを隔離する(チョークポイント)ことで，セキュリティゾーンによるコントロールを実施することを意図している．このようにして，セキュリティゾーン間で情報にアクセスし，情報を送信するための一連の共通ポイントを提供する．これらのシステムには，信頼性／機密性の低い資産から，より信頼性／機密性の高い資産を保護するための，ファイアウォール，境界ルーター，プロキシー，その他の境界サービスといった，一般的なセキュリティネットワーク機器が含まれる．

- **アクセス制御サービス**(Access Control Services)＝アクセス制御サービスは，人かマシンかに関わらず，組織が持っている資産にアクセスする際の対象エンティティの識別，認証および認可を行うためのサービスとなる．戦略的に企業全体で識別を正規化し，企業全体で共有認証を促進することを意図している．これらのサービスは通常，サインオンの削減(Reduced-Sign-On：RSO)やシングルサインオン(Single-Sign-On：SSO)を促進しているが，RSOサービスやSSOサービス自体も共通サービスとして含める[15]．さらに，エンタープライズ内の資格情報の作成，処理および保管に関わる，多くのほかのサービスを含む．認可側では，これらのサービスは自動化されたシステムによって施行された一連のルールを考慮して，どのような有効なユーザーエンティティが許可され，どのようなものが企業内で許可されないかに焦点を当てている．これらは，エンタープライズアーキテクチャー内のほかのドメインによって活用される粗い(システムレベルの)認可サービスを提供している．

- **完全性サービス**(Integrity Services)＝完全性サービスは，破損を検出して修正するための自動チェックによる，高い完全性のシステムとデータの維持に重点を置いている．一連の共通サービスとして，これらは様々なレベルの企業によって活用されているが，多くの場合，信頼されていないか，信頼性の低いユーザーエンティティまたはシステムによって直接アクセスできるシステムを対象としている．完全性サービスは，通常，ウイルス対策，コンテンツフィルタリング，ファイル完全性サービス，ホワイトリスト，侵入防御システム(Intrusion Prevention System：IPS)に重点を置いている．

- **暗号化サービス**(Cryptographic Services)＝暗号化は多くのシステムで使用される

一般的なセキュリティツールの1つであるが，暗号化サービスは，様々なシステムによって展開および再利用できる共通サービスとなっている．これには，適度な公開鍵基盤(PKI)と，外部のプロバイダーを通じたPKI機能の継続的な使用が含まれる．これには，共通ハッシュおよび暗号化サービス，ツールおよび技術も含まれる．

- **監査および監視サービス**(Audit and Monitoring Services)＝監査および監視サービスは，侵入検知システム(Intrusion Detection System：IDS)などのサービスを通じてのイベント自体と同様に，集中型ロギングによる監査イベントの安全な収集，保管，分析に重点を置いている．サービスには，セキュリティイベント情報管理(Security Event Information Management：SEIM)ソリューションの導入によるログ収集，照合および分析サービスが含まれる．集中化されたインフラストラクチャーが必要な場合，集中管理システムを検討するのにも適した場所となる．

▶コントロールのセキュリティゾーン

リスクを管理可能なレベルに維持することは，複雑かつ広範囲に分散している環境では大きな課題となる．ネットワークに簡単にアクセスできるため，特にインターネットやアウトソース環境などの公的にアクセス可能なネットワークが存在している場合は複雑になる．セキュリティアーキテクトは，自分の行動や選択がセキュリティ(リスクを低減するメカニズムを適用すること)とユーザーのアクセシビリティとのトレードオフにつながり，アーキテクチャーの整合性を維持しながら，この影響を最小限に抑えるためにできることは何でもすべきであるという事実を認識する必要がある．一部の情報は機密性が高く，価値があり，その他の情報はそれほどでもない(例えば，歴史的建造物に関するWebページの公開情報など)．課題は，情報へのアクセスに大きな影響を与えることなく，適切な量のセキュリティコントロールを適用することである．

次の質問事項は，この問題の複雑さを理解するのに役立つ．

- 情報資産は，資産が置かれている環境に関連してどのように保護されているか．
- 情報資産へのアクセスに必要な適切な認証レベルはどのようなものか．信頼できないネットワークを介して資産にアクセスする時に必要なレベルに違いがあるか．内部ネットワーク内の場合はどうか．

- どのように機密性を保護するか. 必要な機密性レベルは, 資産がどこでどのようにアクセスされているかによって変化するか.

- 保護された資産の可用性をどのように確保する必要があるか. アクセス制御は, この場合に, よい影響, あるいは悪影響を与えるか.

- 完全性の要件が高い資産があるか. 多くのエンティティに対してアクセス権が与えられている場合, 資産の完全性はどのように維持されるか.

- 情報資産がこのような異なる特性を持つ場合, これらのトレードオフに対してどのように対処するかをアーキテクトが決めることができるか.

これらの質問に対処する1つの方法は, コントロールのセキュリティゾーンである. コントロールのセキュリティゾーンは, 特定のセキュリティレベルを達成するために定義された一連のセキュリティポリシーと対策が適用される領域またはグループとなる. ゾーンは, 同様のセキュリティ要件とリスクレベルを持つエンティティをグループ化するものであり, 各ゾーンが別のゾーンから適切に分離されることを保証する.

ゾーンの分離を行うことにより, 安全なゾーン内に存在する情報やシステムへのアクセスや変更の機能が安全性の低いゾーンに漏れたりしないようになる. ゾーン間のアクセスは, ファイアウォール, 認証サービス, プロキシーサービスなどのコントロールメカニズムによって厳密に制御される. コントロールのセキュリティゾーンは, セキュリティアーキテクチャーの重要なハイレベルな設計構築手法になる. 米国国立標準技術研究所(National Institute of Standards and Technology：NIST)の次の図(図3.3)は, サブシステムガードを使用してこのコンセプトを示している(Joint Task Force Transformation Initiative, 2010年2月)[16].

3.2.4 共通アーキテクチャーフレームワーク

2人のセキュリティアーキテクトが, ある問題に対してまったく同じ設計を作成したり, 同じ方法で課題にアプローチしたりすることはない. あるセキュリティアーキテクトが, 別のセキュリティアーキテクトが作成した設計を理解できるようにするために, また, ほかのセキュリティアーキテクト(ビジネスオーナー, 監査人など)が設計プロセスと成果物を検証できるようにするために, 標準化された方法を使用してあらゆる設計を作成する必要がある. これにより, セキュリティアーキテクトは, 彼または彼女が使用している方法について透明性を保つことができる. セ

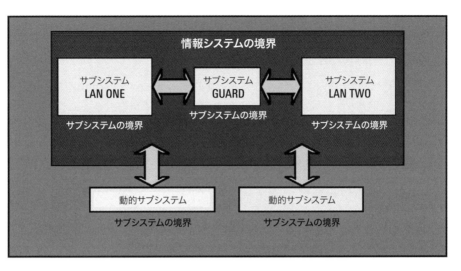

図3.3 サブシステムガードの例

キュリティアーキテクトは，業界や特定の分野で使用される共通アーキテクチャーフレームワーク（Common Architecture Framework）を利用することで，設計が容易に受け入れられるようにすることができる．

アーキテクチャーフレームワークは，様々なアーキテクチャーを開発するために使用できるものである．これは，システムまたはシステムコンポーネントの統合されたセットとしてターゲットの状態を設計する方法を説明し，アーキテクチャーの開発と共通の語彙を容易にするためのツールのセットを提供している．しばしば，推奨される標準と運用事例のセットも含まれる．また，フレームワーク内で設計要素として使用できる，準拠のベンダー製品，モジュールまたはコンポーネントに関する情報も含まれている場合がある．以下，エンタープライズアーキテクチャーで使用される一般的なアーキテクチャーフレームワークと，特にセキュリティアーキテクチャーについて，いくつか説明する．

3.2.5 Zachmanフレームワーク[17]

1980年代，John Zachman（ジョン・ザックマン）は，連邦エンタープライズアーキテクチャーフレームワーク（Federal Enterprise Architecture Framework：FEAF）の取り組みに貢献し，複雑なアーキテクチャーを理解するための共通のコンテキストを開発し

た．彼のZachmanフレームワーク（Zachman Framework）は，アーキテクチャーの開発におけるすべてのエンティティの通信とコラボレーションを可能にしている．セキュリティアーキテクチャーに固有のものではないが，計画，設計，構築などの様々な視点を統合するための論理的な構造を提供している．Zachman自身が説明したように，「このフレームワークは，企業に適用される場合，企業の管理において，ならびに，自動および手動で構成されるシステムの開発にとって，重要な記述表現（モデル）を特定し，体系化するための論理構造である」．

▶ SABSAフレームワーク[18]

Zachmanフレームワークと同じ基本的なアウトラインに従うことを目的としたSABSA（Sherwood Applied Business Security Architecture）フレームワークは，ビジネス要件の評価に始まり，その後に続く，戦略，コンセプト，設計，実装およびメトリックのフェーズを通じて「トレーサビリティの連鎖」を作成する，セキュリティアーキテクチャーを開発するための包括的なライフサイクルである．アーキテクチャーは6つの層で表され，それぞれがターゲットシステムの設計と構築と使用について異なる視点を表す（図3.4参照）．

▶ オープン・グループ・アーキテクチャー・フレームワーク[19]

オープングループは，もともと米国国防総省の初期のフレームワークに触発され，1990年代半ばにオープン・グループ・アーキテクチャー・フレームワーク（The Open Group Architecture Framework：TOGAF）を開発し始めた．エンタープライズアーキテクチャーの設計と構築を要望する組織のためのオープンなフレームワークである．TOGAF（図3.5）は，共通の用語セット，TOGAFアーキテクトが採用している段階的なプロセスを記述するアーキテクチャー開発方法（Architecture Development Method：ADM），標準的なビルディングブロックとコンポーネントを記述するためのアーキテクチャーコンテンツフレームワーク（Architecture Content Framework：ACF）および多数の参照モデルを提供している．また，組織がどのように企業内にTOGAFを組み込むかについてアドバイスを提供する．

▶ ITインフラストラクチャーライブラリー[20]

ITインフラストラクチャーライブラリー（IT Infrastructure Library：ITIL）は，ITガバナンスのためのベストプラクティスのコレクションとして，英国政府の支援の下でCCTA（Central Computer and Telecommunications Agency）によって開発された．ITILでは，

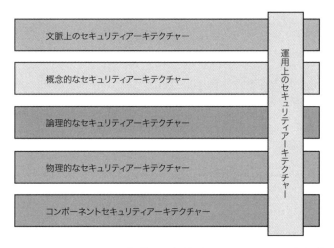

図3.4 セキュリティアーキテクチャーのSABSAモデル（上位レベル）．様々なレベルのディテールを持ち，様々なオーディエンスに対応するアーキテクチャーを記述することで，Zachmanフレームワークと非常によく似たアプローチが採用されている．

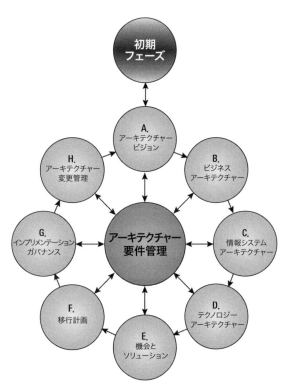

図3.5 TOGAFアーキテクチャーの開発方法．モデルの各ステップで要件分析が果たす重要な役割を強調している．
（Marley, S., "Architectural Framework," NASA/SCI, 2003より）

情報セキュリティ運用を含むIT運用とインフラストラクチャーを指揮する一連の運用手順と実践だけでなく，IT組織の組織構造とスキル要件を定義する．ITILは現在も更新されており，現在のバージョンでは，エンド・ツー・エンドのサービス提供と管理に特に重点を置いている．ITIL v4は，サービス戦略，サービス設計，サービス移行，サービス運用，継続的なサービス改善の5つの主要な活動またはタスクで構成されている．

　これらの各活動は，ITIL内で別々の"書籍"で扱われており，図3.6はITIL v4を構成する5つの主要な"書籍"を示し，どのように相互に関連するかを示している．

- **サービス戦略**(Service Strategy)＝サービス戦略では，現在展開されている，あるいは将来展開されるサービスの範囲を記述することにより，新しいビジネスニーズに対応する．サービスポートフォリオには，ITによって提供されるすべてのサービスが含まれる．これらには，IT組織の内部だけでなく，顧客に提供されるサービスも含まれる．サービスカタログは，顧客向けのサービスのみを含むサービスポートフォリオのサブセットとなる．成功または失敗は一般的に顧客にサービスする能力によって測定されるため，これらのサービスはITILの中で特に重視される．サービス戦略は，サービス設計，サービス移行，サービス運用など，ITILのほかのほとんどの活動の要件を提供する．サービス戦略の変更は，ビジネス要件の変更または継続的なサービス改善を通じて発生する可能性がある．

- **サービス設計**(Service Design)＝サービス設計は，サービスポートフォリオに記述されたサービスを作成することに重点を置いている．個々のサービスの設計とそれらを管理するために使用されるメトリックとサービスレベルを記述するサービス設計パッケージに加えて，ITIL内のこのコンポーネントは，設計および設計プロセスをガイドまたは制約する管理システムとアーキテクチャーに重点を置いている．サービス設計パッケージは，サービス移行への主要なインプットとなるため，サービス設計の重要な成果物である．

- **サービス移行**(Service Transition)＝サービス移行は，主に標準のプロジェクト管理構造を通じて設計を運用サービスに変換することに関連している．また，既存のサービスの変更管理にも関係している．計画とサポートは，特に複数のサービスが展開されている場合に，サービス移行に必要な構造を提供することに重点を置いている．リリースと展開は，段階的な展開による新規または更新されたサービスの展開を導くプロセスの中核となる．テストと組

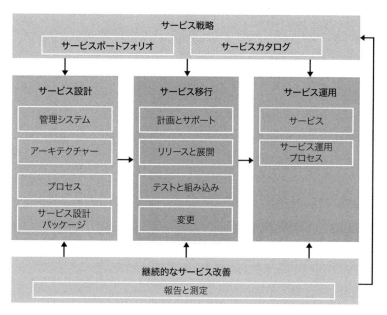

図3.6 ITIL v4の要約．ITILは，サービス戦略における，より詳細なアーキテクチャー作業の結果を絶えずフィードバックし，継続的なサービス改善がITILのほかの部分にわたって進化される機会を提供している．

み込みは，新たに展開されたサービスがサービス設計とサービス戦略の要件を満たし，サービスが運用環境内で適切に組み込まれることを保証する必要がある．変更は，変更管理のための構造とプロセスを提供する．サービスが展開されると，それらは定常状態のサービス運用に移行される．ITILのこのコンポーネントのキーは，サービスを提供するための構造とメトリックが確実に取り込まれることを確認するサービス運用プロセスとなる．

　これらのメトリックは，継続的なサービス改善のための重要なインプットとなる．報告と測定を通じて，各サービスは個々の主要業績評価指標(Key Performance Indicator：KPI)とサービスレベルに照らして検証される．このITILのコンポーネントは，改善を提供する必要性に基づき，サービス管理のほかのすべての側面にフィードバックを提供する．これは，サービス戦略の変更への提言を提案することもあり，サービス設計のあらゆる側面に変更を加えることもある．サービス移行を通じてサービスが展開またはテストされる方法に入力を提供する場合もある．最後に，サービス運用におけるサービス運用プロセスへの入力を提供することもある．

▶ セキュリティモデルの種類

　ほとんどのセキュリティモデルは，ある特定の瞬間における，サブジェクト（アクティブなパーティ）とオブジェクト（パッシブなパーティ）の間の許可されたやり取りを定義することに焦点を当てている．例えば，コンピューティングシステム上のファイルにアクセスしようとするユーザーの簡単な例を考えると，サブジェクトとしてユーザーが対象となり，ファイルはオブジェクトとみなされる．以下に説明するセキュリティモデルはそれぞれ，わずかに異なる方法で問題にアプローチする．

- **状態マシンモデル**（State Machine Model）[21]＝状態マシンモデルにおける「状態」とは，ある時点におけるシステムを記述するものである．状態マシンモデルは，システムがある状態から別の状態，ある瞬間から別の瞬間に移動する時のシステムの動作を記述する．通常，数学的な表現を使用して，認可または不認可のアクションを定義するシステムの状態と遷移関数を記述する．セキュリティモデリングで使用される場合の目的は，安全な状態（物事が安全である時点）が保持されることを保証するために，いつ，どの時点で，どのアクションが認可されるかを定義することである．状態マシンモデルにおける時間の役割は非常に重要となる．セキュリティポリシーによって決定されるルールセットに従って，モデルシステムの安全な状態は，イベントが発生した時やクロックによるトリガーなど，一定の時点でのみ変更することができる．したがって，システムは最初の起動時に安全な状態にあるかどうかをチェックする．システムが安全な状態であると判断されると，状態マシンモデルはシステムがアクセスされるたびに，セキュリティポリシーのルールに従ってのみアクセスされることを確実にしている．このプロセスは，システムが1つの安全な状態から別の安全な状態に移行することを保証する．

- **マルチレベルラティスモデル**（Multilevel Lattice Model）[22]＝マルチレベルセキュリティモデルは，厳格なレイヤーでのサブジェクトとオブジェクトを記述し，レイヤーに基づいて相互のやり取りを許可または禁止する明確なルールを定義する．これらはしばしばラティス（格子），あるいは相互インターフェースが最小限またはない個別のレイヤーを用いて記述される．ほとんどのラティスモデルは，より小さい，または大きな特権のレイヤーを有する階層型ラティスを定義する．サブジェクトには，どのレイヤーに割り当てられるかを定義するセキュリティクリアランスが割り当てられ，オブジェクトは同様のレイヤーに分類される．関連するセキュリティラベルは，すべてのサブ

ジェクトとオブジェクトに付加される．このタイプのモデルに従って，サブジェクトのクリアランスがデータの分類と比較され，アクセスを決定する．また，サブジェクトが何をしようとしているかを確認して，アクセスを許可すべきかどうかを判断する．

- **非干渉モデル**(Noninterference Model)[★23]＝非干渉モデルは，厳密性の高い一種のマルチレベルモデルとみなすことができ，高い特権を持つサブジェクトが同時にシステムを使用している場合でも，高機密情報を低い特権のサブジェクトと共有することを厳しく制限する．言い換えれば，これらのモデルは，サブジェクトとオブジェクトとの間の明白かつ意図的な相互作用に対処するだけでなく，情報を不適切に漏洩する隠れチャネルの影響も処理する．非干渉モデルの目標は，高レベルのアクション（インプット）が，低レベルのユーザーが見ることができるもの（アウトプット）を決定しないようにすることである．提示されるセキュリティモデルの大部分は，高レベルおよび低レベルのユーザー間の制限されたフローを許可することによって保護される．非干渉モデルは，異なるセキュリティレベルで活動を維持し，これらのレベルを互いに分離している．このようにして，セキュリティレベル間の完全な分離があるため，隠れチャネルを通じて発生する漏洩を最小限に抑える．より高いセキュリティレベルのサブジェクトは，より低いレベルの活動に干渉する方法がないので，より低いレベルのサブジェクトは，より高いレベルの情報を得ることができない．

- **マトリックスベースモデル**(Matrix-Based Model)＝ラティスベースのモデルは，類似の制限を有する類似のサブジェクトおよびオブジェクトを扱う傾向があるが，マトリックスベースのモデルは，サブジェクトとオブジェクトとの1対1の関係に焦点を当てている．最もよく知られている例は，サブジェクトとオブジェクトをアクセス制御マトリックスに編成することである．アクセス制御マトリックスは，個々のサブジェクトおよびオブジェクトが互いに関連することを可能にする2次元テーブルである．これは，サブジェクト（ユーザーやプロセスなど）を左側に，すべてのリソースと機能を表の上部にリストする．マトリックスは，特定のオブジェクトにアクセスする時にサブジェクトが持つ機能を簡潔に表現する方法となる．これを簡単にするために，個々のサブジェクトをグループまたはロールに入れ，マトリックスをロールまたはグループメンバーシップに従って作成する．これにより，管理が容易になり，簡素化される．ほとんどのマトリックスベースモデルは，単純なバイナリー

ルール(許可や拒否など)以上のものを提供する．場合によっては，アクセスが
どのように実行されるか，またはサブジェクトが必要とする機能を指定する
ことができる．おそらく，一部の項目は読み取り専用で，ほかの項目は読み
書きが可能となる．アクセス方法のリストは，組織にとって適切なものにな
る．コンテンツへの一般的なアクセス方法は，読み取り，書き込み，編集お
よび削除である．このタイプの情報を記録するには，各セルに適切な権限を
含めるようにアクセス制御マトリックスを拡張する必要がある．ただし，こ
のモデルでは，あるサブジェクトが別のサブジェクトを作成したり，別のサ
ブジェクトにアクセス権を与えたりする場合など，モデル内でのサブジェク
ト間の関係は記述されていないことに注意が必要である．

- **情報フローモデル**(Information Flow Model)[24] ＝多くのモデルは，サブジェクトと
オブジェクトの関係に着目しているが，情報フローモデルは，個々のオブ
ジェクト間で情報がどのように許可または禁止されるかに焦点を当てたモ
デルとなる．情報フローモデルは，情報が特定のプロセスを通じて適切に保
護されているかどうかを判断するために使用される．潜在的な隠れチャネ
ル，区画化されたシステムの区画間の意図しない情報の流れを識別するため
に使用されることがある．例えば，区画Aには許可されたパスがないが，区
画Bが参照できる変数または条件を変更することによって，区画Aから区画
Bに情報を送信することができる．これは通常，システム管理者が意図して
いない，または予期していない方法での，区画の所有者間の連携を含む．あ
るいは，区画Bは，区画Aの挙動の影響を受けるいくつかの状態を観察する
ことによって，区画Aについての情報をあっさりと収集することができる．

▶セキュリティモデルの例

　セキュリティモデルには，何百ものモデルが存在する．以下は，長年にわたって
開発されてきたセキュリティサービスに大きな影響を与えた代表的なモデルの例と
なる．

▶Bell-LaPadula機密性モデル[25]

　Bell-LaPadula(ベルーラパデュラ)モデル(Bell-LaPadula Model)は，現代のセキュアコ
ンピューティングシステムの作成に使用された，最も古いモデルの1つであること
に加えて，おそらく最もよく知られている重要なセキュリティモデルである．高信
頼コンピュータシステム評価基準(Trusted Computer System Evaluation Criteria：TCSEC)

と同様に，それは初期の米国国防総省のセキュリティポリシーと，機密性を維持することができることを証明する必要性に触発された．言い換えれば，モデルシステムが1つの状態（1つの時点）から別の状態に移動する際の漏洩を防ぐことがその主な目標である．

このモデルは，主要なアクターを定義する4つの基本的なコンポーネントと，それらがどのように互いに区別されるかを記述するところから始まる．サブジェクトはアクティブなパーティであり，オブジェクトはパッシブなパーティである．どのサブジェクトが実行を許可されるのかを判断するのに役立つように，サブジェクトには，分類レベルを割り当てられたオブジェクトとやり取りする時にどのようなアクセスモード（読み取り，書き込み，または読み書き）を使用できるかを示すクリアランスが割り当てられる．モデルシステムは，ラベルを使用してクリアランスと分類を追跡し，様々な種類のサブジェクトとオブジェクト間の相互作用を制限するための一連のルールを実装している．

Bell-LaPadulaモデルは，この基本的なコンポーネントのセットを使用して，サブジェクトがあるレベルのクリアランスと特定のアクセスモードが与えられている場合に，実施しなければならない規則を検討している．問題のサブジェクトがモデルシステム内のオブジェクトの読み取り，書き込み，または読み書きのいずれを行うことができるかに応じて，これらは異なるプロパティとして記述される．単純セキュリティ属性（Simple Security Property）では，BellとLaPadulaは，サブジェクトが情報を読み取る機能（ただし，書き込み不可）を持つとみなしている（図3.7）.

漏洩を防ぐために，そのサブジェクトは，同じ分類レベルまたは下位レベルのオブジェクトから情報を読み取ることができるが，より上位の機密レベルに分類されたオブジェクトから情報を読み取ることは禁じられる．例えば，従業員が政府の「秘密」というセキュリティクリアランスを持っている場合，従業員は，より低いレベルに分類された秘密とドキュメントを読み取ることが許可される．ただし，この場合でも従業員は機密情報を一切読み取ることができない．

"*属性（* Property）"（こうした名称になった背景には，それが公開される前に，作者がアスタリスクを別の用語に置き換えなかったためというストーリーがある）★26では，サブジェクトは，情報を書き込むことができるが，読み取ることはできない（図3.8）.

漏洩を防ぐために，サブジェクトは，同じような分類レベルまたはより上位レベルのオブジェクトに情報を書き込むことができるが，機密性の低いレベルで分類されたオブジェクトに情報を書き込むことは禁じられる．これは一見すると非常に奇妙に思えるが，目的が漏洩を防ぐことにあるためである．より上位のレベルに何か

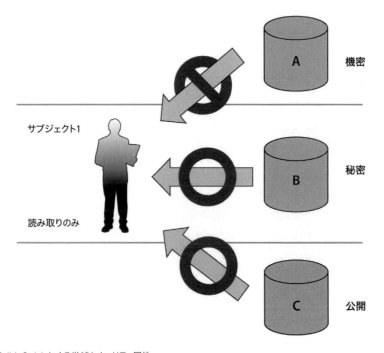

図3.7 Bell-LaPadulaによる単純セキュリティ属性
サブジェクト1にはクリアランスレベル「秘密」とオブジェクトセットからの読み取りのみの能力が割り当てられている．漏洩を防止するために，サブジェクトは，「公開」または「秘密」に分類されたオブジェクトから情報を読み取ることができるが，「機密」に分類されたオブジェクトから情報を読み取ることはできない．

を書くことは，元のサブジェクトがそれを読むことが不可能になったとしても，漏洩につながることはない．これは，いくつかのケースで実用的な価値を持っている．例えば，組織において，上司が部下からの報告書の情報を読み込んで照合することを許可しながら，部下間ではお互いの報告書を読むことができないようにすることを望むかもしれない．

　強化*属性(Strong * Property)では，モデルシステム内でオブジェクトを読み書きすることができるサブジェクトを考慮している(図3.9)．サブジェクトが情報を漏洩することは決してないことを数学的に確かめるためには，類似の分類レベルのオブジェクトに限定し，モデルシステム内のほかのオブジェクトとの相互作用を許さないようにしなければならない．

　Bell-LaPadulaには制限がないわけではない．これは機密性にのみ関係し，ほかの属性(完全性や可用性など)や，より洗練されたアクセスモードについては言及していない．これらは，ほかのモデルを通じて対処する必要がある．さらに重要なのは，

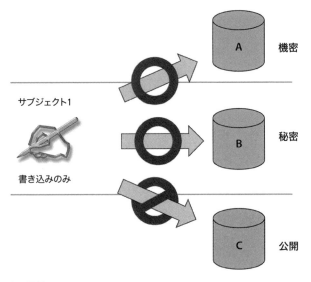

図3.8 Bell-LaPadulaによる*属性
サブジェクト1にはクリアランスレベル「秘密」とオブジェクトセットに書き込みのみの能力が割り当てられている．漏洩を防止するために，サブジェクトは，「秘密」または「機密」に分類されたオブジェクトに情報を書き込むことができるが，「公開」に分類されたオブジェクトに情報を書き込むことはできない．

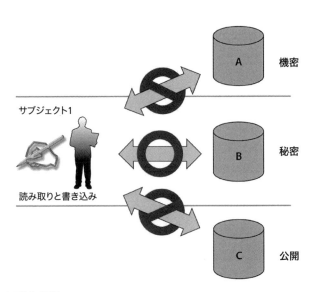

図3.9 Bell-LaPadulaによる強化*属性
サブジェクト1にはクリアランスレベル「秘密」と，オブジェクトセットに読み書きする能力が割り当てられている．漏洩を防止するために，サブジェクトは，自分と同じレベルに分類された情報（この場合「秘密」に分類されるオブジェクト）にのみアクセスすることができる．

知る必要性や，サブジェクトの必要性に基づいて個々のオブジェクトへのアクセスを制限する機能など，重要な機密性の目標には対応していないことである．Bell-LaPadulaは個々のサブジェクトとオブジェクトの1対1のマッピングの仕組みを提供していないので，これもほかのモデルで対処する必要がある．

▶ Biba完全性モデル★27

Bell-LaPadulaと同様に，Biba（ビバ）も複数のレベルを持つラティスベースのモデルである．また，同じアクセスモード（読み取り，書き込み，読み取りと書き込み）を使用し，サブジェクトとオブジェクト間のやり取りも記述している．Bibaモデル（Biba Model）が最も明らかに異なる点は完全性モデルであることで，これは，情報の完全性が破損防止によって維持されることを保証することに焦点を当てている．Bibaモデルの中核となるのは，無許可のサブジェクトがオブジェクトを改変しないようにするために設計された，完全性に対するマルチレベルのアプローチである．サブジェクトがオブジェクトとやり取りする時，アクセスを制御することで，現在のオブジェクトの完全性が維持される．Bell-LaPadulaが使用する機密性レベルの代わりに，Bibaは信頼性に応じて，サブジェクトとオブジェクトに完全性レベルを割り当てる．Bell-LaPadulaと同様に，Bibaモデルでは同じアクセスモードを考慮する．しかし，その結果は異なる．図3.10にBell-LaPadulaモデルとBibaモデルを比較する．

単純完全性属性（Simple Integrity Property）では，特定のサブジェクトは完全性や正確性のレベルが異なる様々な種類のオブジェクトから情報を読み取ることができる（図3.11）．この場合，サブジェクトが期待するものよりも正確性の低い情報では破損を招くことから，サブジェクトはより正確性の低いオブジェクトから読み取ることは許されず，サブジェクトのニーズよりも正確性の高いオブジェクトから読み取ることができるようになる．

例えば，2つの数字を同時に選択するサブジェクトを考える．サブジェクトは，情報が小数点以下2桁に対して合理的に正確であることを必要としている．情報の中から選択できる値はそれぞれ異なり，一部は小数点以下2桁以上に正確であるが，そうではないものも含まれている．情報の破損を防ぐために，サブジェクトは，少なくとも小数点以下2桁の正確性を持つ情報のみを使用する必要がある．小数点以下1桁の正確性しか持たない情報を使用すると，破損が発生する可能性がある．

完全性属性（ Integrity Property）では，与えられたサブジェクトは，異なるレベルの完全性または正確性を持つ，異なるタイプのオブジェクトに情報を書き込むことができる（図3.12）．この場合，サブジェクトは，より正確なオブジェクトを破損しな

属性	Bell-LaPadulaモデル	Babaモデル
単純セキュリティ属性	サブジェクトは上位の分類のオブジェクトを読み込み／アクセスできない(no read up).	サブジェクトは，低い完全性レベルのオブジェクトを読み取ることができない(no read down).
*属性	サブジェクトは，同じ分類またはより高い分類のオブジェクトのみを保存することができる(no write down).	サブジェクトは，より高い完全性レベルのオブジェクトを変更することはできない(no write up).
呼び出し属性	使用しない.	サブジェクトは，より高い完全性のオブジェクトに論理サービス要求を送ることができない.

図3.10 Bell-LaPadulaモデルとBibaモデルの属性

出典：Hare, C., "Policy development," *Information Security Management Handbook, 6th ed.,* Tipton, H. F., Krause, M. (eds.), Auerbach Publications, New York, 2007.

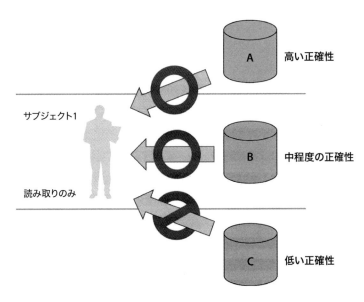

図3.11 Bibaによる単純完全性属性
この例では，サブジェクト1は適度に正確な情報を持ち，様々な正確性レベルのオブジェクトのセットから読み取ることができる．破損を防止するためには，サブジェクトは，同じ，またはより高い正確性レベルの情報を読み取ることができるが，より正確性の低い情報は読み取れない．それは，すでに所有している情報の完全性を損なう可能性があるためである．

いようにする必要がある．したがって，正確性の低いオブジェクトに書き込むことはできるが，より正確なオブジェクトに書き込むことはできない．そうしないと破損するおそれがある．Bibaはまた，あるサブジェクトがより特権のあるサブジェクトを彼らに代わって働かせるという問題に取り組んでいる．呼び出し属性(Invocation Property)では，Bibaは，信頼性の低いサブジェクトがより信頼性の高いサブジェクトの能力を利用することを許可されたため，破損が発生する可能性のある状況を考慮している．Bibaによると，これは防止されなければならず，破損が起こる可能性

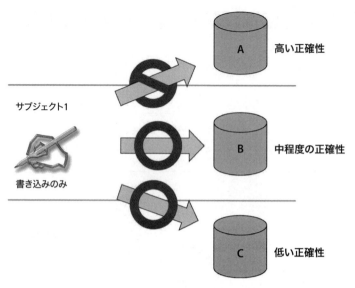

図3.12 Bibaによる*完全性属性
この例では，サブジェクト1は適度に正確な情報を持ち，様々な正確性レベルのオブジェクトのセットに書き込むことができる．破損を防止するためには，サブジェクトは，同じ，またはより低い正確性レベルの情報に書き込むことはできるが，より正確性の高い情報には書き込むことができない．それは，より正確性の高いオブジェクト(オブジェクトA)の情報の完全性を損なう可能性があるためである．

がある．

▶ Clark-Wilson完全性モデル★28

　結局のところ，Bibaは3つの主要な完全性目標のうちの1つにのみ対処している．Clark-Wilson (クラーク-ウィルソン) モデル (Clark-Wilson Model) は，トランザクションレベルでの完全性に焦点を当て，商業環境における完全性の3つの主要な目標に取り組むことで，Bibaを改善している．ClarkとWilsonは，高い完全性のシステムは権限のないサブジェクトによる変更を防止するだけでなく，認可されたサブジェクトが望ましくない変更を行うことを防止し，システムが一貫して動作することを確実にしなければならないことに気づいた．また，そのような完全性が維持されるためには，すべてのサブジェクトとすべてのオブジェクトとの間に一定の仲介が必要なことを認識した．

　完全性の第2の目標に取り組むために，ClarkとWilsonは，認可されたサブジェクトが望ましくない変更をしないようにする方法が必要であることに気づいたが，これは，認可されたサブジェクトによるトランザクションが，モデルシステム上で

コミットされる前に別のパーティによって評価されることが必要となる．これにより，認可されたサブジェクトの権限が，トランザクションを評価し，完了する権限を与えられた別のサブジェクトによって制限され，職務の分離が提供される．これはまた，評価するサブジェクトが，トランザクションが実際に予想されたものと一致することを保証する権限を持つため，外部一貫性（External Consistency；またはモデルシステムと現実世界との間の一貫性）を確保する効果もある．

　ClarkとWilsonは，内部一貫性（Internal Consistency；またはモデルシステム自体の一貫性）に対処するために，適格トランザクションの厳密な定義を推奨した．言い換えれば，トランザクション内の一連のステップは，注意深く設計され，施行される必要がある．その予想される経路からの逸脱は，モデルシステムの完全性が損なわれないようにするトランザクションに傷害をもたらす．

　すべてのサブジェクトとオブジェクトのやり取りを制御するために，Clark-Wilsonモデルは，サブジェクトがオブジェクトに直接アクセスできなくなるように，サブジェクト－プログラム－オブジェクトのバインディングのシステムを確立している．代わりに，これはオブジェクトへのアクセス権を持つプログラムによって行われる．このプログラムはすべてのアクセスを仲介し，サブジェクトとオブジェクト間のすべてのやり取りが，定義されたルールセットに従うようにする．プログラムは，サブジェクトの認証と識別を提供し，その制御下にあるオブジェクトへのすべてのアクセスを制限する．

▶ Lipnerモデル

　Lipner（リプナー）は，Bell-LaPadulaとBibaの要素を，機密性と完全性の両方を保護する斬新な方法で，職務権限や役割の考え方と組み合わせている．1982年に出版されたLipnerの実装は，完全性を実装する2つの方法を記述している．Bell-LaPadula機密性モデルを使用し，もう1つはBell-LaPadulaモデルとBiba完全性モデルの両方を一緒に使用する．どちらの方法も，セキュリティレベルと機能カテゴリーをサブジェクトとオブジェクトに割り当てる．サブジェクトの場合，これは，人のクリアランスレベルおよび職務権限（例えば，ユーザー，オペレーター，アプリケーションプログラマーまたはシステムプログラマー）に翻訳される．オブジェクトの場合，データまたはプログラムの重要度およびその機能（例えば，テストデータ，本番データ，アプリケーションプログラムまたはシステムプログラム）は，その分類に従って定義される．

　Bell-LaPadulaモデルのみを使用するLipnerの第1の方法は，サブジェクトを2つの重要度レベル（システム管理者とその他）のうちの1つと，4つの職務カテゴリーのうち

の1つに割り当てる．オブジェクト（すなわち，ファイルタイプ）は，特定の分類レベルおよびカテゴリーに割り当てられる．大部分のサブジェクトとオブジェクトは同じレベルに割り当てられる．したがって，カテゴリーは，最も重要な完全性（すなわち，アクセス制御）メカニズムとなる．アプリケーションプログラマー，システムプログラマー，ユーザーは，割り当てられたカテゴリーに従って自分のドメインに閉じ込められ，認可されていないユーザーがデータを変更するのを防ぐ（第1の完全性目標）．

Lipnerの第2の方法は，Biba完全性モデルとBell-LaPadulaを組み合わせたものである．このようなモデルの組み合わせは，完全性の低いデータまたはプログラムによる高完全性データの汚染を防止するのに役立つ．サブジェクトやオブジェクトへのレベルやカテゴリーの割り当ては，Lipnerの第1の方法と同じである．完全性レベルは，システムプログラムの不正な変更を避けるために使用される．完全性カテゴリーは，機能領域（例えば，生産または研究開発）に基づくドメインを分離するために使用される．この方法は，権限のないユーザーがデータを変更するのを防ぎ，認可されたユーザーが不適切なデータ変更を行うのを防ぐことになる．

Lipnerの方法は，オブジェクトをデータとプログラムに分離した最初の方法である．この概念の重要性は，Clark-Wilson完全性モデルの実装という視点から見ると明らかになる．プログラムはユーザーがデータを操作できるようにするため，ユーザーがアクセスできるプログラムとプログラムが操作できるオブジェクトを制御する必要がある．

▶ Brewer-Nash（チャイニーズウォール）モデル

Brewer-Nash（ブルワー–ナッシュ）モデル（Brewer-Nash Model）は，特定のサブジェクトが，2つの競合するパーティに関連付けられた機密情報を持つオブジェクトにアクセスする際の，利益相反の防止に焦点を当てている．原則として，ユーザーはクライアント組織とその1つ以上の競合他社のいずれの機密情報にもアクセスすべきではない．最初，サブジェクトはいずれかのオブジェクトのセットにアクセスすることができる．しかし，サブジェクトがある競合社に関連するオブジェクトにアクセスすると，反対側のオブジェクトにアクセスするのが即座に阻止される．これは，サブジェクトが意図せずに2つの競合社間で不適切な情報を共有するのを防ぐためである．中国の万里の長城のように，一度壁の片側にいると，人は反対側に行くことができないので，チャイニーズウォールモデル（Chinese Wall Model）と呼ばれている．このモデルでは，サブジェクトの行動に基づいてアクセス制御ルールが変化するため，これはほかの多くのものと比較して独特なモデルとなる．

▶ Graham-Denningモデル

　Graham-Denning（グラハム-デニング）は，サブジェクトやオブジェクトの作成方法，サブジェクトへの権利や特権の割り当て方法，オブジェクトの所有権の管理方法に主に関係している．言い換えれば，それは，ほかのモデルが単にそのような制御を想定していた非常に基本的なレベルで，モデルシステムがサブジェクトおよびオブジェクトをどのように制御するかに主に関係している．

　Graham-Denningのアクセス制御モデルには，オブジェクトのセット，サブジェクトのセットおよび権限のセットの3つの部分がある．サブジェクトは，プロセスとドメインという2つの要素で構成されている．ドメインは，サブジェクトがオブジェクトにアクセスする方法を制御する制約のセットである．サブジェクトは，特定の時点でオブジェクトになる場合もある．権限のセットは，サブジェクトがどのように受動的なオブジェクトを操作するかを管理する．このモデルでは，サブジェクトがほかのサブジェクトやオブジェクトに影響を及ぼすために実行できる，コマンドと呼ばれる8つの原始的な保護権限が記載されている．このモデルでは，次の8つの原始的な保護権限が定義されている．

1．**オブジェクトの作成**（Create Object）＝新しいオブジェクトを作成する機能
2．**サブジェクトの作成**（Create Subject）＝新しいサブジェクトを作成する機能
3．**オブジェクトの削除**（Delete Object）＝既存のオブジェクトを削除する機能
4．**サブジェクトの削除**（Delete Subject）＝既存のサブジェクトを削除する機能
5．**アクセス権の読み取り**（Read Access Right）＝現在のアクセス権を閲覧する機能
6．**アクセス権の付与**（Grant Access Right）＝アクセス権を付与する機能
7．**アクセス権の削除**（Delete Access Right）＝アクセス権を削除する機能
8．**アクセス権の転送**（Transfer Access Right）＝1つのサブジェクトまたはオブジェクトから別のサブジェクトまたはオブジェクトへアクセス権を転送する機能

▶ Harrison-Ruzzo-Ullmanモデル

　Harrison-Ruzzo-Ullman（ハリソン-ルッツォ-ウルマン）モデル（Harrison-Ruzzo-Ullman Model）は，Graham-Denningモデルと非常によく似ており，一般的な権限のセットと有限のコマンドセットで構成されている．また，サブジェクトが特定の特権を得ることを制限されるべき状況にも関係している．そうするために，サブジェクトが特定のコマンド（例えば，読み取りアクセスの許可）を実行することができるプログラム

またはサブルーチンにアクセスすることを，必要に応じて禁止する．

3.2.6 要件の取得と分析

　使用されるフレームワークに関わらず，セキュリティアーキテクトは，設計作業を進める前に，主要な利害関係者やレビュー担当者からビジネス要件を確立する必要がある．これにより，アーキテクトはスポンサー幹部，事業分野管理者，ビジネスプロセスオーナーおよびIT管理者と緊密に協力し，主要な要件を把握し，文書化を行う必要がある．これらの要件は設計の成功または失敗を左右するため，プロジェクトの初期に確実に利害関係者と合意しておくことが重要になる．

　セキュリティアーキテクトは，設計の主要な原則とガイドラインを確立することから始めるべきである．これらの原則は，信念の基本的なステートメントとして定義され，全体的な設計を制限し，保護のための重要な優先事項を確立する必須要素となる．設計上の信頼できるガイドとするためには，スポンサーや主要な利害関係者と交渉し，選択された原則の動機と意味を全員が理解できるようにしなければならない．すべての潜在的な原則が必須となるわけではなく，ガイドラインのオプションとなる場合もある．設計作業が進むに従い，設計者は選択された原則およびガイドラインを参照して，それらとの継続的な整合性を確保する必要がある．

　セキュリティアーキテクトはまた，あらゆる原則やガイドラインに加えて，詳細な要件を確立する必要がある．要件には，機能要件と非機能要件の2つの主要な種類がある(図3.13)．

- **機能要件**(Functional Requirements)＝設計が何を提供しなければならないか，それを達成する必要があるかどうかを示す．これには，どのような種類のコントロールを含める必要があるのか，どの資産を保護する必要があるのか，共通の脅威に対処する必要があるのか，どのような脆弱性が見つかっているのかなどが含まれる．言い換えれば，機能要件によって，どのようなセキュリティサービスが設計に含まれるかをガイドする．
- **非機能要件**(Nonfunctional Requirements)＝信頼性とパフォーマンスの要件を含む，サービスの品質に焦点を当てている．

　これらの詳細な要件は，アーキテクチャーの範囲と必要な詳細レベルに応じて，様々な方法で取得できる．逆説的には，範囲を小さくするほど，より徹底した調査，

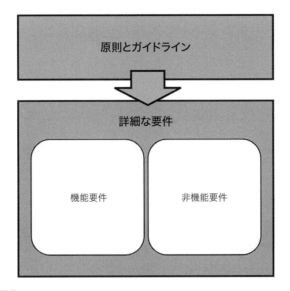

図3.13 異なるレベルの要件
原則とガイドラインでは，設計の優先順位を設定し，機能要件および非機能要件をより詳細に設定することによって，安全な設計に対する高位レベルの要件を提供する．これらはともに設計の目標と目的を確立するために使用される．

検証を行う必要がある．例えば，単一のシステムに限定された設計に関しての要件は，設計を検証し，システムの実装者に確実なガイドを提供するために非常に詳細になり，一方，ESAの要件は，より大きな柔軟性を提供するためにより一般的となる傾向がある．

脆弱性評価，リスクアセスメントおよび脅威モデリングを使用して，詳細な要件を把握することができる．場合によっては，詳細な要件は，セキュリティアーキテクト以外の人によって取得され，セキュリティアーキテクトに渡される．詳細な製品評価基準要件は，製品の消費者によって文書化されてもよい．これらの詳細な要件は，アーキテクチャーと実装のために製品ベンダーに渡される．その後，第三者の評価ラボを使用して，要件に対して製品を検証し，要件に対処しているかどうか，および製品が必要なタスクを実行することを消費者に保証できるかどうかを認証することになる．原則，ガイドラインおよび詳細な要件が，次の段階であるセキュリティ設計の作成のために使用される場合には，エグゼクティブスポンサー（役員レベルのスポンサー）または上級リーダーなどの適切な役職者によって承認されなければならない．

3.2.7 セキュリティアーキテクチャーの作成と文書化

　要件が取得され，承認されると，セキュリティアーキテクトはそれらの要件に基づいて適切な設計を行う仕事に取りかかることができる．アーキテクトは，様々な程度の深さと技術的詳細を持つ，幅広い利害関係者にアピールする設計を提供することが求められる．また，技術仕様，モデリング文書，プレゼンテーション，エグゼクティブサマリーなど，様々な成果物が必要とされる場合もある．

　SABSAフレームワークでは，完全なセキュリティアーキテクチャーは6つの設計レイヤーによって表される．各レイヤーは，異なるレベルでの詳細を提供することを意図した視点となっている．図3.14に，SABSAによる6つの視点のレイヤーをまとめる．

　セキュリティアーキテクトは，アーキテクチャーの範囲とデザインの必要性に応じて，これらの異なるレイヤーのすべてまたは一部を生成することが期待される．多くの場合，システムセキュリティアーキテクチャーは，論理，物理およびコンポーネントのセキュリティアーキテクチャーに最も重点を置いているが，ESAではコンテキスト，概念および論理セキュリティアーキテクチャーにもっと重点を置いている．これらは，設計目標に依存しており，ESAは長期戦略計画に重点を置く傾向があるため，システムセキュリティアーキテクチャーに必要とされる詳細と精度の必要性は少なくなる．

　セキュリティアーキテクトは様々なリファレンスアーキテクチャーに依存して，設計の出発点を検討することがある．リファレンスアーキテクチャーは，業界のベストプラクティスと，推奨される展開モデルに基づいて安全な設計のためのテンプレートを提供する．アーキテクトは，統一モデリング言語（Unified Modeling Language：UML）やシステムモデリング言語（Systems Modeling Language：SysML）[29]のバリエーションを含めて，様々なモデリングツールと言語を使用して設計を文書化する．さらに，アーキテクトは，セキュリティサービスがどのように動作するかを，シナリオやウォークスルーを用いて示す．

　多くの国際標準やベストプラクティス，情報セキュリティのための優れた取り組みを義務付けている規制や法律に依存することもある．これらは，セキュリティ要件の形成だけでなく，セキュリティアーキテクチャーの開発方法にも大きな影響を及ぼす可能性がある．

コンテキスト上のセキュリティアーキテクチャー	ビジネスの視点：状況に応じて保護される資産
概念的なセキュリティアーキテクチャー	アーキテクトの視点：資産を保護するためのサービスの高位レベルの視点
論理的なセキュリティアーキテクチャー	設計者の視点：サービスの展開方法と，それらが互いにどのようにして高レベルで関連しているかを示すサービスのノードレベルの視点
物理的なセキュリティアーキテクチャー	構築者の視点：あらゆるサービスのノードレベルの詳細な視点と，物的資産に向けた展開方法
コンポーネントセキュリティアーキテクチャー	職人の視点：個々のセキュリティサービスのコンポーネントの視点
運用上のセキュリティアーキテクチャー	施設管理者の視点：対象範囲に含まれるすべてのセキュリティサービスに対するセキュリティ運用の視点

図3.14 SABSAモデルを使用した，様々なセキュリティアーキテクチャーのレイヤー

出典：Sherwood, J., Clark, A., and Lynas, D., *Enterprise Security Architecture: A Business-Driven Approach,* CMP, San Francisco, CA, 2005.（許可済み）

3.3 情報システムのセキュリティ評価モデル

　設計作業が完了したら，文書化された要件に効果的に対処するために，セキュリティアーキテクチャーを慎重に評価する必要がある．これは，ピアレビューのように単純なものもあるし，設計が健全であることを確認するための複雑な一連のテストが必要な場合もある．設計が正しいことを証明する必要がある場合は，正式なセキュリティモデルと検証技術が使用されることがある．また，ベンダー製品は，国際的な，標準化された製品評価基準を使用して評価することもできるし，実稼働環境で実行する前に，意図された展開環境でテストし，認定することもできる．

　以下は，これらのアプローチを概説している．それぞれは，非常に異なる状況で使用されるが，セキュリティアーキテクチャーが正しくセキュリティ要件を満たしていることを検証するための様々な方法を提供している．また，これらはセキュリティ要件やセキュリティアーキテクチャーがどのように文書化され，記述されるかにも影響を与える．

3.3.1 共通の正式なセキュリティモデル

　セキュリティポリシーとは，組織のセキュリティ要件を文書化したものである．そして，セキュリティモデルとは，組織のセキュリティポリシーをサポートし，実施するための規則を記述する仕様となる．正式なセキュリティモデルは，数学的または測定可能な用語でセキュリティポリシーを実施する能力を記述し，検証するものとなる．多くのセキュリティモデルが長年にわたり提案されており，今日導入さ

れている多くのシステムでセキュリティサービスを設計するために使用されている
基本モデルと呼ばれているものが多くある．セキュリティポリシーは「what（セキュ
リティ要件は何か）」と考えることができるが，セキュリティモデルは「how」（要件が実
装可能で監査可能な技術仕様にどのように変換されているか）と考えることができる．正式
な検証の要請から，ほとんどのモデルはコンポーネントレベルでのシステムレベル
セキュリティアーキテクチャーに焦点を当てている．多くの場合，大規模なセキュ
リティアーキテクチャーのすべての側面を正式に検証することは難しく，時間がか
かることになる．

▶評価基準

　　ほとんどの場合，正式なセキュリティモデルは，正式な検証が現実的あるいは望
ましい少数の狭い範囲のシステムコンポーネントに焦点を当てているため，現実の
世界では限定された価値しか提供しない．それらの正しい実装を検証するだけで
は，セキュリティの限定的な視点をアーキテクトに与えるだけとなる．今日の複雑
なコンピューティングプラットフォームでは，その他のメカニズムを見直して，ベ
ンダー製品のセキュア設計の実装を検証する必要がある．ベンダーとその消費者
は，セキュリティ要件が満たされ，それが時間的に継続することに対して何らかの
保証が必要である．システム保証の目的は，システムが望ましい一連のセキュリ
ティ目標を実現していることを検証することである．これを実現するには，共通の
方法でセキュリティ要件を記述し，一貫性のある再現可能な方法で製品を評価し，
結果を報告する必要がある．

　　システムが望ましいセキュリティ目標を実施していることを確認するのに役立つ
製品評価基準が，長年にわたって数多く発行されている．これらの基準では，認定
された第三者の評価ラボが，一連のセキュリティ要件に対してベンダー製品を評価
し，その結果を公開する共有メカニズムを提供している．各基準は，以前の基準を
使用して学んだ教訓を基にして，後の基準を構築するなど，このタスクに対して異
なるアプローチを行ってきている．

　　ここ30年の間に多くの製品評価基準が開発されているが，本章ではTCSEC，
ITSEC，コモンクライテリアの3つに焦点を当てる．評価基準を調査する前に，ま
ず認証と認定の基礎を理解する必要がある．

▶認証と認定

　　システムがセキュリティ要件をどのくらい満たしているかを判断する主な方法

は，実際に展開された環境でシステムの分析を実行することである．その目的は，現実世界において望ましいセキュリティレベルまでシステムがどの程度うまく対応できているかを判断し，企業での使用を続行するかどうかを決定することである．認証（Certification）段階では，製品またはシステムは，文書化された要件（セキュリティ要件を含む）を満たしているかどうかを確認するためにテストされる．システムの周囲にあるほかのシステム，それが稼働するネットワークおよびその意図された使用状況を含め，コンテキスト内でシステムを検討する．プロセスの開始時には評価基準を選択しておく必要がある．基準を把握した上で，認証プロセスは実稼働環境と同様の環境で，システムのハードウェア，ソフトウェアおよび構成をテストする．評価の結果はベースラインになり，特定のセキュリティ要件のセットと比較するために使用される．認証結果が肯定的である場合，システムは評価の次の段階に入ることになる．

　認定（Accreditation）段階では，経営陣は組織のニーズを満たすシステムの能力を評価する．経営陣は，システムが組織のニーズを満たしていると判断した場合，通常，定義された期間または一連の条件で，評価されたシステムを正式に受け入れる．構成が変更された場合，または認定の有効期限が切れた場合は，新しい構成を認証する必要がある．再認証は通常，期間が経過した時や重要な構成変更が行われた時に実行する必要がある．

3.3.2 製品評価モデル

　製品セキュリティを評価する場合，セキュリティアーキテクトが選択できる，いくつかの事前定義されたフレームワークがある．高信頼コンピュータシステム評価基準（Trusted Computer System Evaluation Criteria：TCSEC）などの一部のフレームワークは機密システム向けに設計されているが，コモンクライテリアはより一般的でグローバルな性質を持っている．セキュリティアーキテクトは，最良の評価モデルを決定するために，組織の業界，データの種類および使命を理解している必要がある．

▶ 高信頼コンピュータシステム評価基準（TCSEC）

　1983年に最初に発行され，1985年に更新された高信頼コンピュータシステム評価基準（Trusted Computer System Evaluation Criteria：TCSEC）は，しばしばオレンジブック（Orange Book）と呼ばれ，コンピューティングシステムにおける米国国防総省標準であり，セキュリティ保護の実装のための基本基準を規定するものであった．主に

米国国防総省がこれらの基本基準を満たした製品の調達を支援することを目的として，TCSECは，軍事システムおよび政府システムに関する機密情報の処理，保管，検索の対象となるコンピュータシステムの評価，分類，選択に使用された．したがって，完全性や可用性などのセキュリティのほかの側面には焦点を当てずに，機密性の執行に強く焦点を当てていた．その後，TCSECはコモンクライテリアに取って代わられたが，それはほかの製品評価基準の開発に影響を及ぼし，その基本的なアプローチと用語のいくつかは引き続き使用されている．図3.15にオレンジブックの評価基準区分の概要を示す．

TCSECは，非常に限定的かつ規範的であることが，ほかの評価基準と異なっている点である．TCSECは，柔軟なセキュリティ要件のセットを提供するというよりも，セキュリティコントロールに特定のタイプを定義しており，それらを実装する能力に基づき定義されたレベルのセキュアシステムに実装する必要があるとしている．TCSECは，正式に正しく信頼できると検証できる方法でセキュリティを実施する能力に，その重点が置かれている．システムのセキュリティポリシーの執行が，より厳格かつ正式であるほど，高いレーティングをシステムは受けることができる．

セキュアな製品の評価を支援するため，TCSECはTCB（Trusted Computing Base：高信頼コンピューティングベース）の考え方を製品評価に導入している．本質的に，TCSECは，コンピューティングシステムでセキュリティが可能かつ一貫して実施されるためには，正しく動作しなければならない機能がいくつか存在するという原則をベースにしている．例えば，サブジェクトとオブジェクトを定義する能力とそれらを区別する能力は，それがなければシステムを安全にすることができないほど基本的なものである．TCBは，ハードウェア，ソフトウェア，ファームウェアのいずれであっても，特定のシステムに実装される基本的なコントロールとなる．

TCSECの各レベルは，そのレベルで認定されるために必要な基本機能の異なるセットを表す．図3.16は，各区分またはクラス（本質的にはサブ区分）を達成するために，TCBが満たす必要がある高位の要件を示している．

注意すべき最も重要なことは，CレベルとBレベルの間のDAC（Discretionary Access Control：任意アクセス制御）からMAC（Mandatory Access Control：強制アクセス制御）への移行である．大半の市販の汎用コンピューティングシステムは，MACに関しては意図されておらず，C2レーティングしか達成できていない．高レベルのBおよびAレベルに対するより厳格な要件は，評価されるシステムのサイズや範囲を制限する効果もあり，高度に複雑な分散システムの開発に使用することは非常に非実用的なこ

評価区分	評価クラス	信頼度
A. 検証された保護	A1. 検証された設計	最も高い
B. 強制保護	B3. セキュリティドメイン B2. 構造化された保護 B1. ラベル付きセキュリティ保護	
C. 任意保護	C2. 制御されたアクセス保護 C1. 任意セキュリティ保護	
D. 最小の保護	D1. 最小の保護	最も低い

図3.15 オレンジブックの評価基準区分の概要

出 典：Herman, D. S., "The Common Criteria for IT Security Evaluation," *Information Security Management Handbook, 6th ed.,* Tipton, H. F., Krause, M. (eds.), Auerbach Publications, New York, 2007.

分類	クラス	説明
D	—	評価を実施したが，セキュリティ要件を満たしていない
C	C1	任意セキュリティ保護 •基本的な任意アクセス制御(DAC)
	C2	制御されたアクセス保護 •改善されたDAC •ログイン手順と監査証跡による個別の説明責任 •リソースの分離 •重要なシステムの文書とユーザーマニュアル
B	B1	ラベル付きセキュリティ保護 •一部のサブジェクトとオブジェクトに対する強制アクセス制御(MAC) 　◦セキュリティポリシーモデルの非公式的な記述 　◦データ機密ラベルとラベルのエクスポート •発見された欠陥はすべて排除あるいは低減されなければならない
	B2	構造化された保護 •すべてのサブジェクトとオブジェクトに拡大されたDACとMACの適用 •セキュリティポリシーモデルが明確に定義され，正式に文書化されている •隠れストレージチャネルが識別され，分析されている •オブジェクトは慎重に保護機密と非保護機密に構造化されている •包括的なテストとレビューが可能な設計と実装 •認証メカニズムは妥協することなく強化されている •信頼できる管理は，管理者とオペレーターの特権を分離する •厳格な構成管理
	B3	セキュリティドメイン •参照モニターの要件を満たすことができる •セキュリティポリシーの実施に不可欠ではないコードを排除するために努力する •複雑さの最小化に向けた重要なシステムエンジニアリング •信頼できる管理はセキュリティ管理者機能を提供する •すべてのセキュリティ関連イベントを監査する •自動化された差し迫った侵入検知，通知，および対応 •信頼できるシステム復旧手順 •隠れタイミングチャネルが識別され，分析されている
A	A1	検証された設計 •B3と機能的には同等だが，より正式な設計と検証の実施

図3.16 高位のTCB要件

とであった.

▶ ITセキュリティ評価基準（ITSEC）

ITセキュリティ評価基準（Information Technology Security Evaluation Criteria：ITSEC）は，認識された制限と相対的な柔軟性のために，米国以外では受け入れられなかった．これは結果として，ほかの多くの国の国家製品評価基準に影響を与えるものとなった．国際標準の欠如は，様々な基準を満たすために同じ製品を異なる方法で構築し，文書化する必要があったため，製品ベンダーに大きなプレッシャーをかけることになった．TCSECとほかの国家製品評価基準から学んだ教訓により，より調和のとれたアプローチが多くの欧州諸国によって提案され，のちに欧州共同体によって批准された．

TCSECとは対照的に，ITSECでは，セキュリティ要件は禁止事項として示されることはない．代わりに，消費者またはベンダーは，可能な要件のメニューからセキュリティターゲット（Security Target：ST）に対する一連の要件を定義し，ベンダーが製品（評価ターゲット［Target of Evaluation：ToE]）を開発し，そのターゲットに対して評価が行われる．依然としてレベルが割り当てられているが，機能レベルと保証レベルの2つのレベルが用意されている．TCSECとは異なり，これはまた，完全性と可用性の要件を含み，より幅広いセキュリティニーズに対応している．

機能レベル（F1からF10）は，評価中のシステムの機能強度をTCSECがそのレベルで行ったのと同様に記述するためのものである．これらのレベルは実際にはガイダンスのために提供されており，消費者またはベンダーが依然として独自のものを定義できるので，それに対する遵守が厳しい要件とはなっていない．

ITSECがTCSECと大きく異なるところは，保証レベル（またはEレベル）の割り当てが行われていることである．保証は，製品が機能要件を満たすだけでなく，それらの要件を引き続き満たしているという評価者の信頼水準として定義することができる．言い換えれば，実際には，製品が信頼できるものであることを評価者がどれだけ保証しているかの声明となる．この目的のために，ITSECは，6つの異なるレベルの保証を定義している．図3.17にE1からE6の要件の概要を示す．

高いEレベルを達成するためには，ベンダーはより正式なアーキテクチャーと文書を準備し，用意することが必要であり，製品をより慎重かつ徹底的にテストする必要がある．高いEレベルは，消費者により高いレベルの保証を提供することを意図している．同様の機能を持つ製品間で選択する場合は，より適切なオプションを選択するために保証レベルを使用するべきである．

E1	☐ セキュリティターゲットと非公式のアーキテクチャー設計を作成する必要がある.
	☐ ユーザー／管理者のドキュメントは,評価ターゲット(ToE)のセキュリティに関するガイダンスを提供する.
	☐ セキュリティ実施機能は,評価者または開発者によってテストされる.
	☐ ToEが一意に識別され,配信,構成,起動,および運用について文書化を行う.
	☐ 安全な配布方法を利用することができる.
E2	☐ 非公式の設計書およびテスト文書を作成する必要がある.
	☐ ToEのセキュリティ実施機能とほかのコンポーネントを分離したアーキテクチャーとする.
	☐ ペネトレーションテストによりエラーを検出する.
	☐ 構成管理と開発セキュリティを評価する.
	☐ 起動時および操作中に監査証跡の出力が必要である.
E3	☐ ソースコードまたはハードウェア図面が作成される.
	☐ 詳細設計とソースコードの対応を示す必要がある.
	☐ 受け入れ手順を使用する必要がある.
	☐ 実装言語は,認識された標準であるべきである.
	☐ 再テストは,エラーの修正後に実施する.
E4	☐ セキュリティの正式なモデルとセキュリティ実施機能の準形式的な仕様.
	☐ アーキテクチャーと詳細設計書の作成.
	☐ テストは十分であることが示されなければならない.
	☐ ToEとツールは,変更の監査を実施する構成管理下にあり,コンパイラオプションは文書化されている.
	☐ ToEは障害後の再起動時にセキュリティを保持する.
E5	☐ アーキテクチャー設計は,セキュリティ実施コンポーネント間の相互関係を説明する.
	☐ 統合プロセスおよびランタイムライブラリーに関する情報の生成.
	☐ 開発者から独立した構成管理.
	☐ 構成されたアイテムのセキュリティ強制またはセキュリティ関連の識別,それらの間の可変関係のサポート.
E6	☐ 作成されるアーキテクチャーとセキュリティ実施機能についての正式な記述文書.
	☐ セキュリティ実施機能について,正式な仕様からソースコードとテストに至るまでの対応.
	☐ 正式なアーキテクチャー設計の観点から定義された,異なるToEの構成.
	☐ すべてのツールは,構成管理の対象である.

図3.17 ITSECのE1からE6までの要件[30]

▶コモンクライテリア[31]

ITSECはいくつかの国際調和を提供することができたが,普遍的に採用されたわけではなく,各ベンダーは,ITSECをはじめとする複数の基準を考慮して製品を開発し続ける必要があった.そのような中で,ISO/IEC 15408標準としてのコモンクライテリア(Common Criteria)の公表は,最初の真に国際的な製品評価基準を提供することになった.TCSEC,ITSECおよびその他の基準で認定された製品は引き続き一般的に使用されているが,コモンクライテリアは,これらの基準に大きく取って代わっている.コモンクライテリアは,柔軟性のある機能要件と保証要件を提供することによりITSECに非常に類似したアプローチを行い,TCSECのように

禁止的ではない．その代わりに，製品評価へのアプローチを標準化し，評価の相互承認を提供することに注力している．

柔軟性は望ましいが，それにより各ベンダーが共通の要件セットに対して製品を開発することや，消費者があらかじめ定義済みの共通ベースラインに対して2つ以上の製品を評価することは困難となる．これを防ぐために，共通の基準である保護プロファイル（Protection Profile：PP）が導入されている．これらは，特定の種類の環境で展開されるベンダー製品のカテゴリーに対する，一般的な機能要件および保証要件のセットとなる．例えば，「家庭用インターネット・パーソナル・ファイアウォール」PPは，そのようなファイアウォールシステムすべてに共通となる機能要件と保証要件を提供している．これは，ベンダーによる開発とその後の製品評価の基礎として使用することができる．

しかし，多くの場合，これらの保護プロファイルは，消費者が要求する特定の状況をカバーしない可能性があったり，十分に具体的でないため，独自の保護プロファイルを選択する可能性がある．ベンダー製品（ToEと呼ばれる）は，共通評価方法（Common Evaluation Method：CEM）を使用して，この特定のプロファイルに対して，第三者の評価ラボにより検査が行われる．

その評価結果は，ToEがプロファイルによって特定された要件を満たしているかどうかを概説するレポートとなる．また，**図3.18**に示す評価保証レベル（Evaluation Assurance Level：EAL）も割り当てられる．EALレベルは，評価ラボで利用可能な情報の量とシステムの検査方法に基づいて，消費者またはベンダーに対して，評価結果としての信頼度を示すためのものである．EALは次のとおりである．

- **EAL 1**：製品は機能的にテストされている．これは正確な運用の保証が必要だが，セキュリティへの脅威は深刻なものとみなされない場合に求められる．
- **EAL 2**：構造的にテストされている．これは，開発者またはユーザーが独立して保証された低レベルから中程度のレベルのセキュリティを必要とする場合に求められる．
- **EAL 3**：系統的にテストされ，確認されている．これは，独立して保証された中程度のレベルのセキュリティが必要な場合に求められる．
- **EAL 4**：系統的に設計され，テストされ，レビューされている．これは，開発者またはユーザーが中から高レベルの独立して保証されたセキュリティを必要とする場合に求められる．
- **EAL 5**：準形式的に設計され，テストされている．これは，高レベルの独立

短縮名	内容	信頼の水準
EAL 1	機能テスト済み	最も低い
EAL 2	構造テスト済み	
EAL 3	系統的なテストと確認済み	
EAL 4	系統的な設計，テストとレビュー済み	中間
EAL 5	準形式的な設計とテスト済み	
EAL 6	準形式的な検証済み設計とテスト済み	

図3.18 標準EALパッケージ

出典：Herman, D. S., "The Common Criteria for IT Security Evaluation," *Information Security Management Handbook, 6th ed.*, Tipton, H. F., Krause, M. (eds.), Auerbach Publications, New York, 2007.

して保証されたセキュリティを必要とする場合に求められる.

- **EAL 6**：準形式的に検証され，設計され，テストされている．これは，高リスクの状況のための特殊用途のToEを開発する際に求められる.
- **EAL 7**：形式的に検証，設計，テストされている．これは，非常にリスクの高い状況に適用するセキュリティToEを開発する際に求められる.

EALは，同様のレベルのセキュリティ製品を簡単に比較する手段として，よく誤解される．実際，同じEALレベルが割り当てられていても，その機能にはほとんど共通点がないため，まったく異なる製品である場合がある.

3.3.3 業界および国際的なセキュリティ実装のガイドライン

システムを実装する際には，セキュリティ標準またはガイドラインに準拠する必要がある．これらの要件と仕様は，組織におけるマクロなセキュリティアーキテクチャーを定義する時に，セキュリティアーキテクトが検討する必要がある．例えば，組織がクレジットカードによる支払いを受けている場合，組織は，PCI DSS（Payment Card Industry Data Security Standard：PCIデータセキュリティ基準）のセキュリティ要件に準拠することが期待される．これらの標準は，安全なシステムを構築・運用するには十分ではないが，セキュリティアーキテクトが対処する必要がある最小限の必須要件を示している.

▶ ISO/IEC 27001およびISO/IEC 27002セキュリティ基準[32]

国際標準化機構(International Organization for Standardization：ISO)は，世界最大の国際標準の開発と発行を行っている機関である．ISOは，スイスのジュネーブに中央事務局を設置しており，157カ国の代表からなる国家標準機関のための非政府組織である．その目的は，官民の橋渡しを行い，ビジネス要件と社会の幅広いニーズの両方を満たすソリューションの合意を達成することである．27000シリーズの標準は，情報セキュリティの実践に対応している．

セキュリティ基準27001および27002は，健全なセキュリティプラクティスの基準として広く認識されている．両方の基準は，以前の英国標準7799(BS7799)に触発されている．BS7799の最初の部分は，ISO/IEC 17799として発行されたのち，2005年にはISO/IEC 27002として改訂され，BS7799の後半部分は，ISO/IEC 27001の開発に強く影響している．これらの基準は共通の起源を共有しているが，情報セキュリティマネジメントについて非常に異なるアプローチを採っている．

ISO/IEC 27001：2013は，組織の情報セキュリティマネジメントシステム(Information Security Management System：ISMS)の標準化と認証に焦点を当てている．ISMS(図3.19)は，情報セキュリティプログラムをサポートするガバナンス構造として定義されている．これは，経営トップの姿勢，役割および責任を規定し，リスクマネジメントプロセスに対する適切なコントロールの実装に，ビジネス推進要因を対応づける．以下は，一般的なISMSに共通する要素を示している．

ISO/IEC 27001：2013は，ISMSの概念を適用する方法や，情報セキュリティマネジメントを構築，実行，維持，推進する方法を示している．この基準の中核は，次の5つの主要分野に焦点を当てている．

1．ISMSの一般的な要件事項
2．経営者の責任
3．内部ISMS監査
4．ISMSのマネジメントレビュー
5．ISMSの改善

ISO/IEC 27002：2013は，多くの場合，27001：2013とともに使用される．セキュリティガバナンスに焦点を当てるのではなく，セキュリティコントロールの目標を示し，業界のベストプラクティスに従って特定のセキュリティコントロールを推奨する「情報セキュリティマネジメントの実践規範」を提供している．27001：2013

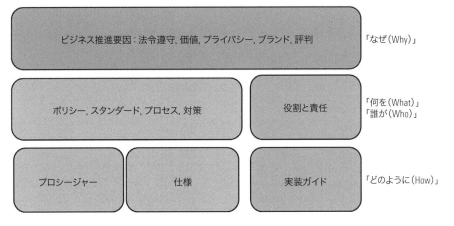

図3.19 一般的な情報セキュリティマネジメントシステム
これは，主要なビジネス推進要因から始まり，組織がそれらにどのように対応するか，
組織内でどのように責任を分担するかを決定する．

とは異なり，これは基準というよりもガイドラインであり，ISMSの範囲にある特定の環境のリスク許容度を考慮して，どのレベルのコントロールが適切であるかの判断は組織に任せている．推奨されるコントロール目標は，運用コントロールの実装を示す"How"となっている．適切に策定された情報セキュリティプログラムには，多くの場合，これらのコントロール目標のそれぞれに対応するサービスが含まれている．ISO/IEC 27002：2013には，以下の14の焦点領域が含まれる[★33]．

1. **情報セキュリティポリシー**（Information Security Policies）＝情報セキュリティの管理のガイダンスとサポートを提供する．
2. **情報セキュリティの組織**（Organization of Information Security）＝組織内の正式に定義されたセキュリティメカニズムを提供する．第三者によってアクセスまたは管理される情報処理施設および情報資産を含む．
3. **人的資源のセキュリティ**（Human Resource Security）＝組織において参加，移動，離職する人員に関するセキュリティ側面を提供する．
4. **資産管理**（Asset Management）＝貴重なデータ資産を確実に識別し，適切に保護することにより，組織の資産を保護する．
5. **アクセス制御**（Access Control）＝データ，モバイル通信，電気通信，ネットワークサービスへのアクセスを制限し，不正な活動を検出する．
6. **暗号化**（Cryptography）＝情報の機密性，完全性，真正性を保護する機能を提供

する.

7. **物理的および環境的なセキュリティ**(Physical and Environmental Security) ＝施設やデータへの不正な物理的アクセス，損傷，干渉を防止する.

8. **運用セキュリティ**(Operations Security) ＝ソフトウェア，通信，データおよびサポートインフラを保護して，データ処理施設の適切かつ安全な運用を保証する.

9. **通信セキュリティ**(Communications Security) ＝組織間の適切なデータ交換を保証する.

10. **情報システムの調達，開発および保守**(Information Systems Acquisitions, Development, and Maintenance) ＝アプリケーションシステムのソフトウェアとデータのセキュリティを確保するために，運用と開発システムにセキュリティコントロールを実装する.

11. **サプライヤー関係**(Supplier Relationships) ＝サプライヤーがアクセス可能な企業情報および資産を保護するためのセキュリティコントロールを実装し，サプライヤーが合意したレベルのサービスとセキュリティを提供することを保証する.

12. **情報セキュリティインシデント管理**(Information Security Incident Management) ＝情報セキュリティインシデントを検出して，対応する手順を実装する.

13. **事業継続管理における情報セキュリティ側面**(Information Security Aspects of Business Continuity Management) ＝重要なビジネスシステムへのインシデントの影響を軽減する.

14. **コンプライアンス**(Compliance) ＝刑事および民事上の法律および法定，規制，または契約上の義務の遵守を保証し，組織のセキュリティポリシーおよびスタンダードに準拠し，包括的な監査プロセスを提供する.

　これらのコントロール目標のそれぞれには，特定のコントロールに関する数多くの記述と，標準的な企業での実装方法に関する推奨事項が含まれている.

　双方の基準とも，セキュリティアーキテクチャーと設計の指針として使用できる.大きな違いは，その認証方法にある.組織のISMSは，ISO/IEC 27001：2013の下で認定された第三者の評価機関によって認証されるが，コントロールの実践について認証されるわけではない.この認証プロセスにより，審査員は，組織のISMSの必須要素を把握し，その適合性を報告書の形で公表する.この文書は，ISMSを強調するだけでなく，異なる組織がそれぞれISMSを比較できるようにすることを目的としている.そのため，ISO/IEC 27001：2013の認証は，ISMSに関する情報を，

現在の顧客および潜在的な顧客と共有するために，サービス組織によって共通的に使用されている．

▶ COBIT

COBIT（Control Objectives for Information and Related Technology）は，1990年代初めに情報システムコントロール協会（Information Systems Audit and Control Association：ISACA）とITガバナンス協会（IT Governance Institute：ITGI）によって作成されたIT管理のフレームワークである．COBITは，情報技術（IT）を使用して得られる利点を最大限に活用し，適切なITガバナンスを開発するのに役立つ，一連のプロセスを提供している．IT監査コミュニティで推奨されているセキュリティコントロールについて記述しており，多くの場合，すべてのIT組織が実装する必要がある基本最小限のセキュリティサービスと考えられている．また，内部監査と外部監査の両方の基盤として頻繁に使用される．

COBIT（バージョン5）の最新版には，7つのイネーブラーに分類されたコントロール目標を推進する，5つの原則が記載されている．図3.20を参照のこと．

COBITは，実装する必要のあるセキュリティサービスのメニューとしてセキュリティアーキテクトによって頻繁に使用され，設計ドキュメントでは，セキュリティサービスを文書化するためにCOBIT構造が頻繁に使用されている．これにより，監査サポートを提供するのに必要な労力を軽減し，現在のコントロールのギャップをアーキテクチャーの一部として解決することができる．

▶ PCI DSS

PCI DSS（Payment Card Industry Data Security Standard：PCIデータセキュリティ基準）は，PCIセキュリティ基準審議会（Payment Card Industry Security Standards Council：PCI SSC）によって，ペイメントカードのデータセキュリティを強化するために開発された．PCI DSSは，COBITやISO 27002と同様に，カード所有者情報の安全な処理，保管，転送を保証するための仕様の枠組みをセキュリティアーキテクトに提供している．PCI DSSは，セキュリティインシデントへの予防，検出および対応を含む基準への準拠に重点を置いている．

PCI DSSは加盟店やサービスプロバイダーを対象としているが，組織のペイメントカードサービスの処理に関与するシステムには必須である．図3.21に示すように，6つの目標が，さらに12の広範囲な要件で定義されている[35]．

各要件には，満たさなければならないサブ目的がいくつかある．例えば，「カー

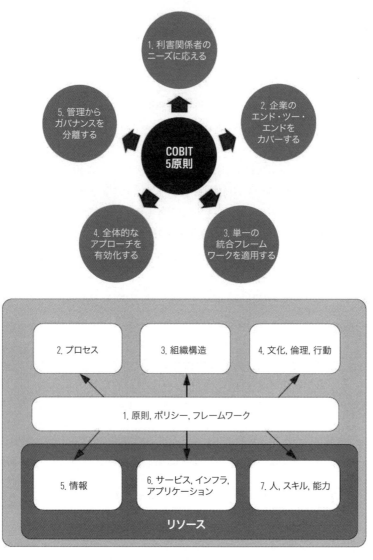

図3.20 COBITの5つの原則と7つのイネーブラー[*34]

ド所有者データの保護」カテゴリーの要件4「オープンなパブリックネットワーク経由でのカード所有者データの転送を暗号化する」には，以下の目的が適用される．

- **4.1** ＝ SSL/TLS（Secure Sockets Layer/Transport Layer Security），SSH（Secure Shell），IPSec（IP Security）などの強力な暗号とセキュリティプロトコルを使用して，

目標	PCI DSSの要件
安全なネットワークの構築と維持	1. カードのデータを保護するために，ファイアウォールを構成し，維持する． 2. システムパスワードおよびその他のセキュリティパラメーターについてはベンダー提供のデフォルト値を使用しない．
カード所有者データの保護	3. 保存したカード情報を保護する． 4. オープンなパブリックネットワーク経由でのカード所有者データの転送を暗号化する．
脆弱性管理プログラムの維持	5. ウイルス対策ソフトウェアを使用し，定期的に更新する． 6. セキュアなシステムとアプリケーションを開発し，維持する．
強力なアクセス制御手段の実装	7. ビジネスニーズにより，カード所有者データへのアクセスを制限する． 8. コンピュータアクセスにユーザーごとにユニークなIDを付与する． 9. カード所有者データへの物理的なアクセスを制限する．
定常的な監視とネットワークのテスト	10. ネットワークリソースおよびカード所有者データへのすべてのアクセスを追跡および監視する． 11. セキュリティシステムとプロセスについて，定期的なテストを実施する．
情報セキュリティポリシーの維持	12. すべての要員における情報セキュリティに対処するためのポリシーを維持する．

図3.21 PCI DSSの要件[36]

オープンなパブリックネットワーク（例えば，インターネット，無線技術，グローバル移動体通信システム［Global System for Mobile Communications：GSM］，汎用パケット無線サービス［General Packet Radio Service：GPRS］）で，機密性の高いカード所有者データの転送中の保護を確保する．カード所有者データを転送する，あるいは，カード所有者データ環境に接続する無線ネットワークでは，業界のベストプラクティス（IEEE［Institute of Electrical and Electronics Engineers］802.11iなど）を使用して，認証と転送のための強力な暗号化を実装する．セキュリティ制御としてのWEP（Wired Equivalent Privacy）の使用は禁止されている．

- **4.2** ＝ プライマリーアカウント番号（Primary Account Number：PAN）は，エンドユーザーメッセージング技術によって保護されていない場合，絶対に送信しない．

セキュリティアーキテクトがPCI DSSを遵守する必要がある場合，既存のセキュアなインフラストラクチャーを調べて，要件をサポートするために暗号化の観点から適切かどうかを判断する．そうでない場合は，既存のインフラストラクチャーを強化するか，適切なインフラストラクチャーを導入するための最善のアプローチを研究する．セキュリティアーキテクトの推奨事項は，組織によって実装され，要件が本当に満たされているかどうかを判断するために独立した当事者によって評価されるため，正しいものでなければならない．欠陥が見つかった場合，またはインフラストラクチャーが必要な暗号化や保護を行わない場合，アーキテクトには問題が

0415

発生し，組織はインフラストラクチャーの拡張，または，調達を再検討する必要がある．これらの誤りは，コストがかかり，組織の任務を混乱させることになる．アーキテクチャー上の要件を理解し，正しく実装することは，再作業にかかるコストや時間を大幅に節約することになる．

3.4 情報システムのセキュリティ機能

セキュリティフレームワークの要件は，実装の観点からは手強いように見える場合があるが，システムセキュリティアーキテクトが選択できる様々な技法や技術が用意されている．セキュリティアーキテクトにとっての課題は，システムの主要機能を損なうことなくセキュリティを提供することである．これは，処理能力が不十分で，セキュリティ機能によって通常の処理で受け入れがたい遅延が生じる可能性のあるコンピューティング環境では，非常に困難である．同時に，最新のコンピューティングプラットフォームを構成するハードウェア，ファームウェアおよびソフトウェアの多くの層にわたって，システムを保護するための様々な技術が利用可能となっている．

3.4.1 アクセス制御機構

すべてのシステムでは，システムによって管理されている個々のサブジェクトとオブジェクトを区別し，相互にやり取りする方法について適切な決定を下すようにする必要がある．システムは，サブジェクトとオブジェクトの両方に識別子を割り当て，システム上のリソースにアクセスする前にすべてのサブジェクトを認証する何らかの方法を必要としている．これは，安全なシステムで必要とされる最も基本的なコントロールの1つであり，その正しい運用は，ほかの多くのセキュリティコントロールの要件となる．このため，セキュリティモデルと製品評価基準を使用した慎重な検証の対象となるTCB（高信頼コンピューティングベース）において，重要な要素の1つとなる．

サブジェクトが，認証なしではどのオブジェクトにもアクセスできない場合，これは完全仲介（Complete Mediation）と呼ばれる．完全仲介は通常，参照モニターの概念を実装するセキュリティカーネルの責任となる．参照モニター（Reference Monitor）は，サブジェクトがオブジェクトにアクセスするすべての試行を調べて，許可するかどうかを判断する．その際，アクセス制御リストを格納しているセキュリティ

カーネルデータベースに照合し，その決定を安全な監査ログに記録する．理想的には，この機能は，モデリング，実装および正式な検証を容易に可能にするように，できるだけシンプルであることが望ましい．参照モニターは，そのような仲介が完全である場合にのみ，適切に配置されているとみなされる．

3.4.2 セキュアなメモリー管理

セキュリティの観点から，メモリーとストレージは，どのコンピューティングシステムにおいても最も重要なリソースである．メモリー内のデータが破損した場合，システムが機能しないか，不適切な方法で機能する可能性がある．メモリー内のデータが公開された場合，機密性の高い情報が，権限の低いサブジェクトや権限のない攻撃者に流出する可能性がある．同時に，いくつかのリソースが，物理的にも論理的にも利用可能となり，被害を及ぼす可能性がある．

理想的には，サブジェクト（実行中のプロセスやスレッドなど）が使用するメモリーを，オブジェクト（ストレージ内のデータなど）から簡単に分離することが望まれる．セキュリティアーキテクトにとって残念なことに，ほとんどの最新のコンピューティングシステムは，サブジェクトとオブジェクトが共通のメモリープールを共有している．この結果，ストレージのみに使用されるメモリー領域とプログラム実行用のメモリー領域の区別が，システムに委ねられている．これが，バッファーオーバーフローが成功する理由の1つとなる．セキュリティアーキテクトは，共通のメモリープールを使用していても，サブジェクトをオブジェクトから隔離し，互いに分離するための様々な技法に頼る必要がある．これらの技法には，プロセッサー状態，階層化，データの隠蔽などがある．

アドレス空間レイアウトのランダム化（Address Space Layout Randomization：ASLR）などの技術は，マルウェアやウイルスのハードコーディングされた値から保護するために，メモリー内のデータ領域の位置をランダムに配置するものである．ほとんどの最新のオペレーティングシステムはASLRをサポートしているが，セキュリティアーキテクトは，このセキュリティコントロールを利用して，プログラムとアプリケーションが設計および構成されることを確実にする必要がある．

▶ プロセッサー状態

プロセッサーとそのサポートチップセットは，あらゆるコンピューティングシステムにおける最初の防御層の1つを提供する．セキュリティ機能用の専用プロセッ

サー(暗号化コプロセッサーなど)を提供することに加えて，プロセッサーには，特権命令と非特権命令を区別するために使用できる状態が用意されている．ほとんどのプロセッサーは，スーパーバイザー状態(Supervisor State)とプロブレム状態(Problem State)という少なくとも2つの状態をサポートしている．スーパーバイザー状態(カーネルモード[Kernel Mode]とも呼ばれる)では，プロセッサーはシステムの最上位の特権レベルで動作し，これによりスーパーバイザー状態で実行されているプロセスがシステムリソース(データとハードウェア)にアクセスし，特権命令と非特権命令の両方を実行できる．プロブレム状態(ユーザーモード[User Mode]とも呼ばれる)では，プロセッサーは，実行中のプロセスに与えられたシステムデータとハードウェアにアクセスが制限される．

これは様々な理由で非常に便利な機能である．これにより，プロセッサーはスーパーバイザー状態にアクセスできるプロセスに優先権を与えることができる．また，プロセッサーは，必要な場合にリソースに制限を適用することができる(これにはプロセッサーの処理能力が必要である)．したがって，メモリーへの迅速かつ無制限のアクセスを必要とするプロセスは，それらのアクセスが必要な時にそれを得ることができることになる．

プロセッサー状態の使用にもいくつかの重要な制限がある．スーパーバイザー状態のプロセスは，信頼性が高くなければならず，そうでないプロセスとは分離する必要がある．スーパーバイザー状態で実行されている悪意あるプロセスにはほとんど制限がなく，多くの被害をもたらすことが可能である．理想的には，スーパーバイザー状態へのアクセスは，エンドユーザーとの対話からほかのコントロールを介して抽象化されたOSのコア機能に限定されるべきであるが，常にそうとは限らない．例えば，入出力デバイスを制御するデバイスドライバーは通常，エンドユーザーによってインストールされるが，これらのドライバーは，実行速度を速めるためにスーパーバイザー状態へのアクセスが許可されることがある．これにより，このリスクを軽減するためのほかのコントロールがない限り，不正なドライバーを使用してシステムを危険にさらす可能性がある．

▶ 階層化

システムの特権部分を保護する方法の1つは，システム上の特権の高いプロセスと特権の少ないプロセスのやり取りを制御する個別の階層を使用することである．コンピュータプログラミングでは，階層化(Layering)は，いくつかの連続的かつ階層的なやり方で相互にやり取りする別個の機能コンポーネントへのプログラミング

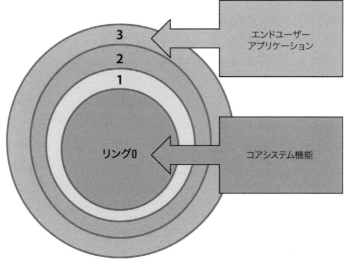

図3.22 動作中のリングプロテクションの一例
x86アーキテクチャーでは，4つのリング（0〜3の番号）が定義されており，通常，カーネル関数や一部のデバイスドライバーに限られたより高い特権機能がリング0に割り当てられる．一方，外側のリングには，より低い特権のアプリケーションが割り当てられる．より内側のリングに割り当てられた機能は，それより外側のすべてのリングにアクセスできるが，リング3に割り当てられたアプリケーションは，非常に制限されたゲートまたはインターフェースを介してしか，自身のリングの内側にある機能にアクセスできない．

の編成方法であり，各層は通常，その上の層およびその下の層に対してのみインターフェースを有している．これにより，システムの不安定な領域または機密の領域が，不正なアクセスまたは変更から保護されるようになる．

　これらの一般的な方法の1つに，リングプロテクション（Ring Protection）がある（図3.22）．これはしばしば，最も内側のリングに最も低い番号を割り当て，最も外側のリングに最大の番号を割り当てる一連の同心リングとして表される．例えば，4つのリングを持つリングアーキテクチャーでは，最も内側のリングがリング0になり，最も外側のリングがリング3になる．リングプロテクションでは，特権レベルの制御により，より低い特権のリングからより高い特権のリングへのダイレクトメモリーアクセスは防止され，高い特権から低い特権へは許可されている．コントロールゲート（Control Gate）と呼ばれるメカニズムは，より低い特権のレベルからより高い特権のリングへの転送を管理している．最も高い特権のリング（この例ではリング0）は，OSカーネルの最も重要な部分のようなコアシステム機能に関連付けられており，最も低い特権のリング（この例ではリング3）はエンドユーザーアプリケーションに関連付けられている．

リングは，異なるレベルの特権を持つ異なる実行ドメイン（または特定のサブジェクトに利用可能なオブジェクトの範囲）間のやり取りを制御するために使用される．これは，アプリケーションプログラミングインターフェース（Application Programming Interface：API）と同様のメカニズムを使用して，低い特権のプロセスが，異なるリングにある，より高い特権のプロセスのサービスを呼び出すことにより行われる．

▶プロセス分離

プロセス分離（Process Isolation）は，リングプロテクションが使用されている時でも，同じリングに割り当てられている個々のプロセスが互いにやり取りするのを防ぐためにも使用できる．これは，各プロセスに異なるアドレス空間を提供し，ほかのプロセスがそのメモリー領域にアクセスできないようにすることで実現できる．名前の区別は，異なるプロセスを区別するためにも使用される．仮想マッピング（Virtual Mapping）により，実際のメモリーのランダムに選択された領域をプロセスに割り当てることができ，ほかのプロセスがそれらの場所を簡単に検出できないようになる．オブジェクトとしてのプロセスのカプセル化もそれらを分離するために使用できる．オブジェクトには操作のための関数が含まれているため，その実装方法の詳細を隠蔽することができる．また，システムは，共有リソースを管理して，プロセスが同じタイムスロット内の共有リソースにアクセスできないようにすることもできる．

▶データの隠蔽

データの隠蔽（Data Hiding）は，異なるセキュリティレベルでアクティビティを維持することで，これらのレベルを互いに分離する．これにより，1つのセキュリティレベルのデータが，ほかのセキュリティレベルで動作するプロセスによって参照されるのを防いでいる．

▶抽象化

抽象化（Abstraction）は，エンティティの本質的な属性を容易に表現するために，エンティティから特性を除去する．例えば，システム管理者は，25人いる人事部メンバーに個別に権利を付与するよりも，「人事」と呼ばれるグループにメンバーを所属させ，グループに権限を付与する方が簡単である．抽象化は，ユーザーがオブジェクトの機能の詳細を知る必要性がなくなる．必要なのは，オブジェクトを使用するための正しい構文と，結果として提示される情報の性質だけである．

▶暗号による保護

　機密性の高いシステム機能とデータを保護するために，様々な方法で暗号を使用することが可能である．機密情報を暗号化し，重要な資料の使用を制限することで，システムの特権の低い部分からデータを隠すことができる．例えば，安全なファイルシステムでは，暗号化を駆使して大量のデータをストレージ内で暗号化して，データが不適切に開示されないようにしている．TPM (Trusted Platform Module) は，暗号鍵の安全な生成，使用および格納を提供する特殊な暗号プロセッサーの例である[37]．TPMは一意であるため，TPMで管理している鍵を使用してハードウェア認証を提供することもできる．

▶ホスト型ファイアウォールとホスト型侵入防御

　ファイアウォールとIPSは，通常，ネットワーク分割やコントロールのセキュリティゾーンへの適用に使用されるケースが多いが，個々のホストを攻撃から保護するためにも頻繁に使用されている．ソフトウェアまたはハードウェアベースのファイアウォールを個々のホスト内に実装することで，特定のシステムとの間のトラフィックを制御することができる．同様に，ホスト型IPSを使用して，ホストに向けられたネットワークトラフィックを検証し，悪意があると判断された場合に実行をブロックすることができる．

▶監査および監視のコントロール

　安全なシステムには，管理者に正しい運用の証拠を提供する機能も必要である．これは，重要なシステム，セキュリティおよびアプリケーションメッセージを分析のために記録できるようにするロギングサブシステムを使用して実行されることになる．より安全なシステムは，外部システムへのそのようなログの安全なエクスポートを含めて，これらのログの改ざんを防ぐための高度な保護を提供している．

　ホスト型侵入検知システム (Host-Based Intrusion Detection System：HIDS) およびネットワーク型侵入検知システム (Network-Based Intrusion Detection System：NIDS) もまた，監査および監視のコントロールの一種とみなすことができる．HIDSサブシステムは，システムの動作を調べて異常なイベントを検出し，それに応じてセキュリティ管理者に警告している．また，システムが安全であるかどうかを判断するために，ログや実行中のプロセス，および攻撃を受ける可能性のある共通サービスやデーモンを頻繁に分析している．NIDSは同様の機能をネットワーク層で実行している．

▶仮想化

仮想化(Virtualization)には，セキュリティの観点から多くの利点がある．仮想マシン(Virtual Machine：VM)は通常，サンドボックス環境内に隔離されており，感染した場合はすぐに別の仮想マシンによって削除またはシャットダウンして置き換えることが可能である．仮想マシンは，ハードウェアリソースへのアクセスが制限されているため，ホストシステムやその他の仮想マシンを保護するのに役立つ．仮想マシンでは，必要に応じて既知の正常なコピーを利用して復元できるように，強力な構成管理コントロールとバージョン管理が必要である．また，マルウェア対策ソフトウェア，暗号化，HIDS，ファイアウォール，パッチ適用など，ハードウェアベースのシステムの一般的なセキュリティ要件のすべてを満たす必要がある．既存の要件とVMホストに必要なオーバーヘッドを考慮すると，高いリソース使用率を維持するシステムでは，仮想化のメリットが得られないことがある．さらに，多くのマルウェアやウイルスが，仮想マシンに対応してきている[38]．それらは，仮想マシン上で実行されていることを検知して，ホストシステムに"抜け出す"ことができる．セキュリティアーキテクトは，これらのトレードオフを認識し，それに応じてシステムおよびエンタープライズセキュリティアーキテクチャーを計画する必要がある．

3.5 セキュリティアーキテクチャーの脆弱性

すべてのシステムは多かれ少なかれ異なっているものであるが，安全でないシステムは，同じ種類の脅威と脆弱性に悩まされがちである．一般的な脆弱性には，メモリー管理の不備，隠れチャネルの存在，システムの冗長性の不備，アクセス制御の不備，ハードウェアリソースやコアOS機能などの主要なシステムコンポーネントに対する保護の不備などがある．システムの可用性，完全性，機密性に対する一般的な脅威には，ハードウェアの障害，システム権限の悪用，バッファーオーバーフローやその他のメモリー攻撃，サービス拒否，リバースエンジニアリング，システムハッキングなどがある．

多くの脆弱性は安全ではない設計に起因し，ほとんどの脅威はよく知られているため，セキュリティアーキテクトは，セキュリティ要件に適切に対処する設計を行い，システムが意図した機能を引き続き実行できることに責任がある．Verizon社(ベライゾン)の「2014年データ侵害調査レポート(2014 Data Breach Investigations Report)」[39]は，セキュリティアーキテクトにとって，対話を構成する助けとなる．

Webアプリケーションには，2013年に3,937件のセキュリティインシデント

と490件のデータ侵害が確認されている．Verizon社が分析した攻撃の多くは，Joomla!，WordPress，Drupalなどのシェアの比較的高いブログプラットフォームまたはコンテンツ管理システムを対象としている．これらの懸念の一部に対処するために，セキュリティアーキテクトは，企業全体に展開されているブログサイトとコンテンツ管理システムの知識を持つ必要がある．多くのIT機能を非IT従業者の手に委ねる「シャドウIT（Shadow IT）」現象は，この点でセキュリティアーキテクトにとって懸念事項である．さらに，企業内にIT機能の知識がなく，IT機能が実装すべき適切なコントロールがなくても，実稼働環境で維持されているシステムがある場合，これらの攻撃は企業にとって大きな脅威になる可能性がある．

　Verizon社によると，人為的ミスが2013年に確認された412件のデータ侵害の主要因であり，16,000件以上のセキュリティインシデントに関連していた．業務プロセスの不備，コミュニケーションの欠如およびビジネスパートナーのリスクを低減するためのコントロールの不備は，多くのインシデントに関連している．この分析によれば，公共部門の組織，行政機関，医療機関が最も人為的ミスの影響を受けており，上位3つのエラーは，情報の誤配信，誤った公開および廃棄エラーであった．適切に実装され，構成されたデータ損失防止技術は，従業員の間違いに対する最良の方法となる可能性がある．セキュリティアーキテクトは，より効率的なプロセスを実装し，それらをコントロールするための施行可能なセキュリティポリシーを設定する必要がある．

　Verizonレポートによると，サイバースパイ活動は511のセキュリティインシデントと関連し，306のデータ侵害が確認されている．基本的なセキュリティのベストプラクティスは，これらの攻撃をうまく回避するための鍵となる．ネットワークセグメンテーション，プロアクティブなログ管理および2要素認証は，攻撃者がすでに内部にあり，機密システムに侵入しようとする側面方向の動きを止めるのに役立つ．セキュリティアーキテクトは，企業を脅威から保護するために多層防御戦略の基盤を強固なアーキテクチャー上に構築する必要がある．アーキテクチャーにベストプラクティスを組み込み，明確に定義されたセキュリティアーキテクチャーの基本を実現することを第一に，実績のある戦略と技法を使用して，できるだけ多くの脅威を低減することを確実にすることである．

　POS（Point-of-Sale：販売時点情報管理）システムでは，Verizon社によると，2013年に198件のデータ侵害が発生している．POSシステムの弱いデフォルトパスワードは，相次いで攻撃者のターゲットとなっている．一般的なメモリースクレイピングマルウェアであるBlackPOSは，クレジットカードのデータ窃盗犯が最もよく使う

技術だったとVerizonレポートでは述べている．セキュリティアーキテクトはPOSシステムのセキュリティを強化する必要がある．これらの脅威に対抗するために，アプリケーションのホワイトリスト作成や，これらのシステム上の更新されたウイルス対策ソリューションの使用を検討する必要がある．

デバイスの紛失や盗難は，ITセキュリティ専門家や最高情報セキュリティ責任者の最優先事項として常に上位にランク付けされている．Verizonレポートによると，紛失したノートパソコンやその他のデバイスは9,000件以上のセキュリティインシデントを占め，116件のデータ侵害が2013年に確認されている．情報資産は，盗まれたものよりもはるかに多く，15倍となっているとVerizonレポートでは述べている．これらの脅威に対処するために，セキュリティアーキテクトは，デバイスの暗号化を実装し，ユーザーには常にデバイスを身辺に保持させ，効果的なバックアップ戦略を実装する必要がある．

Verizon社によると，従業員，請負業者またはパートナーによる権限の乱用は，11,600件以上のセキュリティインシデントと関連しており，2013年には112件のデータ侵害が確認されている．Verizon社は，内部データや企業秘密を狙ったインサイダースパイの動向を注視しているという．社内ネットワーク内でほとんどのインサイダー攻撃が発生しているため，セキュリティアーキテクトは，機密データを含むシステムに対して追加のコントロールを構築する必要がある．また，ユーザーアカウントの利用状況を確認し，全体的なアクセス制御ライフサイクルの一部として，元の従業員のユーザーアカウントを素早く無効にする必要がある．

自動攻撃ツールキットを使用した，主に金銭目的の攻撃である犯罪ソフトウェア（Crimeware）は，ほぼすべての業界が直面する共通の問題であり，Verizon社は犯罪ソフトウェアが2013年に12,000件以上のセキュリティインシデントと50件のデータ侵害に関連していることを確認している．ZeusおよびSpyEyeというトロイの木馬ファミリーは，スパムメッセージと悪意あるリンクを使用して，人々を欺いて危険なマルウェアをダウンロードさせる，組織化されたサイバー犯罪ネットワークにより広まった．マルウェアは，アカウントの資格情報を盗み，銀行口座に不正にアクセスして送金するように設計されている．単に，攻撃者のWebサイトにアクセスしたり，悪質なファイルをダウンロードしたりするだけで，多くの感染が起こる．セキュリティアーキテクトは，ブラウザーのセキュリティパッチを適用し，ブラウザープラグインに更新を適用する必要がある．必要がない場合は，Javaを無効にするか，アンインストールする必要がある．さらに，少なくとも2要素認証を使用することで，盗まれた資格情報を使用する多くの攻撃を阻止することができる．

パブリッククラウドやプライベートクラウドにあるデータセンターのサーバーを侵害することで攻撃の帯域幅を拡大して，攻撃者はネットワークを不能にし，WebサイトやWebアプリケーションをダウンさせる分散型サービス拒否（Distributed Denial-of-Service：DDoS）攻撃を実行している．Verizon社は，2013年に1,100件以上のセキュリティインシデントを分析した．セキュリティアーキテクトは，計画を策定し，インターネットサービスプロバイダーのDDoS低減サービスの使用を検討し，アクティブではないIPアドレス空間を隔離することも検討する必要がある．

Verizonレポートによると，共通のインシデントパターンに適合しない7,200件以上のセキュリティインシデントが確認されている．これらの攻撃のほとんどは外部からのもので，ハッキング，フィッシング，マルウェアを組み合わせたブラウザーベースの脅威である．インシデントの3/4では，Webサーバーが侵害され，大量の攻撃が行われ，数百のサーバーがマルウェアをホストするためにハイジャックされ，ドライブバイ攻撃やフィッシングサイトに利用されていた．

セキュリティアーキテクトは，様々なリソースとデータポイントを使用して，ネットワークが直面している脅威の実情を収集する必要がある．Verizon社の「データ侵害調査レポート」は，様々な業種やアーキテクチャーにわたる調査結果を提示しており，貴重なものである．セキュリティアーキテクトがこのような視点で参考になるかもしれない追加のリソースは以下のとおりである．

- Secunia Research社（セキュニア・リサーチ）[※2]の「脆弱性レビュー 2014」
  http://secunia.com/-action=fetch&filename=secunia_vulnerability_review_2014.pdf《リンク切れ》
- Symantec社（シマンテック）の「インターネットセキュリティ脅威レポート2014」
  http://www.symantec.com/content/en/us/enterprise/other_resources/b-istr_main_report_v19_21291018.en-us.pdf
- Sophos社（ソフォス）の「セキュリティ脅威レポート2014」
  http://www.sophos.com/en-us/medialibrary/PDFs/other/sophos-security-threat-report-2014.pdf
- Cisco Systems社の「2014年次セキュリティレポート」
  https://www.cisco.com/c/dam/global/en_in/assets/pdfs/cisco_2014_asr.pdf
- Price Waterhouse Coopers社（プライスウォーターハウスクーパース）の「2014年情報セキュリティの世界的な状況調査」

http://www.pwc.com/gx/en/consulting-services/information-security-survey/
index.jhtml

- Trustwave社(トラストウエーブ)の「2014年セキュリティプレッシャーレポート」
https://www.trustwave.com/Resources/Library/Documents/2014-Security-Pressures-Report/
- Websense社(ウェブセンス)☆3の「2014脅威レポート」
http://www.websense.com/assets/reports/report-2014-threat-report-ja.pdf《リンク切れ》

3.5.1 システム

　不完全に設計されたシステムは攻撃を受けやすい．セキュリティアーキテクトは，業界でよく知られている攻撃や脆弱性および使用しているシステムの種類に精通している必要がある．また，組織の使命と体制に関して，どのような脅威や能力が存在するのかを理解する必要がある．無数の攻撃が存在しているが，セキュアアーキテクチャーの観点で最も困難なのは，電磁放射，状態攻撃および隠れチャネルである．

▶ 電磁放射

　システムの電磁放射(Emanation)は，システム内で処理，保管，送信される情報や情報に関するメタデータを含む，意図しない電気的，機械的，光学的または音響的なエネルギー信号である★40．米国国家安全保障局(National Security Agency：NSA)による初期の公表では，以下のように記されている．

　「コンピュータが機密情報を電気的に処理するために使用される場合，そのマシン内の各種スイッチ，接点，リレーおよびその他のコンポーネントは，無線周波数または音響エネルギーを発することがある．小さなラジオ放送のようにこれらの放出は，かなりの距離(場合によって，半マイル☆4以上)に広がることもある．
　また，これらの信号は，信号線，電源線，電話回線，水道管などの近くの導体に誘導され，それらの経路に沿ってある程度距離を導かれることがある．この場合は，1マイル以上となる場合もある．
　これらの信号の放出を傍受して記録することができる場合，それらを分析して，元の機器によって処理されていた機密情報を頻繁に復元することが可能と

なる．この現象は，暗号マシンだけでなく，情報機器(テレタイプライター，複製機器，インターコム，ファクシミリ，コンピュータなど)にも影響している．しかし，処理されている個々のメッセージである平文だけでなく，内部のマシンプロセスに関する重大秘匿情報をも明らかにする可能性があるため，暗号マシンにとっては特別な意味がある．このように，日々変化する鍵生成変数の再構築につながる可能性のある情報を放射する可能性があるとすれば，これは，通信セキュリティの観点から言えば最悪の事態である．放射というこの問題については，テンペスト(TEMPEST：Transient Electromagnetic Pulse Surveillance Technology：電磁波盗聴)という名称で呼ばれている．」[41]

　政府，情報機関および軍隊は，何年もの間，無数のリソースを使って電磁放射を研究している．これらの研究は，それらをキャプチャーし，使用またはそれらに対して保護する方法に焦点を当てている．テンペストは，盗聴や受動的電磁放射収集の試みに対してそれらを保護するために，建物や機器をシールドするように設計された一連の基準である．より一般的なアプローチの1つは，機器の"赤／黒(Red/Black)"の分離である．

　"赤／黒"の分離の要件は，一般的な非機密回路・機器と，機密回路・機器との間に，シールドなどの物理的なセキュリティコントロールをインストールすることを意味している．これらは，一度実装し認定されると，何か小さなコンポーネントを数mm移動するだけでもインストールが無効となるため，変更管理が非常に重要となる．

　これらは当初，国家レベルの諜報活動のような状況にのみ適用されるように見えるかもしれないが，セキュリティアーキテクトは，今日の競争の激しい市場環境と，産業スパイと犯罪要素の可能性を理解する必要がある．放射を探知するデバイスの価格が下がるにつれて，知的財産やその他の資産を盗む不正な個人によって使用されるインセンティブが増加している．例えば，Dmitri Asonov(ドミトリー・アソノフ)とRakesh Agrawal(ラケシュ・アグラワル)による研究論文には，現金自動預け払い機(Automatic Teller Machine：ATM)[42]の電磁放射攻撃について記述されている．AsonovとAgrawalは，押されたキーによってATMパッドからの音(可聴音の放射)が異なることを明らかにし，彼らはキーパッドを研究して，それらを15m以上離れた場所から"聴く"ことができたとしている．この結果は，キー押下の約79%を正確に把握することができ，これにより，攻撃者がATMに追加の機器をインストールすることなく，離れた場所にいる他人の銀行口座のPIN(Personal Identification Number：個人識別番号)を特定できることを意味している．多くのセキュリティアーキテクチャー

フレームワークは，この脆弱性を見過ごしている．ATMを使用したバンキングシステムを設計するセキュリティアーキテクトは，この脆弱性を考慮する必要があり，キーパッドを異なる方法で実装するか，キーパッドの発生音を消音または歪める方法を検討する必要がある．

▶状態攻撃

　状態攻撃(State Attack)は，レースコンディション(Race Condition：競合状態)とも呼ばれ，システムが複数の要求を処理する方法を利用している．例えば，ログオン処理中は，プロセッサーのカーネルレベルでプロセスが開始され，標準レベルに降格される．ユーザーがログインして，プロセッサーがレベルを降格させる前にエスケープキーを押してログインプロセスを素早く中断すると，状態攻撃を成功させることができる．攻撃者は，ログインプロセスのタイミングを利用して，システムセキュリティポリシーに違反して自分の権限を昇格させることができる．

　レースコンディションは，コードの記述が不適切であったり，システムのセキュリティ状態や既存環境への適合を評価せずに，アプリケーションを採用することにより引き起こされる．TOC/TOU(Time of Check/Time of Use)は，プログラミングにおける一般的なレースコンディションのバグの一例である．この攻撃には，状態のチェックとチェックによって生じるアクションの間のシステムの変更が含まれる．プログラマーとシステム開発者は，通常，レースコンディションを排除する役割を担うが，セキュリティアーキテクトはレースコンディションを認識し，選択したコントロールフレームワークでレースコンディションをテストできるようにする必要がある．

▶隠れチャネル

　隠れチャネル(Covert Channel)は，情報システムのアクセス制御および標準監視システムに認識されない通信メカニズムである．隠れチャネルは，ディスクの空き領域部分や，情報を送信するプロセスのタイミングなどの不規則な通信方法を使用している．TCSECでは，以下の2種類の隠れチャネルを確認している．

- 格納されたオブジェクトを介して通信する**ストレージチャネル**(Storage Channels)
- 相互に関連するイベントのタイミングを変更する**タイミングチャネル**(Timing Channels)

隠れチャネルを低減する唯一の方法は，情報システムの安全な設計によるものである．セキュリティアーキテクトは，隠れチャネルがどのように機能するのかを理解し，関連する要件を持つ設計において，それらを排除するように努めなければならない．

3.5.2 技術とプロセスの統合

　異なるコンピューティングプラットフォームでは，伝統的にシステムとセキュリティアーキテクチャーに対するアプローチがわずかに異なっている．以下では，一般的なコンピューティングプラットフォームの高水準アーキテクチャーと，セキュリティ上の懸念にどのように取り組んできたかについて説明する．

▶ メインフレームおよびその他のシンクライアントシステム

　メインフレーム（Mainframe）という用語は，もともとスチールフレームボックスに収納された非常に大きなコンピュータシステムを指し，小型のミニコンピュータやマイクロコンピュータと区別するために使用されていた．これらのメインフレームは，Fortune 1000企業などで商用アプリケーションを処理するために使用され，また連邦，州および地方自治体によって利用されていた．この用語は，長年にわたって様々な形で使用されていたが，ほとんどの場合，IBMおよびほかの企業によって構築された大規模システムの総称となっている．

　従来，メインフレームは分散コンピューティングではなく集中化されたものであった．つまり，大規模な集中システム上で，ほとんどの処理が行われ，クライアント（またはメインフレームの世界では端末）は単純な対話とエミュレーションに限定されている．このタイプのシンクライアントアーキテクチャー（Thin Client Architecture）は，処理およびメモリーリソースの大部分をメインフレーム内に置き，周辺機器（2次記憶装置および印刷など）は個別のシステムとしている．個別の周辺機器も独自のセキュリティ機能を実装する可能性があるが，処理能力の集中化はセキュリティの責任を一元化する効果もある．

　今日の最新のメインフレーム環境では，個別のコンピューティングプラットフォームとして使用される可能性は低くなっている．代わりに，ベースシステムは，仮想ホストとして多種多様なほかのOSをホストするために使用される．複数のベンダープラットフォームを統合し，スケーラビリティを提供することにより，メインフレームはコストを最小限に抑える効果的な方法となる．メインフレームでは，特にLinux

の数多くのインスタンスなど，複数のOSを実行できる．その他の用途としては，データウェアハウスシステム，Webアプリケーション，金融アプリケーション，ミドルウェアなどがある．メインフレームは，総所有コスト（Total Cost of Ownership：TCO）の低減と信頼性の高い災害復旧により，信頼性，スケーラビリティ，保守性を提供している．

メインフレームは，処理のために高度に集中化されたモデルを提供する唯一のシステムではない．同様の集中処理環境を提供するために，クライアントをキーボードとマウスのエミュレーション，グラフィックス処理および基本的なネットワーク機能に限定するシンクライアントシステムが登場した．これには，ほとんどの機能（ほとんどのセキュリティ機能を含む）を集中管理することで，クライアントがユーザー操作とネットワークに集中できるという利点がある．

例えば，中央のサーバーベースの処理は，ディスクレスワークステーションまたはほかのタイプのハードウェアによるシンクライアントと組み合わせることができる．ディスクレスワークステーションとは，ハードドライブがなく，時にはDVDドライブやUSBポートがないコンピュータのことを指す．ディスクレスワークステーションには，ネットワークカードとビデオカードがあり，サウンドカードなどのほかの拡張カードも使用できる場合がある．ディスクレスワークステーションの起動やアプリケーションの実行など，ほとんどの操作はネットワークサーバーによって提供されるサービスに依存している．これにより，ワークステーションレベルで必要とされる処理能力を最小限に抑える一方で，中央サーバーのインフラに比較的大きなリソースが必要となる．ソフトウェアベースのシンクライアントアプリケーションも同様の利点を提供している．例えば，インターネットブラウザーはシンクライアントとみなすことができる．

セキュリティの観点からは，このタイプのアーキテクチャーの利点は，セキュリティサービスの設計と実装を単一の集中型環境で行えることである．これにより，セキュリティサービスの設計，実装，検証および保守が容易になる．パッチや更新プログラムは中央のサーバーに適用するだけで済むため，ほとんどのセキュリティ上の脆弱性は迅速かつ効率的に処理することができる．同時に，パッチが適用されていない脆弱性はシステム全体に継承される．これにより，ほかのコンピューティングプラットフォームよりも脆弱性がはるかに広がり，危険にさらされる．また，同時に動作する特権サブジェクトと非特権サブジェクトを注意深く制御することにより，一方が他方に干渉したり，情報を漏らしたりすることができないようにする必要がある．

▶ ミドルウェア

ミドルウェア（Middleware）は，1台以上のマシンで実行されている複数のプロセスが相互作用できるようにする接続ソフトウェアのことである．これらのサービスは，OS上で実行されているアプリケーションとネットワークノード上にあるネットワークサービスとの間に存在する分散ソフトウェアの集合である．ミドルウェアサービスの主な目的は，多くのアプリケーションの接続性と相互運用性の問題を解決することである．

本質的に，ミドルウェアは，複雑さを隠す分散ソフトウェア層であり，多数のネットワーク技術，コンピュータアーキテクチャー，OSおよびプログラミング言語からなる異種分散環境となる．提供されるサービスの中には，ディレクトリーサービス，トランザクショントラッキング，データレプリケーション，時刻同期，分散環境を改善するサービスなどがある．ワークフロー，メッセージングアプリケーション，インターネットニュースチャンネルなどがその例である．

近年，サービス指向アーキテクチャー（Service Oriented Architecture：SOA）★43の基盤として，ミドルウェアが注目されている．組織は，レガシーシステムへの継続的な依存が，成長，市場へのスピード，ビジネス，ITアライメントなどの事業責務を妨げることを認識しつつある．さらに，より新しい技術へのアップグレードは，特に経済が低迷している場合，高価な課題となる．これらの課題を念頭に置いて，組織はより使いやすく効率的なITアーキテクチャーに移行している．これにより，顧客はインターネットベースのWebアプリケーションを通じて，その会社とより密接にやり取りができる．SOAでは，異種のエンティティは，標準化された方法で母集団全体のリソースを利用できるようにしている．つまり，SOAは分散コンピューティングのモデルであり，アプリケーションはネットワーク上でほかのアプリケーションを呼び出している．機能はネットワーク上に分散され，機能を見つけ出してそれに接続する機能を提供している．

SOAは，モジュール性，柔軟性および再利用性を提供している．さらに，ポリシーの施行，認証，暗号化，デジタル署名の実装など，一貫性と協調性のあるガバナンス，セキュリティおよび管理を可能にしている．しかし，ミドルウェアインターフェースが使用できることにより，多くのSOAはエンド・ツー・エンドのセキュリティを要件として開発されていないため，攻撃の共通のターゲットとなっている．

▶ 組み込みシステム

組み込みシステム（Embedded System）は，限られた処理能力を持つスモールフォー

ムファクターで，コンピューティングサービスを提供するために使用される．必要なハードウェア，ファームウェア，ソフトウェアを単一のプラットフォームに組み込み，通常は，単一のアプリケーションに関連する限られた範囲のコンピューティングサービスを提供する．一般的には，機能要件を満たすために必要な最小限の基本機能を持つ，限定的なOSを備えている．携帯電話，メディアプレイヤー，ルーターや無線デバイスなどのネットワーキングデバイスなど，ほかの制約のあるデバイスも同様のアプローチを採用している．

　セキュリティアーキテクトの観点からは，組み込みシステムには多くの潜在的な利点と欠点がある．セキュリティサービスは，シンプルで，テスト可能で，検証可能とする傾向があり，セキュリティが正しく設計され，正しく実装されていることを確認する作業がより簡単になる．残念なことに，このようなシステムのセキュリティは通常，メモリーとメモリーへの特権アクセスを保護するための基本的なセキュリティ機能に限定されている．広範囲のセキュリティサービスをサポートすることも可能だが，コア機能とセキュリティコンポーネントによって共有されなければならない処理能力は非常に限られている．これは，特に豊富な機能が主要なビジネス推進要因である場合には，堅牢性に劣るセキュリティ機能をもたらすことになる．制約のある組み込み機器でセキュリティの脆弱性にパッチを適用することは，多くの場合，困難である[44]．このため，セキュリティアーキテクトは，セキュリティを配置する必要がある場所と，組み込みシステムの内部と外部の両方で対処する手段と，アーキテクチャーの観点から，組み込みシステムの完全性にどれだけの信頼を置くことができるかを考慮する必要がある．

▶ パーベイシブコンピューティングとモバイル機器

　モバイル機器の数は，この4，5年でかなり増加している．製品は，第4世代（4G）端末などの洗練された携帯電話から，フル機能のウルトラブックやタブレットまで，様々な製品が存在している．

　これらのデバイスは，連絡先，予定，To-Doリストなどの個人情報を管理できるようになっている．また，現在のタブレットと携帯電話は，インターネットに接続し，GPS（Global Positioning System）デバイスとして機能し，マルチメディアソフトウェアを実行できる．それに，ワイヤレス通信であるBluetoothネットワークとワイヤレスワイドエリアネットワーク（Wide Area Network：WAN）をサポートすることもできる．また，ファイルとアプリケーションのための追加のストレージとして役立つメモリーカードスロットを持っており，フラッシュメディアによりストレージ

容量の追加が可能である．ほとんどすべてのデバイスは，MP3プレイヤー，マイク，スピーカーおよびヘッドフォンジャックと，組み込みのデジタルカメラを持ち，オーディオとビデオのサポートを提供している．バイオメトリック指紋読み取り装置などの統合されたセキュリティ機能が含まれることもある．

　これらのデバイスは，リソースが制約されているほかのデバイスと共通したセキュリティ上の懸念を共有している．多くの場合，処理能力が非常に限られている中で，より豊かなユーザー対話を提供することに重点が置かれているため，セキュリティサービスが犠牲にされている．これらのデバイスはその移動性により，コントロールが困難な方法で情報を送信および格納するために使用できるため，データ漏洩の主な原因の1つとなっている．その結果，セキュリティアーキテクトは，企業の幅広いデバイスプラットフォームやフォームファクターに関する脅威や脆弱性のロングリストに対処する必要がある．次のリストは，セキュリティアーキテクトが重点を置くべき主要な領域とアクションをまとめたものである．

1．モバイル機器用のマルウェア対策ソフトウェアの必要性
2．セキュアなモバイル通信
3．強力な認証の必要性，パスワードコントロールの使用
4．サードパーティソフトウェアのコントロール
5．独立したセキュアなモバイルゲートウェイの作成
6．セキュアなモバイル機器の選択（または要求）と，ユーザーによるロックダウンの手助け
7．定期的なモバイルセキュリティ監査，ペネトレーションテストの実行

　例えば，セキュリティアーキテクトは，どのようにこのリストの項目をエンタープライズ内のモバイル機器を管理するための一貫した戦略に統合するのか．最も簡単な答えは，リストの項目のいくつか，または多くに対処するセキュリティポリシーを作成することである．より難解な回答には，企業内でのポリシーのドラフト，レビュー，実装，コミュニケーション，トレーニング，管理，最適化，施行，監査および更新に必要な手順が含まれる．エンタープライズにおけるモバイル機器の使用に対処するためのセキュリティポリシーの策定には何が必要だろうか．ポリシーには，以下に示す箇条書きのいくつかが含まれる．

▶一般的なモバイル機器のベストプラクティス

- パスコード／パスフレーズ／パターンを使用し，作業中断時はデバイスをロックする．典型的には，10分以内の作業中断をトリガーとすることを奨励する．

- 可能な限り最高のレベルの暗号化（最小128bit）を使用して，オプションが利用可能な場合，デバイスを暗号化する．暗号化が利用できない場合は，機密性の高いデータを絶対にデバイスに保存しない．

- セキュリティ保護されていないWi-Fiと，3G/4G/CDMA（Code Division Multiple Access：符号分割多元接続）サービスのどちらかを選択する場合は，通常，携帯データサービスを選択する．機密保護されたデータにアクセスするのにVPN（Virtual Private Network：仮想プライベートネットワーク）を使用しない場合は，セキュリティ保護されていないWi-Fiを使用してはならない．

- デバイスがサポートしている場合は，VPNを使用する．

- デバイスを紛失したり，盗難されたりした場合は，速やかに報告する．自分の記録のためにモバイル機器のシリアル番号，該当する場合はESN（Electronic Serial Number：電子シリアル番号）およびその他の識別情報をメモし，法執行またはその他の復旧を容易にする．

- 可能であれば，プラットフォームに基づいてリモートワイプ（遠隔消去）機能を活用する．

- アプリケーションがアクセスするデータの種類，アプリケーションが安全であると信頼されているかどうか，ベンダーが，アプリケーションを通じてユーザーから情報を収集するかどうかを考慮して（データ漏洩につながる可能性がある），デバイスにインストールするアプリケーションを慎重に選択する．

- モバイル機器経由でのリモートデスクトッププログラムの使用は推奨しない．

- 使用しないオプションやアプリケーションを無効にする．

- Bluetoothが有効になっている場合は，デバイスが自動的に検出されないようにし，不正なアクセスを防ぐためにパスワードで保護する．

- 決してモバイル機器を放置しない．

- サポートされている場合は，ウイルス対策／マルウェア対策ソフトウェアを使用する．

- データを定期的にバックアップする．バックアップは暗号化された形で行うことを推奨する．

- 製造元の指示に従ってデバイスのソフトウェアを更新する．多くの場合，

アップデートはセキュリティホールを修正し，デバイスの機能を向上させる．

- 第三者によるデバイスの使用を制限し，あなたの個人情報を保護する．これにより，潜在的な誤用による説明責任を果たせる．
- 使用していない時はGPSとデータをオフにする．
- モバイル機器を"脱獄（ジェイルブレイク）"しない．

▶ iPad/iPod/iPhone特有のベストプラクティス

構成テンプレートを使用してエンタープライズネットワーク上にデバイスをセットアップし，デバイスに推奨されるポリシーを実施する．

- パスコードを使用する（デバイスに含まれる潜在的なデータに依存する強度）．
- 10回のパスコード試行が失敗した場合は，デバイスのワイプ（消去）を許可する．
- Cisco AnyConnectのVPNを使用する（Apple App Storeで利用可能）．
- デバイス構成プロファイルの暗号化を行う．
- デバイスバックアップの強制暗号化を行う．
- 複数のユーザーがデバイスにアクセスする場合は，プライマリーユーザーの電子メールアカウントを保護するためにネイティブメールプログラムを使用しない．
- デバイスが使用されなくなった場合は，デバイス上のすべてのデータを消去し，デバイスが正しく廃棄されたことを確認する．

セキュリティアーキテクトが参照すべきもう1つのリソースは，NIST SP 800-124 Revision 1「企業におけるモバイル機器のセキュリティ管理ガイドライン」[45]である．このガイドラインは，集中型モバイル機器管理技術の現況について，これらの技術のコンポーネント，アーキテクチャーおよび機能の概要を含め，技術の選択，実装および使用に関する推奨事項を示している．

健全なモバイル機器のセキュリティプログラムを実装し，維持しようとする組織にとって，その他の重要な推奨事項は次のとおりである．

- システムセキュリティ計画に記載されているモバイル機器セキュリティポリシーを策定し，次のことを定義する．
  1．モバイル機器からアクセス可能なエンタープライズリソースの種類．
  2．組織のリソースへのアクセスを許可されているモバイル機器の種類．

3．モバイル機器の各種クラス(組織が発行するモバイル機器対個人所有のモバイル機器)のアクセスの度合と，プロビジョニング(デバイスの展開)の処理方法.

4．組織の集中型モバイル機器管理サーバーを管理する仕組みと，それらのサーバーのポリシーのアップデート方法.

5．モバイル機器管理技術のその他のすべての要件.

- モバイル機器ソリューションを設計および展開する前に，モバイル機器，ならびにモバイル機器を介してアクセスされる組織リソースのシステム脅威モデルを開発する.

- モバイル機器ソリューションによって提供される各セキュリティサービスの利点を考慮して，組織の環境に必要なサービスを決定し，必要なセキュリティサービスをまとめて提供する1つあるいはそれ以上のソリューションを設計および調達する.

- ソリューションを実稼働環境に組み込む前に，エンタープライズモバイル機器ソリューションのパイロットの実装とテストを行う.

1．モバイル機器の種類ごとに，接続性，保護，認証，アプリケーション機能，ソリューション管理，ログ収集およびパフォーマンスを評価する.

2．健全なセキュリティプラクティスに沿って，最新のパッチを使用してすべてのコンポーネントを更新／構成する.

3．脱獄された，またはルート化されたモバイル機器を自動検出するためのメカニズムを実装する.

4．モバイル機器ソリューションが予期せず既定の設定に戻り，セキュリティが低下しないことを確認する.

- ユーザーによるアクセスを許可する前に，各組織が発行したモバイル機器をセキュリティで保護する.

1．組織の発行したほかのモバイル機器が，不明なセキュリティプロファイルを持ったまますでに展開されている場合は，正常な設定で上書きし，固定化し，元の設定に戻らないようにする.

2．潜在的なリスクに基づき，必要に応じてウイルス対策ソフトウェアやデータ損失防止ソリューションなどの追加のセキュリティコントロールを展開する.

- 次に示すような運用プロセスを採用し，定期的な評価(脆弱性スキャン，ペネトレーションテスト，ログのレビュー)を行って，モバイル機器のポリシー，プロセスおよびプロシージャーが守られていることを確認することで，モバイル

機器のセキュリティを常に維持する．
1．各モバイル機器，そのユーザーおよびアプリケーションのアクティブなインベントリーを保持する．
2．インストールされているが，その後，使用上あまりにも危険である，または，そのようなアプリケーションへのアクセスを取り消すと評価されたアプリケーションを削除する．
3．ほかのユーザーに再発行する前に，組織が発行したデバイスから機密データを取り除く．
4．アップグレードおよびパッチの確認，取得，テストおよび展開を行う．
5．各モバイル機器の主要コンポーネントのクロックが，共通のタイムソースに同期していることを確認する．
6．必要に応じてアクセス制御機能を再構成する．
7．モバイル機器への不正な構成変更などの異常を検出し，文書化する．

　最後に，このガイドラインの付録Aには，エンタープライズモバイル機器のセキュリティに適用可能なNIST SP 800-53 Revision 4「連邦政府情報システムおよび連邦組織のためのセキュリティコントロールとプライバシーコントロール」から抜粋した主要なコントロールの一覧が示されている．また，付録Cでは，モバイル機器のセキュリティリソースの一覧を提供している[★46]．

Try It For Yourself
自分でやってみよう

　セキュリティ担当責任者が詳細に確認できるように，モバイル機器で使用するポリシーを付録Dで提供している．2ページ構成のテンプレートになっており，架空の会社で使用しているポリシーを，段階を追って検証することができる．使用ポリシーを定義することで，モバイル機器のアクセスに関与するすべての担当者の責任が明確に文書化される．
　モバイル機器のポリシー構造を理解するために，テンプレートをダウンロードし，各セクションを参照すること．

3.5.3 単一障害点

　仮想化のような技術により，技術の効率性と管理性がますます向上する中で，セキュリティアーキテクトは単一障害点(Single Point of Failure：SPOF)がどのように発生するかを理解する必要がある．仮想化の例では，障害の観点から前後の状態を比較すると，仮想化を導入した多くの企業に単一障害点が追加されていることがある．仮想化が登場する以前は，サーバーは，互いに独立した個別のハードウェアコンポーネントで構成されていた．したがって，電子メールサーバーがダウンした場合でも，ネットワークに接続されたストレージサーバーも同時に停止することはほとんどありえなかった．しかし，これらのシステムが仮想化され，同じホスト上で実行された場合，そのホストは両方のシステムに関して単一障害点となることになる．仮想化を提供しているホストがダウンすると，そのホスト上で実行されているすべてのゲスト環境もダウンすることになる．セキュリティアーキテクトは，単一障害点を特定し，代替案を探し出し，利害関係者がリスクあるいは低減戦略の受け入れについて，情報に基づいて決断を下せるようにする必要がある．

　セキュリティアーキテクトはどのように単一障害点を特定するのであろうか．どの代替案が低減戦略として受け入れられるかを，どうやって判断すればよいのか．これは多くの場合，すべての状況に適用される簡単かつ標準化された正解は存在しないので，難しい問題となる．ミッションクリティカルなシステムへの冗長性の構築，高可用性とフォールトトレランス技術の使用など，ある種の障害または停止のシナリオに対してシステムの存続性を確保するために，セキュリティアーキテクトが使用できるベストプラクティスがある．さらに，セキュリティアーキテクトは，すべての主要なシステムに対してリスク分析と事業影響度分析が行われていることを確認し，ビジネスに対するシステムの価値が明確に理解されていること，および個々のシステムが日常業務中に直面する可能性のある潜在的な脅威や脆弱性が把握されていることを確認する必要がある．また，セキュリティアーキテクトは，単一障害点監査を実行し，その結果をリスク分析および事業影響度分析の結果と対応付ける必要がある．このようにして，ミッションクリティカルなシステム，プロセスおよび人員が特定されるだけでなく，メインシステムとの依存関係を形成する可能性のあるすべてのコンポーネントとサブシステムも確実に特定することができる．システムアーキテクチャー，特にアーキテクチャーが持つ依存性を完全に理解していなければ，特定された単一障害点に適切に対応できないため，これは重要なアクティビティとなる．

単一障害点はアーキテクチャー全体で発生する可能性があるため，各領域を個別に確認し，共通の単一障害点を特定することが最適である．ほとんどのIT組織は，より少ないリソースでより大きな成果を上げることを求められている．これは，サーバーのサイズを削減するとか，仮想環境を利用することなどを意味している．例えば，エンタープライズ内にクラスター化された仮想インフラストラクチャーを展開している場合，セキュリティアーキテクトがエンタープライズセキュリティアーキテクチャーの一部として考慮および管理する必要がある，多くの潜在的な単一障害点が存在する．ここからは，以下の技術と，クラスター化されたアーキテクチャーの中で，単一障害点をいかに低減するかについて説明する．

- データの接続性
- ネットワークの接続性
- クラスター通信
- アプリケーションの可用性
- OSの可用性
- インフラストラクチャー

▶データの接続性

本項では，アプリケーションがストレージデバイスへの冗長接続を確保する方法を説明している．データの接続性については，サーバーからストレージへの接続性を確認する．

冗長性の第1レベルは，少なくとも2つのホストバスアダプター（Host Bus Adapter：HBA）またはストレージパスを持ち，マルチパスソフトウェアを使用することである．

この領域に共通する別の単一障害点としては，サーバーから単一のSAN（Storage Area Network）スイッチへの複数のHBA接続がある．何らかの理由で1つのSANスイッチが故障したり，オフラインになったりした場合，ストレージへのすべてのパスが失敗することになる．もう1つの一般的なバリエーションは，アレイへの単一接続を持つ単一のSANスイッチを持つことである．各SANスイッチがアレイ上の別のフロントエンドポートに接続されていることを確認することを推奨する．インフラストラクチャー内の各ポイントに複数のパスを設定することで，障害が発生しても停止することはなくなる．

▶ ネットワークの接続性

　本項では，ネットワークが利用可能であることを確認し，潜在的な単一障害点を特定する方法について説明する．ネットワークを理解し，エンド・ツー・エンドの視点をとると，あるマシンから別のマシンに到達するためにデータパケットが通過できる多数のパスが存在する．これには複数の単一障害点が存在する可能性がある．一般的な構成上の問題は，パブリックネットワーク用の単一のネットワークインターフェースカード（Network Interface Card：NIC）である．1つのNICが切断されるか，ネットワークスイッチポートが故障すると，そのサーバーはネットワーク経由で通信できなくなる．セキュリティアーキテクトは，パブリックネットワーク上で使用可能な2つの異なるNICポートを設定できるシステムを展開する必要がある．どちらもパブリックネットワークで使用可能で，プライマリーNICで障害が発生した場合，アプリケーションに関連付けられている仮想IP（Virtual IP：VIP）アドレスは，同じボックス内の1つの物理NICから別のNICに移行できる．これにより，アプリケーションと関連するインフラストラクチャーを，1台のサーバーでオフラインにし，それから別のサーバーをオンラインにする必要性がなくなるため，アプリケーションを利用できなくなる時間が短縮される．

▶ クラスター通信

　クラスター通信（Cluster Communication）とは，クラスタリングソリューションが障害を検出し，クラスターノード間で通信することを保証する方法を示す．クラスタリング技術は，クラスター通信の損失の場合には，状態情報を渡すだけでなく，ノード調停を行う必要がある．クラスターを構成する時は，複数のハートビート（Heartbeat）ネットワークを構成することを推奨している．これらの接続は，クラスター内のノード間でリソースおよびサービスグループの状態情報を渡している．単一のハートビートリンクが構成され，そのNICがダウンした場合，クラスターはスプリットブレイン状態を回避するためにどのノードが通信できるかを決定する必要がある．スプリットブレイン状態（Split-Brain Condition）は，同じリソースまたはアプリケーションを使用している元のクラスターノードから，複数のクラスターが形成されてしまっている場合のことを言う．多くのクラスタリングソリューションには，ハートビート通信が途切れた時に，1つのクラスターのみが形成されるようにするロジックがあり，クラスター製品ごとに各企業の固有環境に適応する様々な方法を使用している．例えば，SCSI-3（Small Computer System Interface 3）の永続的な予約機能を利用すると，データ破損の可能性がないことを確実にできる．サーバーの

NIC数が限られている場合，クラスターソフトウェアはパブリックネットワークを優先度の低いモードで使用する必要がある．一定の状態情報フローの代わりに，パブリックNICは，ステータスを決定し，いくつかの情報を渡すために稀に使用される．クラスター通信用の複数のパスを持つことにより，ネットワークの単一障害点がクラスターを停止させることを防ぐことになる．

▶アプリケーションの可用性

　一部のアプリケーションには，高可用性（High Availability：HA）が組み込まれているものがあり，複数のシステムが同時にアプリケーションの異なるインスタンスにアクセスできるようにすることができる．一般的に，いくつかの典型的な制限がアプリケーションHAツールに単一障害点として現れる．フェイルオーバーイベント中に，あるサーバーから別のサーバーにアプリケーションを移動するのに最も時間がかかるのは，サーバー間でファイルシステムを移行することである．クラスター化したファイルシステム（Clustered File System：CFS）では，フェイルオーバーイベントが発生した時に，アプリケーションとVIPだけを別のクラスターノードに移動すればよいように，複数のシステムがすべてファイルシステムをマウントできる．さらに，この問題を回避するために，同じシステム上でアプリケーションを再起動する機能もクラスターは提供する必要がある．HAが組み込まれたアプリケーションの場合，クラスターソフトウェアは，アプリケーションおよび起動順序の依存関係の制御を通じて，引き続きメリットをもたらす．さらに，アプリケーション自体が失敗した場合は再起動でき，問題がある場合は監視システムに通知される．

▶OSの可用性

　本項では，クラスターソフトウェアを使用してオペレーティングシステムを保護する方法について説明する．多くのクラスターソフトウェアは，Solaris LDoms（Logical Domains）[※5]とゾーン，HP-UX IVM（Integrity Virtual Machines），AIX WPAR（Workload Partition），LPAR（Logical Partitioning：論理分割），VMware，Microsoft社のHyper-Vなど，いくつかのタイプの仮想化を処理できる．OSの仮想化により，1つのオペレーティングシステムを異なる物理システム間でサービスとして移行することができる．それぞれの仮想化技術は異なり，いくつかの物理サーバー間で仮想マシンを移動する機能があり，停止時間を削減する．クラスタリングソフトウェアは，仮想マシンがオフラインになったかどうかを判断し，仮想マシンとアプリケーションを別の物理サーバーに移行して起動することができる．

▶インフラストラクチャー

　実行中のアプリケーションを保護する際には，外部からの影響も考慮する必要がある．データセンターの計画時には，大半が考慮されるものである．例えば，UPS（Uninterruptible Power Supply：無停電電源装置）を利用して停電に対応する．消火システムがサーバールーム内でオフになった場合はどうなるか．クラスターノードはデータセンターの様々な部分にあるか．それらは異なるUPSに接続されているか．イベントが発生し，1つのボックスを取り出してもアプリケーションが機能し続けることを保証することによって．インフラストラクチャー内の単一障害点を予期しているのである．

　要約すると，高可用性アプリケーションは，迅速な自動障害検知を提供し，必要に応じてアクションを実行することができるが，1つのコンポーネントの障害がアプリケーションの可用性に影響を与えないように，環境全体を適切に設計する必要がある．クラスタリングソフトウェアは，障害が発生した場合にアプリケーションをノード間で移行することができるが，両方のサーバーが同じブレーカー上にあり，何らかの原因で停止した場合，クラスターはアプリケーションをオンライン状態に保ち，サービスを提供し続けることはできない．さらに，クラスター外のすべてのインフラストラクチャーも単一障害点がないかを検査する必要があり，また，システムの存続性に悪影響を及ぼさないように対処しなければならない依存関係を十分に理解することが必要になる．

3.5.4　クライアントベースの脆弱性

　クライアントプラットフォームは，サーバーやサービスに対するより高度な攻撃の舞台となっている．さらに，クライアントプラットフォームは多様でモバイル性があり，タブレットやスマートフォンが情報アクセスの主要デバイスとなってきている．ほとんどのタブレットやスマートフォンは，アプリやアプレットを使用してデバイスをサービスやサーバーと接続している．セキュリティアーキテクトは，組織のモバイル（スマートフォン，タブレット，リムーバブルメディア）および固定（標準ワークステーションおよびシンクライアント）システム環境の構成を認識している必要がある．また，アーキテクトは，エンドポイントデバイスのデータとサービスリーチのセキュリティに関しての前提条件を決定または確認する必要もある．例えば，欧州ネットワーク情報セキュリティ機関（European Union Agency for Network and Information Security：ENISA）は2012年に，顧客のコンピュータがマルウェアやウイルスに感染

していないという想定をやめるように銀行に警告した．さらに，大規模なトランザクションを許可する前に，銀行がオフライン検証を検討するように提案した[47]．

▶デスクトップ，ラップトップおよびシンクライアント

セキュリティアーキテクトは，セキュリティアーキテクチャーを設計する際に，クライアントのマシンの基礎について考慮する必要があり，ENISAの例を参照する必要がある．アーキテクトは，顧客が銀行のWebサイトを使用する必要がある場合，顧客のPCは，「クリーン」な環境ではなく，マルウェアなどに感染している可能性があると仮定して，セキュリティを設計する必要がある．これは，ワンタイムパッドトークンや各種のセキュリティ対策の形をとり，これにより損失や暴露は顧客と銀行に限定されることを保証する．組織のクライアントレベルのセキュリティアーキテクチャーは，次の項目が最小限含まれていることを確認する必要がある．

- サポートされ，ライセンスが付与されたオペレーティングシステムが実行されている．
- 更新され，検証され，サポートされているマルウェア対策およびウイルス対策機能がインストールされている[48]．
- ホスト型侵入検知システムがインストールされている．
- ドライブ全体または機密情報が強力な暗号方式で暗号化されている．
- 可能な限り，クライアントは管理権限を持たない「限定された」アカウントで動作している．
- 可能な限り，クライアントシステムの脆弱性を監視し，必要に応じてエンドユーザーによる操作を必要とせずにパッチを適用する，継続的な監視プログラムが備わっている．
- オペレーティングシステムまたは新しいソフトウェアなどの変更は，評価プロセスを通じて検証され，セキュリティへの影響を判断してから展開される．

▶モバイル機器

タブレットとスマートフォンは，クライアントプラットフォームとしてプロの環境での使用機会が増えている．直観的なインターフェース，移植性の容易さ，携帯が容易なサイズのおかげで，モバイル機器は多くの組織や個人にとって最適なプラットフォームとなっている．さらに，多くのユーザーは，BYOD（Bring Your Own Device：自分のデバイスを持ち込む）ムーブメントを背景に，組織が個人のデバイスを組

織のネットワークやシステムに持ち込むことを許可するように要求している．セキュリティアーキテクトは，BYODムーブメントなどの文化的な変化を認識し，それに応じて組織のセキュリティアーキテクチャーを再調整し，アーキテクチャーをビジネスニーズに合わせて維持する必要がある．

　利用可能なモバイル機器の多くは，企業のセキュリティやコントロールに対応するようには作られていない．多くの場合，平均的なエンドユーザーを念頭に置いて設計されており，機能性が最優先事項となっている．セキュリティアーキテクトは，エンドユーザーが使用しているデバイスと，そのデバイスの機密情報を保護する方法を理解する必要がある．アーキテクトは，モバイル機器のセキュリティアーキテクチャーを定義する際に，以下のオプションのすべてを検討することができる．また，法的な面でどのような影響があるかを確認する必要がある．これには，プライバシー，個人識別情報（Personally Identifiable Information：PII）およびモバイル機器管理に関する現在の基準および法律が含まれる．

- モバイル端末管理（Mobile Device Management：MDM）システムとの統合により，次のことが可能になる．
  - リモート
    - デバイス全体のワイプ
    - アカウント管理
    - GPS／Wi-Fi／携帯ネットワークによる端末の位置情報の管理
    - OS，アプリケーション，ファームウェアのアップデート
    - アプリケーション管理
    - デバイスの認証と登録
    - 法的な差し押さえに備えた情報アーカイブと完全性検証
  - セキュア
    - Webブラウザー
    - Webフィルタリングまたはプロキシーを使用したVPN
    - 組織のアプリケーション“ストア”
  - キーエスクローによる全デバイス暗号化
  - “脱獄”または“ルート”アクセスの検出
- 組織システムにアクセスするためのセキュアに暗号化されたコンテナ技術には以下を含む．
  - デバイスにダウンロードされた組織情報の自動削除

- コンテナトラフィック用のVPN
- コンテナ用の安全なWebブラウザー
- コンテナ用の安全なアプリケーション"ストア"
- "脱獄"または"ルート"アクセスの検出

3.5.5 サーバーベースの脆弱性

　サーバーは攻撃者にとって格好のターゲットとなる．機密情報をホストし，組織の業務上重要なタスクを処理する一方で，サーバーは複数のオプションもサポートしているため，攻撃者の試みがより効果的になる．セキュリティアーキテクトは，サーバーセキュリティアーキテクチャーを設計する際には，以下を考慮する必要がある．

- サーバーへのリモートアクセスの確立方法を決定する．
  - 多くのサーバーは，物理的に離れたデータセンターに配置されている．このため，セキュリティアーキテクトが，管理と変更のためにサーバーにアクセスする最も安全な方法を決定する必要がある．
  - セキュリティアーキテクトは，大規模なグループやサーバーを管理するための特別なネットワークなど，個別の通信を考慮する必要がある．物理的な分離が実現できない場合，論理的な分離を考慮する必要がある．
  - 総当たり攻撃やキーロギングの使用を防ぐには，ワンタイムパッドを含む強力な多要素認証を使用する必要がある．
  - 組み込みのリモートアクセスサービスは，安全なリモートアクセスを提供するのに十分であるかどうかを評価する必要がある．そうでない場合は，無効にする必要がある．
- 構成管理の実行方法を決定する．
  - 組織内での変更管理および構成管理を担当する個人，グループ，またはプロセスを特定する．
    - 継続的にサーバーを監視し，パッチを当てることができるようにする．そうでない場合，セキュリティアーキテクトは，監視とパッチ適用のソリューションを推奨する必要がある．
    - 組織内の脆弱性管理機能を特定する．存在しない場合，セキュリティアーキテクトは，脆弱性のスキャンおよび追跡ソリューションを推奨す

る必要がある.

— 更新されたコードまたは新しいバージョンのソフトウェアをサーバー
にどのように展開するかを決定する. 成熟したシステム開発ライフサ
イクルには, 開発, テスト, ステージングおよび実稼働プロモーショ
ンのアプローチが含まれているか. そうでない場合, セキュリティアー
キテクトは組織に合ったシステム開発ライフサイクルアプローチを推
奨する必要がある.

● 事業継続性の要件を決定し, サーバーがサポートするミッションによって
決定されたバックアップ, フェイルオーバーサイトおよび通知プロセスを含
むように, サーバーセキュリティアーキテクチャーを確保する.

▶データフロー制御

セキュリティアーキテクトは, データのシステムへの入出力に精通している必
要がある. これは多くの場合, データフロー図(Data Flow Diagram：DFD)を使用し
て実行される. 図3.23に, Webサイトのリンク構造を分析するプロセスに関して,
NISTの例を示している. この図では, 基本的な操作を, ユーザーまたはオペレー
ターが参照するデータ, プロセスおよびウィンドウに分割している. また, この図
では, Webサイト, セッション, 分析および視覚化の異なるグループのタイミング
を表現している. セキュリティアーキテクトは, 必要な受信者のみにデータフロー
を流すための様々なコンポーネント間のコントロールと, 必要に応じて通信がいか
に保護されるかに関心を持つことになる. 承認された受信者およびプロセスにのみ
データが流れるようにするには, 最小特権の概念を採用すべきである. アーキテク
トは, 既存のセキュリティアーキテクチャーでサポートされているかどうかを確
認するために, Perl, パーサー, 視覚化ツールキットなどの使用技術についてもレ
ビューする必要がある. サポートされていない場合は, 代替技術も検討しなければ
ならない.

3.6 データベースのセキュリティ

データベースの脆弱性は, サーバープラットフォームの脆弱性を超えて, データ
ベースに格納されたデータがどのように制御されるかにまで及んでいる. セキュリ
ティアーキテクトは, 推論, 集計, データマイニングおよびウェアハウスなど, デー
タベースセキュリティを取り巻くいくつかのトピックを認識する必要がある.

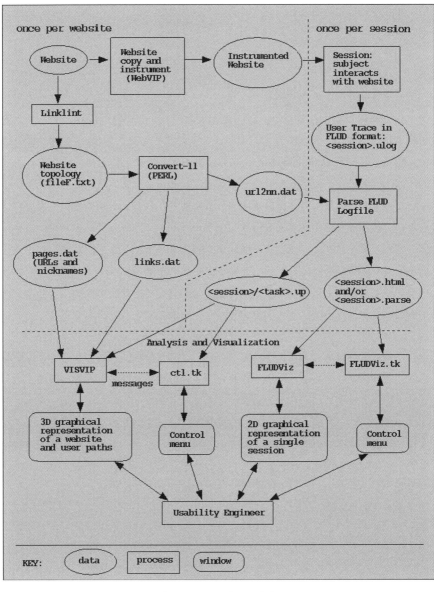

図3.23 NISTデータフロー図[*49]

▶ウェアハウス

　データウェアハウス (Data Warehouse) は，様々なデータソースから収集された情報のリポジトリーである．データウェアハウスは，多くの情報源からの情報が集まる

ため，組織の元の情報構造とアクセス制御を取り除き，より多くのレベルの従業員にその情報を共有できるようにしている．データウェアハウスに格納されたデータは，運用タスクではなく，分析目的で使用される．データウェアハウスは，様々なデータベースからのすべてのデータを1つの大きなデータコンテナにまとめている．データはいくつかの小規模なデータベースではなく，分析のために1つの中央ロケーションに収集されるため，組み合わせたデータを経営幹部がビジネス上の意思決定に使用することができる．セキュリティアーキテクトは，「総和は個々の部分に勝る」という古い格言がここに当てはまることを覚えておく必要がある．具体的には，セキュリティアーキテクトの焦点は，データウェアハウスのアーキテクチャーだけではないし，データの抽出や分析に使用されるツールの使いやすさだけでもない．むしろ，データウェアハウスをサポートし，作成しているエコシステム全体の方が，データウェアハウスを構成する個々のパーツよりも潜在的にハッカーにとってより価値があるため，データウェアハウスを構成するエコシステム全体について，セキュリティアーキテクトは何らかの配慮をし，対処を検討する必要がある．例えば，ハッカーは，データウェアハウスを構成するバックエンドストレージシステムやレポートエンジンなど単一のコンポーネントに興味がない場合がある．しかし，ハッカーはそれらの2つの個々の部品が組み合わさってできることに興味がある．これらには，フォーマットされたデータの要約レポートなどが該当する．

　データウェアハウスに関連する最新の用語はデータマートである．データマート（Data Mart）は，データウェアハウスの小規模なバージョンである．データウェアハウスには組織のすべての情報が含まれているが，データマートには部門または特定のトピックに関する情報しか含まれていない．ほとんどの場合，データマートの作成は時間がかからない．したがって，データウェアハウスを作成した場合よりも早くデータを分析できるようになる．

　次のタスクは，データウェアハウスを構築する上での単純化されたプロセスを示している．

- すべてのデータを，最も重要度の高いデータの機密性レベルにある，高可用性および高完全性の大規模データベースにフィードする．
- データを正規化する．データが各システムでどのように特徴付けられているかに関わらず，データウェアハウスに移動される時には，同じ構造にする必要がある．例えば，1つのデータベースは「月／日／年」として生年月日を分類し，もう1つは「日／月／年」，さらにもう1つは「年／月／日」としてい

るかもしれない．データウェアハウスは，様々なデータカテゴリーを1つの
カテゴリーにのみ正規化する必要がある．正規化では，データの冗長性も削
除される．

- データの相関関係をマイニングして，メタデータを生成する．
- 目的のユーザーに対して，データの分析結果であるメタデータのサニタイ
  ズとエクスポートを行う．
- すべての新しい受信データとメタデータをデータウェアハウスにフィード
  する．

　従来のデータベース管理には，ユーザービューの定義やアクセス許可の設定な
ど，データベースの機密性と完全性を確保するためのルールとポリシーが実装され
ている．データウェアハウスのセキュリティはさらに重要である．セキュリティ
アーキテクチャーの観点からは，データへのアクセスを制御するためのルールとポ
リシーが必要である．これには，ユーザーグループと各グループがアクセスできる
データの種類の定義，ユーザーのセキュリティ責任と手順の概要などの項目が含ま
れる．データウェアハウスに関する別の危険性は，データベースサーバーの物理的
または論理的なセキュリティ境界が破られた場合，権限のないユーザーが組織のす
べてのデータにアクセスできる可能性があることである．セキュリティアーキテク
トは，情報漏洩や侵害が問題になるかどうかを判断するために，データフロー図と
アクセス制御を慎重に確認する必要がある．
　機密性のコントロールに加えて，データのセキュリティには，情報の完全性と可
用性も含まれる．例えば，データウェアハウスが誤って，または意図的に破壊され
た場合，組織の履歴データおよびコンパイル済みデータの貴重なリポジトリーも破
壊される．このような完全な損失を避けるために，セキュリティアーキテクトは，
ハードウェアおよびソフトウェアアプリケーションなどのリカバリーオプションに
ついてのセキュリティアーキテクチャーと同様に，バックアップのための適切な計
画が定義され開発されることを確実にする必要がある．

▶推論

　推論(Inference)とは，利用可能な情報の観察を通して，機密情報や制限付き情報
を推定(推測)する機能である．本質的に，ユーザーはアクセス可能な情報から許可
されていない情報を推定し，許可されていないデータに直接アクセスする必要が
ない場合がある．例えば，患者に処方されている投薬の種類のような情報の場合，

ユーザーはその病気が何であるかを推定することができる可能性が高い．推論はコントロールが最も困難な脅威の1つであり，セキュリティアーキテクトは，このリスクを低減するために，組織の使命を取り巻いているビジネスモデルを深く理解する必要がある．このレベルの理解を得るために，セキュリティアーキテクトは，ユーザーだけでなく，データオーナー，プロセスオーナー，ビジネスオーナーとともに「彼らの立場に身を置く（walk a mile in their shoes）」ために，十分な時間を費やす必要がある．具体的には，その時間的投資を通して，セキュリティアーキテクトが達成する必要があるのは，各利害関係者が問題のシステムにもたらす使用シナリオと，リスク分析の実行においてのシナリオの複雑さ，そして，その結果，計画され，実施されている防御の一部として取り上げられている潜在的な脅威と脆弱性をより深く理解することである．

▶集約

集約（Aggregation）では，重要でないデータを別々のソースから結合して機密情報を作成する．例えば，ユーザーは2つ以上の公開されたデータの一部を取得し，それらを組み合わせて，そのユーザーには許可されていない機密データを形成できる場合がある．そのようにして，結合されたデータの機密性は，個々の部品の機密性よりも大きくなることがある．何年もの間，数学者は，データ集約により，より高い機密データがいつ形成されるのかという問題と格闘している．セキュリティアーキテクトは，データベースに存在する情報のフィールドと種類を理解するために，データアーキテクトと協力する必要がある．セキュリティアーキテクトは，どの組み合わせが機密性のエスカレーションにつながるかを含めて，情報の組み合わせの可能性を理解する必要がある．

▶データマイニング

データマイニング（Data Mining）は，データに対するクエリーを実行することによって，データウェアハウス内の情報を発見するプロセスである．データマイニングを実行するには，データの大規模なリポジトリーが必要となる．データマイニングは，データウェアハウスに隠れている関係，パターンおよび傾向を明らかにするために使用される．データマイニングは，数学，統計学，サイバネティックスおよび遺伝学の分野から採用された一連の分析手法に基づいている．技術は独立して使用され，あるいは互いに協力してデータウェアハウスからの情報を明らかにする．

データマイニングは，組織の傾向，顧客および業界の競合市場を概説する，より

優れた情報を管理者に提供するなど，いくつかの利点がある．また，特にセキュリティに関しては欠点がある．データマイニングによって取得された個人に関する詳細なデータは，プライバシー侵害の危険がある．このリスクは，個人情報がWebやネットワークの保護されていない領域に保存され，権限のないユーザーが利用できるようになる場合に増加する．さらに，データの完全性が危険にさらされる可能性がある．大量のデータを収集する必要があるため，人間のデータ入力によってエラーが発生し，関連性やパターンが不正確になることがある．これらのエラーは，データ汚染（Data Contamination）と呼ばれる．セキュリティアーキテクトは，データマイニングのセキュリティ手順を決定する際に，Clark-WilsonやBibaなどの完全性モデルを参照する必要がある．

3.6.1 大規模並列データシステム

　コンピュータシステムが普及し，ネットワーク上でのコンピュータの使用が広がるにつれて，並列処理の問題が様々なアプリケーションに刻まれるようになった．コンピュータのセキュリティでは，侵入検知と侵入防御は大きな課題である．ネットワーク侵入検知の場合，データは分散されたサイトで収集され，迅速に侵入のシグナルを分析する必要がある．このデータを，分析のために中心的な場所に収集するのは現実的でなく，効果的な並列および分散アルゴリズムが必要となる．暗号化の分野において，インターネットベースの並列コンピューティングによる，最も注目に値するアプリケーションのいくつかは，非常に大きな整数の因数分解に焦点を当てている．

　組み込みシステムは，様々なタスクを実行するために，分散制御アルゴリズムにますます依存している．近代的な自動車は，操作とパフォーマンスを最適化するための複雑なタスクを実行するために，多数のプロセッサーが互いに通信を行う形で構成されている．このようなシステムでは，従来の並列および分散アルゴリズムが頻繁に使用されている．

　IDC社によると，2005年から2020年までに，デジタルユニバースは130EB[6]から，男女子ども1人当たり5,200GB以上と約300倍に増加する．2020年までの間，デジタルユニバースは2年ごとに倍増すると予測されている[50]．私たちが，どこから来て，今日どこにいるのかということは，大規模な並列データシステムとそれが最初に生まれた理由，つまりビッグデータに関する非常に叙述的な物語となる．

　Wesleyan University（ウェズリアン大学）の図書館員であるFremont Rider（フリモント・

ライダー）は，アメリカの大学図書館が16年ごとに倍増していると1944年に推定した．保存と検索の問題としての知識の成長に関して，最初の警告が出されたのはこの年である．この成長率を前提とすると，Yale University（イェール大学）の図書館は2040年に約6,000マイルの書棚に約2億冊の蔵書を持ち，目録作りのスタッフは6,000名以上必要になる，とRiderは推定した[51]．

1948年，Claude Shannon（クロード・シャノン）は，「通信の数学的理論」を発表した．これにより，ノイズの多い（不完全な）チャネルで情報を送信するための最小限のデータ要件を決定する枠組みが確立された[52]．続いて，H. Nyquist（H・ナイキスト）の「テレグラフの速度を制限する特定の要因」は，アナログ信号をサンプリングし，デジタルで表現することを可能にした．これは，最新のデータ処理の基礎となっている[53]．

仮想メモリーの概念は，有限の記憶装置を無限に扱うアイデアとして，1956年にドイツの物理学者Fritz-Rudolf Güntsch（フリッツ ルドルフ・ギュンシュ）によって開発された．統合されたハードウェアとソフトウェアにより，ユーザーから詳細を隠され，管理されるストレージは，ハードウェアのメモリー制約を受けずにデータを処理することを可能にした．この約10年以内に，集中コンピューティングシステムを設計，開発，実装するために必要な，形式化された構造とアーキテクチャーが登場した．

IBM Research Labで働いていた数学者Edgar F. Codd（エドガー・F・コッド）は1970年に，大規模なデータベースに格納されている情報に，その構造やデータベース内の場所を知らずにどのようにアクセスできるかを示す論文を発表した[54]．これは，リレーショナルデータベースを生み出し，データベースの物理構造の詳細を修得することなく，ユーザーが情報にアクセスできるようにするというデータの独立性のレベルを提供した．

1985年，Barry Devlin（バリー・デブリン）とPaul Murphy（ポール・マーフィー）は，ビジネスレポーティングと分析のためのアーキテクチャーを定義した．これはデータウェアハウスの基礎となった．このアーキテクチャー——一般的にデータウェアハウス——の中心にあるのは，歴史的に完全で正確なデータに対する，高品質で一貫したストレージの必要性である[55]．Crystal Reportsは，1992年に，Windowsを使用した最初の簡単なデータベースレポートとして誕生した．これらのレポートにより，企業はコードを最小限に抑えて，様々なデータソースから単一のレポートを作成することができるようになった．1996年，R. J. T. Morris（R・J・T・モリス）とB. J. Truskowski（B・J・トラスコウスキー）は，「ストレージシステムの進化」の記事を発表した[56]．

1997年7月には，NASAの研究者Michael Cox（マイケル・コックス）とDavid Ellsworth（デビット・エルズワーズ）の記事で，「ビッグデータ」という言葉が初めて使用された．この2人は，データの増加が現在のコンピュータシステムにとって大きな課題になっていると主張した．これは，「ビッグデータの問題」として知られるようになった[57]．1997年8月，Michael Lesk（マイケル・レスク）は「世界にどのくらいの情報があるか？」を発表した．彼は，「世界中に数千PBの情報があるかもしれない」とし，「テープとディスクの生産は2000年までにそのレベルに達するだろう．したがって，ほんの数年で，(a)情報を取りこぼすことなく，すべてを記録できるようになるが，(b)その情報の一部は，人類によって決して参照されないであろう」と結論づけた[58]．

1999年，Peter Lyman（ピーター・ライマン）とHal R. Varian（ハル・R・バリアン）は，世界で毎年作成される新規および元の情報の合計量をコンピュータストレージの観点から定量化した最初の調査を発表した．この調査は「どのくらいの情報か？」と題されていた[59]．2001年2月，Gartner社（ガートナー）のアナリストDoug Laney（ダグ・レイニー）は，「3Dデータ管理：データの量（Volume），速度（Velocity），多様性（Variety）のコントロール」を発表した．ここで述べられている「3V」モデルはビッグデータを定義する際に今日でも使用されている[60]．

2004年，Google社（グーグル）はMapReduceと呼ぶフレームワークに関する論文を発表した[61]．MapReduceフレームワークは，大量のデータを処理する並列処理モデルと関連する実装を提供している．MapReduceを使用すると，クエリーは分割されて並列ノードに分散され，並列に処理される（Mapステップ）．その後，結果が収集され，配信される（Reduceステップ）．このフレームワークは非常に成功し，MapReduceフレームワークの実装は，Hadoopと名付けられたApacheオープンソースプロジェクトで採用された．Hadoopは2006年に作られたもので，データの保存と処理のためのオープンソースソリューションをもたらし，安価で無限にスケールするサーバー群を用いて膨大な量のデータを分散並列処理できるようになった[62]．

2008年12月，コンピュータサイエンスの研究者グループが，「商業，科学，社会で画期的なブレークスルーを創成するビッグデータコンピューティング」と題した論文を発表した．ここでは，「ビッグデータコンピューティングは，おそらく過去10年間のコンピューティングにおける最大の革新である．私たちは，すべての人生のデータを収集，整理，処理する可能性を今まさに見いだし始めている．連邦政府によるささやかな投資は，その開発と導入を大幅に加速させる可能性がある」としている[63]．

2009年5月，Gartner社は，企業データが今後5年間で650％の成長を見込むと予

測した．これに対して，Jon Reed（ジョン・リード）は，「Google社のような企業がクラウドベースの環境でこのような非構造化された情報をまとめ，それを構造化されたプラットフォームに何らかの形で結びつける方法を提示できれば，それは大きな，大きなことである」と述べている[64]．2011年には，クラウドコンピューティング，データの視覚化，予測分析およびビッグデータの先導的なビジネスインテリジェンスのトレンドが登場した[65]．

2012年3月に雑誌『情報，コミュニケーションと社会』に掲載された「ビッグデータの重要な問題」という記事は，ビッグデータを「以下の相互作用に基づく文化的，技術的，学術的現象」と定義している．

1．**技術**(Technology)＝大規模なデータセットの収集，分析，リンク，比較のための計算能力とアルゴリズム精度の最大化．
2．**分析**(Analysis)＝大規模なデータセットを利用した，経済的，社会的，技術的，法的主張をするためのパターンの特定．
3．**神話**(Mythology)＝大規模なデータセットは，真実，客観性，正確さのオーラとともに，以前は不可能だった洞察を生み出す高度な知能と知識を提供する，という広範な信仰[66]．

2013年には，ユーザーがクエリーを実行し，様々なソースからの情報に基づいてソリューションを提供できるようにするフェデレーテッドクエリーや，メモリー内データベースからのレポート生成などの機能が増加し，より高速で予測可能なパフォーマンスが得られるようになった．2014年には，Gartner社が調査した組織の47％が，コアERP（Enterprise Resource Planning）システムを5年以内にクラウドに移行する予定であったが，クラウドERPは，実際には企業の従来のERPシステムを拡張し，新しい市場や規模により早く対応することが可能な2層ERP戦略により，予測以上に急速に拡大することが予想されている[67]．

通信ネットワークを通じた，世界中の有効な情報交換能力は，1986年に281PB，1993年に471PB，2000年に2.2EB，2007年に65EBとなったが，2014年にはインターネット上を流れるトラフィック量は年間667EBに達すると予測されている[68]．世界中に保存されている情報の1/3は，英数字のテキストと静止画データの形式であると推定されているが，これはほとんどのビッグデータアプリケーションにとって最も有用なフォーマットである[69]．

クラスターコンピューティング，グリッドコンピューティング，クラウドコン

ピューティング，インターネット，電気通信ネットワーク，サイバーフィジカルシステム（Cyber-Physical System：CPS），マシン・ツー・マシン（Machine-to-Machine：M2M）通信ネットワークなどのほとんどのコンピューティングシステムは，並列分散システムである．改善された拡張性，管理性，効率性および信頼性を提供する一方で，並列および分散システムは，セキュリティの弱点を前例のない規模で増加させている．システムデバイスは幅広く接続されているため，システム全体で脆弱性が共有されている．セキュリティアーキテクトは，脆弱性，脅威，リスク，データの機密性，完全性および可用性に与える課題に関して，これらのシステムが企業にもたらす"増強（Force Multiplier）"効果の影響を認識する必要がある．これらのシステムで，分散して存在するあらゆる種類のデータを管理することに，企業の期待が高まりつつあるが，アクセス制御とアイデンティティ管理の分野だけでなく，共通のポリシーとコントロールのセットを使用しデータとシステムを管理するための統合されたソリューションの欠如は，システムアーキテクチャーの伝統的な要素に対して，大きな課題を提起している．

　ビッグデータの現象は，3つのトレンドの交わりによって引き起こされる．

- 貴重な情報を含む大量のデータの山
- 豊富で安価なコモディティコンピューティングリソース
- 「無償の」分析ツール（獲得するには，存在しない程度に非常に低い障壁）

　最後の項目は，ビッグデータ環境のセキュリティについて話している時に，セキュリティ上の懸念を招くことがよくある．これらのツールセットの多くがどこから来ているのか，それらがどのように設計されているのか，そしてその背後関係はどのようになっているのか，情報が企業内でどのように展開され利用されているのかがわからない中で，セキュリティアーキテクトはデータの機密性と完全性に関わる重要な課題に直面している．クラウドベースのシステムのような分散コンピューティングアーキテクチャーの追加により，ネットワーク接続にどこからでもアクセスでき，データにオンデマンドでエンドポイントアクセスできるため，セキュリティアーキテクトにとっては，多種多様な課題が生じている．

　これらのシステムは，分散データのストレージと管理のために多くのノードを使用する．複数のノードにわたって複数のデータのコピーを格納する．これにより，1つのノードで障害が発生した場合に，フェイルセーフ操作の利点が得られ，処理リソースが使用可能なデータノードにデータクエリーが移動する．この分散型の

データノードは，データ管理とデータクエリーを処理するために相互に連携しており，エンタープライズアーキテクチャーにとってビッグデータをきわめて価値あるものにしているが，それと同時に企業のセキュリティに対する独自の課題を提示している．

　ビッグデータの本質的な特徴は，ボリューム，データ速度，分散アーキテクチャー，並列処理など，以前のデータ管理システムを上回るデータ管理と処理の要件を可能にするものであるが，それがこれらのシステムのセキュリティをより困難なものにしている．クラスターは，オープンで自己組織化されており，ユーザーは複数のデータノードと同時に通信することができる．どのデータノードとどのクライアントが情報にアクセスできるかを検証することは困難となる．ビッグデータの弾力性は，新しいノードが自動的にクラスターにメッシュされ，データとクエリー結果を共有してクライアントタスクを処理することを意味している．

　セキュリティアーキテクトは，信頼，プライバシーおよび一般的なセキュリティの分野における課題に直面している．信頼の問題では，鍵の検証，信頼に基づくDoS（Denial-of-Service：サービス拒否）攻撃の軽減，信頼されたネットワーク内でのコンテンツ漏洩検出などの項目に対処する必要がある．プライバシーに関する問題には，無線ネットワークアクセスのためのリモート認証スキーム，データを難読化するためのトラフィックマスキング，大規模なデータセットの匿名化，クラウドベースでのアクセスのための分散型アクセス制御ソリューションなどがある．一般的なセキュリティ上の課題は，高速拡散や高速動作の侵入ベクターに直面した時の応答メカニズム，クラウドベースのシステムによってアクセスされる分散データベース内の一貫性のない認証ポリシーやユーザー資格情報の存在，公開鍵暗号を使用した安全で効率的かつ柔軟なデータ共有に関連する懸念など，広い範囲にまたがる．

3.6.2 分散システム

　分散システム（Distributed System）は，メインフレームやシンクライアント実装などの集中化されたシステムとは対照的である．伝統的なクライアント／サーバーアーキテクチャーは，分散システムの最も一般的な例である．伝統的なクライアント／サーバーアーキテクチャーでは，処理の責任は，中央のサーバーが複数のクライアントにサービスを提供し，クライアントマシンはユーザーのやり取りやスタンドアロン処理に重点を置くというバランスになっている．ほとんどの部分で，サーバーがサービスの提供の責任を持っており，クライアントが環境内で利用するサービス

を提供している．クライアントは主にサーバーサービスの消費者であり，主に個人専用のサービスをホストしている．

　分散環境では，ユーザーは自分のコンピュータにログインし，データは様々なサイトにローカルまたはリモートで保存される．ユーザーの認証やアカウントを管理し，データストレージを管理する中央権限は存在しない．このようなシステムでは，サーバーには様々な役割があるが，中央サーバーはもはや必要ない．分散環境は，多様なソフトウェアアプリケーション，リアルタイムデータアクセス，多様なメディアフォーマットとデータストレージをサポートしている．さらに，分散システムは，デスクトップおよびラップトップコンピュータ，携帯電話またはほかの種類のハンドヘルドデバイスなどの多様なデバイスをサポートしている．そして，アクセスされ，更新され，また格納される広範囲のリソースが存在する可能性があるため，システムとユーザーのやり取りを追跡する手段が必要である．

　分散環境では通常，共通のプロトコルとインターフェースを共有する必要がある．例えば，ファイル共有ネットワークは，ネットワーク上の任意の許可されたユーザーによって未知の多数のファイルが，保存され，認識され，交換されることを可能にするために，共通または汎用のファイル形式（例えば，NFS [Network File System]）を使用する．ゲームやインスタントメッセージングなどのより機能的なソフトウェアの場合，関与するすべてのユーザーに共通のソフトウェアアプリケーションが必要である．これらのソフトウェアは，あるユーザーから別のユーザーにネットワークを介してソフトウェアを伝播させるなど，様々な方法で入手できる．

　ピア・ツー・ピア・システムは，別の種類の分散環境である．これらは，データとソフトウェアのピア・ツー・ピアの交換をサポートしており，多くの場合，中央権限の関与が最小限である．むしろ，各個人またはピアは，システムにログオンし，ネットワーク内のほかのすべてのピアに接続する．これにより，ほかのピアとのファイルの表示や交換が可能になる．ピア・ツー・ピア・システムの実装では，中央サーバーを経由して相互接続されたユーザーネットワークを構築する場合や，動的ピア発見が使用される場合が多い．これにより，システムに接続されているほかのすべてのピアを検出し，同じソフトウェアを実行することができる．この相互接続されたユーザーの集合は，トランザクションをネゴシエートし，データを格納するために中央権限を必要としない新しいタイプの機能を提供する．

　分散システムの1つの課題は，多数のシステムに分散されるリソースを調整する必要があることである．これは，ユニバーサリーユニーク識別子（Universally Unique Identifier：UUID）を生成するセントラルネーミングリポジトリーなどの共通構造によっ

て実現される．ユーザーがリソースを要求すると，特定のリソースを見つけるために潜在的に大きなネットワーク内で検索が行われるため，要求するリソースについて正確な指定が必要になる．

しかし，この場合，信頼できる中央権限管理者が存在しないため，認証が最大の課題となる．また，分散環境におけるセキュリティの脆弱性を制御するのは非常に困難であるが，そのような脆弱性が蔓延する可能性は低くなる．各システムには，セキュリティを強化し，侵害から身を守る責任がある．

▶グリッドコンピューティング

グリッドコンピューティング（Grid Computing）とは，すべてのマシンが1つの大型コンピュータとして機能するように，ネットワーク上でCPUやその他のリソースを共有することである．グリッドコンピュータは，並列タスクでの処理に適したプロセッサー集約型タスクによく使用される．グリッドコンピューティングは，しばしば「クラスターコンピューティング」と混同される．どちらも問題を解決するために2台以上のコンピュータを使用しているが，グリッドコンピューティングは異種であり，クラスターコンピューティングは同種である．グリッドコンピュータは，異なるオペレーティングシステム，ハードウェアおよびソフトウェアを持つことができる．グリッドシステムはマルチタスクにも関連付けられている（デスクトップコンピュータは余剰のCPUリソースを備えたグリッドの一部となり，通常のデスクトップ機能も提供する）．一方，クラスターは単一のタスクに専念している．クラスターはノードを接続する高速バスやネットワークとともに物理的に近接していることが多く，グリッドは地理的に分散している．

グリッドコンピューティングの分散された，共有の性質を考えると，グリッドシステムの設計に関与するセキュリティアーキテクトは，これがもたらす脆弱性のいくつかを念頭に置いておく必要がある．

- 専用のプライベート通信回線費用が資金提供されない限り，グリッドのトラフィックの大部分は公衆インターネット回線上を流れる．ノード間の情報の暗号化やVPN技術の使用は，この脆弱性を低減することになるであろう．
- グリッドを構成するノード間の地理的距離を考えると，ユーザー認証は完全に論理的である可能性がある．したがって，許可されたユーザーだけがグリッドにアクセスできるように，強力な論理認証制御を実装する必要がある．グリッドのセキュリティアーキテクチャーの一部として，Kerberos，

PKI，または多要素認証を指定することを検討する必要がある．

- グリッドに参加する場合は，グリッドノードソフトウェアを検査し，グリッドをホスティングする場合はセキュリティを設計する必要がある．グリッドアプリケーションがグリッドコンピューティングアクティビティをほかのシステムアクティビティからどのように分離するかについては，特に注意する必要がある．

▶ クラウドコンピューティング

クラウドコンピューティング（Cloud Computing）という言葉は曖昧な用語である．多くのベンダーは自社の製品をクラウドとして販売しているが，ほかのベンダーがクラウドとみなしているものと一致しない場合に議論となることがある．クラウドコンピューティングという用語は，米国のNISTによって公式に次のように定義されている．

> 「……構成可能なコンピューティングリソース（ネットワーク，サーバー，ストレージ，アプリケーション，サービスなど）の共有プールへの，ユビキタスで便利なオンデマンドネットワークアクセスを可能にするモデルで，最小限の管理作業またはサービスプロバイダーとのやり取りによって迅速にプロビジョニングされ，提供される．このクラウドモデルは，5つの基本的な特徴，3つのサービスモデルおよび4つの展開モデルで構成されている．」[70]

NISTは，クラウドコンピューティングの5つの基本的な特徴を以下のように定義している．

- **オンデマンドセルフサービス**（On-Demand Self-Service）＝利用者は，各サービスプロバイダーとの人的なやり取りを必要とせずに，必要に応じてサーバー時間やネットワークストレージなどのコンピューティング機能を自動的にプロビジョニングできる．
- **幅広いネットワークアクセス**（Broad Network Access）＝ネットワーク上で機能が利用でき，異種のシンクライアントまたはシッククライアントプラットフォーム（携帯電話，タブレット，ラップトップ，ワークステーションなど）の使用を促進する標準的なメカニズムによってアクセスできる．
- **リソースプーリング**（Resource Pooling）＝プロバイダーのコンピューティングリ

ソースは，マルチテナントモデルを使用して複数の利用者にサービスを提供するためにプールされ，異なる物理および仮想リソースが利用者の要求に応じて動的に割り当て／再割り当てされる．顧客は提供されたリソースの正確な位置について制御できない，または知識を有していない点で，位置的独立性があるが，より高い抽象レベル(例えば，国，州またはデータセンター)では位置を指定することができる．リソースの例には，ストレージ，処理，メモリー，ネットワーク帯域幅などがある．

- **スピーディな弾力性**(Rapid Elasticity) ＝能力は弾力的に，場合によっては自動的に提供，公開され，需要に見合うように迅速に拡張したり，縮小したりすることができる．利用者にとって，提供される機能は無制限であるように見え，いつでも任意の量で充当できる．

- **測定可能なサービス**(Measured Service) ＝クラウドシステムは，サービスのタイプ(ストレージ，処理，帯域幅，アクティブユーザーアカウントなど)に適した抽象レベルの測定機能を利用して，リソースの使用を自動的に制御および最適化している．リソースの使用状況を監視，制御，報告して，利用しているサービスのプロバイダーと利用者の両方に透明性を提供することができる[71]．

NISTは利用可能なクラウドサービスの種類を表す3つのサービスモデルを示している．

- **サービスとしてのソフトウェア**(Software as a Service：SaaS) ＝利用者に提供される機能は，クラウドインフラストラクチャー上で実行されているプロバイダーのアプリケーションを使用することである．アプリケーションは，Webブラウザー(例えば，Webベースの電子メール)のようなシンクライアントインターフェースまたはプログラムインターフェースを介して，様々なクライアントデバイスからアクセス可能である．利用者は，ネットワーク，サーバー，オペレーティングシステム，ストレージ，さらには個々のアプリケーション機能などについて，基盤となるクラウドインフラストラクチャーを管理したり，制御したりすることはない．ただし，限定されたユーザー特定のアプリケーション構成設定は除く．

- **サービスとしてのプラットフォーム**(Platform as a Service：PaaS) ＝利用者に提供される機能は，プロバイダーがサポートするプログラミング言語，ライブラリー，サービスおよびツールを使用して利用者が作成または取得したアプリ

ケーションをクラウドインフラストラクチャーに展開することである．利用
者は，ネットワーク，サーバー，オペレーティングシステム，ストレージな
どの基盤となるクラウドインフラストラクチャーを管理または制御しないが，
展開されたアプリケーションと，アプリケーションホスト環境の構成設定は
制御できる．

- **サービスとしてのインフラストラクチャー** (Infrastructure as a Service：IaaS)＝利用
  者に提供される機能は，処理，ストレージ，ネットワークおよびその他の基
  本的なコンピューティングリソースを供給することで，利用者は，オペレー
  ティングシステムやアプリケーションを含む任意のソフトウェアを展開およ
  び実行できる．利用者は，基盤となるクラウドインフラストラクチャーを管
  理または制御するのではなく，オペレーティングシステム，ストレージおよ
  び展開されたアプリケーションを制御し，選択したネットワークコンポーネ
  ント(ホスト型ファイアウォールなど)の限定的な制御を行う可能性がある[72]．

最後に，NISTは4つの異なる展開モデルについて説明している．

- **プライベートクラウド** (Private Cloud)＝クラウドインフラストラクチャーは，
  複数の利用者(ビジネスユニットなど)により構成される単一の組織によって独
  占的に使用されるようにプロビジョニングされている．それは，組織，第三
  者，またはそれらの何らかの組み合わせによって所有，管理および運用さ
  れ，組織の施設内または施設外に存在する可能性がある．
- **コミュニティクラウド** (Community Cloud)＝クラウドインフラストラクチャーは，
  共有の課題(ミッション，セキュリティ要件，ポリシー，コンプライアンスに関する考
  慮事項など)を持つ，組織の特定のコミュニティによって排他的に使用するた
  めにプロビジョニングされる．コミュニティ内の1つまたは複数の組織，第
  三者またはそれらの組み合わせによって所有，管理，運営されており，組織
  施設内や施設外に存在する場合がある．
- **パブリッククラウド** (Public Cloud)＝クラウドインフラストラクチャーは，一般
  の人々がオープンに使用できるように準備されている．それは，ビジネス，
  アカデミック，政府組織またはそれらのいくつかの組み合わせによって所有，
  管理および運営されることがある．これはクラウドプロバイダーの施設内に
  存在している．
- **ハイブリッドクラウド** (Hybrid Cloud)＝クラウドインフラストラクチャーは，2つ

以上の異なるクラウドインフラストラクチャー（プライベート，コミュニティまたはパブリック）から構成される．それぞれは固有のエンティティのままであるが，データとアプリケーションの移植性を可能にする標準または独自の技術によって結合されている（例えば，クラウド間で負荷分散するためのクラウドバースティングなど）[73].

　より多くの組織がSaaS，PaaSおよびIaaSを活用しているため，セキュリティアーキテクトは，特定のセキュリティコントロールとセキュリティ機能を定義する能力が限られていることを認識する必要がある．クラウドコンピューティングがインフラストラクチャーからプラットフォーム，そしてソフトウェアに移行するにつれて，効果的なセキュリティコントロールを実装する責任は，組織からクラウドサービスプロバイダーにシフトする．したがって，クラウドサービスモデルを設計する場合，セキュリティアーキテクトは，どのコントロールを変更または追加し，さらなる補充のコントロールを必要とするかを理解しなければならない．

　例えば，オンライン小売業者が，IaaSを使用して，クレジットカード所有者の情報を保存することを決定したとする．小売業者は，保管時にカード所有者の情報を暗号化することを含め，いくつかのPCI DSS要件を遵守しなければならない．クラウドサービスプロバイダーは暗号化されたストレージを提供していないため，セキュリティアーキテクトはクラウドストレージサービスの送信前に情報の暗号化をアドバイスする必要がある．小売業者が代わりにSaaSオプションを選択した場合で，あらかじめ設計され，使用可能な店舗ソフトウェアを使用することに決めた時は，そのアプローチは異なる．セキュリティアーキテクトは，契約プロセスの一環として，クラウドサービスプロバイダーがPCI DSS評価に合格し，カード所有者情報を適切に暗号化していることを確認する必要がある．

3.6.3 暗号化システム

▶暗号化の概念

　セキュリティ専門家は，いくつかの主要な暗号化の概念と定義を理解することが重要である．これらの用語は，情報セキュリティ専門家によって完全に理解される必要があり，ほとんどの組織のセキュリティ機能の運用環境で頻繁に使用される．

▶主要な概念と定義

- **鍵クラスタリング**(Key Clustering)＝異なる暗号鍵が同じ平文メッセージから同じ暗号化テキストを生成する．

- **同期**(Synchronous)＝暗号化または復号の各要求が直ちに実行される．

- **非同期**(Asynchronous)＝暗号化／復号要求がキュー内で処理される．非同期暗号の主な利点は，ハードウェアデバイスとマルチプロセッサーシステムを暗号の高速化に利用できることである．

- **ハッシュ関数**(Hash Function)＝ハッシュ関数は，メッセージまたはデータファイルをより小さい固定長の出力またはハッシュ値に低減する一方向の数学的演算である．送信者によって計算されたハッシュ値と受信者によって計算されたハッシュ値が元のファイルと比較された場合，両方が同じハッシュ関数を使用していると仮定することで，ファイルに対する不正な変更を検出できる．理想的には，指定された入力に対して1つ以上の一意のハッシュが存在することは決してない．

- **デジタル署名**(Digital Signature)＝送信者の認証と送信者のメッセージの完全性を提供する．メッセージがハッシュ関数に入力される．次に，ハッシュ値は送信者の秘密鍵を使用して暗号化される．これらの2つの手順の結果，デジタル署名が生成される．受信者は，署名者の公開鍵を使用してハッシュ値を復号し，その後，メッセージに対して同じハッシュ計算を実行し，完全一致のハッシュ値を比較することによってデジタル署名を検証できる．ハッシュ値が同じ場合，署名は有効である．

- **非対称**(Asymmetric)は，暗号化で使用される用語であり，異なるが数学的に関連する2つの鍵が使用される．一方の鍵は暗号化に，他方は復号に使用される．この用語は，PKIに関して最も一般的に使用される．

- **デジタル証明書**(Digital Certificate)は，組織または個人の名前，事業所住所，証明書を発行する認証局のデジタル署名，証明書所有者の公開鍵，シリアル番号および有効期限を含む電子文書である．証明書は，電子取引を行う際に証明書所有者を識別するために使用される．

- **認証局**(Certificate Authority：CA)は，デジタル証明書を発行，取り消し，管理するネットワーク内の機関として，1人以上のユーザーが信頼するエンティティである．

- **登録局**(Registration Authority：RA)は，CAに代わって証明書登録サービスを実行する．単一目的サーバーであるRAは，証明書要求に含まれる情報を確認し，

情報の正確性を担保する．RAでは，証明書要求を発行する前にユーザーの妥当性確認を実行することが期待されている．

- **平文**（プレーンテキスト [Plaintext]，クリアテキスト [Cleartext]）は，未加工形式のメッセージである．平文は人間が読める形式であり，機密性の観点から非常に脆弱である．

- **暗号化テキスト**（Ciphertext）または**暗号文**（Cryptogram）は，意図された受信者以外の誰もが読むことができないようにする，平文メッセージの変更された形式である．暗号化テキストを見ている攻撃者は，メッセージを簡単に読み取ることやその内容を判断することができない．

- **暗号システム**（Cryptosystem）は，暗号操作全体を表している．これには，アルゴリズム，鍵および鍵管理機能が含まれる．

- **暗号化**（Encryption）は，メッセージを平文から暗号化テキストに変換するプロセスである．符合化（Enciphering）とも呼ばれる．この2つの用語は，互いに置き換え可能であり，同様の意味を持つ．

- **復号**（Decryption）は，暗号化とは逆の処理である．これは，元の暗号化を行うために使用された暗号アルゴリズムと鍵を使用して，暗号化テキストメッセージを平文に変換するプロセスである．この用語は，暗号解読（Decipher）と同義でも使用される．

- **鍵**（キー：Key）または**暗号変数**（Cryptovariable）は，暗号アルゴリズムの操作をコントロールする入力である．アルゴリズムの動作を決定し，メッセージの暗号化と復号の信頼性を高める．暗号アルゴリズムには，秘密鍵と公開鍵の両方が使用されている．

- **否認防止**（Nonrepudiation）は，データの送信者と受信者が通信に参加したことを否定できないように，証拠が維持されるセキュリティサービスである．それぞれ，「発信の否認防止」および「受信の否認防止」と呼ばれている．

- **アルゴリズム**（Algorithm）とは，暗号化と復号のプロセスで使用される数学的関数である．それは，かなりシンプルな場合も非常に複雑な場合もある．

- **暗号解読**（Cryptanalysis）は，暗号技術，より一般的には情報セキュリティサービスを無効にしようとする技術の研究である．

- **暗号学**（Cryptology）は，隠蔽された，偽装された，または暗号化された通信を扱う科学である．通信セキュリティと通信インテリジェンスを取り入れている．

- **衝突**（Collision）は，ハッシュ関数が異なる入力に対して同じ出力を生成する場合に発生する．

- **鍵空間**(Key Space)は，暗号アルゴリズムまたはパスワードなどのほかのセキュリティ手段で使用可能な鍵の合計数を表している．例えば，20bitの鍵の鍵空間は1,048,576である．

- **ワークファクター**(Work Factor)は，保護手段を破るために必要な時間と労力を表す．

- **初期化ベクター**(Initialization Vector：IV)は，平文のブロックシーケンスを暗号化するための初期化入力アルゴリズムとして使用される非機密のバイナリーベクターで，追加の暗号化分散を導入しセキュリティ強化をするため，また，暗号化装置を同期するために使用される．

- **符号化**(エンコーディング：Encoding)は，コードを使用してメッセージを別のフォーマットに変更するアクションである．これは，平文メッセージを無線やその他の媒体を介して送信できる形式に変換することでよく行われる．通常，機密性ではなくメッセージの完全性に使用される．一例は，メッセージをモールス符号に変換することである．

- **復号**(Decoding)は，符号化とは逆のプロセスであり，符号化されたメッセージを平文フォーマットに変換する．

- **転置**(Transposition)あるいは**転字**(Permutation)は，メッセージを隠すために平文を並べ替えるプロセスである．転置は次のようになる．

平文	転置アルゴリズム	暗号文
HIDE	並べ替え順序　2143	IHED

- **換字**(Substitution)は，ある文字またはバイトを，別の文字またはバイトと交換するプロセスである．この操作は次のようになる．

平文	換字処理	暗号文
HIDE	アルファベットを3文字ずらす	KLGH

- **SPネットワーク**(SP-Network)は，Claude Shannonによって記述されたプロセスで，ほとんどのブロック暗号で強度を向上させるために使用されている．SPは換字(Substitution)と転字(Permutation)を表し，ほとんどのブロック暗号は，暗号化プロセスに攪拌と拡散を加えるために一連の換字と転字を繰り返し行う．SPネットワークは一連のSボックスを使用してデータブロックの換

字を処理している．平文ブロックを小さなSボックスのサブセットに分割すると，計算をより簡単に処理できる．

- **攪拌**（Confusion）は，暗号化の繰り返しラウンド中に使用された鍵値を混合（変更）することによって提供される．ラウンドごとに鍵が変更されることで，攻撃者が遭遇する複雑さを増している．
- **拡散**（Diffusion）は，暗号化テキストの様々な位置に，平文の順番を入れ替えて配置することによって提供される．転置によって，平文の最初の文字の位置が暗号化プロセス中に何度か変更される可能性があり，これにより暗号解読プロセスがはるかに難しくなる．
- **アバランシェ効果**（Avalanche Effect）は，鍵または平文のマイナーな変更で，結果の暗号化テキストが大きく変化するアルゴリズムを設計するために使用される．すべての暗号化での重要な考慮事項である．これは，強力なハッシュアルゴリズムの特性でもある．

▶基本概念

情報セキュリティ専門家は，暗号化技術を使用する際の様々な手法から，業界で使用される様々な標準的暗号化システムまで，暗号化に関する基本的な概念と方法についても熟知している必要がある．

▶ワークファクターの増大

暗号化システムを解除する，つまり，暗号鍵全体を持たずにメッセージを復号したり，暗号化テキストのすべて，または一部から秘密鍵を見つけたりするために必要な労力または作業の平均量を，暗号化システムのワークファクター（Work Factor）と呼ぶ．これは，1つまたは複数の特定のコンピュータシステムでの計算時間（時間数）や，暗号を解読するための費用（金額）などのいくつかの単位で測定される．ワークファクターが十分に高い場合，暗号化システムは実質的または経済的に解除不可能であるとみなされ，「経済的に実行不可能」と呼ばれることもある．解除が経済的に実行不可能な暗号化方式を使用した通信システムは，一般に安全とみなされる．特定の暗号システムを解除するために必要なワークファクターは，コンピュータの速度や容量の改善など，技術の進歩によって時間が経つにつれて変化する可能性がある．例えば，40bitの秘密鍵暗号化方式は，現在，1年足らずで高速なパーソナルコンピュータによって，または部屋いっぱいのパーソナルコンピュータなら，より短い時間で破られるが，コンピュータ技術の将来の進歩は，おそらく実質的にこの

平文	暗号化鍵ストリーム	暗号文
A	ランダムに生成された鍵ストリームとXOR演算を行う	$
0101 0001	0111 0011	=0010 0010

図3.24 ストリームベース暗号の暗号操作

ワークファクターを削減し続けることになる.

▶暗号化手法

　ストリームベース暗号およびブロック暗号を含む, いくつかの一般的な暗号化手法が存在する. 情報セキュリティ専門家は, 暗号化の実装をさらに深く理解するために, 両者の基礎を理解する必要がある.

▶ストリームベース暗号

　データを暗号化する主な方法には, ストリーム方式とブロック方式の2つの方法がある. 暗号システムがビットごとに暗号化を実行する時, それはストリームベース暗号(Stream-Based Cipher)と呼ばれる. これは, 音声やビデオの伝送など, ストリーミングアプリケーションに最も一般的に関連する方法である. WEPは, ストリーム暗号RC4を使用しているが, 暗号鍵を攻撃者にさらす脆弱性が多数あり, 脆弱な鍵長の問題など, WEP実装のよく知られた脆弱性から, 安全とはみなされていない. より新しいワイヤレス暗号は, より強力なセキュリティを提供する後述のAES(Advanced Encryption Standard)などのブロック暗号を実装している. ストリームベース暗号のための暗号操作は, 暗号システムによって生成された鍵ストリームと平文とを混合することである. 通常, 混合演算は排他的論理和(XOR)演算で, 非常に高速な数学演算である.

　図3.24に示すように, 平文は一見ランダムな鍵ストリームと排他的論理和をとり, 暗号文を生成している. 鍵ストリームの生成は通常, 鍵によって制御されるため, 一見ランダムである. 暗号文の解読の目的で鍵が同じ鍵ストリームを生成できなかった場合, メッセージを解読することは不可能となる.

　排他的論理和プロセスは, 多くの暗号アルゴリズムの重要な部分である. これは2つの値を加算する単純な2進演算である. 2つの値が同じで, 0＋0または1＋1の場合, 出力は常に0である. ただし, 2つの値が1＋0または0＋1で異なる場合, 出力は1になる.

上述の例では，次の演算が行われる．

	入力平文		0101 0001
+	鍵ストリーム	+	0111 0011
	XOR出力		0010 0010

ストリームベース暗号は，主に換字による．つまり，ある文字またはビットの別の文字またはビットへの置き換えは暗号システムによって管理され，暗号鍵によって制御される．ストリームベース暗号が安全に動作するためには，暗号の操作と実装に関する特定の規則に従う必要がある．

1．**鍵ストリームは，暗号変数に線形関係であってはならない**＝鍵ストリーム出力値から，暗号変数(暗号化鍵／復号鍵)を取得できてはならない．
2．**統計的に予測不能**＝鍵ストリームからのn個の連続ビットが与えられた場合，n＋1ビット目を1/2を超える確率で予測できてはならない．
3．**統計的に偏っていない**＝1と同じ数の0，01，10，11などと同じ数の00が必要である．
4．**長期間繰り返しがない**．
5．**機能的複雑さ**＝各鍵ストリームビットは，暗号変数ビットのほとんど，またはすべてに依存する必要がある．

鍵ストリームは，容易に推測または予測できないほど強くなければならない．時間の経過とともに，鍵ストリームが繰り返され，その期間(または鍵ストリームの繰り返すセグメントの長さ)は，計算が困難なほど長くなければならない．鍵ストリームが短すぎると，頻度分析やその他の言語固有の攻撃の影響を受けやすくなる．ストリームベース暗号の実装は，おそらく暗号の強さにおいて最も重要な要素である．これは，ほぼすべての暗号製品に適用され，実際にはセキュリティ全体に適用される．実装の重要な要素の中には，鍵管理プロセスが安全であり，攻撃者によって容易に侵害されたり，傍受されたりしないようにすることがある．

▶ブロック暗号

ブロック暗号(Block Cipher)は，テキストブロックまたはチャンクで操作する．平文は暗号システムに供給され，多くの場合，64bit，128bit，192bitなどのASCII文

モード	どのように動作するか	使用方法例
電子コードブック (ECB)	ECBモードでは，メッセージはブロックに分割され，各ブロックが独立して暗号化される．各ブロックが独立しているため，リニアにファイルを暗号化処理しなくてもアクセスできるようになり，ファイルに対してランダムアクセスが容易になる．	DES鍵や短い実行ファイルの送信など，非繰り返しブロック（長さが64bit未満）で構成されるファイル．
暗号ブロック連鎖 (CBC)	CBCモードでは，1ブロックのデータを暗号化した結果が，次のブロックのデータを暗号化するプロセスにフィードバックされる．	ユーザーのハードドライブ上の暗号化されたファイルなどのスタンドアロンで静的なデータ．
暗号フィードバック (CFB)	CFBモードでは，暗号は機密性ではなく鍵ストリームジェネレーターとして使用される．鍵ストリームの各ブロックは，前の暗号文のブロックを暗号化したものである．	先に処理する鍵ストリームの各ブロックを暗号化する必要があり，遅延が課されるため，使用されない．
出力フィードバック (OFB)	OFBモードでは，鍵ストリームはメッセージとは独立して生成される．	アバランシェ問題のために使用されない．以前は，ペイパービューアプリケーションで使用された．
カウンター (CTR)	鍵ストリームジェネレーターとして，式暗号化(基数 + N)を使用する．ここで，基数は64bitの数字で始まり，Nは単純インクリメント関数である．	高速またはランダムアクセス暗号化が必要な場合に使用される．例えば，WPA2とコンテンツのスクランブリングシステムなどである．

図3.25 ブロック暗号の基本モード

出典：Tiller, J. S., "Message Authentication," *Information Security Management Handbook, 5th ed.,* Tipton, H. F., Krause, M. (eds.), Auerbach Publications, New York, 2004.（許可済み）

字サイズの倍数であるプリセットサイズのブロックに分割される．ほとんどのブロック暗号では，換字と転置を組み合わせて操作を行っている．これにより，ブロック暗号はほとんどのストリームベース暗号よりも比較的暗号強度が強くなるが，計算量が増加するため，実装する場合に通常より高価になる．これはまた，多くのストリームベース暗号がハードウェアで実装され，ブロックベース暗号がソフトウェアで実装される理由でもある．

▶ 初期化ベクター：なぜ必要なのか

メッセージは任意の長さである可能性があり，同じ鍵を使用して同じ平文を暗号化すると，以下に説明するように，同じ暗号化テキストが常に生成されるため，ブロック暗号が任意の長さのメッセージに対して機密性を提供できるように，いくつかの動作モードが開発されている（ブロック暗号モードの説明については，**図3.25**を参照）．様々なモードを使用することにより，同じ鍵を使用して同じメッセージを暗号化しても，暗号化テキストが毎回異なるように，鍵ストリームの予測を不可能にすることができる．

ブロック暗号を使用する時に初期化ベクター（Initialization Vector：IV）が必要な理由を理解するため，ブロック暗号を使用する様々な動作モードでそれらがどのように使用されるかを確認する．最も単純なモードは，電子コードブック（Electronic Code

Book：ECB）モードで，平文をブロックに分割し，各ブロックを個別に暗号化している．しかし，暗号ブロック連鎖（Cipher Block Chaining：CBC）モードでは，平文の各ブロックは，暗号化される前に以前の暗号化テキストブロックとXORされる．ECBモードでは，同じ平文が同じ鍵に対して同じ暗号化テキストに暗号化される．これはコードのパターンを明らかにしてしまうことになる．

CBCモードでは，各ブロックは前のブロックの暗号化の結果とXORされる．これはパターンを隠すことになる．ただし，同じ鍵を使用して暗号化された2つの類似の平文は，最初の差分があるブロックまでは同じ暗号化テキストを生成することになる．この問題には，最初の実ブロックに対して鍵ストリームランダム化プロセスを開始するIVブロックを平文に追加することで回避できる．同様の平文がCBCモードで同じ鍵で暗号化される場合でも，これにより各暗号化テキストはユニークになる．ほとんどの場合，IVを秘密にする必要はないが，同じ鍵とともに再使用されないことが重要である．IVを再利用すると，平文の最初のブロックに関する情報と，2つのメッセージで共有される共通のプレフィックスに関する情報が漏洩する．したがって，IVは暗号化時にランダムに生成されなければならない．

▶鍵長

鍵長は，暗号鍵を生成する際に考慮すべき鍵管理のもう1つの重要な側面である．鍵長（Key Length）は，暗号アルゴリズムが保護すべき情報を暗号化または復号する際に使用する，通常はビットまたはバイト単位で測定される鍵のサイズとなる．先に説明したように，鍵はアルゴリズムがどのように動作するかを制御するために使用され，正しい鍵だけが情報を復号できるようになる．鍵長を選択する際には，鍵やアルゴリズムに対する攻撃への耐性，暗号セキュリティの側面が関心事となる．アルゴリズムの鍵長は，その暗号の安全性とは異なる．暗号の安全性は，アルゴリズムについての最も速い既知の計算攻撃の対数尺度であり，ビット単位で測定される．アルゴリズムの安全性は鍵長を超えることはできない．したがって，非常に長い鍵を持つことは可能であるが，セキュリティはそこまで高くならない．一例として，3つの鍵（鍵当たり56bit）のトリプルDES（トリプルデータ暗号化アルゴリズム，すなわちTDEA）は，168bitの鍵長を有するが，中間一致攻撃（後述）により，それが提供する有効なセキュリティは最大112bitとなる．しかし，ほとんどの対称アルゴリズムは，鍵長に等しいセキュリティを持つように設計されている．自然な傾向は，可能な限り長い鍵を使用することである．これにより，鍵を破損しにくくする可能性がある．しかし，鍵が長くなればなるほど，暗号化および復号プロセスはより計算量

が多くなる．目標は，保護されている情報やミッションの価値よりも，鍵を解除するコスト（労力，時間およびリソースの面で）の方が高くなるようにすることであり，できれば，まったく得にならない（経済的に見合わない）ようにすべきである．

▶ ブロックサイズ

鍵長と同様に，ブロック暗号のブロックサイズ（Block Size）は，鍵のセキュリティに直接関係している．ブロック暗号は，固定長の暗号化テキストブロックを生成する．しかし，暗号化する元の平文のデータは任意のバイト数であるため，暗号化テキストのブロックサイズが完全なブロックにならないことがある．これには，暗号化の前にブロックサイズになるまで平文をパディングし，復号後にアンパディングすることによって解決される．パディングアルゴリズムは，ブロックサイズの倍数にするために，平文の末尾にサフィックスを付加することになる．

▶ 暗号化システム

情報を暗号化および復号するための様々なシステムが存在する．多くの場合，ヌル暗号や換字暗号を使用するなど共通の特性がある．これらの特性の多くは，ユースケースと相互運用性を強化するために実装されている．セキュリティアーキテクト，セキュリティ専門家およびセキュリティ担当責任者は，暗号化システムに固有の概念と主要な暗号化システムについて，一般的に高いレベルで実践的な知識を持つ必要がある．これらのシステムがどのように構築され，テストされ，実装され，管理され，監視され，最適化され，時間をかけて維持されるかについての詳細は，ここでの議論の範囲を超えている．セキュリティ専門家が考慮すべき多くの変数は，地域の法律や基準ならびにビジネスニーズに基づく，それぞれのシステムの実装に特有のものとなる．

▶ ヌル暗号

ヌル暗号（Null Cipher）オプションは，暗号化の使用が不要でも，システムを動作させるために暗号化が必要ないことを設定する必要がある場合に使用される．そのような暗号システムでは，暗号化を使用しないという選択肢を含め，様々な暗号化オプションを構成することができる．ヌル暗号は，テストやデバッグで低セキュリティが必要な場合，または認証のみの通信を使用する場合に使用される．例えば，IPSecやSSLなどの暗号方式の特定の実装では，認証のみを行い，暗号化はしないという選択肢がある．

ヌル暗号という用語は，平文が非暗号の要素と混合される古典的な暗号化方式への言及でもある．今日では，暗号化テキストを隠すのに使うことができる後述のステガノグラフィーの一種とみなされている．簡単な例を挙げる．

"Interesting Home Addition to Expand behind Eastern Dairy Transport Intersection Meanwhile Everything."

各単語の最初の文字を取り出すと，秘密のメッセージに復号される．

"I Hate Bed Time."（私は寝る時間が嫌いである）

▶換字暗号

換字暗号（Substitution Cipher）には，暗号変数に基づいて1つの文字を別の文字に置換する単純な処理が含まれる．換字は，定義された文字数だけアルファベットの位置をシフトすることを含んでいる．多くの古い暗号は，Caesar（シーザー）暗号やROT-13などが例となるが，換字に基づいていた[74].

▶プレイフェア暗号

プレイフェア暗号（Playfair Cipher）は20世紀によく使われ，第2次世界大戦で連合国が使用していた暗号システムの重要な要素である．

送信者と受信者は，例えば「Triumph」などキーワードを決める．

次に，その単語を最初に使用して表を構築し，その後，アルファベットの残りの部分については，すでにキーワードに含まれる文字をスキップし，iとjを同じ文字として使用する．わかりやすくするために，キーワードが表中で強調表示されているので，簡単に見つけることができる．

T	R	I/J	U	M
P	H	A	B	C
D	E	F	G	K
L	N	O	Q	S
V	W	X	Y	Z

送信者が"Do not accept offer（オファーを受け入れない）"というメッセージを暗号化したい場合は，最初に平文を2文字ブロックにグループ化し，平文の繰り返し文字をフェア文字（例えばX）で区切ることで暗号化される．

　平文は次のようになる．

```
DO NO TA CX CX EP TO FX FX ER
```

　この表は，ブロックの2つの文字が交差する位置を見て読みこむ．例えば，最初のブロック"DO"が矩形にされた場合，矩形のほかの2つのコーナーの文字は"FL"，つまりブロック"DO"の暗号化テキストになる．文字"DO"で作成されたボックスは，明瞭にするために縁取りしてある．次の平文ブロックは"NO"であり，これらの文字の両方が同じ行にあり，次の文字（この場合は"NO"）の暗号化テキストが"OQ"となる．入力ブロックが"OS"であった場合，行はラップされ，出力暗号化テキストは"QL"となり，Oの後ろの次の文字を使用し，Sの後ろの次の文字は行の先頭からLを使用する．

　文字"FX"は同じ列にあり，同じ行にある文字については同じことが適用される．必要に応じて次の下の文字を使用して列の先頭に折り返す．ブロック"FX"は，"OI"または"OJ"として暗号化される．

▶転置暗号(Transposition Cipher)

　上述の暗号システムはすべて，換字の原則に基づいている．つまり，ある値や文字を別のものに置き換えたり，交換したりしている．転置または転字を使用する暗号システムは，情報セキュリティ専門家が理解すべき有益なシステムである．これらのシステムは，文字の順序を入れ替えるか，交換することによって，メッセージを隠す．

▶レールフェンス

　レールフェンス(Rail Fence)として知られている単純な転置暗号では，メッセージは2つ以上の行に書き込まれ，読み取られる．"Purchase gold and oil stocks（金と石油の株式を購入する）"というメッセージを送信するには，次のように交互に対角線でメッセージを書く．

P	R	H	S	G	L	A	D	I	S	O	K	
U	C	A	E	O	D	N	O	L	T	C	S	

暗号化テキストは次のようになる.

```
PRHSGLADISOKUCAEODNOLTCS
```

このようなシステムの問題は，文字が平文と同じであるため，換字が行われず，文字の順序が変更されていることである．暗号化テキストは依然として頻度分析およびほかの暗号攻撃の影響を受けやすい.

▶ 長方形換字表

長方形換字表(Rectangular Substitution Table)の使用は，初期の暗号方式である．送信者と受信者は，メッセージを保持する表のサイズと構造を決め，次にメッセージを読み取る順序を決定する.

前の例と同じ平文を使用して("Purchase gold and oil stocks [金と石油の株式を購入する]")，長方形の換字ブロックに配置すると，次の結果が得られる.

P	U	R	C	H
A	S	E	G	O
L	D	A	N	D
O	I	L	S	T
O	C	K	S	

トップダウン方式で表を読み取ると，次の暗号化テキストが生成される.

```
PALOOUSDICREALKCGNSSHODT
```

もちろん，送信者と受信者は，表をどこから読み取るかについて適当に決めることができる(下から上向き，斜め方向など).

▶ 単一換字暗号と多換字暗号

Caesar暗号(Caesar Cipher)は，単純な換字アルゴリズムであり，暗号化テキストを作成するために，各文字を辞書順に3文字分シフトして暗号化テキストを作る暗号である．これは単一換字暗号(Monoalphabetic Cipher)と呼ばれるもので，換字は別のアルファベット1文字である．Caesar暗号の場合，置換するアルファベットは，3文字オフセットされたものである.

A	B	C	D	E	F	G	H	I	J	K	⋯	Z
D	E	F	G	H	I	J	K	L	M	N	⋯	C

　スクランブルアルファベットもある．この場合，換字アルファベットはアルファベットのスクランブル版である．これは次のようになる．

A	B	C	D	E	F	G	H	I	J	K	⋯	Z
M	G	P	U	W	I	R	L	O	V	D	⋯	K

　上述のスクランブルされたアルファベットを使用すると，"BAKEという平文は"GMDW"に換字されることになる．しかし，単一換字暗号の問題は，それらが平文言語の特性に依存していることである．例えば，Eは暗号化テキスト全体を通してWに置き換えられる．それは，文字Wが暗号化テキストの中で平文の中のEと同じくらい高頻度で現れることを意味している．これにより，単一換字暗号に対する暗号解読攻撃はかなり容易になる．

　平文を置き換えるために複数のアルファベットを使用する方法は，多換字暗号（Polyalphabetic Cipher）と呼ばれている．これは頻度分析による暗号解読をより困難にするように設計されている．1つのアルファベットを別のアルファベットに置き換える代わりに，暗号化テキストは複数の換字アルファベットから生成される．

　例えば，以下のとおりである．

平文	A	B	C	D	E	F	G	H	I	J	K	⋯	Z
換字1	M	G	P	U	W	I	R	L	O	V	D	⋯	K
換字2	V	K	P	O	I	U	Y	T	J	H	S	⋯	A
換字3	L	P	O	I	J	M	K	H	G	T	U	⋯	F
換字4	N	B	V	C	X	Z	A	S	D	E	Y	⋯	W

　この表を使用し，換字アルファベットをシーケンスで使用することで，平文"FEED"を"IIJC"に置き換える．この例では，複数のアルファベットを使用することで，平文で繰り返されるEが暗号化テキストでは異なる文字になる．暗号化テキストにはIの繰り返しがあるが，それは異なる平文の値から生成したものである．

▶Vigenère(ビジュネル)暗号
　フランス人のBlais de Vigenère（ブレーズ・ド・ビジュネル）は，キーワードと26文字

のアルファベットを使用する多換字暗号を開発した．これを以下の表に示す．表の一番上の行は平文の値になり，表の最初の列は換字するアルファベットになる．

	A	B	C	D	E	F	G	H	I	J	K	L	⋯	Z
A	A	B	C	D	E	F	G	H	I	J	K	L	⋯	Z
B	B	C	D	E	F	G	H	I	J	K	L	M	⋯	A
C	C	D	E	F	G	H	I	J	K	L	M	N	⋯	B
D	D	E	F	G	H	I	J	K	L	M	N	O	⋯	C
E	E	F	G	H	I	J	K	L	M	N	O	P	⋯	D
F	F	G	H	I	J	K	L	M	N	O	P	Q	⋯	E
G	G	H	I	J	K	L	M	N	O	P	Q	R	⋯	F
H	H	I	J	K	L	M	N	O	P	Q	R	S	⋯	G
I	I	J	K	L	M	N	O	P	Q	R	S	T	⋯	H
J	J	K	L	M	N	O	P	Q	R	S	T	U	⋯	I
K	K	L	M	N	O	P	Q	R	S	T	U	V	⋯	J
L	L	M	N	O	P	Q	R	S	T	U	V	W	⋯	K
⋯	⋯	⋯	⋯	⋯	⋯	⋯	⋯	⋯	⋯	⋯	⋯	⋯	⋯	⋯
Z	Z	A	B	C	D	E	F	G	H	I	J	K	⋯	Y

　メッセージの送信者と受信者は，メッセージに使用する鍵を決めている．この場合，"FICKLE"という単語を鍵として使用する．以下に示す実行中の暗号のように，平文の長さに合わせて鍵を繰り返すことになる．

　メッセージ"HIKE BACK"を暗号化するには，次のように構成される．

平文	H	I	K	E	B	A	C	K
鍵	F	I	C	K	L	E	F	I
暗号文	M	Q	M	O	M	E	H	S

　暗号化テキストは，平文のH（表の一番上の行）が暗号化テキストのF行と交差する場所を見つけることで見つけられる．繰り返しになるが，平文で繰り返される値が必ずしも同じ暗号化テキストの値を与えるとは限らず，繰り返される暗号化テキストの値が異なる平文の入力に対応し，多換字暗号の特徴を見せることになる．

▶ モジュラー数学

　モジュラー数学（Modular Mathematics）の使用とアルファベットの数値的な位置に

よる各文字の表現は，多くの現代暗号にとって重要である．

A	B	C	D	E	F	G	H	I	J	K	L	M	N	O	P	Q	…	Z
0	1	2	3	4	5	6	7	8	9	10	11	12	13	14	15	16	…	25

　英語アルファベットには26文字あるため，英語アルファベットは"mod 26"として計算される．"mod 26"を使用すると，数学演算の結果が26以上の場合は，26未満になるまで，必要な回数だけ合計から26が減算される．

　上述の値を使用して，暗号操作は次のように動作する．

　　　　暗号化テキスト＝平文＋鍵（mod 26）．
　　　　これはC＝P＋K（mod 26）と記述される．
　　　　暗号化テキストは，平文の値＋鍵の値（mod 26）である．

　例えば，平文の文字Nの値は13である（上述の表を使用してアルファベットの13番目の文字である）．平文を暗号化するために使用される鍵が値16であるQである場合，暗号化テキストは13＋16，すなわちアルファベットの29番目の文字になる．英語アルファベットには29番目の文字がないので，26が減算され（したがって，"mod 26"という計算を行う），暗号化テキストは数字3に対応する文字Dになる．

▶ランニングキー暗号

　以下の例では，ランニングキー暗号（Running Key Cipher）の使用を示している．ランニングキー暗号では，鍵は平文入力と同じ長さで繰り返される（または実行される）．"FEED"という鍵が，平文"CHEEK"を暗号化するために選択される．この鍵は，平文入力の長さに合わせるために，必要なだけ繰り返される．次の表でこれを示すために，"CHEEK"という単語の暗号化と"FEED"という鍵が使用されている．文字の下の数字は，アルファベット内での文字の値または位置を表している．

平文：					
CHEEK	C	H	E	E	K
	2	7	4	4	10
鍵：					
FEED	F	E	E	D	F
	5	4	4	3	5

鍵は平文の長さの分だけ繰り返される.

暗号化テキストは次のように計算される.

平文鍵	D	O	N	O	T	N	E	G
	K	S	O	S	D	F	S	H
平文の値	3	14	13	14	19	13	4	6
鍵の値	10	18	14	18	3	5	18	7
暗号文の値	12	32[1]	27[2]	6	22	18	22	13
暗号文	N	G	B	G	W	S	W	N

1: (mod 26) = 6
2: (mod 26) = 1

▶ ワンタイムパッド

適切に実装されている限り,解読不能であると主張されている唯一の暗号システムはワンタイムパッド(One-Time Pad)である.これは,Gilbert Vernam(ギルバート・バーナム)の発明であるため,Vernam暗号(Vernam Cipher)と呼ばれることがよくある.Vernamは,一度しか使用せず,平文と同じ長さだが決して繰り返しのない鍵の使用を提案した.

ワンタイムパッドは,ランニングキー暗号の原理を使用し,文字の数値を使って鍵の値に加算している.ただし,鍵は,平文と同じ長さのランダムな値の文字列である.数回繰り返すことができるランニングキーと比較して,これは決して繰り返されることはない.つまり,ワンタイムパッドは,頻度分析やその他の暗号攻撃によって破られないことを意味する.

▶ メッセージ完全性コントロール(Message Integrity Control:MIC)

今日の電子商取引およびコンピュータ化された取引の重要な部分は,メッセージが変更されていない,実際に送信者と主張している人物からのものである,メッセージが正しい当事者によって受信されたという保証である.これは,ビジネスニーズと当事者とシステム間の信頼レベルに応じて,いくつかの方法で実行される暗号化機能によって実現される.

対称アルゴリズムなどの従来の暗号は,あるレベルのメッセージ認証を生成している.2人が対称鍵を共有していて,ほかの人にその鍵を公開しないように注意している場合,メッセージを相手に伝える時にはメッセージが信頼できるパートナーからのものであるという保証がある.多くの場合,メッセージの完全性にはある程度の信頼性がある.これは,転送中のメッセージのエラーや変更によって,メッセー

ジが解読不能になるためである．連鎖型アルゴリズムでは，エラーによってメッセージの残りの部分が破壊される可能性がある．

非対称アルゴリズムでも，メッセージ認証が提供される．RSA（Rivest-Shamir-Adleman），ElGamal（エルガマル），ECC（Elliptic Curve Cryptography：楕円曲線暗号）など，一部の非対称アルゴリズムには，メッセージ認証とデジタル署名機能が実装に組み込まれている．これらは，非対称鍵暗号を使用して，公開メッセージおよびセキュアな署名入りメッセージと連携する．

▶対称暗号

ここまでで，暗号の歴史の一部と暗号の方法のいくつかがカバーされている．以下では，実際の実装において，暗号原理がどのように使用されているかを説明する．現在使用されている暗号には，対称暗号（Symmetric Cryptography）と非対称暗号（Asymmetric Cryptography）の2つの主要な形式がある．対称アルゴリズム（Symmetric Algorithm）は，メッセージの暗号化と復号の両方に使用される単一の暗号鍵で動作している．このため，しばしば単一鍵暗号（Single Key Encryption），同一鍵暗号（Same Key Encryption），または共有鍵暗号（Shared Key Encryption）と呼ばれる．対称アルゴリズムを安全に使用するための重要な要素は，暗号鍵を秘密に保つことであるため，秘密鍵暗号（Secret Key Encryption）やプライベート鍵暗号（Private Key Encryption）とも呼ばれる．

対称鍵暗号の最も難しい課題は，鍵管理の問題である．暗号化プロセスと復号プロセスの両方に同じ鍵を必要とするため，メッセージの送信者（または暗号化側）と受信者（または復号側）の両方に鍵を安全に配布することが，対称鍵システムの安全な実装に関しての重要な要素である．暗号鍵はデータと同じチャネル（または伝送媒体）で送信することができないため，帯域外配布を考慮する必要がある．帯域外（Out-of-Band）とは，郵送，ファックス，電話，またはその他の方法（図3.26）など，異なるチャネルを使用して鍵を送信することを意味している．

対称鍵アルゴリズムの利点は通常，非常に高速で安全で安価なことである．対称アルゴリズムを使用するユーザーが無償で利用できる製品は，インターネット上にいくつかある．

欠点には，前述したような鍵管理の問題だけでなく，否認防止，メッセージの完全性およびアクセス制御の機能を提供するほとんどの非対称アルゴリズムとは異なり，対称アルゴリズムが機密性を超えた多くの利点を提供しないという制限も含まれる．対称アルゴリズムは，メッセージの完全性の一形態を提供することができ，

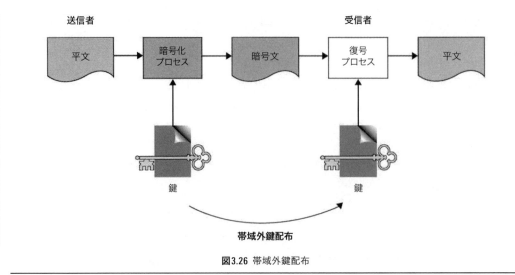

図3.26 帯域外鍵配布

メッセージが変更された場合，メッセージは復号できない．また，対称アルゴリズムは，アクセス制御の手段を提供することもでき，鍵がなければ，ファイルを復号することはできない．

　上述の制限は，物理的なセキュリティの例を使用して最もよく説明されている．もし10人がサーバールームの鍵のコピーを持っていれば，昨日午後10時に誰がその部屋に入ったのかを知ることは難しくなる．鍵を持つ人だけが入ることができるという点で制限されたアクセス制御となるが，実際に10人のうち，誰が実際に入ったのかは不明である．対称アルゴリズムでも同じことが起こる．秘密ファイルへの鍵が2人以上で共有されている場合，暗号化されたファイルに最後にアクセスした人が誰であるかを知る方法がない．また，ある人がファイルを変更しても，それがほかの誰かによって変更されたと主張することも可能である．これは，電子契約などの重要な文書に暗号システムを使用する場合に最も重要になる．ファイルを受け取った人が文書を変更し，それが彼の受け取った真のコピーであると主張した場合，否認の問題が発生する．

▶ 対称アルゴリズムの例

　Caesar暗号，スパルタ人のスキュタレー(Scytale)，エニグマ(Enigma)マシンなどのアルゴリズムとシステムは，すべて対称アルゴリズムの例である．受信者は，暗号化プロセス中に使用したのと同じ鍵を使用して復号プロセスを実行する必要があ

る．以下では，現代の様々な対称アルゴリズムを示す．

▶データ暗号化標準

データ暗号化標準（Data Encryption Standard：DES）はHarst Feistal（ホルスト・ファイステル）[75]の研究に基づいている．Harst Feistalは，平文の入力ブロックを半分に分割するという原則を持つアルゴリズムファミリーを開発した．次に，それぞれの半分は，ほかの半分を変更する排他的論理和演算によって数回使用され，一種の換字と転字を提供している．

DESは1977年に米国の政府機関のいくつかに採用され，機密ではないが重要性の高い情報のための暗号方式として，米国政府各部門の標準として展開された．DESは今日でも，多くの金融取引やVPN，オンライン暗号化システムで広く使用されている．DESはその後，より新しい暗号方式であるRijndael（ラインダール）アルゴリズムに基づくAES（Advanced Encryption Standard）によって，標準としては置き換えられた．DESの起源は，Feistalによって開発されたLucifer（ルシファー）アルゴリズムである．しかし，Luciferは128bitの鍵を持っていた．このアルゴリズムは，暗号解読に対して，より耐性を持たせるように修正され，鍵長は56bitに削減され，1つのチップに収まるようになった．DESは64bitの入力ブロックで動作し，暗号化テキストを64bitブロックとして出力する．DESには，ラウンド（Round）と呼ばれる16回の処理段階がある．メインラウンドの前に，ブロックは32bitずつに2分割され（Feistal暗号であるため），56bitの鍵を使用して交互に処理される．

DESの鍵長は64bitであるが，8bitごとに無視される（パリティとして使用する）．したがって，DES鍵の有効長は56bitである．すべてのビットは1または0のいずれかの値をとることができるので，DES鍵の有効な鍵空間は2^{56}であると言える．これにより，DES鍵の総数は7.2×10^{16}になる．次に述べる動作モードは，DESだけでなく，様々なほかのブロック暗号でも使用されている．米国連邦政府（NIST）が使用するために採用したDESには，もともと4つのモードがあった．その後は，CTR（Counter：カウンター）モードも受け入れられた（図3.25）．

▶基本ブロック暗号モード

次の基本ブロック暗号モード（Basic Block Cipher Mode）は，ブロック構造で動作している[76]．

- **電子コードブック（Electronic Code Book：ECB）モード** ＝ ECBは最も基本的なブロッ

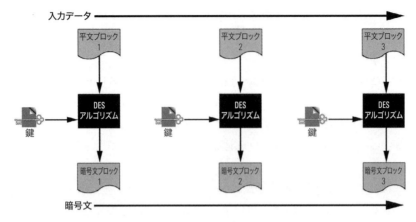

図3.27 電子コードブックはブロック暗号で使用される基本モード

ク暗号モードである(図3.27).コードブックと呼ばれるのは,すべての64bit平文入力と64bit暗号化テキスト出力を含む大きなコードブックを持つことに似ているからである.平文入力がECBによって受信されると,そのブロック上で独立して動作し,暗号化テキスト出力を生成する.入力が64bitより長く,各64bitブロックが同じ場合,出力ブロックも同じになる.このような規則性は,暗号解読を簡単にする.そのため,図3.25に示すように,ECBは鍵の送信など,非常に短いメッセージ(長さが64bit未満)にのみ使用される.すべてのFeistal暗号と同様に,復号プロセスは暗号化プロセスの逆である.

- **暗号ブロック連鎖**(Cipher Block Chaining:CBC)**モード** = CBCモードは入力ブロックが同一であっても,各入力ブロックが異なる出力を生成する点で,ECBよりも強力である.これは,暗号化プロセスに2つの新しい要素——すなわち,IVと,各入力を前の暗号化テキストと排他的論理和する連鎖関数——を導入することによって実現される(注:IVがなければ,同じメッセージに適用された連鎖処理によって同じ暗号化テキストが作成される).IVは,平文の最初のブロックと混合する,ランダムに選択された値である.これは,ストリームベース暗号のシードのように機能している.送信者と受信者は,メッセージをあとで復号できるように,IVを知っていなければならない.図3.28にCBCの機能を示す.

最初の入力ブロックはIVとXORされ,そのプロセスの結果は暗号化されて,暗号化テキストの最初のブロックが生成される.この第1の暗号化テキ

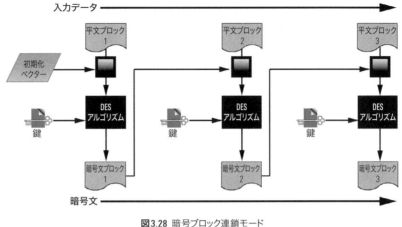

図3.28 暗号ブロック連鎖モード

ストブロックは，次の入力平文ブロックとXORされる．これは連鎖処理であり，入力ブロックが同じであっても，結果の出力が異なることが保証される．

▶ DESのストリームモード

DESの以下のモードはストリームとして動作する．DESがブロックモード暗号であっても，DESがストリームモードアルゴリズムであるかのようにDESを動作させようとしている．ブロックベースの暗号は，処理の遅延の問題がある．これにより，データの同時送信が望まれる多くのアプリケーションには不適切である．これらのモードでは，DESはストリームをより汎用的にシミュレートし，ストリームベースのアプリケーションをサポートしようとしている．

- 暗号フィードバック(Cipher Feedback：CFB)モード＝CFBモードでは，入力は1bit，8bit，64bit，または128bit (CFBの4つのサブモード) のサイズを持つ個々のセグメントに分割される．通常は1文字サイズである8bitが使用される(図3.29)．暗号化プロセスが開始されると，IVが選択され，シフトレジスターにロードされる．その後，暗号アルゴリズムを実行する．アルゴリズムからの最初の8bitは，平文の最初の8bit (最初のセグメント) とXORされる．各8bitセグメントは受信者に送信され，シフトレジスターにもフィードバックされる．シフトレジスターの内容は，再度暗号化されて，次の平文セグメントとXORされ，鍵ストリームを生成する．このプロセスは，入力が終了するま

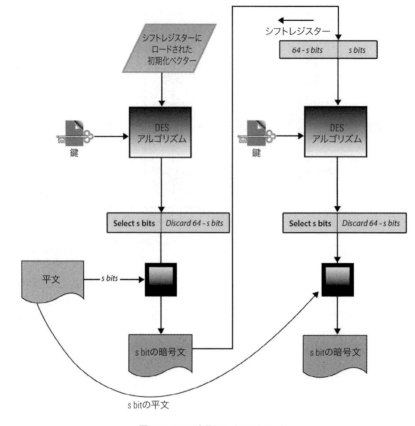

図3.29 DESの暗号フィードバックモード

で続く．しかし，この方式の欠点の1つは，ビットが破損または変更された場合，その時点以降のすべてのデータが損傷することである．

- **出力フィードバック**(Output Feedback：OFB)**モード** = OFBモードは，暗号化テキストのXOR演算の結果を使用して進行中の鍵ストリームのためにシフトレジスターにフィードバックするのではなく，暗号化された鍵ストリーム自体をシフトレジスターに返して鍵ストリームの次の部分を作成する点で，CFBの操作と非常によく似ている(図3.30)．

鍵ストリームとメッセージデータは完全に独立しているため(鍵ストリーム自体は連鎖しているが，暗号化テキストの連鎖はない)，鍵全体を事前に生成し，あとで使用するために保存することが可能になる．

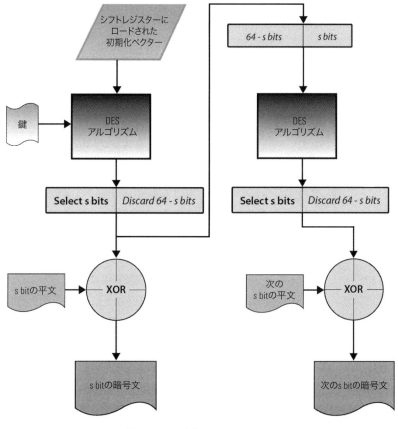

図3.30 DESの出力フィードバックモード

- **カウンター(Counter：CTR)モード** = CTRモードは，IPSecやATMなどの高速アプリケーションで使用される(図3.31)．このモードでは，カウンター(64bitのランダムデータブロック)が最初のIVとして使用される．CTRの要件は，カウンターが平文のブロックごとに異なる必要があるということである．したがって，後続の各ブロックについて，カウンターは1だけインクリメントされる．カウンターはOFBと同様に暗号化され，結果は鍵ストリームとして使用され，平文とXORされる．鍵ストリームはメッセージとは独立しているため，同時に複数のデータブロックを処理することができ，アルゴリズムのスループットが向上している．

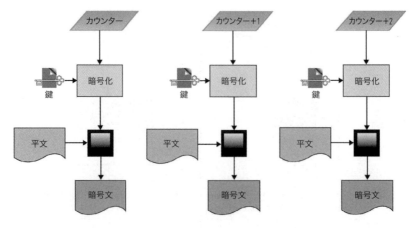

図3.31 カウンターモードは、IPSecやATMなどの高速アプリケーションで使用される

▶ DESの長所と短所

　当初，DESは破られることはないと考えられ，DESメッセージを破る初期の試みは非現実的と考えられた（1ミリ秒ごとに1回実行されているコンピュータでは，すべての可能な鍵を試すのに1000年以上かかることになる）．しかし，DESは総当たり攻撃の影響を受けやすい．鍵は56bitしかないので，真の平文が回復されるまで，暗号化テキストに対して可能なすべての鍵を試すことによって鍵を決定することができる．電子フロンティア財団（www.eff.org）はこれを数年前に実証した．しかし，彼らは，最も単純な形である既知平文攻撃を行ったことに注意する必要がある．彼らは探していたものを知っており（彼らは平文を知っていた），暗号化テキストに対して可能なすべての鍵を試した．彼らが平文を知らなかった場合（彼らが探しているものを知らなかった場合），攻撃はかなり難しくなっていたはずである．それにも関わらず，DESは今日のコンピューティングパワーと十分に頑強な永続性を利用して解読することができる．また，DESアルゴリズムの構造も批判されている．暗号化および復号操作で使用されるSボックスの設計は秘密であり，隠されたコードまたは未試行の操作が含まれている可能性があるという主張につながっている．

▶ ダブルDES

　DESに関する主な不満は，鍵が短すぎるということであった．これにより，既知平文への総当たり攻撃が可能であった．DESのより強力なバージョンを作成するために考えられた最初の選択肢の1つは，暗号化プロセスを倍増させることで

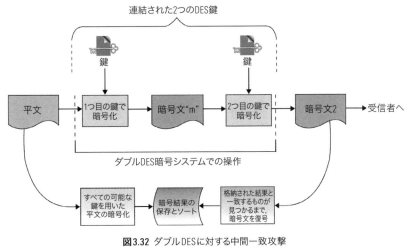

図3.32 ダブルDESに対する中間一致攻撃

あったため，ダブルDES（Double DES：2DES）という名前が付けられた．しかし，ダブルDESには，深刻な脆弱性が判明しており，これはよいアプローチではないことがわかっている．ダブルDESの目的は，112bit鍵（2つの56bit鍵）と同等の強度のアルゴリズムを作成することであったが，残念ながらこれは，中間一致攻撃のため，そうならなかった．そのため，ダブルDESの寿命は非常に短命であった．

▶ 中間一致攻撃（Meet-in-the-Middle Attack）

ダブルDESに対する最も効果的な攻撃は，既知平文に対する総当たり攻撃に基づく，シングルDESに対して成功した攻撃と同じであった（図3.32）[77]．攻撃者はすべての可能な鍵を使用して平文を暗号化し，すべての可能な結果を含むテーブルを作成している．この中間暗号は，この議論では"m"と呼ばれる．これは，すべての可能な2^{56}の鍵を使用して暗号化することを意味している．テーブルはmの値に従ってソートされる．次に，攻撃者は，mの値との一致が見つかるまで，可能なすべての鍵を使用して暗号化テキストを解読する．これは，当初期待されていた2^{112}でなく，2^{56}の2倍（すなわち2^{57}）が真のダブルDESの強度ということになる（DESの強度の2倍であるが，有効であると考えられるほど強くはない）[78]．

▶ トリプルDES

ダブルDESの敗北は，シングルDESの弱点を克服するための次の解決策として

トリプルDESの採用をもたらした．トリプルDES（Triple DES：3DES）は，暗号化を
実行するために2つの異なる鍵を使用し，2^{112}の相対強度で動作するように設計さ
れている．これは168bitの強度を持つ鍵を事実上提供する．トリプルDESの実装
にはいくつかの異なるモードがあるが，上で説明した4つのモードはセキュリティ
専門家にとって最も一般的なものである．

▶ 次世代暗号化標準

　1997年，米国のNISTは，DESと3DESに代わる製品を求める声明を発表した．
新しいアルゴリズムは，少なくともDESと同等に強固で，より大きなブロックサ
イズ（より大きなブロックサイズの方が，より効率的で，より安全になるため）を有し，DES
のパフォーマンスの問題を克服する必要があった．DESはハードウェアの実装用に
開発されたもので，ソフトウェアによる実装の場合，処理速度が遅すぎた．3DES
はさらに遅いため，処理のオーバーヘッドとともに，暗号化に深刻な遅延を生じさ
せることになる．

　かなりの研究のあと，新しい次世代暗号化標準（Advanced Encryption Standard：AES）
として選ばれた製品は，ベルギーのJoan Daemon（ホァン・ダーメン）博士とVincent
Rijmen（フィンセント・ライメン）博士によって作成されたRijndael（ラインダール）とい
うアルゴリズムだった．Rijndaelという名前は，彼らの姓からの単なる造語であ
る．Rijndaelはほかのファイナリスト——Ross Anderson（ロス・アンダーソン）が作者
であったSerpent，IBM社の製品のMARS，Ron Rivest（ロナルド・リベスト）とRSA社
のRC6，Bruce Schneier（ブルース・シュナイアー）によって開発されたTwofish——を
敗北させた．AESアルゴリズムは，柔軟性があり，多くの種類のプラットフォーム
で実装可能であり，ロイヤリティが不要であるなど，多くの基準を満たすことが義
務付けられていた．

　以下に，AESとその仕組みについて詳しく説明する．セキュリティアーキテクト
と専門家にとって，相互作用するあらゆるシステムのコンポーネントのすべてを理
解することは重要であるが，アルゴリズムの実装の基礎となる数学と，アルゴリズ
ムの実装方法の複雑さのようなシステムの特定の側面に関して適切な視点を持つこ
とも重要である．セキュリティアーキテクトが暗号システム設計に特化していない
限り，以下で説明する技術レベルの理解を得る必要はない．セキュリティ専門家が
暗号化を使用するシステムを実装することがない場合は，以下で説明するアーキテ
クチャーの複雑さに深く没頭する必要もない．しかし，これらのセキュリティの任
務を持つ専門家に必要となるのは，AESなどのアルゴリズムに基本的な理解を持っ

ていることであり，最も重要なのは，必要に応じて適切なガイダンスを得るために，企業内または企業外で招集すべき人を知っていることである．

▶暗号ブロック連鎖メッセージ認証コードプロトコルを使用したカウンターモード

暗号ブロック連鎖メッセージ認証コードプロトコルを使用したカウンターモード（Counter Mode with Cipher Block Chaining Message Authentication Code Protocol：CCMP）は，無線LAN用の802.11i標準の一部を形成する暗号化プロトコルである．CCMPプロトコルは，CTR with CBC-MAC（CCM）動作モードを使用するAES暗号化に基づいている．CCMPはIETF（Internet Engineering Task Force）RFC 3610で定義されており，802.11i IEEE標準のコンポーネントとして含まれている[79]．

CCMPの仕組み

CCMPのAES処理では，AES 128bit鍵と128bitのブロックサイズを使用する必要がある．米国の連邦情報処理標準（Federal Information Processing Standard：FIPS）197により，AESアルゴリズム（ブロック暗号）は，128bitのブロック，128，192および256bitの長さを有する暗号鍵，ならびにそれぞれラウンド数10，12，および14を使用する[80]．CCMPでの128bit鍵と48bit IVの使用により，リプレイ攻撃に対する脆弱性が最小限に抑えられる．CTRコンポーネントは，データのプライバシーを提供する．暗号ブロック連鎖メッセージ認証コードのコンポーネントは，パケットペイロードデータのデータ発信元認証とデータ完全性を提供するメッセージ完全性コード（Message Integrity Code：MIC）を生成する．

802.11i標準にはCCMPが含まれている．AESは，802.11iで使用される暗号化プロトコルとみなされることがよくある．しかし，AES自体は単なるブロック暗号で，実際の暗号化プロトコルはCCMPである．802.11i規格ではTKIP（Temporal Key Integrity Protocol）暗号化が可能であるが，RSN（Robust Security Network）は802.11i IEEE標準の一部であり，アクセスポイントとワイヤレスクライアント間の認証および暗号化アルゴリズムをネゴシエートすることを知っておく必要がある．この柔軟性により，いつでも新しいアルゴリズムを追加することができ，以前のアルゴリズムと一緒にサポートすることができる．RSNにはAES-CCMPの使用が義務付けられている．AES-CCMPは，MACプロトコルデータユニット（MAC Protocol Data Unit：MPDU）および802.11 MACヘッダーの一部を保護することにより，過去のプロトコルより高いレベルのセキュリティを実現している．これにより，さらに多くのデータパケットが盗聴や改ざんから保護されている．

▶ Rijndael

Rijndaelアルゴリズムは，128，192，または256bitのブロックサイズで使用できる．鍵は128，192，または256bitにすることができ，鍵長に応じて操作のラウンド数が変化する．128bitの鍵でAESを使用すると10，192bitの鍵では12，256bitの鍵では14ラウンドを行うことになる．Rijndaelは複数のブロックサイズをサポートしているが，AESは1つのブロックサイズ（Rijndaelのサブセット）のみをサポートしている．AESは128bitのブロック形式で以下のように構成される．AES操作は，入力データの128bitブロック全体に対し，最初に状態（State）と呼ばれる正方形のテーブル（または配列）にそれをコピーすることから動作する．入力の最初の4Bが配列の最初の列を埋めるように，入力は列ごとに配列に配置される．

128bit状態配列に配置された入力の平文は，次のようになる．

1st byte	5th byte	9th byte	13th byte
2nd byte	6th byte	10th byte	14th byte
3rd byte	7th byte	11th byte	15th byte
4th byte	8th byte	12th byte	16th byte

鍵は，同様の正方形のテーブルまたは行列に配置される．
Rijndaelの操作は，4つの主要な操作で構成されている．

1．**バイト置換**（Substitute Bytes）＝ブロック全体のバイト単位での置換を行うためにSボックスを使用する．
2．**行シフト**（Shift Rows）＝テーブル内の各行をオフセットによって，転置する．
3．**列混合**（Mix Columns）＝列の各値を，その列のデータ値の関数に基づいて置き換える．
4．**ラウンド鍵の加算**（Add Round Key）＝各ラウンド鍵と各バイトをXORする．操作のラウンドごとに鍵が変更される．

▶ バイト置換

バイト置換の操作は，入力データ内の各バイトの値を参照し，用意されたSボックステーブル内の値で変換される．Sボックステーブルは16×16の256bitの値が含

まれており，入力データの前半部分の4bitを使用してX軸方向を，後半部分の4bit
を使用してY軸方向を設定して，重なり合う部分の値を参照する．

▶ 行変換シフト

　行変換シフト（Shift Row Transformation）のステップは，次のようにデータ行をシフ
トすることによって入力データのブロック全体の転置を提供する．前に説明した
入力テーブルから開始すると，行シフト操作の効果を観察できる．この時点では，
テーブルはバイト置換の操作の対象となっているため，もはやこのようには見えな
いが，このテーブルはわかりやすくするために使用している．

	列			
行	1st byte	5th byte	9th byte	13th byte
	2nd byte	6th byte	10th byte	14th byte
	3rd byte	7th byte	11th byte	15th byte
	4th byte	8th byte	12th byte	16th byte

　最初の行はシフトされない．

1st byte	5th byte	9th byte	13th byte

　テーブルの2番目の行は1桁左にシフトされる．

6th byte	10th byte	14th byte	2nd byte

　テーブルの3番目の行は2桁左にシフトされる．

11th byte	15th byte	3rd byte	7th byte

テーブルの4番目の行は3桁左にシフトされる.

16th byte	4th byte	8th byte	12th byte

行シフトのステップの最終結果は次のようになる.

1	5	9	13
6	10	14	2
11	15	3	7
16	4	8	12

▶ 列混合変換

列混合変換(Mix Column Transformation)は,図3.33の表に従って,列の各バイトを掛け合わせてXORすることによって実行される.

図3.33の表は,前の手順の結果であり,最初の列(状態テーブル内の影付き)が列混合テーブルの最初の行(影付き)と掛け合わせおよびXORで操作される場合,列混合ステップの最初の列の計算は,

    (1*02) (6*03) (11*01) (16*01)

となる.

列の2番目のバイトは

    (6*01) (11*02) (16*03) (1*01)

として,列混合テーブルの2番目の行を使用して計算される.

▶ ラウンド鍵の加算

鍵は,最初に鍵を16bitの部分(4個の4bitワード)に分割し,各部分を176bit(44個の4bitワード)に拡張することによって,ラウンドごとに変更される.鍵は正方行列に配列され,各列は回転を行う(最初の列を最後にシフトする;1, 2, 3, 4は2, 3, 4, 1になる).次に,Sボックスを使用して鍵の各ワードの置換を行う.最初の2つの操作の結果は,そのラウンドに使用される鍵を作成するためにラウンド定数でXORする.ラウンドごとにラウンド定数は変化し,その値があらかじめ定義されている.上述の

1	5	9	13		02	03	01	01
6	10	14	2		01	02	03	01
11	15	3	7		01	01	02	03
16	4	8	12		03	01	01	01

状態テーブル　　排他的論理和　　列混合テーブル

図3.33 列混合変換

各ステップ（9ラウンドのためにのみ行われる列混合を除く）は，暗号化テキストを生成するために10ラウンド行われる．AESは，近い将来すぐには解読されない強力なアルゴリズムであり，多くのプラットフォームで容易に展開できる優れたスループットを持っている．

▶国際データ暗号化アルゴリズム

国際データ暗号化アルゴリズム（International Data Encryption Algorithm：IDEA）は，1991年に来学嘉（Xioa Jia Lai）とJames Massey（ジェームス・マジー）によって，DESに置き換わるものとして開発された．IDEAは128bit鍵を使用し，64bitブロックで動作する．IDEAは，モジュラー加算と乗算，ビットごとの排他的論理和（XOR）を使用した8ラウンドの転置と換字を行う．

▶CAST

CASTは1996年にCarlisle Adams（カーライル・アダムズ）とStafford Tavares（スタッフォード・タベアズ）によって開発された．CAST-128は長さが40〜128bitの鍵を使用でき，鍵長に応じて12〜16ラウンドの操作を行う．CAST-128は，64bitブロックを持つFeistal型のブロック暗号である．CAST-256は，新しいAES候補として提出された（ただし，採用されていない）．CAST-256は，128bitブロックと128，192，160，224および256bitの鍵で動作する．これは48ラウンドを実行し，RFC 2612に記載されている．

▶SAFER

SAFER（Secure and Fast Encryption Routine）のすべてのアルゴリズムはパテントフ

リーである．アルゴリズムはJames Masseyによって開発され，64bit入力ブロック（SAFER-SK64）または128bitブロック（SAFER-SK128）のいずれかで動作する．SAFERの一種は，Bluetoothのブロック暗号として使用されている．

▶ Blowfish

Blowfishは，Bruce Schneierによって開発された対称アルゴリズムである．これは非常に高速な暗号で，わずか5Kのメモリーで実装できる．これは，入力ブロックを2つに分割し，それらを互いにXOR演算するFeistal型暗号である．しかし，Blowfishは，どちらか片方でだけではなく，双方に対して動作するため，伝統的なFeistal暗号と異なる．Blowfishアルゴリズムは，64bitの入力および出力ブロックに対して，32から448bitまでの可変鍵長で動作する．

▶ Twofish

TwofishはAESの最終候補の1つであった．Bruce Schneierが率いる暗号作成者のチームによって開発されたBlowfishの適応版である．128，192，または256bitの鍵で128bitのブロックを操作できる．暗号化／復号処理中に16ラウンドを実行する．

▶ RC5

RC5はRSA社のRon Rivestによって開発され，多くのRSA社の製品に導入されている．RC5はソフトウェア実装からハードウェア実装まで，多くのアプリケーションに役立つ非常に適応性の高い製品である．RC5の鍵は0 〜 2,040bitの範囲で変更できる．実行するラウンド数は0から255まで調整でき，入力ワードの長さも16，32および64bitの長さから選択できる．このアルゴリズムは，一度に2つのワードを高速で安全に処理している．

RC5は，RFC 2040で4つの異なる動作モードが定義されている．

- RC5ブロック暗号は，DES ECBと似ており，入力と同じ長さの暗号化テキストブロックを生成する．
- RC5-CBCは，反復入力ブロックが同じ出力を生成しないことを保証するために連鎖を使用する，RC5の暗号ブロック連鎖版である．
- RC5-CBC-Padは，任意の長さの入力平文を処理する機能と連鎖機能を組み合わせている．暗号化テキストは，平文より長くても，せいぜい1ブロックである．

- RC5-CTSは"Ciphertext Stealing（CTS）"と呼ばれ，任意の長さの平文と同じ長さの暗号化テキストを生成する．

▶RC4

ストリームベース暗号であるRC4は，Ron RivestによってRSA Data Security社（RSAデータ・セキュリティ）のために1987年に開発されたもので，WEPやSSL/TLSなどで採用されている，最も広く使用されているストリーム暗号となっている．RC4は，8 ～ 2,048bit（1 ～ 256B）の範囲の可変長鍵と，10^{100}より大きい周期を使用している．言い換えれば，鍵ストリームは少なくともその間は繰り返されない．

RC4が128bit以上の鍵長で使用されている場合，それを攻撃する実用的な方法は現在は存在しない．WEPアプリケーションでRC4を使用することに対する公開された巧妙な攻撃は，アルゴリズム自体ではなく，アルゴリズムの実装の問題に関連している．

▶対称アルゴリズムの長所と短所

対称アルゴリズムは，保存または送信されるメッセージに対して，機密性とある程度の完全性，認証を提供する，非常に高速かつセキュアな方法である．多くのアルゴリズムは，ハードウェアまたはソフトウェアのいずれでも実装でき，ユーザーには無償で利用可能である．

しかし，対称アルゴリズムには深刻な短所があり，特に大規模な組織では鍵管理が非常に困難となる．必要な鍵の数は，nをユーザー数とした場合，式n(n－1)/2に従うため，すべての新しいユーザーの増加に伴って急速に拡大する．たった10人のユーザーの組織は，すべてが安全に互いに通信したい場合に，鍵が45個（10*9/2）必要になる．組織が1,000人に成長すれば，管理が必要な鍵は約50万個に拡大することになる．

対称アルゴリズムは，非常に限定的な方法を除いて，発信の否認防止，アクセス制御およびデジタル署名を提供することもできない．複数の人が対称鍵を共有している場合，対称鍵で保護されたファイルを変更したユーザーを証明することはできないのである．鍵を選択することは，鍵管理の重要な一部となる．鍵が鍵空間全体から無作為に選ばれていること，失われた，または忘れられた鍵を回復する何らかの方法があることを保証するプロセスが必要となる．

対称アルゴリズムでは，両方のユーザー（送信者と受信者）が同じ鍵を共有する必要があるため，セキュリティで保護された鍵の配布に問題がある可能性がある．多く

0495

の場合，ユーザーは，手渡し，メール，ファックス，電話，または宅配便などの帯域外チャネルを使用して秘密鍵を交換する必要がある．帯域外チャネルを使用すると，攻撃者が暗号化されたデータと鍵の両方をつかむことが困難になる．対称鍵を交換するもう1つの方法は，非対称アルゴリズムを使用することである．

▶ 非対称暗号

対称暗号の実用上の限界のために，非対称暗号（Asymmetric Cryptography）は全世界の最高のものを提供しようと試みている．最初はより鍵管理が必要となるが，非対称暗号の原理は，完全性，機密性，認証および否認防止のための暗号化機能を展開する，拡張可能で弾力性のあるフレームワークを提供する．

▶ 非対称アルゴリズム

対称アルゴリズムが，数千年にわたって存在していたのに対し，非対称アルゴリズム（Asymmetric Algorithm／または公開鍵アルゴリズム [Public Key Algorithm]）の使用は比較的新しいものである．これらのアルゴリズムはWhitfield Diffie（ホイットフィールド・ディフィー）博士とMartin Hellman（マーティン・ヘルマン）博士が1976年に「暗号の新方向」という論文を発表したことで一般に知られるようになった[★81]．Diffie-Hellmanの論文は，暗号操作を実行するために2つの異なる鍵（鍵ペア）を使用する概念を説明している．2つの鍵は数学的にリンクされているが，それらは相互に排他的である．大部分の非対称アルゴリズムでは，この鍵ペアの一方が暗号化に使用された場合，もう片方の鍵がメッセージの復号に必要となる．

ある人が非対称アルゴリズムを使用して通信することを望む場合，最初に鍵ペアを生成する．これは通常，鍵生成プロセスの強度を確保するために，ユーザーの関与なしに暗号アプリケーションまたはPKIによって行われる．鍵ペアの一方は秘密にされ，鍵の所有者だけが知っている．そのため多くの場合，秘密鍵（Private Key）と呼ばれる．鍵ペアのもう一方は，コピーを必要とする人なら誰にでも自由に与えることができる．多くの企業では，企業のWebサイトや鍵サーバーへのアクセスを通じて利用可能になる．そのため，この鍵ペアのもう一方は公開鍵（Public Key）と呼ばれる．非対称アルゴリズムは一方向関数（One-Way Function）である．すなわち，他方向（逆方向またはリバースエンジニアリング）よりも一方向（順方向）に進む方がはるかに簡単なプロセスである．公開鍵を生成するプロセス（順方向）はかなり単純であり，公開鍵から秘密鍵へのプロセスは計算上実行不可能に近いため，すべてのユーザーに公開鍵を提供することは秘密鍵を侵害することにはならない．

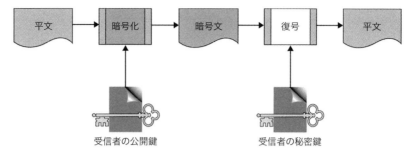

図3.34 公開鍵暗号を使用した，機密メッセージの送信

▶機密メッセージ

鍵は相互に排他的であるため，公開鍵で暗号化されたメッセージは，鍵ペアの対応するもう一方，つまり秘密鍵でのみ解読できる．したがって，鍵所有者が秘密鍵を安全に保つ限り，機密にメッセージを送信する方法が存在する．送信者は，受信者の公開鍵でメッセージを暗号化している．秘密鍵を持つ受信者だけがメッセージを開き，読むことができ，機密性を提供することができる．図3.34を参照．

▶オープンメッセージ

逆に，メッセージが送信者の秘密鍵で暗号化されている場合は，対応する公開鍵を所有しているすべての人が開き，読むことができる．個人がメッセージを送信し，発信証明（否認防止）を提供する必要がある場合，送信者は自分の秘密鍵で暗号化することによってそれを行うことができる．受信者は，送信者の公開鍵を使用してそれを開くため，実際にそのメッセージを送信者が発信したという保証が得られる．図3.35を参照．

▶発信証明付き機密メッセージ

送信者の秘密鍵と受信者の公開鍵でメッセージを暗号化することにより，機密で発信証明を持つメッセージを送信することができる．図3.36を参照．

▶RSA

RSA（Rivest-Shamir-Adleman）は1978年に，当時MIT（マサチューセッツ工科大学）に在籍していたRon Rivest，Adi Shamir（アディ・シャミア），Len Adleman（レオナルド・エーデルマン）らによって開発された．RSAは，2つの大きな素数の積を因数分解すると

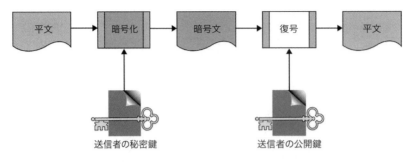

図3.35 公開鍵暗号を使用した，発信証明付きメッセージの送信

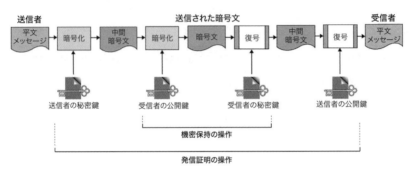

図3.36 公開鍵暗号を使用した，機密で発信証明を持つメッセージの送信

いう数学的な課題に基づいている．素数は正の約数が1とそれ自身のみである数のことである．素数の例には，2，3，5，7，11，13などが含まれる．因数分解は，ある数に対して掛け合わせると，その数になるいくつかの数を見つけることと定義される．例えば，a*b＝cの積であれば，cをaとbに因数分解することができる．3*4＝12のように，3と4，6と2，12と1に，それぞれ因数の積に分解することができる．RSAアルゴリズムは，乗算すると因数分解が非常に困難になる大きな素数を使用している．RSAに対する成功した因数分解攻撃は，512bitの数値に対して実行された(約8,000MIPS年)．近い将来には，1,024bitの数値に対する攻撃が可能になってくることが明らかにされている．米国政府機関NISTは，2010年末までに1,024bitのRSAの鍵長から移行することを推奨している[82]．勧告の一部では次のように述べられている．

「情報が2009年に最初に署名され，最大10年間（つまり2009年から2019年まで）安全である必要がある場合，1,024bit RSA鍵は2011年から2019年の間に十分な保護を

提供しないため，この場合には1,024bitのRSAの使用は推奨されない」．RSAは，最も広く使用されている公開鍵アルゴリズムであり，次の式に従ってテキストブロックを処理している．

暗号化テキストCは，平文Pから以下の式で計算される．

$C = P^e \bmod n$

RSAに対する攻撃

RSAアルゴリズムを攻撃する主要なアプローチは，すべての可能な秘密鍵を試す総当たり攻撃，2つの素数の積を因数分解する数学的攻撃，復号アルゴリズムの実行時間を測定するタイミング攻撃の3つである．

▶ Diffie-Hellmanアルゴリズム

Diffie-Hellmanは，鍵交換アルゴリズムである．このアルゴリズムは，2人のユーザーがメッセージの暗号化に使用する秘密の対称鍵を交換またはネゴシエートできるようにするために使用される．Diffie-Hellmanアルゴリズムはメッセージの機密性を提供しないが，PKIなどのアプリケーションでは非常に役立つ．Diffie-Hellmanは離散対数に基づいている．これは素数の原始根を見つけることに最初に基づいた数学関数である．原始根を使用して，次のように式をまとめることができる．

$b \leq a^i \bmod p \quad 0 \pounds i \pounds (p - 1)$

iはmod pのための離散対数（またはインデックス）である．

▶ ElGamal

ElGamal暗号化アルゴリズム（ElGamal Cryptographic Algorithm）はDiffie-Hellmanの研究に基づいているが，セッション鍵交換だけでなく，メッセージの機密性とデジタル署名サービスを提供する機能も備えている．ElGamalアルゴリズムは，離散対数の同じ数学関数に基づいている．

▶ 楕円曲線暗号

離散対数アルゴリズムの1つの分岐は，楕円曲線の複素数学に基づいている．ここで説明するにはあまりにも複雑なこれらのアルゴリズムは，スピードと強度において優位である．楕円曲線アルゴリズムは，あらゆる非対称アルゴリズムの中で鍵長のビット当たりで最高強度を有している．楕円曲線暗号（Elliptic Curve

Cryptography：ECC）の実装では非常に短い鍵を使用できるため，計算能力と帯域幅を節約できる．これにより，ECCは，スマートカード，無線およびほかの同様のアプリケーション分野での実装に特に有益である．楕円曲線アルゴリズムは，機密性，デジタル署名およびメッセージ認証サービスを提供可能である．

▶非対称鍵アルゴリズムの長所と短所

　非対称鍵暗号の開発は，暗号コミュニティに革命をもたらした．これにより，事前の鍵交換または鍵の配布のオーバーヘッドなしに，安全な方法で，信頼できない媒体を介してメッセージを送信することが可能になった．発信の否認防止，アクセス制御，データの完全性，配信の否認防止など，対称暗号では容易に利用できない，ほかのいくつかの機能が可能になった．

　問題は，非対称暗号が対称暗号と比べてとても処理速度が遅いことである．非対称暗号は，速度とパフォーマンスの面で非常に問題があったため，大量のデータや頻繁なトランザクションの暗号化のために日常的に使用するのは現実的ではない．これは，非対称がはるかに大きな鍵と計算を処理しているためであり，小さな鍵と複雑でない代数計算を扱うだけの場合よりも，高速なコンピュータ処理が難しくなる．非対称アルゴリズムからの暗号化テキストの出力は，平文よりもはるかに大きい場合がある．これは，大きなメッセージでは，機密性について有効ではないことを意味する．ただし，メッセージの完全性，認証および否認防止には有効となる．

▶ハイブリッド暗号

　対称暗号に関する多くの問題の解決策は，対称暗号の優れた速度とセキュアなアルゴリズムと，非対称暗号のセッション鍵の安全な交換，メッセージ認証および否認防止の機能の両方の長所を組み合わせた暗号のハイブリッド技法を開発することにある．対称暗号は，大容量ファイルの暗号化に最適である．これは，配信時間や計算パフォーマンスにほとんど影響を与えずに，暗号化と復号のプロセスを処理することができる．

　非対称暗号は，そのセッションで使用される対称鍵の交換またはネゴシエーションを通じて，通信セッションの初期セットアップを処理できる．多くの場合，対称鍵はこの通信の間に対してのみ必要であり，トランザクションの完了後に破棄することができるため，この場合の対称鍵はセッション鍵（Session Key）と呼ばれる．ハイブリッドシステムは，図3.37に示すように動作する．メッセージ自体は対称鍵で暗号化され，

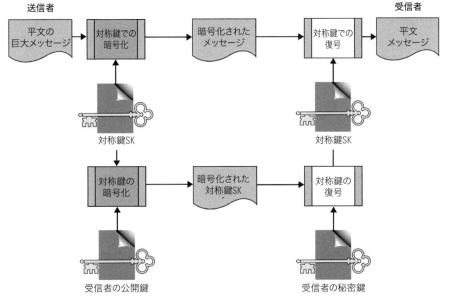

図3.37 バルクデータの暗号化のために対称アルゴリズムを使用し，対称鍵の配布のために非対称アルゴリズムを使用するハイブリッドシステム

受信者に送信される．対称鍵は，受信者の公開鍵で暗号化され，受信者に送信される．対称鍵は，受信者の秘密鍵で復号される．これにより，受信者に対称鍵が開示される．その後，対称鍵を使用してメッセージの復号を行うことができる．

▶ メッセージダイジェスト

　メッセージダイジェスト（Message Digest）は，より大きなメッセージを小さく表現することである．メッセージダイジェストは，機密性ではなく，情報の認証と完全性を保証するために使用される．

▶ メッセージ認証コード

　メッセージ認証コード（Message Authentication Code：MAC／暗号チェックサム［Cryptographic Checksum］とも呼ばれる）は，秘密鍵を使用して生成され，メッセージに付加される小さなデータブロックである．メッセージが受信されると，受信者は秘密鍵を使用して自身のMACを生成することができ，メッセージが偶発的または意図的に転送中に変更されていないことを知ることができる．もちろん，この保証は誰も秘

密鍵へのアクセス権を持っていないという両当事者の信頼と同程度の強度になる．MACはメッセージの小さな表現であり，次のような特徴がある．

- MACはそれを生成するメッセージよりもはるかに小さい．
- MACが与えられた場合，それを生成した元のメッセージを計算することは現実的ではない．
- MACとそれを生成したメッセージを与えられた場合，同じMACを生成する別のメッセージを見つけることは現実的ではない．

DES-CBCの場合，CBCモードのDESアルゴリズムを使用してMACが生成され，秘密のDES鍵が送信者と受信者によって共有される．MACは実際にはアルゴリズムによって生成された暗号化テキストの最後のブロックに過ぎない．このデータブロック（64bit）は，暗号化されていないメッセージに添付され，遠方の端末に送信される．暗号化されたデータのすべての前のブロックは，MAC自体に対する攻撃を防ぐために破棄される．受信者は，メッセージの完全性と認証を確認するために共有する秘密のDES鍵を使用して，自身のMACを生成する．CBCの連鎖機能は，メッセージ内のどこかのビットが変更された場合，最後のデータブロックを大幅に変更するため，受信者はメッセージが変更されていないことを知ることができる．秘密鍵を保有している人はもう1人だけなので，受信者はメッセージの送信元を知ることができる（認証）．メッセージにシーケンス番号（TCPヘッダーやX.25パケットなど）が含まれている場合は，すべてのメッセージが受信され，重複または欠落していないことが確認できる．

▶ HMAC

DESに基づくMACは，MACを生成する最も一般的な方法の1つである．しかし，ハッシュ関数に比べて動作が遅くなる．MD5のようなハッシュ関数は秘密鍵を持たないため，MACには使用できない．したがって，RFC 2104は，IPSecおよびSSL/TLSなどのほかの多くの安全なインターネットプロトコルで今や使用されることになったプロセスであるハッシュベースのメッセージ認証コード（Hash-Based Message Authentication Code：HMAC）システム（ハッシュ関数を用いたMAC）を提供するために発行された．HMACは，HMAC実装内のコンポーネント（ブラックボックス）として，自由に利用可能なハッシュアルゴリズムを実装している．これにより，新しいハッシュ関数が必要になった場合に，ハッシュモジュールの置き換えが容易にな

る．実証済みの暗号化ハッシュアルゴリズムを使用することで，HMAC実装のセキュリティを保証することもできる．HMACは，元のメッセージとともにハッシュ入力関数に秘密鍵の値を追加することによって動作する．HMAC操作では，ハッシュアルゴリズムと同等の暗号強度が提供されるが，秘密鍵の保護が追加されたことを除けば，標準のハッシュ演算とほぼ同じように高速に動作する．

3.7 ソフトウェアとシステムの脆弱性と脅威

ソフトウェアとシステムは脆弱性に悩まされ続けることになる．Webベースのアプリケーション，クライアント，サーバーおよびそれらをサポートする技術は引き続き修復作業を必要としている．安全なアーキテクチャーによる健全な設計は，開発する前に脆弱性を緩和し，除去するのに役立つ．

3.7.1 Webベース

本質的に，Webアプリケーションは，様々な場所で議論されている脅威と保護メカニズムについて，すべてがその対象となりえる．加えて，Webアプリケーションはそのアクセス容易性から特に脆弱と言える．

Webシステムを保護するには，Webサーバーの保証されたサインオフプロセスを採用し，これらのサーバーで使用するオペレーティングシステムを強化（既定の構成とアカウントの削除，許可と特権の正しい構成およびベンダーの更新プログラムによる最新状態の維持）し，展開前にWebおよびネットワークの脆弱性スキャンを実施し，IDSと高度なIPS技術を受動的に評価し，アプリケーションプロキシーファイアウォールを使用し，不要なドキュメントやライブラリーを無効にするといったことが有効である．

管理インターフェースが適切に削除または保護されていることを確認する必要がある．許可されたホストまたはネットワークからのアクセスのみを許可し，強力な（可能ならば多要素の）ユーザー認証を使用する必要がある．認証資格情報をアプリケーション自体にハードコードしないで，証明書などの高信頼認証者を使用することで，資格情報のセキュリティを確保する必要がある．アカウントのロックアウトと拡張されたログ収集と監査を使用し，すべての認証トラフィックを暗号化で保護する．インターフェースには少なくともアプリケーションの残りの部分と同じ安全性を確保し，ほとんどの場合，より高いレベルでセキュリティを確保することが必要になる．

Webシステムとアプリケーションはそのアクセス性の高さから，入力の妥当性確認が重要である．この点に関しては，アプリケーションプロキシーファイアウォールは適切であるが，プロキシーが，バッファーオーバーフロー，認証の問題，スクリプティング，基盤となるプラットフォームへのコマンドの送信（SQL [Structured Query Language] コマンドなどのデータベースエンジンに関連する問題を含む），エンコードの問題（Unicodeなど）およびURLのエンコードと変換の問題に対応できることを確認する必要がある．特に，プロキシーファイアウォールは，社内およびカスタムソフトウェアへのデータ送信の問題に対処し，これらのシステムへの入力の妥当性確認を確実に実施する必要がある（このレベルの保護は，プログラムのカスタマイズによってアプリケーションに適用する必要がある）．

▶ XML

XML（Extensible Markup Language）は，データ形式とデータの両方をイントラネットとWeb上で共有できるように，データをテキストファイルで構造化するためのW3C（World Wide Web Consortium）標準である．HTML（Hypertext Markup Language：ハイパーテキストマークアップ言語）などのマークアップ言語は，文書内の構造（形式）を識別するための単なるシンボルとルールのシステムである．シンボルは無制限で，ユーザーまたは作成者が定義することができるため，XMLは「拡張可能（Extensible）」と呼ばれている．XML形式は，データベース，アプリケーションおよび基盤となるDBMS（Database Management System：データベース管理システム）から独立した中立形式でデータを表現できる．

XMLは1998年にW3C標準になった．XMLは，データとコンテンツを統合するデファクトスタンダードだと考えられている．データを交換し，オブジェクトモデルやプログラミング言語などの様々な技術を橋渡しすることができる．この長所のために，XMLは現在のDBMSやデータアクセス規格（例えば，ODBC [Open Database Connectivity]，JDBC [Java Database Connectivity] など）のデータとドキュメントを変換し，Webで利用可能にし，共通のデータフォーマットを提供することが期待されている．もう1つ，そしておそらくより重要な長所は，基本となるXML文書を1つ作成し，様々な方法やデバイスで表示できることである．セキュリティアーキテクトは，XMLの基本的な構造と，攻撃者がXMLパーサーを操作する方法を認識する必要がある．データベースセキュリティと同様に，セキュリティアーキテクトは，XMLがインジェクション攻撃に対して脆弱であることを理解しなければならない．アプリケーションのXMLパーサーを見直す際には，アーキテクトは入力の妥当性確認

が行われ，設計フェーズで「正常の」パラメーターが確立されていることを確認する必要がある．

▶ SAML

SAML (Security Assertion Markup Language) は，認証および認可情報を交換するために使用されるXMLベースの標準である．SAMLは，構造化情報標準促進協会 (Organization for the Advancement of Structured Information Standards：OASIS) のセキュリティサービス技術委員会によって開発された．SAMLは，異なるID管理システムを持つフェデレーションシステムが，シンプルなサインオンとシングルサインオンの交換を介してやり取りできるように設計されている．OASISはSAMLの長所を次のように述べている[83]．

- **プラットフォームの中立性**(Platform Neutrality) ＝ SAMLはセキュリティフレームワークをプラットフォームアーキテクチャーおよび特定のベンダー実装から切り離して考えている．セキュリティをアプリケーションロジックから，より独立させることは，サービス指向アーキテクチャー(SOA)の重要な教訓である．

- **ディレクトリーの疎結合**(Loose Coupling of Directories) ＝ SAMLでは，ディレクトリー間でユーザー情報を維持および同期する必要はない．

- **エンドユーザーのオンラインエクスペリエンスの向上**(Improved Online Experience for End-Users) ＝ SAMLは，ユーザーがIDプロバイダーで認証し，追加認証なしでサービスプロバイダーにアクセスできるようにすることで，シングルサインオンを実現している．さらに，IDフェデレーション(複数のアイデンティティのリンク)をSAMLと組み合わせることで，プライバシーを促進しながら，各サービスでよりカスタマイズされたユーザーエクスペリエンスを実現できる．

- **サービスプロバイダーの管理コストの削減**(Reduced Administrative Costs for Service Providers) ＝ SAMLを使用して，単一の認証(ユーザー名とパスワードを使用したログインなど)を複数のサービスにまたがって"再利用"することにより，アカウント情報の管理コストを削減できる．この負担はIDプロバイダーに転化される．

- **リスク移転**(Risk Transference) ＝ SAMLは，IDプロバイダーに対してIDの適切な管理の責任を負わせることができるため，サービスプロバイダーよりもIDプロバイダーのビジネスモデルと相性がよいことが多い．

SAMLは本質的に安全であるように設計されているが，セキュリティアーキテクトは実装が言語のセキュリティを弱めないようにする必要がある．例えば，SAMLアサーションを渡す時に，システムが承認要求の識別子または受信者のIDを省略する場合，攻撃者は許可なしにユーザーのアカウントにアクセスできる可能性がある[84]．

　この点でセキュリティアーキテクトにとって考慮すべきもう1つの項目は，OpenID Connect標準である[85]．OpenID Connectは，OAuth 2.0ファミリーの仕様に基づいた相互運用可能な認証プロトコルである[86]．これは，平易な「REST/JSON」というメッセージフローを使用している．「単純なことは簡略化し，複雑なことは実現可能にする」という設計目標を目指した．

　OpenID Connectは，OpenID 2.0と多くのアーキテクチャー上の類似点を持ち，プロトコルは非常に似通った問題を解決している．しかし，OpenID 2.0はXMLとカスタムメッセージ署名スキームを使用しているため，実際には開発者が正しく理解することが難しいことがあり，その結果，OpenID 2.0の実装時に相互運用に原因不明の影響を与えることがあった．OpenID Connectの基盤であるOAuth 2.0は，クライアントとサーバーの両方のプラットフォームで普遍的に実装されているWeb組み込みのTLS（HTTPSまたはSSLとも呼ばれる）インフラストラクチャーに，必要な暗号化を委託している．OpenID Connectは，署名が必要な場合に標準のJSON Webトークン（JWT）データ構造を使用している．これにより，開発者によるOpenID Connectの実装は大幅に簡略化され，実際には相互運用性が大幅に向上した．

　OpenID Connectを使用すると，開発者はパスワードファイルを所有し，管理しなくても，Webサイトやアプリケーションでユーザーを認証できる．アプリビルダーに対しては，「現在ブラウザーに接続しているユーザーや，ネイティブアプリを使用しているユーザーのIDは何であるか？」という質問に対して，安全で検証できる回答が提供される．

　OpenID Connectを使用すると，ブラウザーベースのJavaScriptやネイティブモバイルアプリを含むすべてのタイプのクライアントがサインインフローを起動し，ログインしたユーザーのアイデンティティに関する検証可能なアサーションを受け取ることができる．

　（アイデンティティ，認証）＋OAuth 2.0＝OpenID Connect

▶ OWASP

　OWASP（Open Web Application Security Project：オープンWebアプリケーションセキュリティ

プロジェクト）は，ソフトウェアのセキュリティを強化することに重点を置いた非営利団体である．OWASPは，以下を含め，セキュリティアーキテクトにとって興味のある多くの有益な製品を無償で開発している．

- **OWASPトップ10プロジェクト**（OWASP Top 10 Project）＝Webベースアプリケーションのセキュリティの欠陥のトップ10に関するOWASPの意見と，それらを低減する方法を提供している[87].
- **OWASPガイドプロジェクト**（OWASP Guide Project）＝アーキテクトを対象にした，安全なWebアプリケーションとサービスを設計するための包括的なマニュアルである[88].
- **OWASPソフトウェア保証成熟度モデル**（OWASP Software Assurance Maturity Model：SAMM）＝SAMMは，組織の特定のリスクに合わせて安全かつ調整されたソフトウェアを設計するために使用されるフレームワークである[89].
- **OWASPモバイルプロジェクト**（OWASP Mobile Project）＝開発者やアーキテクトが安全なモバイルアプリケーションを開発し，維持するためのリソースを提供している[90].

　Webベースおよびクラウドベースのソリューションの普及を前提として，OWASPはWebアプリケーションのセキュリティのためのプロセスを備えた，利用可能かつ詳細なフレームワークを提供している．セキュリティアーキテクトは，OWASPの作業と，各自が担当するミッションにどのようにそれが適用されるのかを熟知している必要がある．

3.8 モバイルシステムの脆弱性

　過去20年間にわたり，私たちは，1990年代後半から2000年代前半のパーソナルデータアシスタント（PDA）から今日の多機能スマートフォンまで，モバイル機器における重要な技術の進歩を目の当たりにしている．これらの進歩により，電子メールへの絶え間ないアクセスを提供し，新しいモバイルビジネスアプリケーションを可能にし，機密性の高い企業データへのアクセスをいつでも行い，任意のデバイスに保存することで，家庭とオフィスの境界線を曖昧なものにしている．

　最初のBlackBerryスマートフォンが2000年代初めにリリースされた時，企業はすぐにリモート電子メールとカレンダーアクセスの利点を認識し，大勢の従業員に

スマートフォンのネットワークアクセスを提供し，24時間のコネクティビティというアイデアを効果的に確立し始めた．スマートフォンの普及は，Apple社（アップル）のiPhoneや，Android，Windows Phoneオペレーティングシステムを実行するのちのデバイスのリリースによって，ビジネスユーザーを超えて拡大した．機能は，単なる電子メールやWebブラウジングから広がって，今のモバイル機器は，写真を撮ったり，カスタムアプリケーションを実行したり，FlashやJavaScriptを使ってリッチコンテンツのWebサイトを表示したり，ほかのデバイスやネットワークにワイヤレスで接続したり，VPN接続を確立したり，ほかのデバイスのデータトラフィックの導管として機能したりすることができる（テザリングとして知られている）．iPad，Surface，Galaxyなどのタブレット PCは，スマートデバイスのコンセプトを再定義し，モバイル機器とコンピュータ間の境界を曖昧なものにしている．

　モバイル機器の機能の増加とそれに続く消費者の賛同に伴い，これらのデバイスは，職場での業務や個人的な生活の両方で，人々が作業を行う上で不可欠な存在となっている．ハードウェアとソフトウェアの改良により，モバイル機器でより複雑なタスクを実行できるようになったが，逆に，攻撃者のターゲットとしてのプラットフォームの魅力も高まっている．Androidの「オープンアプリケーション」モデルによって，隠された機能を持つ悪意あるアプリケーションが複数作成され，ユーザーデータをひそかに収集している★91．同様に，中国，東欧および中東のサードパーティのAndroidアプリケーション市場では，不正なリモート管理用コマンド実行機能を備えたホスティングアプリケーションが出回っている．

　最初に検出されたAndroidマルウェアは2010年8月に浮上し，その後300種類を超えるマルウェアファミリーが発見され，特定されている．検出と削除を避ける点で洗練されたAndroidマルウェアが，どのように検出を回避しようとしているかに大きな革新があった．GinMasterはその代表例である．2011年8月に中国で最初に発見されたこのトロイの木馬は，サードパーティのマーケットからも配布されている多くの正規アプリにも挿入されている．2012年，GinMasterはクラス名を難読化し，URLとC＆C（Command and Control）の命令を暗号化し，Windowsのマルウェアで一般的になってきたポリモーフィズム（多形化）技術に移行することで検出に抵抗し始めた．2013年，GinMasterの開発者は，はるかに複雑で巧妙な難読化と暗号化を実装し，このマルウェアを検出またはリバースエンジニアリングすることを難しくした★92．

　多くの組織ではデータの完全性が懸念されており，規制やデータ保護の要件が厳しくなっているため，組織はモバイル機器とやり取りするデータを適切に保護する

必要がある．その結果，より高いレベルのセキュリティとデータ保護の保証が必要
となる．課題は，これらのレベルがベンダーやプラットフォーム自体が現在提供で
きているレベル以上となる可能性があることである．セキュリティ担当責任者が直
面しているもう1つの課題は，モバイル機器を使用することによるメリットと恩恵
が，不正やセキュリティのリスクによって打ち消されてしまうことである．一例と
して，セキュリティ研究者は，iPhoneやAndroidのセキュリティ上の脆弱性をいく
つか特定したが，これらはデバイスの制限をバイパスし，デバイスの"脱獄"や"ルー
ト化"により，独自のファームウェアをユーザーがインストールできる★93．これに
より，悪意あるマルウェアがデバイスで実行されないようにする制限の多くをバイ
パスすることができるようになった．

　Apple社，Research In Motion社（RIM：リサーチ・イン・モーション）☆7，Microsoft社，
Google社は，開発者がアプリケーションを作成するために使用する様々なオペレー
ティングシステムとソフトウェア開発キット（Software Development Kit：SDK）をサポー
トしている．これらのプラットフォームは，開発者がアプリケーション内のセキュ
リティに対処する方法に影響する，異なるセキュリティモデルを備えている．また，
各言語には独自の落とし穴があり，アプリケーション開発時に考慮する必要があ
る．JavaScriptや永続的なセッションデータの制限により，開発者はすべてのリク
エストのURLに機密情報やセッション情報を設定することができる．さらに，ネッ
トワーク帯域幅の制限により，開発者はWebページから追加情報をキャッシュす
るモバイル機器フォーマットのサイトを作成するが，デバイスが侵害された場合に
は，この情報が漏洩する可能性がある．

　2012年第4四半期に，Forrester Research社（フォレスター・リサーチ）のグローバル
調査によると，従業員の74%がパーソナルスマートフォンをビジネスタスクに使
用していた．グローバルな調査によると，従業員の44%が喫茶店やその他の公共
の場での仕事にスマートフォンを使用し，47%が出張中（旅行中）にスマートフォン
を使用していることも判明した★94．このような調査の結果，セキュリティ担当責
任者は，企業内でのモバイル機器の展開と使用の現状について調査する必要があ
る．システムの脆弱性を理解し，効果的に管理することは，セキュリティ管理プロ
グラムの基本的かつ重要なステップとなる．例えば，「効果的なサイバー防衛のた
めの重要なコントロール」（以前の「SANSトップ20セキュリティコントロール」）の最初の4
つには，デバイスとソフトウェアの識別とインベントリー，構成管理の強化および
定期的かつ自動化されたシステム脆弱性の評価と低減が含まれる★95．これらのコン
トロールは，米国国土安全保障省の継続的診断および緩和（Continuous Diagnostics and

Mitigation：CDM）プログラムにおける最初のフェーズとほぼ同等となっている[96].

モバイルプラットフォームがもたらす課題は数多く多様であるが，以下のように機能単位またはカテゴリーに分類して，検討ならびに特定することができる.

3.8.1 リモートコンピューティングのリスク

組織は，VPNを介して企業ネットワークにアクセスするため，リモートユーザーが安全であると想定することがよくある. しかし，VPNは認証されたユーザーだけが企業イントラネットにアクセスできるトンネリング接続を提供しているが，完全なエンド・ツー・エンド・ソリューションではない. VPNは，リモートおよびモバイル機器がソフトウェアおよび構成の脆弱性から解放されることを保証するものではなく，ウイルスやワームを伝播するために使用される可能性がある. これらのマルウェアの例は多数存在するため，リモートコンピュータは重要なネットワーク資産をこれらの脆弱性にさらす可能性がある.

VPN関連の違反の一例は，Heartland Payment Systems社（ハートランド・ペイメント・システムズ）の2008年のインシデントである. 支払い処理システムは，部分的に使用しているVPN接続から侵害された. まず，SQLインジェクション攻撃により，ハッカーはHeartland社内のシステムに侵入したが，トランザクション処理環境内では制御できなかった. 次に攻撃者は，侵入した内部システムを使用して特権昇格攻撃を実行した. これを実行できたのは，ワークステーションなどのシステムが支払い処理システムなどの機密データをホストするシステムと同じレベルにセキュリティ保護されていなかったためである[97].

同様の事件が，2010年1月にGoogle社，Adobe Systems社（アドビシステムズ），Microsoft社，Yahoo!社（ヤフー），そして，およそ30のハイテク企業に影響を与えた[98]. 事件に続いて，Google社は，中国からのものであると疑われた高度な標的型攻撃のために，VPN設定への緊急の変更をするようにユーザーに指示した. のちにこの攻撃は，パッチが未適用のブラウザーの欠陥によるものであると伝えられている[99]. VPNの設定変更のタイミングによって，パッチされていないソフトウェアを持つ内部システムと，内部ネットワークや機密データへのVPNアクセスとの間に関係があるとの結論に至るまでになった[100]. セグメンテーション，プロキシー，フィルタリングおよび監視によって，これらの侵入が防止できた可能性がある. ブラウザーのパッチおよびアップグレードによっても，それが防止できた可能性がある. 皮肉なことに，攻撃の3カ月後, Google社は中国のユーザーがVPN技術を使用して境界セキュ

リティをバイパスし，中国本土からGoogleサービスへの継続的なアクセスを確保することを検討するように提案した．

エンドポイントデバイスのリスクには，以下の問題が含まれる．

- **信頼できるクライアント**（Trusted Clients）＝デバイスの向こうにいるのは誰で，彼らの意図は何か．
- **ネットワークアーキテクチャー**（Network Architectures）＝モバイル機器のアクセスを制御および管理するためのインフラストラクチャーはどこにあるか．通常，DMZ（Demilitarized Zone：非武装地帯）ではなくLAN内にあり，ハッカーがAPT（Advanced Persistent Threat）攻撃やRAT（Remote Access Trojan：リモートアクセス型トロイの木馬）ベースのマルウェアの導入によってLANに侵入する可能性がある．さらに，パッチされていないインフラストラクチャーを悪用した脆弱性の潜在的可能性に対処するために，企業全体にわたって堅牢で完全に実装された修正プログラム管理ソリューションが存在しているか[101]．
- **ポリシーの実装**（Policy Implementation）＝不正確，不十分，または弱く実装されたコントロールは，ハッカーやマルウェアによって簡単にバイパスされる可能性がある．
- **盗難されたデバイスまたは紛失したデバイス**（Stolen or Lost Devices）＝機密データを含むデバイスが企業のセキュリティ装置の制御および管理下にない場合，物理アクセス制御は大きな課題となる．

3.8.2 モバイルワーカーのリスク

移動の多い従業員は自宅や外出先にラップトップを持ち歩き，新しい場所からオフィスにいるのと同じように仕事をしている．しかし，これらのモバイル機器は，企業のLANを保護するために導入されてきた企業ファイアウォールや，その他のセキュリティ保護デバイスでは保護されていない．これにより，システムはウイルス，ワームおよびその他の種類のマルウェアにさらされ，あとでこれらのマシンが攻撃者によって不正にネットワークアクセスに利用される危険性が高まることになる．これらのマシンは，最終的に企業のネットワークに戻り，文字どおりネットワークファイアウォールを通過し，信頼できるデバイスとして接続することが許される．マルウェアに感染した場合，モバイルマシンは悪意あるコードを企業環境に導入するための導管となることになる．モバイルワーカーのリスクには，以下の問

題が含まれる.

- **プラットフォームの増殖**(Platform Proliferation) ＝平均的な従業員は現在, 2つまたは3つの異なるモバイル機器を使用して, 企業ネットワークにアクセスしている. したがって, ITおよびセキュリティ部門は, Android, iOS, Windows Phone, Windows Mobile, BlackBerry, Symbianなど, デバイスとオペレーティングシステムのほぼ無限の範囲にわたって, モバイルセキュリティを実装および管理する必要があるという課題に直面している.

- **在宅ベースのPCとマルチデバイスの同期ソリューション**(Home Based PC and Multi-Device Synch Solutions) ＝これにより, データ漏洩のリスクが増加する可能性がある. 従業員は自分の個人的なファイルや写真のバックアップにしか関心がないかもしれないが, 同期プロセスの一環として, 企業のデータとパスワードをモバイル機器から自宅のコンピュータにダウンロードすることもできる. 従業員の自宅のコンピュータがすでにトロイの木馬やスパイウェアに感染していると, 企業データのセキュリティが損なわれる可能性がある. さらに, コンピュータにパッチが適用されていない脆弱性が存在する場合, 実際にモバイル機器上で実行されているセキュリティソフトウェアに関係なく, サイバー犯罪者はコンピュータにバックアップ, 格納または同期されるモバイルデータに簡単にアクセスできる.

　以下のリストは, モバイル機器の潜在的な攻撃経路(Attack Vector)のいくつかを分類している.

- SMS (Short Message Service：ショートメッセージサービス)
- Wi-Fi
- Bluetooth
- 赤外線
- USB
- Webブラウザー
- メールクライアント
- サードパーティのアプリケーション
- "脱獄"された電話機
- オペレーティングシステムの脆弱性

- 物理アクセス

以下のリストは，攻撃者のターゲットの潜在的な例をいくつか分類している．

- **SMS**
  - デバイス上のSMSメッセージを攻撃者に転送したり，攻撃者が貴重な情報を検索したりすることができる．
  - 金融機関を含む多くのコマースサイトは，帯域外チャネルとしてSMS経由でワンタイムパスワードまたは資格情報を通信することがある．
  - SMSは，トランザクションを実行する手段として利用することができ，これにより攻撃者がデバイスから不正なトランザクションを実行することができる．
- **電子メール**（Email）
  - 電子メールメッセージの送受信にデバイスが使用されている場合は，攻撃者がメッセージを転送または検索することが可能である．これは，プライベートだけでなく，企業の電子メールメッセージが含まれる．
  - 電子メールメッセージには，機密性の高い会社情報だけでなく，パスワードリセットリンクからの資格情報などのその他のプライベート情報も含まれている可能性がある．
- **電話**（Phone）
  - モバイルオペレーティングシステムを介した，モバイル機器のハードウェアへの低レベルのアクセスは，攻撃者に音声会話を録音する，あるいは聞く機能を提供することが可能である．
- **映像・写真**（Video/Photo）
  - モバイルオペレーティングシステムを介した，モバイル機器のハードウェアへの低レベルのアクセスは，攻撃者がデバイスの周囲の詳細なビューを提供するために，携帯電話からビデオを記録する，あるいは写真を撮る目的で内部カメラをアクティブにする機能を提供することが可能である．
- **ソーシャルネットワーキング**（Social Networking）
  - スマートフォンで実行されているソーシャルネットワーキングアプリケーションは，感染したアカウントに関連付けられたユーザーの信頼によってマルウェアを伝播するために利用することが可能である．
  - 関連アカウントとして行われた偽装は，ユーザーとそのソーシャル連絡

先に関する個人情報の取得を可能とする.

- **位置情報**（Location Information）
  - ほとんどの携帯電話は,位置情報を提供する（例えば,GPSやGSMアンテナ情報を内蔵している場合など）.そのため,攻撃者がデバイス上のこの情報を照会して,デバイスがどこにあるかを判断できる.
- **音声録音**（Voice Recording）
  - モバイルオペレーティングシステムを介した,モバイル機器のハードウェアへの低レベルのアクセスは,攻撃者が電話音声を含む,携帯電話に近い音や音声を記録するために,内部マイクをアクティブにする機能を提供することができる.
- **文書**（Documents）
  - 攻撃者は,電子メールからの添付ファイルを含む,デバイスに保存された文書を取得できる.
  - 文書の種類には,PDFファイル,Microsoft Officeファイル,資格情報,暗号化証明書,内部ビデオ,内部電子書籍などがある.
- **資格情報**（Credentials）
  - キャッシュされた資格情報は,サードパーティ製アプリケーション内で安全に格納されない可能性がある.

　モバイルシステムの脆弱性の評価と低減の分野において,今日のセキュリティ担当責任者やアーキテクトが直面している課題の一例として,2つの携帯電話デバイスの小さいながらも重要な違いと,デバイスベースの暗号化の実装方法を挙げることができる.

　Windows Phone 8/8.1のBitLocker暗号化は,iPhoneとは異なり,画面ロックのパスコードが作成された時に,管理されていないデバイスでは自動的に有効にならない.具体的には,Exchange ActiveSync（EAS）機能をアクティブにするまで,Windows Phone 8/8.1デバイスは暗号化されない.デバイスの暗号化は,リモートでプロビジョニングされた管理ポリシー（EASまたはMDM経由）を使用するデバイスでのみ起動することができる.一方,iPhoneはスクリーンロックパスワードを作成すると,すぐにその場でデバイスおよびファイルの暗号化を提供する.

　Microsoft社は,Windows Phone上の個人情報を保護するため,ユーザーが数字のPINコードを設定する必要があると述べている.電話機を紛失したり,盗難されたり,悪意あるユーザーが不正にデバイスに侵入しようとすると,デバイスは自動

的に消去される（以下のとおり，デバイスが登録されている場合は）．Windows Phoneストレージに対する攻撃を防ぐために，Microsoft社はいくつかのオプションを提供している．まず，USBを使用して電話機をPCに接続すると，ユーザーのPINが正常に入力されたことに基づいてデータへのアクセスが許可される．第2に，物理的なリムーバブルストレージに影響を及ぼすオフライン攻撃は，記憶媒体をデバイス自体に固定することによって対処される．最後に，ユーザーは自分のWindows Phoneデバイスを登録することができる．これにより，電話機の紛失や盗難時にデバイスの検索，呼び出し，ロック，または消去が可能になる[102]．

　セキュリティ担当責任者は，企業のモバイルシステムに関連する脅威，脆弱性およびリスクを検討する際には，多くの要素を考慮する必要がある．この際のガイダンスは，以下のような基準によって提供されている．

- NIST SP 800-40 Revision 3「企業におけるパッチ管理技術の手引き」[103]
- NIST SP 800-121 Revision 1「Bluetoothセキュリティガイド」[104]
- NIST SP 800-124 Revision 1「企業におけるモバイル機器のセキュリティ管理ガイドライン」[105]

3.9 組み込み機器とサイバーフィジカルシステムの脆弱性

　今日，我々の周りにはインテリジェントでネットワーク接続されたデバイスが多数存在している．スマートフォンはいつでもどこでも利用でき（ユビキタスであり），スマートカー，スマートビル，さらにはスマート家電も主流になりつつある．各メーカーは，これらのデバイスにインテリジェンスを組み込み，それらをインターネットに接続してより有用なものにしているが，この種の洗練された機能は，悪用やセキュリティ攻撃の標的にもなる．セキュリティアーキテクトは何をするべきであるか．次の2つの例を考えてみる．

　2013年にBlack Hatコンファレンスで発表した，Trustwave社（トラストウエーブ）SpiderLabs（スパイダーラボ）のDaniel Crowley（ダニエル・クローリー）とDavid Bryan（デビッド・ブライアン）は，Mi Casa Verdeが販売する180ドルのホームオートメーションゲートウェイVeraLiteを使用して，ホームシステムを簡単にハッキングできることを *SC MAGAZINE* のビデオインタビューで実証した．

　Crowleyが説明したように，VeraLiteは，「Webインターフェースを備えているが，ユーザー名とパスワードを必要としないUPnP（Universal Plug and Play：ユニバーサル・

プラグ・アンド・プレイ) プロトコルインターフェースも備えている．ネットワークに接続してUPnPデバイスがあるかどうかを尋ねると，それができるすべてのことを教えてくれる．もし私があなたのホームネットワークにアクセスできるなら，私はあなたの家にアクセスすることができる」．彼は，テーブルに座っていくつかのキーストロークを行い，ドアロックを開く操作を行うほんの少し前にこう発言したのである．

VeraLiteだけではない．CrowleyとBryanは，10種類の製品をテストしたところ，「1つまたは2つ以外は，同様に侵入することが可能であった．ほとんどの場合，セキュリティ管理は一切存在しなかった」[106].

2番目の例は，2013年と2014年に英国で300台のBMWが盗まれたケースである．このケースでは，ハッカーが車の技術ポートに侵入し，各車のキー・フォブのデジタルIDにアクセスできたために，車が盗まれた．

フォブをプログラムするために必要な認証は存在しなかった．BMWはディーラーネットワークのためにこのシステムを「オープン」にしておいたため，残念ながら車の盗難は容易に行うことが可能であった[107].

ユーザビリティとアクセスの容易さが，常識的セキュリティプロトコルや手順よりも勝っているために，セキュリティアーキテクトはこの分野で苦戦を強いられている．これらのシステムの多くを管理しているセキュリティ専門家にとっても，企業でも家庭でも引き続きこれらは実装され続けるため，同様である．ここでも，テストを経て動作することが実証されているセキュリティに対する常識的なアプローチは，エンドユーザーレベルでのアクセスの容易さと機能性を優先することから除外されてしまっている．サイバーフィジカルシステムについてはどうであろうか．コンシューマ分野と同様にセキュリティに注意を払うことなく，設計，導入，管理されているであろうか．

サイバーフィジカルシステム (Cyber-Physical System：CPS) は，センサー，プロセッサーおよびアクチュエーターを内蔵したスマートネットワークシステムで，物理的な世界 (人間のユーザーを含む) を感知して相互作用するように設計されており，安全が重要なアプリケーションでのリアルタイムの保証されたパフォーマンスをサポートする．CPSでは，システムの「サイバー」的な要素と「物理」的な要素の共同動作が重要で，コンピューティング，制御，センシング，ネットワーキングがすべてのコンポーネントに深く統合されており，コンポーネントとシステムの動きを慎重に編成する必要がある．

CPS製品が見つかるかもしれない産業分野の一部のリストは次のとおりである．

- 交通
- 製造業
- ヘルスケア
- エネルギー
- 農業
- 防衛
- ビル管理
- 緊急時対応システム

今日のCPSベースのアーキテクチャーにはいくつかの課題がある．とりわけ，セキュリティ担当責任者とセキュリティアーキテクトにとって重要なのは，サイバーセキュリティと相互運用性である．Webサイト，データベース，ネットワークなどの従来のインフラストラクチャーに対する攻撃の多くが，スマート電力網や輸送ネットワークなどのCPSソリューションを攻撃するために，容易に適応され，複製されるため，サイバーセキュリティは重要な課題である．この種の攻撃は，成功裏に実行されると致命的な結果を招く可能性がある．相互運用性は，CPSが複雑なタスクを実行するために無数のシステムにわたって動作できなければならないという事実に対処するため，重要な課題となる．

CPS製品の統合と管理に必要なコネクテッド技術とコア技術の一部は次のとおりである．

- **抽象化，モジュール化，構成可能性**（Abstractions, Modularity, and Composability）＝安全，セキュリティおよび信頼性を維持しながら，CPSのシステム要素を組み合わせて再利用できるようにする．
- **システムエンジニアリングベースのアーキテクチャーと基準**（Systems-Engineering Based Architectures and Standards）＝レガシーシステムとの相互運用性と統合を保証する信頼性システムの効率的な設計と開発を可能にする．
- **適応・予測可能な階層的ハイブリッド制御**（Adaptive and Predictive Hierarchical Hybrid Control）＝本質的に同期的で分散した，ノイズの多いシステムにおいて，緊密に調整され，同期された作用や相互作用を可能にする．
- **マルチフィジクスモデルとソフトウェアモデルの統合**（Integration of Multi-Physics Models and Models of Software）＝予測可能なシステム動作を備えた，物理的な設計要素と計算要素の共同設計を可能にする．

- **分散センシング，コミュニケーション，認知**(Distributed Sensing, Communications, and Perception)＝実世界の正確で信頼性の高いモデルを提供し，時間を意識したタイムクリティカルな機能を実現できる，CPSの柔軟で信頼性の高い高性能分散ネットワークを可能にする．
- **診断および予兆診断**(Diagnostics and Prognostics)＝複雑なシステムの障害を特定，予測，予防または復旧する．
- **サイバーセキュリティ**(Cybersecurity)＝CPSシステム上の悪意ある攻撃から保護することで安全を保証する．
- **妥当性確認，検証および認証**(Validation, Verification, and Certification)＝システムの安全性と機能性への高い信頼性を確保しながら，イノベーションを市場にもたらす設計サイクルをスピードアップする．
- **自律性と人間との相互作用**(Autonomy and Human Interaction)＝人間が使用する反応型システムのモデルベース設計を容易にするため，自律CPSシステムとそれらと相互作用する人間のモデルを開発する[108]．

　セキュリティ担当責任者とセキュリティアーキテクトは，今日，企業内に登場している新規のCPSソリューションを理解し，管理する役割を果たさなければならない．認証，暗号化，ファイアウォール，侵入検知システムやフォレンジックなどの検出のための従来のITセキュリティメカニズムに加えて，新しいCPSセキュリティメカニズムを設計し，企業に統合する必要がある．セキュリティアーキテクトは，セキュリティ担当責任者と協力して，CPSセキュリティに対処するソリューションの開発と統合に必要な注意を集中させる必要がある．考慮すべき多くの分野があるが，特に次の3つに注力すべきである．

　1つ目はリスクアセスメントである．セキュリティアーキテクトは，「潜在的なシステムへの物理的な損害を最小限に抑えるために，予算をどこに配分すべきか」などの質問を考慮する必要がある．2つ目の分野は，不正なデータの検出メカニズムである．これらの場合，無作為の独立した障害を想定する必要はなく，洗練された攻撃者による攻撃の検出を考慮する必要がある．この分野で特に対処する必要のある課題は，不正トポロジー検出メカニズムである．実際にセンシングされたデータを偽のデータに置き換えることで，これは一種のなりすまし攻撃である．正しいセンサー測定値を前提としているスマートグリッドアプリケーションに拡大できる，非常に一般的な攻撃となる．これに対応するには，すべての受信データを検証し，スマートグリッドへの侵入検知メカニズムまたはレピュテーション管理システムを

開発することが重要である．3つ目の分野は，攻撃に対する復元性(レジリエンス)や存続可能性(サバイバビリティ)をシステムに組み立てることである．例えばこれは，配電網のトポロジーを設計する際に，APT攻撃またはほかのマルウェアの使用による攻撃を受けても，ネットワークの変更や切断を行う悪意あるコマンドから回路遮断器を守り，耐えることである．

産業システムと重要インフラストラクチャーは，産業制御システム(Industrial Control System：ICS)と呼ばれる簡易なコンピュータによって監視され，制御されることがよくある．ICSは，標準の組み込みシステムプラットフォームに基づいており，市販の汎用ソフトウェアを使用することがよくある．ICSは，製造，製品ハンドリング，生産，流通などの産業プロセスを制御するために使用される．ICSのよく知られたタイプには，監視制御およびデータ収集(Supervisory Control and Data Acquisition：SCADA)システム，分散制御システム(Distributed Control System：DCS)およびプログラマブルロジックコントローラー(Programmable Logic Controller：PLC)が含まれる．

SCADAシステムは歴史的に，ICSシステムの主要な構成要素であり，複数のサイトおよび遠距離を含むことができる大規模プロセスであることにより，ほかのICSとは区別される．SCADAシステムは一般的に，産業環境における物理機器の監視および制御に使用される，相互接続された機器の集合体とみなすことができる．発電，送配電，石油・ガス精製およびパイプライン管理，水処理および配水，化学製品および処理，鉄道システムおよびその他の大量輸送などの地理的に分散したプロセスを自動化するために広く使用されている．

次ページの表に挙げるものは，自動化およびプロセス制御システムと産業制御システムのセキュリティに対する脅威のトップ10リストである[109]．

1999年以来，組み込みシステムに対するこれらの種類の脅威の重要性を強調すべき，いくつかのインシデントが存在する．

▶ 事故：ガソリンパイプラインの破裂

1999年6月，Olympic Pipe Line社(オリンピック・パイプ・ライン)が所有する直径16インチ☆8の鋼管パイプラインが破裂し，ワシントン州ベーリングハムのWhatcom Falls Park(ワットクーム・フォールズ・パーク)を流れる小川に約237,000ガロン☆9のガソリンが流出した．破裂の約1時間半後，ガソリンに引火し，小川に沿って約1.5マイルを燃やした．この事故の結果，10歳の少年2人と18歳の青年が死亡し，さらに8件の負傷が報告された．1軒の住宅とベーリングハムの水処理施設には深刻

No.	脅威	説明
1	リモート保守のアクセスポイントの不正使用	保守のアクセスポイントが, 意図的にICSネットワークの外部入口に作成された場合, 安全性が不十分となる.
2	オフィスまたは企業ネットワーク経由のオンライン攻撃	オフィスITは通常, いくつかの方法でネットワークに接続されている. ほとんどの場合, オフィスからICSネットワークへのネットワーク接続が存在するため, 攻撃者はこのルート経由でアクセスすることができる.
3	ICSネットワークで使用される標準コンポーネントに対する攻撃	システムソフトウェア, アプリケーションサーバー, データベースなどの標準的なITコンポーネント(民生品[COTS])には, 攻撃者が悪用する可能性のある欠陥や脆弱性が含まれていることが多い. これらの標準コンポーネントがICSネットワークでも使用される場合, ICSネットワークへの攻撃が成功するリスクは増大する.
4	(分散型) DoS攻撃	(分散型) DoS攻撃は, ネットワーク接続や重要なリソースを損なう可能性があり, システムの障害を引き起こす. 例えば, ICSの運用を中断させる可能性がある.
5	人為的ミスと妨害	内部または外部の加害者による意図的な攻撃は, すべての保護目標に対する大きな脅威である. 過失や人為的ミスも, 機密性や可用性の保護に対して, 大きな脅威となる.
6	リムーバブルメディアと外部ハードウェアによるマルウェアの導入	外部スタッフがリムーバブルメディアとモバイルITコンポーネントを使用すると, 常にマルウェア感染のリスクが高くなる.
7	ICSネットワークでの情報の読み書き	ほとんどの制御コンポーネントは現在, 平文プロトコルを使用しているため, 通信は保護されていない. これにより, 制御コマンドの読み込みや導入が比較的容易になる.
8	リソースへの不正アクセス	プロセスネットワーク内のサービスおよびコンポーネントが認証および認可手法を利用しない場合, またはその手法が安全でない場合, 内部加害者や最初の外部からの侵入に続く攻撃は, 特に容易となる.
9	ネットワークコンポーネントへの攻撃	例えば, 攻撃者は, 中間者攻撃を実行し, スニッフィングを容易に行うために, ネットワークコンポーネントを操作することができる.
10	技術的な不具合または不可抗力	極端な天候や技術的な不具合による停止はいつでも発生する可能性がある. そのような場合にのみリスクと潜在的な被害を最小限に抑えることができる.

な被害があった. Olympic Pipe Line社は総資産損害額が少なくとも4,500万ドルであったと推定した.

　この事故の原因の1つは, パイプラインを操作するシステムに使用されているSCADAシステムでのデータベース開発作業を実行するOlympic Pipe Line社の演習であった. 破裂の直前に, ポンプ振動データの新しい記録がSCADAの履歴データベースに入力されていた. レコードは, コンピュータシステム管理者として一時的に割り当てられたパイプラインコントローラーによって作成された. 事故報告によると, データベースの更新により, パイプライン操作中のクリティカルな時間内にシステムが応答しなくなったためとされている[110].

▶制御システムへの悪意あるサイバーセキュリティ攻撃
– Maroochy Water Services, オーストラリア

　Vitek Boden(バイテック・ボーデン)は, オーストラリアの会社, Hunter Watertech社(ハンター・ウォーターテック)に勤務していた. Hunter Watertech社は, オーストラ

リアのクイーンズランド州にあるマルーチー市 (Maroochy Shire Council) のSCADA無線制御下水道設備を設置した．Bodenは，Hunter Watertech社との「緊張関係」から退職したあと，マルーチー市の仕事に応募したが，市は彼を雇用しないことを決定した．その結果，Bodenは，市と元雇用主の両方に対して報復することを決めた．彼は盗んだ無線機器をコンピュータに取り付けた状態で自動車に詰め込んだ．2000年2月28日から4月23日まで，少なくとも46回は地域を回り，彼が設置を手助けした下水道設備に無線指令を出した．Bodenは，80,000Lの未処理の下水を，地元の公園，川，さらにハイアットリージェンシーホテルの敷地に流出させた．オーストラリアの環境保護庁 (Australian Environmental Protection Agency) の代表は，「海洋生物は死に，川の水は黒くなって，悪臭は住民にとって耐え難いものだった」と述べた[111]．Bodenは偶然，1件の攻撃のあとに起こした交通事故がきっかけとなり警察に逮捕された．裁判官は彼に2年間の懲役刑を宣告し，市に清掃代の返還を命じた．Bodenの攻撃は，悪意を持って制御システムに侵入した最初の広く知られる例となった[112]．

▶インシデント：ウイルスによる列車信号システムの攻撃

2003年8月，米国東部の列車の信号システムを停止させるためにコンピュータウイルスが使用された．ミシシッピ川の東側の23州をカバーするCSXシステム全体に短期間の影響を与え，列車の信号システムを停止させた．このウイルスは，CSX社のフロリダ州ジャクソンビル本社のコンピュータシステムに感染し，信号やディスパッチおよびその他のシステムを停止させた．このインシデントの原因はSobigとして知られているウイルスだと考えられており，1週間前に登場したBlasterワームに起因する影響も加わり混乱した．Blasterの派生物は，同じ時期にAir Canada社（エア・カナダ）のチェックインシステムをダウンさせた[113]．

セキュリティ担当責任者とセキュリティアーキテクトは，企業内の組み込みシステムの運用に伴う脅威，脆弱性およびリスクを認識する必要がある．セキュリティ設計者は，システム設計で利用可能なすべての適切な標準とガイダンスを検討する必要があり，セキュリティ担当責任者は，これらのシステムの管理，保守，運用およびセキュリティ確保に関するベストプラクティスを認識する必要がある．セキュリティアーキテクトとセキュリティ担当責任者の双方が，リスクマネジメントを，事業影響度と同様に考慮する必要がある．

以下の基準は，特に，非原子力の重要エネルギーインフラストラクチャーにおけるICTシステムのサイバーセキュリティに関連している．

最初にISO 27000シリーズが言及されるべきである．この標準では，情報セキュリティマネジメントの運用および技術の要件について説明している．情報セキュリティマネジメントのためのISO 27001規格は，ISO 27002規格でより詳細に開発されているものの基盤を提供している．27000シリーズの番号の大きな規格では，各セクター固有の実装について説明している．

　ISO 27032：2012は，特にインターネットセキュリティ，ネットワークセキュリティおよびアプリケーションセキュリティの複雑な相互作用に起因する問題を対象としている．したがって，すべてのサイバー空間に関連する利害関係者(消費者およびプロバイダー組織)のコントロールについて説明している．これは，ソーシャルエンジニアリング攻撃，サイバーセキュリティの準備および意識のコントロールなどのトピックを明示的に対象としている点で独特である．最も重要なのは，情報共有と調整の枠組みが含まれていることである[114].

　IEC 62351は，電力システム制御オペレーションの情報セキュリティを直接的に対象としている．主にIEC TC 57作業部会，特にIEC 60870-5シリーズ，IEC 60870-6シリーズ，IEC 61850シリーズ，IEC 61970シリーズおよびIEC 61968シリーズで定義されている通信プロトコルに影響を及ぼすセキュリティの標準を実装している[115]．これらの規格は，主に製造業者に適用される．M/490 SGIS110グループは，これらの規格をスマートグリッドのサイバーセキュリティのための特定の技術的側面を対象とするように，拡張するよう努めている[116].

　IEC 62443シリーズ(ISA-99から派生している)は，産業オートメーションおよび制御システム(Industrial Automation and Control System：IACS)のセキュリティを対象としており，運用上のベストプラクティスに焦点を当てている[117]．この規格は，主要石油・ガス会社を含む様々な産業部門の企業とエンドユーザーにより推進されている．資産所有者，システムインテグレーターおよびコンポーネントプロバイダーについて，それぞれの標準を規格化している．IEC 62443は，既存の規格，特にNISTIR 7628およびISO 27001/27002を使用し，整合させようとしている．

　ISMSフレームワークのためのNIST SP 800-39「情報セキュリティリスクの管理 − 組織，ミッションおよび情報システムビュー」[118]では，ISO 31000とISO 27005(リスクマネジメント)だけでなく，ISO 27000規格も参照し，統一的なリスクマネジメントアプローチを推奨している．

　NISTIR 7628(スマートグリッドサイバーセキュリティのガイドライン)は，電力インフラストラクチャーのサイバーセキュリティを対象としている．このレポートはセキュリティ要件に焦点を当てている[119]．第1部では，高位のセキュリティ要件を示

し，特定の要件についてはほかのNIST標準を参照している．スマートグリッド（操作，供給，伝送など）の7つのドメインを特定し，論理インターフェースカテゴリー（例えば，同じ組織内および異なる組織内の制御システム間のインターフェース）を定義している．セキュリティ要件（例えば，完全性，認証，帯域幅，リアルタイム要件）は，これらのインターフェースカテゴリーに適用される．

　NISTIR 7628のセキュリティ要件の大部分は，ISO 27001，27002およびIEC 62351により網羅されている．「制御システムセキュリティ勧告カタログ」の付録Aには，FIPS 140-2，NERC CIPおよびIEEE 1402（電力変電所の物理的および電子的セキュリティに関するガイド）[120]という規格のセキュリティ対策への相互参照が追加されている．

　北米電力信頼度協議会（North American Electric Reliability Corporation：NERC）は，NERCクリティカルインフラストラクチャー保護（Critical Infrastructure Protection：CIP）サイバーセキュリティ標準を作成した．包括的なサイバーセキュリティフレームワークを構築するためのCIP-002からCIP-009までの標準がある．2005年のエネルギー政策法以降，電力供給者にとってCIPは必須の要件である．2011年に監査が開始された．また，CIPはリスクベースのアプローチを採用し，バルク電気システム（Bulk Electric System：BES）の「クリティカル・サイバー・アセット」グループに重点を置いている．施行の対象となる現在の標準は以下のとおりである[121]．

- CIP-002-3「クリティカル・サイバー・アセットの特定」
- CIP-003-3「セキュリティ管理コントロール」
- CIP-004-3a「人員とトレーニング」
- CIP-005-3a「電子的セキュリティ境界」
- CIP-006-3c「BESサイバーシステムの物理的なセキュリティ」
- CIP-007-3a「システムセキュリティ管理」
- CIP-008-3「インシデントレポートと対応計画」
- CES-009-3「BESサイバーシステムの復旧計画」

　NIST SP 800-53（連邦政府情報システムおよび連邦組織のためのセキュリティコントロールとプライバシーコントロール）は，リスクマネジメントフレームワークに基づいて米国連邦情報システムのセキュリティコントロールの選択を提供している．また，最低限の基準として一連のベースラインセキュリティコントロールを提供している．Revision 4には，ICSセキュリティコントロールのための付録が含まれている[122]．

　NIST SP 800-82 Revision 1（産業制御システムセキュリティのためのガイド）は，特に

SCADAシステムとPLC/DCSに重点を置いている[123]. これは脅威と脆弱性を低減する対策とともに示している. SP 800-39は全体的なフレームワークのために参照されている.

3.10 暗号の応用と利用

3.10.1 暗号の歴史

暗号は長年にわたって存在しているが, 暗号の基本原則は変わらない. 暗号システムの中核的な原則は, 図3.38に示すように, 平文メッセージを受け取り, 一連の転置または換字により暗号文に変換することである.

▶ 初期 (手動) 時代

数千年も前から暗号が使用されていたという証拠が存在している. エジプトのケースでは, 単純な換字アルゴリズムにより暗号化された象形文字の一例がある. スパルタ人はスパルタのスキュタレーで知られている. これは, 巻き軸の周りに革製のベルトを巻いてメッセージを伝える方法である. 巻き軸の周りに書かれたメッセージは, ベルトを解くと解読不能となる. ベルトは, 受取人に運ばれ, 彼が同じ直径と形状の巻き軸を持っていれば, メッセージを読むことができる.

紀元前2世紀には, 暗号の別の例がさらにある. Julius Caesar (ジュリアス・シーザー) はCaesar暗号を使用した. Caesar暗号はアルファベットを3文字分シフトさせた単純な換字暗号である. 暗号科学の発展は, 1466年に暗号鍵のアイデアを発明したLeon Battista Alberti (レオン・バッティスタ・アルベルティ) の研究と, Blais de Vigenèreによる多換字暗号の利用の強化によって, 中世を通じて継続された. 彼らの研究は暗号の方法をレビューする際に, より詳細に検討される.

▶ 機械時代

紙と鉛筆による手作業の世界から暗号化の作業を効率化するために, 暗号板とロータが登場し, 機械時代に発展した. この時代に開発されたデバイスは, 20世紀に入っても定期的に使用されていた. これには, ドイツのエニグマ, 南軍の暗号板, 日本の暗号機A型 (レッド暗号) と暗号機B型 (パープル暗号) のマシンが含まれる. この時代には, 暗号操作の複雑さを大幅に増やし, さらにはるかに堅牢なアルゴリズムを使用できるツールとマシンが開発された. これらのデバイスの多くは, 暗号操作

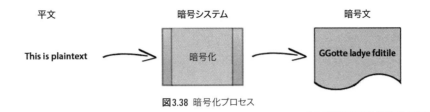

図3.38 暗号化プロセス

にランダム化形式を導入し，暗号化デバイスを非技術者が利用できるようにした．

　この時代に開発された中心的なコンセプトの1つは，文字そのものではなく，文字の数値化によるアルゴリズムの性能である．これは，暗号操作が書面ではなく，2進数または16進数の文字で実行される電子時代への自然な移行によるものであった．例えば，アルファベットは次のように書くことができる．

```
A = 0, B = 1, C = 2...Z = 25
```

　これは，この時代に開発されたワンタイムパッドやほかの暗号法にとっても，特に不可欠な要素であった．

▶現代

　今日の暗号は，これまでの暗号システムよりはるかに進歩している．組織は，人間文明がコンピュータの力を持つ前には想像もできなかった暗号を利用したり，破ったりすることができる．今日の暗号システムは，コンピュータを持つ誰もが，暗号操作，アルゴリズム，高度な数学を理解しなくても，暗号を使用できるように動作する．しかしながら，安全な方法で暗号システムを実装することは依然として重要なことである．実際，暗号システムに対する攻撃の大部分は，暗号アルゴリズムの弱点ではなく，むしろ貧弱または誤った実装によることが多い．今日使用されている暗号アルゴリズムについての研究が進むにつれ，これまでの進歩の多くが今日の機能に組み込まれている．ここではランダム化，転置，暗号鍵について説明する．

3.10.2 最先端技術

▶量子暗号★[124]

　伝統的な暗号と量子暗号（Quantum Cryptography）との基本的な違いは，伝統的な暗号技術が主に高度な数学的技法をその基本的なメカニズムとして使用していることである．一方，量子暗号は物理学を利用してデータを保護する．従来の暗号は数学

的困難性によりのために強固であるが，量子暗号は，数学的困難ではなく既知の物理法則に基づくものであるという根本的に異なる前提を持っている．

量子暗号（量子鍵配布［Quantum Key Distribution：QKD］としても知られている）は，量子物理学上に構築されている．おそらく量子物理学の最もよく知られている側面は，Werner Heisenberg（ベルナー・ハイゼンベルク）の不確定性原理である．彼の基本的な主張は，粒子の位置と運動量を同時に無限の精度で知ることができないということである．

具体的には，量子暗号は，秘密鍵の作成と配布が可能な一連のプロトコル，システムおよび手順である．量子暗号は，秘密鍵の生成と配布に使用でき，データを暗号化して転送するために従来の暗号アルゴリズムやプロトコルとともに使用できる．量子暗号は，データの暗号化，暗号化されたデータの転送，または暗号化されたデータの保存には使用されないことに注意することが重要である．

非対称鍵システムの必要性は鍵配布の問題から生じており，課題はユーザーが安全なチャネルをセットアップするために，別の安全なチャネルを必要とすることである．量子暗号は，物理法則によって当事者間の暗号鍵を完全にセキュアに交換可能とすることによって，鍵配布の問題を解決している．鍵交換が行われると，従来の暗号アルゴリズムが使用される．そのため，多くの人が量子暗号にQKDという言葉を好んで使っている[★125]．

実用的な環境で使用する場合，量子暗号の使用方法の基本的な概要は次のとおりである．

1．2人の互いに遠隔の位置にいる関係者同士が，安全性の高い方法で電子的にデータを交換する必要がある．
2．標準の暗号アルゴリズム，プロトコル，システムおよびトランスポート技術を選択して，暗号化された形式でデータを交換する．
3．アルゴリズムによって必要とされる秘密鍵を生成し，交換するために量子暗号チャネルを使用する．
4．量子暗号で生成された秘密鍵と古典的なアルゴリズムを使用して，データを暗号化する．
5．選択された古典的なプロトコルと転送技術を使用して，暗号化されたデータを交換する．

量子暗号には，2つの固有のチャネルがある．1つは，単一光子光パルスにより

量子鍵の伝送に使用される．もう1つのチャネルは，暗号プロトコル，暗号化されたユーザートラフィックなど，すべてのメッセージトラフィックを伝送する．量子物理学の法則においては，光子が観測されると，その状態は変化する．誰かが安全なチャネルを盗聴しようとすると，光子の流れに常に乱れが引き起こされ，この乱れは容易に識別できるため，量子暗号は完璧なセキュリティを実現できるものとなっている．

　量子アルゴリズムは現在のシステムよりも桁違いに優れている．量子因数分解では，RSA暗号に使用されるものより100万倍も長いものでも，数百万分の一の時間で因数分解できることが理論化されている．さらに，4分以内にDES暗号を解読することができる．量子コンピュータの高速化は，理論的に，様々な数の重ね合わせを同時に実行できるところから生じる．このため大規模な並列計算の効果を生み出すことが可能と考えられている[126]．

　量子暗号は依然として主に理論的であるが，量子コンピューティングと量子鍵配布は，暗号化技術において確実に次の飛躍をもたらすことが期待されている．スパルタ人が使用したベルトと今日のスーパーコンピュータの能力の間には大きな違いがあるのと同様に，量子鍵配布も同じ大きな飛躍となる可能性がある．

3.10.3 コアとなる情報セキュリティ原則

　暗号化は，情報を隠蔽するための原則，手段および方法を解決し，完全性，機密性および真正性を確保する．ほかのセキュリティ原則とは異なり，暗号化は可用性を完全にはサポートしない．

▶可用性

　多くのアクセス制御システムは，パスワードの使用を通して，システムへのアクセスを制限するために暗号を使用している．多くのトークンベースの認証システムでは，暗号ベースのハッシュアルゴリズムを使用してワンタイムパスワードを計算している．不正アクセスを拒否することにより，攻撃者がシステムやネットワークに侵入して損害を与えることがなくなるが，それにより許可されたユーザーのアクセスも拒否してしまうことがある．

▶機密性

　暗号化は，メッセージを変更または隠蔽することにより機密性を提供し，目的の

受信者以外のユーザーが内容を理解できないようにする.

▶完全性

　暗号ツールは,メッセージが変更されていないことを受信者が確認できるという完全性チェック機能を提供している.暗号ツールは,メッセージの変更を防止することはできないが,意図的または偶発的なメッセージの変更を検出するのに効果的である.暗号関数は,メッセージが変更されていないことを確認するためにいくつかの方法を提供する.これには,ハッシュ関数,デジタル署名およびメッセージ認証コード(MAC)が含まれる.主なコンセプトは,偶発的または意図的にメッセージに加えられた変更を受信者が検出できることである.

3.10.4 暗号システムのその他の機能

　上述の情報セキュリティの3つの基本原則に加えて,暗号ツールはさらにいくつかの利点を提供している.

▶否認防止

　信頼された環境では,鍵の単純な制御によって発信元の認証を提供することができる.受信者は,メッセージが送信者によって暗号化されているという保証レベルを有し,送信者は,メッセージが受信されたあとに変更されていないという信頼を有する.しかし,より厳格には信頼性の低い環境では,第三者を通じてメッセージの送信者は誰か,ならびに,メッセージは正しい受信者に実際に配信されたかの保証を提供する必要がある.これは,デジタル署名と公開鍵暗号を使用して達成することが可能である.これらのツールを使用することにより,第三者が検証できる,発信の否認防止レベルが得られる.

　メッセージを受信したあとに,受信者がメッセージを変更し,変更されたメッセージが送信者によって送信されたものであると主張することを防ぐにはどうすればよいか.配信の否認防止は,受信者がメッセージを変更したり,メッセージが元の状態であるという誤った主張を防止する.これも公開鍵暗号とデジタル署名の使用によって達成することが可能で,信頼できる第三者により検証可能である.

▶認証

　認証とは,誰かあるいは何かが宣言しているとおりの実体であることを判定する

能力である．これは主に鍵の制御によって行われる．鍵にアクセスできる人だけが
メッセージを暗号化できるからである．これは，このあとで説明する発信の否認防
止ほど強力ではない．

▶アクセス制御

　暗号ツールを使用することで，パスワードやパスフレーズによるログインから，
機密ファイルやメッセージへのアクセスの防止まで，様々なアクセス制御がサポー
トされている．すべての場合において，アクセスは，正しい暗号鍵にアクセスした
個人に対してのみ可能である．

▶保存中のデータ

　保存されたデータを保護することは，多くの場合，組織の機密情報にとって重要
な要件となる．バックアップテープ，オフサイトストレージ，パスワードファイル
およびその他の多くの種類の機密情報は，漏洩または未検出の改ざんから保護する
必要がある．これは，データへのアクセスを適切な暗号化(および復号)鍵を保持す
るものに限定する暗号アルゴリズムの使用によって行われる(注：パスワードファイル
は暗号化されているのではなく，ハッシュ化され，"ソルト[Salt]"が付加されているため，復号す
る鍵は存在しない)．現代の暗号ツールでは，メッセージの圧縮により，伝送や保存
スペースの節約を可能とするものもある．

▶転送中のデータ

　歴史の中での主な目的の1つは，安全にメッセージを様々なタイプの媒体にまた
がって交換することである．その意図は，メッセージ自体が通過中に傍受されたと
しても，メッセージの内容が明らかにされないようにすることである．メッセージ
が手動で交換されるのか，音声ネットワーク上で送信されるのか，インターネット
を介して送信されるのかに関わらず，現代の暗号は，データを送信する安全で機密
性の高い方法を提供し，メッセージ本体の変更を検出可能な完全性検証を可能とし
ている．量子暗号の進歩はまた，メッセージが転送中に読み取られたかどうかの検
出を理論化している．

▶リンク暗号化

　データは，リンク暗号化(Link Encryption)またはエンド・ツー・エンド暗号化
(End-to-End Encryption)を使用して，ネットワーク上で暗号化される．一般にリンク

暗号化は，フレームリレーネットワーク上のデータ通信プロバイダーなど，サービス事業者によって実行される．リンク暗号化は，通信経路(例えば，衛星リンク，電話回線，またはT1回線)に沿ってすべてのデータを暗号化する．リンク暗号化はルーティングデータも暗号化するため，通信ノードはルーティングを続行するためにデータを復号する必要がある．データパケットは，通信チャネルの各ポイントで復号され，再暗号化される．理論上は，攻撃者がネットワーク内のノードを侵害していると，メッセージを平文に復号する可能性がある．リンク暗号化はルーティング情報も暗号化するため，エンド・ツー・エンドの暗号化よりもトラフィック機密性が向上している．トラフィック機密性は，外部の人間からアドレッシング情報を隠し，2者間のトラフィックの存在についての推論攻撃を防止している．

3.10.5 暗号化ライフサイクル

すべての暗号機能と実装には，耐用年数がある．計算能力が向上し，暗号システムを分析する機能がさらに洗練されると，暗号システムは，指定されたセキュリティ要件を満たしているか，常に評価される．情報セキュリティ専門家は，正確かつタイムリーな評価と推奨を確実に提供するために，暗号化ドメインの現在の動向を常に把握しなければならない．暗号機能または実装は，以下のいずれかの条件が満たされた場合に"壊れた"，あるいは有効期限切れと判断される．

- ハッシュ関数の場合
  - 衝突やハッシュが，元のソースがなくても経済的に実現可能な方法で確実に再現できる．
  - ハッシュ関数の実装がサイドチャネル攻撃を許す場合．
- 暗号システムの場合
  - 暗号が，経済的に実現可能な方法で，鍵にアクセスすることなく復号される．
  - 暗号システムの実装が，経済的に実現可能な方法で，情報の不正な開示を可能にする場合．

暗号システムのライフサイクルのフェーズは，一般に，強力，弱体化，危殆化といった表現で記述される．米国NISTは，以下の用語を使用して，アルゴリズムと鍵長をSP 800-131Aに記載している[127]．

- 「許容(Acceptable)は，アルゴリズムと鍵長が安全に使用できることを意味するために使用され，現在，セキュリティリスクは認識されていない．
- 非推奨(Deprecated)とは，アルゴリズムと鍵長の使用が許可されているが，ユーザーは何らかのリスクを受け入れる必要があることを意味している．この用語は，暗号保護をデータに適用するために使用される鍵長またはアルゴリズム(例えば，デジタル署名暗号化またはデジタル署名の生成)を議論する時に使用される．
- 制限付き(Restricted)は，アルゴリズムまたは鍵長の使用が非推奨であり，データ保護に暗号化を適用するためにアルゴリズムまたは鍵長を使用するために追加の制限があることを意味する．
- レガシー使用(Legacy-Use)とは，アルゴリズムまたは鍵長が，すでに保護された情報を処理する(例えば，暗号文データを復号する，または署名を検証する)ためにしか使用されないが，その際にリスクがある可能性があることを意味する．このリスクを低減する方法を考慮する必要がある.」

▶アルゴリズムおよびプロトコルのガバナンス

暗号アルゴリズムおよびプロトコルが古くなるにつれて，それらは危険にさらされるようになり，置き換えを実行する必要がある．これは，多くの組織では，既存の情報システムとその暗号要素を新しいプラットフォームに移行する方法を決定する必要があり，困難となる．情報セキュリティ専門家は，組織の暗号の使用をサポートするためのガバナンスプロセスが確実に行われるようにする必要がある．暗号に関するポリシー，スタンダードおよびプロシージャーでは，少なくとも以下を検討する必要がある．

- 承認された暗号アルゴリズムと鍵長
- 弱体化あるいは危殆化したアルゴリズムおよび鍵の移行計画
- 組織内で暗号システムを使用するための手順と，暗号要件の対象となる情報とプロセスを示す基準
- 鍵の生成，エスクロー(預託)および破棄
- 鍵の紛失または暗号システムの侵害に関連するインシデント報告

▶暗号を取り巻く問題

暗号の威力は，犯罪者や犯罪組織に悪用されるため，輸出や法執行の要件の対象

となることがある．リスク分析の一環として，セキュリティ専門家は適切なセキュリティ緩和策を適用できるように暗号の悪用方法を理解することが重要である．悪用の例には，暗号時限爆弾(Cryptologic Time Bomb)がある．これは，例えば不満を持った従業員や不正な犯罪組織が，強力な暗号化を使用して企業のコンピュータファイルを暗号化するように動作するコンピュータプログラムをインストールする場合である．もちろん，この場合，復号のための鍵は攻撃者だけが知っている．鍵を知っている攻撃者は，身代金が支払われるまで，または犠牲者である会社に何らかの痛ましい結果が生じるまで，鍵を提供することはない．同様の問題は，コンピュータシステムが犯罪者により人質となるランサムウェアにも適用される．

　潜在的な暗号の誤用に関するもう1つの問題は，知的財産の保護に関連する．ソフトウェアおよびメディアの著作権侵害を防ぐために，暗号化保護が実装されている．ビデオゲーム市場やDVDへのアクセスの可否に暗号化は使用されているが，それらも倫理的に使用されなければ，マクロ経済に影響をもたらす可能性があることにプライバシー擁護者は懸念を持っている．1つのシナリオは，電子的情報を追跡し，識別する能力を用いて，企業が暗号化技術を使用することで，新しい形の検閲を実施可能とするケースである．このシステムを利用することによって，インターネット上で秘密裏にコンピュータの目録作りを行い，著作権保護機能が有効なDVDを再生することを禁止するという目的のもとに，第三者がコンピュータ上のソフトウェアおよびハードウェアの資産情報を入手するようなことが可能となる．いわゆるデジタル著作権管理システム(Digital Rights Management System：DRMS)の構築の際には，個人による知的財産の公正使用を保証しながら，知的財産と個人のプライバシーの双方を保護する設計とガバナンスが必要となる．いくつかの政府においては，一定の高い暗号能力を持つハードウェアおよびソフトウェアの使用，輸出または輸入に制限を課している．

▶国際的な輸出規制

　多くの国には，暗号システムの使用または配布に対する規制がある．通常，これは，法執行機関が職務を遂行する能力を維持するためと，強力な暗号ツールを犯罪者から守るためである．暗号は，ほとんどの国で戦争のための兵器と同等であると考えられており，軍用機材の配備を管理する法律によって管理されている．国によっては，国民が暗号ツールを使用することを許可していない国もあり，多くの国では鍵長に基づいて暗号の使用を制御する法律を持っている．鍵長は，暗号システムの強度を測定する，最も理解可能な方法の1つであるためである．

強力な暗号を含む製品の国際的な輸出規制は，十分信頼することができる友好国に限定するという形で実施されている．米国では，強力な暗号製品の他国への出荷および規制を担当する政府機関は，国家安全保障局，米国国務省，米国商務省となる[128]．米国では，これらの機関が，輸出すべきではない技術が存在するかどうかを判断する機会を提供している．多くの国では，暗号に関する国家安全保障への懸念が，暗号は国家の防衛に有害な技術であり，輸出規制によって管理すべきものとして確立している．輸出管理の結果，多くのベンダーは，製品を2つのバージョンで販売している．1つは強力な暗号化を持ち，国内で販売されるもので，もう1つは弱い暗号化を持つもので，他国に輸出され，販売されている．

▶ 法執行機関

　プライバシーは，例えば米国などのように，不当な捜査，差し押さえなどからの保護や言論の自由の文化が強い国々では，重要な問題である．いくつかの国では，すべての組織や個人に，法執行機関に暗号鍵の提供を義務付けたり，弱い鍵の使用を強制したりしており，場合によっては，暗号を私的に利用することを法律で禁止している．

　電子監視は法執行機関の強力なツールとなっている．しかし，欧州連合(EU)諸国をはじめいくつかの国では，国家が法執行の上で，商用暗号の実行可能性を損なうことなく，かつ，市民的自由を奪うことなく，暗号化された情報に合法的にアクセスすることは，技術的かつ立法上の課題となっている．

　多くの国では，社会保護の目的で令状により電話と郵便の傍受を一般に容認している．しかし，暗号化された通信に関する同様の保証は，一般的に嫌悪をもたれることがある．さらに，高価となる上に，顧客にとって不評であるとみなされるため，セキュリティ技術ベンダーは，法的措置を実施するために，製品に鍵回復バックドアを組み込むことを好まない．

　クラウドベースの技術プラットフォームの場合，セキュリティアーキテクトは多くのことを考慮する必要がある．企業データを，プライベート，パブリック，またはハイブリッドのいずれかのクラウドベースのソリューションに配置する動きは増大しており，クラウドベンダーがセキュリティ面の最前線の役割を担っていることを意味している．多くのクラウドベンダーは，彼らのクラウドアーキテクチャー内で「暗号化オプション」や暗号化を追加するための「追加オプション」を提供しているが，顧客は独自の暗号化ソリューションのクラウドへの追加や，自身で暗号鍵の管理を行うこともできる．

暗号化は，多くのアプリケーションと製品に統合されている汎用技術になりつつある．音声およびデータ通信は，IPベースのトランスポートネットワークにますます集中している．音声およびデータがインターネット電話や暗号化された携帯電話経由で伝送され，ディスク暗号化を使用してコンピュータに格納されるようになっている．プライベートデータへ合法的にアクセスする主要な技術的方法は，第三者（おそらく政府機関またはサービスプロバイダー）が暗号鍵のコピーを保持する鍵エスクローと，膨大なコンピュータリソースを使用して鍵を攻撃する総当たりである．

3.10.6 公開鍵基盤

公開鍵基盤（Public Key Infrastructure：PKI）は，公開鍵暗号を使用，管理および制御するために必要な一連のシステム，ソフトウェアおよび通信プロトコルである．PKIには，公開鍵および証明書を発行し，鍵が個人またはエンティティに関連付けられていることを証明し，公開鍵の有効性の検証を提供するという3つの主な目的がある．

認証局（Certificate Authority：CA）は，デジタル証明書に記された内容が証明書の所有者を正確に表すことを証明し，"署名"する．個人の身分証明書と同様に，異なるCAにより，それぞれ異なるレベルの信頼を意味する保証が行われることになる．現実の世界では，個人のクレジットカードには政府が発行したIDカードとは異なる認証レベルの価値がある．エンティティは何でもよいと主張できるが，高いレベルの保証を提供したい場合は，関連するすべての関係者によって信頼されている第三者により容易に確認される証明書のコンテンツを特定する必要がある．デジタル世界では，Dun and Bradstreet社（ダン＆ブラッドストリート）の番号，信用報告書または別の形式の信頼できる第三者のリファレンスがCAに提供され，CAが証明書に署名することによって証明される．これにより，CAを信頼するすべてのエンティティは，証明書によって提供されるIDが信頼できるものになる．

CAの機能は，PKI内のいくつかの特殊なサーバーに分散させることができる．例えば，RA（Registration Authority：登録局）サーバーを使用してPKIのスケーラビリティと信頼性を提供することができる．RAサーバーは，エンティティが証明書を生成する要求を提出するための機能を提供している．RAサービスはまた，証明書要求の内容の正確性を保証する責任がある．

CAは証明書を失効させ，PKIのほかのメンバーに，PKIのメンバーが受け入れてはならない失効した証明書のリストである証明書失効リスト（Certificate Revocation

List：CRL）を提供することができる．公開鍵（非対称）暗号の使用により，対称暗号化だけでなく，大規模アクセス制御，否認防止，デジタル署名などのいくつかの重要な機能を効果的に使用できるようになる．

多くの場合，最大の問題は誰が信頼できるかということである．Terry（テリー）のデジタル署名の検証に使用されている公開鍵が本当にTerryのものであるか，あるいは秘密のメッセージをPat（パット）に送信するために使用されている公開鍵がPatのものであり，攻撃者が通信チャネルの途中で改ざんしていないかをどのように知ることができるか．

多くの人々が，電子メールの署名に公開鍵を含んでいるようにいくつかの方法で公開鍵が公開され使用されている．これにより，組織のWebサーバーでは，顧客は決して会うことにないその組織の従業員と秘密の通信を確立することができる．偽者または攻撃者が不正なWebサーバーを設定していないとどのように知ればよいだろうか．フィッシング攻撃のように，彼らは，本当のアカウントの代わりに自分のサイトに機密情報を含む通信を集めている．

信頼できる公開ディレクトリーに公開鍵を配置して，そこから公開することも，1つの選択肢である．各ユーザーは，ディレクトリーサービスに登録しなければならず，ユーザーとディレクトリーとの間の安全な通信方法が設定される．これにより，ユーザーは鍵をあとから変更できるようになる．または，ディレクトリーが鍵の変更を強制することもできる．ディレクトリーは，すべて最新の鍵のリストを公開および維持し，信頼されなくなった鍵を削除または失効させている．これは，ユーザーの秘密鍵が侵害されたと考えた場合，または組織との雇用関係が終了した場合に実施される可能性がある．ディレクトリーに登録されているユーザーと通信したい人は，ディレクトリーから登録ユーザーの公開鍵を入手することができる．

公開鍵証明書を使用することにより，さらに高いレベルの信頼性を提供することができる．これは直接的に行うことができる．この場合，PatはTerryに直接，あるいはPatとTerryの両方に，相手の公開鍵を含む証明書を発行する信頼できる第三者として機能するCAを介して証明書を送信する．この証明書はCAのデジタル署名で署名されており，受信者が検証できる．認証プロセスは，識別情報と公開鍵をIDに関連付ける．このプロセスの結果文書が，公開鍵証明書となる．CAはX.509標準に準拠する．このX.509標準は，X.500のディレクトリーの標準規格ファミリーの一部である．X.509 version 3が最も一般的な標準である．図3.39は，Verisign社（ベリサイン）によって発行された証明書の例を示している．X.509証明書は図3.39のようになる．

フィールド	内容の説明
署名に使用したアルゴリズム	証明書の署名に使用したアルゴリズム
発行者	CAのX.500名
有効期間	有効期間の開始日と終了日
サブジェクトの名前	公開鍵の所有者
サブジェクトの公開鍵の情報 （アルゴリズム，パラメーター，鍵）	作成時に使用した公開鍵とアルゴリズム
発行者の一意の識別子	CAが複数のX.500名を使用した場合のオプションのフィールド
サブジェクトの一意の識別子	公開鍵所有者が複数のX.500名を持つ場合のオプションフィールド
拡張	
CAのデジタル署名	CAの秘密鍵で暗号化された証明書のハッシュ

図3.39 Verisign社によって発行されたX.509証明書

3.10.7 鍵管理プロセス

　暗号実装の最も重要な部分は鍵管理（Key Management）である．安全な通信とデータ保護のために暗号化に依存する組織にとって，暗号鍵の発行，失効，回復，配布および履歴の管理は，最も重要である．

　情報セキュリティ専門家は，Kerckhoffs（ケルクホフス）の法則の重要性を知っていなければならない．Auguste Kerckhoffs（アウグスト・ケルクホフス）は次のように書いている．「鍵を除いて，暗号に関するすべての情報が公開されていても，暗号システムは安全でなければならない」[★129]．したがって，鍵は，暗号システムの真の強さとなる．鍵長と鍵の秘密は，暗号実装における2つの最も重要な要素である．

　有名な20世紀の軍用暗号家であるClaude Shannonは，その著書で「敵はシステムを知っている」と書いている．アルゴリズムの秘密，暗号操作の巧妙さ，データやシステムを保護するための技術の優位性は，単独では信頼できるものではない．敵は常に，我々が使用しているアルゴリズムや方法を知っていることを考慮し，それに応じて行動する必要がある．対称アルゴリズムは，送信者と受信者の間で同じ鍵を共有している．このため，暗号で通信を行う前には，鍵を渡す必要があるため，鍵のための帯域外伝送を必要とする．これは異なる媒体を介した配信であり，暗号のための通信とは別のものを用意する必要がある．鍵管理では鍵の置き換えを検討し，新しい鍵によりアルゴリズムが強固であることを保証する．ユーザーはしばしば，弱いか，予測可能なパスワードを選択し，かつ安全でない方法で保管してしまう．鍵の作成をユーザーに委ねていると，同様のことが暗号鍵の生成でも生じてくる．

また，通常のシステムでは，ログオンする際のパスワードを忘れてしまっても，パスワードを再設定することでネットワークやワークステーションへのアクセスが可能になる．しかし，暗号の世界では，鍵の損失はデータそのものの損失を意味している．何らかの形で鍵の回復手段を持っていなければ，失われた鍵で暗号化された格納データは復旧することが不可能である．

▶鍵管理の進化

リスクの高い環境における安全な情報共有とコラボレーションという重要なビジネス要件があるため，鍵管理はますます重要になっている．その結果，開発者はセキュリティ，特に暗号化をアプリケーションまたはネットワーク機器に直接埋め込む必要があると考えている．しかし，暗号の複雑さと特殊な性質により，暗号を適切に実装し運用しなければ，リスクが増大することになる．この課題を解決するために，製品における暗号機能の管理のための「プラグイン」として利用するために，いくつかの標準化された鍵管理仕様が開発され，実装されている．

アプリケーションがインターネット上で通信を行う際の柔軟なデータフレームワークであるXMLは，電子商取引アプリケーションに最適なインフラストラクチャーとなっている．これらのトランザクションはすべて信頼とセキュリティを必要とするため，販売者，購入者，サプライヤーを互いに認証し，契約書や支払いトランザクションなどのXML文書にデジタル署名し暗号化するための一般的なXMLメカニズムを考案することが不可欠である．XMLベースの標準と仕様は，鍵管理システムの分野で開発中である．このような仕様と標準は，ベンダーやオープンソースの共同作業によって提供されるWebサービスライブラリー内で実装されている．

このような仕様の1つの例は，XML鍵管理仕様（XML Key Management Specification：XKMS）2.0である★130．この仕様では，公開鍵を配布および登録するためのプロトコルを定義している．XMLデジタル署名（XML Digital Signature）★131およびXML暗号（XML Encryption）★132は，XKMSと併用するのに適している．XKMSは，鍵管理に主な重点を置いているが，セキュアなWebトランザクションに求められる信頼を確立し維持するために必要なプロトコルとサービスを定義するほかの仕様と連携して動作する★133．これらの基本的なメカニズムは，様々な暗号化技術を使用し，様々なセキュリティモデルを構築するために組み合わせることができる．XKMSの実装の目標は，シンプルさにより開発者による間違いを避け，アプリケーションのセキュリティを向上させることを前提としている．XKMSプロトコルは，リクエストとレスポンスのペアで構成されている．XKMSプロトコルメッセージは，様々なプロト

コル内で搬送される共通のフォーマットを利用する．ただし，HTTPでのSOAP経由で転送されるXKMSメッセージは，相互運用性のために推奨されている．

XKMS 2.0の2つの部分は，XML鍵情報サービス仕様(XML Key Information Service Specification：X-KISS)とXML鍵登録サービス仕様(XML Key Registration Service Specification：X-KRSS)である．最初に，X-KISSでは，クライアント(つまり，アプリケーション)がXML署名の<ds:KeyInfo>要素を信頼サービスで処理するために必要なタスクの一部またはすべてを委任するための構文を記述している．プロトコル設計の重要な目的は，XMLデジタル署名を使用するアプリケーションの複雑さを最小限に抑えることである．信頼サービスのクライアントになることによって，アプリケーションは信頼関係を確立するために使用される基盤となるPKIの複雑さと構文から解放される．これは，X.509/PKIX (Public Key Infrastructure Working Group)，SPKI (Simple Public Key Infrastructure)，PGP (Pretty Good Privacy)，Diffie-Hellman，楕円曲線などの異なる仕様に基づくことができ，ほかのアルゴリズムのために拡張することができる．XMLデジタル署名の<ds:KeyInfo>要素は，受信者が署名を検証するために必要な暗号鍵関連データを取得できるオプション要素である．<ds:KeyInfo>要素は，鍵自体，鍵名，X.509証明書，PGP鍵識別子，信頼チェーン，失効リスト情報，帯域内鍵配布または鍵合意データなどを含むことができる．オプションとして，完全な<ds:KeyInfo>データセットが見つかる場所へのリンクを提供することもできる．

例えば，証明書を使用する場合，DSA(Digital Signature Algorithm)，RSA，X.509，PGP，SPKIは，XMLデジタル署名の<ds:KeyInfo>要素で使用できる値である．アプリケーション(XKMSのクライアント)は，XKMS 2.0のX-KISSプロトコルを使用してXMLデジタル署名の<ds:KeyInfo>要素をディレクトリーサーバーから読み取ることによって，トランザクションに使用されている公開鍵暗号アルゴリズムを知る．

第2に，X-KRSSは公開鍵情報の登録のためのプロトコルを記述する．鍵は，X-KRSSにより作成され，より簡単な鍵回復をサポートするために，手動で生成することができ，登録サービスを使用して，あとで秘密鍵を回復することもできる．アプリケーションは，登録サービス(X-KRSS)が公開鍵に情報をバインドすることを要求することができる．結合される情報は，名前，識別子，または実装によって定義されるほかの属性を含むことができる．最初に鍵ペアを登録したあと，X-KISSまたはX.509v3などのPKIとともに鍵ペアを使用できる．

XKMSサービスは，以下のような基盤となるPKIの複雑さからクライアントアプリケーションを保護している．

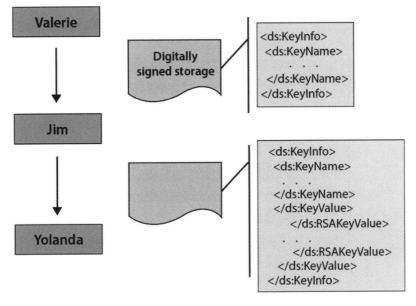

図3.40 XKMSサービスは，基盤となるPKIの複雑さからクライアントアプリケーションを保護している

- 複雑な構文とセマンティクス（X.509v3など）の処理
- ディレクトリーおよびデータリポジトリーインフラストラクチャーからの情報の取得
- 失効ステータスの検証
- 信頼チェーンの構築と処理

　署名者の公開署名鍵に関する追加情報（"`<ds:KeyInfo>`"）は，署名ブロック内に含めることができ，証明書の検証者がどの公開鍵証明書を選択するかを判断するのに役立つ．

　`<ds:KeyInfo>`要素に含まれる情報は，署名自体に暗号的に束縛されていてもいなくてもよい．したがって，`<ds:KeyInfo>`要素のデータは，デジタル署名を無効にすることなく置換または拡張できる．例えば，Valerie（バレリー）は文書に署名し，署名鍵データのみを指定する`<ds:KeyInfo>`要素でJim（ジム）に送信している．メッセージを受け取ったJimは，署名を検証するために必要な追加情報を取得し，文書をYolanda（ヨランダ）に渡す時にこの情報を`<ds:KeyInfo>`要素に追加している（図3.40参照）．

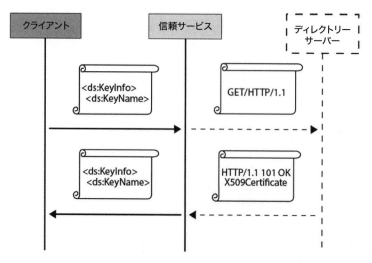

図3.41 XKMSサービスは`<ds:RetrievalMethod>`要素を解決する場合がある

　X-KISS Locateサービスは`<ds:KeyInfo>`要素を解決しているが，`<ds:KeyInfo>`要素内のデータ間の結合の妥当性に関するアサーションを作成する必要はない．XKMSサービスは，ローカルインフォメーションストアを使用して`<ds:KeyInfo>`要素を解決することも，要求をほかのディレクトリーサーバーに中継することもできる．例えば，XKMSサービスは`<ds:RetrievalMethod>`要素を解決するか（図3.41），非XML構文（X.509v3など）に基づいて基盤となるPKIへのゲートウェイとして機能することがある．

Real World Example: Encryption
実世界の例：暗号化

　Terryは暗号化された電子メールをPatに送信したいが，Patの暗号鍵を知らない．Terryは，S/MIME (Secure/Multipurpose Internet Mail Extensions) とPGPの両方のセキュアな電子メール形式を使用できる．Terryのクライアントは，識別名（Distinguished Name：DN）を使用して，ドメインexample.comにバインドされた鍵のLocateサービスを提供するXKMSサービスを検索する．次に，発見されたXKMSサービスにPat@example.comとS/MIMEまたはPGPプロトコルにバインドされた鍵のXKMS Locate要求を送信する．そのあと，アプリケーションは，取得した証明書が，信頼できるルートへの標準的な証明書の検証によって信頼基準を満たしていることを検証する．

PatはTerryから署名された文書を受け取る．この文書は，TerryのX.509v3証明書を指定しているが，key値は指定していない．Patの電子メールクライアントはX.509v3証明書を処理できないが，Locateサービスを使用してXKMSサービスから主要なパラメーターを取得できる．Patの電子メールクライアントは，Locateサービスに`<ds:KeyInfo>`要素を送信して，対応する`<KeyValue>`要素が返されることを要求する．Locateサービスは，失効ステータスまたは証明書の信頼レベルは報告しない．ただし，このサービスは`<ds:KeyInfo>`要素からX.509v3証明書を取得し，`<KeyValue>`を送信する．

▶金融機関のための基準

　ANSI（American National Standards Institute：米国国家規格協会）X9.17は，金融機関が電子媒体を使用して，証券や資金を安全に送信する必要性に対応するために開発された．具体的には，鍵の機密性を保証する手段について記述している．ANSI X9.17のアプローチは，鍵の階層に基づいている．階層の最下部にはデータ鍵（Data Key：DK）がある．データ鍵は，メッセージの暗号化と復号に使用され，1つのメッセージや1つの接続など，短い寿命が与えられる．階層の最上部には，マスター鍵暗号化鍵（Master Key-Encrypting Key：KKM）がある．

　手動で配布する必要があるKKMは，データ鍵よりも長寿命である．2層モデルを使用して，KKMを使用してデータ鍵を暗号化している．データ鍵は電子的に配信され，メッセージの暗号化と復号が行われる．2階層モデルは，階層に別の階層を追加することで拡張できる．3層モデルでは，KKMはデータ鍵を直接暗号化するのではなく，ほかの鍵暗号化鍵（Key-Encrypting Key：KEK）を暗号化するために使用される．電子的に交換されるKEKは，データ鍵を暗号化するために使用される．

▶職務の分離

　鍵管理のもう1つの側面は，ビジネスプロセスの一環としての「知る必要性（Need to Know）」の原則を実行するため，機密性の高い暗号鍵のコントロールを維持することである．例えば，多くのビジネス環境では，従業員は職務の分離（Segregation of DutiesあるいはSeparation of Duties）を維持する必要がある．言い換えれば，このような環境では，あるレベルの責任ある執行なしに，誰か1人が全トランザクションの全フェーズを完全に制御することはできない．保護されている資産がより流通可能性があるほど，適切な職務の分離の必要性が高まる．特に，暗号の分野では，これはビジネスの問題である．例えば，顧客の金融口座などの高リスク，高価値または高

流動性情報のロックを解除する暗号鍵への未確認のアクセスが許可されている場合，1人の不誠実な人間が及ぼす損失を想像してほしい．

　職務の分離は，無意識の間違いや悪意ある目的による資産の不正使用や乱用を効率的に検出して防止するためのクロスチェックとして使用される．これは，重要な機密性と完全性の原則であり，長期間にわたって検出されない，内部の従業員による横領であったと新聞記事によって判明することが多く，誤解されることがよくある．職務の分離は，主にビジネスポリシーとアクセス制御の問題である．しかし，小規模な組織では，従業員の制約のために，すべての職務を分離することが実行できない可能性があるため，同じ制御目的を達成するためにほかの補完的なコントロールを使用する必要がある．そのような補完的なコントロールには，活動の監視，監査証跡および管理監督が含まれる．職務の分離が最優先される，高い完全性の暗号運用環境を実装するために必要な2つのメカニズムは，2重制御と知識の分割である．

▶ 2重制御

　2重制御（Dual Control）は，2人以上の人が一緒に行動し，プロセスを完了するために結集することを必要とするセキュリティ手順として実装されている．暗号システムでは，2人（またはそれ以上）の人がそれぞれ固有の鍵を提供し，一緒になって暗号プロセスを実行する．知識の分割は，2重制御に対するほかの補完的なアクセス制御の原則である．

▶ 知識の分割

　知識の分割（Split Knowledge）は，「それぞれが固有な分割した情報を持つこと」というユニークなコンセプトであり，2重制御を実装する時にその知識を結び合わせる．例えば，小銭を入れた箱は，1つのコンビネーションロックと1つの鍵付きロックによって保護されている．1人の従業員にコンビネーションロックの組み合わせが与えられ，別の従業員が鍵付きロックに対する正しい鍵を所有している．現金を箱から取り出すためには，両方の従業員が同時に現金箱の前にいなければならない．もう一方の従業員がいないと箱を開くことはできない．これが2重制御である．

　一方，知識の分割は，それぞれが持って集合する，ユニークで必要な2つのオブジェクト（コンビネーションロックと正しい物理鍵の組み合わせ）によって例示される．知識の分割は，一緒に結合されなければならない別々のオブジェクトの一意性が重要である．2重制御は，資産にアクセスするために少なくとも2人以上の人物の知識

悪い例	問題	2重制御の仕方 知識の分割による遵守
鍵を2つに分割する.	2重制御だが,分割された知識がない(それぞれがユニークな鍵の半分ずつを持つと仮定する).一方が,他方の半分の鍵空間を総当たりすることによって,鍵を見つけ出すことができる.	各人が鍵の半分の制御を維持する.ユニークなピンまたはパスフレーズで各半分を保護する.
ユーザー認証を行わずに,2つの暗号トークンに鍵コンポーネントを格納する.	知識の分割を実施しない(つまり,個々の説明責任のための独自の認証方法はない).	各人が自分の個々のトークン/スマートカードの制御を維持する.独自のピン/パスフレーズで各スマートカードを保護する.
アクセスするためのパスフレーズを1つ以上必要とする単一のスマートカード(または暗号トークン)に鍵を格納する.	2重制御を実施しない.1枚のカードは2人以上で管理することができない.	各人に暗号トークンを配布する.固有のピン/パスフレーズでトークンを保護する.

図3.42 知識の分割と2重制御はお互いを補完し,高い完全性の暗号環境で職務の分離を実装するために必要な機能である

が結合されなければならない.知識の分割と2重制御はお互いを補完し,高い完全性の暗号環境で職務の分離を実装するために必要な機能である(図3.42参照).

　暗号の観点で言えば,上述した2つのプロセスによって保護されている完全な暗号鍵の内容に誰もアクセスできない,または知識がない場合,2重制御と知識の分割が適切に実装されていると言うことができる.暗号化環境での2重制御と知識の分割の健全な実装は,鍵を破るための最も早道がその鍵のアルゴリズムに対して知られている最良の攻撃によるものであるということを必然的に意味している.2重制御と知識の分割の原則は,主に平文鍵へのアクセスに適用される.データの暗号化と復号に使用される暗号鍵へのアクセス,またはマスター鍵(2重制御と知識の分割で維持される場合とされない場合がある)で暗号化された鍵へのアクセスには,2重制御と知識の分割は必要ない.

　2重制御と知識の分割は,2人以上の申し合わせがなければ,暗号を復号するために必要な鍵を構築することができないことによる保護だと言える.

　スケーラブルな方法で2重制御と知識の分割を実装する多くのアプリケーションがある.例えば,OpenPGP標準に基づくPGP商品は,OpenPGP標準の一部ではない公開鍵を分割する機能を持っている[★134].これらの機能は,Blakely-Shamir(ブレイクリー–シャミア)の秘密共有を使用している.これは,ユーザーがデータの一部を取り出してN個のシェアに分割し,これを元のデータに戻すためには,そのうちK個が必要となるアルゴリズムである.このアプローチの簡単なバージョンを使用すると,ユーザーはデータを3つに分割することができ,そのうち2つがデータを戻すために必要となる.より複雑なバージョンでは,元のデータを取得するためにユーザー

は6つのうちの3つ,あるいは,12個のうち5個を必要とするものもある.各鍵の分割は,鍵保有者のみが知っているユニークなパスフレーズで保護されている.

このようなソリューションは,秘密共有の基本的な形式を使用して,秘密鍵を共有している.このプロセスでは,鍵ペアをユーザーのグループによって制御することができ,鍵を再構成して使用するためにはいくつかのサブグループが必要となる.ほかのシステムでは,保護された平文鍵のロックを解除するために必要なパスワードを回復するために,鍵保有者が一連の質問に答えることに基づくものがある.

保護されている鍵を再作成するには,ユーザーのみが知っている情報を含む一連の質問を作成できる.鍵はそれらの質問に分割され,そのいくつかのセットで鍵を合成する必要がある.ユーザーは,各鍵保有者に固有の個別のセキュリティに関する質問を提供するだけでなく,分割された部分から再構成することによって,保護されている鍵を取得するためにいくつの質問に正確に回答する必要があるかを決定している.

3.10.8 鍵の作成と配布

▶鍵の作成

様々なアルゴリズムを使用した鍵作成の詳細については,本章の前半で説明している.しかし,鍵管理の観点からは,スケーラビリティと暗号鍵の完全性に関連するいくつかの課題が存在する.

▶自動化された鍵生成

強力な暗号鍵を自動的に生成するために使用されるメカニズムは,鍵のライフサイクル管理の一部として鍵を展開するために使用できる.効果的な自動鍵生成システムは,ユーザーへの透明性と完全な暗号鍵ポリシー施行のために設計されている.

▶真のランダム

鍵が本当に効果的であるためには,適切に高いワークファクターが必要である.つまり,鍵を壊すのに必要な時間と労力(攻撃者による作業)は,保護されている情報を秘密にする必要がある限り,十分な期間とならなければならない.高いワークファクターを有する強い鍵を作成する1つの要因は,鍵を構成するビット列のランダム性の問題である.

▶乱数

　先に説明したように，暗号鍵は本質的に数字列である．鍵を構成する際に使用される数字は，攻撃者が容易に鍵を推測して保護された情報を公開することができないように，予測不可能である必要がある．したがって，鍵を構成する数字のランダム性は，暗号鍵のライフサイクルにおいて重要な役割を果たすことになる．暗号の文脈では，ランダム性は予測不能の品質となる．コンピュータシステムによって本質的に生成されるランダム性は，擬似乱数（Pseudo Randomness）とも呼ばれる．擬似乱数は，乱数に近い性質の数列を生成するアルゴリズムの品質に左右される．疑似ランダム鍵値の実際の生成を実行するために，コンピュータ回路およびソフトウェアライブラリーが使用される．コンピュータおよびソフトウェアライブラリーは，不規則性が弱いソースであり，弱いランダム性の源としてよく知られている．

　コンピュータは本質的にランダム性ではなく，予測可能性を考慮して設計されている．コンピュータは徹底的に決定論的なので，高品質なランダム性を生成するのは困難である．したがって，暗号アプリケーションには，専用のハードウェアとソフトウェアである「乱数生成器（Random Number Generator：RNG）」が必要である．米国連邦政府は，NISTを通じて決定論的乱数生成器に関する勧告を提供している[135]．暗号システムに適した乱数生成のための国際規格は，ISO 18031[136]として国際標準化機構によって規格化されている．コンピュータだけで行われる決定論的な計算のみに基づいた乱数生成器は，その出力が本質的に予測可能であるため，暗号化アプリケーションに必要な予測不可能性において，十分に真の乱数生成器としてみなすことはできない．

　擬似ランダム鍵における適切なレベルのランダム性を保証するための様々な方法がある．ほとんどのビジネスレベルの暗号製品で見られるアプローチは，明らかにランダムな長いシーケンスを生成する計算アルゴリズムを使用している．実際の結果は，シード（Seed）またはキー（Key）と呼ばれる短い初期値によって決定される．コンピュータ生成キーに連結されるIVおよびシード値の使用は，鍵にランダムな一意性を追加することによって鍵の強度を増加させる．シード値またはIVは，アルゴリズムの開始点として入力される数値である．シードまたはIVは，手動で，または無線周波数ノイズ，スイッチ回路からのランダムにサンプリングされた値，またはほかの原子および原子核物理現象のようなランダム性を持つ外部ソースによって生成することができる．一方では特殊なハードウェアと他方ではアルゴリズム生成の中間の程度のランダム性を提供するために，セキュリティに関連するコンピュータソフトウェアの中には，マウスの動きやキーボード入力の長い文字列入力を利用する

ものもある.

手作業で作成されるシードまたは初期値については，WEP/WPA（Wi-Fi Protected Access）鍵を使用した暗号化を使用して無線ネットワークを設定したことがある多くの人は，このプロセスになじみがあるだろう．ワイヤレスアダプターまたはルーターでワイヤレス暗号化を設定する場合，ほとんどの場合，ユーザーはパスワードまたは可変長の「鍵」を入力するように求められる．この鍵は，無線ネットワークを介してデータを暗号化するための暗号鍵を作成するために無線装置によって使用される．この「鍵」は，コンピュータが生成した部分に連結されて鍵を構成するためのシードまたは初期値となり，適切な量の擬似乱数からなる鍵を生成する．これにより，攻撃者は，鍵を容易に推測して，破ることが困難になる．

鍵の作成におけるランダム性の重要な役割は，次の例で示されている．プライベートコンポーネントおよびパブリックコンポーネントを作成する2つの鍵による暗号鍵セットを生成する1つの方法は，以下のステップから構成される.

1. 第1の疑似ランダム素数を生成する.
2. 第2の疑似ランダム素数を生成する.
3. 第1の擬似ランダム素数に第2の擬似ランダム素数を掛けることによってモジュラスを生成する.
4. 第1のモジュラー算術の方程式を解くことによって，第1の指数を生成する.
5. 第2のモジュラー算術の方程式を解いて，第1の指数とはモジュラー逆数となる第2の指数を生成し，第1の指数または第2の指数のいずれかを，少なくとも1つのメモリー位置に安全に記憶する.

▶鍵長

鍵管理において，鍵長は暗号鍵を生成する際に考慮すべき，もう1つの重要な側面である．鍵長とは，保護する情報を暗号アルゴリズムにより暗号化または復号する際に使用する，ビットまたはバイト単位で表現される鍵のサイズのことである．鍵は，正しい鍵だけが情報を復号できるように，アルゴリズムの動作を制御するために使用される．鍵長を選択する際には，鍵とアルゴリズムに対する攻撃成功に対する耐性という暗号セキュリティの側面が懸念される．アルゴリズムの鍵長は，その暗号のセキュリティとは区別される．暗号セキュリティは，アルゴリズムについての最も速い既知の計算による攻撃の対数尺度であり，これもビット単位で表すこ

とができる.

　アルゴリズムのセキュリティは鍵長を超えられない.したがって,非常に長い鍵を持つことは可能であるが,セキュリティが高くなるとは限らない.一例を挙げると,3つの鍵(鍵当たり56bit)のトリプルDESは168bitの鍵長を持つことになるが,中間一致攻撃のために,それが提供する有効なセキュリティは最大で112bitである.しかし,ほとんどの対称アルゴリズムは,鍵長に等しいセキュリティを持つように設計されている.一般には,可能な限り長い鍵を使用することで,鍵を破損しにくくする可能性がある.しかし,鍵が長くなればなるほど,暗号化および復号プロセスのための計算量が大きくなる.目標は,保護されている情報の価値よりも鍵を破るためにより多くのコスト(作業,時間,リソースの面で)を払わなければならない(経済的に見合わない)ようにすることである.

▶非対称鍵長

　非対称暗号システムの有効性は,素因数分解のようなある種の数学的問題を解くことが難しいという性質に依存している.これらの問題は解くのに時間が必要となるが,通常,可能なすべての鍵を無差別に試す総当たりよりも高速である.したがって,非対称アルゴリズムの鍵は,攻撃に対して同等の耐性を得るために,対称アルゴリズムの鍵よりも長くなければならない.

　RSA Security社(RSAセキュリティ)によると,1,024bitのRSA鍵は80bitの対称鍵と同等で,2,048bitのRSA鍵は112bitの対称鍵,3,072bitのRSA鍵は128bitの対称鍵と同等である.RSA Security社は,2030年までは2,048bitの鍵で十分であると主張している.2030年以降にセキュリティが必要な場合は,RSA鍵の長さを3,072bitにする必要があると考えられている[137].NISTの鍵管理ガイドラインによると,15,360bitのRSA鍵は256bitの対称鍵と同等の強度を持つことが示唆されている[138].

　ECCは,ほかの非対称鍵アルゴリズムで必要とされる鍵よりも短い鍵で安全にすることができる.NISTのガイドラインによると,ECCの鍵は,等価な強度の対称鍵アルゴリズムの2倍でなければならないという.例えば,224bitのECC鍵は,112bitの対称鍵とほぼ同じ強度を持つことになる.これらの見積もりは,ECCがベースにしている,根底にある数学的問題を解決する上での大きなブレークスルーを想定していない.

▶鍵ラッピングと鍵暗号化鍵

　鍵管理の役割の1つは,送信者がメッセージを暗号化する際に使用するのと同じ

鍵が，意図した受信者がメッセージを復号するのに使用されることを保証することである．したがって，TerryとPatが暗号化されたメッセージを交換したい場合，受信したメッセージを復号し，送信されたメッセージを暗号化する機能がそれぞれ備わっている必要がある．彼らが暗号を使用する場合は，適切な鍵が必要である．問題は，ほかの誰もがコピーを入手できないように，必要な鍵などの情報の交換を行う方法である．

　1つの解決策は，鍵暗号化鍵（Key-Encrypting Key：KEK）と呼ばれる専用の長期使用鍵でセッション鍵を保護することである．KEKは，鍵配布または鍵交換の一部として使用される．セッション鍵を保護するためにKEKを使用するプロセスは，鍵ラッピング（Key Wrapping）と呼ばれ，対称暗号を使用して，平文鍵と関連する完全性情報とデータを安全に暗号化（カプセル化）している．鍵ラッピングの1つのアプリケーションは，信頼できないストレージ内のセッション鍵を保護すること，または信頼できないトランスポートを介して送信することである．KEKを使用する鍵ラッピングまたはKEKを使用したカプセル化は，対称暗号または非対称暗号を使用して実行できる．暗号が対称KEKである場合，送信者と受信者の両方が同じ鍵のコピーを必要とする．公開鍵／秘密鍵のプロパティを持つ非対称暗号を使用してセッション鍵をカプセル化する場合，送信者と受信者の両方が他方の公開鍵を必要とする．

　SSL，PGP，S/MIMEなどのプロトコルは，セッション鍵の機密性，完全性を提供するため，KEKのサービスを使用している．また，セッション鍵発信者とセッション鍵自体の結合を認証して，セッション鍵が実際の送信者からのもので，攻撃者のものではないことを確認するためにも，時々，KEKのサービスを使用している．

▶鍵配布

　鍵は様々な方法で配布できる．例えば，鍵の交換を行いたい2人のユーザーは，セキュリティで保護されたメッセージ送信以外のメディアを使用することができる．これは帯域外鍵交換（Out-of-Band Key Exchange）と呼ばれる．複数の当事者が電子メールで安全なメッセージを送信したい場合，鍵の交換には，お互いに直接会うか，宅配便で送るかを選択できる．帯域外鍵交換の概念は，対象のユーザー数が数人を超えて人数が大きくなると，拡張性があまり高くないと言える．

　鍵交換でより拡張が容易な方法は，PKIの鍵サーバーを使用する方法である．鍵サーバー（Key Server）は，電子商取引を容易にするために鍵交換に関心を持っているユーザーグループの公開鍵用の中央リポジトリである．公開鍵暗号化は，グループのメンバーが安全なトランザクションを自発的に実行できるようにする手段を提

供している．受信者の公開鍵を含む受信者の公開鍵証明書は，鍵サーバーから送信者によって取得され，S/MIME，PGP，またはSSLなどの公開鍵暗号化スキームの一部として使用され，メッセージを暗号化して送信することができる．デジタル証明書は，グループの各メンバーの公開鍵を含むメディアであり，帯域外鍵交換の方式よりも鍵のポータブル性，拡張性があり，管理がより容易になる．

鍵配布センター

　複数のユーザー間で暗号を使用する際に必要な対称鍵の数を計算する公式は，$n(n-1)/2$である．これには，ディレクトリー，PKI，または鍵配布センターの設定が必要となる．

　鍵管理に鍵配布センター（Key Distribution Center：KDC）を使用するには，2種類の鍵を作成する必要がある．最初の1つは，各ユーザーとKDCが共有する秘密鍵であるマスター鍵（Master Key）である．各ユーザーにはそれぞれ独自のマスター鍵があり，ユーザーとKDC間のトラフィックを暗号化するために使用される．2つ目の鍵は，必要に応じて作成され，通信セッションに使用され，セッションが完了すると破棄されるセッション鍵（Session Key）である．ユーザーが別のユーザーまたはアプリケーションと通信したい場合，KDCはセッション鍵を設定し，それを各ユーザーに配布して使用している．このソリューションの実装例はKerberosである．大規模な組織には複数のKDCがある場合もあり，ローカルKDC間のトラフィックを調整するグローバルKDCを配置することもできる．

　マスター鍵はユーザーとホスト間の信頼関係とセキュリティ関係に不可欠なため，このような鍵は，侵害されたり，漏洩されたりする可能性のある場所で使用してはならない．ファイルや通信を暗号化するには，マスター鍵以外の鍵を使用する必要がある．理想的には，マスター鍵は決して明確に表示されず，装置自体の内部に埋め込まれており，ユーザーはアクセスできない．

▶鍵の保存と破棄

　暗号鍵の適切な保存と変更は鍵管理の重要な側面であり，セキュリティのための暗号の効果的な使用に不可欠である．最終的に，暗号によって保護される情報のセキュリティは，鍵によって与えられる保護に直接依存する．すべての鍵は改ざんから保護する必要があり，秘密鍵は不正な開示から保護する必要がある．保存された鍵を保護する方法には，信頼できる改ざん防止ハードウェアセキュリティモジュール，パスフレーズ保護スマートカード，長期保存KEKを使用したセッション鍵ラッ

ピング，暗号鍵の分割と物理的に別の場所への保存，強力なパスワードおよびパスフレーズによる鍵の保護，鍵の有効期限設定などが含まれる．

　長期の暗号解読攻撃から保護するために，すべての鍵はある期限を過ぎると有効ではなくなる有効期限を設定する必要がある．鍵長は，鍵の有効期限前に解読されてしまう機会がきわめて小さくなるように，十分な長さでなければならない．鍵ペアの有効期間は，鍵が使用される状況によっても異なる場合がある．署名検証プログラムは期限切れをチェックし，期限切れの鍵で署名されたメッセージを受け入れるべきではない．コンピュータのハードウェアが改善し続けているという事実があるため，期限切れの鍵を数年に一度は更新し，より長い鍵に交換するのが賢明である．鍵交換は，ハードウェアの改良を利用した，暗号システムのセキュリティ向上の恩恵も得られる．暗号鍵を保存するための追加のガイダンスは次のとおりである[139]．

- ユーザー鍵に関連するすべての一元的に格納されたデータに署名を付ける，または完全性のためにMACを適用し（MACed），機密性が必要な場合に暗号化する必要がある（すべてのユーザーの秘密鍵とCA秘密鍵を暗号化する必要がある場合）．データベース内の個々の鍵レコードおよびデータベース全体は，署名またはMACで暗号化する必要がある．改ざん検出を有効にするには，暗号機能で鍵を使用する前にその完全性をチェックできるように，個々の鍵レコードに署名またはMACを適用する必要がある．

- バックアップコピーはセントラル鍵およびルート鍵で作成する必要がある．これらのコンポーネントの侵害または紛失により中央データベースの鍵へのアクセスが妨げられ，システムユーザーがデータの復号や署名検証を行うことができなくなる可能性があるからである．

- 鍵回復機能を提供する．機密レコードが正当な所有者によって回復できないほどに失われたり，許可されていない個人によってアクセスされたりしないようにするための保護措置が必要である．鍵回復機能はこれらの機能を提供している．

- 十分に長い暗号化期間の間，ユーザー鍵をアーカイブに保存する．暗号化期間（Crypto Period）とは，情報を保護するために鍵を使用できる期間である．これは暗号保護を適用するために使用される鍵の寿命を超えて拡張できる（寿命は，その鍵を使用して署名を生成するか，暗号化を実行できる時間である）．鍵は，署名を検証し，暗号化テキストを復号するために使用できるように長い期間（数十年単位で）アーカイブに保管する．

セキュリティアーキテクト，セキュリティ専門家およびセキュリティ担当責任者は，すべての鍵とデータの長期的なアーカイブに関して，次の問題のいくつかに対処するために準備する必要がある．

- 　アーカイブストレージにコミットした鍵で保護しているデータについて，何かしなければならないのか．このデータを復号し，鍵管理システムを介してアクティブに管理されているほかの鍵で再暗号化する必要があるか．
- 　鍵が侵害されてしまった場合はどうするか．侵害された鍵で暗号化されたデータのリスク影響度は何か．
- 　データと鍵の長期アーカイブの責任者は誰か．これは，現在の鍵管理システムとは別に，企業内の特定の役割となるか．
- 　長期鍵／データアーカイブストレージは，現在使用されている短期間の安全なストレージシステムおよび管理と，どのように異なるか．災害復旧計画と事業継続計画は長期データアーカイブを含むように拡大適用するか．
- 　長期データアーカイブには，いつアクセスが許可されるか．どのような条件でアクセスが許可され，どのポリシーによりデータと鍵の使用を管理するか．

暴露のリスクに影響を与える要因には次のものがある[140]．

1．暗号メカニズムの強度(例えば，アルゴリズム，鍵長，ブロックサイズおよび動作モード)
2．メカニズムの実施形態(例えば，パーソナルコンピュータ上のFIPS 140-2 Level 4実装またはソフトウェア実装)
3．運用環境(例えば，セキュアな限定アクセス設備，オープンオフィス環境または公的にアクセス可能な端末)
4．情報フローの量またはトランザクションの数
5．データのセキュリティ寿命
6．セキュリティ機能(例えば，データ暗号化，デジタル署名，鍵生成または導出，鍵保護)
7．鍵の再生成方法(例えば，キーボード入力，人間が鍵情報への直接アクセスを有さない鍵ローディングデバイスを使用した再生成，PKIに基づくリモートでの再生成など)
8．鍵更新または鍵導出プロセス

9．共通鍵を共有するネットワーク内のノード数

10．鍵の複製数とそれら複製の配布

11．情報への脅威（誰から情報を保護するのか，攻撃を行うための技術的能力や財源は何か，など）

　一般的に，短い暗号期間はセキュリティを強化する．例えば，敵対者が有する，単一の鍵の下で暗号化された情報の量が限られている場合，暗号アルゴリズムによっては解読の脆弱性が低くなることがある．不要になった鍵を削除する場合は注意が必要である．鍵の単純な削除は，情報を完全に消滅させない可能性がある．例えば，情報を消去するには，ランダムビットまたはオール0または1のビット列のような無関係な情報でその情報を複数回上書きする必要がある．メモリーに長時間格納されている鍵は，"焼き込まれる"ことがある．これは，**図3.43**に示すように，頻繁に更新されるコンポーネントに鍵を分割することで低減できる．

　一方，手作業による鍵配布方法が人為的エラーや脆弱性の影響を受ける場合，鍵交換を頻繁に行うと，実際には暴露のリスクが増加する可能性がある．こうしたケースでは，特に非常に強力な暗号が採用されている場合，コントロールの不十分な手動鍵配布を頻繁に行うよりも，適切に管理された自動鍵配布をたまに行う方が賢明である．鍵の生成と交換が，適切な認証，アクセスおよび完全性制御によって保護されている，安全で自動化された鍵配布は，そのような環境での補完的コントロール手段となる．

　役割の異なるユーザーには，様々な役割と責任，鍵が使用されるアプリケーション，鍵によって提供されるセキュリティサービス（ユーザーやデータの認証，機密性，データ完全性など）を考慮した，ライフタイムを持つ鍵が必要となる．鍵の再発行は過度の負担となるため頻繁に行われるべきでない．しかし，鍵の漏洩，侵害による損失を最小限に抑えるために，十分な頻度では実行する必要がある．

　侵害日や喪失日より前に署名されたデータを検証できるように，鍵の非活性化／無効化を処理する．署名鍵が「失われた」または「侵害された」と指定されている場合，その日付より前に生成された署名は，今後も引き続き検証できる必要がある．したがって，失われた鍵や侵害された鍵に対しての署名検証機能は維持する必要がある．そうしないと，失われた鍵や侵害された鍵で以前に署名されたすべてのデータは再署名する必要がある．

鍵の種類	暗号期間	
	発信者の使用期間 （OUP：Originator Usage Period）	受信者の使用期間
1. 署名用の秘密鍵	1～3年	
2. 署名用の公開鍵	数年（鍵長に依存）	
3. 対称認証鍵	2年以内	OUP＋3年以内
4. 秘密認証鍵	1～2年	
5. 公開認証鍵	1～2年	
6. 対称データ暗号鍵	2年以内	OUP＋3年以内
7. 対称鍵ラッピング鍵	2年以内	OUP＋3年以内
8. 対称および非対称RNG鍵	都度	
9. 対称マスター鍵	約1年	
10. 秘密トランスポート鍵	2年以内	
11. 公開鍵トランスポート鍵	1～2年	

図3.43 鍵の種類別の推奨暗号期間

▶証明書の交換および失効のコスト

　場合によっては，デジタル証明書や暗号鍵の変更に伴うコストが非常に高くなることがある．例としては，非常に大規模なデータベースの復号とその後の再暗号化，分散データベースの復号と再暗号化，非常に多数の鍵の失効と交換，地理的かつ組織的に分散された鍵保有者が非常に多数存在する場合などである．このような場合には，より長い暗号期間をサポートするために必要なセキュリティ対策の費用が正当化されるであろう．例えば，高価で不便な物理的，手続き的，論理的なアクセスセキュリティを使用する場合や，処理のオーバーヘッドが大幅に増加する可能性があるものの，さらに長い暗号期間をサポートできる十分に強力な暗号化を使用する場合などがある．

　その他のケースとして，暗号期間が必要以上に短くなることがある．例えば，鍵管理システムがステータス情報の保持期間を制限するために，鍵が頻繁に変更される場合である．一方，ユーザーが秘密鍵を紛失した場合は，権限のないユーザーが使用できないように，失われた鍵を失効処理する必要がある．マスター復号鍵（PGPの追加復号鍵）または別の鍵回復メカニズムを使用して，失われた鍵の下で暗号化されたデータにアクセスできなくなることを防ぐのが望ましい．証明書を失効するその他の理由としては，従業員が会社を退職する場合や，場合によっては，より高信頼の職務に移行する場合のように，異なるレベルの説明責任やより高いリスクデータへのアクセスを必要とする時などがある．

▶ 鍵の回復

鍵を失うことは，組織に対する危機を意味する．重要なデータやバックアップが失われると，運用に甚大な損害が発生し，財政破産や財務的な罰則が生じる可能性がある．共通の信頼できるディレクトリーや，すべての暗号鍵をセキュリティ部門に登録する必要があるポリシーなど，鍵回復（Key Recovery）の方法はいくつかある．他人にパスワードファイルを見つけられないように，ステガノグラフィーを使って，自分のパスワードや写真をほかの場所に埋め込んでいる人がいる．パスワードウォレットまたはほかのツールを使用して，すべてのパスワードを管理している人もいる．

1つの方法は，マルチパーティ鍵回復（Multiparty Key Recovery）である．ユーザーは，自分の秘密鍵を紙に書いて，その鍵を2つ以上の部分に分割する．各部分は封筒に封印する．ユーザーは，組織がユーザーのシステムまたはファイルへのアクセスを必要とする緊急時（ユーザーの身体的障害または死亡などの際）にのみ封筒を開封するように指示して，信頼できるユーザーにそれぞれ1つの封筒を託す．緊急事態が発生した場合，封筒の保有者は人事部門に報告し，封筒を開き，鍵を復元することができる．ユーザーは通常，共謀のリスクを低減するために，異なる管理レベルおよび会社内の異なる部門の信頼できる人々に封筒を渡す．

鍵の回復は，個人のプライバシーを念頭に置いて行う必要がある．プライベートに個人が一部の情報の機密性を保護するために暗号化を使用した場合，その地域の法律に従って法的に保護される可能性がある．状況によっては，鍵を取り出して情報を復号するために法的な命令が必要な場合がある．

▶ 鍵の預託（鍵エスクロー）

鍵の預託（Key Escrow）は，秘密鍵または情報の復号に必要な鍵のコピーを第三者が管理することを保証するプロセスである．暗号化された情報は個人ではなく組織に属するため，鍵の預託はまた，ほとんどの組織が暗号を使用するうえで必須であるとみなされるべきである．しかし，個人の鍵が情報の暗号化にしばしば使用される．鍵預託のプロバイダーは秘密鍵のコピーを保持し，それを使用して情報を公開することができるため，鍵預託のプロバイダーと関係者間の明示的な信頼関係が必要である．鍵の公開の条件は，明示的に定義され，すべての当事者によって合意されなければならない．

3.10.9 デジタル署名

デジタル署名(Digital Signature)は，契約のような重要文書の手書き署名に匹敵するものである．デジタル署名は数学的表現で，バイナリーデータで特定の意味を伝えるものであり，「デジタル化された署名」と同じではないことに注意することが重要である．「デジタル化された署名」は，スキャナーまたはファックス機を使用して作成できる，手書きの個人署名の表現である．

デジタル署名の目的は，手書きの署名では不可能な，電子トランザクションで同じレベルの説明責任を与えることである．デジタル署名は，メッセージが実際にそれを送信した人から来たものであること，変更されていないこと，両者が同じ文書のコピーを持っていること，および文書を送信した人がそれを送らなかったと主張できないことを保証する．デジタル署名には通常，署名の日付と時刻および第三者による署名検証の方法が含まれる．

デジタル署名とは何か．これは送信者の秘密鍵で送信および暗号化されたメッセージの内容に基づいて生成されるデータブロック(ビットパターン，通常はハッシュ)である．受信者と第三者により簡単に確認できる，メッセージの送信者とリンクする一意の値を含める必要があり，デジタル署名を偽造したり，同じ署名を使用して新しいメッセージを作成したりすることは困難である必要がある．

▶デジタル署名標準

デジタル署名標準(Digital Signature Standard：DSS)は，SHA(Secure Hashing Algorithm)を使用しており，FIPS 186として1991年に提案された．その後，数回更新され，2013年7月にはFIPS 186-4として発行され，RSAとECCに基づいたデジタル署名アルゴリズム(Digital Signature Algorithm：DSA)を含む拡張が行われている[141]．RSAと対照的に，デジタル署名は公開鍵(非対称)アルゴリズムに基づいているが，暗号化によるメッセージの機密性を提供せず，鍵交換には使用されない．

DSSは，RSA方式とDSS方式の2つの署名作成方法を使用している．どちらの場合も，操作はメッセージのハッシュの作成から開始される．RSAのアプローチでは，送信者の秘密鍵でハッシュを暗号化し，署名を作成している．DSSのアプローチは，DSAを使用してハッシュに署名する．DSAは，ElGamalとSchnorr(シュノア)で使用される離散対数アルゴリズムに基づいている．DSAは，乱数を選択して秘密鍵と公開鍵のペアを作成し，ハッシュ値を秘密鍵とユニバーサル鍵で暗号化して，2部構成の署名を作成している．

デジタル署名は，メッセージ全体を送信者の秘密鍵で暗号化することによって作成できる．しかし，非対称アルゴリズムを使用したメッセージの暗号化は計算量的インパクトがあるため，ほとんどの場合，これは現実的ではない．したがって，多くの場合，デジタル署名は，送信者の秘密鍵でメッセージのハッシュを暗号化することによって作成される．さらに機密性が必要な場合は，メッセージを対称アルゴリズムで暗号化できる．ただし，メッセージを暗号化する前に署名を作成することが望ましい．そして，署名はメッセージの暗号化テキストではなく，メッセージ自体を認証する．

デジタル署名が作成されると，メッセージに添付され，受信者に送信される．受信者は，送信者の公開鍵で署名を復号し，メッセージが変更されていないことを検証し，署名元の否認防止を確立することができる．

▶ デジタル署名の使用

デジタル署名は，金融取引，電子商取引，電子メールの完全性を保護する上で非常に有益なものとなっている．また，ウイルスやその他の改ざんによってソフトウェアが侵害されていないことを保証するために，ソフトウェアベンダーによって使用される．これは，インターネット経由でパッチをダウンロードして，パッチが正式なサイトにあることを確認し，ダウンロードの完全性を保証する場合に特に重要である．

デジタル署名は，デジタル証明書の署名にも使用される．デジタル証明書は，送信者に結びついて真正性とデータの完全性を主張するための電子文書である．ハッシュ計算は，証明書コンテンツに対して実行される．ハッシュ値は送信者の秘密鍵を使用して暗号化され，証明書に埋め込まれる．受信者は，送信者の公開鍵を使用して，埋め込まれたハッシュ値を復号する．次に，受信者は，送信者の公開鍵を使用し，証明書コンテンツに対して，送信者が行ったのと同じハッシュ計算を実行することによって，送信者の真正性を検証している．ハッシュ結果が同じ場合，証明書の送信者認証とデータの完全性が確立される．世界中の多くの地域で，デジタル署名は検証可能な認証の形式として政府および裁判所に認められている．

3.10.10 デジタル著作権管理

デジタル著作権管理 (Digital Rights Management：DRM) は，コンテンツプロバイダーに，自らのデジタルメディアに対するコントロールと保護を与える幅広い技術とし

て定義されている．コンテンツの観点からは，コンテンツの作成，コンテンツの配布と維持およびコンテンツの使用というライフサイクルの3つの主要コンポーネントがある．良好なDRMスキームは，3つのコンポーネントすべてを考慮し，ユーザー，アクセスの許可およびコンテンツ自体の間のやり取りを効果的に定義すべきである．

コンテンツが作成されると，システムは権利が有効で所有者に割り当てられ，許可された当事者による使用が承認されることを直ちに確実にする必要がある．コンテンツの配布と保存では，システムはコンテンツとメタデータへの適切なアクセスを必要とし，ライセンスと承認を管理している．コンテンツが取引されたあと，システムは，必要に応じてアクセス，使用，修正するための適切な権限を与えることによって，コンテンツに関連する権利を執行する必要がある[142]．

DRMの主な問題は，標準化された技術の欠如である．さらに，多くの伝統的なDRM技術は，使い勝手や法的問題に悩まされてきた．あるいは，それらが完全に役に立たなくなる攻撃を受けている．その結果，業界の多くのコンテンツホルダーは，今日のメディア標準におけるDRMの個々のニーズを満たす独自のソフトウェアを開発した．

1998年10月に米国の上院は，消費者が技術的なコピー制限方法を阻止できる技術の作成と流通を犯罪とする，米国の著作権法の改正案を可決した．デジタルミレニアム著作権法（Digital Millennium Copyright Act：DMCA）は本質的に，海賊版対策を回避し，ソフトウェアを不正にコピーするために使用されるコードクラッキングデバイスの製造，販売または配布を禁止し，犯罪としている[143]．

DMCAは長く複雑な法律文書であるが，セキュリティ担当責任者が関心を持つ必要があるのは，1201項である．これは「回避規制」の規定である．そこでは，著作権で保護された作品を制限する「アクセス制御の効果的な手段」の回避を違法にしている．裁判所とDRMを作成する企業は，これを非常に広く解釈し，DRMの脆弱性に関する情報の公開，DRMに隠蔽された秘密鍵の公開およびDRMソリューションを回避するための手順の公開を禁止している．DMCAがDRMの弱点の公開を差し止めたことは，その脆弱性がDMCAでカバーされていない同等のシステムよりも長く修正されないことを意味し，セキュリティ担当責任者にとっては大きな問題を提起している．つまり，DRMを使用しているシステムは，DRM保護が動作していないシステムに比べて，ユーザーにとっては概してより危険であることを意味する．

例えば，Sony BMG Music Entertainment社（ソニーBMGミュージック・エンターテイン

メント)☆10は2005年，51MオーディオCDに「Sony Rootkit」と呼ばれるDRMを付加して出荷した．これらのCDをPCに挿入すると，自動的かつ検出されないようにオペレーティングシステムを変更し，「SYS」で始まるファイルやプログラムを参照できないようにした．Rootkitは，その存在が公開される前に，200,000を超える，米軍および政府ネットワークを含む数百万のコンピュータを感染させた．しかし，業界の主要なセキュリティ組織のいくつかは，開示の数カ月前にソニーのRootkitの存在を認識していたが，DMCAの下で処罰を受けるおそれがあったため，情報は公開していなかった．一方，ウイルス作成者は，すぐにこのソニーのDRM Rootkitに侵害されたコンピュータに侵入した場合，不正なプログラムがウイルス対策ソフトでは発見できないため，不正なプログラムを「SYS」で始まる名前に変更し始めた．

DMCAは世界知的所有権機関（World Intellectual Property Organization：WIPO）の条約により多くの地域に広がっている．EUでは，2001年6月22日に発効したEU著作権指令（EU Copyright Directive：EUCD）として知られている指令2001/29/EC（2001年5月22日の欧州議会および理事会の指令2001/29/EC）がある．相違する欧州の著作権制度を調和させ，WIPO著作権条約（WIPO Copyright Treaty：WCT）とWIPO実演・レコード条約（WIPO Performances and Phonograms Treaty：WPPT）を実施することを目指している[144]．

カナダでは，著作権の近代化法であるBill C-11がある．2012年6月29日にBill C-11は国王裁可を受領し，その大部分は2012年11月7日に施行された．サブセクション（f）の"Digital Locks"では，「技術的保護措置」（別名：「デジタルロック」）が，2つのカテゴリーの下で定義されている．

- 作品へのアクセスを制御する，有効な技術，デバイスまたはコンポーネント（「アクセス制御」）および
- 著作権者または報酬権の排他的権利を行使することを制限する，つまり作品の転載または複製を制限する，有効な技術，デバイス，またはコンポーネント（「複製管理」）．

Bill C-11は，「デジタルロック」の対象となる作品が合法的に取得されていても，作品や録音された演奏者の演奏または録音そのものに設定されたアクセス制御の回避を禁止している．

この法律の「デジタルロック」は，著作権法の様々な例外（例：公正取引または教育上の例外）に対して勝る（"切り札"になる）可能性がある[145]．

DRMソリューションには，長年にわたって普及してきた，いくつかの異なる種

類がある.

- **常時DRM**(Always-On DRM)＝これはDRMソリューションのかなり一般的な形式である．DRMシステムを介して保護されているソフトウェアまたはコンテンツは，システムがインターネットに接続されている場合にのみ利用可能であり，DRMシステムが「チェックイン」し，動作していることを検証することができる．この種のシステムは，一般にビデオゲームに見られる.
- **USBキー**(USB Key)＝これもDRMソリューションを容易に実装することができる．DRMシステムを介して保護されているソフトウェアまたはコンテンツは，USBキーが接続されて，システムで使用可能な場合にのみ使用できる．このシステムの主な利点は，USBキーが差し込まれていれば，DRMで保護されたコンテンツを複数のコンピュータで使用でき，利用可能にできることである.
- **デジタル透かし**(Digital Watermark)＝この技術は，主に印刷媒体およびオーディオ／ビデオコンテンツのDRMソリューションの一部として使用される．このソリューションは，保護されたコンテンツの完全性を検証するために使用される.
- **フィンガープリンティング**(Fingerprinting)＝この技術は，ファイルの各ユーザーにファイル固有の冗長部を割り当てることによって，保護されたファイルの完全性を検証する．ファイルへの変更が行われた場合，ファイルの完全性チェックはそれを示し，各ユーザーに割り当てられた各ファイルの一意のIDに基づいて，その変更に責任を持つユーザーを特定できる.

3.10.11 否認防止

否認防止(Non-Repudiation)は，送信者がメッセージを送信したことを否認できないように保証するサービスであり，メッセージの完全性が損なわれない．NIST SP 800-57「鍵管理における推奨事項－第1部：一般事項(改訂第3版)」では，否認防止を以下のように定義している.

「署名者の秘密鍵を所持している特定のエンティティから発信されたものとして，第三者が完全性と発信元を確認できるように，データの完全性と発信元の保証を提供するために使用されるサービスである．一般的な情報セキュリティのコンテキストでは，情報の送信者に配信証明が提供され，受信者に送信

者の身元証明が提供されるという保証があるため，両者ともに情報を処理した
ことを否定することができない．」[146]

　否認防止は，デジタル署名とPKIを使用して行うことができる．メッセージは，
送信者の秘密鍵を使用して署名される．受信者がメッセージを受信すると，送信者
の公開鍵を使用して署名を検証することができる．これによりメッセージの完全性
を証明しているが，秘密鍵の所有権を明示的に定義することはできない．否認防止
を有効にするためには，認証局が秘密鍵と送信者の間の関連付けを持たなければな
らない（送信者だけが秘密鍵を持つことを意味している）．

3.10.12 ハッシュ化[147]

　ハッシュ関数（Hash Function）は任意の長さの入力メッセージを受け取り，一方向
の操作で固定長の出力を生成する．この出力はハッシュコード（Hash Code）と呼ば
れ，メッセージダイジェスト（Message Digest）と呼ばれることもある．ハッシュアル
ゴリズムを使用してハッシュを生成しているが，秘密鍵は使用しない．

　メッセージの機密性の必要性，送信元の認証，処理速度，暗号アルゴリズムの選
択によって，通信でメッセージダイジェストを利用する方法がいくつかある．ハッ
シュ関数の要件は，検出されずにメッセージを変更することはできないこと，およ
び同じハッシュ値を持つ2つのメッセージを見つけることが非現実的であることを
保証することである．

　ハッシュ関数の5つの主要な特性は次のとおりである．

1. **一様に分散**（Uniformly Distributed）＝ハッシュ出力値は予測可能であってはなら
   ない．
2. **弱い衝突耐性**（Weak Collision Resistant）＝別の入力と同じ値のハッシュが生成さ
   れる第2の入力値を見つけることは困難である．
3. **反転が難しい**（Difficult to Invert）＝一方向でなければならず，ハッシュ関数を逆
   方向に適用して，出力yからハッシュ入力xを導出できない．
4. **強い衝突耐性**（Strong Collision Resistant）＝同じ値のハッシュが生成される2つの
   入力を見つけるのが困難である．
5. **決定論的**（Deterministic）＝入力xが与えられると，常に同じハッシュ値yを生
   成しなければならない．

3.10.13 単純なハッシュ関数

ハッシュは任意の長さの入力に対して動作し（いくつかの制限があるが，メッセージのサイズは巨大である），固定長の出力を生成する．最も単純なハッシュは，単に入力メッセージを固定サイズのブロックに分割し，次にすべてのブロックをXORするものである．したがって，ハッシュはブロックと同じサイズになる．

```
Hash = block 1 block 2 block 3 ... end of message
```

▶MD5メッセージダイジェストアルゴリズム

MD5（Message Digest Algorithm 5）は，1992年にMITのRon Rivestによって開発された．最も広く使用されているハッシュアルゴリズムであり，RFC 1321[148]に記述されている．MD5は，任意の長さのメッセージから128bitのダイジェストを生成する．512bitブロックでメッセージを処理し，4ラウンドの処理を行う．各ラウンドには16ステップが含まれている．同じハッシュコードを持つ2つのメッセージを見つける可能性は2^{64}と推定され，特定のダイジェストを持つメッセージを見つける困難さは2^{128}と推定される．MD5の一般的な使用法の1つは，フォレンジック調査を行う際のデジタル証拠の完全性の検証であり，元の媒体が押収されてから変更されていないことを確認するために利用される．過去2年間で，MD5に対していくつかの攻撃が開発され，分析によって衝突を見つけることが可能になっている．そのため，デジタル署名など，安全な通信におけるMD5の使用については中止するよう，多くの専門家は推奨している．MD5の前身であるMD4は1990年に開発され，1992年に改訂された．処理回数は3回で128bitの出力を生成するが，ラウンド当たりの数学演算は少なく，今日のほとんどのアプリケーションでは十分に強力であるとは考えられていない．

▶セキュアハッシュアルゴリズム（SHA）とSHA-1

セキュアハッシュアルゴリズム（Secure Hash Algorithm：SHA）は，1993年に米国のNISTによって開発され，FIPS 180として発行された．改訂版（FIPS 180-1）は1995年にSHA-1（RFC 3174）として発行された[149]．SHAはMD4アルゴリズムに基づいているが，SHA-1はMD5のロジックに従う．SHA-1は512bitブロックで動作し，最大2^{64}bitのメッセージを処理できる．出力ハッシュは160bitの長さである．この処理には，それぞれ20ステップの4ラウンドの操作が含まれる．最近，SHA-1アルゴリズムに対してMD5よりかなり強力であるにも関わらず，いくつかの攻撃が報告

されている．NISTは，セキュアハッシュ規格の一部として，SHA-1，SHA-224，SHA-256，SHA-384，SHA-512，SHA-512/224およびSHA-512/256を認識するFIPS 180-4を発行した．これらのダイジェストの出力長は160〜512bitまで様々である[150].

▶ SHA-3

2007年11月，NISTは，米国連邦政府の暗号システムで使用するための新しいハッシュアルゴリズムの候補アルゴリズムを募集した．NISTは，最近ハッシュ関数の解読が進展したために必要とされる，新しいハッシュアルゴリズムの適切な候補を識別するための公開されたプロセスを実施している．NISTは2010年に最終候補を選定し，2012年10月2日にKeccak（ケチャック）を勝者として発表した[151]．新しいハッシュアルゴリズムはSHA-3と命名され，FIPS 180-4，セキュアハッシュ規格で現在指定されているハッシュアルゴリズムを補強するものとなる予定である[152].

▶ HAVAL

HAVALはオーストラリアのUniversity of Wollongong（ウーロンゴン大学）で開発された．これは可変長出力と1,024bit入力ブロック上の可変回数の操作ラウンドを組み合わせている．出力は，128，160，192，224，または256bitであり，ラウンド数は3から5まで変化することができる．これにより，15通りの操作の組み合わせが可能になる．HAVALは，3ラウンドのみ使用するとMD5よりも60%高速で動作し，5ラウンドの操作を実行するとMD5と同じ速さで動作する．

▶ RIPEMD-160

欧州のRACE Integrity Primitives Evaluationプロジェクトは，MD4とMD5の脆弱性に対応してRIPEMD（RACE Integrity Primitives Evaluation Message Digest）-160アルゴリズムを開発した．元のアルゴリズム（RIPEMD-128）はMD4，MD5と同じ脆弱性を持ち，改良されたRIPEMD-160バージョンとなった．RIPEMD-160の出力は160bitで，512bitブロックでMD5と同様に動作する．SHA-1の倍の処理を行い，5ペアのラウンドでそれぞれ16ステップが実行されるので，計160回の操作を実行する．

▶ ハッシュアルゴリズムとメッセージ認証コードに対する攻撃

ハッシュ関数を攻撃する主な方法は，総当たり攻撃と暗号解読の2つである．こ

こ数年，MD5やSHA-1などの様々なハッシュアルゴリズムに対する攻撃が研究されており，どちらのアルゴリズムも暗号攻撃の影響を受けやすくなってきている．総当たり攻撃（Brute Force Attack）は，攻撃者がハッシュ値から元のメッセージを再構築できる（ハッシュ関数の一方向性を破る），同じハッシュ値を持つ別のメッセージを見つけられる，あるいは，同じハッシュ値を持つメッセージのペアを見つけられる（衝突耐性［Collision Resistance］と呼ばれる）といったハッシュアルゴリズムの弱点を見つけられるかに依存している．Oorschot（オールショット）とWiener（ウィーナー）は，約24日で128bitハッシュの衝突を検出できるマシンを開発した[153]．

　暗号解読（Cryptanalysis）は，暗号システムを破り，鍵が不明であっても暗号化されたメッセージにアクセスするための技術と科学である．サイドチャネル攻撃は暗号解読の1つの例である．この攻撃はアルゴリズム自体を攻撃するのではなく，アルゴリズムの実装を攻撃する．また，暗号解読では，「レインボーテーブル（Rainbow Table）」と呼ばれる仕組みを開発している．これは，暗号を解読するためにストレージを用意し，必要な計算時間と電力を大幅に削減するために使用されている．無償で利用できるパスワードクラッキングプログラムである "Cain & Abel" にはレインボーテーブルがプリロードされている[154]．

　レインボーテーブルは，パスワードハッシュを解読する際に使用される，あらかじめ計算されたテーブルまたはリストである．テーブルはMD5やSHA-1などの特定のアルゴリズム用に設計されており，公開市場で購入することもできる．"Salted" ハッシュは，レインボーテーブルに対する防御を提供している．暗号用語では，「ソルト（Salt）」はランダムなビットで構成され，ターゲットの平文とともに，一方向ハッシュ関数への入力として利用される．ソルトは結果のハッシュ値と一緒に保存されるので，ハッシュは同じソルトを使用して同じ結果を得る．レインボーテーブルの作成時には，ソルトは含んでいなかったので，その値は決してソルトを使用した値と一致しない．

　セキュリティアーキテクトは，遅いハッシュ関数の価値と攻撃者を抑止する能力を考慮する必要がある．例えば，1秒当たり約10億ハッシュを計算するようにPCをプログラムできるとする．次に対処すべき問題は，どのような種類のパスワードを使用してこのパワーと対抗するかということである．8文字のパスワードを使用する場合，このパスワードがPCを使用した総当たり攻撃から安全かどうかをテストするには，次の点を考慮する必要がある．

- パスワードに小文字と大文字を数字とともに含めることができる場合は，

計62文字（26＋26＋10）になる.

- 8つの文字列には62⁸種類のバリエーションがある. これは, 電卓を持っていない場合に備えて, 約218兆である.
- 毎秒10億ハッシュの速度で, 私たちのパスワードは, 1台のPCだけを使って約60時間で総当たり攻撃によって検出される.
- 8文字のパスワードを6文字のパスワードに変更した場合, それを解読する速度は1台のPCで1分未満に低下する.

　ところで, 計算量が多く, 遅いハッシュ関数はどうであろうか. 毎秒10億ハッシュで動作するPCではなく, 同じPC上で毎秒100万回しか計算できないハッシュ関数を使用すると想像した時. これは, 総当たり攻撃が8文字のパスワードに対して1,000倍, または別の言い方をすれば60時間が約7年間になるということである. ここでのトリックは, コストパラメーターをサポートするハッシュアルゴリズムを使用することである. コストパラメーターは, ハッシュアルゴリズムを「遅い」アルゴリズムにする. Blowfishはコストパラメーターをサポートしている. コストパラメーターは, アルゴリズムが実行される際の反復の数を表す2の対数である. Blowfishでは, この数値は04〜31の範囲で指定できる. コストパラメーターに設定されている数値が小さいほど, アルゴリズムの実行速度は遅くなる.

　Blowfishに加えて, 同じ結果を達成するために使用できるbcryptとscrypt関数もある. bcryptは, scryptよりずっと長い間存在しており, どちらも長所と短所を持っている. なぜbcryptがscryptよりもよい選択となるかの興味深い話題について, 興味を持ったセキュリティ専門家は, 次のブログエントリーを見るとよい.

　　http://blog.ircmaxell.com/2014/03/why-i-dont-recommend-scrypt.html

▶誕生日のパラドックス

　誕生日のパラドックス（Birthday Paradox）については, 数年前から確率論の教科書に記載されている. これは, 特定のグループから同じ誕生日の2人を見つけることの容易さを示す驚くべき数学的条件である. これは, 「何人の人が集まれば, その中に同じ誕生日の人がいる確率が50%を超えるか」という問題を考えた時, 誕生日が何月何日であるかは（うるう年を含まないことと, 誕生日がすべての可能な日付に均等に分散されていると仮定した上で）365通りの可能性があるため, 半数の183人以上いれば, 50%以上の確立で同じ誕生日の人が存在すると考えてしまうかもしれないが, 実際には, 23人以上の人がいたら, そのうちの2人が同じ誕生日を共有する確率は50%

を超えることになる．23人のグループでは，253の異なるペアリング（n(n−1)/2）があるため，このようになる．もし100人のグループであれば，2人が同じ誕生日を持つ可能性は99.99％以上になる．

では，ハッシュ攻撃の中で「誕生日のパラドックス」に関する議論が重要なのはなぜか．それは2つのメッセージとそのハッシュ値の衝突を検出する可能性は，信じられているよりはるかに簡単かもしれないからである．

それは同じ誕生日の2人を見つける統計と非常によく似ている．ハッシュアルゴリズムの強度を評価するための考慮事項の1つは，衝突に対する耐性でなければならない．160bitハッシュの衝突を検出する確率は，必要とされる衝突耐性のレベルに応じて，2^{160}または2^{160}の1/2のいずれかで推定できる．

このアプローチは，ハッシュがメッセージの表現であり，メッセージ自体ではないことに関連している．明らかに，攻撃者は同一のメッセージを探す必要はない．彼は，①メッセージの内容を読み取れるものに変更する，または②別のメッセージがオリジナルと同じ値（ハッシュ）を持っていることを示すことによって，オリジナルのメッセージの真正性に疑問を投げかけたいのである．ハッシュアルゴリズムは，攻撃者がその目標を達成可能な誕生日型攻撃に耐性がなければならない．

3.10.14 暗号解読攻撃の方法

セキュリティシステムまたは製品は，侵害されたり，攻撃されたりすることがある．以下では，暗号システムに対する一般的な攻撃について説明している．

▶ 暗号化テキスト単独攻撃

暗号化テキスト単独攻撃（Ciphertext-Only Attack）は，攻撃者が持っている情報がほとんどないため，最も困難である．攻撃者はどれが重要な暗号化メッセージであるかを理解していないところから作業を開始する必要がある．攻撃者が複数の暗号化テキストを収集し，攻撃に役立つ傾向または統計データを探すことができる場合，攻撃はより簡単になる．適切な暗号化とは，攻撃者が攻撃に投資したいと思うよりも高いワークファクターがあるため，総当たり攻撃が現実的ではない，十分な強度を持つ強力な暗号化と定義することができる．Moore（ムーア）の法則では，利用可能なコンピューティングパワーが18カ月ごとに倍増すると述べている[155]．専門家たちは，このコンピューティングパワーの進歩が減速していることを示唆している．ただし，今日適切とされている暗号強度は，CPUとGPUの技術の進歩と新し

い攻撃手法のために，今後数年のうちには不十分となる可能性がある★156．セキュリティ専門家は，暗号化要件を定義する際にこれを考慮する必要がある．

▶ 既知平文攻撃

既知平文攻撃（Known Plaintext Attack）の場合，攻撃者は同じメッセージの暗号化テキストと平文の両方のバージョンにアクセスできる．このタイプの攻撃の目的は，メッセージを暗号化するために使用された暗号鍵を見つけることである．鍵が見つかると，攻撃者はその鍵を使用して暗号化されたすべてのメッセージを復号することができる．場合によっては，攻撃者がメッセージの正確なコピーを持っていない可能性がある．メッセージが電子商取引であることがわかっている場合，攻撃者はトランザクション内の実際の値を知らなくても，そのようなトランザクションの形式を知っている．

▶ 選択平文攻撃

選択平文攻撃（Chosen Plaintext Attack）では，攻撃者は暗号化に使用されたアルゴリズムを知っている．また，攻撃者は暗号化に使用されたマシンへのアクセス権を持っており，鍵を特定しようとする．これは，メッセージを暗号化するために使用されるワークステーションが無人のままになる場合に発生する可能性がある．攻撃者は，アルゴリズムを通して選択された平文を処理し，その結果が何であるかを見ることができる．これにより，既知平文攻撃も可能になる．適応型選択平文攻撃（Adaptive Chosen Plaintext Attack）では，攻撃者が選択された入力ファイルを変更して，結果の暗号化テキストにどのような影響を与えるかを確認することができる．

▶ 選択暗号化テキスト攻撃

選択暗号化テキスト攻撃（Chosen Ciphertext Attack）は，攻撃者が解読デバイスまたはソフトウェアにアクセスし，選択された暗号化テキストを解読して鍵を発見することによって暗号保護を無効にしようとする点で，選択平文攻撃に似ている．適応型選択暗号化テキスト攻撃（Adaptive Chosen Ciphertext Attack）は，攻撃者がアルゴリズムに通す前に暗号化テキストを変更できる点を除き，同様である．非対称暗号システムは，選択暗号化テキスト攻撃に対して脆弱である．例えば，RSAアルゴリズムはこの種の攻撃に対して脆弱である．攻撃者は，平文の一部を選択し，被害者の公開鍵で暗号化し，暗号化テキストを解読して平文に戻す．これは攻撃者に新しい情報をもたらすものではないが，攻撃者はデータブロックを選択してRSAのプロパ

ティを悪用することができ，被害者の秘密鍵を使用して処理した場合に解読に使用
できる情報を獲得することができる．選択暗号化テキスト攻撃における非対称暗号
の弱点は，データを暗号化する前に平文にランダムパディングを含めることで低減
できる．セキュリティベンダーのRSA Security社は，最適非対称暗号化パディング
（Optimal Asymmetric Encryption Padding：OAEP）と呼ばれるプロセスを使用して平文を
変更することを推奨している．OAEPによるRSA暗号化は，PKCS#1 v2.1で定義さ
れている[157].

▶ 差分電力解析

差分電力解析（Differential Power Analysis）はサイドチャネル攻撃（Side Channel Attack）
とも呼ばれる，さらに複雑な攻撃法で，暗号デバイスによる暗号化あるいは復号に
必要な正確な処理時間や電力を計測することにより実行される．この計測により，
鍵の値や使われているアルゴリズムを特定することができる．

▶ 線形解読法

線形解読法（Linear Cryptanalysis）は，線形近似を使用してブロック暗号の動作を記
述する既知平文攻撃である．線形解読は既知平文攻撃であり，線形近似式を使用し
てブロック暗号の振る舞いを記述して鍵を求める手法である．十分な量の平文と対
応する暗号化テキストの対が与えられれば，鍵についての多くの情報を得ることが
でき，データ量の増加により解読の成功率が高くなる．

基本的な攻撃に対しては，様々な強化や改良が行われている．例えば，差分線形
解読法（Differential-Linear Cryptanalysis）と呼ばれる攻撃がある．これは，差分解読の要
素と線形解読の要素を組み合わせたものである．

▶ 実装攻撃

実装攻撃（Implementation Attack）は，アルゴリズムそのものに対する攻撃ではなく，
暗号を使用するシステムでの暗号の実装上の脆弱性に対するものであり，その容易
さから暗号システムに対する最も一般的でよく見られる攻撃の1つとなっている．
主な実装攻撃の種類としては，以下のものがある．

- サイドチャネル攻撃
- フォールト分析
- プロービング攻撃

サイドチャネル攻撃(Side Channel Attack)は，電力消費／放射などの実装の物理的な属性に依存する受動的な攻撃である．これらの属性は，秘密鍵とアルゴリズム関数を決定するために研究される．一般的なサイドチャネルのいくつかの例には，タイミング解析(Timing Analysis)や電磁差分解析(Electromagnetic Differential Analysis)がある．

フォールト分析(Fault Analysis)は，システムをエラー状態にして誤った結果を得るように試みる．エラーを強制し，結果を得ることで，既知の良好な結果と比較することによって，攻撃者は秘密鍵とアルゴリズムについて知ることができる．

プロービング攻撃(Probing Attack)は，補完的なコンポーネントが鍵またはアルゴリズムに関する情報を開示することを期待して，暗号モジュールを取り巻く回路を監視するものである．さらに，新しいハードウェアを暗号モジュールに追加して，情報を観察および注入することができる．

▶ リプレイ攻撃

リプレイ攻撃(Replay Attack)は，繰り返しファイルをホストに再送信することによって，攻撃者による処理を中断させ，破損させることを意図している．タイムスタンプ，ワンタイムトークンの使用または受信ソフトウェアでのシーケンス検証コードなどのチェックがない場合，システムは重複したファイルを処理してしまう可能性がある．

▶ 代数的攻撃

代数的攻撃(Algebraic Attack)は，高度な数学的構造を示すブロック暗号にその成功が依存する技術の一種である．例えば，ブロック暗号がグループ構造を示すことが考えられる．この場合，ある鍵の下で平文を暗号化し，別の鍵の下で結果を暗号化すると，ほかの単一鍵の下での単一の暗号化と常に同等になることを意味する．そうであれば，ブロック暗号はかなり弱くなり，複数の暗号化サイクルを使用しても，単一の暗号化を上回るセキュリティは提供されない．

▶ レインボーテーブル

ハッシュ関数は，平文をハッシュにマッピングする．ハッシュ関数は一方向の処理であるため，ハッシュ自体から平文を特定することができてはならない．ハッシュから平文を求めるには，次の2つのいずれかの方法をとることになる．

1. 一致するハッシュが見つかるまで，各平文のハッシュを計算する．または，

2．事前に各平文のハッシュを計算し，生成されたハッシュをルックアップテーブルに格納しておく．これにより，何度もハッシュを計算する必要がない．

レインボーテーブル（Rainbow Table）は，ソートされたハッシュ出力のルックアップテーブルである．ここでの考え方は，あらかじめ計算されたハッシュ値をあとで参照できるレインボーテーブルに格納することで，ハッシュ値から平文を解読しようとする時に時間とコンピュータリソースを節約するということである．

▶ 頻度分析★158

頻度分析（Frequency Analysis）は，ほかのいくつかの種類の攻撃と緊密に連携している．これは，平文言語の統計情報が知られている換字暗号を攻撃する場合に特に有益となる．例えば，英語の文章では，統計的にある特定のアルファベットの文字がほかの文字よりも頻繁に使用され，攻撃者はそれらの文字がEまたはSを表すと想定することができ，このような統計的な特徴を利用して，暗号の解析を行う．

▶ 誕生日攻撃

ハッシュはメッセージの短い表現であるため，十分な時間とリソースが与えられれば，同じハッシュ値を持つ別のメッセージを探すことが可能である．しかし，ハッシュアルゴリズムは，このような事態を想定して開発されており，単純な誕生日攻撃（Birthday Attack）には耐えることができる．誕生日攻撃のポイントは，特定のメッセージダイジェストと一致する特定のメッセージを作成するよりも，同じメッセージダイジェストのハッシュを持つ2つのメッセージを見つける方が簡単だということである．このような攻撃を防ぐには，使用するハッシュ関数のメッセージダイジェストの長さを目標とするワークファクターの2倍まで長くすることである（例えば，160bit SHA-1を使用して，2^{80}のワークファクターへの耐性を持つなど）．

▶ 因数分解攻撃

因数分解攻撃（Factoring Attack）は，RSAアルゴリズムを対象としている．このアルゴリズムは大きな素数の積を使用して公開鍵と秘密鍵を生成するため，この攻撃はこれらの数の因数分解を解くことで鍵を見つけることを試みる．

▶ 鍵発見のためのソーシャルエンジニアリング

ソーシャルエンジニアリング（Social Engineering）は最も一般的な種類の攻撃であり，

通常は最も成功している攻撃の1つである．すべての暗号は，実装と運用において，ある程度まで人間という存在に依存している．残念ながら，これは最大の脆弱性の1つであり，国や組織の秘密や知的財産のいくつかの最大の漏洩につながっている．強制，贈収賄，または責任ある地位の人間と友人になることで，スパイまたは競合他社は技術的専門知識を持たずにシステムにアクセスすることができる．

▶ 辞書攻撃

辞書攻撃(Dictionary Attack)は，パスワードファイルに対して最も一般的に使用される．これは，日常使用される自然な言葉をベースとして簡単なパスワードを選択するユーザーの不注意な習慣を悪用する．辞書攻撃は，辞書内のすべての単語のハッシュ値を計算し，結果のハッシュがSAMファイル(SAMファイルはWindowsでパスワードハッシュが保存されているファイルである)などのパスワードファイルに格納されている暗号化されたパスワードと一致するかどうかを確認するだけである．

▶ 総当たり攻撃

総当たり攻撃(Brute Force Attack)は，暗号化テキストを解読するまで，すべての可能な鍵の組み合わせを試す攻撃である．これが，鍵長が暗号システムの強さを決定する重要な要素となる1つの大きな理由である．DESは56bitの鍵しか持たないため，攻撃者は短時間に鍵を発見してDESメッセージを解読することができた．これはまた，SHA-256がMD5よりも強度があると考えられる理由でもある．出力ハッシュがより長くなり，したがって総当たり攻撃に対してより耐性があるからである．GPUは，その計算能力から総当たりによるハッキング手法に革命をもたらした．標準のCPUが8文字の混在パスワードを解読するのに48時間かかることがある場合でも，現代のGPUは10分以内に解読することができる．GPUは多数の「算術／論理ユニット(Arithmetic/Logic Unit：ALU)」を持ち，反復的なタスクを連続的に実行できるように設計されている．これらの特性は，総当たり攻撃プロセスを実行するのに理想的である．GPUに基づく総当たり攻撃が導入されているため，多くのセキュリティ専門家は，パスワードの長さ，複雑さ，および多要素に関する考慮事項を検討している．

▶ リバースエンジニアリング

この攻撃も最も一般的な攻撃の1つである．競合会社は，別の会社の暗号製品を購入し，その製品をリバースエンジニアリング(Reverse Engineering)しようと試みる．

リバースエンジニアリングによって，システムの弱点を発見し，アルゴリズムの動作に関する重要な情報を得ることができる．

▶乱数生成器への攻撃

この攻撃は，数年前にWebブラウザーソフトウェアであるNetscape NavigatorのSSL機能に対して成功している．この例では，使用している乱数生成器が作成する乱数が予測可能であったため，攻撃者は初期化ベクターまたはnonceを設定する際に非常に重要となる乱数を推測することができた．この情報を手にすると，攻撃者は攻撃を成功させる可能性が高くなる．

▶一時ファイル

ほとんどの暗号では，一時ファイル（Temporary File）を使用して計算を実行する．これらのファイルが適切に削除され，上書きされない場合は，これらの一時ファイルが漏洩し，平文のメッセージに攻撃者を導いてしまうことになる．

3.11 サイトおよび施設設計の考慮事項

物理的なセキュリティプログラムは，運用の中断を防ぎ，情報，資産および人員のセキュリティを提供するように設計される．運用上の中断は，ハリケーン，竜巻，洪水などの自然災害や環境災害，火災，爆発，有毒物の流出などの産業災害，そして意図的な妨害，破壊行為，盗難などから発生する可能性がある．

サイトの設計フェーズでは，セキュリティ専門家のための標準的な手順としては，土地利用，敷地計画，離れた場所との距離，管理されたアクセスゾーン，入場管理と車両アクセス，看板，駐車場，搬入口やサービスへのアクセス，セキュリティ照明およびサイトの各設備などを含む，建設のすべての側面をレビューしなければならない．包括的なアプローチにセキュリティ要件を統合するためには，リスクの軽減，建築の美学，安全な作業環境構築，セキュリティ強化のための物理的構造の強化など，多くの目的に対してバランスをとる必要がある．

脅威の性質は常に変化していることを覚えておくことが重要である．言い換えれば，物理的なセキュリティに対処するには，方向性を持つことが最善のアプローチである．その場しのぎで後手に回って，セキュリティシステムに資金を浪費しないことである．必要なセキュリティニーズを特定することに注力し，全体の目的を達成するために予算とともに計画を立てる必要がある．

暴力や犯罪などの従来の問題に加えて，セキュリティ専門家は今や，国際テロ，環境破壊，エネルギーの混乱，潜在的なパンデミックに対抗しなければならない．これらの長期かつほぼ普遍的な問題に，地震，洪水，ハリケーン，火災，竜巻などの予期しない，しばしば暴力的とも言える自然現象の発生も，加えて見込む必要がある．

3.11.1 セキュリティ調査

プロジェクトが始まる前に，施設の安全を確保するための運用計画と実践的なアプローチをまとめるための評価が必要である．このセキュリティ評価（Security Assessment）は，セキュリティ調査（Security Survey），脆弱性評価（Vulnerability Assessment），またはリスク分析（Risk Analysis）とも呼ばれる．

どんな常識を持つ人も計画なしでプロジェクトを始める人はいない．船長は，航海道具，地図，地球測位システム，ベテランの乗組員が揃わなければ，決して港を離れることはない．セキュリティ評価を開始するにあたって，ツールを必要とするセキュリティ専門家にとっても同じことが言える．正当な理由がなければ，組織に監視カメラを配備するだけでは意味がない．これはリソースと資金の無駄になる可能性がある．

セキュリティ評価とは，物理的なセキュリティコントロール，ポリシー，プロシージャー，従業員の安全などを含めた施設の包括的な評価である．適切な評価を行うには，セキュリティ専門家は特定の保護目的を決定する必要がある．これらの目的には，脅威の定義，対象の識別および施設の特性が含まれる．

セキュリティ専門家が最初に問いかける必要があるのは，「脅威とは何か」ということである．そして，組織または施設に対する潜在的な脅威のリストを作成する．それらは破壊者，ハッカー，テロリスト，社員，産業スパイ，またはその組み合わせであるか．脅威を記述することで敵対者が資産にどのように影響を与えるかを示し，健全な物理的保護システムを開発するための指針を提供する．

▶対象の特定

保護する必要がある最も価値のある資産は何か．資産は，人員，財産，備品または情報となる．保護されるべき資産を特定するには，資産の損失によりどのような影響と結果が見込まれるかという問いかけとともに，資産の優先度またはマトリックスを確立し，攻撃の確率と一緒に資産を識別する必要がある．**図3.44**に，脅威マ

資産	攻撃の確率	損失の結果
データセンターのサーバー	中	非常に高い
ポータブルPC（重要なスタッフ用）	高	高
コピー機	低	低
ポータブルPC（重要でないスタッフ用）	高	低
PCU	中	高
分類されたコンテナ	低	高

図3.44 脅威マトリックス

トリックス（Threat Matrix）を示す．

▶施設の特性

　施設が既存の構造物であるか，新しい建築物であるかの観点から，確認すべきいくつかの事項がある．セキュリティ専門家は，建築図面を見直すか，施設のウォークスルーを行うことになる．既存の構造物の場合，セキュリティスタッフのチームが施設を実際に歩くことが推奨される．複数の目で見ることで，プロジェクトにとってよい評価を得ることに役立つ．

　セキュリティ専門家チームと施設の確認を行うことは，施設の保護方法について静的に提示する．しかし，施設を保護するための包括的なアプローチを構築する最善の方法の1つは，オンサイトのインタビューを行うことである．誰もがセキュリティに関する意見を持っており，何が保護されるべきか，どのように保護すべきかについての最もよい洞察と情報は，スタッフへのインタビューから得られることがよくある．そのような鋭く洞察力のある人物の1人は，夜間の警備員である．彼らはしばしば時間があり，遮るものなく施設を歩き回り，夜間でしか見えないものを見ている．

　米国建築家協会は，セキュリティ評価を実施する際に対処する必要がある重要なセキュリティ上の懸念について定義している[159]．

　　1．営業時間中およびその後の施設セキュリティ管理
　　2．人事および契約のセキュリティポリシーとプロシージャー
　　3．人員審査
　　4．サイトと建物のアクセス制御
　　5．映像監視，評価およびアーカイブ

6. 自然監視の機会

7. 社内外のセキュリティインシデントに対応するためのプロトコル

8. セキュリティとほかのビルシステムの統合度

9. 出荷と受け取りのセキュリティ

10. 資産の特定と追跡

11. 機密情報セキュリティ

12. コンピュータネットワークのセキュリティ

13. 職場での暴力の防止

14. 郵送物のスクリーニング作業，手続き，推奨事項

15. 駐車場とサイトのセキュリティ

16. データセンターのセキュリティ

17. 通信セキュリティ

18. 役員の保護

19. 事業継続計画と避難手順

　これらの分野のレビューを実施し，徹底した施設評価とスタッフインタビューが完了したら，施設の物理的保護システムを設計し，整備する．

▶脆弱性評価

　施設または建物のあらゆる脆弱性の評価は，定義された脅威と組織の資産の価値のコンテキストの中で行う必要がある．つまり，各脅威に対する脆弱性について施設の各要素を分析し，以下の基準に基づいて脆弱性の評価を割り当てる必要がある．100ドル相当の資産を保護するために，1万ドル相当のセキュリティ機器をインストールするのは愚かなことである．同時に，脆弱性の評価は，重要なノードまたはいくつかのほかの要因の特定により，資産の価値評価を変更する可能性があることに注意する必要がある．図3.45は，脆弱性マトリックス(Vulnerability Matrix)の例である．

- **非常に高い**(Very High)＝組織の資産が，侵略者または危険にさらされる可能性がきわめて高い，1つまたは複数の深刻な弱点が特定されている．

- **高**(High)＝組織の資産が，侵略者または危険にさらされる可能性が非常に高い，1つまたは複数の大きな弱点が特定されている．

- **中高**(Medium High)＝組織の資産が，侵略者または危険にさらされる可能性

主要施設	脆弱性
正面入口	中
受付	高
アクセス制御	低
アラームへの応答	高
CCTV	中
分類されたコンテナ	低

図3.45 脆弱性マトリックスの例

が高い，重要な弱点が特定されている．

- **中**(Medium) ＝組織の資産が，侵略者または危険にさらされる可能性がかなりある弱点が特定されている．
- **中低**(Medium Low) ＝組織の資産が，侵略者または危険にさらされる可能性がいくらかある弱点が特定されている．
- **低**(Low) ＝組織の資産が，侵略者または危険にさらされる可能性がわずかに高くなる軽微な弱点が特定されている．
- **非常に低い**(Very Low) ＝弱点はない．

3.12 サイト計画

　サイトを計画する際の最も重要な目標は，生命，財産および業務の保護である．セキュリティ専門家は，この目的を達成するために意思決定を行う必要がある．これらの決定は，計画と設計における対策が適切で，脆弱性とリスクの低減に効果的であるように，脅威と危機の包括的なセキュリティ評価に基づいて行う必要がある．

　可能な限り業務に便利な施設を作ることと安全な施設を維持することの間には，必然的に矛盾が存在する．施設を設計する際セキュリティの確保だけを考慮すると，それは**図3.46**に示す要塞城のように見える．しかし，ほとんどのアプリケーションと設計要件では，複数の部門間の協力が必要である．利便性とアクセシビリティは，設計レビューの様々な段階で考慮する必要がある．ただし，セキュリティの要件は，便宜のために決して犠牲にするべきではない．適切なセキュリティコントロールにより，流量が減り，設備の出入りが容易になるはずである．これらの問題は，追加の出口ポイントや管理上の要件を手助けする初期計画で対処する必要がある．

図3.46 セキュリティ専門家が設計した施設
（Bosch Security Systems社［ボッシュセキュリティシステムズ］の提供）

　プロセスが確立され，組織のリーダーシップからの承認がなされると，通常の運用を受け入れることは組織の標準になる．事後に設計が変更され，すでにあるやり方に慣れてしまっていると，人員は疑問や不満を持ち，人々の意識は後退することになる．

　安全性とセキュリティを最大限に高めるために，設計チームは，様々な設計要素と目的のバランスをとって，セキュリティと機能を統合する全体設計アプローチを実装する必要がある．リソースが制限されていても，セキュリティに関する考慮事項を従来の設計タスクに補完的に統合することにより，プロジェクトに対して重要な価値の追加が可能となる．

　施設全体の人々と物の移動は，そのアクセス，配送および駐車システムの設計によって決定されることになる．このようなシステムは，車両と歩行者の出入りに関する衝突を最小限に抑えながら効率を最大化するように設計する必要がある．設計者は，施設がどのように使用されるかの分析に基づいて，組織の要件について理解する必要がある．

3.12.1 車道設計

通常の施設には，車道や車両の出入りがある．これらの設計が十分でなく，許可されていない車両のアクセスを抑止し，施設への妨害や構造的損傷を防止する手段として考えられていないことがよくある．道路は一般的に，移動時間を最小限にし，安全性を最大にするように設計されおり，通常は，2点間を直線で結ぶ経路になる．

直線は最も効率的なコースであるかもしれないが，設計者は車の速度を最小限に抑えるために車道そのものを保護手段として使用する必要がある．これには，いくつかの戦略を使用することで達成される．

第一に，施設への直線または垂線のアプローチは，車両が建物に衝突したり，突入したりするのに十分な加速のきっかけを与えてしまうため，導入すべきではない．これは，アクセルペダルが踏み込まれ，運転手がパニックに陥った時にも起こりうることがある．その代わりのアプローチは，自然な土の段差，高い縁石，樹木，または車両が道路から逸脱しないようにするほかの手段を用いて，建物の周囲に常に平行でなければならない．既存の道路は，障壁，ボラード(車止めポール)，スイングゲート，または車両が蛇行路を走行するように改装することが必要である．また，車両がこれらの対策を避けようとして道路を逸脱して走行するのを防ぐために，高い縁石などの対策を講じなければならない．

3.12.2 防犯環境設計★160

防犯環境設計(Crime Prevention through Environmental Design：CPTED)は，建物の機能の分析や物理的な攻撃に対抗するサイト設計の分析に適用される，いくつかの重要な要素を持つ犯罪軽減技術である．建築家，都市設計家，造園家，インテリアデザイナー，セキュリティ専門家により，人間の行動にプラスの影響を与える物理的環境を設計することにより，コミュニティに安全な環境を醸成する目的で使用されている．

CPTEDの概念は，道路，公園，博物館，官公庁ビル，住宅，商業施設など，幅広いアプリケーションに適用されている．

CPTEDプロセスは，組織的(人員)，機械的(技術とハードウェア)，そして自然設計法(建築および循環フロー)により，犯罪の課題を解決する方向性を提供している．

CPTEDの概念は，既存の建物の拡張計画または再建計画に統合することも，新しい建物の計画に統合することもできる．CPTEDのコンセプトを最初から適用す

ることは，通常，コストへの影響を最小限に抑えることができ，その結果，より安全な施設を実現できる．

施設を要塞のようにすることなく，希望のレベルの保護を作り上げるには，景観設計の機能を取り入れる必要がある．地形，水回り，植生などの要素は，魅力的で心地よい空間を構築する要素であり，同時にセキュリティ強化のための強力なツールとなりうる．サイト計画においては，これらの手法をコスト削減アプローチから検討して選択することが有益である．ブルドーザーも地ならしも造園家も，すべての作業は予算化されているので，CPTED技法を使ってセキュリティの懸念を補うべきである．木立や盛り土などの対策は，一般にセットバック（建物の境界線からの距離）の代わりにはならないが，補完的保護を提供する．慎重な選択や配置およびメンテナンスにより，景観的要素を有効に使うことで，活動を秘密にするための仕組みを個別に構築しなくても，従業員が集まる区域やその他の活動を保護する視覚的覆いを提供することができる．

しかし，建物のすぐ近くにある密集した植生は，不正な活動を行う悪意の犯罪者を隠蔽することになり，避けるべきである．さらに，高さ4インチ以上に地面を厚く覆う植生は安全上の欠点になる可能性がある．セットバッククリアゾーンでは，隠蔽の機会をなくすことを念頭に置いて植生を選択し，維持すべきである．同様に，人や武器の隠し場所となる機会を最小限に抑えるために，変圧器，ゴミ圧縮機，空調の室外機などの視覚的に目立つ構造物を遮蔽する措置を検討する必要がある．

ニュージーランド司法省の "The Seven Qualities for Well-Designed, Safer Places" では，以下のアドバイスを提供している[161]．要塞のような悪いイメージのある外観を作り出す要素を避けること．必要なセキュリティを統合すること．

- 門や格子をパブリックアートとして取り扱う．
- シンプルなデザインのモチーフを含めた見通しのよいフェンスで，周囲のフェンスが魅力的に見えるようにする．あるいは，これをトゲのある低木品種の植栽と組み合わせることで，「強化された」境界とすることができる．
- ローラーシャッターブラインドの代わりにオープングリルのデザインまたは内部シャッターを使用する．
- 様々なタイプの格子の代替設計として，種々のグレードの強化ガラスまたはラミネートガラスを使用する（図3.47）．

多くのCPTED犯罪防止技法は常識的アプローチとなっている．例えば，1つの

図3.47 犯罪防止を考慮して設計された建物
（Bosch Security Systems社の提供）

　入口からすべての訪問者を誘導し，建物内部にアクセスする前に受付で連絡をとることで，訪問先と目的を確認し，サインイン／サインアウトとIDバッジを提供することを奨励する．これらの対策は，小売業の世界にとっては新しいものではない．このアプローチでは，従業員が店に入ってくるすべての客に声をかけ，接触することで，従業員から見えないように，犯罪実行中は目立たないようにしたいと考えている人の動きを追跡することを促して，犯罪を予防している．

　CPTEDのほかのコンセプトには，歩道や駐車場を見渡せる窓を備えた標準的なフロントが，サイクロンフェンスや有刺鉄線で施設を囲むよりも効果的であるという考えがある．頻繁に利用されるピクニック席のような共用区域には，より大きな抑止効果がある．共有区域をより安全に感じるので，木立も役立つ．アクセスも重要な事項となる．潜在的な侵入者が捕らえられることを恐れるように，単一の出入口を設けるべきである．例えば，CCTV（Closed Circuit Television）カメラは，単一の出入口を持つ駐車場などの施設での犯罪を抑止するのに最適である．

3.12.3 窓

　ほとんどの窓は，容易に破壊し，侵入できるので，侵入者のターゲットになりやすい．窓は施設の防犯における潜在的な脆弱性として考慮する必要がある．標準的な家庭に設置されたガラス窓は，比較的簡単に粉砕することができる．ガラスが破損するだけでなく，激しい裂傷を引き起こす可能性のある鋭利な破片も残される．

　窓ガラスや窓枠，建物の外壁に取り付ける固定具などの窓の機構を整備して，爆発事故でのガラス飛散による危険を緩和する必要がある．セキュリティ専門家は，居住者を保護するためにガラスの特徴やガラスの窓枠との接合や建物構造への窓枠の固定方法について，総合的にバランスよく検討する必要がある．

　窓が壊れていると，そこから手を入れて錠のロックを解除することができるので，ドアの近くに窓を置かないことが望ましい．従来のガラスの代わりに合わせガラスを使用し，侵入を防止するために窓開口部に格子，スクリーン，または網目加工などの窓ガードを配置することを検討する．地上レベルの窓は開閉できないものを選び，柵や警報システムで保護する必要がある．窓に使用できるアラームには磁気スイッチがあり，磁石が分離され窓が開いた時に警報が鳴ることになる．4階までの窓には，この保護機能を設置する必要がある．また，周囲の構造にしっかりと固定された，あるいはセメント注入で固定した鉄製窓枠を使用することを検討する．

▶ガラスの種類

▶強化ガラス

　強化ガラス（Tempered Glass）は，自動車のフロントガラスとして使用されるガラスに似ている．それは破損に強く，破損した場合でも，鋭いエッジのない小さな結晶の立方体に崩壊する．強化ガラスは，入口のドアや隣接するパネルで使用される．

▶ワイヤーガラス

　ワイヤーガラス（Wired Glass）は，鈍器による衝撃に耐える．ワイヤーメッシュがガラスに埋め込まれており，一定の保護を提供することができる．

▶合わせガラス

　街路に面した窓，出入口およびその他のアクセス区域には，合わせガラス（Laminated Glass）を設置することが望ましい（図3.48）．これは，弾性プラスチックの中間層に結合された2枚の通常のガラスから作られる．衝撃により割れることがあ

図3.48 合わせガラスは，街路に面した窓，出入口およびその他のアクセス区域に設置することが望ましい（Bosch Security Systems社の提供）

るが，ガラス片はプラスチック製の内側の材料に固着する．

▶ 防弾ガラス

防弾ガラス（Bullet Resistant [BR] Glass）は通常，銀行や高リスク区域に設置される（図3.49）．防弾ガラスは多層構造であり，標準の厚さは1.25インチで，9mm弾への保護を提供する．

▶ ガラス破壊センサー

ガラス破壊センサー（Glass Break Sensor）は，ガラス窓のある建物や，ガラス窓付きのドアの侵入検知装置として優れている．ガラスは迅速かつ容易に破壊することができるため，外部保護の障壁となる．ガラス破壊センサーには，いくつかの基本的なタイプがある．音響センサー（Acoustic Sensor）は，ガラス破損時の周波数と一致する音響音波を検知する．衝撃センサー（Shock Sensor）は，ガラス破損時の衝撃波を検知する．デュアルテクノロジーのガラス破壊センサー（音響波と衝撃波の両方）の使用が最も効果的である．その理由は，音響センサーだけが使用された場合，従業員が窓のブラインドを開けただけで，誤ったアラームを発する可能性があるからである．2重警報システムが設定されている場合は，音響センサーと衝撃センサーの両方がアクティブになることで，初めて警報が起動される．単純な音響センサーとコ

図3.49 防弾ガラスは通常，銀行や高リスク区域に設置される
(Bosch Security Systems社の提供)

ンビネーションセンサー（音響と衝撃）の間には大きな価格差はない．提供する効果を考えると，設置する場合のコストは正当化される可能性が高い．

▶ガレージ

　施設に地下駐車場または付属の駐車場構造がある場合，セキュリティ専門家は，犯罪と交通事故という2つの主要な安全上の脅威を検討する必要がある．

　まず，車両や歩行者を出口や施設の入口に案内する標識を設置すること検討する．CCTVカメラを監視に使用し，緊急通報ボックスをガレージ全体に設置する必要がある．明るい照明を取り付けることは，事故と犯罪の両方を防ぐ，最も効果的な手段の1つである．駐車スペースでは10〜12fc（フートキャンドル），歩道や車道では15〜20fcの照明レベルが推奨される．

　特に，歩行者の多い場所では，駐車場の外を照らすために高い照明レベルとすることを奨励する．原則として，屋外ライトは地上約12フィート[*11]のところに置く必要があり，地面に沿って広いエリアを照らすためには，下向きにすべきである．可視性を高めるためのもう1つの方法は，光を反射するために構造体の壁を白色に塗ることである．照明器具を戦略的に配置して，壁から光を反射し，犯罪者や攻撃

者が隠れる可能性のある暗い場所を減らす必要がある.

　ガレージが施設の地下にある場合,エレベーターまたは階段は,建物の内部に直接つながるのではなく,制限区域の外にあるロビーにつながり,従業員と来訪者は全員受付を経由する形にすることで,施設の完全性が維持される.このように,建物中核部にあるエレベーターには,ロビー階からのみ乗れるようにし,駐車場階からはアクセスできないようにする.

▶ロケーションの脅威
▶自然脅威
　自然災害とは通常,地震,洪水,竜巻,ハリケーンなどの事象を指している.これには,従業員や経営幹部と情報をやり取りするためのコミュニケーションシステムを確立することによって,これらの自然災害に対する準備が必要である.情報と定期的な緊急事態訓練は,恐怖や不安を軽減する最良の方法である.組織は,耐洪水,緊急電力システムの設置,地震時に落下する可能性のある物の固定などの対策により,災害の影響を軽減することもできる.

▶自然脅威の種類
　米国連邦緊急事態管理局(Federal Emergency Management Agency:FEMA)の"Are You Ready?"シリーズによれば,具体的な自然脅威[162]には,ハリケーン,竜巻,地震,森林火災,土砂崩れ,洪水などがある.セキュリティアーキテクトは,施設が存在する場所により,対処しなければならない自然脅威の種類を理解する必要がある.遭遇する可能性のある特定の脅威に関わらず,セキュリティアーキテクトは,企業内の災害復旧計画および事業継続計画機能が潜在的にビジネスを脅かす可能性のある自然脅威に留意していることを確認し,適切なリスクアセスメント,リスク分析および事業影響度分析が,これらの自然脅威に関して実施されているかを確認する必要がある.さらに,季節的な気象パターン,ほかの場所で発生する事象に依存しないか,および計画に影響を与える可能性のあるほかの変動要因がないかなど,潜在的な脅威の変化に関する正確かつタイムリーな情報を用いて計画を更新する必要がある.

▶人為的な脅威
　火災の脅威は潜在的に壊滅的であり,物理的な損傷を超えて組織に影響を与える可能性がある.火災だけでなく,熱,煙,水も不可逆的な損傷を引き起こす可能性がある.防火システム(Fire Protection System)は,人命を保護し,建物からの安全な

避難を可能にするべきである．施設の防火水システム（Fire Protection Water System）は，単一障害点とならないようにする必要がある．引き込み線は，覆うか，埋没するか，高リスク区域から50フィート離れた場所に敷設する必要がある．内部の幹線はループ状にして区画化する必要がある．水は主要な火災抑制手段になる．ただし，電子機器に極端なダメージを与えることになる．

　火災には，熱，酸素，燃料源という3つの要素が必要である．消火器（Fire Extinguisher）と消火システム（Fire Suppression System）は，3つの要素のうちの1つを除去することによって火災に対抗する．消火器は，異なる種類の火災に基づいて4つのカテゴリーに分類される．

- **クラスA**の消火器は，紙，木材，段ボール，ほとんどのプラスチックのような一般的な可燃性物質用である．このタイプの消火器の数値評価は，それが保持する水の量と，消火できる火の量を示している．
- **クラスB**の火災には，ガソリン，灯油，グリース，油などの引火性で可燃性の液体が含まれる．クラスB消火器の数値評価は，消火可能な火のおよその平方フィートを示す．
- **クラスC**の火災には，電化製品，配線，回路遮断器，コンセントなどの電気機器が含まれる．クラスCの火災の消火には，決して水を使用してはならない．感電の危険性が非常に高いためである．クラスCの消火器は数値評価をしていない．C分類は，消火剤が非導電性であることを意味する．
- **クラスD**の消火器は，一般に化学実験室に存在する．それらは，マグネシウム，チタン，カリウム，ナトリウムなどの可燃性金属を含む火災用である．これらのタイプの消火器は数値評価も，多目的評価も与えられていない．クラスDの火災に対してのみ設計されている．

▶付帯設備に対する懸念事項

▶電気

　電気システムを扱う主要なセキュリティの関わりは，特に毎日の運用と生活の安全に必要な施設サービスに不可欠な電力を保証することである．また，次の推奨事項を検討する必要がある．

- 非常用および通常の電気パネル，電線管，開閉装置は，別々に異なる場所に，できるだけ離して設置する必要がある．配電も別の場所で実行する必要

がある.

- 非常用発電機は，発送センター，出入口，駐車場から離れた場所に設置する必要がある．より安全な場所には，屋根，段差のある保護された場所，保護された内部区域などがある.
- 発電機用の主燃料貯蔵所は，発送センター積載港，出入口および駐車場から離れて配置する必要がある．燃料口のキャップとシールには施錠し，アクセスを制限して保護する必要がある.

▶通信

通信装置も，中核施設の付帯設備として不可欠な部分である．セキュリティ専門家は，インシデントの発生時に通信を維持するために，予備の電話サービスを保持することを考慮する必要がある．大部分の業務では，特定の従業員に携帯電話を提供するか，組織はすべての重要な従業員とその携帯電話番号の電話リストを維持する必要がある．さらに，中継器アンテナを備えた基地無線通信システムが設置され，各フロアに防災無線が配備されるべきである．このシステムは通常，建物の警備員によって操作され，防災無線通信システムは緊急時に使用することができる．標準の防災無線システムは，運用目的で複数のチャネルを使用することができる.

▶付帯設備

付帯設備(Utility)は，大規模な環境災害にさらされると，大きな損害を受ける可能性がある．これらの付帯設備の中には，施設の安全性にとって重要なものがある．災害による重大な障害の可能性を最小限に抑えるには，次の方法を適用する.

- 可能であれば，地下に隠蔽し，保護された付帯設備を提供する.
- 冗長なソースを利用できない場合，ポータブルな付帯設備バックアップシステムの確保と配備を検討する.
- マンホールなどのアクセスポイントのセキュリティを確保して，飲料水を水質汚染物質から保護する．必要な場合は，定期的な水質検査を実施し，水に含まれる汚染物質を検査する.
- 重要な付帯設備であることを識別できる標識を最小限に抑える．許可されていないアクセスを防止するために囲いをし，地上のシステムを隠すために植栽を使用する.
- 石油，オイルおよび潤滑油の貯蔵タンクおよび作業用建物を，ほかのすべ

ての建物の斜面下に配置する．燃料貯蔵タンクは，建物から少なくとも100
フィート離す．

- 発送センター，正面出入口，駐車場から少なくとも50フィート離して付帯
設備を配置する．

3.13 施設のセキュリティの設計と実装

　セキュリティアーキテクトとセキュリティ担当責任者は両方とも，安全な施設の
設計と実装において役割を果たす必要がある．セキュリティアーキテクトは，様々
な設計要素のリスクアセスメント，リスク分析および事業影響度分析を使用し，こ
れらの要素がアーキテクチャーと設計に反映され，多層防御を可能とするか否か，
それどころか，それを損なってしまわないかを完全に評価し，理解する必要がある．
セキュリティ担当責任者は，セキュリティアーキテクトと同じツールとアプローチ
を使用して，企業内で運用および管理するよう要求された個々のシステムに焦点を
当てる必要がある．これらのアプローチを組み合わせ，相互に補強することで，安
全なシステム設計だけでなく，安全なシステム運用につながることができる．

　すでに議論された，CPTEDのような方法の使用は，安全な施設の立地と設計方
法を検討する際によい結果を生むことができる．CCTVやPIDAS（Perimeter Intrusion
Detection and Assessment System）フェンスなどのセキュリティ境界と自動監視システム
を追加することで，施設設計のセキュリティを強化することもできる．警備員やマ
ントラップの設置，すべてのドアやコンピュータシステムのスマートカードによる
アクセス制御は，施設の運用上のセキュリティ，内部で作業する人の安全性，内部
に保存されている情報の機密性と完全性を高めることができる．

　セキュアな施設設計に関しては，多くの分野や業界のセキュリティアーキテクト
とセキュリティ担当責任者が利用できる指針がある．最初に取り組まなければなら
ない根本的な問題は，アーキテクチャーおよびシステムにより対処されるビジネス
目的や理由である．システムの設計と運用によって達成される具体的な目的を完全
に理解していなければ，セキュリティアーキテクトとセキュリティ担当責任者はそ
れぞれの職務を効率的に行うことができない．

　例えば，リスクアセスメントを実施するための予備知識や防護設計アプローチの
指針を提供するFEMAのリスク軽減刊行物に加えて，連邦政府のいくつかの組織
は，連邦施設の保護のための設計基準を開発した．これらの機関設計基準の中で最
も優れているのは，省庁間セキュリティ委員会（Interagency Security Committee：

ISC）の物理セキュリティ基準，国防総省防衛デザインセンター（Department of Defense Protective Design Center：DOD-PDC），退役軍人局（Veterans Administration：VA），国務省（Department of State：DOS）である．

FEMAは，マルチハザードイベントを緩和するための設計ガイダンスを提供することを目的としている「リスクマネジメントシリーズ（Risk Management Series：RMS）」の下で広範な指針を発表している．このシリーズには，人為的災害に関連する様々な出版物が含まれており，建築物インベントリーの強化を通じて，想定されるテロ攻撃の力の潜在的影響を緩和することを目指している．このシリーズの目的は，建物の構造的および非構造的コンポーネントと関連インフラストラクチャーの物理的損傷を軽減し，従来型の爆弾，化学・生物・放射性（Chemical, Biological, Radiological：CBR）物質，地震，洪水および強風の影響による死傷者を低減することである．対象となる読者には，民間機関で働くアーキテクトやエンジニア，建物所有者／運営者／管理者，建築科学コミュニティで働く州政府および地方政府職員が含まれる[163]．

FEMA RMS刊行物のサンプルは以下のとおりである．

- **FEMA 426** ＝「建物に対する潜在的テロ攻撃を緩和するためのリファレンスマニュアル，第2版」（2011年）
- **FEMA 427** ＝「テロ攻撃を緩和する商業ビル設計のための入門書」（2004年）
- **FEMA 428** ＝「テロ攻撃や学校での銃乱射事件に備えたセーフスクールプロジェクト設計のための入門書，第2版」（2012年）
- **FEMA 429** ＝「建物のテロリズムリスクマネジメントのための保険，財務および法規制入門書」（2003年）
- **FEMA 430** ＝「セキュリティのためのサイトならびに都市計画：潜在的テロ攻撃に対するガイダンス」（2007年）
- **FEMA 452** ＝「建物に対する潜在的テロ攻撃を軽減するためのハウツーガイド」（2005年）
- **FEMA 453** ＝「安全な部屋とシェルター：テロ攻撃から人々を守る」（2006年）
- **FEMA 455** ＝「テロリズムリスク評価のための建物の迅速なビジュアルスクリーニングハンドブック」（2009年）
- **FEMA 459** ＝「既存の商業ビルのテロ攻撃からの段階的保護：人や建物への保護を提供する」（2009年）

3.14 施設のセキュリティの実装と運用

3.14.1 通信およびサーバールーム

▶区域の安全確保

通信室またはクローゼットは，高いレベルのセキュリティを維持する必要がある．この区域へのアクセスは制御されなければならず，許可された者だけが作業することが許可されるべきである．どんな伝送モードまたは媒体が選択されている場合でも，安全な通信を保護する方法を含めることが重要である．これには，すべての導線に強固な金属導線管を提供するなどの物理的保護，通信伝送の暗号化などの技術的保護が含まれる．

▶ケーブルプラント管理とは

ケーブルプラント管理(Cable Plant Management)は，OSI (Open Systems Interconnection)ネットワークモデルの最下層(物理層)の設計，文書化および管理である．物理層は，データ，音声，ビデオ，アラームなど，あらゆるネットワークの基盤であり，信号やデータがネットワークを介して伝送される物理媒体を定義している．

ネットワークのおよそ70%は，ケーブル，クロスコネクトブロック，パッチパネルなどの受動デバイスで構成されている．これらのネットワークコンポーネントを文書化することは，ネットワークをきめ細かく調整する上で重要である．物理的媒体は，銅ケーブル(例えば，カテゴリー6)，同軸ケーブル，光ファイバー(例えば，シングルモードまたはマルチモード)，無線または衛星通信などがある．物理層では，特定の伝送媒体を実装する詳細を定義することになる．それには，ケーブル，周波数，終端の種類などを定義する．物理層は比較的固定的であり，ネットワークのほとんどの変更は，OSIモデルの上位レベルで発生している．

ケーブルプラントの主要コンポーネントには，エントランス施設，機器室，バックボーンケーブル，バックボーン経路，通信室，水平分配システムなどがある．

▶エントランス施設

サービスエントランスとは，ネットワークサービスケーブルが建物に出入りする地点のことである．サービスエントランスは，ケーブルが建物の壁を貫通して入り込むものを含み，エントランス施設(Entrance Facility)に接続される．エントランス施設には，公衆網と私設網の両方のサービスケーブルを収容することができる．エ

ントランス施設は，バックボーンケーブルを終端するための手段も提供する．エントランス施設には一般的に，電気的保護，接地および分界ポイントが含まれている．

▶ 機器室

機器室（Equipment Room）は，建物全体にサービスを提供し，ネットワークインターフェース，無停電電源装置，コンピューティング機器（例えば，サーバー，共用周辺機器および記憶装置）および通信機器（例えば，PBX［Private Branch Exchange］）を含む．それはエントランス施設と組み合わせることもある．

▶ バックボーン分配システム

バックボーン分配システム（Backbone Distribution System）は，エントランス施設，機器室，通信室間を接続している．複数階建ての建物では，バックボーン分配システムは，各階のフロア間および複数の通信室間のケーブル配線や経路で構成されている．キャンパス環境では，バックボーン分配システムは建物間のケーブル配線と経路で構成されている．

▶ 通信室

通信室（Telecommunication Room：TR）は，一般的に各フロアのニーズに応えて，ネットワーク装置およびケーブルターミネーション（例えば，クロスコネクトブロックおよびパッチパネル）のための空間を提供する．通信室，バックボーンケーブルと水平分配システムとの間の主な相互接続として機能する．

▶ 水平分配システム

水平分配システム（Horizontal Distribution System）は，通信室からの信号を作業区域に分配する．水平分配システムは，次のものから構成される．

- ケーブル
- クロスコネクトブロック
- パッチパネル
- ジャンパー
- 接続されたハードウェア
- 経路（通信室から作業区域までのケーブルを支持するケーブルトレイ，導管，ハンガーなどの支持構造）

▶雷からの保護

接地システムへの落雷は，大地電位上昇（Ground Potential Rise：GPR）が発生する．接地システムに接続され，有線の通信線にも接続されているすべての機器は，ほとんどの場合，離れた場所にあるアースに向かう出力電流により損傷する可能性がある．同時に，これらの装置を使用して作業する人員は，この出力電流の経路にあるため，怪我をする危険性が高い．落雷による装置の損傷は即時に発生するものだけではない，場合によっては，ストレスによって装置が劣化し，ある時点を境に故障しやすくなる．これは潜在故障（Latent Damage）と呼ばれ，結果として，機器の「平均故障間隔」（Mean Time Between Failures：MTBF）の早期化につながることになる．

予算に制約のない中での技術的に最良の設計は，すべての通信に誘電体光ファイバーケーブルを使用することである．明らかに，光ファイバーケーブルは，全誘電体ケーブルであり，金属製の強度部材またはシールドを備えておらず，非導電性であるため，一切の絶縁を必要としない．これは，光ファイバー製品自体，物理的に絶縁が備わっているということである．また，この全誘電体光ファイバーケーブルは，ネズミなどのげっ歯類からそれを保護するために塩ビ導管を使用して配線する必要がある．

しかし，予算が逼迫している場合，機器を保護するための技術的設計ソリューションは，有線通信を遠隔のアースから隔離することである．これは，光アイソレーターまたは絶縁トランスを使用して実現することができる．機器は一緒に非導電性のキャビネットの非導電面に取り付けて収容され，高電圧インターフェース（High Voltage Interface：HVI）と呼ばれる．

HVIは電位上昇の際に機器を隔離し，より高い電位の接地システムからより低い接地システムへのあらゆる電流の流れを防止する．これにより，あらゆる機器を損傷から，また関連作業員を傷害から保護することになる．これまで製造されたどのような短絡アース機器も，どんなに速い操作を行ったとしても，電位上昇から機器を完全に保護することはできない．短絡アース機器は，アースに接続され，電位上昇の際は，それらが動作しようとするのと逆方向の追加の電流経路を提供する．装置から距離があっても，この電流の流れは直ちに装置の損傷を引き起こし，作業員に危害を与えることになる．

▶サーバールーム

サーバールーム（Server Room）は，施設の通常の区域より高いレベルのセキュリティを必要としている．このためには，窓のない保護された部屋とその区域へ通じ

る制御された入口を1つだけ設ける必要がある．サーバーが侵害されると，ネットワーク全体が危険にさらされることに注意する必要がある．サーバー攻撃の中には迷惑行為に過ぎないものもあれば，深刻な被害をもたらすものもある．組織を保護するためには，サーバーを保護することが最も重要である．システムへの物理的なアクセスは，動機付けられた攻撃者によって実行された場合，ほぼ確実に侵害される[★164]．したがって，サーバールームのセキュリティは，包括的で，かつ常に最新のセキュリティ対策を検討し，実施されなければならない．

▶ ラックセキュリティ

　ラックがあふれる部屋で，すべての人員がすべてのラックにアクセスする必要があることは通常ありえない．ラックの錠により，正しいサーバー担当者だけがサーバーにアクセスでき，ネットワーク担当者だけが通信機器にアクセスできるようにすることができる．特定の時間に特定の人に必要な時にのみアクセスを許可するようにリモートで設定できる「管理可能な」ラックの錠は，損害を及ぼすおそれのある事故，妨害または電力消費やラック温度上昇を発生させる追加機器の不正な設置のリスクも軽減する．

3.14.2 制限された作業区域のセキュリティ

　データセンターの構成および運用構造によっては，管理者およびオペレーターは，データセンターのセキュリティで保護された区域に配置することも，付帯区域に配置することもできる．ほとんどの場合，後者は単にデータセンター内の機器や人員を維持するのに十分なスペースの余地がないという事実のためである．また，サーバールームは，騒音や低い室温の点から人間にとって理想的な労働環境ではないこともある．

　機密情報を管理している各担当者は，施設の制約の中でセキュリティを守る意識を持った常識的な姿勢を示す必要がある．機密情報を扱うすべての人が安全な部屋の中にいる必要はない．高セキュリティ区域とはみなされない区域においても，責任ある側面は維持する必要がある．セキュリティコンテナに機密情報を保管し，維持する．セキュリティコンテナは，ロッキングバーと南京錠付きのファイリングキャビネットになる．クリーンデスクアプローチを維持することで，その日の作業が終了した時点で情報を安全に保管することを従業員に意識付けできる．

　ワークステーションは，強力なパスワード保護を行う必要がある．ブラインドや

何らかのタイプの保護フィルムを使わずに，コンピュータ画面を窓に向けて置いてはいけない．プライバシーフィルターとスクリーンプロテクターにより，画面に表示された情報を他者の詮索好きな目から保護することができる．破砕業者にすべての専有および顧客の機密情報を含むゴミを破壊させることで，外部者によるゴミ箱あさりによる機密情報の取得がなくなる．

▶制限された作業区域

　政府機関のSCIF（Sensitive Compartmented Information Facility：センシティブなコンパートメント情報施設）などの非常に制限された作業区域では，これらの区域へのより厳密なアクセスを確保するために，セキュリティブランケットを増やす必要がある．SCIFの物理的なセキュリティ保護は，許可されていない者による視覚的，音響的，技術的および物理的なアクセスを防止し，検出することを目的としている．一般の組織は，国家政府レベルの機密情報の維持管理は必要としないかもしれないが，会社の経営や社員は，同じレベルのセキュリティを必要とする機密情報と関係している．

　SCIFの壁は5/8インチの乾式壁の3層で構成し，その壁も床から天井まで必要になる．通常，アクセス制御システムとともにX-09コンビネーションロックを持つSCIFエントランスドアによる入口が1つだけとなる．米国中央情報長官指令（Director of Central Intelligence Directive）1/21（DCID 1/21）によると，すべてのSCIFの境界となるドアフレームは周囲の壁にしっかりと貼り付けられる必要がある[165]．ドアフレームは，ドア警報センサーの不具合，不適切なドアの閉扉，または防音性能の低下を排除するため，十分に強固でなければならない．すべての主要なSCIFエントランスドアには自動ドアクローズ装置が装備されていなければならない．

　基本的なHVAC（Heating, Ventilation, Air-Conditioning：暖房，換気，空調）の要件には，96平方インチを超えるダクトの貫通口には，犯行者がダクトを通るのを防ぐために侵入防止バーが含まれている．

　ホワイトノイズまたはサウンドマスキングデバイスは，敵対者による機密の会話の盗聴を防ぐために，ドアの上，会議スペースの前に，または窓に向かって配置する必要がある．いくつかのSCIFは音楽やノイズを使用することで，内部の会話を隠すようになっている．すべてのアクセス制御は，SCIF内から管理する必要がある．侵入検知は中央監視室に送信され，対応チームがSCIFの周辺に15分以内に駆け付けるという要件を備える必要がある．

3.14.3 データセンターのセキュリティ

　　セキュリティ専門家は，データセンターを安全にする必要性について議論する時には，妨害，スパイ活動またはデータ盗難を直ちに考えることになる．侵入者に対する防御の必要性や意図的な侵入による被害は明らかであるが，データセンターで働く人員による危険性は，ほとんどの施設にとって日々の大きなリスクをもたらしている．例えば，組織内の人員は，その人員の「知る必要性」のないアクセス区域からは隔離する必要がある．セキュリティ責任者は通常，ほとんどの施設に物理的にアクセスできるが，財務データや人事データにアクセスする理由はない．コンピュータの運用の責任者は，コンピュータルームやオペレーティングシステムにアクセスできるが，電力やHVAC設備を収容する機械室にはアクセスする必要がない．これは結局，組織内での不要な徘徊を許さないということになる．

　　データセンターやWebホスティングサイトの拡大に伴い，施設内の物理的なセキュリティの必要性は，ネットワークのサイバーセキュリティの必要性と同じくらい重要なものとなっている．データセンターは業務における頭脳に該当し，特定の人だけにアクセス権を与える必要がある．データセンターにおけるセキュリティ強化の標準的なシナリオは，最も外側の(最も感度の低い)区域から最も内側の(最も感度の高い)区域で構成される，基本的な多層防御からなる．セキュリティは，建物へ入るところから開始される．受付または警備員を通過し，近接型カードを使用して建物に入る必要がある．コンピュータルームやデータセンターにアクセスするには，同様の近接型カードとPIN (図3.50)，バイオメトリックスデバイスが必要になる．エントリー制御ポイントでアクセス制御手続きを組み合わせることで，許可された人員のみアクセス可能となり，信頼性が高まることになる．各アクセスレベルに対して異なるセキュリティ制御を使用することで，内部レベルでのセキュリティが著しく向上する．これは，最初に接する外部レベルのセキュリティに加えて，それぞれがさらに独自の方法で保護するためである．これには，内部ドアコントロールも含まれる．

　　データセンターでは，内部マントラップ(Internal Mantrap)またはポータル(Portal)を使用することで，入退室管理が強化される．ポータル(図3.51)では，一度に1人の人間しか入ることができず，外側のドアが閉じられると，内側のドアを開けることができる．ポータルには，安全なサイドドアが開く前に起動されるデバイス内に，バイオメトリックスを追加することもできる．

　　「2人」ルールは，同時に2人が区域内にいなければならない戦略であり，単独で区域内に存在することを不可能にするものである．2人ルールのプログラミングは，

図3.50 追加のセキュリティのためのPINとバイオメトリックス機能を備えたカード読み取り装置
（Boon Edam社［ブーン・イダム］の提供）

多くのアクセス制御システムでオプションとなっている．ほかの担当者が同伴しない限り，無人のセキュリティ区域にカード保有者が1人で入るのを防ぐ．2人ルールでの運用は，少なくとも2人の担当者が常に存在することを要求することにより，重要な区域に対する内部脅威のリスクを低下させるのに役立つ．それはまた，セキュリティ区域内の生命安全対策としても有効である．一方の担当者が救急事態に遭遇した場合には，もう一方の人員が助けることが可能となる．

▶付帯設備とHVACの考慮事項

▶付帯設備と電力

　データセンターでは，ミッションクリティカルなサーバーをホストすることが多いため，バッテリーバックアップと発電機バックアップの両方が組み込まれて構築されている．電源が切れると，家庭のユーザーの無停電電源装置と同じように，バッテリーが電力供給を引き継ぐことになる．発電機は，バッテリーが消耗する前に始動して発電を開始する．バックアップ発電機と電源装置を含む区域には，同様の物理的な保護が必要となる．この区域への入退場は，キーアクセスまたはカードアクセス読み取り装置で制御することができ，この区域への出入口には電気ドアストライク錠（通電している間は施錠され，電源断の際に解錠される錠）を取り付けることができる．この区域は，停電の緊急事態時に施設全体のバックアップ電力を維持している

図3.51 安全なポータルは一度に1人の人間のみを許可し，外側のドアが閉じられると内側のドアを開く
（Bosch Security Systems社の提供）

ため，関係者以外は通常立ち入らない特定区域でもある．誰もが電力設備にアクセスできるようにする必要はない．

▶無停電電源装置

これは，商用電源が利用できない時に別の電源から電力を供給することによって，接続された機器に電力を連続的に供給するバッテリーバックアップシステムである．無停電電源装置（Uninterruptible Power Supply：UPS）には内蔵電池が備えられており，電源の供給が停止しても電力が供給されることを保証する．UPSにより，しばらくの間——通常は数分間——しか電力を供給することができないが，電力会社の突発的不具合や短時間の停電を乗り切るには，多くの場合十分である．UPSのバッテリー容量より停電が長くなっても，機器等の正常なシャットダウンを行う機会は与えられる．

▶発電機

発電機（Generator）の電力は，付帯設備に障害が発生した場合に，切り替えスイッチにより自動的に起動される必要がある．データセンター負荷はUPSユニットによって維持されるが，多くの場合これは短時間なので，発電機は電源障害から10秒以内に動作を開始，稼働する必要がある．発電機（図3.52）は通常，ディーゼル燃

図3.52 バックアップ発電機は，付帯設備に障害が発生した場合に，切り替えスイッチにより自動的に起動される（Bosch Security Systems社の提供）

料で稼働し，施設外または駐車場などに設置される．発電所室は，アクセス制御装置またはキーロック式ドアのいずれかにより不正アクセスから保護する必要がある．発電機は燃料が供給されている限り作動する．一部の発電機は300ガロンの容量を有し，施設管理者は燃料を安定供給するために，地元の販売業者と緊急時の供給契約を結ぶ必要がある．ほとんどのデータセンターには複数の発電機があり，月に1回テストを行っている．駐車場の近辺など，建物の外部に発電機を設置する場合は，車両などが突っ込まないように保護柵が必要となる．

▶ HVAC

HVAC (Heating, Ventilation, Air-Conditioning)は，暖房，換気，空調の略である．熱は，プロセッサーの動作を低下させて実行を停止させたり，はんだ接続が緩んで故障したりすることにより，コンピュータ機器に大きな損傷を与える可能性がある．また，過度の熱はネットワーク性能を低下させ，停止時間を引き起こす．したがって，データセンターやサーバールームには，連続的な冷却システムが必要となる．一般に，冷却システムには，潜熱冷却と顕熱冷却の2種類がある．

潜熱冷却(Latent Cooling)は，空調システムが湿気を除去する能力を指す．これは，オフィスビル，小売店および人間の占有率および使用率が高いほかの施設など，典型的な快適性冷却用途では重要となる．潜熱冷却の目的は，そのような施設に勤務

したり，訪問したりする人々のため，温度と湿度の快適なバランスを維持することに重点を置いている．これらの施設は，多くの場合，外部に直接通じる出入口を有し，人の頻繁な出入りがある．

顕熱冷却（Sensible Cooling）とは，温度計で測定可能な熱を除去する空調システムの能力を指す．データセンターは，一般的な快適性冷却建物の環境よりも平方フィート当たりの熱量が非常に高く，通常は多数の人間はそこにいない．ほとんどの場合，ごく稀に使用される非常口を除き，アクセスが制限されており，建物の外に直接つながる出口もない．

データセンターは潜熱冷却ならびに湿気の除去の必要性はほとんどない．顕熱冷却システムは，湿気の除去よりも熱の除去に重点を置いて設計され，高い顕熱比を有する．これは，データセンターにとって，最も有用で適切な選択肢である．冷却システムは，電源の障害時に大きな影響を受ける．停電が発生すると，冷却システムは停止し，空調に影響を与える．コンピュータを動作させるには，冷却を維持する必要がある．ポータブル空調ユニットは，HVACが故障した場合のバックアップとして使用できるので，設計において冷却システムのバックアップ装置として考慮する必要がある．

▶空気汚染

過去数年間に，炭疽菌および空中攻撃に対処する意識が高まっている．HVACシステム経由で建物内に侵入した有害な物質は，建物全体に急速に広がり，循環空気にさらされるすべての人に影響を及ぼす可能性がある．

空気汚染（Air Contamination）を避けるために，施設内で可能な範囲で最も高い位置に外気取り入れ口を設置する．悪意ある攻撃から保護するために，外気取り入れ口や地面の通風孔もスクリーンで覆うことで，物体が直接投げ込まれることを防ぐ．このようなスクリーンは，傾斜をつけて配置し，物体がスクリーンから転がり落ちたり，滑り落ちたりすることで，内部に入らないような構造とする必要がある．既存の多くの建物には，地上レベル以下に外気取り入れ口がある．壁面あるいは建物近くの地下に外気取り入れ口がある場合は，その上にプレナムまたは外部シャフトを追加することによって，取り入れ位置を高めることができる．

以下は，施設運用における重要な側面でセキュリティを強化するために必要となるガイドラインの一覧である．

- 主な外気取り入れ口へのアクセスを，作業関連の理由がある人に制限する．

0597

- システムでの作業が許可されている承認済み保守要員のアクセス名簿を維持する.
- 現場でのシステムへのアクセスにおいては, すべての請負業者を誘導する.
- すべての外気取り入れ口がロックデバイスで十分に保護されていることを確認する.

　すべての建物には, 屋根, 外壁または建物外の地面に自立するユニットのいずれかに外気取り入れ口がある. 建物のHVACシステムを介して, 建物内の誰かが風邪やインフルエンザに感染すると, 数人に感染するおそれがある. このような「シックビルディング症候群」のため, 多くの政府ではすべての新しい建物に, HVACシステムの再循環空気と, ある割合の新鮮な外気を混ぜる必要があることを定めている. この際に取り込まれる新鮮な空気の量は, 建物の平方フィートと内部で働く従業員の数に基づいている.

　建物全体に循環する, 細菌やウイルスなどの生物学的な脅威のリスクを低減する1つの方法は, HVACシステムの給気ダクトおよび換気ダクトに紫外線(UV)光フィルターを設置することである. 紫外光は, スペクトルの「紫色」または可視エッジを越えている電磁スペクトルの部分であり, 細菌, バクテリア, ウイルス, 真菌およびカビの成長および増殖を阻止する. 太陽光は自然の屋外空気浄化システムとして働き, 空気中の細菌を紫外線で制御している. 紫外線が微生物に浸透し, 分子的結合を破壊し, 細胞または遺伝子の損傷を引き起こし, 病原菌は死滅または滅菌され複製できなくなる. これにより, 生菌数を大幅に削減し, 制御することができる.

▶ 水の問題

　過度の熱とともに, 水はコンピュータ機器にとって有害となる. データセンターにはガス消火システムが備わり, 水に対する対策がとられているが, データセンターの上の階はどうなっているだろうか. 標準的な水によるスプリンクラーシステムがあり, このスプリンクラーが作動するか, 漏水した場合はどうなるだろうか. 適切な計画においては, 破裂の可能性のある水パイプ, 浸水の可能性のある地下室, 雨漏りの可能性のある屋根からは, 離れた位置に機器を移動させる. しかし, より認識や検出が困難なほかの水漏れもある. 暖かく湿った空気が速やかに除去されないと, ブロックされた換気システムなどで結露することがある. 通気孔が機械の上や背後にある場合, 結露は誰も確認することができない小さな水たまりを形成する可能性がある. スタンドアロンのエアコンの場合, 結露が適切に除去されないと,

特に水漏れに脆弱である．外気取り入れ口の近くに少量の水があっても，湿度のレベルが上がり，サーバーに水分が入り込む可能性がある．

▶防火，火災感知および消火

　サーバールームを火災から保護するために，組織は煙感知器を設置し，部屋に煙が出ていることを人々に警告する警報器を備えたパネルに接続する必要がある．また，ガスそのものにより，装置に損傷を与えることなく，消火を補助できるガス消火システムに接続する必要がある．

▶火災感知

　煙感知器(Smoke Detector)は，警報装置と組み合わせることにより初期段階で防火できる最も重要な装置の1つである．

　適切な状態にある感知器は必要な時に警報を鳴らし，すべての関係者に生還の機会を与える．煙感知器には，光学式感知(光電式)と物理的プロセス(イオン化式)の2つのタイプがある．光電式感知器(Photoelectric Detector)は，ビーム型または屈折型のいずれかに分類される．ビーム型感知器(Beam Detector)は，ビームの発光部と受光部から構成され，一定の煙が発生して光を遮断すると警報が鳴る．屈折型感知器(Refraction Type Detector)は，発光部と受光部との間に遮光板があり，煙が発生すると，光は煙により乱反射して受光機で検知される．最後に，イオン化式感知器(Ionization Type Detector)がある．これは，センサー周囲の空気を常に監視する．部屋に十分な煙があれば，警報が鳴ることになる．

　火災感知器(Fire Detector)には，炎感知器，煙感知器および熱感知器の3つの主要な種類がある．炎感知器(Flame Detector)には主に2種類あり，赤外線(IR)感知器と紫外線(UV)感知器に分類される．赤外線感知器(IR Detector)は，主として感知器の位置における特定のスペクトルパターンを放射する大量の高温ガスを検知する．これらのパターンは，サーモグラフィーカメラで感知され，警報が発せられる．したがって，室内に高熱を発する装置があると，誤った警報が発生することがある．紫外線炎感知器(UV Flame Detector)は，火災や爆発の発火の瞬間に生じる高エネルギー放射により，3〜4ミリ秒の速度で炎を検知する．このシステムの場合は，雷，放射線および室内に存在する可能性がある太陽光放射などのランダムUV光源によって誤動作し，警報を発することがある．

　熱感知器(Heat Detector)には，固定温度または上昇率感知器が含まれる．ユーザーは，警報が鳴るための所定の温度レベルを設定する．室温がその設定温度レベルに

到達すると警報が鳴る．上昇率感知器（Rate of Rise Detector）は，センサーの周りの急激な温度変化を検知している．通常，この設定は毎分約10〜15℃である．バッテリーの寿命と動作状態を定期的にチェックすることを除いて，ユーザーはそれ以上のことは必要ない．煙感知器の代わりに熱感知器を使用すべきではない．火災安全のための各コンポーネントは，それぞれに目的があり，感知器の組み合わせと手順については，発生しうる事象を想定し，慎重に検討する必要がある．

▶消火

すべての建物には効果的な消火システム（Fire Suppression System）を装備し，24時間建物を保護する必要がある．伝統的に消火システムは，火災および周辺区域を範囲とするアレイ上に配置したウォータースプリンクラーを使用していた．スプリンクラーシステム（Sprinkler System）は，湿式，乾式，予作動式および放水式の4つの異なるグループに分類されている．

- **湿式システム**（Wet Systems）＝消火用の水を常時配管に供給している．一度作動すると，消火水が遮断されるまでこれらのスプリンクラーは止まらない．
- **乾式システム**（Dry Systems）＝通常，水は配管に供給されていない．電気弁が過剰な熱によって刺激されるまで，弁は開放されない．
- **予作動式**（Pre-Action Systems）＝検知機構を組み込むことで，誤作動による水被害の懸念を排除したもの．区域内の感知器が作動するまで水は放出されない．
- **放水式**（Deluge Systems）＝すべてのスプリンクラーヘッドが開位置にあることを除いて，予作動式と同じ機能で動作する．

水による消火は，倉庫などのような物理的に大規模な区域では，健全な解決策となるが，コンピュータ機器には完全に不適切である．ハードウェアにとって，水しぶきは，煙や熱による侵害よりも早く，取り返しのつかない損傷を引き起こすことになる．ガス消火システム（Gas Suppression System）は，酸素による燃焼を止めるために作動する．過去には，ハロンガス消火システムが選択肢であった．しかし，ハロンガスは残留物を出し，オゾン層を破壊する一因となり，人間にとって有害であるため，人員を傷つける可能性がある[166]．

サーバールームや電子機器が使用されている場所での消火に推奨されるいくつかのガス消火システムがある．

- **Aero-K** = 天井近くの壁に取り付けられた小さなキャニスターから放出するキャリアガス中の微量カリウム化合物のエアロゾルを使用している．Aero-Kジェネレーターは，火災が検知されるまで加圧されない．Aero-Kシステムは，複数の火災感知器を使用し，2つ以上の感知器により火災が「確認される」まで開放されない（偶発的な開放を制限するため）．ガスは非腐食性であるため，金属やほかの物質に損傷を与えず，電子デバイスやテープやディスクなどの媒体に害を与えない．さらに重要なのは，Aero-Kが無毒で，人員を傷つけないことである．

- **FM-200** = 無色の液化圧縮ガスである．FM-200は，液体として保存され，無色で，電気的に非導電性の蒸気となり，透明な霧となるため，視界を遮ることがない．また，残留物を残さず，毒性を有するが，占有スペースで使用した場合の設計濃度においては受諾可能な範囲である．FM-200は酸素を変位させないため，占有スペースで使用する際も，酸欠のおそれがなく安全であると言える．

Summary
まとめ

　セキュリティアーキテクチャーと設計は，コンピューティングシステムと，企業のITサービス全体のセキュリティを設計することに焦点を当てた幅広いトピックを対象としている．セキュリティアーキテクトは，いくつかの主要なセキュリティアーキテクチャーの概念を理解し，一般的なシナリオに対してそれらのアーキテクチャーを適用することが期待されている．セキュリティアーキテクトは，要件を取得および分析し，その要件に基づいてセキュリティサービスを設計し，それらの設計の有効性を検証する．セキュリティアーキテクトは，多くのフレームワークと方法論を活用した，様々なセキュリティアーキテクチャーのフレームワーク，基準，ベストプラクティスを理解し，より強力なデザインを提供するためにそれらをどのように組み合わせて使用するのかを理解している．暗号化により，かつてないほど多くの環境で情報技術の利用が可能になっている．遠隔作業に必要なテレワークとセキュアな通信への移行は，暗号技術の進歩なしには不可能であった．暗号は，情報セキュリティ専門家に，情報の機密性，完全性，認証，否認防止を保証するための方法，デバイス，ソフトウェアおよび技術について，豊富なメニューを提供している．コンピューティングパワーの進歩により，暗号ツールが弱体化したり，攻略されたりする一方，セキュリティの専門家や研究者は，セキュリティを強化するための新しいツールを絶えず開発している．暗号は，今後もプライバシー，セキュリティ，商取引，通信の発展において，重要な役割を果たし続けるであろう．

注

★1──次を参照．
Committee on Pre-Milestone A Systems Engineering, 2009, *Pre-Milestone A and Early-Phase-Systems Engineering: A Retrospective Review and Benefits for Future Air Force Acquisition*, The National Academies Press, 2008.
http://www.nap.edu/catalog.php?record_id=12065
★2──INCOSEについては次を参照．
http://www.incose.org/
★3──NIST SP 800-14の全体については次を参照．
http://csrc.nist.gov/publications/nistpubs/index.html

★4——コモンクライテリアについては次を参照.

http://www.commoncriteriaportal.org/

★5——NIST SP 800-27 Revision A の全体については次を参照.

http://csrc.nist.gov/publications/nistpubs/index.html

★6——連邦情報処理標準（Federal Information Processing Standards）の「連邦政府の情報および情報システムに対するセキュリティカテゴリー化基準」（Standards for Security Categorization of Federal Information and Information Systems：FIPS PUB 199）については次を参照.

http://csrc.nist.gov/publications/fips/fips199/FIPS-PUB-199-final.pdf

★7——それぞれ次を参照.

Cisco Systems, "Cisco Secure Development Lifecycle," http://www.cisco.com/web/about/security/cspo/csdl/process.html

Microsoft, "The Trustworthy Computing Security Development Lifecycle," http://msdn.microsoft.com/enus/library/ms995349.aspx（日本語訳：「信頼できるコンピューティングのセキュリティ開発ライフサイクル」, https://msdn.microsoft.com/ja-jp/enus/library/ms995349.aspx）

Center for Medicare and Medicaid Services, "Technical Reference Architecture standards," http://www.cms.gov/Research-Statistics-Data-and-Systems/CMS-Information-Technology/Technical-Reference-Architecture-Standards/《リンク切れ》

BSIMM-V, http://bsimm.com/

★8——ISO/IEC 21827：2008については次を参照.

https://www.iso.org/obp/ui/#iso:std:iso-iec:21827:ed-2:v1:en

★9——CPUとCPUの構成の概要については次を参照.

http://education-portal.com/academy/lesson/central-processing-unit-cpu-parts-definition-function.html#lesson

IEEEスペシャルレポート "25 Microchips That Shook the World" については次を参照.

http://spectrum.ieee.org/static/25chips

半導体に関する包括的な歴史的資料は次を参照.

http://www.computerhistory.org/semiconductor/resources.html

★10——US-CERTの完全な脆弱性ノートについては次を参照.

http://www.kb.cert.org/vuls/id/649219

★11——DRAMデータ残留現象に関する本来の研究論文「我々が知らない：暗号化鍵のコールドブート攻撃」については次を参照.

http://citpsite.s3-website-us-east-1.amazonaws.com/oldsite-htdocs/pub/coldboot.pdf

RAMデータの残留性を特定した元の出版物や研究論文，潜在的なセキュリティ問題については，次を参照.

Anderson, Ross J., *Security Engineering: A Guide to Building Dependable Distributed Systems, 1st ed.*, Wiley, January 2001.

Gutmann, P., "Secure Deletion of Data from Magnetic and Solid-State Memory," *Proc. 6th USENIX Security Symposium*, July 1996, pp.77-90.

Gutmann, P., "Data Remanence in Semiconductor Devices," *Proc. 10th USENIX Security Symposium*, August 2001, pp.39-54.

★12——Intelプラットフォーム上のメモリー保護技術に関する詳細なドキュメントについては次を参照.

http://www.intel.com/content/www/us/en/processors/architectures-software-developer-manuals.html

★13——ASLRの概要については次を参照.

A. http://www.cs.berkeley.edu/˜dawnsong/papers/syscall-tr.ps

B. https://www.usenix.org/legacy/event/sec05/tech/full_papers/bhatkar/bhatkar.pdf

C. http://www.cs.columbia.edu/˜angelos/Papers/instructionrandomization.pdf

D. http://www.stanford.edu/˜blp/papers/asrandom.pdf

★14——return-to-libcおよびreturn-to-plt攻撃の概要については次を参照.
http://www.exploit-db.com/download_pdf/17131《リンク切れ》
http://www.exploit-db.com/wp-content/themes/exploit/docs/17286.pdf《リンク切れ》

★15——SSOは，ワークステーションにアクセスするためにエンドユーザーが一度ログインするシステムを定義する．この初期認証は，ID／パスワードチャレンジ，または物理的またはバイオメトリックを使用した認証手段を提供することで，パスワードなしのチャレンジとすることができる．後続のアプリケーションアクセスは，さらなる認証のためにユーザーにチャレンジしない．チャレンジは依然として存在するが，ユーザーの資格情報を把握してユーザーの代わりに資格情報を入力しているソフトウェア層の種類によって処理される．
RSOは大きく異なっている．RSOの概念は，エンドユーザーが覚えておく必要があるID／パスワードの組み合わせの数が「削減」されていることである．言い換えれば，エンドユーザーは自分のワークステーションと各アプリケーションに認証する必要がある．ただし，ID／パスワードはチャレンジごとに同じであることが保証される．

★16——Joint Task Force Transformation Initiative, First. United States National Institute of Standards and Technology, "NIST SP 800-37 Revision 1 | Guide for Applying the Risk Management Framework to Federal Information Systems: A Security Life Cycle Approach," Last modified Feb, 2010.
http://csrc.nist.gov/publications/nistpubs/800-37-rev1/sp800-37-rev1-final.pdf, p.13.

★17——Zachmanフレームワークについては次を参照.
http://www.zachman.com/about-the-zachman-framework
http://www.eacoe.org/index.shtml

★18——SABSAフレームワークについては次を参照.
http://www.sabsa-institute.org/the-sabsa-method/the-sabsa-model.aspx《リンク切れ》

★19——TOGAFフレームワークについては次を参照.
http://www.opengroup.org/togaf/

★20——ITILについては次を参照.
http://www.itil-officialsite.com/AboutITIL/WhatisITIL.aspx

★21——状態マシンモデルについては次を参照.
http://openlearn.open.ac.uk/mod/oucontent/view.php?id=397581&section=9.1

★22——マルチレベルラティスセキュリティについては次を参照.
http://dimacs.rutgers.edu/Workshops/Lattices/slides/meadows.pdf

★23——非干渉モデルについては次を参照.
http://www.cs.cornell.edu/andru/cs711/2003fa/reading/1990mclean-sp.pdf

★24——情報フローモデルについては次を参照.
http://users.cis.fiu.edu/˜smithg/papers/sif06.pdf

★25——Bell-LaPadulaモデルについては次を参照.
http://www.acsac.org/2005/papers/Bell.pdf

★26——http://www.acsac.org/2005/papers/Bell.pdf, p.3.

★27——Biba完全性モデルについては次を参照.
http://www.dtic.mil/cgi-bin/GetTRDoc?AD=ADA166920, p.27.

★28——Clark-Wilsonモデルについては次を参照.
http://www.cs.clemson.edu/course/cpsc420/material/Policies/Integrity%20Policies.pdf

★29——UMLおよびSysMLの概要については次を参照.

http://www.eng.umd.edu/~austin/enes489p/lecture-slides/2012-MA-UML-and-SysML.pdf

★30——http://www.cesg.gov.uk/servicecatalogue/CCITSEC/Pages/ITSEC-Assurance-Levels.aspx《リンク切れ》

★31——コモンクライテリアに関する最新の情報は次を参照.

https://www.commoncriteriaportal.org/

ISO/IEC 15408：2009標準については次を参照.

http://standards.iso.org/ittf/PubliclyAvailableStandards/index.html

★32——ISO 27000シリーズについては次を参照.

http://www.27000.org/

★33——次を参照.

https://www.iso.org/obp/ui/#iso:std:iso-iec:27002:ed-2:v1:en

★34——ISACA. n.d., http://www.isaca.org/popup/Pages/framefig12large.aspx (accessed May 1, 2014).

★35——PCI Security Standards Council, First. "PCI DSS Quick Reference Guide," Last modified Oct, 2010.

https://www.pcisecuritystandards.org/documents/PCI%20SSC%20Quick%20Reference%20Guide.pdf, p.34.

★36——PCI DSSに関する詳細は次を参照.

https://www.pcisecuritystandards.org/security_standards/documents.php?view=&association=PCI+DSS&language=

★37——TPMに関する詳細情報は次を参照.

http://www.trustedcomputinggroup.org/resources/tpm_main_specification

★38——仮想マシンに対応したマルウェアの詳細については次を参照.

http://www.kb.cert.org/vuls/id/649219

★39——Verizon社の「2014年データ侵害調査レポート」のコピーをダウンロードして参照.

http://www.verizonenterprise.com/DBIR/2014/

★40——光放射に関する詳細は次を参照.

http://applied-math.org/acm_optical_tempest.pdf

★41——US NSA, First., "TEMPEST: A Signal Problem," Last modified Sept 27, 2007.

http://www.nsa.gov/public_info/_files/cryptologic_spectrum/tempest.pdf, pp.1-2.《リンク切れ》

★42——オリジナル論文は次を参照.

http://rakesh.agrawal-family.com/papers/ssp04kba.pdf《リンク切れ》

★43——SOAの脆弱性と低減策については次を参照.

http://www.nsa.gov/ia/_files/factsheets/SOA_security_vulnerabilities_web.pdf

★44——組み込み機器のセキュリティの詳細については次を参照.

http://www.csoonline.com/article/704346/embedded-system-security-much-more-dangerous-costly-than-traditional-soft-ware-vulnerabilities

UPnPに関するH. D. Moor（ムーア）の論文.

https://community.rapid7.com/docs/DOC-2150《リンク切れ》

★45——次を参照.

http://nvlpubs.nist.gov/nistpubs/SpecialPublications/NIST.SP.800-124r1.pdf

★46——次を参照.

http://nvlpubs.nist.gov/nistpubs/SpecialPublications/NIST.SP.800-53r4.pdf

★47——次を参照.

http://www.enisa.europa.eu/media/press-releases/eu-cyber-security-agency-enisa-201chighroller201d-online-bank-robberies-reveal-security-gaps

★48──アンチマルウェアとアンチウイルスの定義が必要な場合は，「ウイルス」と「マルウェア」の違いから始めるとよい．ウイルスは特定の種類のマルウェア（複製と拡散を想定）であるが，マルウェアは，あらゆる種類の望ましくないコードや悪意あるコードを記述するための広範な用語である．マルウェアには，ウイルス，スパイウェア，アドウェア，ナグウェア，トロイの木馬，ワームなどが含まれる．アンチマルウェアは，デバイス内のマルウェア侵害に対処するように設計されたソフトウェアである．ウイルス対策ソフトウェアは，デバイス内のウイルスの急激な増加または感染に対処するように設計されている．

★49──次を参照．

http://zing.ncsl.nist.gov/WebTools/dataflow.gif

★50──Gantz, John, Reinsel, David, "IDC IVIEW - THE DIGITAL UNIVERSE IN 2020: Big Data, Bigger Digital Shadows, and Biggest Growth in the Far East," December 2012.
http://idcdocserv.com/1414, p.1.《リンク切れ》

★51──Rider, Fremont, *The Scholar and the Future of the Research Library, A Problem and Its Solution*, New York, 1944, pp.10-12.

★52──http://cm.bell-labs.com/cm/ms/what/shannonday/shannon1948.pdf《リンク切れ》

★53──http://alcatel-lucent.com/bstj/vol03-1924/articles/bstj3-2-324.pdf《リンク切れ》

★54──http://www.seas.upenn.edu/˜zives/03f/cis550/codd.pdf

★55──http://9sight.com/EBIS_Devlin_&_Murphy_1988.pdf《リンク切れ》

★56──http://signallake.com/innovation/morris.pdf

★57──http://www.nas.nasa.gov/assets/pdf/techreports/1997/nas-97-010.pdf

★58──http://www.lesk.com/mlesk/ksg97/ksg.html

★59──http://www2.sims.berkeley.edu/research/projects/how-much-info/

★60──http://blogs.gartner.com/doug-laney/files/2012/01/ad949-3D-Data-Management-Controlling-Data-Volume-Velocity-and-Variety.pdf

★61──http://static.googleusercontent.com/media/research.google.com/en/us/archive/mapreduce-osdi04.pdf

★62──http://www.cloudera.com/content/dam/cloudera/Resources/PDF/Olson_IQT_Quarterly_Spring_2010.pdf《リンク切れ》

★63──http://www.cra.org/ccc/files/docs/init/Big_Data.pdf

★64──http://www.cio.com/article/508023/The_Future_of_ERP_Part_II

★65──http://blogs.enterprisemanagement.com/shawnrogers/2011/01/11/top-10-trends-in-business-intelligence-andanalytics-for-2011/《リンク切れ》

★66──http://www.tandfonline.com/doi/pdf/10.1080/1369118X.2012.678878

★67──http://www.forbes.com/sites/louiscolumbus/2014/02/07/why-cloud-erp-adoption-is-faster-than-gartner-predicts/《リンク切れ》

★68──http://www.sciencemag.org/content/332/6025/60

★69──http://martinhilbert.net/WhatsTheContent_Hilbert.pdf

★70──Mell, Peter, and Timothy Grance, US National Institute of Standards and Technology, "The NIST Definition of Cloud Computing," Last modified Sept 2011.
http://csrc.nist.gov/publications/nistpubs/800-145/SP800-145.pdf, pp.2-3.

★71──Mell, Peter, and Timothy Grance, US National Institute of Standards and Technology, "The NIST Definition of Cloud Computing," Last modified Sept 2011.
http://csrc.nist.gov/publications/nistpubs/800-145/SP800-145.pdf, pp.2-3.

★72──Mell, Peter, and Timothy Grance, US National Institute of Standards and Technology, "The NIST Definition of Cloud Computing," Last modified Sept 2011.

http://csrc.nist.gov/publications/nistpubs/800-145/SP800-145.pdf, pp.2-3.

★73──Mell, Peter, and Timothy Grance, US National Institute of Standards and Technology, "The NIST Definition of Cloud Computing," Last modified Sept 2011.
http://csrc.nist.gov/publications/nistpubs/800-145/SP800-145.pdf, p.3.

★74──Chris Hare, "Cryptography 101," *Data Security Management*, 2002.

★75──"Horst"と綴られている出版物もある．Feistalの研究は，1945年にClaude Shannonによってなされた研究の実装だった．

★76──米国政府によって承認されたブロック暗号モードの現在のリストについては次を参照．
http://csrc.nist.gov/groups/ST/toolkit/BCM/current_modes.html

★77──既知平文攻撃では，攻撃者は平文と暗号文の両方を持っているが，鍵を持っておらず，総当たり攻撃はすべての可能な鍵を試す攻撃だった．詳細については，「ハッシュアルゴリズムとメッセージ認証コードに対する攻撃」を参照．

★78──大部分の暗号技術者は，シングルDESの強度が，2^{56}ではなく2^{55}であると考えていることに注意せよ．ダブルDESはDESの約2倍の強度であるため，その強度は2^{56}とみなされる．

★79──次を参照．
http://tools.ietf.org/html/rfc3610

★80──次を参照．
http://csrc.nist.gov/publications/fips/fips197/fips-197.pdf

★81──Whitfield Diffie and Martin E. Hellman, "New Directions in Cryptography," *IEEE Transactions on Information Theory*, IT-22, 1976.

★82──NIST SP 800-131A「移行：暗号アルゴリズムと鍵長の使用を移行するための推奨事項」の5ページの図表を参照すること．
http://csrc.nist.gov/publications/nistpubs/800-131A/sp800-131A.pdf

★83──次を参照．
https://www.oasis-open.org/committees/download.php/13525/sstc-saml-exec-overview-2.0-cd-01-2col.pdf, p.3.

★84──詳細な情報に関しては，次を参照．
http://www.kb.cert.org/vuls/id/612636

★85──OpenID Connect標準は，2014年2月26日に正式に開始された．
http://openid.net/2014/02/26/the-openid-foundation-launches-the-openid-connect-standard/

★86──OAuth 2.0は，認証および認可プロトコルの開発をサポートするように設計されたフレームワークで，RFC 6749および6750（2012年公開）のIETFで規定されている．これは，JSONとHTTPに基づいており，様々な標準化されたメッセージフローを提供する．OpenID Connectはこれらを使ってIDサービスを提供する．

★87──現在のOWASPトップ10プロジェクトの情報については次を参照．
https://www.owasp.org/index.php/Category:OWASP_Top_Ten_Project

★88──現在のOWASPガイドプロジェクトの情報については次を参照．
https://www.owasp.org/index.php/Category:OWASP_Guide_Project

★89──OWASP SAMMに関する現在の情報については次を参照．
http://www.opensamm.org/

★90──現在のOWASPモバイルプロジェクトの情報については次を参照．
https://www.owasp.org/index.php/OWASP_Mobile_Security_Project

★91──次を参照．
http://googlemobile.blogspot.com/2011/03/update-on-android-market-security.html
http://www.csc.ncsu.edu/faculty/jiang/pubs/OAKLAND12.pdf

★92——次を参照.
http://www.virusbtn.com/pdf/conference_slides/2013/Yu-VB2013.pdf
★93——デバイスの"脱獄"や"ルート化"に関する問題と懸念の要約については次を参照.
https://www.owasp.org/index.php/Mobile_Jailbreaking_Cheat_Sheet
★94——Forrester Research, "Forrsights Workforce Employee Survey, Q4 2012". 次を参照.
http://www.forrester.com/Forrsights+Workforce+Employee+Survey+Q4+2012/-/E-SUS1671
★95——次を参照.
https://www.sans.org/media/critical-security-controls/cag4-1.pdf
★96——次を参照.
http://www.dhs.gov/cdm
http://www.us-cert.gov/cdm
★97——次を参照.
http://www.wired.com/images_blogs/threatlevel/2009/08/gonzalez.pdf
★98——次を参照.
http://www.sophos.com/en-us/security-news-trends/security-trends/operation-aurora.aspx
http://chenxiwang.wordpress.com/2010/01/21/why-google-and-microsoft-were-at-fault-for-the-attack-not-cloudcomputing/《リンク切れ》
★99——次を参照.
https://technet.microsoft.com/library/security/979352
★100——次を参照.
http://googleblog.blogspot.com/2010/01/new-approach-to-china.html
★101——次を参照.
http://nvlpubs.nist.gov/nistpubs/SpecialPublications/NIST.SP.800-40r3.pdf
http://www.infoworld.com/d/security/cisco-fixes-remote-access-vulnerabilities-in-cisco-secure-access-control-system-234354
★102——次を参照.
http://www.windowsphone.com/en-US/how-to/wp8/settings-and-personalization/find-a-lostphone
★103——http://nvlpubs.nist.gov/nistpubs/SpecialPublications/NIST.SP.800-40r3.pdf
★104——http://csrc.nist.gov/publications/nistpubs/800-121-rev1/sp800-121_rev1.pdf
★105——http://nvlpubs.nist.gov/nistpubs/SpecialPublications/NIST.SP.800-124r1.pdf
★106——http://www.scmagazine.com/video-hacking-home-automation-systems/article/305416/#
★107——http://cars.uk.msn.com/news/new-bmws-at-risk-of-theft《リンク切れ》
★108——"Cyber Physical Systems (CPS) Vision Statement Working Draft (5/8/14)," p.4.
以下から入手できる.
http://www.nitrd.gov/nitrdgroups/images/6/6a/Cyber_Physical_Systems_%28CPS%29_Vision_Statement.pdf
★109——次を参照.
http://www.insys-icom.com/bausteine.net/f/10564/KB_en_INSYS_icom_IT-Security_V04_final_RTO.pdf?fd=0
★110——次を参照.
http://www.ntsb.gov/doclib/reports/2002/PAR0202.pdf《リンク切れ》
http://www.historylink.org/index.cfm?DisplayPage=output.cfm&file_id=5468
★111——次を参照.
http://www.theregister.co.uk/2001/10/31/hacker_jailed_for_revenge_sewage/
★112——このインシデントの完全な分析のためには次を参照.

http://csrc.nist.gov/groups/SMA/fisma/ics/documents/Maroochy-Water-Services-Case-Study_report.pdf

★113──次を参照.

http://www.informationweek.com/computer-virus-brings-down-train-signals/d/d-id/1020446?

★114──次を参照.

http://www.iso.org/iso/catalogue_detail?csnumber=44375

★115──次を参照.

http://www.iec.ch/smartgrid/standards/

http://iectc57.ucaiug.org/wg15public/Public%20Documents/White%20Paper%20on%20Security%20Standards%20in%20IEC%20TC57.pdf

★116──次を参照.

http://ec.europa.eu/energy/gas_electricity/smartgrids/doc/xpert_group1_security.pdf《リンク切れ》

★117──次を参照.

https://www.isa.org/isa99/

http://isa99.isa.org/Documents/Committee_Meeting/(2012-05)%20Gaithersburg,%20MD/ISA-99-Security_Levels_Proposal.pdf

★118──次を参照.

http://csrc.nist.gov/publications/nistpubs/800-39/SP800-39-final.pdf

★119──次を参照.

http://www.nist.gov/smartgrid/upload/nistir-7628_total.pdf

★120──次を参照.

http://ieeexplore.ieee.org/xpl/articleDetails.jsp?arnumber=836296

★121──次を参照.

http://www.nerc.com/pa/Stand/Pages/CIPStandards.aspx《リンク切れ》

★122──次を参照.

http://nvlpubs.nist.gov/nistpubs/SpecialPublications/NIST.SP.800-53r4.pdf

★123──次を参照.

http://nvlpubs.nist.gov/nistpubs/SpecialPublications/NIST.SP.800-82r1.pdf

★124──次を参照.

Ben Rothke, "An Overview of Quantum Cryptography," *Information Security Management Handbook, 3rd ed.*, Vol. 3, Tipton, Harold F. and Krause, Micki (eds.), Auerbach Publications, New York, 2006, pp.380–381.

★125──ライブ"点灯"ファイバーネットワーク上で行われた,量子鍵配布(QKD)技術の最初の成功テストの発表については,次を参照.

http://www.homelandsecuritynewswire.com/dr20140425-major-step-toward-stronger-encryption-technology-announced

★126──量子コンピューティングの一般的な概要に関しては次を参照.

http://www.militaryaerospace.com/articles/print/volume-24/issue-7/technology-focus/from-theory-to-reality-quantum-computing-enters-the-defense-industry.html

防衛産業における量子コンピューティングの適用についての概要は次を参照.

http://www.militaryaerospace.com/articles/2014/03/lockheed-quantum-computing.html?cmpid=EnlEmbeddedComputingMarch102014

★127──次を参照.

http://csrc.nist.gov/publications/nistpubs/800-131A/sp800-131A.pdf

★128──次を参照.

http://www.bis.doc.gov/licensing/exportingbasics.htm

★129──次を参照.

http://underbelly.blog-topia.com/2005/01/kerckhoffs-law.html《リンク切れ》

★130──W3C, "XML Key Management Specification (XKMS 2.0)," 28 June 2005. オンラインで利用可能.

http://www.w3.org/TR/xkms2/ (Last Accessed: 5 May 2014)

★131──W3C, "XML Signature Syntax and Processing (Second Edition)," 10 June 2008. オンラインで利用可能.

http://www.w3.org/TR/xmldsig-core/ (Last Accessed: 5 May 2014)

★132──W3C, "XML Encryption Syntax and Processing", 10 December 2002. オンラインで利用可能.

http://www.w3.org/TR/xmlenc-core/ (Last Accessed: 5 May 2014)

★133──例えば, ユーザー認証, エンタイトルメント, および属性情報を通信するためのSAML (Security Assertion Markup Language) およびWS-Securityなど. 詳細については以下を参照.

http://www.oasis-open.org/home/index.php

★134──Callas, Jon, *et al.*, "OpenPGP Message Format," IETF. オンラインで利用可能.

http://www.ietf.org/rfc/rfc2440.txt (Last Accessed: 4 April 2014)

★135──NIST SP 800-90, "Recommendation for Random Number Generation Using Deterministic Random Bit Generators." オンラインで利用可能.

http://csrc.nist.gov/publications/nistpubs/800-90/SP800-90revised_March2007.pdf (Last Accessed: 4 April 2014)《リンク切れ》

★136──ISO/IEC 18031: 2005, "Information Technology -- Security Techniques -- Random Bit Generation." オンラインで入手可能.

http://www.iso.org (Last Accessed: 4 April 2014)

★137──Kaliski, Burt, "TWIRL and RSA Key Size," RSA Labs. オンラインで入手可能.

http://www.rsa.com/rsalabs/node.asp?id=2004 (Last Accessed: 6 April 2014)《リンク切れ》

★138──NIST SP 800-57 Part 1, "Recommendation for Key Management." オンラインで入手可能.

http://csrc.nist.gov/publications/nistpubs/800-57/SP800-57-Part1.pdf (Last Accessed: 6 April 2014)《リンク切れ》

★139──NIST SP 800-21 Second Edition, "Guideline for Implementing Cryptography in the Federal Government." オンラインで入手可能.

http://csrc.nist.gov/publications/nistpubs/800-21-1/sp800-21-1_Dec2005.pdf (Last Accessed 5 May 2014)

★140──NIST SP 800-57, "Recommendation for Key Management." オンラインで入手可能.

http://csrc.nist.gov/publications/nistpubs/800-57/sp800-57-Part1-revised2_Mar08-2007.pdf (Last Accessed 3 May 2014)

★141──次を参照.

http://nvlpubs.nist.gov/nistpubs/FIPS/NIST.FIPS.186-4.pdf

★142──次を参照.

Jean-Marc Boucqueau, "Digital Rights Management," *3rd IEEE International Workshop on Digital Rights Management Impact on Consumer Communications*, January 11 2007.

★143──次を参照.

http://www.gpo.gov/fdsys/pkg/PLAW-105publ304/html/PLAW-105publ304.htm

★144──次を参照.

http://cyber.law.harvard.edu/media/eucd_materials

★145──次を参照.

http://copyright.ubc.ca/copyright-legislation/bill-c-11-the-copyright-modernization-act/

★146——http://csrc.nist.gov/publications/nistpubs/800-57/sp800-57_part1_rev3_general.pdf, p.25 & p.32.

★147——NIST SP 800-107 Revision 1「承認されたハッシュアルゴリズムを使用するアプリケーションのための勧告」に関しては次を参照.
http://csrc.nist.gov/publications/nistpubs/800-107-rev1/sp800-107-rev1.pdf

★148——次を参照.
http://www.ietf.org/rfc/rfc1321.txt

★149——次を参照.
http://www.ietf.org/rfc/rfc3174.txt

★150——次を参照.
http://csrc.nist.gov/publications/fips/fips180-4/fips-180-4.pdf

★151——次を参照.
http://csrc.nist.gov/groups/ST/hash/sha-3/winner_sha-3.html
Keccakスポンジ機能ファミリーの詳細については次を参照.
http://keccak.noekeon.org/

★152——2014年4月, レビューのために最初に公表されたFIPS 202「SHA-3標準：順列ベースのハッシュと拡張可能な出力関数」の提案された草案のコピーについては次を参照.
http://csrc.nist.gov/publications/drafts/fips-202/fips_202_draft.pdf

★153——OorschotとWienerの詳細は次を参照.
http://people.scs.carleton.ca/˜paulv/papers/JoC97.pdf

★154——"Cain & Abel"についての詳しい情報は次を参照.
http://www.oxid.it/cain.html

★155——1965年, Gordon Moore（ゴードン・ムーア）は次のような観察を行った.
「最小の部品のコストの複雑さは, 1年につき約2倍の割合で増加している. 短期的にはこのレートは, 増加しない場合でも, 現状を継続することが期待できる. 長期的には, 増加率はもう少し不確実であるが, それは少なくとも今後10年間は, ほぼ一定のまま増加すると考えられる. つまり, 1975年には, 最小コストで得られる集積回路当たりのコンポーネント数は65,000になる.」
彼の推論は, デバイスの複雑さと時間との経験的関係に基づいており, 3つのデータポイントより観察された. 彼はこれを使って, 1平方インチの約1/4の面積しか占めていない単一のシリコンチップ上に65,000のコンポーネントを持つデバイスが, 1975年までに実現可能になるだろうと説明した. この予測は, 約65,000の構成要素を有する16K CCDメモリーが1975年に製造されることによって, 正確であることが判明した. 1975年のその後の論文で, Mooreはこの関係を, ダイサイズ, より微細な最小寸法, および「回路とデバイスの巧みさ」の指数関数的な挙動の結果であると考えた. 彼は次のように述べた.
「何かを絞るために残っている余地はない. 今後は, 大きなダイより微細な回路の2つのサイズの要因に依存する必要がある.」
彼は18カ月に倍増する回路の複雑さの彼の率を改定し, 1975年以降この減少率で予測を行った. この曲線は「Mooreの法則」として知られるようになった. 正式には, Mooreの法則は, 回路の複雑さは, 18カ月ごとに倍増すると述べている. コンポーネントの密度と, デバイスのコンピューティング能力にダイサイズの増加を関連付けることにより, Mooreの法則は, 特定のコストで利用可能なコンピューティングパワーの量は約18カ月ごとに倍増すると言明するに及んでいる.

★156——Mooreの法則の遅れについて, 詳しくは次を参照.
http://news.cnet.com/8301-10784_3-9780752-7.html

★157——次を参照.
http://www.rsa.com/rsalabs/node.asp?id=2125《リンク切れ》

★158──頻度分析とClaude Shannonの研究の詳細については次を参照.
http://www.schneier.com/crypto-gram-9812.html

★159──Grassie, Richard P., "Vulnerability Analysis and Security Assessment," AIA Best Practices, Last modified February 2007.
http://www.aia.org/aiaucmp/groups/ek_members/documents/pdf/aiap016650.pdf《リンク切れ》

★160──CPTEDに関する詳細は次を参照.
http://www.cpted.net/

★161──次を参照.
http://www.justice.govt.nz/publications/global-publications/n/national-guidelines-for-crime-prevention-through-environmental-design-in-new-zealand-part-1-seven-qualities-of-safer-places-part-2-implementation-guide-november-2005/the-seven-qualities-for-well-designed-safer-places《リンク切れ》

★162──次を参照.
http://training.fema.gov/EMIWeb/is/is22.asp

★163──次を参照.
http://www.fema.gov/what-mitigation/security-risk-management-series-publications

★164──「セキュリティの10の鉄則（V2.0）」の議論については次を参照.
http://technet.microsoft.com/enus/library/hh278941.aspx

★165──次を参照.
http://www.fas.org/irp/offdocs/dcid1-21.pdf

★166──「オゾン層を破壊する物質に関するモントリオール議定書」は，大気中のオゾン層を破壊するおそれのある物質を指定し，これらの物質の製造，消費を削減し，オゾン層を保護することを目的としている．最初のモントリオール議定書は1987年9月16日に合意され，1989年1月1日に発効した．詳細は次を参照.
http://ozone.unep.org/new_site/en/Treaties/treaties_decisions-hb.php?sec_id=5

訳注

☆1──かつて米国に存在した半導体メーカー．2015年にオランダのNXP Semiconductors N. V.社（NXPセミコンダクターズN. V.）に吸収合併された.

☆2──現在は，Flexera Software社（フレクセラ・ソフトウェア）の1部門.

☆3──複数の企業と事業統合し，現在はForcepoint社（フォースポイント）.

☆4──1マイルは1.60934km.

☆5──現在は，Oracle VM Server for SPARCと呼ばれている.

☆6──1EBは10^{18}Bで，1TBの100万倍.

☆7──現在のBlackBerry社（ブラックベリー）.

☆8──1インチは2.54cmなので，16インチは40.64cm.

☆9──1ガロンは3.78541Lなので，237,000ガロンは897.142593m^3.

☆10──現在のSony Music Entertainment社（ソニー・ミュージック・エンターテインメント）.

☆11──1フィートは30.48cmなので，12フィートは365.76cm.

レビュー問題
Review Questions

1. ビジネス要件の評価に始まり，そのあとに続く戦略，コンセプト，設計，実装およびメトリックのフェーズを通じて「トレーサビリティの連鎖」を作成する，セキュリティアーキテクチャーを開発するための包括的なライフサイクルは，次のフレームワークのうちのどれの特徴を表しているか．
   A．Zachman
   B．SABSA
   C．ISO 27000
   D．TOGAF

2. エンタープライズセキュリティアーキテクチャー(ESA)は様々な方法で適用できるが，いくつかの主要な目標に焦点を当てている．ESAの目標の適切なリストはどれか．
   A．シンプルで長期的なコントロールの視点であり，共通のセキュリティコントロールのための統一されたビジョンを提供し，既存の技術への投資を活用し，現在および将来の脅威に固定的なアプローチを提供し，周辺機能のニーズにも対応する．
   B．シンプルで長期的なコントロールの視点であり，共通のセキュリティコントロールのための統一されたビジョンを提供し，新しい技術への投資を活用し，現在および将来の脅威に柔軟なアプローチを提供し，コア機能のニーズにも対応する．
   C．複雑で短期的なコントロールの視点であり，共通のセキュリティコントロールのための統一されたビジョンを提供し，既存の技術への投資を活用し，現在および将来の脅威に柔軟なアプローチを提供し，コア機能のニーズにも対応する．
   D．シンプルで長期的なコントロールの視点であり，共通のセキュリティコントロールのための統一されたビジョンを提供し，既存の技術への投資を活用し，現在および将来の脅威に柔軟なアプローチを提供し，コア機能のニーズにも対応する．

3．詳細なセキュリティ要件の把握のために，次のうちどれを使用するのが**最適**であるか．
　　A．脅威モデリング，隠れチャネル，データ分類
　　B．データ分類，リスクアセスメント，隠れチャネル
　　C．リスクアセスメント，隠れチャネル，脅威モデリング
　　D．脅威モデリング，データ分類，リスクアセスメント

4．次のセキュリティ基準のうち，健全なセキュリティプラクティスの基準として国際的に認められ，組織における情報セキュリティマネジメントシステム（ISMS）の標準化と認証に焦点を当てているものはどれか．
　　A．ISO 15408
　　B．ISO 27001
　　C．ISO 9001
　　D．ISO 9126

5．セキュリティ要件が満たされていることを保証するために，実装する必要のあるルールを記述しているのは，次のうちのどれか．
　　A．セキュリティカーネル
　　B．セキュリティポリシー
　　C．セキュリティモデル
　　D．セキュリティ参照モニター

6．2次元的に個々のサブジェクトをグループまたはロールにグループ化し，オブジェクトのグループへのアクセスを許可することは，次のどのタイプのモデルの一例であるか．
　　A．マルチレベルラティス
　　B．状態マシン
　　C．非干渉
　　D．マトリックスベース

7．「秘密」のクリアランスレベルを持つサブジェクトは，「秘密」または「機密」として分類されたオブジェクトにのみ書き込むことができるが，「公開」に分類されるオブジェクトに情報を書き込むことはできないことを，次のどのモデルが保

証しているか.
- A．Biba完全性
- B．Clark-Wilson
- C．Brewer-Nash
- D．Bell-LaPadula

8．以下のうち，Biba完全性モデルに固有のものはどれか.
- A．単純属性
- B．*（スター）属性
- C．呼び出し属性
- D．強化*属性

9．1人の顧客のデータが，ホストされた環境を共有している競合他社またはほかの顧客に漏洩しないように，共有のデータホスティング環境で**最もよく**考慮されるモデルは次のうちどれか.
- A．Brewer-Nash
- B．Clark-Wilson
- C．Bell-LaPadula
- D．Lipner

10．主に，サブジェクトとオブジェクトがどのように作成され，サブジェクトにどのように権利または特権が割り当てられるかに関係しているセキュリティモデルは次のうちどれか.
- A．Bell-LaPadula
- B．Biba完全性
- C．チャイニーズウォール
- D．Graham-Denning

11．次のISO規格のうち，異なる機能を持つ異なる製品のセキュリティ要件を評価するために使用できる評価基準を提供しているのはどれか.
- A．15408
- B．27000
- C．9100

D. 27002

12. コモンクライテリアにおいて，特定の種類の環境で展開されるベンダー製品カテゴリーに対する共通的な機能要件と保証要件のセットは次のうちどれか.
   A. 保護プロファイル
   B. セキュリティターゲット
   C. 高信頼コンピューティングベース（TCB）
   D. リングプロテクション

13. リスクの高い状況において，形式的に検証，設計，テストされた評価保証レベルとしては，次のどれが期待されるか.
   A. EAL 1
   B. EAL 3
   C. EAL 5
   D. EAL 7

14. 経営陣による，評価されたシステムの正式な承認は次のどれになるか.
   A. 認証
   B. 認定
   C. 妥当性確認
   D. 検証

15. 能力成熟度モデル（CMM）のどの段階が，プロアクティブな組織プロセスを持つことによって特徴付けられるか.
   A. 初期段階
   B. 管理段階
   C. 定義段階
   D. 最適化段階

16. 特定されたリスクに対処するための新しいセキュリティコントロールや対策の能力を検証する際，ITに関連するリスクを定量化する方法として**最適**なのは次のうちどれか.
   A. 脅威／リスクアセスメント

B．ペネトレーションテスト

C．脆弱性評価

D．データ分類

17．TCSECは，2種類の隠れチャネルを特定している．それは次のどれか（2つ選択すること）．

A．ストレージ

B．境界

C．タイミング

D．モニタリング

18．モバイルコンピューティングデバイスのセキュリティ上の懸念の主な理由は次のうちどれか．

A．3G/4Gプロトコルは本質的に安全でない

B．低い処理能力

C．ハッカーはモバイル機器をターゲットにしている

D．ウイルス対策ソフトウェアの欠如

19．分散環境においては，OSがハードウェアを制御し，通信できるようにするデバイスドライバーは，安全に設計，開発，配備する必要がある．その理由は次のうちどれか．

A．一般に，エンドユーザーによってインストールされ，スーパーバイザー状態へのアクセスが許可される

B．一般に，管理者によってインストールされ，ユーザーモード状態へのアクセスが許可される

C．一般に，人間の介在なしにソフトウェアによりインストールされる

D．OSの一部として統合されている

20．システム管理者は，各個人に権利を付与するのではなく，「経理」と呼ばれる個人のグループに権利を付与している．これは，次のセキュリティメカニズムのうちのどの例か．

A．階層化

B．データの隠蔽

C．暗号による保護

D．抽象化

21．非対称鍵暗号は，以下のどの目的で使用されるか．

A．データの暗号化，アクセス制御，ステガノグラフィー

B．ステガノグラフィー，アクセス制御，否認防止

C．否認防止，ステガノグラフィー，データの暗号化

D．データの暗号化，否認防止，アクセス制御

22．非対称鍵暗号をサポートするものは，次のうちどれか．

A．Diffie-Hellman

B．Rijndael

C．Blowfish

D．SHA-256

23．対称アルゴリズムと比較した場合，公開鍵アルゴリズムを使用することの重要な欠点は何か．

A．対称アルゴリズムは，より優れたアクセス制御を提供する．

B．対称アルゴリズムは，より高速な処理である．

C．対称アルゴリズムは，配送の否認防止を提供する．

D．対称アルゴリズムは，実装することがより困難である．

24．ユーザーがメッセージの完全性を提供する必要がある場合，どのオプションが**最適**となるか．

A．受信者にメッセージのデジタル署名を送信する

B．対称アルゴリズムでメッセージを暗号化して送信する

C．受信者が対応する公開鍵を使用して復号できるように，秘密鍵を使用してメッセージを暗号化する

D．チェックサムを作成してメッセージに追加し，メッセージを暗号化して受信者に送信する

25．認証局（CA）は，ユーザーに以下のどの利点を提供するか．

A．すべてのユーザーの公開鍵の保護

B．対称鍵の履歴

C．発信の否認防止の証明

D．公開鍵が特定のユーザーに関連付けられていることの確認

26．RIPEMD-160ハッシュの出力長は次のどれになるか．

A．160bit

B．150bit

C．128bit

D．104bit

27．ANSI X9.17は主に次のどれに関係しているか．

A．鍵の保護と機密性

B．財務記録および暗号化データの保持

C．鍵階層の形式化

D．鍵暗号化鍵（KKM）の寿命

28．証明書が失効した場合，適切な手順は次のうちどれか．

A．新しい鍵有効期限を設定する

B．証明書失効リストを更新する

C．すべてのディレクトリーから秘密鍵を削除する

D．すべての従業員へ失効した鍵を通知する

29．リンク暗号化に関して，正しい記述は次のうちどれか．

A．リンク暗号化は，リスクの高い環境に対して推奨され，トラフィックフローの機密性を向上し，ルーティング情報を暗号化する．

B．リンク暗号化は，多くの場合フレームリレーや衛星リンクのために使用され，リスクの高い環境に対して推奨され，トラフィックフローの機密性を向上する．

C．リンク暗号化は，ルーティング情報を暗号化し，多くの場合フレームリレーや衛星リンクに使用され，トラフィックフローの機密性を提供する．

D．リンク暗号化は，トラフィックフローの機密性を向上し，リスクの高い環境に対して推奨され，トラフィックフローの機密性を向上する．

30. NISTは，利用可能なクラウドサービスの種類を表す3つの異なるサービスモデルを特定している．次のどれが正しいか．

A．サービスとしてのソフトウェア(SaaS)，サービスとしてのインフラストラクチャー(IaaS)，サービスとしてのプラットフォーム(PaaS)

B．サービスとしてのセキュリティ(SaaS)，サービスとしてのインフラストラクチャー(IaaS)，サービスとしてのプラットフォーム(PaaS)

C．サービスとしてのソフトウェア(SaaS)，サービスとしての完全性(IaaS)，サービスとしてのプラットフォーム(PaaS)

D．サービスとしてのソフトウェア(SaaS)，サービスとしてのインフラストラクチャー(IaaS)，サービスとしてのプロセス(PaaS)

31. ほとんどのブロック暗号で強度を上げるために使用されるプロセスはどれか．

A．拡散

B．攪拌

C．ステップ関数

D．SPネットワーク

32. データを暗号化するための基本的な方式を**最も**適切に説明しているのはどれか．

A．換字および転置

B．3DESおよびPGP

C．対称および非対称

D．DESおよびAES

33. 暗号は情報セキュリティの中核となる原則をすべてサポートしているが，これに含まれないものはどれか．

A．可用性

B．機密性

C．完全性

D．真正性

34. 鍵を決定する方法として頻度分析を無効にする方法は，次のどれになるか．

A．換字暗号

B．転置暗号

C．多換字暗号

D．反転暗号

35．ランニングキー暗号は，次のどれをベースとしているか．

A．モジュラー演算

B．XOR数学

C．因数分解

D．指数

36．総当たりによって復号できないと言われている唯一の暗号システムはどれか．

A．AES

B．DES

C．ワンタイムパッド

D．トリプルDES

37．主要な実装攻撃には以下のどれが含まれるか（**当てはまるすべてを選択すること**）．

A．フォールト分析

B．既知平文

C．プロービング

D．線形

38．スマートカードに暗号化を実装するための**最良**の選択はどれか．

A．Blowfish

B．楕円曲線暗号

C．Twofish

D．量子暗号

39．既知の個人から，添付文書が含まれる電子メールを，デジタル署名付きで受信した．電子メールクライアントがその署名の妥当性確認ができない．この時，**最適**な行動方針はどれになるか．

A．添付ファイルを開いて，署名が有効かどうかを確認する．

B．添付ファイルを開く前に，署名の妥当性確認ができない理由を確認する．

C. 電子メールを削除する.

D. 新しい署名を付与して, 電子メールを別のアドレスに転送する.

40. 仮想プライベートネットワーク (VPN) の多くで使用しているのは次のどれか.

A. SSL/TLSおよびIPSec

B. ElGamalとDES

C. 3DESとBlowfish

D. TwofishとIDEA

★ ★ ★

1. A holistic lifecycle for developing security architecture that begins with assessing business requirements and subsequently creating a 'chain of traceability' through phases of strategy, concept, design, implementation and metrics is characteristic of which of the following frameworks?

A. Zachman

B. SABSA

C. ISO 27000

D. TOGAF

2. While an Enterprise Security Architecture (ESA) can be applied in many different ways, it is focused on a few key goals. Identify the proper listing of the goals for the ESA:

A. It represents a simple, long term view of control, it provides a unified vision for common security controls, it leverages existing technology investments, it provides a fixed approach to current and future threats and also the needs of peripheral functions

B. It represents a simple, long term view of control, it provides a unified vision for common security controls, it leverages new technology investments, it provides a flexible approach to current and future threats and also the needs of core functions

C. It represents a complex, short term view of control, it provides a unified vision for common security controls, it leverages existing technology investments, it provides a flexible approach to current and future threats and also the needs of core functions

D. It represents a simple, long term view of control, it provides a unified vision for common security controls, it leverages existing technology investments, it provides a flexible approach to current and future threats and also the needs of core functions

3. Which of the following can **BEST** be used to capture detailed security requirements?

   A. Threat modeling, covert channels, and data classification

   B. Data classification, risk assessments, and covert channels

   C. Risk assessments, covert channels, and threat modeling

   D. Threat modeling, data classification, and risk assessments

4. Which of the following security standards is internationally recognized as the standards for sound security practices and is focused on the standardization and certification of an organization's Information Security Management System (ISMS)?

   A. ISO 15408

   B. ISO 27001

   C. ISO 9001

   D. ISO 9126

5. Which of the following describes the rules that need to be implemented to ensure that the security requirements are met?

   A. Security kernel

   B. Security policy

   C. Security model

   D. Security reference monitor

6. A two-dimensional grouping of individual subjects into groups or roles and granting access to groups to objects is an example of which of the following types of models?

   A. Multilevel lattice

   B. State machine

   C. Non-interference

   D. Matrix-based

7. Which of the following models ensures that a subject with clearance level of 'Secret' has the ability to write only to objects classified as 'Secret' or 'Top Secret' but is prevented from writing information classified as 'Public'?

   A. Biba-Integrity

   B. Clark-Wilson

C. Brewer-Nash

D. Bell-LaPadula

8. Which of the following is unique to the Biba Integrity Model?
    A. Simple property
    B. * (star) property
    C. Invocation property
    D. Strong * property

9. Which of the following models is **BEST** considered in a shared data-hosting environment so that the data of one customer is not disclosed to a competitor or other customers sharing that hosted environment?
    A. Brewer-Nash
    B. Clark-Wilson
    C. Bell-LaPadula
    D. Lipner

10. Which of the following security models is primarily concerned with how the subjects and objects are created and how subjects are assigned rights or privileges?
    A. Bell-LaPadula
    B. Biba-Integrity
    C. Chinese Wall
    D. Graham-Denning

11. Which of the following ISO standards provides the evaluation criteria that can be used to evaluate security requirements of different products with different functions?
    A. 15408
    B. 27000
    C. 9100
    D. 27002

12. In the Common Criteria, the common set of functional and assurance requirements for a category of vendor products deployed in a particular type of environment are

known as

A. Protection Profiles

B. Security Target

C. Trusted Computing Base

D. Ring Protection

13. Which of the following evaluation assurance level that is formally verified, designed and tested is expected for high risk situation?

A. EAL 1

B. EAL 3

C. EAL 5

D. EAL 7

14. Formal acceptance of an evaluated system by management is known as

A. Certification

B. Accreditation

C. Validation

D. Verification

15. Which stage of the Capability Maturity Model (CMM) is characterized by having organizational processes that are proactive?

A. Initial

B. Managed

C. Defined

D. Optimizing

16. Which of the following **BEST** provides a method of quantifying risks associated with information technology when validating the abilities of new security controls and countermeasures to address the identified risks?

A. Threat/risk assessment

B. Penetration testing

C. Vulnerability assessment

D. Data classification

17. The TCSEC identifies two types of covert channels, what are they? (Choose TWO)

    A.   Storage

    B.   Boundary

    C.   Timing

    D.   Monitoring

18. Which of the following is the main reason for security concerns in mobile computing devices?

    A.   The 3G/4G protocols are inherently insecure

    B.   Lower processing power

    C.   Hackers are targeting mobile devices

    D.   The lack of anti-virus software

19. In decentralized environments device drivers that enable the OS to control and communicate with hardware need to be securely designed, developed and deployed because they are

    A.   typically installed by end-users and granted access to the supervisor state.

    B.   typically installed by administrators and granted access to user mode state.

    C.   typically installed by software without human interaction.

    D.   integrated as part of the operating system.

20. A system administrator grants rights to a group of individuals called "Accounting" instead of granting rights to each individual. This is an example of which of the following security mechanisms?

    A.   Layering

    B.   Data hiding

    C.   Cryptographic protections

    D.   Abstraction

21. Asymmetric key cryptography is used for the following:

    A.   Encryption of data, Access Control, Steganography

    B.   Steganography, Access control, Nonrepudiation

    C.   Nonrepudiation, Steganography, Encryption of Data

D. Encryption of Data, Nonrepudiation, Access Control

22. Which of the following supports asymmetric key cryptography?

A. Diffie-Hellman

B. Rijndael

C. Blowfish

D. SHA-256

23. What is an important disadvantage of using a public key algorithm compared to a symmetric algorithm?

A. A symmetric algorithm provides better access control.

B. A symmetric algorithm is a faster process.

C. A symmetric algorithm provides nonrepudiation of delivery.

D. A symmetric algorithm is more difficult to implement.

24. When a user needs to provide message integrity, what option is **BEST**?

A. Send a digital signature of the message to the recipient

B. Encrypt the message with a symmetric algorithm and send it

C. Encrypt the message with a private key so the recipient can decrypt with the corresponding public key

D. Create a checksum, append it to the message, encrypt the message, and then send to recipient

25. A CA provides which benefits to a user?

A. Protection of public keys of all users

B. History of symmetric keys

C. Proof of nonrepudiation of origin

D. Validation that a public key is associated with a particular user

26. What is the output length of a RIPEMD-160 hash?

A. 160 bits

B. 150 bits

C. 128 bits

D. 104 bits

27. ANSI X9.17 is concerned primarily with

A. Protection and secrecy of keys

B. Financial records and retention of encrypted data

C. Formalizing a key hierarchy

D. The lifespan of key-encrypting keys (KKMs)

28. When a certificate is revoked, what is the proper procedure?

A. Setting new key expiry dates

B. Updating the certificate revocation list

C. Removal of the private key from all directories

D. Notification to all employees of revoked keys

29. Which is true about link encryption?

A. Link encryption is advised for high-risk environments, provides better traffic flow confidentiality, and encrypts routing information.

B. Link encryption is often used for Frame Relay or satellite links, is advised for high-risk environments and provides better traffic flow confidentiality.

C. Link encryption encrypts routing information, is often used for Frame Relay or satellite links, and provides traffic flow confidentiality.

D. Link encryption provides better traffic flow confidentiality, is advised for high-risk environments and provides better traffic flow confidentiality.

30. NIST identifies three service models that represent different types of cloud services available, what are they?

A. Software as a Service (SaaS), Infrastructure as a Service (IaaS) and Platform as a Service (PaaS)

B. Security as a Service (SaaS), Infrastructure as a Service (IaaS) and Platform as a Service (PaaS)

C. Software as a Service (SaaS), Integrity as a Service (IaaS) and Platform as a Service (PaaS)

D. Software as a Service (SaaS), Infrastructure as a Service (IaaS) and Process as a Service (PaaS)

31. The process used in most block ciphers to increase their strength is

    A. Diffusion

    B. Confusion

    C. Step function

    D. SP-network

32. Which of the following **BEST** describes fundamental methods of encrypting data:

    A. Substitution and transposition

    B. 3DES and PGP

    C. Symmetric and asymmetric

    D. DES and AES

33. Cryptography supports all of the core principles of information security except

    A. Availability

    B. Confidentiality

    C. Integrity

    D. Authenticity

34. A way to defeat frequency analysis as a method to determine the key is to use

    A. Substitution ciphers

    B. Transposition ciphers

    C. Polyalphabetic ciphers

    D. Inversion ciphers

35. The running key cipher is based on

    A. Modular arithmetic

    B. XOR mathematics

    C. Factoring

    D. Exponentiation

36. The only cipher system said to be unbreakable by brute force is

    A. AES

    B. DES

C. One-time pad

D. Triple DES

37. The main types of implementation attacks include: (Choose ALL that apply)

A. Fault analysis

B. Known plaintext

C. Probing

D. Linear

38. Which is the **BEST** choice for implementing encryption on a smart card?

A. Blowfish

B. Elliptic Curve Cryptography

C. Twofish

D. Quantum Cryptography

39. An e-mail with a document attachment from a known individual is received with a digital signature. The e-mail client is unable to validate the signature. What is the **BEST** course of action?

A. Open the attachment to determine if the signature is valid.

B. Determine why the signature can't be validated prior to opening the attachment.

C. Delete the e-mail.

D. Forward the e-mail to another address with a new signature.

40. The vast majority of Virtual Private Networks use

A. SSL/TLS and IPSec.

B. ElGamal and DES.

C. 3DES and Blowfish.

D. Twofish and IDEA.

新版 CISSP® CBK® 公式ガイドブック【1巻】

2018年7月31日 初版第1刷発行
2023年4月12日 初版第7刷発行

編者	Adam Gordon
監訳	笠原 久嗣・井上 吉隆・桑名 栄二

発行者	東 明彦
発行所	NTT出版株式会社

〒108-0023
東京都港区芝浦3-4-1 グランパークタワー
営業担当　TEL 03(6809)4891
　　　　　FAX 03(6809)4101
編集担当　TEL 03(6809)3276
https://www.nttpub.co.jp

制作協力	有限会社イー・コラボ
デザイン	米谷 豪 (一部アイコン：©Varijanta／iStockphoto)
印刷・製本	中央精版印刷株式会社

©NIPPON TELEGRAPH AND TELEPHONE CORPORATION 2018
Printed in Japan
ISBN 978-4-7571-0376-4 C3055

定価はカバーに表示してあります
乱丁・落丁はお取り替えいたします